反应工程原理

（第二版）

罗康碧　罗明河　李沪萍　编著

科学出版社

北　京

内 容 简 介

本书在介绍化工动力学及流动模型的基础上主要讨论反应器的设计和应用，其内容包括：化学反应动力学、停留时间分布与流动模型、均相反应器、气固相催化反应动力学、气固相固定床催化反应器、气固相流化床催化反应器、气固相非催化反应器、气液相反应器、聚合反应器。全书编写兼顾思维上的逻辑性和教学上的系统性，强调反应过程的基本原理，突出工程因素对反应结果的影响。本书的特点是条理清晰，内容新颖，突出少而精思想，具有较强的可读性和适用性。

本书可作为高等学校化工类专业本科、研究生教材，适合60~90学时的授课安排，也可供化工、生物、石油、冶金等领域从事生产、科研和设计工作的工程技术人员参考使用。

图书在版编目（CIP）数据

反应工程原理/罗康碧，罗明河，李沪萍编著．—2版．—北京：科学出版社，2016

ISBN 978-7-03-048762-9

Ⅰ．①反…　Ⅱ．①罗…　②罗…　③李…　Ⅲ．①化学反应工程–高等学校–教材　Ⅳ．①TQ03

中国版本图书馆CIP数据核字（2016）第131809号

责任编辑：陈雅娴/责任校对：于佳悦

责任印制：赵　博/封面设计：迷底书装

科学出版社出版

北京东黄城根北街16号

邮政编码：100717

http://www.sciencep.com

北京富资园科技发展有限公司印刷

科学出版社发行　各地新华书店经销

*

2005年3月第　一　版　开本：787×1092　1/16

2016年6月第　二　版　印张：23 1/2

2025年1月第六次印刷　字数：573 000

定价：69.00元

（如有印装质量问题，我社负责调换）

第二版前言

本书第一版自 2005 年 3 月面世以来，10 余年间受到了省内外众多高等学校师生和化工技术人员的青睐，并于 2010 年 10 月被评为云南省高等学校优秀教材。随着化工技术的不断发展和使用对象的拓宽，书中内容亟待更新，在昆明理工大学研究生百门核心课程的资助下，启动再版编写工作。

本次修订吸收和借鉴了近年来国内外相关教材中许多优秀的内容和经验，与时俱进地增加了一些反应工程研究方面的自创性研究成果，在保持原书基本框架不变的前提下，修改和摒弃了一些次要内容，增加了气固相流化床催化反应器一章，以适应化工生产发展的需要。

全书保持了编者在长期教学工作中形成的循序渐进、由浅入深、由表及里及注意教学的条理性、系统性和思维上的逻辑性等优良传统。在着重介绍反应工程基本原理的同时，突出介绍返混、预混合、质量传递和热量传递等工程因素(物理过程)对反应结果的影响，强调指出工程因素通过影响反应浓度与温度而改变反应结果，使读者了解反应过程中的分解与综合、个性与共性间的关系。书中附有大量的例题和习题，可帮助读者应用所学的理论分析和解决实际问题。

全书共 9 章，其中绪论、第 1、2、4 章着重介绍基础知识和化学反应工程的基本原理，第 3、5~9 章分析典型反应器的特性和设计。第 2、3、6、8、9 章由罗康碧编写，绪论、第 1、4、5 章由罗明河编写，第 7 章、全书插图的绘制和公式的修改由李沪萍编写。

在本书撰写过程中，得到昆明理工大学核心课程“化工动力学及反应器”团队成员王亚明、贾庆明、陕绍云、赵文波老师的支持和帮助，得到“化学高分子材料创新团队”梅毅、苏毅、李国斌、廉培超老师的关心和支持，在此表示衷心的感谢。本书的出版得到昆明理工大学的大力支持，在此表示衷心的感谢！

由于编者的水平有限，虽屡经修改，疏漏仍然在所难免，恳切希望广大读者批评指正。

编　者

2016 年 3 月

第一版前言

本书是根据教育部 1998 年 4 月《面向 21 世纪“化学工程与工艺”专业培养方案》的教学要求编写的，仅在编排顺序上有所不同，内容上也略有增减。针对全国普通院校化工类专业本科教学计划的情况，教材内容按 60~80 学时编写，具体执行时可适当选择，有的内容不必讲解，可供自学参考。

本书编写时力求培养基础厚，专业广，能力强，素质高的化工创新人才，在贯彻少而精原则的基础上注意删繁就简，重点放在化工专业领域内共通性的基本问题上。同时为体现其教学性，首先着重阐明基本概念和基本原理，然后结合生产实际，详细地论述了各种常用反应器的设计计算方法，并设有不少例题和习题，以帮助读者应用所学的原理去分析和解决实际问题。

为了保证教材的系统性和完整性，全书共分十章，其中第一至三章着重介绍基础知识和化学反应工程的基本原理，第四至十章分析典型反应器的特性和设计。书中第三、四、八、十章由罗康碧编著，第一、二、五、六、七章由罗明河编著，第九章和全书的插图由李沪萍编著。

毋庸讳言，本书在编写过程中吸收和借鉴了近年来国内外相关教材中的许多好内容和好经验，增添了一些反应工程研究方面的最新成果，但这些内容和成果一般都尽可能加以“同化”，以便保持我国在长期教学工作中形成的循序渐进、由浅入深，注意教学内容的条理性，系统性和逻辑性等优良传统。在着重介绍反应工程基本原理的同时，突出地介绍了返混、预混合、质量传递和热量传递等工程因素(即物理过程)对反应结果的影响，强调指出工程因素通过影响反应浓度与温度而改变反应结果，使读者了解反应过程中的分解与综合，个性与共性间的关系，从而可增强工程分析和解决工程问题的能力，所以本书除可作为教材外，还可供从事化工，生物，冶金生产、科研和设计工作的工程技术人员使用。

由于编者水平有限，缺点、错误在所难免，恳切希望广大读者批评指出。

编　者

2005 年 1 月

主要符号表

拉丁文字母

A	组分；传热面积；下标；单位产量的经费
A_R	填充床横截面积；鼓泡塔横截面积；反应器横截面积
Ar	阿基米德数
a	比表面积；化学计量系数；比相界面；以单位液相体积为基准的相界面积；活性表面；系数
a_c	单位填充床体积内填料的总表面积
a_d	与动态持液量相对应的单位填充床体积的动态相界面积
a_{GL}	气液比相界面
a_m	单位质量催化剂颗粒的有效外表面积
a_p	有效比相界面
a_r	传热比表面积
a_s	填料的比表面积
a_{st}	与静态持液量相对应的单位填充床的相界面积
a_t	鼓泡塔内气液混合物总相界面积；冷管外径
a_w	单位填料体积的润湿面积
B	组分；下标
Bi_m	拜俄特数
Bo	邦德数
BR	间歇反应器
b	化学计量系数；筛孔净宽
C	系数；校正系数；常数；积分常数
C_D	阻力系数
C_p	定压热容
CSTR	全混流反应器；连续搅拌槽式反应器
c	浓度
c'_{BL}	临界浓度
D	综合扩散系数；扩散系数
Da	丹克莱尔数
D_K	克努森扩散系数
D_t	反应器(管)直径；催化床直径；鼓泡塔直径
D_{te}	反应器(管)当量直径；催化床当量直径
d	直径
d_a	等面积相当直径
d_b	气泡直径
d_e	床层当量直径
d_i	第 i 级分的气泡长短轴直径平均值
d_o	气体分布器喷孔直径
d_p	颗粒直径；填料的名义尺寸
d_{rs}	质量比表面积平均直径
d_s	等比表面积相当直径
d_v	等体积相当直径
E	活化能
$E(\tau)$	停留时间分布密度
$E(\theta)$	无因次停留时间分布密度
F	组分；摩尔流量
$F(\tau)$	停留时间分布函数
$F(\theta)$	无因次停留时间分布函数
F_n	流化数
$F_n(j)$	数均聚合度分布
Fr	弗劳德数
f	静态与动态比表面的吸收速率之比；体积分数校正系数；摩擦系数；引发效率
f'	摩擦系数
f_c	校正系数
f_m	修正摩擦系数
$f_n(j)$	瞬间数均聚合度分布
G	质量流速；气相

Ga	伽利略数
g	重力加速度
H	高度；溶解度系数；分离高度
ΔH	焓差
ΔH_r	反应热效应
h	总传热系数
h'	校正系数
I	惰性组分；引发剂
I_0	零阶一类变形贝塞尔函数
(I)	光的强度
J	组分；J 因子
K	液体模数；总传热系数；开氏温度；总传质系数；平衡常数；交换系数
K_p	化学平衡常数
K_S	表面反应平衡常数
K_i	i 组分的吸附平衡常数
k	速率常数；传质系数
k_0	指前因子或频率因子
k_f	总反应速率常数
L	组分；长度；距离；液相；厚度；高度
L_0	流化床的静止高度
l	化学计量系数；坐标距离
Δl	步长
M	相对分子质量；组分；示踪物总量；单体
$\sqrt{M}$	液膜转化系数
$\bar{M}_n$	数均相对分子质量
$\bar{M}_v$	黏均相对分子质量
$\bar{M}_w$	重均相对分子质量
$\bar{M}_Z$	Z 均相对分子质量
m	质量
m_t	冷管根数
N	扩散通量；槽数；多孔板上的孔数
n	反应总级数；物质的量；组分数；气泡数；微孔数；管子数
n_b	单位体积床层中的气泡数
P^*	自由基
$[P^*]$	活性链的总浓度
$[P]$	死聚体的浓度
$[P_j]$	聚合度为 j 的分子的浓度
Pe	贝克来数
PFR	平推流反应器；管式反应器
$\bar{P}_n$	数均聚合度
Pr	普朗特数
$\bar{P}_v$	黏均聚合度
$\bar{P}_w$	重均聚合度
$\bar{P}_Z$	Z 均聚合度
p	压力；组分；聚合物；化学计量系数；功率
Δp	压力降；阻力
$\bar{p}_n$	瞬间数均聚合度
$\bar{p}_w$	瞬间重均聚合度
$\bar{p}_Z$	瞬间 Z 均聚合度
Q	组分；传热量；体积流量
q	气体穿流量
q_q	放热速率
q_r	移热速率
R	半径；宏观反应速率；中间化合物；床层膨胀比；摩尔气体常量
Re	雷诺数
Re_m	修正雷诺数
r	本征反应速率；吸附速率；孔半径；径向坐标
$\bar{r}_p$	催化剂微孔的平均孔半径
S	瞬时选择性；相界面；反应表面积；溶剂
Sc	施密特数
S_e	床层比表面积
S_g	颗粒比表面积
Sh	舍伍德数
S_p	颗粒外表面积
S_v	空速
$\bar{S}$	总选择性
T	温度(K)
t	温度(℃)；时间

t' 辅助时间
u (线)速度
u_0 流体的平均流速
u_b 单个气泡上升速度
$u_{O(G,L)}$ 空塔线速度；喷孔气速
u_s 滑动速度
u_t 带出速度
V 物料体积；扩散体积；体积流量
V_g 孔容积
V_m 饱和吸附量
V_p 颗粒体积
V_R 反应体积
W 质量流速；质量；质量分数；重力
We 韦伯数
$W(j)$ 重均聚合度分布
$w(j)$ 瞬间重均聚合度分布
X 反应率；固相转化率；液相物质的量比
X_M 极值点对应的转化率；聚合率
x 液相摩尔分数；颗粒的质量分数
Y 收率；气相物质的量比
y 摩尔分数
Z 压缩因子；厚度；高度；杂质

希腊文字母

α 反应物 A 的级数；复合反应主反应的级数；给热系数；比速率；表面不均匀系数；吸附质分子的覆盖面积；单位反应时间能耗；体积比；参数
α_F 设备折旧费
α_0 单位辅助时间能耗
β 反应物 B 的级数；复合反应副反应的级数；增强因子；表面不均匀系数；循环比；换热系数
γ 反应级数；粒子的体积比
δ 厚度；后备系数；实验误差；体积分数
δ_A 关键组分 A 的膨胀因子
ε 空隙率；孔隙率
ε_A 关键组分 A 的膨胀率
ε_G 气含率
η 容积效率；效率因子；有效因子
θ 覆盖率；无因次停留时间
$\overline{\theta}$ 无因次平均停留时间
θ_v 空位率
Λ 绝热温升
λ 反应级数；导热系数；平均自由程；特征方程的根
μ 黏度
μ_i i 次矩，i=0，1，2，…
ν 运动黏度；化学计量系数
ξ 扬析系数
ρ 密度
σ 活性中心；方差；表面张力
τ 时间；接触时间；停留时间；空时；曲节因子
τ_M 平均停留时间
Φ 反应物料流量与总原料流量之比
Φ_L 平均生产强度
φ 蒂勒模数；装填系数
φ_s 颗粒的形状系数
ψ 系数

下标

0 初始态，进料；标准状况
1 塔上部出口气相或进口液相
2 塔下部进口气相或出口液相
A,B,…不同组分
a 吸附；内外冷管环隙
ad 绝热
b 化学计量系数；床层；气泡
bc 气泡与气泡晕
be 气泡与乳相
c 浓度；冷流体；中心；冷却段；气泡云
ce 气泡晕与乳相
D 传质；扩散
d 脱附

e	有效；平衡；乳相
eq	平衡
f	出口；完全；流体；流化(床)
G	气相；气体；气膜
GL	气液混合物
g	气相主体
H	传热
h	横截面；绝热段
I	内扩散；惰性组分
i	进口；内冷管，组分 *i*
l	轴向；液相
L	液相主体；液体；液膜
m	全混流；槽式反应器；平均
max	极大值
mf	临界流化
min	极小值
opt	最佳
p	平推流；管式反应器；颗粒；压力；化学平衡
R	反应层；反应器
r	径向；循环
S	表面化学反应；面积
s	颗粒；颗粒骨架；面积；固相；球体；表面
T	总量
t	总量
V	体积
w	质量；尾涡
X	外扩散

目　录

绪 论

反应工程原理是化学反应工程学的核心内容，而化学反应工程学是使化学反应实现工业化的一门学科。因此，化学反应工程的研究，一方面要认识、判断各种类型化学反应的化学热力学和动力学规律，另一方面还要归纳各种物理因素(工程因素)对化学反应过程的影响，然后综合和总结出一些具有普遍意义的观点和概念，用以指导工业反应过程的生产和开发研究。本书将阐述化学反应工程中最基本的概念和理论，提供反应工程的基本研究方法，讨论反应器的设计和优化，以使化工专业的学生和从事化工生产和化工技术开发研究的科技人员掌握必要的化学反应工程知识。本章将主要介绍化学反应工程学的发展趋势、内容、任务和研究方法，并介绍化学反应器设计的一般原则及方法。

0.1 化学反应工程学的历史沿革和发展趋势

化工生产过程是物理过程和化学过程组成的综合体。在 20 世纪 30 年代以前，化学工程学的研究主要集中在质量、热量和动量传递方面的化工单元操作上，基本上属于物理过程的研究。直到 1937 年，德国科学家丹克莱尔(Dankŏhler)在 *Der Chemie Ingeniem* 第三卷中才谈到了扩散、流动与传递对化学反应收率的影响问题，该书也成为化学反应工程的先导。1947 年，苏联学者弗兰克-卡明涅茨基(фPaHK-kaMeHeukий)在所著的《化学动力学的扩散和传递》一书中就流动、扩散和热现象对化学反应的影响作了重要的论述。同年，豪根(Hougen)与沃林(Watson)在编写的 *Chemical Process Principles* 第三卷中阐述了化学动力学与催化过程，该书成为化学反应工程的首批专著之一，对化学反应工程学的发展起到了巨大的推动作用。

1940 年以后，原子能工业的发展提出了高倍率放大反应器的问题，推动了对工业化学反应器的研究。1950 年后，石油化学工业的发展使反应器规模不断扩大，促进了化学反应特性与传递特性的研究，特别是对流体的流动与混合，流体在反应器内的停留时间分布和宏观动力学等方面的研究成果为化学反应工程学奠定了基础。于是在 1957 年荷兰阿姆斯特丹举行的第一届欧洲化学反应工程会议上，正式确立了“化学反应工程学”这一学科的名称。

1960 年后，数学模型方法在化学反应工程的研究中日益深入。1970 年前后相继出现了全面、系统地论述化学反应工程学的专著和教材，如《气液反应器》、《气液固三相反应器设计》等，这些著作的出版标志着化学反应工程学日趋成熟。1970 年，在美国华盛顿举行了第一届国际化学反应工程大会，此后每隔两年举行一次，促进了化学反应工程学的迅速发展，特别是电子计算机的应用，使许多化学反应工程问题得以定量化，解决了不少复杂反应器的设计与控制问题，使化学反应工程的理论和方法日臻完善。1980 年后，随着高新技术的发展和应用(如微电子器件的加工、光导纤维生产、新材料及生物技术等)，扩大了化学反应工程学研究的领域，使化学反应工程形成了新的分支，如电化学反应工程、聚合反应工程和生化反应工程等，把化学反应工程的研究推到了一个崭新的阶段。

0.2 化学反应及化学反应器的分类

化学反应的分类方法很多。从化学反应工程的角度看，主要着眼于化学反应的宏观速率、反应的选择性、转化率及操作的稳定性等。工业反应器是化学反应工程的主要研究对象，其基本特性可归结为流动及传递特性。

0.2.1 化学反应的工程分类

为了研究反应过程的共同规律，将化学反应按反应的特性和反应过程的条件进行分类。

1. 反应的特性

反应的特性是指反应物系的相态、选择性、反应机理、反应级数、反应的热特性等。

1)相态

化学反应按相态分为均相反应和非均相反应两类。

均相反应是指反应物及生成物在反应过程中处于同一个相内的反应，它不存在相间的传递问题，因此宏观反应速率就是本征反应速率，设计时可采用本征反应速率进行计算。这类反应常指气相反应或液相反应。

非均相(或多相)反应是反应物及生成物处于两相或三相状态的反应，它存在相间的传递问题，因此宏观反应速率不等于本征反应速率，设计时必须考虑反应与传递的统一，采用宏观反应速率进行计算。这类反应通常指气固、气液、液固、液液、固固及气液固等。使用固体催化剂的反应为多相反应，需将固体催化剂视为一相。

2)选择性

化学反应按选择性分为简单反应和复合反应两类。

简单或单一反应是指一组反应物只生成一组特定生成物的反应。它不存在反应的选择性问题。反应器设计时，可取反应速率最大为目标函数来处理，通过转化率的高低即可衡量这类反应的深度和好坏。

复合或多个反应是指一组反应物可同时向几个方向进行，生成几组不同产物或者生成的产物又能够进一步反应生成其他产物的反应，如平行反应、连串反应等。这类反应的选择性十分突出，反应器设计时应以选择性最高为目标函数，以尽可能降低反应物的消耗。

3)反应机理

化学反应实际进行的步骤及先后顺序称为反应机理，按反应机理将其分为基元反应和非基元反应两类。

基元反应是指由反应物分子直接作用生成产物的反应，其满足

$$\text{化学计量系数}=\text{反应级数}=\text{反应分子数}$$

非基元反应是指由两个以上的基元反应组合而成的反应，一般表示为

$$\text{化学计量系数}\neq\text{反应级数}\neq\text{反应分子数}$$

4)动力学级数

化学反应的动力学级数反映了反应速率对反应物浓度的敏感程度，所以反应级数是影响

反应速率及选择性的重要因素之一。一般可把化学反应分为零级、一级、二级、三级及分数级等反应。反应总级数是指反应速率方程中各项浓度指数的代数和，可正可负。应当指出，实际生产中相当多的反应可视为一级或拟一级反应，因此讨论问题时常以一级反应为例。

5) 热特性

化学反应的热效应不同，反应的动力学规律也不同，按热特性将其分为吸热反应和放热反应两类。

吸热反应就是在化学变化中，需要不断吸收大量热量的反应，随着反应的进行，温度不断下降，如电离、盐类水解及多数的分解反应等。

放热反应就是在化学变化中，不断放出大量热量的反应，随着反应的进行，温度不断上升，如燃烧或爆炸、酸碱中和及多数化合反应等。

2. 反应过程的条件

反应过程进行的条件主要包括温度和压力。

1) 温度

化学反应按温度可分为等温反应和变温反应，变温反应又分为绝热反应和非绝热反应。

2) 压力

化学反应按压力可分为常压反应、加压反应、减压反应等。

可以认为，化学反应的工程分类是想抓住化学反应对工程方面的突出要求。因此，在实际工作中处理某一化学反应工程问题时，应首先弄清该反应的工程类型。它将告诉我们，处理该反应时是否要考虑选择性问题，是否要考虑传递问题等。

0.2.2　工业化学反应器的分类

将工业化学反应器按工程特性进行分类，则为某一类具有特定工程要求的化学反应选择一个能满足其基本要求的反应器类型提供了基本线索。因此，常将反应器按下述方法分类。

1. 相态

反应器按反应的相态进行分类是最常用的，这类分类方法的实质在于突出相间传递特性对反应器性能的影响，可分为均相反应器(通常指气相或液相反应器)、非均相反应器(包括气固、气液、液固、液液、固固及气液固反应器等)，表 0.1 列出了工业生产上应用最广泛的几种反应器型式。

2. 流动状况

按反应器内物料的流动状况将其分为理想流动反应器和非理想流动反应器两类。

1) 理想流动反应器

理想流动反应器又分为理想置换反应器和理想混合反应器，前者返混为零，后者返混最大，属两种极限情况。

2) 非理想流动反应器

非理想流动反应器又称为实际反应器，其返混介于理想置换和理想混合之间。

事实上，不同几何形状及不同操作形式的反应器的实质性差异也就主要表现在物料流动状况的区别上，这将在第 3 章中详细讨论。

表 0.1　常用工业反应器类型

相态	反应器型式	生产实例
均相	气相管式反应器 液相槽式反应器	NO 氧化 酯化反应
两相	气固相固定床反应器 气固相流化床反应器 气固相移动床反应器 气液相鼓泡塔式反应器 气液相填料塔式反应器 固液相塔式、槽式反应器	合成氨、苯氧化 石油催化裂化 二甲苯异构 羰基合成甲醇 苯的氯化 树脂法三聚甲醛
三相	气液固滴流床反应器 气液固淤浆床反应器	石油加氢脱硫 乙烯溶剂聚合

3. 几何构型

按反应器的几何构型(长或高与直径之比)将其分为管式、槽式和塔式反应器。这种分类方法的实质是突出流体流动对反应器性能的影响。

1)管式反应器

管式反应器其形状特征是采用长(高)径比很大(>30)的圆形空管构成。它多数用于连续气相反应，也能用于液相反应。

2)槽式反应器

槽式反应器又称釜式反应器，其形状特征是长(高)径比较小(<3)，呈圆槽状，槽内一般装有搅拌器，以使槽内物料混合均匀，它大多用于液相反应。

3)塔式反应器

塔式反应器长(高)径比在管式和槽式反应器之间。若内部设有填料、筛板等增加两相接触的构件，则主要用于气液相或液液相反应过程，如填料塔、板式塔、鼓泡塔等。若内部填充固体颗粒或固体反应物，则主要用于流固催化或非催化反应过程，如流固催化或非催化固定床反应器、流化床反应器、移动床反应器等。

4. 操作方式

按生产操作方式的不同，可将反应器分为间歇、连续及半连续三类。

1)间歇反应器

间歇反应器的特点是将进行反应所需的原料一次装入反应器，然后进行反应，经一定时间后达到所要求的反应程度便全部卸出反应物料。在反应过程中反应器没有物料的进出，整个反应过程都是在恒容下进行的。反应物系若为气体，则必然充满整个反应器空间，反应器体积就是反应区体积，这时体积无法改变。若为液体，则液相体积就是反应区体积，它虽然未充满整个反应器的空间，但液体的体积随压力和温度的变化很小，因此也可按恒容过程处理。采用间歇操作的反应器几乎都是槽式反应器，所以间歇反应过程是一个非定态过程，反应器内物系的组成和温度随时间而变，但不随位置而变。它适用于反应速率慢的化学反应及产量小的化学品生产过程。

2) 连续反应器

连续反应器的特点是连续地将原料输入反应器，反应产物也连续地从反应器流出，此时反应器内任何部位的浓度和温度不随时间而变，但随位置而变，所以采用连续操作的反应器多属于定态操作，大规模工业生产中的反应器大都是采用连续操作。

3) 半连续反应器

原料和产物中只要有一种为连续输入或输出而其余为分批加入或取出，均属于半连续或半间歇反应器。在这种反应器中反应物系的组成既随时间而变，也随位置而变，所以是典型的非定态操作过程。管式、槽式及塔式反应器都有采用半连续操作的。

0.3 化学反应工程学的内容与任务

化学反应工程学的内容可概括为化工动力学和反应器的设计与分析两个方面。

化工动力学主要研究在工业生产条件下，化学反应进行的机理和速率。由于生产中化学反应过程不仅包含化学现象，而且包括传递现象，即质量、热量和动量传递，因此化工动力学研究的就是通常所说的“三传一反”。而在不同的反应器内，传递过程和影响化学动力学的主要因素——温度和浓度的变化规律是各不相同的，所以化学反应工程学的另一任务就是研究反应器内这些因素的变化规律，找出最优工况和最好的反应器型式，以获得最大的经济效益。这也就是反应器设计与分析的内涵。

具体地讲，化学反应工程学的任务应包括反应器的分析与设计、优化及放大三个方面。

0.3.1 反应器的分析与设计

反应器的分析就是根据化学反应工程的基本原理，针对各类反应器的共性问题加以剖析，找出影响反应器性能的主要因素，研究薄弱环节和强化措施，为反应器的最佳操作和设计提供依据，其实质是分析质量、热量和动量传递对化学反应的影响。

进行反应器分析的目的之一是设计反应器，它包括反应器的选型、结构设计以及大小确定等部分。

0.3.2 反应器的优化

反应器的优化包括操作的优化和设计的优化。其中设计优化是工业反应过程优化的基础，其实质是要求化学反应速率和反应选择性最佳、能耗最低及安全生产，通常是整个系统的优化和生产过程的优化，涉及面很广，影响因素极多。本书主要研究单体反应器的优化问题，此时目标函数通常是反应器尺寸的大小，即设备投资的大小。当然这种优化也是在一定的约束条件下进行的(如成本、投资及环保条件等)。

0.3.3 反应器的放大

反应器的放大就是要把实验室规模的和小规模生产的反应器放大成大规模工业生产的反应器，这是化学反应工程学最重要、最困难的任务。

0.4　化学反应工程学的研究方法

化学反应工程学的基本研究方法是数学模拟法，其实质是用数学模型分析和研究化学反应工程问题。数学模型就是用数学语言表达过程中各变量之间关系的方程。

0.4.1　研究方法

工业反应器开发中要解决反应器的合理选型、反应器的优化操作条件、反应器的工程放大，采用的研究方法有以下三类。

1. 逐级经验放大法

长期以来，反应器的工程放大是采用逐级经验放大法，该法的主要依据是实验，是经验性的，难以做到高倍数放大，所以效果差、效率低，对放大中出现的问题束手无策，只好认定是放大效应。这是因为这种方法着眼于外部联系，不研究反应器内部规律；着眼于综合研究，不试图进行过程分解，分不清影响因素的主次；受经济条件限制，人为规定了决策程序；放大过程是外推的，这在方法论上是不科学的。尽管逐级经验放大法有上述种种不足，但由于其立足于经验，不需要理解过程的本质、机理或内在规律，对于一些复杂的反应，在难以用其他方法时，逐级经验放大法不失为一种可用的开发方法。

2. 解析法

解析法是在对过程有了深刻的理解，能够整理出各种参数之间的关联方程，同时该方程借助现代数学知识可以定量求解获得结果。因此，解析法是解决反应工程问题最科学的也是最好的方法。但由于实际过程极为复杂，难以用精确的定量关系予以描述，迄今还没有一个化学反应过程是用解析法求得结果的。但其在方法论上是最科学的，无疑是化学反应工程学发展的方向。

3. 数学模型法

目前化学反应工程遇到的问题一般是对该过程已有一定深度的理解，但并没有达到解析法所要求的能正确地定量描述各参数之间关系。用逐级经验放大法也不理想。这时，用数学模型法将是最佳的选择。

数学模型法是人们对某一复杂的，难以用数学全面正确描述的客观实体人为地作某些假定，设想出一个可以被数学模型描述的，且与客观实体相近似的过程(称为模型)，用对该数学模型的定量描述作为客观实体的近似描述过程。

需要注意的是：数学模型并非客观实体；数学模型是人为选定的，一定可以用数学加以描述；数学模型求解的结果并非客观实体的数学描述，仅是考虑了数学模型与客观实体之间关系(近似简化或等效性)，可以把对数学模型的数学描述近似地作为客观实体的描述；一个客观实体可能有多个数学模型可供选用。

0.4.2 数学模型的分类

数学模型一般分为机理模型、经验模型和半经验模型三类。

1. 机理模型

机理模型是从过程的机理出发推导而得的模型，反映了过程的本质，可以外推使用。

2. 经验模型

经验模型是从实验数据出发归纳而得到的模型，是在一定的实验条件下得出的，不宜大幅度外推使用。因为经验性的东西有一定的局限性，超出了实验数据所归纳的范围不一定可靠。但是目前由于认识水平的限制，对许多过程的实质还不清楚，因此经验模型仍被广泛使用。

3. 半经验模型

化学工程中大多数过程是相当复杂的，往往难以进行如实的数学描述。对复杂的过程作必要、合理的简化，描述所建立的数学模型，需经实验检验和修正，并确定其模型参数，这种模型称为半经验模型。

0.4.3 数学模型的建立程序

1. 建立简化物理模型

对复杂的反应过程按等效性原则进行合理简化，设想一个模型代替实体。当然简化必须合理，简化模型既要反映过程的实质，又要便于数学描述、求解和满足使用。

2. 建立数学模型

由简化的物理模型和相关的已知原理写出数学模型的数学方程及初始边界条件。

3. 求解数学模型

根据所建立的数学模型进行求解，并用其结果讨论反应过程的特殊规律。

必须指出，实验是数学模型研究的基础，所以实验必须准确，否则数学模型是不可信的。其次工业反应器数学模型的建立不是一次完成的，必须通过数学模型的建立、筛选、检验等多次反复的修改才能最后确定。

0.4.4 数学模型的内容

反应器或反应过程的数学模型，一般应包括下列数学方程式。

1. 物料衡算式

根据物质守恒定律，取关键组分(按化学计量式计算不过量的组分)进行物料衡算，其通式为

$$流入量=流出量+反应消耗量+累积量 \tag{0.1}$$

应当指出，如果反应区内的温度、浓度等参数均匀一致时，可对整个反应区进行物料衡算。当反应区内的温度、浓度等参数不均匀时，则应取反应器内的微元体积进行物料衡算，因为在微元体内，物系参数可以认为是均匀一致的，反应速率是相等的。

对不同的反应类型，式(0.1)可进行简化，间歇过程由于是分批出料和加料，反应过程中没有物料的进出，所以第一项及第二项为零。连续流动过程在稳定状态下反应器内累积量等于零，即第四项不存在，只有非稳态流动反应过程才需要同时考虑式(0.1)中的各项。

2. 热量衡算式

对大多数反应器常把位能、动能及功等略去，所以根据能量守恒定律，在微元时间内对反应区(或微元反应体积)内的反应混合物进行热量衡算，得

$$物料带入热=物料带出热+反应热+与外界换热+累积热 \tag{0.2}$$

对等温反应过程，虽然计算反应器体积时不需要热量衡算式，但在计算换热面积时仍需使用式(0.2)，式中反应热吸热为正，放热为负，一般取 0 ℃或 25 ℃为基准。

3. 动量衡算式

将牛顿第二定律用于运动流体，进行动量衡算，得

$$输入动量=输出动量+动量损失 \tag{0.3}$$

在一般情况下，动量衡算可以不作。但在反应器进出口压差较大，以致影响到反应组分的浓度时，必须考虑流体的动量衡算式。

4. 化学反应速率方程

对均相反应，可采用本征速率方程；对非均相反应，一般应采用宏观速率方程。

5. 参数计算式

参数计算式主要指物性参数(密度、热容、导热系数等)、传递参数(传质系数、传热系数等)及热力学等计算公式。

联立求解上述方程，就可对反应器和反应过程进行分析及设计计算。

最后必须指出，在建立上述方程时，首先需要确定过程的自变量和因变量，对于稳态连续流动过程，由于状态参数与时间无关，因此通常只以反应器的轴向距离为空间自变量；而非稳态过程则时间和空间两者均需考虑。至于因变量，一般物料衡算时取关键组分的浓度作因变量，热量衡算时取温度为因变量，而关键组分通常指反应物中价值最高的，一般情况下也是不过量的组分。

0.5　化学反应器设计的一般原则及方法

反应器设计是化学反应工程学的实验和理论研究的出发点及归宿，也是反应器最优操作控制的基础。化学反应器设计是一个十分复杂的问题，它是化工、机械、电气等多种专业的

综合成果。作为从事化学反应器设计与开发的化学工程师，需要决定的是反应器的型式、结构尺寸、操作条件和操作方式等问题。这些决策的总目标是，在现行原料和产品价格的条件下使反应器的体积最小、投资最省、操作费用最低和目的产物的收率最高，从而使经济效益最好。

化学反应器的设计通常是根据规定的生产能力、原料组成及产品规格进行的。一般来说，反应器的设计可按下列步骤进行。

1. 深入了解反应系统的特性

(1) 物系特性。主要是反应物、产物和催化剂的物理化学性质，以帮助确定反应温度范围、毒性及环保等问题。

(2) 化学热力学。主要是化学反应方程、反应热效应、可逆性、平衡转化率和平衡常数与温度、压力的关系，为确定允许的操作范围提供依据。

(3) 化工动力学。即本征和宏观速率方程，为计算反应器的体积打下基础。

2. 选择操作条件

根据反应物系的特性，选择能使反应器体积最小或目的产物收率最高的操作条件。主要是温度、压力、浓度和最终转化率等。

3. 选择反应器的型式

根据物系特性及反应器的性能，选择能使操作费用最低或产品收率最高的反应器型式，如选择采用间歇反应器、连续槽式反应器或连续管式反应器等。

4. 选择换热方式

按热效应的大小或对温度的敏感度选择适当的换热方式。例如，用绝热式还是换热式，用列管换热、蛇管换热还是夹套换热等，它将影响到反应器的温度分布。

5. 确定反应器的尺寸

计算选定条件下反应器的主要尺寸，如体积、高和直径等，催化反应器还应计算所需催化剂的体积或质量。

6. 研究最优的操作方式

考虑操作条件变化时的调节措施，目的是保证反应器能在较宽的条件范围内稳定地进行生产。

上述步骤除第一步外，均可反复交叉进行。其内容将在后续章节中详细讨论。

第 1 章　化学反应动力学

化学反应动力学是研究化学反应速率快慢和反应进行方式的一门学科，是讨论化学反应本身的速率规律和反应机理。它在排除传递过程影响的条件下研究物质特性、温度、浓度和催化剂等因素对化学反应速率的影响，所以又称本征动力学或微观动力学。在均相反应中，由于反应物料已达到分子尺度的均匀混合，不存在传递过程的影响，因此均相反应动力学实质上也就是本征动力学。

1.1　化学计量学

1.1.1　化学计量方程

1. 化学反应式

在研究化学反应时，经常应用化学组分这一术语，它是指任意具有确定性质的化合物或元素。描述反应物和产物的化学反应过程的定量关系式称为化学反应式。例如：

$$aA+bB+\cdots \longrightarrow lL+mM+\cdots \tag{1.1}$$

式中：A、B、…为反应物，即等式左侧为反应物；L、M、…为产物，即等式右侧为产物；a、b、…、l、m、…为参与反应的各组分的分子数，称为计量系数。

式(1.1)表示 a mol 的 A 组分与 b mol 的 B 组分等经化学反应后将生成 l mol 的 L 组分与 m mol 的 M 组分等。

2. 化学计量方程

化学计量方程只表示反应物、产物在化学反应过程中量的变化关系。例如：

$$aA+bB+\cdots = lL+mM+\cdots \tag{1.2}$$

式(1.2)是一个方程，因此允许按方程的运算规则加以运算，即可变为

$$(-a)A+(-b)B+\cdots lL+mM+\cdots=0 \tag{1.3}$$

将式(1.3)表示成普遍化形式，即

$$\nu_A A+\nu_B B+\cdots+\nu_L L+\nu_M M+\cdots=\sum \nu_i i=0 \tag{1.4}$$

式中：ν_A、ν_B、…为反应物 A、B、…的计量系数，与在化学反应式中的计量系数数值相同但符号相反，即$\nu_A=-a$，$\nu_B=-b$，…；ν_L、ν_M、…为产物 L、M、…的计量系数，与在化学反应式中的计量系数数值相同且符号也相同，即$\nu_L=l$，$\nu_M=m$，…；i 为在反应过程中的反应物或产物，即 A、B、…、L、M、…。

1.1.2　转化率

1. 转化率的定义

目前普遍使用关键组分的转化率表示一个化学反应进行的程度。它是指关键组分 A 转化(或反应)了的分数，即

$$X_A = \frac{\text{转化了的关键组分A的量}}{\text{加入反应器的关键组分A的量} } \overset{\text{间歇}}{=} \frac{n_{A0} - n_A}{n_{A0}} \overset{\text{连续}}{=} \frac{F_{A0} - F_A}{F_{A0}} \tag{1.5}$$

式中：n_{A0}、F_{A0} 为加入反应器关键组分 A 的物质的量、摩尔流量；n_A、F_A 为反应至某时刻时反应器内关键组分 A 的物质的量、摩尔流量。

通常关键组分是反应物中价值最高的组分，其他反应物相对价值较低并可能是过量的。因此，关键组分转化率的高低能直接影响反应过程的经济效果，对反应过程的评价提供更直观的信息，可用其衡量简单反应的深度及好坏。

2. 起始量的选择

计算转化率还有一个起始状态的选择问题，即定义中起始量的选择。对间歇反应器，一般以反应开始时的状态为起始状态；对连续反应器，一般以反应器进口状态为起始状态；当数个反应器串联时，往往以进入第一个反应器的原料组成作为计算基准，而不是以各反应器各自的进料组成为基准，这样有利于计算和比较。

3. 循环反应系统的转化率

一些反应系统由于化学平衡的限制或其他原因，原料通过反应器的转化率很低，为了提高原料利用率以降低成本，往往将反应器出口物料中的产物分离出来，余下的原料再返回反应器入口处，与新鲜原料一起进入反应器再反应，如此往复循环。这样的系统属于有物料循环的反应系统，如合成氨、合成甲醇等都是这样的反应系统。对于这种系统，有两种不同含义的转化率，即单程转化率和全程转化率。

单程转化率是指原料通过反应器一次达到的转化率，即以反应器进口物料为基准的转化率；全程转化率是指新鲜原料进入反应系统到离开系统所达到的转化率，即以新鲜原料为基准计算的转化率。显然，全程转化率必定大于单程转化率，因为物料的循环提高了反应物的转化率。

1.1.3　收率和选择性

对简单反应，反应物的转化率即产物的收率；对复合反应则不然，因其产物有目的产物和副产物之分。复合反应按各个反应间的相互关系，可分为同时反应、平行反应、连串反应和平行-连串反应。一般将反应较快或产物在混合物中所占比例较高的称为主反应，其余称为副反应。任何复合反应系统都是由这些反应组合而成的。

同时反应又称为并列反应，是指反应系统中同时进行两个以上的反应物与产物都不相同的反应，如

$$A \xrightarrow{k_1} L\ (\text{目的产物})$$

$$B \xrightarrow{k_2} M\ (副产物)$$

平行反应又称为竞争反应，是指一种或多种反应物可同时进行两个或两个以上的反应。如烃类的取代和氯化反应等，一般可用下述形式表示：

$$A \xrightarrow{k_1} L\ (目的产物)$$

$$A \xrightarrow{k_2} M\ (副产物)$$

连串反应是指反应生成的产物能进一步转化为其他产物的反应，如甲烷的氯化、腈类的水解等，一般可用下述形式表示：

$$A \xrightarrow{k_1} L \xrightarrow{k_2} M$$

平行-连串反应又称为反应网络，在实际反应系统同时兼有平行反应和连串反应类型，往往构成一个网络，如萘在钒催化剂上的氧化，环氧乙烷与水、氨水及甲醇反应等，其中表示形式之一为

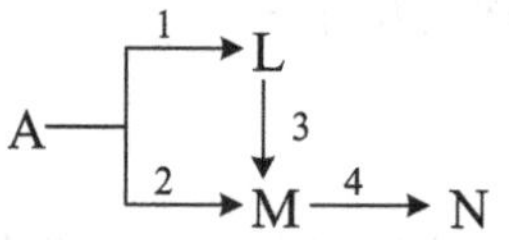

反应物 A 既可生成 L 又可生成 M，即反应 1 和 2 具有平行反应性质，而 L 还可进一步生成 M(反应 3)，M 再生成 N(反应 4)。因此反应 1、3 及 4，反应 2 及 4 均具有连串反应性质。

对复合反应，除反应物转化率的概念外，还需有收率和选择性的概念。

1. 收率

转化率概念是针对反应物而言，收率概念则是对产物而言，其定义为

$$Y = \frac{生成目的产物所消耗的关键组分A的物质的量}{进入反应器的关键组分A的总物质的量} \tag{1.6}$$

收率 Y 可表明目的产物的相对生成量。

对于有物料循环的反应系统，与转化率一样，也有单程收率和全程收率之分。计算基准与转化率一样，因此也是全程收率大于单程收率。

2. 选择性

常用选择性表达复合反应中已反应的关键组分有多少生成目的产物，其定义如下。

1)瞬时选择性

$$\begin{aligned} S &= \frac{单位时间内生成目的产物所消耗的关键组分A的物质的量}{单位时间内反应消耗了的关键组分A的总物质的量} \\ &= -\frac{\mathrm{d}c_L / \mathrm{d}t}{\mathrm{d}c_A / \mathrm{d}t} = -\frac{\mathrm{d}c_L}{\mathrm{d}c_A} \end{aligned} \tag{1.7}$$

2)总选择性

$$\overline{S} = \frac{生成目的产物所消耗的关键组分\ A的物质的量}{反应中消耗了的关键组分A的总物质的量} \tag{1.8}$$

总选择性是各时刻的瞬时选择性 S 的总平均值。

两者的关系如下：

$$\overline{S}=\frac{1}{c_{A0}-c_{Af}}\int_{c_{A0}}^{c_{Af}}-S\mathrm{d}c_A \tag{1.9}$$

选择性可表明主副反应的相对大小，式中 c_{A0}、c_{Af} 分别为关键组分的初始和最终物质的量浓度。

结合式(1.5)、式(1.6)及式(1.8)可得出转化率、收率和选择性三者的关系为

$$Y=\overline{S}X_A \tag{1.10}$$

对简单反应，由于不存在选择性问题，$\overline{S}=1$，$Y=X_A$；对复合反应，必须用上述参数中的任何两个才能评价反应结果的好坏。

必须指出，不同学者或作者，对选择性、收率的定义不一定相同，使用时应注意前提。

【例 1.1】 乙烯氧化生成环氧乙烷，进料：乙烯 15 mol，氧气 7 mol，出料中乙烯为 13 mol，氧气为 4.76 mol，试计算乙烯的转化率，环氧乙烷的收率及选择性。

【解】

$$C_2H_4+0.5O_2\longrightarrow C_2H_4O$$

$$C_2H_4+3O_2\longrightarrow 2CO_2+2H_2O$$

$$X_A=\frac{15\ \text{mol}-13\ \text{mol}}{15\ \text{mol}}=0.133$$

第一个反应所消耗的乙烯＝转化的乙烯×$\overline{S}$

第二个反应所消耗的乙烯＝转化的乙烯×$(1-\overline{S})$

有

$$2\ \text{mol}\times\overline{S}\times0.5+2\ \text{mol}\times(1-\overline{S})\times3=7\ \text{mol}-4.76\ \text{mol}$$

$$\overline{S}=0.752$$

$$Y=\frac{\text{第一个反应所消耗的乙烯}}{\text{加入的乙烯总量}}=\frac{2\times0.752}{15}=0.100$$

或

$$Y=\overline{S}X_A=0.100$$

1.2　化学反应速率

1.2.1　化学反应速率的定义

在化学动力学中，化学反应速率的定义是单位时间内单位反应区中反应物的反应量或产物的生成量，即

$$\text{反应速率}=\frac{\text{反应量}}{[\text{反应时间}][\text{反应区}]}$$

式中：反应量为反应引起的物料数量的变化，通常采用摩尔或分压等单位，它可以指任一反应物或任一产物的量；反应区包含反应体积、反应表面积、反应系统的质量，其中，反应体积：液相体积、固相或催化剂的堆体积及反应器体积；反应表面积：气固相催化反应中催化剂的内表面积或流固相反应中的相界面积；反应系统的质量：固体或催化剂的质量。

随着反应的持续进行，反应物不断减少，产物不断增多，各组分的瞬时浓度不断变化，所以反应速率是指某一瞬间(间歇过程)或某一微元体积(连续过程)状态下的瞬时反应速率，其表示方法随反应是间歇过程还是连续过程而异。

1. 间歇过程

在间歇过程中，反应物一次加入反应器，经历一定的反应时间达到所要求的转化率后，将产物一次卸出，生产是分批进行的。在反应期间，反应器中没有物料的进出。当反应器中的物料由于搅拌而处于均匀状态时，反应物系的温度、浓度、压力等参数仅随时间而变，故取时间为独立变量。此时反应速率表示为单位时间内单位反应体积中组分 i 的物质的量的变化量。其数学表达式为

$$r_{iV} = \pm \frac{\mathrm{d}n_i}{V\mathrm{d}t} \tag{1.11}$$

式中：r_{iV} 为组分 i 的单位体积反应速率，kmol/(m^3·h) 或 mol/(L·s)；V 为反应体积，即反应实际进行的场所，m^3 或 L；n_i 为组分 i 的瞬时物质的量，kmol 或 mol；t 为反应时间，h 或 s。

由于反应速率永远取正值，所以当组分为反应物时取负号，因为反应物的量随反应时间的增加而减少，dn_i 为负值。当组分为产物时取正号，因为产物随反应时间的增加而增加，dn_i 为正值。

在间歇过程的均相反应系统中，由于液相反应体积变化可以忽略不计，反应体积就是液相体积。气相反应则混合物必将充满整个反应器，反应体积等于反应器体积，反应均可视为在恒容条件下进行，所以式(1.11)变为

$$r_{iV} = \pm \frac{\mathrm{d}(n_i / V)}{\mathrm{d}t} = \pm \frac{\mathrm{d}c_i}{\mathrm{d}t} \tag{1.12}$$

式中：c_i 为组分 i 的物质的量浓度，kmol/m^3 或 mol/L。

由式(1.12)可见，在经典的化学动力学中以单位时间内反应组分浓度的变化表示的反应速率仅是化学反应速率在恒容条件下的一个特例。

对理想气体，式(1.11)还可用下列方法表示：

$$r_i = \pm \frac{1}{RT} \frac{\mathrm{d}p_i}{\mathrm{d}t} \tag{1.13}$$

$$r_i = \pm \frac{p_{\mathrm{T}}}{RT} \frac{\mathrm{d}y_i}{\mathrm{d}t} \tag{1.14}$$

$$r_i = \pm c_{i0} \frac{\mathrm{d}X_i}{\mathrm{d}t} \tag{1.15}$$

式中：T 为反应温度，K；R 为摩尔气体常量，其值的选择随压力的单位而定；p_i 为组分 i 的分压；p_{T} 为系统总压；y_i 为组分 i 的摩尔分数；X_i 为关键组分 i 的转化率。

反应速率可以用反应系统中的任意组分表示，但按不同组分计算的反应速率不一定相等。由于化学反应必须满足化学计量关系，所以以不同组分表示的反应速率与相应的化学计量系数间存在下列关系：

对反应

$$\nu_A A + \nu_B B \rightleftharpoons \nu_L L + \nu_M M$$

有

$$r_A : r_B : r_L : r_M = \nu_A : \nu_B : \nu_L : \nu_M$$

或

$$\frac{r_A}{\nu_A} = \frac{r_B}{\nu_B} = \frac{r_L}{\nu_L} = \frac{r_M}{\nu_M} = \bar{r}$$

即

$$r_A = \frac{\nu_A}{\nu_B} r_B = \frac{\nu_A}{\nu_L} r_L = \frac{\nu_A}{\nu_M} r_M \tag{1.16}$$

在间歇过程的多相反应系统中，反应仅在相界面上发生，反应区一般要用单位表面积定义反应速率，即

$$r_{iS} = \pm \frac{dn_i}{S dt} \tag{1.17}$$

式中：S 为反应表面积，两相流体用单位相界面，流固相系统用单位固体的表面积或催化剂的内表面积，m^2 或 cm^2。

对流固相系统，由于反应相界面可由质量及比表面积换算出来，因此为使用方便，其反应区也可用单位质量固体(或催化剂)表示，其反应速率为

$$r_{iW} = \pm \frac{dn_i}{W dt} \tag{1.18}$$

式中：W 为固体或催化剂的质量，kg 或 g。

2. 连续过程

在连续过程中，反应物不断流入反应器，产物不断流出反应器。反应物和产物都处于连续流动状态，当系统达到稳定后，物料在反应器中没有积累。此时反应器内的某一空间位置上系统的温度、浓度等参数不随时间而变，可视为定值。但在反应区内的不同空间位置上是不同的。此时只有在微元体积为 dV_R 的某一点上的物系参数才可认为是均匀一致的。因此，其反应速率可以用单位反应体积中(或单位反应表面积上及单位质量固体或催化剂上)某一反应组分的摩尔流量的变化表示，即

$$r_{iV} = \pm \frac{dF_i}{dV_R} \tag{1.19}$$

$$r_{iS} = \pm \frac{dF_i}{dS} \tag{1.20}$$

$$r_{iW} = \pm \frac{dF_i}{dW} \tag{1.21}$$

式中：F_i 为组分 i 的摩尔流量，mol/s 或 kmol/h；V_R 为反应体积(对均相反应系统指实际操作中反应混合物在反应器中所占的体积，它不一定等于反应器的体积；对于多相反应系统指反应器中液相、固相或者催化剂的堆积体积)，m^3。

均相反应一般用单位体积反应速率，对于多相反应，三种速率则都有采用。单位体积反

应速率、单位表面积反应速率、单位质量反应速率之间可以进行换算，其换算关系为

$$r_{iV}=ar_{iS}=\rho_b r_{iW} \tag{1.22}$$

式中：a 为固相或催化剂的比表面积，m^2/m^3；ρ_b 为固相或催化剂的堆密度，kg/m^3；r_{iV}、r_{iS}、r_{iW} 为以单位堆体积、单位表面积和单位质量固体或催化剂为基准表示的反应速率，而对于单位体积反应速率 r_{iV}，为简捷起见去掉下标 V，并让 $r_{iV}\equiv r_i$。

为了使用方便和与间歇过程中的反应时间相类比，在连续过程中引进了空间时间（简称空时，又称接触时间）的概念，其定义为反应器有效容积 V_R 与流体特征体积流量 Q_0 的比值，即

$$\tau=V_R/Q_0 \tag{1.23}$$

式中：Q_0 为特征体积流量，是在反应器入口温度及入口压力下，转化率为零时的体积流率，m^3/s。

空时是度量连续流动反应器生产强度的参数，其值越大，生产强度越小。

空速是单位时间内进入单位反应器（或催化床）体积的原料混合物的标准体积流量，因次为 s^{-1} 或 h^{-1}，即

$$S_v=Q_{ON}/V_R \tag{1.24}$$

式中：Q_{ON} 为标准状态体积流量，气体为 1 atm（atm 为非法定单位，1 atm＝1.013×10^5 Pa）、0 ℃，液体为 25 ℃。

空时和空速的关系为

$$\tau=\frac{1}{S_v}\frac{pT_0}{p_0T} \tag{1.25a}$$

式中：p_0、T_0 为标准状态下的压力和温度；p、T 为反应器入口状态下的压力和温度。

当空间时间的进口条件与空间速率的标准状态相同时，空时为标准空时，为空间速率的倒数，即

$$\tau=1/S_v \tag{1.25b}$$

对液相反应或反应前后体积不变的气相反应，将式（1.23）代入式（1.19）可得

$$r_{iV}=\pm\frac{dF_i}{dV_R}=\pm\frac{d(F_i/Q_0)}{d(V_R/Q_0)}=\pm\frac{dc_i}{d\tau} \tag{1.26}$$

式（1.26）与式（1.12）极为相似。

顺便指出，生产上有时还采用质量空速，它通常指单位质量催化剂单位时间内的物料处理量。对多级串联的反应器，常以标准状态下初态（转化率为 0）的反应混合物体积流量计算空速。

1.2.2　化学反应速率方程

化学反应速率与反应物系的性质、反应系统的压力 p、温度 T、反应组分的浓度 c 及催化剂有关。对特定的反应，反应物系的性质及催化剂相同，压力的影响已体现在浓度上，因此反应速率可用下列函数表示：

$$r_i=f(T,\ c) \tag{1.27}$$

即在一定的条件下，反应速率仅为反应温度和各反应组分浓度的函数，这种函数关系式称为速率方程，也称为动力学方程。

式(1.27)右边可以是双曲线型和幂函数型。双曲线型速率方程大多用于理想吸附的气固相催化反应，这类方程将在第 4 章讨论。幂函数型速率方程往往用将浓度及温度对反应速率的影响分离的办法表示速率方程，即

$$r_i = f_1(T) f_2(c) = k c_A^{\alpha} c_B^{\beta} \cdots \tag{1.28}$$

式中：$f_1(T)$为反应速率的温度效应，以反应速率常数 k 表示，对于一定的温度它为常数，将在 1.6 讨论；$f_2(c)$为反应速率的浓度效应，以各反应组分浓度的指数函数表示，即 $f_2(c) = c_A^{\alpha} c_B^{\beta} \cdots$；$\alpha$、$\beta$ 为组分 A、B 的反应级数。

式(1.28)常用于均相反应及真实吸附的气固相催化反应，本节主要讨论这类速率方程。

1. 基元反应

若反应为基元反应，速率方程可直接由质量作用定律写出，反应级数一定是整数，且等于化学计量系数。

1) 不可逆反应

不可逆基元反应$\nu_A A + \nu_B B \longrightarrow \nu_L L$ 的速率方程为

$$r_A = k c_A^{\nu_A} c_B^{\nu_B} \tag{1.29}$$

2) 可逆反应

可逆基元反应$\nu_A A + \nu_B B \rightleftharpoons \nu_L L$ 的速率方程为

$$r_A = k_1 c_A^{\nu_A} c_B^{\nu_B} - k_2 c_L^{\nu_L} \tag{1.30}$$

2. 非基元反应

事实上绝大多数反应都是非基元反应，不可能直接由质量作用定律写出某个反应的速率方程。

1) 不可逆反应

不可逆非基元反应$\nu_A A + \nu_B B \longrightarrow \nu_L L$ 的速率方程为

$$r_A = k c_A^{\alpha} c_B^{\beta} c_L^{\gamma} \tag{1.31}$$

式中：α、β、γ 为反应级数，对反应物级数为正，而产物的级数为负，它们一般需通过实验确定。

2) 可逆反应

可逆非基元反应$\nu_A A + \nu_B B \rightleftharpoons \nu_L L$ 的速率方程为

$$r_A = k_1 c_A^{\alpha} c_B^{\beta} c_L^{\gamma} - k_2 c_A^{\alpha'} c_B^{\beta'} c_L^{\gamma'} \tag{1.32}$$

式中：α、β、γ 为正反应速率式中组分 A、B、L 的反应级数；α'、β'、γ'为逆反应速率式中组分 A、B、L 的反应级数；k_1、k_2 为正、逆反应的反应速率常数；$n = \alpha + \beta + \gamma$、$n' = \alpha' + \beta' + \gamma'$ 为正、逆反应的总级数。

同时，非基元反应可以看成若干基元反应的综合结果，故也可由反应机理导出该反应的速率方程。

设非基元反应 2A+B ⟶ 2L 反应机理为

$$A+A \rightleftharpoons C$$

$$B+C \longrightarrow 2L$$

且第二步为控制步骤，因此

$$r_A=k_2c_Bc_C$$

第一步达到平衡，则

$$c_C=K_1c_A^2$$

代入前式得该反应的速率方程

$$r_A=k_2c_BK_1c_A^2=kc_A^2c_B$$

上例表明速率方程与质量作用定律得到的形式相同，但不能说明反应一定是基元反应。

1.3　简单反应的动力学分析

对多组分反应系统，如果反应物料的初始组成给定，由于化学计量关系式的制约，在反应过程中只要某一组分的浓度确定，其他组分的浓度也相应确定，因此速率方程浓度的变化可应用转化率 X_A 转换成用一个组分的浓度代替。

设不可逆气相反应 $\nu_A A+\nu_B B \longrightarrow \nu_L L$ 的速率方程为

$$r_A=-\frac{dn_A}{Vdt}=kc_A^{\alpha}c_B^{\beta}c_L^{\gamma} \tag{1.33}$$

反应开始前反应混合物中不含 L，组分 A、B 的初始浓度分别为 c_{A0} 和 c_{B0}，将式(1.33)变成 A 组分转化率 X_A 的函数。而反应过程中 n_A 和 V 均为转化率的函数，下面分两种情况讨论。

1.3.1　恒容过程

恒容时反应混合物的体积 V 为常量，只考虑 n_A 随 X_A 的变化。由转化率的定义得

$$n_A=n_{A0}(1-X_A)$$

或

$$c_A=\frac{n_A}{V}=\frac{n_{A0}(1-X_A)}{V}=c_{A0}(1-X_A) \tag{1.34}$$

由化学计量关系知，转化 ν_A mol 的 A，相应消耗 ν_B mol 的 B，生成 ν_L mol 的 L，因此

$$c_B=\frac{n_B}{V}=\frac{n_{B0}-\frac{\nu_B}{\nu_A}n_{A0}X_A}{V}=c_{B0}-\frac{\nu_B}{\nu_A}c_{A0}X_A \tag{1.35}$$

$$c_L=\frac{n_L}{V}=\frac{\frac{\nu_L}{\nu_A}n_{A0}X_A}{V}=\frac{\nu_L}{\nu_A}c_{A0}X_A \tag{1.36}$$

式(1.33)的左边也可用转化率 X_A 的变化来表示，将式(1.34)代入得

$$-\frac{d[n_{A0}(1-X_A)]}{Vdt}=c_{A0}\frac{dX_A}{dt} \tag{1.37}$$

将式(1.34)～式(1.37)代入式(1.33)得

$$r_A=kc_{A0}^{\alpha}(1-X_A)^{\alpha}(c_{B0}-\frac{\nu_B}{\nu_A}c_{A0}X_A)^{\beta}(\frac{\nu_L}{\nu_A}c_{A0}X_A)^{\gamma} \tag{1.38}$$

或

$$-\frac{dc_A}{dt}=kc_A^{\alpha}c_B^{\beta}c_L^{\gamma} \tag{1.39a}$$

$$\frac{dX_A}{dt}=kc_{A0}^{\alpha-1}(1-X_A)^{\alpha}(c_{B0}-\frac{\nu_B}{\nu_A}c_{A0}X_A)^{\beta}(\frac{\nu_L}{\nu_A}c_{A0}X_A)^{\gamma} \tag{1.39b}$$

设反应级数 γ=0，对式(1.39a)、式(1.39b)积分，可得反应速率方程的积分式，详见表1.1。

表1.1　等温恒容下不同反应级数的速率方程及其积分式

α	β	浓度表示			转化率表示		
		速率方程	速率方程的积分式		速率方程	速率方程的积分式	
0	0	$r_A=k$	$kt=c_{A0}-c_A$	(1.40a)	$r_A=k$	$kt=c_{A0}X_A$	(1.40b)
1	0	$r_A=kc_A$	$kt=\ln(c_{A0}/c_A)$	(1.41a)	$r_A=kc_{A0}(1-X_A)$	$kt=-\ln(1-X_A)$	(1.41b)
2	0	$r_A=kc_A^2$					
1	1	$r_A=kc_Ac_B$ ($c_{A0}=c_{B0}$)	$kt=\frac{1}{c_A}-\frac{1}{c_{A0}}$	(1.42a)	$r_A=kc_{A0}^2(1-X_A)^2$	$kt=\frac{1}{c_{A0}}\frac{X_A}{1-X_A}$	(1.42b)

【例1.2】　恒容间歇下，基元反应 A+B⟶L ($c_{A0}\neq c_{B0}$) 的速率方程为 $-\frac{dc_A}{dt}=kc_Ac_B$，试推导其用浓度表示的等温积分形式

$$kt=\frac{1}{c_{A0}-c_{B0}}\ln\frac{c_{B0}c_A}{c_{A0}c_B}$$

【解】　反应的速率方程为

$$-\frac{dc_A}{dt}=kc_Ac_B$$

将 $c_A=c_{A0}(1-X_A)$ 和 $c_B=c_{B0}-c_{A0}X_A$ 代入上式，整理得

$$\frac{dX_A}{dt}=kc_{A0}(1-X_A)(M-X_A)$$

式中：$M=c_{B0}/c_{A0}$。则

$$\begin{aligned}kc_{A0}t&=\int_0^{X_A}\frac{dX_A}{(1-X_A)(M-X_A)}\\&=\int_0^{X_A}\frac{-dX_A}{(1-M)(1-X_A)}+\frac{dX_A}{(1-M)(M-X_A)}\\&=\frac{1}{(1-M)}[\ln(1-X_A)-\ln(M-X_A)]\Big|_0^{X_A}\\&=\frac{1}{(1-M)}\ln\frac{M(1-X_A)}{M-X_A}\end{aligned}$$

将 $M=c_{B0}/c_{A0}$ 代入上式，有

$$kc_{A0}t = \frac{1}{1-\frac{c_{B0}}{c_{A0}}}\ln\frac{\frac{c_{B0}}{c_{A0}}(1-X_A)}{\frac{c_{B0}}{c_{A0}}-X_A}$$

$$kt = \frac{1}{c_{A0}-c_{B0}}\ln\frac{c_{B0}c_A}{c_{A0}c_B}$$

对于速率方程中涉及两个及以上的浓度时，其推导思路为：①将速率方程中的浓度用 X_A 表示；②分解积分符号内的多项式，进行积分；③将积分式中的 X_A 用浓度表示，即得到浓度表示的动力学方程。

【例 1.3】 某一级基元可逆反应 $A \rightleftharpoons L$ 在间歇反应器中进行，$c_{A0}=0.5\ \text{mol/L}$，$c_{L0}=0\ \text{mol/L}$，10 min 后 A 的转化率为 33.3%，平衡转化率为 66.7%，求该反应的速率方程。

【解】 可逆反应的平衡常数：

$$K_c = \frac{k}{k'} = \frac{c_{Le}}{c_{Ae}} = \frac{c_{A0}X_{Ae}}{c_{A0}(1-X_{Ae})} = \frac{0.667}{1-0.667} = 2 \tag{E1.3-1}$$

$$\begin{aligned}-\frac{dc_A}{dt} &= kc_A - k'c_L \\ &= k[c_{A0}(1-X_A) - \frac{1}{K_c}c_{A0}X_A] \\ &= kc_{A0}[(1-X_A) - \frac{1}{2}X_A] \\ &= kc_{A0}(1-1.5X_A)\end{aligned}$$

$$c_{A0}\frac{dX_A}{dt} = kc_{A0}(1-1.5X_A) \tag{E1.3-2}$$

积分式(E1.3-2)，得

$$kt = \int_0^{X_A}\frac{dX_A}{1-1.5X_A} = \frac{1}{-1.5}\ln(1-1.5X_A)\Big|_0^{X_A}$$

$$k = \frac{1}{-1.5\times 10}\ln(1-1.5\times 0.333) = 0.0462(\text{min}^{-1})$$

由式(E1.3-1)，得

$$k' = \frac{k}{K_c} = \frac{0.0462}{2} = 0.0231(\text{min}^{-1})$$

该反应的速率方程为

$$r_A = kc_A - kc_L = 0.0462c_A - 0.0231c_L$$

1.3.2　变容过程

变容时反应混合物的体积 V 和 n_A 均随转化率 X_A 而变。液相反应密度变化不大，一般可作恒容处理。间歇反应器中的气相反应容积不可能变化，但压力、温度会变化。在等温、等压、流动系统中进行气相反应时，如果反应前后物质的量发生变化，则物料的容积必然发生变化，就不能当作恒容处理，此时必须找出反应前后物料的变化规律，才能得出相应的速率方程。

1. 膨胀因子

对气相反应

$$\nu_A A + \nu_B B \longrightarrow \nu_L L$$

若反应前，反应器进口处各组分的摩尔流量为 F_{A0}、F_{B0}、F_{L0}，惰性气体为 F_{I0}，则总摩尔流量为

$$F_{T0}=F_{A0}+F_{B0}+F_{L0}+F_{I0}$$

反应后，如果 A 的转化率为 X_A，则各物料的摩尔流量为

$$F_A = F_{A0} - F_{A0}X_A,\ F_B = F_{B0} - \frac{\nu_B}{\nu_A}F_{A0}X_A,\ F_L = F_{L0} + \frac{\nu_L}{\nu_A}F_{A0}X_A,\ F_I = F_{I0}$$

所以反应后物料的总摩尔流量为

$$F_T = F_{T0} + \frac{\nu_L - (\nu_A + \nu_B)}{\nu_A}F_{A0}X_A \tag{1.43}$$

令膨胀因子

$$\delta_A = \frac{\nu_L - (\nu_A + \nu_B)}{\nu_A} = \frac{\sum 产物的化学计量系数 - \sum 反应物的化学计量系数}{关键组分A的化学计量系数}$$

则式(1.43)变为

$$F_T=F_{T0}+\delta_A F_{A0}X_A=F_{T0}(1+\delta_A y_{A0}X_A) \tag{1.44}$$

式中：y_{A0} 为原料气中组分 A 的起始摩尔分数；δ_A 为反应物 A 每消耗 1 mol 时引起整个物系物质的量增加或减少的量。

2. 膨胀率

在式(1.44)中，若令膨胀率

$$\varepsilon_A=\delta_A y_{A0} \tag{1.45}$$

则有

$$F_T=F_{T0}(1+\varepsilon_A X_A) \tag{1.46}$$

当关键组分 A 全部反应时，$X_A=1$，此时式(1.46)变为 $F_{Tf}=F_{T0}+F_{T0}\varepsilon_A$，即

$$\varepsilon_A = \frac{F_{Tf} - F_{T0}}{F_{T0}} \overset{等温}{\underset{等压}{=}} \frac{V_f - V_0}{V_0} \tag{1.47}$$

因此，膨胀率 ε_A 的物理意义是，等温等压下反应物 A 全部转化时，系统体积的变化比例。等温等压下，式(1.47)又可写为

$$V=V_0(1+\varepsilon_A X_A) \tag{1.48}$$

式中：V_0、V 为反应开始和转化率为 X_A 时的物料体积。

显然，ε_A 值与系统中是否存在惰性气体有关，而 δ_A 则与惰性气体的是否存在无关。对纯气体，$y_{A0}=1$，此时 $\delta_A=\varepsilon_A$。

必须指出，式(1.48)对复合反应系统不适用，因为此时不同的反应，ε_A 值不相同。对间

歇反应过程中的变摩尔气相反应，可以证明其总压的变化关系为

$$p_T = p_{T0}(1+\varepsilon_A X_A) \tag{1.49}$$

【例 1.4】 反应 $H_2+C_2H_4 \longrightarrow C_2H_6$，开始时各组分的摩尔流量为：2 mol/s 氢，4 mol/s 乙烯，2 mol/s 惰性气体。当氢的转化率为 50%时，试计算该物系的总摩尔流量和组分的体积流量分数。

【解】

$$A+B \longrightarrow L$$

组分	$F_{i0}(X_A=0)$	$F_i(X_A=0.5)$	摩尔流量分数
A	2	$F_A = F_{A0} - F_{A0}X_A = 2(1-0.5) = 1(\text{mol/s})$	$y_A = \frac{F_A}{F_T} = \frac{1}{7}$
B	4	$F_B = F_{B0} - \frac{\nu_B}{\nu_A}F_{A0}X_A = 4 - 2\times 0.5 = 3(\text{mol/s})$	$y_B = \frac{F_B}{F_T} = \frac{3}{7}$
L	0	$F_L = F_{L0} + \frac{\nu_L}{\nu_A}F_{A0}X_A = 2\times 0.5 = 1(\text{mol/s})$	$y_L = \frac{F_L}{F_T} = \frac{1}{7}$
I	2	$F_I=2$ mol/s	$y_I = \frac{F_I}{F_T} = \frac{2}{7}$
总量	8	$F_T=7$ mol/s	

$$\delta_A=(1-1-1)/1=-1,\ y_{A0}=2/8=0.25,\ \varepsilon_A=\delta_A y_{A0}=(-1)\times 0.25=-0.25$$

由式(1.46)也可求出物系的总摩尔流量为

$$F_T=F_{T0}(1+\varepsilon_A X_A)=8(1-0.25\times 0.5)=7(\text{mol/s})$$

对于理想气体

体积流量分数＝摩尔流量分数

由计算结果可知，对体积减小的反应，随着反应的进行，总摩尔流量不断变小，惰性气体的存在对膨胀因子无影响，对膨胀率有影响。

在流动系统中，等温、等压下进行的气相变容反应，反应后容积必然发生变化。式(1.33)的左边变为

$$-\frac{dn_{A0}(1-X_A)}{Vdt} = -\frac{1}{V_0(1+\varepsilon_A X_A)}\frac{dn_{A0}(1-X_A)}{dt} = \frac{c_{A0}}{(1+\varepsilon_A X_A)}\frac{dX_A}{dt} \tag{1.50}$$

将式(1.48)代入式(1.34)～式(1.36)可得

$$c_A = \frac{n_A}{V} = \frac{n_{A0}(1-X_A)}{V_0(1+\varepsilon_A X_A)} = c_{A0}\frac{1-X_A}{1+\varepsilon_A X_A} \tag{1.51}$$

$$c_B = \frac{n_B}{V} = \frac{n_{B0} - \frac{\nu_B}{\nu_A}n_{A0}X_A}{V_0(1+\varepsilon_A X_A)} = \frac{c_{B0} - \frac{\nu_B}{\nu_A}c_{A0}X_A}{1+\varepsilon_A X_A} \tag{1.52}$$

$$c_L = \frac{n_L}{V} = \frac{\frac{\nu_L}{\nu_A}n_{A0}X_A}{V_0(1+\varepsilon_A X_A)} = \frac{\frac{\nu_L}{\nu_A}c_{A0}X_A}{1+\varepsilon_A X_A} \tag{1.53}$$

将式(1.50)～式(1.53)代入式(1.33)得

$$\frac{dX_A}{dt}=\frac{kc_{A0}^{\alpha-1}(1-X_A)^\alpha(c_{B0}-\frac{\nu_B}{\nu_A}c_{A0}X_A)^\beta(\frac{\nu_L}{\nu_A}c_{A0}X_A)^\gamma}{(1+\varepsilon_A X_A)^{\alpha+\beta+\gamma-1}} \tag{1.54}$$

对式(1.54)积分，可得反应速率方程的积分式，见表 1.2。

表 1.2　等温等压变容过程下不同反应级数的速率方程及其积分式

α	β	γ	速率方程	速率方程的积分式	
0	0	0	$\frac{dX_A}{dt}=\frac{kc_{A0}^{-1}}{(1+\varepsilon_A X_A)^{-1}}$	$kt=\frac{c_{A0}}{\varepsilon_A}\ln(1+\varepsilon_A X_A)$	(1.55)
1	0	0	$\frac{dX_A}{dt}=k(1-X_A)$	$kt=\ln\frac{1}{1-X_A}$	(1.56)
2	0	0	$\frac{dX_A}{dt}=\frac{kc_{A0}(1-X_A)^2}{1+\varepsilon_A X_A}$	$kt=\frac{1}{c_{A0}}[\frac{(1+\varepsilon_A)X_A}{1-X_A}+\varepsilon_A\ln(1-X_A)]$	(1.57)
1	1	0			

【例 1.5】 气相反应 A ⟶ 2L＋M 在等温等压的流动实验反应器内进行，原料含 75%(摩尔分数)的 A、25%(摩尔分数)的惰性气体，接触时间为 8 min 时，体积流量增加一倍，求此时的转化率以及在该温度下的速率常数(设反应为一级反应)。

【解】 (1) 求 A 的转化率。

因为

$$\delta_A=(1+2-1)/1=2 \quad y_{A0}=0.75$$

所以

$$\varepsilon_A=\delta_A y_{A0}=2\times0.75=1.5$$

反应 8 min 后

$$V=2V_0=V_0(1+\varepsilon_A X_A) \quad \text{(等温等压)}$$

所以

$$X_A=1/1.5=0.667$$

(2) 求速率常数。

由一级反应的动力学方程式知

$$kt=-\ln(1-X_A)=-\ln(1-0.667)=1.0996$$

所以

$$k=0.137\ \text{min}^{-1}$$

【例 1.6】 N 系铁催化剂上氨合成反应 $1.5H_2+0.5N_2 \rightleftharpoons NH_3$ 动力学可以用焦姆金方程表示：

$$r_L=\frac{dF_L}{dS}=k_1 p_B\frac{p_A^{1.5}}{p_L}-k_2\frac{p_L}{p_A^{1.5}} \tag{E1.6-1}$$

式中：A、B、L 为组分 H_2、N_2、NH_3；r_L 为单位内表面上氨合成反应速率，kmol/(m²·s)；F_L 为氨的摩尔流量，kmol/s；S 为铁催化剂的有效内表面，m²；p_A、p_B、p_L 为氢、氮、氨的分压，atm；k_1 为正反应速率常数，kmol/(m²·s·atm$^{1.5}$)；k_2 为逆反应速率常数，kmol·atm$^{0.5}$/(m²·s)。若氨合成反应平衡常数 K_p(atm^{-1})表示为

$$K_p = \frac{p_L^*}{(p_A^*)^{1.5}(p_B^*)^{0.5}} \tag{E1.6-2}$$

则

$$k_1/k_2 = K_p^2 \tag{E1.6-3}$$

将上述速率方程转换成以氨分解基气体混合物中氢及氮的摩尔分数 y_{A0} 及 y_{B0} 和氨的摩尔分数 y_L 表示的表达式。

【解】 氨合成反应是反应后物质的量减少的反应。含氨为 y_L 的气体组成与氨分解基气体组成之间的关系可以通过物料衡算计算。

取 F_{T0} 摩尔流量的氨分解基气体作基准。氨分解基气体混合物中氢、氮、甲烷、氩的摩尔分数分别用 y_{A0}、y_{B0}、y_{C0}、y_{D0} 表示。反应后混合气体共有 F_T 摩尔流量，F_L 为反应生成氨的摩尔流量。氨分解基(反应前)与反应后气体组成的计算列于表 E1.6-1。

表 E1.6-1　氨分解基

组分	氨分解基		反应后	
	摩尔分数	摩尔流量	摩尔流量	摩尔分数
L(NH_3)	0	0	F_L	$y_L=F_L/F_T$
A(H_2)	y_{A0}	$F_{T0}y_{A0}$	$F_{T0}y_{A0}-1.5F_L$	$y_A=(F_{T0}y_{A0}-1.5F_L)/F_T$
B(N_2)	y_{B0}	$F_{T0}y_{B0}$	$F_{T0}y_{B0}-0.5F_L$	$y_B=(F_{T0}y_{B0}-0.5F_L)/F_T$
C(CH_4)	y_{C0}	$F_{T0}y_{C0}$	$F_{T0}y_{C0}$	$y_C=F_{T0}y_{C0}/F_T$
D(Ar)	y_{D0}	$F_{T0}y_{D0}$	$F_{T0}y_{D0}$	$y_D=F_{T0}y_{D0}/F_T$
总计	1	F_{T0}	$F_T=F_{T0}-F_L$	1

由 $y_L=F_L/F_T=F_L/(F_{T0}-F_L)$，解得

$$F_L=F_{T0}y_L/(1+y_L) \tag{E1.6-4}$$

$$F_T=F_{T0}-F_L=F_{T0}/(1+y_L) \tag{E1.6-5}$$

$$y_A=y_{A0}(1+y_L)-1.5y_L \tag{E1.6-6}$$

$$y_B=y_{B0}(1+y_L)-0.5y_L \tag{E1.6-7}$$

$$y_C=y_{C0}(1+y_L) \tag{E1.6-8}$$

$$y_D=y_{D0}(1+y_L) \tag{E1.6-9}$$

又

$$dF_L = d\left(F_{T0}\frac{y_L}{1+y_L}\right) = \frac{F_{T0}}{(1+y_L)^2}dy_L \tag{E1.6-10}$$

由催化床体积 V_R、比内表面积 a 及接触时间 τ 的关系，可得

$$dS=a\,dV_R=aQ_0d\tau=a(22.4F_{T0})d\tau \tag{E1.6-11}$$

将式(E1.6-6)、式(E1.6-7)、式(E1.6-10)、式(E1.6-11)代入式(E1.6-1)，可得

$$\frac{dF_L}{dS} = \frac{1}{(1+y_L)^2}\frac{dy_L}{22.4a\,d\tau}$$
$$= \frac{k_1p^{1.5}[y_{A0}(1+y_L)-1.5y_L]^{1.5}[y_{B0}(1+y_L)-0.5y_L]}{y_L} - \frac{k_2p^{-0.5}y_L}{[y_{A0}(1+y_L)-1.5y_L]^{1.5}}$$

考虑到 $k_1=k_2K_p^2$，并令

$$k_T = 22.4ak_2 \times \left(\frac{3}{4}\right)^{-1.5} \tag{E1.6-12}$$

可将速率方程转换成下列形式

$$\frac{dy_L}{d\tau} = k_T(1+y_L)^2 N_A \tag{E1.6-13}$$

而

$$N_A = \left\{\frac{K_p^2 p^2[y_{A0}(1+y_L)-1.5y_L]^{1.5}[y_{B0}(1+y_L)-0.5y_L]}{y_L} - \frac{y_L}{[y_{A0}(1+y_L)-1.5y_L]^{1.5}}\right\} p^{-0.5}\left(\frac{3}{4}\right)^{1.5} \tag{E1.6-14}$$

1.4　复合反应的动力学分析

前面已讨论了复合反应主要有同时反应、平行反应、连串反应和平行-连串反应四种类型，下面主要讨论平行反应和连串反应的动力学分析。

1.4.1　平行反应

对平行反应

$$A \xrightarrow{k_1} L\,(\text{目的产物})$$

$$A \xrightarrow{k_2} M\,(\text{副产物})$$

设两个反应都是一级不可逆反应，当反应在等温恒容间歇条件下进行时，其速率方程为

$$r_{A1} = \frac{dc_L}{dt} = k_1c_A = r_L \tag{1.58}$$

$$r_{A2} = \frac{dc_M}{dt} = k_2c_A = r_M \tag{1.59}$$

反应物 A 的总消耗速率为

$$r_A = r_{A1} + r_{A2} = -\frac{dc_A}{dt} = (k_1+k_2)c_A \tag{1.60}$$

一般来说，当 $t=0$ 时，$c_{L0}=c_{M0}=0$，积分式(1.60)得

$$c_A = c_{A0}e^{-(k_1+k_2)t} \tag{1.61}$$

将其代入式(1.58)和式(1.59)，分别积分可得动力学方程为

$$c_L = \frac{k_1c_{A0}}{k_1+k_2}[1-e^{-(k_1+k_2)t}] \text{ 或 } c_L = \frac{k_1}{k_1+k_2}(c_{A0}-c_A) \tag{1.62}$$

$$c_M = \frac{k_2c_{A0}}{k_1+k_2}[1-e^{-(k_1+k_2)t}] \text{ 或 } c_M = \frac{k_2}{k_1+k_2}(c_{A0}-c_A) \tag{1.63}$$

若以时间 t 为横坐标，反应组分的浓度为纵坐标，将式(1.61)～式(1.63)作图，如图 1.1 所示，图中各条曲线分别表示相应的反应组分浓度随时间而改变的大致趋向。

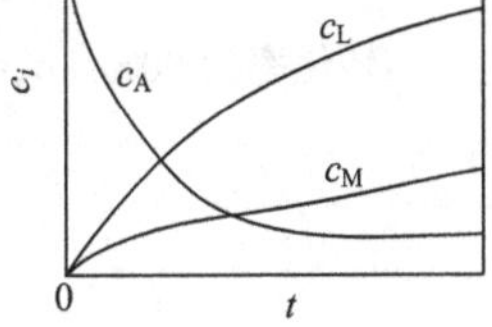

图 1.1　平行反应浓度分布

由式(1.62)及式(1.63)不难看出，当 $t\to\infty$ 时，有

$$c_L = \frac{k_1}{k_1 + k_2} c_{A0} \tag{1.64}$$

$$c_M = \frac{k_2}{k_1 + k_2} c_{A0} \tag{1.65}$$

式中：c_L、c_M 为 L、M 的极限浓度。

根据收率的定义，由式(1.62)可得目的产物 L 的收率为

$$Y_L = \frac{c_L}{c_{A0}} = \frac{k_1}{k_1 + k_2}[1 - e^{-(k_1+k_2)t}] \tag{1.66}$$

根据选择性的定义，由式(1.61)和式(1.62)可得 L 的瞬时选择性：

$$S = \frac{c_L}{c_{A0} - c_A} = \frac{\frac{k_1 c_{A0}}{k_1 + k_2}[1 - e^{-(k_1+k_2)t}]}{c_{A0}[1 - e^{-(k_1+k_2)t}]} = \frac{k_1}{k_1 + k_2} \tag{1.67}$$

由此可见，对主副反应均为一级不可逆反应的平行反应，反应的选择性仅是温度的函数。当主副反应级数不同时，其瞬时选择性可表示为

$$S = \frac{r_{A1}}{r_A} = \frac{k_1 c_A^{\alpha}}{k_1 c_A^{\alpha} + k_2 c_A^{\beta}} = \frac{1}{1 + (k_2 / k_1) c_A^{\beta - \alpha}} \tag{1.68}$$

总选择性为

$$\bar{S} = -\frac{1}{c_{A0} - c_A} \int_{c_{A0}}^{c_A} S \mathrm{d} c_A \tag{1.69}$$

或

$$\bar{S} = \frac{1}{X_A} \int_0^{X_A} S \mathrm{d} X_A \tag{1.70}$$

由式(1.68)可知，当温度一定时，浓度的改变会影响瞬时选择性，即

(1) 若 $\alpha > \beta$，则浓度越高，反应的瞬时选择性越大。

(2) 若 $\alpha < \beta$，则浓度越高，反应的瞬时选择性越小。

(3) 若 $\alpha = \beta$，则反应的选择性仅是温度的函数，与浓度无关。

【例 1.7】 反应 $A \begin{cases} \xrightarrow{1} L & r_L = 2c_A \\ \xrightarrow{2} M & r_M = 1 \\ \xrightarrow{3} N & r_N = c_A^2 \end{cases}$，$c_{A0}$=1.2 mol/L，M 为目的产物，当转化率为 90%时，求 A 组分生成 M 的总选择性和收率。

【解】 A 组分生成 M 的瞬时选择性为

$$S = \frac{r_{A2}}{r_A} = \frac{1}{2c_A + 1 + c_A^2} = \frac{1}{(1 + c_A)^2}$$

当转化率为 90%，c_A=1.2(1−0.9)=0.12(mol/L)，则 M 的总选择性为

$$\bar{S} = -\frac{1}{c_{A0} - c_A} \int_{c_{A0}}^{c_A} \frac{1}{(1 + c_A)^2} \mathrm{d} c_A$$

$$= \frac{1}{1.2 - 0.12}\left(\frac{1}{1 + 0.12} - \frac{1}{1 + 1.2}\right) = 40.6\%$$

M 的收率为

$$Y = \bar{S} X_A = 36.5\%$$

1.4.2　连串反应

对连串反应 $A \xrightarrow{k_1} L \xrightarrow{k_2} M$，设两步均为一级反应，且在等温恒容间歇下进行，则三种组分的浓度变化速率为

$$r_A = -\frac{dc_A}{dt} = k_1 c_A \tag{1.71}$$

$$r_M = \frac{dc_M}{dt} = k_2 c_L \tag{1.72}$$

$$r_L = r_A - r_M = \frac{dc_L}{dt} = k_1 c_A - k_2 c_L \tag{1.73}$$

因为

$$c_{A0} = c_A + c_L + c_M \tag{1.74}$$

在 $t=0$，$c_A=c_{A0}$，$c_{L0}=c_{M0}=0$ 的初始条件下，分别积分式(1.71)～式(1.73)，其动力学方程列于表 1.3。

表 1.3　等温恒容下连串反应的动力学方程

$k_2/k_1 \neq 1$		$k_2/k_1 = 1$	
$c_A = c_{A0}e^{-k_1 t}$ 或 $1-X_A = e^{-k_1 t}$	(1.75)	$c_A = c_{A0}e^{-k_1 t}$ 或 $1-X_A = e^{-k_1 t}$	(1.75)
$c_L = \frac{k_1 c_{A0}}{k_2 - k_1}(e^{-k_1 t} - e^{-k_2 t})$	(1.76a)	$c_L = e^{-k_1 t} k_1 c_{A0} t$	(1.76b)
$c_M = c_{A0}[1 + \frac{1}{k_2 - k_1}(k_1 e^{-k_2 t} - k_2 e^{-k_1 t})]$	(1.77a)	$c_M = c_{A0}(1 - e^{-k_1 t} - k_1 t e^{-k_1 t})$	(1.77b)

将式(1.75)、式(1.76a)、式(1.77a)用 t 对 c_A、c_L、c_M 分别作图得图 1.2。由图可见，反应物浓度随时间增加而下降，产物 M 的浓度随时间的增加而增加，产物 L 的浓度随时间的增加先增加后下降，中间存在一极大值，出现极值的条件是 $dc_L/dt=0$。

1. L 为目的产物的连串反应

将式(1.76a)或式(1.76b)对 t 求导并令其为 0，可得最佳反应时间，从而可得最大浓度、最佳转化率、最大收率表达式，详见表 1.4。图 1.3 表示了目的产物 L 的收率与 A 的转化率 X_A 的关系。图中每一条曲线是相应于一定的 k_2/k_1 值作出的。由图可见，转化率一定时，目的产物 L 的收率总是随 k_2/k_1 的增加而减小。图中的虚线为极大点的轨迹。

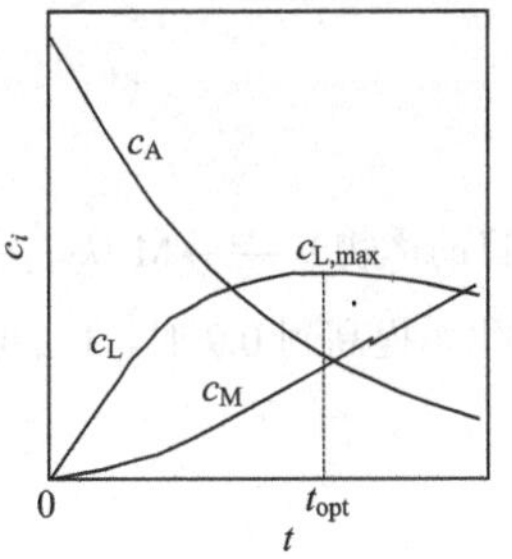

图 1.2　连串反应浓度分布

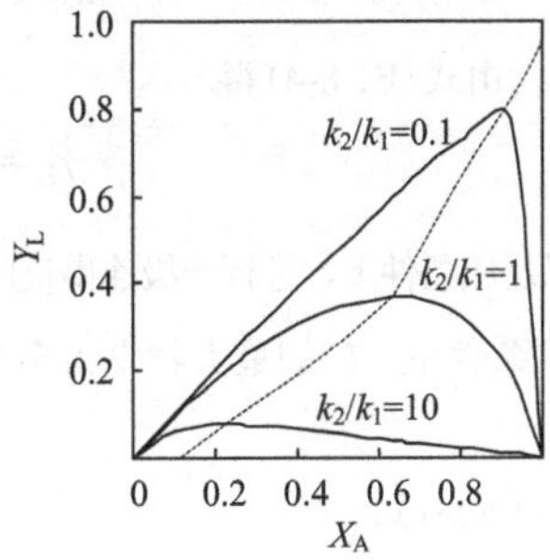

图 1.3　连串反应的收率与 X_A 的关系

表 1.4　L 为目的产物的连串反应的各类表达式

$k_2/k_1 \neq 1$		$k_2/k_1 = 1$	
$t_{opt} = \dfrac{\ln(k_2/k_1)}{k_2 - k_1}$	(1.78a)	$t_{opt} = \dfrac{1}{k_1}$	(1.78b)
$c_{L,max} = c_{A0}(\dfrac{k_1}{k_2})^{\frac{k_2}{k_2-k_1}}$	(1.79a)	$c_{L,max} = e^{-1}c_{A0}$	(1.79b)
$X_{A,opt} = 1 - (\dfrac{k_1}{k_2})^{\frac{k_1}{k_2-k_1}}$	(1.80a)	$X_{A,opt} = 1 - e^{-1}$	(1.80b)
$Y_L = \dfrac{k_1}{k_2 - k_1}(e^{-k_1 t} - e^{-k_2 t})$	(1.81a)	$Y_L = e^{-k_1 t}k_1 t$	(1.81b)
$Y_L = \dfrac{1}{k_2/k_1 - 1}[(1 - X_A) - (1 - X_A)^{k_2/k_1}]$	(1.82a)	$Y_L = -(1 - X_A)\ln(1 - X_A)$	(1.82b)
$Y_{L,max} = (\dfrac{k_1}{k_2})^{\frac{k_2}{k_2-k_1}}$	(1.83a)	$Y_{L,max} = e^{-1}$	(1.83b)

【例 1.8】 在间歇反应器中进行一级连串反应 $A \xrightarrow{k_1} L(目的产物) \xrightarrow{k_2} M$。试推导当 $k_2=k_1$ 时，Y_L 与 t 的关系式。初始条件为 $t=0$，$c_A=c_{A0}$，$c_{L0}=0$。

【解】 反应速率方程

$$r_A = -\frac{dc_A}{dt} = k_1 c_A$$

求导得

$$c_A = c_{A0}e^{-k_1 t} \tag{E1.8-1}$$

目的产物 L 的速率方程

$$r_L = \frac{dc_L}{dt} = k_1 c_A - k_2 c_L \tag{E1.8-2}$$

将式(E1.8-1)代入式(E1.8-2)得

$$\frac{dc_L}{dt} + k_1 c_L = k_1 c_{A0} e^{-k_1 t} \tag{E1.8-3}$$

式(E1.8-3)为常微分方程，其通解为

$$\begin{aligned} c_L &= e^{-\int k_1 dt}\left(\int k_1 c_{A0} e^{-k_1 t} e^{\int k_1 dt} dt + C\right) \\ &= e^{-k_1 t}(k_1 c_{A0} t + C) \end{aligned}$$

代入初始条件 $t=0$，$c_A=c_{A0}$，$c_{L0}=0$，则得 $C=0$，所以

$$c_L = e^{-k_1 t}k_1 c_{A0} t \tag{E1.8-4}$$

根据收率的定义，由式(E1.8-4)得

$$Y_L = e^{-k_1 t}k_1 t \tag{1.81b}$$

【例 1.9】 等温反应条件下，进行一级连串反应 $A \xrightarrow{k_1} L(目的产物) \xrightarrow{k_2} M$ $(k_2/k_1=0.25)$，求(1) $X_A=0.5$ 时，$Y_L=$？(2)在本题条件下，L 的最大收率为多少？(3)当转化率提高到 0.9 时，L 的收率为多少？讨论计算结果。

【解】 (1)由式(1.82a)知

$$Y_L = \frac{1}{k_2/k_1 - 1}[(1-X_A)-(1-X_A)^{k_2/k_1}]$$

当 $X_A=0.5$ 时，得

$$Y_L = \frac{1}{0.25-1}[(1-0.5)-(1-0.5)^{0.25}] = 45.45\%$$

(2) 由式(1.80a)有

$$X_{A,opt} = 1-\left(\frac{k_1}{k_2}\right)^{\frac{1}{k_2/k_1-1}} = 1-4^{\frac{1}{0.25-1}} = 84.25\%$$

由式(1.82a)有

$$Y_{L,max} = \frac{1}{0.25-1}[(1-0.8425)-(1-0.8425)^{0.25}] = 63\%$$

(3) 当 $X_A=0.9$ 时，得

$$Y_L = \frac{1}{0.25-1}[(1-0.9)-(1-0.9)^{0.25}] = 61.64\%$$

由计算结果可以看出，当转化率高过最佳转化率时，虽然增加了反应物的消耗，但是生成目的产物的量减少了，因此必须把转化率控制在最佳转化率附近，分离出产物后，将原料循环使用。

2. M 为目的产物的连串反应

将 M 为目的产物时收率的表达式列于表 1.5 中。

表 1.5　M 为目的产物的连串反应的各类表达式

$k_2/k_1\neq1$		$k_2/k_1=1$	
$Y_M = 1+\frac{1}{k_2-k_1}(k_1e^{-k_2t}-k_2e^{-k_1t})$	(1.84a)	$Y_M = 1-e^{-k_1t}-k_1te^{-k_1t}$	(1.84b)
$Y_M = 1+\frac{1}{k_2-k_1}[k_1(1-X_A)^{k_2/k_1}-k_2(1-X_A)]$	(1.85a)	$Y_M = X_A+(1-X_A)\ln(1-X_A)$	(1.85b)
$\frac{dY_M}{dX_A} = \frac{1}{1-k_1/k_2}[1-(1-X_A)^{k_2/k_1-1}]$	(1.86a)	$\frac{dY_M}{dX_A} = -\ln(1-X_A)$	(1.86b)

由于 $X_A<1$，当 $k_2/k_1\neq1$ 和 $k_2/k_1=1$ 时，式(1.86a)和式(1.86b)永远大于零，所以反应产物 M 的收率总是随转化率 X_A 的增加而增加，不存在极大值。

由式(1.82)和式(1.85)可知，当 A 的转化率 X_A 一定时，无论组分 L 或 M，其收率均为 k_2/k_1 的函数，前者随 k_2/k_1 的增加而减小，后者则随 k_2/k_1 的增加而增加。

1.5　反应速率的浓度效应

幂函数型速率方程的浓度效应是以各反应组分浓度的指数函数来表示，即

$$r_i = kf_2(c) = kc_A^{\alpha}c_B^{\beta}\cdots$$

1.5.1 浓度和反应级数

以 n 级不可逆反应 A⟶L 为例，其速率为

$$r_A = kc_A^n \tag{1.87}$$

由式(1.87)可知，当反应级数 $n>0$ 时，反应物浓度越高，反应速率越大。反应级数 n 越大，组分 A 的浓度变化对反应速率的影响也越大。在反应过程中，反应物 A 的浓度总是降低的，级数越高的反应，随反应的进行，速率降低得越快。所以，反应级数可表征反应速率对浓度的敏感程度。

1.5.2 浓度对反应速率的影响

1. 不可逆反应

不可逆反应 $\nu_A A + \nu_B B \longrightarrow \nu_L L$ 的速率方程为式(1.31)，即 $r_A = kc_A^\alpha c_B^\beta c_L^\gamma$，用 X_A 变换后所得的结果为式(1.39b)，即

$$\frac{dX_A}{dt} = kc_{A0}^{\alpha-1}(1-X_A)^\alpha (c_{B0} - \frac{\nu_B}{\nu_A}c_{A0}X_A)^\beta (\frac{\nu_L}{\nu_A}c_{A0}X_A)^\gamma \tag{1.39b}$$

将式(1.39b)对 X_A 求导，有

$$(\frac{\partial r_A}{\partial X_A})_T = kc_{A0}^{\alpha+\gamma}(\frac{\nu_L}{\nu_A})^\gamma (1-X_A)^{\alpha-1}(c_{B0} - \frac{\nu_B}{\nu_A}c_{A0}X_A)^{\beta-1} X_A^{\gamma-1} \times [-\alpha(c_{B0} - \frac{\nu_B}{\nu_A}c_{A0}X_A)X_A e^{i\theta} -$$

$$\beta\frac{\nu_B}{\nu_A}c_{A0}(1-X_A)X_A + \gamma(1-X_A)(c_{B0} - \frac{\nu_B}{\nu_A}c_{A0}X_A)]$$

对不可逆反应来说，反应物 A、B 的反应级数 α、β 大于零，产物 L 的反应级数 γ 小于零。所以，上式右边方括号为负值，因此等号右边整项应为负值，有

$$\left(\frac{\partial r_A}{\partial X_A}\right)_T < 0$$

由上式可知，等温时 k 为常数，对于一定的起始浓度 c_{A0} 及 c_{B0}，反应速率总是随组分 A 的转化率 X_A 增加而降低。反应级数越高，反应速率越低。

【例 1.10】 反应 A+B⟶L+M，进料中 A 与 B 的物质的量相等，c_{A0} 为 1 mol/L。假定对 A 为零级、一级和二级反应，速率常数分别为 k_0=1 mol/(L·h)，k_1=1 h^{-1}，k_2=1 L/(mol·h)。试分别计算经过 0.5 h 后，A 的未转化率和反应速率。

【解】

	零级反应	一级反应	二级反应
动力学方程	$k_0 t = c_{A0}X_A$	$k_1 t = \ln\frac{1}{1-X_A}$	$k_2 t = \frac{X_A}{c_{A0}(1-X_A)}$
A 的转化率 X_A	0.5	0.39	0.33
A 的未转化率 $1-X_A$	0.5	0.61	0.67
反应速率/[mol/(L·h)]	$r_{A0}=k_0$ =1	$r_{A1}=k_1c_{A0}(1-X_A)$ =0.61	$r_{A1}=k_1c_{A0}^2(1-X_A)^2$ =0.45

由上述计算可以看出，当 kt 和 c_{A0} 相同时，反应级数越高，反应物的未转化量越多，而反应速率越低。

2. 可逆反应

对可逆反应

$$\nu_A A + \nu_B B \rightleftharpoons \nu_L L$$

设正反应级数只与反应物有关，逆反应级数只与产物有关，则速率方程为

$$r_A = k_1 c_A^{\alpha} c_B^{\beta} - k_2 c_L^{\gamma'}$$

将式(1.34)～式(1.36)代入上式，得

$$r_A = k_1 c_{A0}^{\alpha}(1-X_A)^{\alpha}\left(c_{B0} - \frac{\nu_B}{\nu_A} c_{A0} X_A\right)^{\beta} - k_2\left(\frac{\nu_L}{\nu_A}\right)^{\gamma'} c_{A0}^{\gamma'} X_A^{\gamma'} \tag{1.88}$$

同理可得

$$\left(\frac{\partial r_A}{\partial X_A}\right)_T < 0$$

即可逆反应的速率也是随着转化率的升高而降低。

3. 自催化反应

自催化反应指的是反应的产物本身具有催化作用，能加速反应的进行。因此，自催化反应既受反应物浓度的影响，又受产物浓度的影响，工业生产上的发酵过程是一类典型的自催化反应过程。常把自催化反应表示为

$$A + B \longrightarrow B + B$$

而其反应动力学方程为

$$r_A = k c_A^{\alpha} c_B^{\beta} \tag{1.89}$$

将式(1.34)和式(1.35)代入式(1.89)得

$$r_A = k_1 c_{A0}^{\alpha}(1-X_A)^{\alpha}\left(\frac{\nu_B}{\nu_A} c_{A0} X_A\right)^{\beta} \tag{1.90}$$

将式(1.90)对 X_A 求导，有

$$\left(\frac{\partial r_A}{\partial X_A}\right)_T = k\left(\frac{\nu_B}{\nu_A}\right)^{\beta} c_{A0}^{\alpha+\beta}(1-X_A)^{\alpha-1}(X_A)^{\beta-1}[-\alpha X_A + \beta(1-X_A)]$$

分析上式有

$$\left(\frac{\partial r_A}{\partial X_A}\right)_T \begin{cases} >0 \\ =0 \\ <0 \end{cases}$$

上式说明，随转化率的变化，自催化反应的速率变化可为正、为零、为负，即存在极大值。

如图 1.4 所示，自催化反应在反应初期，虽然反应物 A 的浓度很高，但此时催化剂即反应产物 B 的浓度较低，故反应速率并不会太高；随着反应的进行，产物浓度不断增加，反应物浓度尽管有所降低但仍然较高，反应速率增大。到了反应后期，产物越来越多，

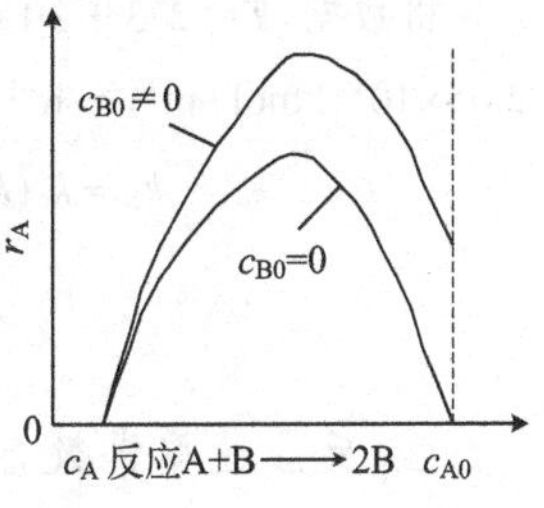

图 1.4　自催化反应的浓度与速率的关系曲线

催化剂的浓度提高了，但因反应消耗了大量的反应物其浓度大大降低，所以此时速率下降。因此，自催化反应在反应过程中必然有一个最大速率出现，这就是自催化反应与一般不可逆反应的根本区别所在，即反应开始后有一个速率从低到高的“启动”过程。

1.6 反应速率的温度效应

反应速率与温度的关系可通过反应速率常数 k 体现。速率常数 k 的物理意义是反应物系各组分浓度为 1 时的反应速率。

1.6.1 反应速率常数

1. 反应速率常数与温度的关系

反应速率常数与温度的关系通常用阿伦尼乌斯公式表示

$$k = k_0 \exp\left(-\frac{E}{RT}\right) \tag{1.91}$$

式中：k 为反应速率常数，其单位取决于反应级数、反应物系组成的表示方式及反应速率的表达式；k_0 为指前因子或频率因子，一般情况下，可视为与温度无关；E 为反应活化能，J/mol，它是反应速率对反应温度敏感程度的一种量度，可表征化学反应进行的难易程度，但不是决定反应难易的唯一因素；R 为摩尔气体常量，其值的选择随活化能的单位而定；T 为反应温度，K。

当反应速率的单位用 $\text{kmol}/(\text{m}^3\cdot\text{h})$ 表示，而组成用浓度 kmol/m^3 表示时，n 级反应的速率常数 k_c 的单位为 $(\text{kmol/m}^3)^{1-n}\cdot\text{h}^{-1}$。

对气相反应，组分浓度还可用分压或摩尔分数表示，此时相应的速率常数 k_p 及 k_y 的关系为

$$k_c = k_p (RT)^n = k_y (RT/p_\text{T})^n \tag{1.92}$$

【例 1.11】 气相三级反应 $2\text{NO} + \text{O}_2 \longrightarrow 2\text{NO}_2$ 在 30 ℃及 1 kg/cm^2 下，已知反应的速率常数 $k_c = 2.65\times10^4(\text{mol/L})^{-2}\cdot\text{h}^{-1}$，今若以 $r_\text{A} = k_p p_\text{NO}^2 p_{\text{O}_2}$ 及 $r_\text{A} = k_y y_\text{NO}^2 y_{\text{O}_2}$ 表示，则反应速率常数 k_p 及 k_y 应为何值？

【解】 反应

$$2\text{NO} + \text{O}_2 \longrightarrow 2\text{NO}_2$$

将数据 $T = 273 + 30 = 303(\text{K})$，$n = 3$，$p_\text{T} = 1\ \text{kg/cm}^2 = 0.9678\ \text{atm}$，$k_c = 2.65\times10^4(\text{mol/L})^{-2}\cdot\text{h}^{-1} = 2.65\times10^4\,(\text{kmol/m}^3)^{-2}\cdot\text{h}^{-1}$，代入式(1.92)得

$$k_p = k_c (RT)^{-3} = 2.65\times10^4(0.08206\times303)^{-3} = 1.724\,[(\text{kmol/m}^3)\text{atm}^{-3}\cdot\text{h}^{-1}]$$

$$k_y = k_p p_\text{T}^3 = 1.724\times0.9678^3 = 1.563\,[(\text{kmol/m}^3)\cdot\text{h}^{-1}]$$

2. 反应速率常数 k 的计算

1) 作图法求取 k_0 和 E

将式(1.91)两边取自然对数得

$$\ln k = \ln k_0 - \frac{E}{R}\frac{1}{T} \tag{1.93}$$

实验测定出不同温度下的 k 值，以 $\ln k$ 对 $1/T$ 作图得一直线，斜率为 $-E/R$，截距为 $\ln k_0$，从而可求得 E 和 k_0。

2) 由两个不同温度下的速率常数 k 计算 E

$$\ln k_1 = \ln k_0 - \frac{E}{R}\frac{1}{T_1}$$

$$\ln k_2 = \ln k_0 - \frac{E}{R}\frac{1}{T_2}$$

两式相除，得

$$\ln k_1 - \ln k_2 = \frac{E}{R}\left(\frac{1}{T_2} - \frac{1}{T_1}\right)$$

$$E = \frac{R(\ln k_1 - \ln k_2)}{1/T_2 - 1/T_1} = \frac{RT_1T_2}{T_1 - T_2}\ln\frac{k_1}{k_2} \tag{1.94}$$

3) 由两个不同温度下的反应时间 t 计算 E

在相同的初始浓度下，分别在两个不同的温度下进行等温反应，测定达到相同转化率 X_A 下所需的反应时间 t_1、t_2，则 $k_1/k_2 = t_2/t_1$。

所以

$$E = \frac{RT_1T_2}{T_1 - T_2}\ln\frac{t_2}{t_1} \tag{1.95}$$

【例 1.12】　在不同温度下，丙酮二羧酸在水溶液中分解反应的速率常数如下，求：

(1) 反应的活化能及指前因子。

(2) 从 0 ℃升高到 20 ℃与 40 ℃升高到 60 ℃，两种情况下速率常数各增加多少倍？

(3) 若另一反应的指前因子与该反应相同，但活化能 E＝48.55 kJ/mol，这两个反应的温度同时从 0 ℃升高到 20 ℃，各自的反应速率常数增加多少？

T/℃	0	20	40	60
$k\times10^5$/min^{-1}	1.46	47.5	576	5480

【解】　(1) 由式(1.94)知

$$E = \frac{RT_1T_2}{T_1 - T_2}\ln\frac{k_1}{k_2}$$

将第一组数据代入计算，得

$$E_1 = \frac{8.314\times273\times293}{273-293}\ln\frac{2.46\times10^{-5}}{47.5\times10^{-5}} = 98.44(\text{kJ/mol})$$

同理可得

$$E_2 = 95.13\ \text{kJ/mol},\quad E_3 = 97.61\ \text{kJ/mol}$$

E 的平均值为

$$E=(E_1+E_2+E_3)/3=97.06\ \text{kJ/mol}$$

由式(1.91)

$$k=k_0\exp(-\frac{E}{RT})$$

将 E 及 k 代入计算，得

$$k_{01}=2.46\times10^{-5}\exp[97060/(8.314\times273)]=9.18\times10^{13}(\text{min}^{-1})$$

同理可得

$$k_{02}=9.57\times10^{13}\ \text{min}^{-1},\quad k_{03}=9.09\times10^{13}\ \text{min}^{-1},\quad k_{04}=9.21\times10^{13}\ \text{min}^{-1}$$

故指前因子平均值为

$$k_0=(k_{01}+k_{02}+k_{03}+k_{04})/4=9.26\times10^{13}\ \text{min}^{-1}$$

此外，还可以用作图法求 k_0 和 E，以 $\ln k$ 对 $1/T$ 作图，由直线斜率 $(-E/R)$、截距 $(\ln k_0)$，求得 E 和 k_0。

(2)由 1、2 组数据得到 0 ℃升高到 20 ℃反应速率常数增加的倍数为

$$(k_2/k_1)-1=(47.5/1.46)-1=18.3(倍)$$

同理可得从 40 ℃升高到 60 ℃，反应速率增加的倍数为 8.5 倍，比从较低温度 0 ℃升到 20 ℃增加的倍数少 9.8 倍。

(3)在较低活化能(48.55 kJ/mol)下反应，从 0 ℃升到 20 ℃速率常数增加的倍数为

$$(k_2/k_1)-1=\exp[48550(293-273)/(8.314\times273\times293)]-1=3.3(倍)$$

比活化能高的反应少增加 15 倍。

1.6.2 温度对反应速率的影响

1. 不可逆反应

将式(1.93)对温度求导得

$$\frac{\text{d}\ln k}{\text{d}T}=\frac{E}{RT^2} \tag{1.96}$$

由式(1.96)可见，当温度升高时，速率常数 k 增加，反应速率增大，但增大的程度又与活化能及温度的高低有关。活化能越高的反应对温度的变化越敏感，所以 E/RT^2 又称为温度的敏感度。对给定的反应，速率常数的变化在低温时比在高温时更加敏感。

2. 可逆反应

对可逆反应

$$\nu_A\text{A}+\nu_B\text{B}\rightleftharpoons\nu_L\text{L}$$

速率方程为

$$r_A=k_1c_A^{\alpha}c_B^{\beta}c_L^{\gamma}-k_2c_A^{\alpha'}c_B^{\beta'}c_L^{\gamma'} \tag{1.32}$$

平衡时，$r_A=0$，故有

$$\frac{k_1}{k_2}=\frac{c_L^{\gamma'-\gamma}}{c_A^{\alpha-\alpha'}c_B^{\beta-\beta'}} \tag{1.97}$$

设 A、B 及 L 均为理想气体，式(1.97)用分压表示为

$$\frac{k_1}{k_2}=\frac{p_{\mathrm{L}}^{\gamma'-\gamma}}{p_{\mathrm{A}}^{\alpha-\alpha'}p_{\mathrm{B}}^{\beta-\beta'}} \tag{1.98}$$

当反应达到平衡时，由热力学可知

$$K_p=\frac{p_{\mathrm{L}}^{\nu_{\mathrm{L}}}}{p_{\mathrm{A}}^{\nu_{\mathrm{A}}}p_{\mathrm{B}}^{\nu_{\mathrm{B}}}} \tag{1.99}$$

设ν为任意正数，式(1.99)可改写为

$$K_p^{1/\nu}=\frac{p_{\mathrm{L}}^{\nu_{\mathrm{L}}/\nu}}{p_{\mathrm{A}}^{\nu_{\mathrm{A}}/\nu}p_{\mathrm{B}}^{\nu_{\mathrm{B}}/\nu}} \tag{1.100}$$

式(1.98)～式(1.100)均说明化学反应达到平衡这一事实，因此它们是一致的。比较上述三个式子可得

$$\alpha-\alpha'=\frac{\nu_{\mathrm{A}}}{\nu},\ \beta-\beta'=\frac{\nu_{\mathrm{B}}}{\nu},\ \gamma-\gamma'=\frac{\nu_{\mathrm{L}}}{\nu}$$

或

$$\frac{\alpha-\alpha'}{\nu_{\mathrm{A}}}=\frac{\beta-\beta'}{\nu_{\mathrm{B}}}=\frac{\gamma-\gamma'}{\nu_{\mathrm{L}}}=\frac{1}{\nu} \tag{1.101}$$

及

$$\frac{k_1}{k_2}=K_p^{1/\nu} \tag{1.102}$$

式(1.101)表明正、逆反应的反应级数之差与相应的化学计量系数之比为一定值ν，它可作为验证可逆反应动力学测定结果的判据。式(1.102)阐明了正、逆反应速率常数与化学平衡常数之间的关系。除非ν等于 1，否则化学平衡常数将不等于正反应速率常数与逆反应速率常数之比。将式(1.102)两边取对数有

$$\ln k_1-\ln k_2=\frac{1}{\nu}\ln K_p$$

对温度求导，则有

$$\frac{\mathrm{d}\ln k_1}{\mathrm{d}T}-\frac{\mathrm{d}\ln k_2}{\mathrm{d}T}=\frac{1}{\nu}\frac{\mathrm{d}\ln K_p}{\mathrm{d}T} \tag{1.103}$$

由热力学知，对于恒压过程

$$\frac{\mathrm{d}\ln K_p}{\mathrm{d}T}=\frac{\Delta H_{\mathrm{r}}}{RT^2} \tag{1.104}$$

如果可逆反应的正、逆反应速率常数均符合阿伦尼乌斯方程，将式(1.93)对温度求导，则有

$$\frac{\mathrm{d}\ln k_1}{\mathrm{d}T}=\frac{E_1}{RT^2}\quad 和\quad \frac{\mathrm{d}\ln k_2}{\mathrm{d}T}=\frac{E_2}{RT^2} \tag{1.105}$$

将式(1.104)和式(1.105)代入式(1.103)，整理可得

$$E_1-E_2=\frac{1}{\nu}\Delta H_{\mathrm{r}} \tag{1.106}$$

对可逆吸热反应，$\Delta H_{\mathrm{r}}>0$，所以 $E_1>E_2$；对可逆放热反应，$\Delta H_{\mathrm{r}}<0$，所以 $E_1<E_2$。

可逆反应的反应速率等于正、逆反应速率之差，当温度升高时，不论是正反应还是逆反

应其反应速率均会增加，但其净速率未必如此。

为了便于分析，将式(1.32)改写为

$$
\begin{aligned}
r_A &= k_1 f_1(X_A) - k_2 f_2(X_A) \\
&= k_{10} e^{-\frac{E_1}{RT}} f_1(X_A) - k_{20} e^{-\frac{E_2}{RT}} f_2(X_A)
\end{aligned}
\tag{1.107}
$$

在 X_A 一定的条件下，将式(1.107)对温度求导，有

$$
\left(\frac{\partial r_A}{\partial T}\right)_{X_A} = \frac{E_1}{RT^2} k_{10} e^{-\frac{E_1}{RT}} f_1(X_A) - \frac{E_2}{RT^2} k_{20} e^{-\frac{E_2}{RT}} f_2(X_A) \tag{1.108}
$$

1)可逆吸热反应

对可逆吸热反应，$E_1 > E_2$，由式(1.108)知

$$
\frac{E_1}{RT^2} k_{10} e^{-\frac{E_1}{RT}} f_1(X_A) > \frac{E_2}{RT^2} k_{20} e^{-\frac{E_2}{RT}} f_2(X_A)
$$

即

$$
\left(\frac{\partial r_A}{\partial T}\right)_{X_A} > 0
$$

上式说明可逆吸热反应的速率总是随着温度的升高而增加。可逆吸热反应的反应速率与温度及转化率的关系如图 1.5 所示。$r=0$ 的曲线称为平衡曲线，相应的转化率为平衡转化率，是反应所能达到的极限。图中其他曲线为等速率线，反应速率的大小次序为 $r_4 > r_3 > r_2 > r_1$。由图可知，如果转化率一定，反应速率随温度升高而增加；若反应温度一定，则反应速率随转化率的增加而下降。

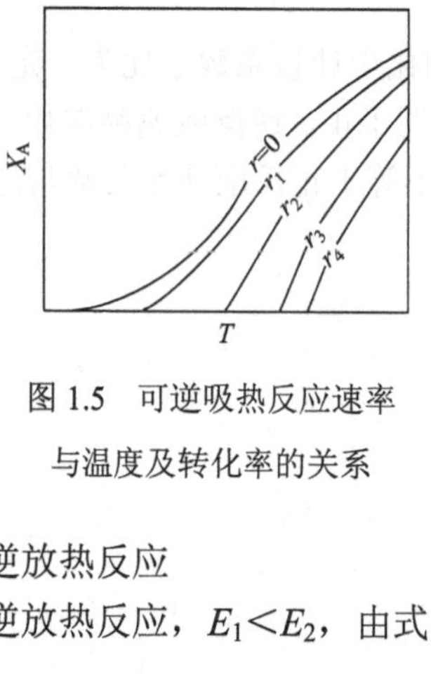

图 1.5　可逆吸热反应速率与温度及转化率的关系

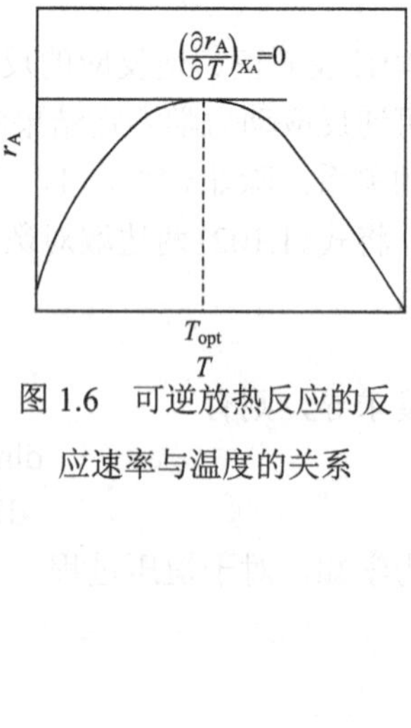

图 1.6　可逆放热反应的反应速率与温度的关系

2)可逆放热反应

对可逆放热反应，$E_1 < E_2$，由式(1.108)知

$$
\left(\frac{\partial r_A}{\partial T}\right)_{X_A} \begin{cases} >0 \\ =0 \\ <0 \end{cases}
$$

上式说明可逆放热反应的速率随温度的升高既可能增加，又可能降低，即存在极大值。

图 1.6 为可逆放热反应的反应速率与温度的关系。图中曲线是在一定转化率下得到的，也称为等转化率曲线。由图可知，当温度较低时，反应速率随温度升高而加快，到达某一极大值后，随着温度的继续升高，反应速率反而下降。对应于极大值的温度称为最佳温度 T_{opt}。

令式(1.108)为零，可得最佳温度

$$T_{opt} = \frac{E_2 - E_1}{R\ln[\frac{E_2}{E_1}\frac{k_{20}}{k_{10}}\frac{f_2(X_A)}{f_1(X_A)}]} \tag{1.109}$$

式(1.109)为计算可逆放热反应最佳温度的通式，对于不同的反应类型，$f_1(X_A)$和$f_2(X_A)$随反应物初始浓度和转化率而变。

反应达平衡时，r_A=0，由式(1.107)有

$$k_{10}e^{-\frac{E_1}{RT_{eq}}}f_1(X_A) = k_{20}e^{-\frac{E_2}{RT_{eq}}}f_2(X_A)$$

则平衡温度为

$$T_{eq} = \frac{E_2 - E_1}{R\ln[\frac{k_{20}}{k_{10}}\frac{f_2(X_A)}{f_1(X_A)}]} \tag{1.110}$$

在相同的转化率下，最佳温度与平衡温度的关系式为

$$T_{opt} = \frac{T_{eq}}{1 + T_{eq}\frac{R}{E_2 - E_1}\ln\frac{E_2}{E_1}} \tag{1.111}$$

对可逆放热反应，$E_2 > E_1$，$\ln(E_2/E_1) > 0$，即

$$\frac{R}{E_2 - E_1}\ln\frac{E_2}{E_1} = A > 0$$

故 $(1 + AT_{eq}) > 1$，$T_{opt} < T_{eq}$。

也就是说，最佳温度曲线总是位于平衡温度曲线的下方。

图 1.7 为可逆放热反应速率与温度及转化率的关系图，通常称为 T-X_A 图。其曲线为等速率线，反应速率的大小次序为 $r_5 > r_4 > r_3 > r_2 > r_1$。每一等速率线的最高点为其最佳温度。连接所有等速率线上的极值点所构成的曲线称为最佳温度曲线，即图 1.7 中的虚线。如果过程一直按最佳温度曲线操作，则整个过程将以最高的反应速率进行。但在工业生产中这是难以实现的，而尽可能在接近最佳温度曲线下操作还是可以做到的。

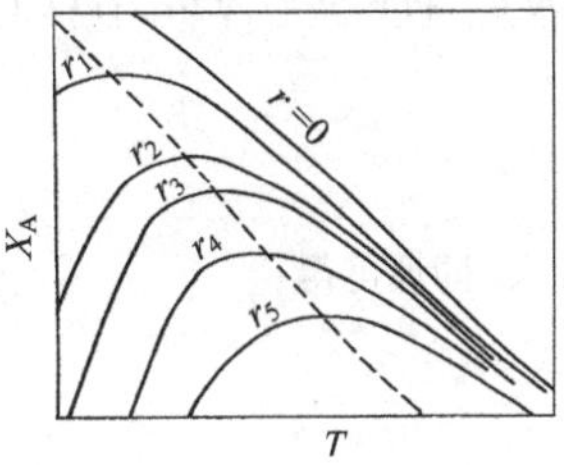

图 1.7 可逆放热反应速率与温度及转化率的关系

【例 1.13】 0.103 MPa 压力下，在钒催化剂上进行 SO_2 氧化反应，原料气组成的体积分数为 7% SO_2、11% O_2 及 82% N_2。试计算反应后气体中 SO_2 为 1%时的转化率及最佳温度。二氧化硫在钒催化剂上氧化的正反应活化能为 9.211×10^4 J/mol，化学计量数 ν=1/2，反应式为 $SO_2 + 0.5O_2 \rightleftharpoons SO_3$，平衡常数与温度的关系为

$$\lg K_p = \frac{4905.5}{T} - 4.1455 \tag{E1.13-1}$$

该反应的热效应 $\Delta H_r = -9.629\times10^4$ J/mol。

【解】 将反应 $SO_2 + 0.5O_2 \rightleftharpoons SO_3$ 改写为 $A + 0.5B \rightleftharpoons L$，则

$$\delta_A = \frac{1 - 1 - 0.5}{1} = -0.5，\quad \varepsilon_A = -0.5\times7\% = -0.035$$

(1) 求转化率。

由转化率定义

$$X_A = \frac{F_{A0} - F_A}{F_{A0}} = \frac{F_{T0} y_{A0} - F_T y_A}{F_{T0} y_{A0}} \tag{E1.13-2}$$

而

$$F_T = F_{T0}(1+\delta_A y_{A0} X_A) \tag{E1.13-3}$$

将式(E1.13-3)代入式(E1.13-2)，有

$$X_A = \frac{y_{A0} - y_A}{y_{A0}(1-0.5y_A)} \tag{E1.13-4}$$

由于碘量分析中所能测得的是反应后转化了的 SO_2 被水吸收后剩余的混合气体中 SO_2 的摩尔分数 y'_A，而不是转化后的全部混合气体中 SO_2 的摩尔分数 y_A，但结合反应式可知

$$y'_A = \frac{F_{T0} y_{A0}(1-X_A)}{F_{T0} - 0.5F_{T0} y_{A0} X_A - F_{T0} y_{A0} X_A} = \frac{y_{A0}(1-X_A)}{1-1.5y_{A0} X_A} \tag{E1.13-5}$$

解得

$$X_A = \frac{y_{A0} - y'_A}{y_{A0}(1-1.5y'_A)} \tag{E1.13-6}$$

由于 SO_2 为极性气体，在标准状态下的摩尔体积为 21.9 L，而混合气体中其他组分，如 N_2、O_2 等非极性气体的摩尔体积为 22.4 L，因此混合气体中的体积分数和摩尔分数不相等，而分析直接得出的又都是体积分数，因此还不能直接用式(E1.13-6)计算其转化率，还需进行适当转换。设转化器前气体中 SO_2 体积分数为 a，转化器后为 b，若以 1 L 混合气体为基准，则其总物质的量为 $\frac{a}{21.9}+\frac{1-a}{22.4}$，故 SO_2 的摩尔分数为

$$y_{A0} = \frac{a/21.9}{a/21.9+(1-a)/22.4} = \frac{1.0228a}{1+0.0228a} \tag{E1.13-7}$$

同理可得

$$y'_A = \frac{1.0228b}{1+0.0228b} \tag{E1.13-8}$$

将式(E1.13-7)和式(E1.13-8)代入式(E1.13-6)，有

$$X_A = \frac{a-b}{a(1-1.5114b)} \tag{E1.13-9}$$

式(E1.13-9)即为 SO_2 转化率的精确计算式，可用于 SO_2 转化器的设计计算和硫酸生产中的分析计算。将 a、b 值代入，可得

$$X_A = \frac{0.07-0.01}{0.07(1-1.5114\times 0.01)} = 87\%$$

采用近似计算时

$$X_A = \frac{a-b}{a} = \frac{0.07-0.01}{0.07} = 85.7\%$$

可见两者误差在 1.5%左右。

(2) 计算最佳温度。

由热力学平衡有

$$K_p = \frac{p_L^{\nu_L}}{p_A^{\nu_A} p_B^{\nu_B}} = \frac{p y_L}{p y_A (p y_B)^{0.5}} \tag{E1-13.10}$$

$$y_A=\frac{0.07(1-0.87)}{(1-0.035\times0.87)}=0.0094,\ y_B=\frac{0.11-0.07\times0.87/2}{(1-0.035\times0.87)}=0.082,\ y_L=\frac{0.07\times0.87}{(1-0.035\times0.87)}=0.0628$$

将其代入式(E1.13-10)，得

$$K_p=\frac{0.0628}{0.0094\times(0.103\times0.082)^{0.5}}=72.695[(\text{MPa})^{-0.5}]$$

将式(E1.13-10)代入式(E1.13-1)，可得

$$T_{eq}=816.6\ \text{K}$$

由式(1.106) $E_1-E_2=\frac{1}{\nu}\Delta H_r$，有

$$E_2=E_1-\frac{1}{0.5}\Delta H_r=(9.211+2\times9.629)\times10^4=28.469\times10^4\ (\text{J/mol})$$

由式(1.111)，得

$$T_{opt}=\frac{816.6}{1+816.6\times\frac{8.314}{(28.469-9.211)\times10^4}\ln\frac{28.469\times10^4}{9.211\times10^4}}=785.4(\text{K})$$

3. 复合反应

对复合反应，温度的影响比较复杂，它除影响反应速率外，还影响收率及选择性，这些内容将在后续章节中讨论。

习　题

1.1　丁二烯是制造合成橡胶的重要原料。制取丁二烯的工业方法之一是将正丁烯和空气及水蒸气的混合气在磷钼铋催化剂上进行氧化脱氢而得到，其主反应为

$$H_2C=CH-CH_2-CH_3+0.5O_2\longrightarrow H_2C=CH-CH=CH_2+H_2O$$

此外还有许多副反应，如生成酮、醛以及有机酸的反应。反应在温度约 350 ℃，压力 2 atm 左右下进行。根据分析得到反应前后的物料组成(摩尔分数)如下：

组成	反应前	反应后	组成	反应前	反应后
正丁烷	0.63%	0.61%	氮	27%	26.10%
正丁烯	7.05%	1.70%	水蒸气	57.44%	67.070%
丁二烯	0.06%	4.45%	一氧化碳	—	1.20%
异丁烷	0.50%	0.48%	二氧化碳	—	1.80%
异丁烯	0.13%	0	有机酸	—	0.20%
正戊烷	0.02%	0.02%	酮、醛	—	0.10%
氧	7.17%	0.64%			

试根据表中的数据计算正丁烯的转化率、丁二烯的收率以及反应的选择性。

1.2　某氨合成塔，入塔流量 $Q_{ON}=10^5\ \text{m}^3/\text{h}$，入塔气中氨含量为 5%(体积分数)，出塔气氨含量为 15%，催化剂装填量 $V_R=5\ \text{m}^3$，操作压力 $p=300$ atm，操作平均温度 470 ℃，求：

(1)进反应器空速；(2)氨分解基空速；(3)出反应器空速；(4)虚拟标准空时；(5)实际空时。

1.3　在 223 ℃等温下进行亚硝酸乙酯的气相分解反应：

$$C_2H_5NO_2 \longrightarrow NO + 0.5CH_3CHO + 0.5C_2H_5OH$$

设反应为一级不可逆反应，反应速率常数与温度的关系为

$$k = 1.39\times10^{14}\exp(-37700/RT)\ \mathrm{s^{-1}},\quad R = 1.987\ \mathrm{cal/(mol\cdot K)}$$

cal(卡)为非法定单位，1 cal=4.184 J。

(1) 假设反应在恒容下进行，系统总压为 1 atm，采用的纯亚硝酸乙酯，试计算亚硝酸乙酯的分解率为80%时，亚硝酸乙酯的分解速率及乙醇的生成速率。

(2) 如果反应在恒压变容下进行，试重复上述计算，并比较两者的计算结果和说明存在差别的原因。

1.4 恒容间歇下，反应 $2A + B \longrightarrow L$ 的动力学方程为 $-\dfrac{dc_A}{dt} = kc_A^2 c_B$ ($c_{A0} = c_{B0}$)，试推导其用浓度表示的等温积分形式

$$kt = \frac{2}{c_{A0}}\left(\frac{1}{c_A} - \frac{1}{c_{A0}}\right) + \frac{2}{c_{A0}^2}\ln\frac{c_A}{c_B}$$

1.5 气相反应 $A \longrightarrow 3L$，其速率方程为 $r = -\dfrac{1}{V}\dfrac{dn_A}{dt} = k\dfrac{n_A}{V}$，试推导恒容条件下以总压表示的速率方程。

1.6 在 350 ℃等温恒容下进行丁二烯的气相二聚反应，实验测得反应时间与反应物系总压的关系如下:

时间/min	0	6	12	26	38	60
总压/mmHg	500	467	442	401	378	350

试求反应级数及反应速率常数。

1.7 在 700 ℃及 3 kg/cm^2 恒压下发生气相反应 $C_4H_{10} \longrightarrow 2C_2H_4 + H_2$。反应开始时，系统中含 C_4H_{10} 为 116 kg。当反应完成 50%，丁烷分压变化的速率 $-dp_A/dt = 2.4\ \mathrm{kg/(cm^2\cdot s)}$。试求下列各项的变化速率：(1) 丁烷的摩尔分数；(2) 乙烯分压；(3) 氢的物质的量。

1.8 750 ℃下，丙烷热分解，其反应式为

$$C_3H_8 \xrightarrow{k_1} C_2H_4 + CH_4 \qquad k_1 = 1.01\ \mathrm{s^{-1}}$$

$$C_3H_8 \xrightarrow{k_2} C_3H_6 + H_2 \qquad k_2 = 0.83\ \mathrm{s^{-1}}$$

2 atm 的纯 C_3H_8 在定压下间歇地反应至 $p_A = 1.0$ atm，假设物系为理想气体，求：

(1) 丙烷的转化率及反应时间。

(2) 设丙烷的初始物质的量浓度为 3 mol/L，求丙烷、乙烯和丙烯在指定时间下的物质的量。

1.9 已知在 Fe-Mg 催化剂上水煤气变换反应的正反应速率方程为

$$r_A = k_W y_A^{0.85} y_L^{-0.4}\quad \mathrm{kmol/(kg\cdot h)} \tag{1.9-A}$$

式中：y_A 和 y_L 为一氧化碳及二氧化碳的瞬时摩尔分数，0.103 MPa 及 700 K 时反应速率常数 $k_W = 0.0535$ kmol/(kg·h)。若催化剂的比表面积为 30 m^2/g，堆密度为 1.13 g/cm^3。试计算：

(1) 以反应体积为基准的速率常数 k_V。

(2) 以反应相界面积为基准的速率常数 k_S。

(3) 以分压表示反应物系组成时的反应速率常数 k_p。

(4) 以物质的量浓度表示反应物系组成时的反应速率常数 k_c。

1.10 有一反应，温度 58.1 ℃时，速率常数为 0.117 h^{-1}，温度 77.9 ℃时，速率常数为 0.296 h^{-1}，试求反应的活化能和指前因子。

1.11 一般反应温度上升 10 ℃，反应速率增大一倍(为原来的 2 倍)。为了使这一规律成立，活化能与温度

间应保持什么关系？求出温度为 400 K、600 K、800 K 下的活化能。

1.12　在实际生产中，合成氨反应 $1.5H_2+0.5N_2 \rightleftharpoons NH_3$ 是在高温高压下采用熔融铁催化剂进行的。该反应为可逆放热反应，拟计算在 25.33 MPa 下，以 3∶1（物质的量比）的氢氮混合气进行反应，氨含量 15% 条件下的最佳温度。并讨论如果氨含量不变，反应系统压力变化，最佳温度将如何变化。

已知该催化剂的正反应活化能为 58618 J/mol，逆反应的活化能为 167480 J/mol。平衡常数 K_p 与温度 T(K) 及总压 p(MPa) 的关系为

$$\lg K_p = \frac{2172.26 + 19.6478\,p}{T_{eq}} - (4.2505 + 0.02149\,p)$$

第 2 章　停留时间分布与流动模型

在工业反应器中，物料的运动是十分复杂的，物料有时是以分子尺度的规模进行流动的，而有时则是以凝聚成微团的形式流动的，特别是固体微粒的流动更是如此。由于物料在反应器内的流速有快有慢，停留时间有长有短，因此微团的转化率各不一样。本章将阐明流动系统的停留时间分布的定量描述及其实验测定方法。在停留时间分布基础上讨论理想流动模型和非理想流动模型，并分析返混的影响。

2.1　停留时间分布

物料在反应器中的流动与混合情况，可以是各不相同的。如果把流体粒子从进入反应器到离开反应器所经历的时间称为粒子的停留时间，则在不同的流动状况下，同一瞬间进入反应器的物料在反应器内的停留时间是各不相同的。有的粒子“一掠而过”，有的粒子却可能长期“恋栈”而在反应器内停留，这样就形成了停留时间的某种分布。

产生这种分布的原因主要是由于流体的摩擦而产生的流速分布不均匀、分子扩散、湍流扩散和对流，以及由于搅拌而产生的强制对流、沟流及反应区内的死角等引起的与物料主流方向相反的物料运动。而所有这些原因都会使反应器内的一部分流体粒子流得快，另一部分流体粒子流得慢，从而形成一定的停留时间分布。这种不同时刻进入反应器的粒子间的混合称为“返混”。

停留时间分布分为寿命分布和年龄分布两种。寿命即停留时间，是指流体粒子从进入系统起到离开系统止，在系统内停留的时间。年龄是对存留在系统中的流体粒子而言，从粒子进入系统算起在系统中停留的时间。其区别是后者是对仍然留在系统内的粒子而言，前者则对已经离开系统的粒子而言，也可以说是系统出口物料粒子的年龄。

图 2.1　闭式系统示意图

本章所讨论的停留时间分布只限于仅有一个进口和一个出口的闭式系统，如图 2.1 所示。流体粒子在系统进口处有进无出，在出口处有出无进的系统称为闭式系统，绝大多数实际反应器都符合闭式系统的假定。

2.1.1　停留时间分布的定量描述

描述流体粒子的停留时间分布，常采用两种表示方法，即分布函数及分布密度。

1. 停留时间的分布函数 $F(\tau)$ 和分布密度 $E(\tau)$

对不发生化学反应的连续流动系统，在同时进入系统的 N 个粒子中，其停留时间小于 τ 的粒子 ΔN 所占总粒子的分数称为粒子的停留时间分布函数，常用 $F(\tau)$ 表示。

由于流经设备的物料粒子的停留时间不可能为零，所以当 $\tau=0$ 时，$F(\tau)=0$。同样，物料粒子也不可能在设备内无限停留，因此当 $\tau\to\infty$时，$F(\tau)\to 1$。所以 $F(\tau)$ 的基本性质是其值为 0～1，单调连续非减函数，且为无因次。$F(\tau)$ 与 τ 的关系如图 2.2 所示。

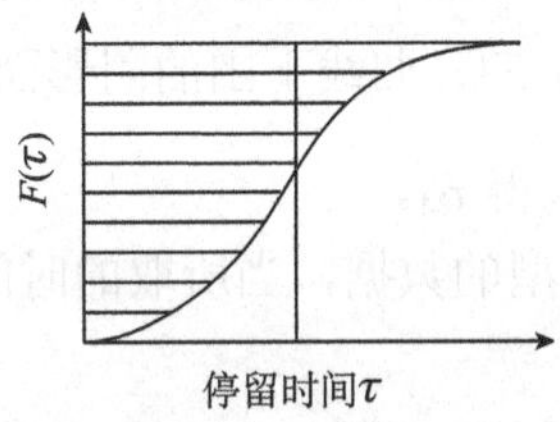

图 2.2　停留时间分布函数

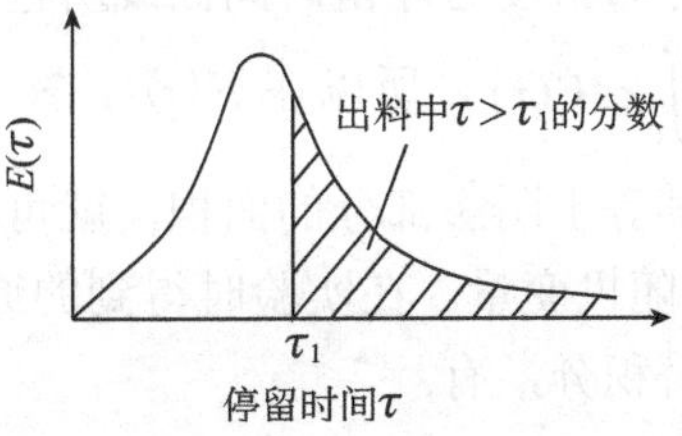

图 2.3　停留时间分布密度函数

停留时间分布密度是分布函数对停留时间的一阶导数，常用 $E(\tau)$ 表示。它就是图 2.2 中分布曲线上的斜率，因为按定义 $E(\tau)=\mathrm{d}F(\tau)/\mathrm{d}\tau$，所以 $\mathrm{d}F(\tau)=E(\tau)\mathrm{d}\tau$，即 $\mathrm{d}F(\tau)$ 表示物料中停留时间界于 τ 与 $\tau+\Delta\tau$ 间粒子所占的分数。当 $\mathrm{d}\tau=1$ 时，$E(\tau)=\mathrm{d}F(\tau)$，故分布密度可理解为单位时间内流出设备的粒子量与粒子总量之比。分布密度与停留时间的关系如图 2.3 所示。

由于所有不同停留时间的粒子所占的分数之和应等于 1，即 $\int_0^\infty E(\tau)\mathrm{d}\tau=1$，它表示 $E(\tau)$ 曲线与 τ 轴间所围成的面积应等于 1，即 $E(\tau)$ 具有归一化性质，其单位为时间的倒数。又

$$\int_0^\tau E(\tau)\,\mathrm{d}\tau=\int_0^1\mathrm{d}F(\tau)-\int_\tau^\infty E(\tau)\mathrm{d}\tau=1-\int_\tau^\infty E(\tau)\mathrm{d}\tau \tag{2.1}$$

这表示图 2.3 中曲线下除阴影部分外的面积。

由停留时间分布函数与分布密度的定义可知，两者间存在如下的关系：

$$E(\tau)=\mathrm{d}F(\tau)/\mathrm{d}\tau,\quad F(\tau)=\int_0^\tau E(\tau)\mathrm{d}\tau$$

因此，知道其中的一个，就可通过上式算出另一个。

2. 停留时间分布的数字特征

由于不同流型的停留时间分布是随机函数，它可用随机函数的特征值表示。现将两个最重要的数字特征值介绍于后。

1) 数学期望——平均停留时间 τ_M

由概率论可知，数学期望 $\hat{\tau}$ 即为平均停留时间 τ_M，不同数据类型计算公式不同。

(1) 连续型随机变量。

$$\tau_\mathrm{M}=\hat{\tau}=\frac{\int_0^\infty\tau E(\tau)\mathrm{d}\tau}{\int_0^\infty E(\tau)\mathrm{d}\tau}$$

因为

$$\int_0^\infty E(\tau)\mathrm{d}\tau=1$$

所以

$$\tau_\mathrm{M}=\int_0^\infty\tau E(\tau)\mathrm{d}\tau=\int_0^1\tau\mathrm{d}F(\tau) \tag{2.2}$$

对分布密度曲线来说，数学期望 $\hat{\tau}$ 就是对原点的一次距，它表示随机变量分布的中心。它实质上就是分布密度与停留时间曲线所包围的面积上的重心在 τ 轴上的投影 τ_M。

由于 $\tau_M = \int_0^1 \tau \mathrm{d}F(\tau)$，所以在 $F(\tau)$-τ 图上，τ_M 应为 $F(\tau)$ 曲线下围的阴影面积，将其变为一矩形面积使其等于阴影部分的面积，就可在 τ 轴上求得 τ_M。

(2) 离散型随机变量。在实验时得到的通常是离散型的数据，当所取的时间间隔 $\Delta\tau$ 相同时，用求和代替积分，有

$$\tau_M = \hat{\tau} = \frac{\sum_0^\infty \tau E(\tau)\Delta\tau}{\sum_0^\infty E(\tau)\Delta\tau} = \frac{\sum_0^\infty \tau E(\tau)}{\sum_0^\infty E(\tau)} \tag{2.3}$$

由实验测得的 $E(\tau)$ 数据，通过式(2.3)求得平均停留时间 τ_M，它表示全体粒子通过反应器时间的平均值。对恒容过程，它等于流体在反应器内的空间时间，即 $\tau_M=\tau=V_R/Q_0$。

2) 方差 σ_τ^2——停留时间分布的散度

方差是随机变量对于平均值(数学期望)的偏离程度。

(1) 连续型随机变量。

$$\sigma_\tau^2 = \int_0^\infty \tau^2 E(\tau)\mathrm{d}\tau - \tau_M^2 \tag{2.4}$$

(2) 离散型随机变量。

$$\sigma_\tau^2 = \frac{\sum_0^\infty \tau^2 E(\tau)\Delta\tau}{\sum_0^\infty E(\tau)\Delta\tau} - \tau_M^2 = \frac{\sum_0^\infty \tau^2 E(\tau)}{\sum_0^\infty E(\tau)} - \tau_M^2 \tag{2.5}$$

3. 停留时间分布的无因次化

因为流量不同，所测出的停留时间分布函数 $F(\tau)$ 和分布密度 $E(\tau)$ 也不同，停留时间分布有时为了应用上方便，常使用无因次停留时间。同时由于平均停留时间和方差均有因次，对于大小不同的反应器，其值没有可比性，为了消除反应器大小的影响，也需要对它们进行无因次化。无因次停留时间定义为

$$\theta = \frac{\tau}{\tau_M} \tag{2.6}$$

式中：θ 为无因次停留时间；τ_M 为平均停留时间。

对于在闭式系统中流动的流体，当流体密度维持不变时，其平均停留时间等于

$$\tau_M = \frac{V_R}{Q} \tag{2.7}$$

因为无论随机变量用 τ 还是用 θ 表示，所有不同停留时间的粒子所占分数之和均应等于 1，即

$$\int_0^\infty E(\tau)\mathrm{d}\tau = \int_0^\infty E(\theta)\mathrm{d}\theta = 1$$

将式(2.6)代入上式，得

$$E(\theta)=\tau_{M}F(\tau) \tag{2.8}$$

由于 $F(\tau)$ 本身是一累积概率，而 θ 是 τ 的确定性函数，根据随机变量的确定性函数的概率应与随机变量的概率相等的原则，有

$$F(\theta)=F(\tau) \tag{2.9}$$

将式(2.6)代入式(2.2)，可得无因次平均停留时间

$$\overline{\theta}=\int_{0}^{\infty}\theta E(\theta)\mathrm{d}\theta \tag{2.10}$$

将式(2.6)代入式(2.4)，可得无因次方差

$$\sigma_{\theta}^{2}=\frac{\sigma_{\tau}^{2}}{\tau_{M}^{2}}=\int_{0}^{\infty}\theta^{2}E(\theta)\mathrm{d}\theta-1 \tag{2.11}$$

式中，无因次方差 σ_{θ}^{2} 为 0～1 的数值，无因次停留时间分布可在不同的流量下使用。

2.1.2　停留时间分布的实验测定

反应器的停留时间分布通常由实验测定，基本原理是利用刺激应答技术，即在进口处加入少量示踪物，然后在出口物料中检测其信号，以获得示踪物在反应器内的停留时间分布的实验数据。

示踪物的输入方法有阶跃注入法、脉冲注入法、周期变化法等。不同的方法可以直接测出不同的停留时间分布表示方法，下面主要介绍前两种方法。

1. 阶跃注入法

在设备内流体达到稳定流动后，自某瞬时($\tau=0$)起，连续在进口处加入某种少量的示踪物，然后分析出口流体中示踪物浓度随时间的变化，以确定停留时间分布。若设备体积为 V_R，物料流量为 Q，加入少量示踪物后进口混合物中示踪物浓度为 c_0，但流量近似视为不变，然后检测出口处示踪物浓度随时间的变化，其注入及应答情况如图 2.4 所示。

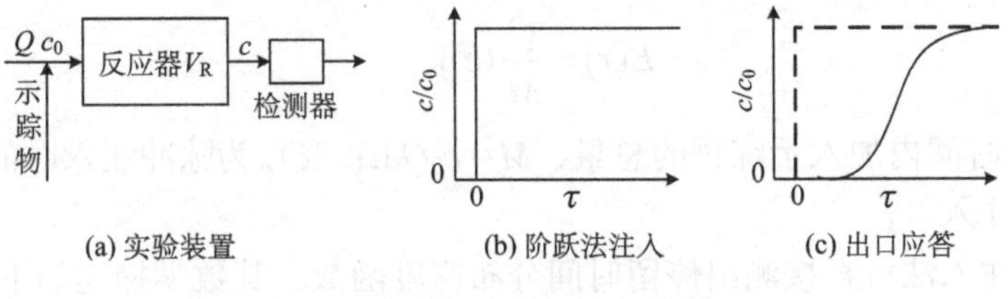

图 2.4　阶跃注入法测定停留时间分布

若时间为 τ 时，出口浓度为 c，则对示踪物作物料衡算，有

流出量＝注入量×流出量占总量的分数

即

$$cQ=c_{0}Q\times F(\tau)$$

或

$$F(\tau)=\left(\frac{c}{c_0}\right)_{\mathrm{S}} \tag{2.12a}$$

式中：S 为下标，表示阶跃注入。

由式(2.12a)可见，由阶跃注入法测定得到的是停留时间分布函数，其数学描述如下：

$$c=\begin{cases}0, & 当\tau<0 \\ c_0, & 当\tau>0\end{cases} \quad 在l=0处 \tag{2.12b}$$

式中：l 为反应器内流动方向的坐标，自入口处计。

2. 脉冲注入法

在设备内流体达到稳定流动后，在某个极短的时间 $\mathrm{d}\tau$ 内，由设备进口处将少量的示踪物注入物料中，使进料中的示踪物浓度为 c_0，此时近似认为总物料流量 Q 不变，则在设备出口处测得示踪物浓度 c 随时间的变化，其注入及应答情况如图 2.5 所示。

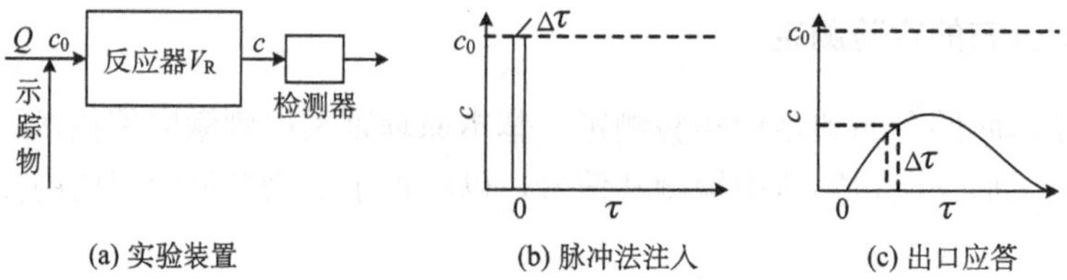

图 2.5　脉冲注入法测定停留时间分布

在 $\mathrm{d}\tau$ 时间内作示踪物的物料衡算，有

流出量＝注入量×$\mathrm{d}\tau$ 时间内流出量占总注入量分数

即

$$\begin{aligned}cQ\mathrm{d}\tau&=c_0Q\mathrm{d}\tau\times\mathrm{d}F(\tau)\\&=M\mathrm{d}F(\tau)\end{aligned}$$

或

$$E(\tau)=\frac{Q}{M}(c)_p \tag{2.13a}$$

式中：M 为在 $\mathrm{d}\tau$ 时间内加入示踪物的总量，$M=c_0Q\mathrm{d}\tau$；$(c)_p$ 为脉冲注入时的出口浓度；p 为下标，表示脉冲注入。

可见由脉冲注入法可直接测出停留时间分布密度函数。其数学描述如下：

$$c=\begin{cases}0, & 当\tau=0 \\ c_0, & 当0<\tau<\Delta\tau \quad 在反应器入口处，即l=0处 \\ 0, & 当\tau>\Delta\tau\end{cases} \tag{2.13b}$$

在实际应用中，由于 $\mathrm{d}\tau$ 极短且 $(c)_p$ 难以准确测得，M 值常用下述方法计算。

因为加入的示踪物量最后都将流出设备，所以式(2.14)必然成立：

$$M=Q\int_0^\infty (c_i)_p\mathrm{d}\tau\approx Q\sum_{i=1}^{n}(c_i)_p\Delta\tau_i \tag{2.14}$$

代入式(2.13a)，得

$$E(\tau)=\frac{Q(c)_p}{Q\int_0^{\infty}(c)_p\,\mathrm{d}\tau}=\frac{(c)_p}{\int_0^{\infty}(c)_p\,\mathrm{d}\tau} \tag{2.15}$$

又由定义式知

$$\mathrm{d}F(\tau)=E(\tau)\,\mathrm{d}\tau$$

所以

$$\mathrm{d}F(\tau)=\frac{(c)_p\,\mathrm{d}\tau}{\int_0^{\infty}(c)_p\,\mathrm{d}\tau} \tag{2.16}$$

积分得

$$F(\tau)=\frac{\int_0^{\tau}(c)_p\,\mathrm{d}\tau}{\int_0^{\infty}(c)_p\,\mathrm{d}\tau} \tag{2.17}$$

可见，脉冲注入法可以同时测出停留时间分布密度和分布函数。

将 $E(\tau)$ 和 $F(\tau)$ 写成离散型并取时间间隔相等，有

$$E(\tau)=\frac{(c)_p}{\sum_0^{\infty}(c_i)_p\Delta\tau_i} \tag{2.18}$$

$$F(\tau)=\frac{\sum_0^{\tau}(c)_p\Delta\tau}{\sum_0^{\infty}(c)_p\Delta\tau}=\frac{\sum_0^{\tau}(c)_p}{\sum_0^{\infty}(c)_p} \tag{2.19}$$

联立式(2.3)和式(2.18)，可得

$$\tau_{\mathrm{M}}=\frac{\sum_0^{\infty}(c)_p\tau}{\sum_0^{\infty}(c)_p} \tag{2.20}$$

联立式(2.5)和式(2.18)，可得

$$\sigma_\tau^2=\frac{\sum_0^{\infty}(c)_p\tau^2}{\sum_0^{\infty}(c)_p}-\tau_{\mathrm{M}}^2 \tag{2.21}$$

式(2.18)～式(2.21)中的∞表示出口浓度为 0 的时间。

【例 2.1】 用脉冲注入在反应器入口液体中加入 $KMnO_4$ 示踪溶液。从加入示踪物时的时间开始，测得出口物料中示踪物的浓度数据见表 E2.1-1。

设示踪物的加入对流型无影响，试确定液体在反应器内的平均停留时间 τ_{M}、方差及相应的分布函数和分布密度。

【解】 由所给数据可求得停留时间分布函数和分布密度，结果列于表 E2.1-2。

表 E2.1-1　示踪物的出口浓度数据

时间/min	$(c)_p$/(g/cm^3)	时间/min	$(c)_p\times10^3$/(g/cm^3)	时间/min	$(c)_p\times10^3$/(g/cm^3)
0	0.0	20	12	40	1
5	2	25	10	45	0.5
10	6	30	5	50	0
15	12	35	2	40	1

表 E2.1-2 停留时间分布函数和分布密度

时间/min	$(c)_p$/(g/m^3)	$\tau(c)_p$ /(min·g/m^3)	$\sum_0^\tau (c)_p$ /(g/m^3)	$F(\tau)$	$E(\tau)$/min^{-1}	$\tau^2(c)_p$ /(min^2·g/m^3)
5	2	10	2	0.040	0.008	50
10	6	60	8	0.158	0.024	600
15	12	180	20	0.396	0.048	2700
20	12	240	32	0.634	0.048	4800
25	10	250	42	0.832	0.040	6250
30	5	150	47	0.931	0.020	4500
35	2	70	49	0.970	0.008	2450
40	1	40	50	0.990	0.004	1600
45	0.5	22.5	50.5	1.000	0.002	1012.5
50	0	0	50.5	1.000	0.000	0
Σ	50.5	1022.5			0.200	23962.5

将表 E2.1-2 中有关计算结果代入式(2.20)，可得

$$\tau_M = \frac{\sum_0^\infty (c)_p \tau}{\sum_0^\infty (c)_p} = \frac{1022.5}{50.5} = 20.25(\text{min})$$

代入式(2.21)，可得

$$\sigma_\tau^2 = \frac{\sum_0^\infty (c)_p \tau^2}{\sum_0^\infty (c)_p} - \tau_M^2 = \frac{23962.5}{50.5} - 20.25^2 = 64.44(\text{min}^2)$$

$$\sigma_\theta^2 = \sigma_\tau^2 / \tau_M^2 = 64.44 / 20.25^2 = 0.155$$

2.1.3　停留时间分布的应用

停留时间分布是流动反应器的一个重要性质，它直接影响反应器的效率及其计算。其应用十分广泛，现分述于下。

1. 了解反应器的流动状况和性能

通过停留时间分布的测定，可了解实际反应器内的流动状况及设备的性能，从而可确定反应器是否符合工艺要求和制定改进设备的方案及措施。例如，反应器内是否存在短路或沟流，是否需要重新装填填料，是否需要增加反应管的长径比或者增设横向挡板，以使流动更趋于理想流动等。

2. 预测反应结果

通过停留时间分布可确定反应器内的流动模型并通过数学期望及方差求取模型参数；预测反应结果或进行反应器体积及实际转化率的定量计算。

实际转化率是指整个物料中反应组分所能达到的平均转化率。在实际的反应器中，由于物料粒子的停留时间各不相同，其反应程度也不一样，结果出口物料中各个粒子的浓度也不相同，因此需要根据停留时间的不同求得出口物料中反应组分的平均浓度进而算出平均转化率。当然该数值还与流体的混合状态有关。

设反应器进口的流体中反应物 A 的浓度为 c_{A0}，当反应时间为 τ 时，其浓度为 $c_A(\tau)$。根据反应器的停留时间分布可知，停留时间在 τ 到 $\tau+d\tau$ 间的流体粒子所占的分数为 $E(\tau)d\tau$，则这部分流体对反应器出口流体中 A 的平均浓度 $\overline{c}_A$ 的贡献为 $c_A(\tau)E(\tau)d\tau$，将所有这些贡献相加即得反应器出口处 A 的平均浓度 $\overline{c}_A$，即

$$\overline{c}_A = \int_0^{\infty} c_A(\tau)E(\tau)d\tau \tag{2.22}$$

式中：$\overline{c}_A$ 为平均浓度，可解释为由于不同停留时间的流体粒子其浓度值不同，反应器出口处 A 的浓度实质上是一个平均的结果；$c_A(\tau)$ 为在 τ 时的浓度，可通过积分反应速率方程求得。

由此可见，只要知道反应速率方程和反应器的停留时间分布，便可预测反应器所能达到的转化率。

根据转化率的定义，式(2.22)可改写为

$$1-\overline{X}_A = \int_0^{\infty}[1-X_A(\tau)]E(\tau)d\tau = \int_0^{\infty}E(\tau)d\tau - \int_0^{\infty}X_A(\tau)E(\tau)d\tau$$

所以

$$\overline{X}_A = \int_0^{\infty} X_A(\tau)E(\tau)d\tau \tag{2.23}$$

应用式(2.23)计算需注意：①对不可逆反应，积分上限应为 $X_A=1$ 时的停留时间，不同级数的反应，其停留时间不同，也就意味着积分上限不同；②只适应于等温情况。

需要说明的是，停留时间分布是返混的一种量度，而且是可测的，但它与返混并不存在一一对应的关系。停留时间分布是在一定的流量 Q 下测出的，无因次化后可推广到不同流量下使用，但前提是流量变化不能太大。不同的返混可以产生完全相同的停留时间分布，即相同的停留时间分布下返混的情况不一定相同。而不同返混对反应的影响是不同的，所以仅靠停留时间分布还不能准确地预测反应器的性能，还需采用流动模型，此时停留时间分布可作为模型合理性的检验手段之一。

2.2　理想流动模型

流动模型(简称流型)是指流体流经反应器时的流动和返混状况。流型是传递过程的基础，只有流型确定之后，才能正确分析质量、热量、动量传递和化学反应等过程。从停留时间分布的角度看，第 3 章将要介绍的管式反应器(平推流反应器)和连续槽式反应器(全混流反应器)的假定是属于流型的两种理想情况。因此，能以平推流或全混流描述其流动状况的反应器，均称为理想反应器。本节将对这两种理想流动模型的实质作进一步的讨论，并阐明其停留时间分布的数学描述。

2.2.1　理想置换模型

理想置换模型又称平推流或活塞流，它假设反应物料以稳定的流速进入反应器，并沿物料的流动方向平行地向前移动，犹如一个活塞在气缸里朝一个方向移动一样。此时由于所有物料在反应器内的停留时间都相同且等于物料通过反应器所需时间，不存在返混或者说返混等于零，因此在垂直于流动方向的任一截面上各点的参数(如温度、压力、浓度和流速)都相同，且不随时间而变。但在流体流动方向的不同位置上，物料的上述参数是不相同的。

对流速较高的管式反应器内的流体流动及固定床内床层高与颗粒直径比大于 100 的反应器内的流体流动均可视为理想置换模型。

当物料呈理想置换流动时，所有物料粒子的停留时间都相同而且都等于整个物料的平均停留时间。平推流反应器的停留时间分布函数如图 2.6 所示。该函数为一阶跃函数，其数学表达式为

$$F(\tau)=\begin{cases}0 & \tau<\tau_M \\ 1 & \tau\geqslant\tau_M\end{cases} \tag{2.24}$$

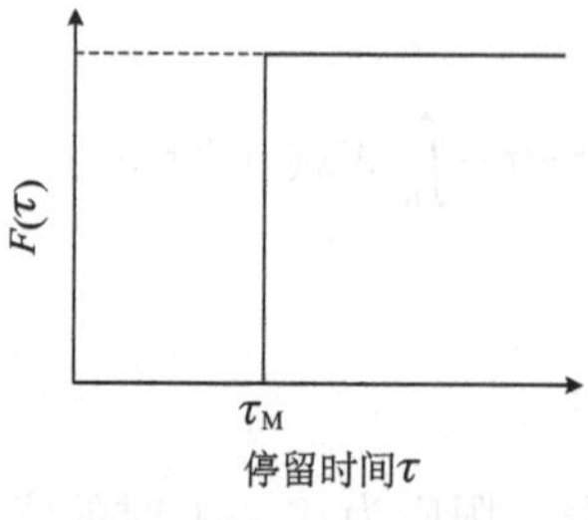

图 2.6　平推流反应器的 $F(\tau)$图

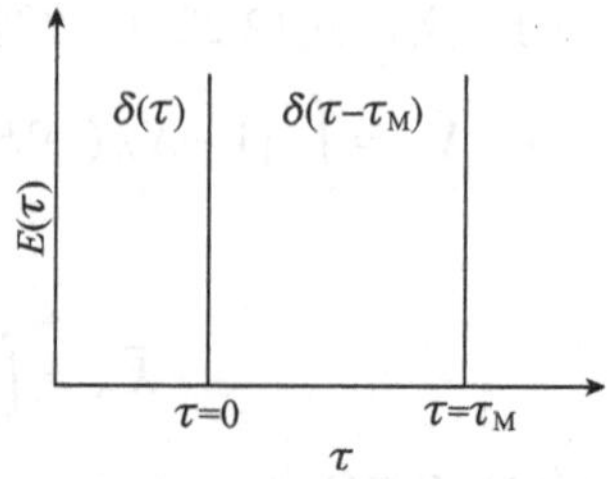

图 2.7　平推流反应器的 $E(\tau)$图

采用无因次时间则为

$$F(\theta)=\begin{cases}0 & \theta<1 \\ 1 & \theta\geqslant 1\end{cases} \tag{2.25}$$

由于 $F(\tau)$的测定是由阶跃法而得，对平推流流型不存在返混，其输出与输入一样也应是阶跃函数。

图 2.7 为平推流反应器的停留时间分布密度函数 $E(\tau)$。显然，该图可理解为：在 $\tau=0$ 时，向平推流反应器的进口以脉冲函数即 δ 函数的形式脉冲输入示踪物时，则其出口流体中示踪

物的浓度也呈 δ 函数的形式。它具有下列性质：

$$x \neq x_0 \qquad \delta(x-x_0)=0$$

$$x = x_0 \qquad \delta(x-x_0)=\infty$$

$$\int_0^{\infty} \delta(x-x_0)\mathrm{d}x = 1$$

$$\int_0^{\infty} f(x)\delta(x-x_0)\mathrm{d}x = f(x_0)$$

上述各式中，x_0 为脉冲发生时间。所以平推流反应器停留时间分布密度函数的数学表达式为

$$E(\tau)=\delta(\tau-\tau_{\mathrm{M}})=\begin{cases}\infty & 当\tau=\tau_{\mathrm{M}} \\ 0 & 当\tau\neq\tau_{\mathrm{M}}\end{cases} \tag{2.26}$$

采用无因次时间则为

$$E(\theta)=\delta(\theta-1)=\begin{cases}\infty & 当\theta=1 \\ 0 & 当\theta\neq 1\end{cases} \tag{2.27}$$

利用 $\delta(\tau)$ 函数的性质，可由式(2.10)和式(2.11)求出平推流反应器的无因次平均停留时间及方差为

$$\overline{\theta}=\int_0^{\infty}\theta\delta(\theta-1)\mathrm{d}\theta=\theta\big|_1=1 \tag{2.28}$$

$$\sigma_\theta^2=\int_0^{\infty}\theta^2\delta(\theta-1)\mathrm{d}\theta-1=\theta^2\big|_1-1=0 \tag{2.29}$$

由式(2.29)可知，平推流反应器停留时间分布的无因次方差 σ_θ^2 为零，表明所有的流体粒子在反应器的停留时间相同，系统内不存在返混。方差越小，说明分布越集中，分布曲线越窄。

2.2.2　理想混合模型

理想混合模型又称完全混合或全混流模型，它假定物料以稳定的流速进入反应器后，新鲜的物料粒子与存留在反应器内的粒子能在瞬间达到完全混合，因而认为达到了最大返混，构成了某一确定的停留时间分布。此时反应器内各点的物系性质都是均匀的且与出口处的物系性质相同，因此反应器内各点的温度、浓度相同且分别等于出口物料的温度和浓度。

搅拌剧烈、流体黏度不大的连续流动搅拌槽式反应器中的流体流型接近于全混流，流化床内的固相反应过程也属于全混流。当然返混通常是指设备尺度上的宏观混合而不管其微团(或颗粒)尺度上的微观混合程度。

在设备内达到稳定流动后，自某瞬间起在设备进口处注入少量某种示踪物，使其浓度为 c_0，并保持混合物流量 Q 基本不变，然后分析出口处示踪物浓度 c 随时间 τ 的变化。若在 $\mathrm{d}\tau$ 时间内作示踪物的物料衡算，则因为示踪物的加入量为 $Qc_0\mathrm{d}\tau$，而流出量为 $Qc\mathrm{d}\tau$，若此时设备内的浓度变化为 $\mathrm{d}c$，则设备内示踪物的累积量为 $V_{\mathrm{R}}\mathrm{d}c$($V_{\mathrm{R}}$ 为设备体积)，则有

$$Qc_0 d\tau - Qc\mathrm{d}\tau = V_{\mathrm{R}}\mathrm{d}c$$

即

$$\frac{\mathrm{d}c}{\mathrm{d}\tau}=\frac{Q}{V_{\mathrm{R}}}(c_0-c)=\frac{1}{\tau_{\mathrm{M}}}(c_0-c) \tag{2.30}$$

当 $\tau \leqslant 0$ 时，$c=0$，积分式(2.30)得

$$\left(\frac{c}{c_0}\right)_{\mathrm{S}} = 1 - \mathrm{e}^{-\frac{\tau}{\tau_{\mathrm{M}}}} \tag{2.31}$$

也就是

$$F(\tau) = 1 - \mathrm{e}^{-\frac{\tau}{\tau_{\mathrm{M}}}} \tag{2.32}$$

$$E(\tau) = \frac{\mathrm{d}F(\tau)}{\mathrm{d}\tau} = \frac{\mathrm{d}(1-\mathrm{e}^{-\tau/\tau_{\mathrm{M}}})}{\mathrm{d}\tau} = \frac{\mathrm{e}^{-\tau/\tau_{\mathrm{M}}}}{\tau_{\mathrm{M}}} \tag{2.33}$$

采用无因次时间，则

$$F(\theta) = 1 - \mathrm{e}^{-\theta} \tag{2.34}$$

$$E(\theta) = \mathrm{e}^{-\theta} \tag{2.35}$$

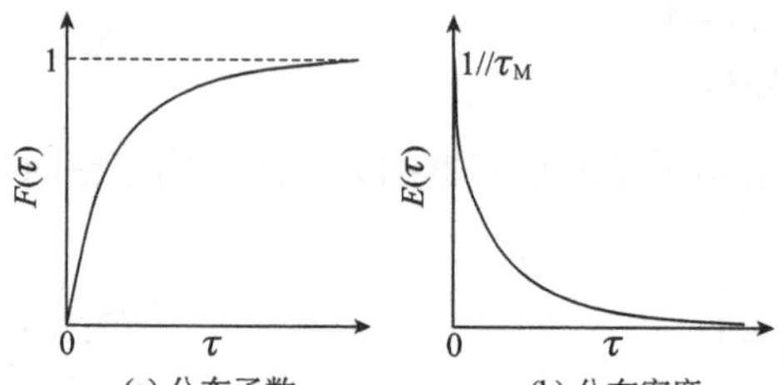

(a) 分布函数　　(b) 分布密度

图 2.8　全混流反应器停留时间分布

式(2.32)和式(2.33)即为理想混合反应器内的停留时间分布函数及分布密度的计算式。作 $F(\tau)$-τ 及 $E(\tau)$-τ 图，如图 2.8 所示。

将式(2.35)分别代入式(2.10)和式(2.11)，可求出全混流反应器的无因次平均停留时间及方差

$$\overline{\theta} = \int_0^{\infty} \theta \mathrm{e}^{-\theta} \mathrm{d}\theta = \mathrm{e}^{-\theta}(-\theta-1)\Big|_0^{\infty} = 1 \tag{2.36}$$

$$\sigma_\theta^2 = \int_0^{\infty} \theta^2 \mathrm{e}^{-\theta} \mathrm{d}\theta - 1 = [-\theta^2 \mathrm{e}^{-\theta} + 2\mathrm{e}^{-\theta}(-\theta-1)]_0^{\infty} - 1 = 1 \tag{2.37}$$

由式(2.37)可知，全混流反应器停留时间分布的无因次方差 σ_θ^2 为 1，表明所有的流体粒子在反应器的停留时间不相同，系统内存在最大返混。

对于非理想流动反应器，其停留时间分布的方差应介于 0~1，其值越大则停留时间分布越分散。

2.3　非理想流动现象及模型

前述理想置换模型和理想混合模型是两种极限状况(没有返混或返混最大)下的理想化的流动模型，而实际的流动状况往往处于上述两种理想流动之间，因而称为非理想流动。

2.3.1　非理想流动现象

一般来说，凡是偏离理想流动的全称为非理想流动。实际反应器流动状况偏离理想流动状况的原因可归结为存在滞留区、沟流、短路、循环流、流体流速分布不均匀和扩散等非理想流动现象。

1. 滞留区

滞留区也称为死区，是指反应器中流体流动极慢以至几乎不流动的区域。它的存在使得

一部分流体的停留时间极长，其停留时间分布密度函数 $E(\theta)$ 曲线的特征是拖尾很长，如图 2.9 所示。由实测的停留时间分布计算得到的平均停留时间要大于 V_R/Q_0。当连续槽式反应器存在滞留区时，其流型会偏离全混流，出现图 2.9(a) 中的情况。图中实线表示全混流反应器的 $E(\theta)$ 曲线，虚线表示有滞留区的连续槽式反应器的 $E(\theta)$ 曲线。由式(2.35)知，对全混流反应器，当 $\theta=0$ 时，$E(\theta)=1$，而当有滞留区存在时，$\theta=0$ 时，$E(\theta)>1$。当固定床反应器存在滞留区时，其流型会偏离平推流，出现拖尾很长的现象，如图 2.9(b) 所示。

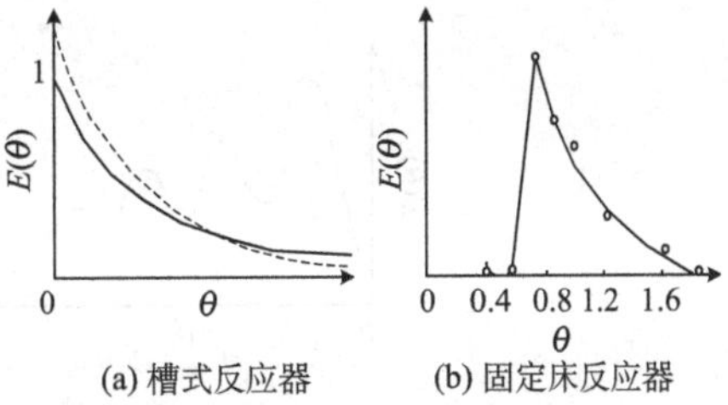

图 2.9　有滞留区存在的实测 $E(\theta)$ 曲线

滞留区主要产生于设备的死角中，如设备两端、挡板与设备壁的交接处以及设备设有其他障碍物时。可以通过设计来减少滞留区。

2. 沟流

流体快速从反应器中低阻力通道流过的现象称为沟流。出现沟流现象时，其停留时间分布密度函数 $E(\theta)$ 曲线的特征是存在双峰，如图 2.10 所示。由实测的停留时间分布计算得到的平均停留时间要小于 V_R/Q_0。固定床反应器、填料塔等设备中，由于催化剂颗粒或填料装填不均匀，会产生低阻力通道，这是产生沟流的主要原因。

3. 短路

流体在设备内的停留时间极短的现象称为短路。设备设计不良时，如设备的进出口离得太近，会出现短路现象。其停留时间分布密度函数 $E(\theta)$ 曲线的特征是存在滞后，如图 2.11 所示。由实测的停留时间分布计算得到的平均停留时间要小于 V_R/Q_0。

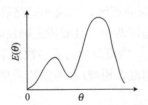

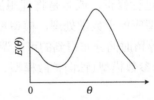

图 2.10　存在沟流的 $E(\theta)$ 曲线

图 2.11　存在短路的 $E(\theta)$ 曲线

4. 循环流

循环流存在时的停留时间分布曲线如图 2.12 所示，其特征为存在几个递降的峰形。气液相反应中液相流动情况可能存在这种现象。

5. 流体流速分布不均匀

若流体在反应器中呈层流流动，流体的径向流速呈抛物线分布，其与平推流模型径向流速分布均匀的假定明显偏离。层流时只考虑流速分布的影响，则可由径向流速导出层流反应器的停留时间分布密度函数为

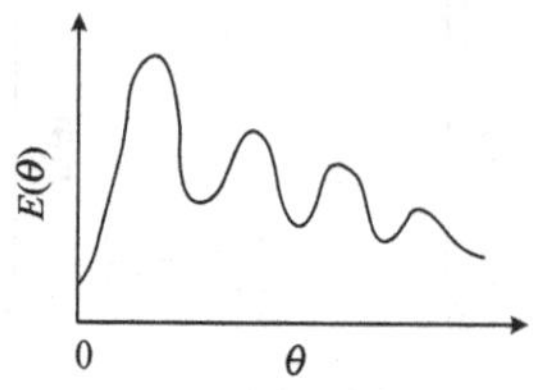

图 2.12　存在循环流的 $E(\theta)$ 曲线

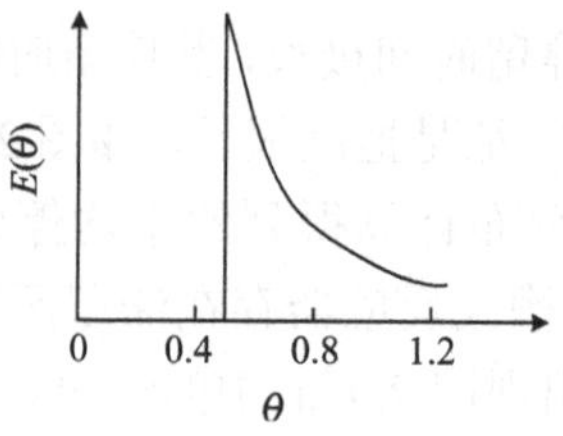

图 2.13　层流反应器的 $E(\theta)$ 曲线

$$E(\theta)=\begin{cases}0 & \theta<0.5\\ \dfrac{1}{2\theta^2} & \theta\geqslant 0.5\end{cases} \tag{2.38}$$

将式(2.38)反映到图上，可得层流反应器的 $E(\theta)$ 曲线，如图 2.13 所示。其特征是停留时间小于平均停留时间一半的流体粒子为零。

6. 扩散

分子扩散及涡流扩散的存在造成了流体粒子之间的混合，使停留时间分布偏离理想流动状况。

以上讨论的是关于形成非理想流动的原因，对于一个流动系统可能全部存在，也可能只存在其中几种。

2.3.2　非理想流动模型

通过上面的讨论可知，不是所有的管式反应器都符合平推流的假设，也不是所有的连续槽式反应器都具有全混流的特性。要测算非理想反应器的转化率及收率，需要对其流动状况建立适宜的流动模型。建立流动模型的依据是该反应器的停留时间分布，普遍应用的技巧是对理想流动模型进行修正，或者是将理想流动模型与滞留区、沟流和短路等作不同的组合。所建立的数学模型应便于数学处理，模型参数不应超过两个，且要能正确反映模拟对象的物理实质。根据从停留时间分布得到的可以调整的参数，将模型分为零参数模型(离散模型、最大混合模型)、单参数模型(轴向扩散模型、多级理想混合模型)和两参数模型(理想反应器组合模型)三类。

1. 零参数模型

在理想混合的连续搅拌槽式反应器中，假设流体一进入反应器就立刻被搅拌，使其均匀地分散在反应物流中，这种混合被认为是微观程度上的混合；不同停留时间分布的流体单元混合在一起形成了完整的微观流体。如果不同停留时间分布的流体单元根本不混合，单元之间相互独立，这样的流体被认为是完全离散的。完全离散和完全微观混合是反应混合物微观混合时的两种极端情形。

1) 离散模型

在建立离散模型时，应首先考虑连续搅拌槽式反应器，因为通过这类反应器可以很容易地反映混合程度。在离散模型中，把流过反应器的流体设想为一系列连续不断运动的小球，如图 2.14 所示。

这些小球互不干扰，也就是说，当它们处于反应环境中，不与流体中的其他小球发生物质交换。另外，每个在反应器内具有不同的停留时间。实质上是把具有相同停留时间的分子组成一个小球。

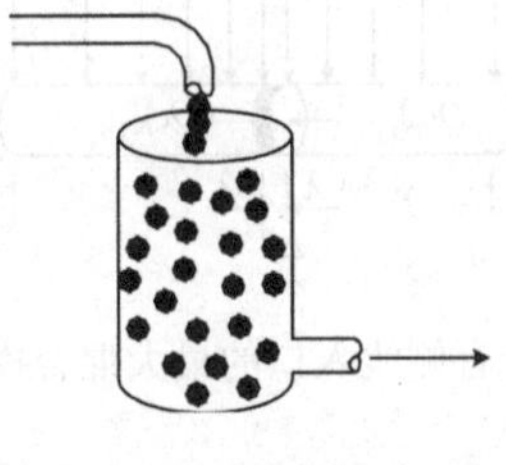

图 2.14　CSTR 内部微型反应器(小球)

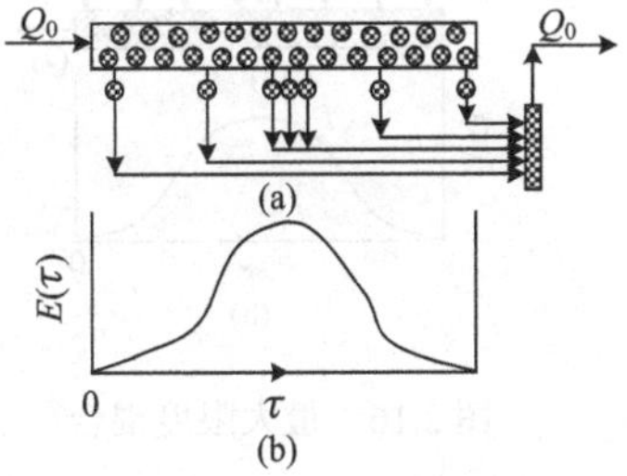

图 2.15　最小限度混合

图 2.15(a)和(b)给出了连续流动体系——平推流反应器内离散模型的示意图。

由于流体以平推流形式流过反应器，所以每股流体均对应于特定的停留时间。反应器内不同位置的分子成批地从反应器流出，反应器入口处的分子停留时间较短，反应器出口处的分子停留时间较长。不同位置处的分子流出时间与反应器的停留时间分布相一致。

因为小球之间没有物质交换，每个小球都可以看成是一个微型的间歇反应器，反应时间等于这个小球的停留时间，小球的停留时间分布可由反应器的停留时间分布给出。

要确定出口流体中的平均转化率，必须把出料中不同小球的转化率进行加权平均。

[反应器内停留时间为 $\tau \sim \tau+\mathrm{d}\tau$ 的平均转化率]=[τ 时刻所达到的转化率]×
[停留时间 $\tau \sim \tau+\mathrm{d}\tau$ 的小球所占的分数]

$$\mathrm{d}\bar{X}_A = X_A(\tau)E(\tau)\mathrm{d}\tau \tag{2.39}$$

把所有小球加和，平均转化率为

$$\bar{X}_A = \int_0^\infty X_A(\tau)E(\tau)\mathrm{d}\tau \tag{2.23}$$

如果已知反应器的 $X_A(\tau)$ 和实验测定的停留时间分布，就可以得到出口的平均转化率。

因此，已知离散流情况下的停留时间分布和反应速率方程，就可以有足够的信息计算平均转化率。

2) 最大混合模型

在流体离散的反应器中，流体离开反应器之前，流体的分子之间不发生混合，反应器出口是可能发生混合的最后一个点，混合的效果延缓到所有反应发生之后。也可以把完全离散流体认为是处于最小限度的混合状态，现在考虑另一种极端情况：与停留时间分布相一致的最大限度混合。

图 2.16 为带有侧线进口的平推流反应器。流体一进入反应器就立即同反应器内的其他流体发生完全快速地混合，选择不同位置的进样量，使该反应器和实际的反应器具有相同的停留时间分布。

图 2.16 中，最左边的小球相当于在反应器内停留了很长时间的分子，而最右边的小球相当于以沟流的形式通过反应器的分子。在带有侧线入口的反应器内，发生混合的时刻与停留时间分布规律相一致。

因此，混合过程发生在整个反应器内，这种状态称为最大限度混合。

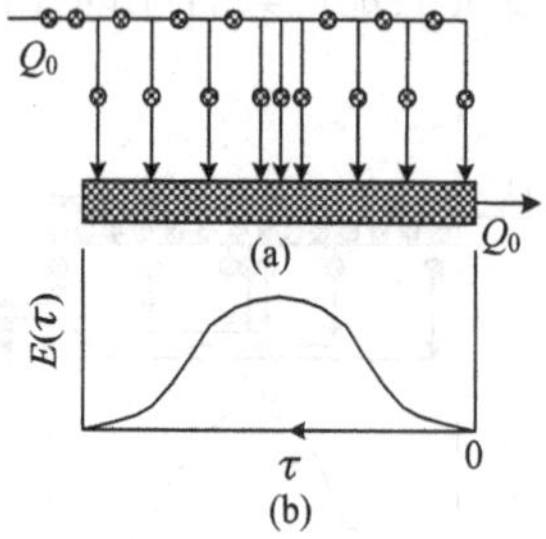

图 2.16　最大限度混合

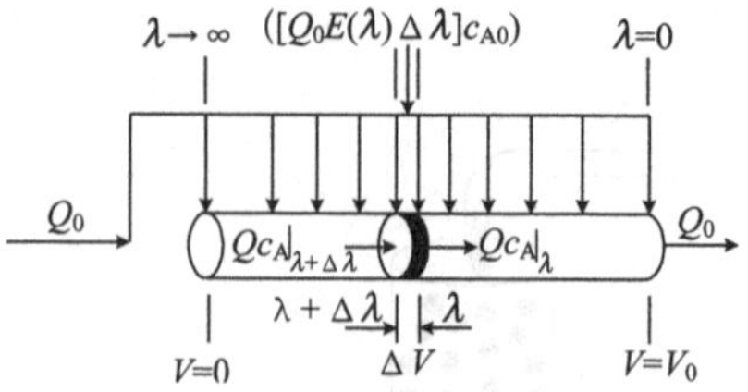

图 2.17　带有侧线入口的最大混合模型

描述完全微观混合的模型称最大混合模型，如图 2.17 所示。令 λ 为某入口处的流体流出反应器所需要的时间，即 λ 是反应器内某点处流体的停留时间。

沿着反应器长度(从左到右)，λ 逐渐减小，在出口处变为零。在反应器最左端，λ 接近无穷大或最大停留时间(若停留时间不是无穷大)。在 $\lambda+\Delta\lambda\sim\lambda$ 时间内，流体进入反应器侧线入口的体积流量为 $Q_0E(\lambda)\Delta\lambda$。在反应器最左端的流体流速为零，因此从 λ 处到反应器最左端进行积分，可得到反应器内对应于 λ 处的体积流量，即

$$Q(\lambda)=Q_0\int_\lambda^\infty E(\lambda)\mathrm{d}\lambda=Q_0[1-F(\lambda)]$$

对 $\lambda+\Delta\lambda\sim\lambda$ 的 A 物质进行物料衡算，有

[在 $\lambda+\Delta\lambda$ 处进入]+[从侧口进入]−[在 λ 处流出]+[反应产生的]=0

$$Q_0[1-F(\lambda)]c_A\big|_{\lambda+\Delta\lambda}+Q_0c_{A0}E(\lambda)\Delta\lambda-Q_0[1-F(\lambda)]c_A\big|_{\lambda}+r_AQ_0[1-F(\lambda)]\Delta\lambda=0 \tag{2.40}$$

两边分别除以 Q_0，取 $\Delta\lambda\to0$ 的极限值，得

$$\frac{\mathrm{d}c_A}{\mathrm{d}\lambda}=-r_A+(c_A-c_{A0})\frac{E(\lambda)}{1-F(\lambda)} \tag{2.41}$$

把式(2.41)重新写成由转化率表达的形式为

$$\frac{\mathrm{d}X_A}{\mathrm{d}\lambda}=\frac{r_A}{c_{A0}}+X_A\frac{E(\lambda)}{1-F(\lambda)} \tag{2.42}$$

边界条件是 $\lambda\to\infty$时，式(2.41)中 $c_A=c_{A0}$。为了求解，λ 可以从一个很大值到 $\lambda=0$ 进行反向积分。

2. 单参数模型

单参数模型应用的技巧是对理想流动模型进行修正，下面主要介绍轴向扩散模型和多级理想混合模型。

1)轴向扩散模型

由于分子扩散、涡流扩散以及流速分布的不均匀等原因，流动状况偏离理想流动时，可用轴向扩散模型模拟，这对于管式反应器尤为合适。

该模型是在理想置换模型的基础上叠加一个轴向扩散项而得，而扩散项是仿照费克定律的描述方法用一个轴向扩散系数 D_l 表征其扩散程度的，该模型常用于实际流型与理想置换偏

离不大的情况。也就是说，除能发生轴向扩散外，其余均和理想置换相同。若轴向扩散系数为 D_l，就要把分布函数表示成 D_l 的函数。

(1) 模型方程的建立。轴向扩散模型假设：

① 与流体流动方向相垂直的每一截面上具有均匀的径向浓度，而只是在轴向上有浓度梯度。

② 在任一截面上和流体流动方向上，流体流速和轴向扩散系数均为常数。

③ 浓度为流动距离的连续函数。

设管子半径为 r_0，管长为 L，轴向坐标为 l，轴向流速为 u，径向浓度是均匀的。现设 $\tau=0$ 时向进料中阶跃注入浓度为 c_0 的示踪物，则在 $\Delta\tau$ 时间间隔内，于轴向 l 处在长为 Δl 的微元管段作示踪物的物料衡算，则有

$$[(-D_l\frac{\partial c}{\partial l}+uc)\pi r_0^2]_l\Delta\tau-[(-D_l\frac{\partial c}{\partial l}+uc)\pi r_0^2]_{l+\Delta l}\Delta\tau=\pi r_0^2\Delta l\Delta c \tag{2.43}$$

式(2.43)中第一项为进入 l 截面的示踪物量，其中包括轴向扩散引起的 $(-D_l\frac{\partial c}{\partial l})$ 项及流体带入的 uc 项，D_l 前的负号表示扩散是沿浓度降低的方向进行的；同样，第二项为离开 $l+\Delta l$ 截面的示踪物量，因为示踪物不发生化学反应，化学反应量在此为零；第三项则为此 Δl 微元段内示踪物的变化量。

将式(2.43)化简，并取 $\Delta l\to 0$ 的极限，得二阶偏微分方程

$$D_l\frac{\partial^2 c}{\partial l^2}-u\frac{\partial c}{\partial l}=\frac{\partial c}{\partial \tau} \tag{2.44}$$

式中：l 为自变量，轴向距离；τ 为自变量，停留时间；$D_l\frac{\partial^2 c}{\partial l^2}$ 为轴向扩散引起微元体 dV_R 内浓度沿轴向的变化率；$u\frac{\partial c}{\partial l}$ 为主流体流动引起微元体 dV_R 内浓度沿轴向的变化率；$\frac{\partial c}{\partial \tau}$ 为在微元体 dV_R 内，浓度随时间的变化率。

(2) 模型方程的求解。将偏微分方程变为常微分方程，然后求解。

如采用下列代换：

$$\alpha=\frac{1-u\tau}{\sqrt{4D_l\tau}} \tag{2.45}$$

则偏微分方程式(2.44)变为下面的二阶常微分方程：

$$\frac{d^2c}{d\alpha^2}+2\alpha\frac{dc}{d\alpha}=0 \tag{2.46}$$

求解式(2.46)有

$$c=C_1\int_0^\alpha e^{-\alpha^2}d\alpha+C_2=C_1\frac{\sqrt{\pi}}{2}\text{erf}(\alpha)+C_2 \tag{2.47}$$

$\text{erf}(\alpha)$ 为误差函数，或称概率积分函数，并且 $\text{erf}(\alpha)=\frac{2}{\sqrt{\pi}}\int_0^\alpha e^{-\alpha^2}d\alpha$，它具有下列性质：

$\text{erf}(0)=0$；$\text{erf}(\infty)=1$；$\text{erf}(-\alpha)=-\text{erf}(\alpha)$；当 $\text{erf}(\alpha)\geqslant 4$ 时，$\text{erf}(\alpha)\approx 1$

为了确定积分常数 C_1 和 C_2，应确定示踪物在反应器进出口的流动情况，即边界条件。示踪物在反应器进出口的流动情况有四种，如图 2.18 所示。

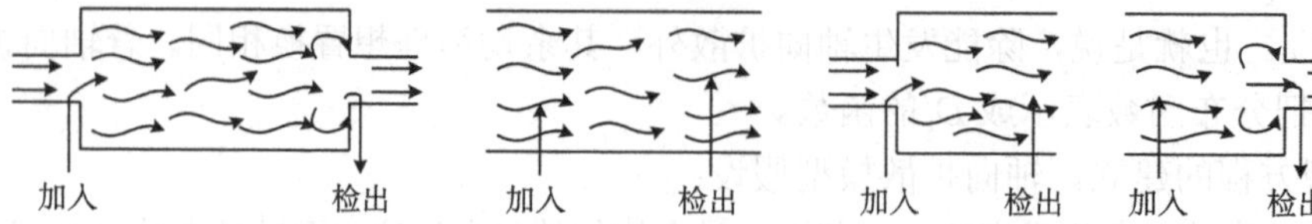

(a) 闭式　(b) 开式　(c) 闭开式　(d) 开闭式

图 2.18　示踪测定的几种边界条件

闭式边界条件指示踪物进出口两端为平推流，无返混存在，这与反应器内的流动状况不同。例如，设备出口处较细，而设备本身较粗。开式边界条件指示踪物进出口两端流动状况与反应器内一样，都存在着返混。如在某一长的管式反应器中任取一段，可看成开式。闭开式或开闭式指示踪物进出口一端的流动状况与反应器内流动相同，存在着返混，而另一端为平推流。按所述的四种边界条件求解非常困难，但当 D_l 很小时可用下列条件代替：

初始条件为
$$c=\begin{cases}0 & \text{当}\tau=0(\text{在}l>0\text{处})\\ c_0 & \text{当}\tau=0(\text{在}l<0\text{处})\end{cases}$$

边界条件为
$$c=\begin{cases}c_0 & \text{当}\tau\geqslant 0(\text{在}l-\infty\text{处})\\ 0 & \text{当}\tau\geqslant 0(\text{在}l=\infty\text{处})\end{cases}$$

将边界条件代入式(2.47)，求得积分常数 C_1 和 C_2，最后得

$$c=c_0\frac{1}{2}[1-\operatorname{erf}(\alpha)] \tag{2.48}$$

对阶跃注入示踪物有

$$F(\tau)=\left(\frac{c}{c_0}\right)_{\mathrm{S}}=\frac{1}{2}[1-\operatorname{erf}(\alpha)] \tag{2.49}$$

在反应器出口，$l=L$，可得到以 τ 表示的反应器末端的应答曲线

$$F(\tau)=\left(\frac{c}{c_0}\right)_{\mathrm{S}}=\frac{1}{2}\left[1-\operatorname{erf}\left(\frac{L-u\tau}{\sqrt{4D_l\tau}}\right)\right] \tag{2.50}$$

采用无因次时间，则 $\tau_{\mathrm{M}}=V_{\mathrm{R}}/Q=L/u$，$\theta=\tau/\tau_{\mathrm{M}}$，将式(2.50)改写为

$$\begin{aligned}F(\theta)&=\frac{1}{2}\left[1-\operatorname{erf}\left(\frac{1}{2}\sqrt{\frac{1}{D_l/(uL)}}\frac{1-\theta}{\sqrt{\theta}}\right)\right]\\&=\frac{1}{2}\left[1-\operatorname{erf}\left(\frac{1}{2}\sqrt{Pe}\frac{1-\theta}{\sqrt{\theta}}\right)\right]\end{aligned} \tag{2.51}$$

式中：$D_l/(uL)$ 为分散数；Pe 为贝克来数，为分散数的倒数，即 $Pe=(uL)/D_l$，它表示对流流动和扩散传递的相对大小，反映了返混的程度，所以 Pe 又称为轴向扩散模型的模型参数。

将式(2.51)求导可得其分布密度为

$$E(\theta)=\frac{1}{2\sqrt{\pi\left(\frac{D_l}{uL}\right)\theta^3}}\exp\left[-\frac{Pe(1-\theta)^2}{4\theta}\right]$$
$$=\frac{1}{2\sqrt{\frac{\pi\theta^3}{Pe}}}\exp\left[-\frac{Pe(1-\theta)^2}{4\theta}\right] \tag{2.52}$$

式(2.51)和式(2.52)表示了在不同模型参数 Pe 值时，分布函数 $F(\theta)$ 和分布密度函数 $E(\theta)$ 与无因次时间 θ 的关系。这样就把停留时间分布函数与返混联系起来，从而为利用停留时间分布设计非理想反应器提供了基本方法。根据式(2.51)和式(2.52)按不同 Pe 值的大小可作成图 2.19 和图 2.20。

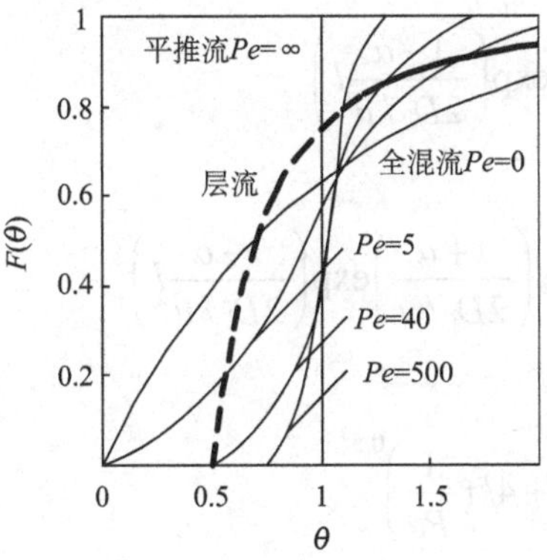

图 2.19　扩散模型的分布函数

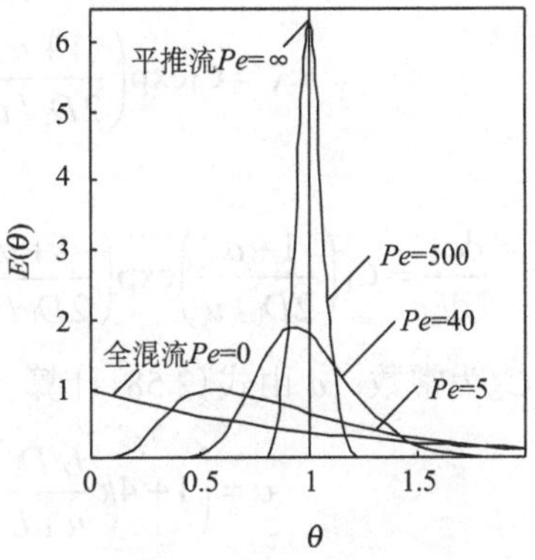

图 2.20　扩散模型的分布密度

(3) 模型参数的求取。用扩散模型描述非理想流动，主要是用扩散准数 Pe 体现。Pe 值的大小反映了返混的程度。由图 2.20 可见，曲线随 Pe 值的减小其扭斜情况越严重。对于大的 Pe 值，此曲线形成标准的误差曲线。由图可知，$Pe=\infty$，即为理想置换流动；$Pe=0$，即为理想混合流动；其余曲线代表不同程度的轴向扩散的分布密度。那么如何求取模型参数呢？根据下述情况分别讨论。

①当 $Pe>100$ 时，实际流型偏离平推流较小，其示踪曲线分布范围一般较窄，接近于对称的高斯分布曲线，此时无需考虑边界条件的影响。其无因次平均停留时间 $\bar{\theta}=1$，而无因次方差为

$$\sigma_\theta^2=\frac{\sigma_\tau^2}{\tau_M^2}\approx\frac{2}{Pe} \tag{2.53}$$

②当 $Pe<100$ 时，实际流型偏离平推流较大，其示踪曲线扭斜情况较严重，此时必须考虑边界条件的影响。有人综合考虑了各种不同的边界条件，推导出普遍关系式，见表 2.1。

表 2.1　各种边界条件下无因次平均停留时间和方差计算式

	开式	闭式	开闭式或闭开式
无因次平均停留时间	$\bar{\theta}=1+\frac{2}{Pe}$	$\bar{\theta}=1$	$\bar{\theta}=1+\frac{1}{Pe}$
无因次方差	$\sigma_\theta^2=\frac{2}{Pe}+\frac{8}{Pe^2}$	$\sigma_\theta^2=\frac{2}{Pe}-2(\frac{1}{Pe})^2(1-e^{-Pe})$	$\sigma_\theta^2=\frac{2}{Pe}+3(\frac{1}{Pe})^2$

(4)用扩散模型计算反应器。对建立在轴向扩散模型基础上的非理想反应器，如果有化学反应进行，则可写成下述模型方程：

$$D_l\frac{\partial^2 c}{\partial l^2}-u\frac{\partial c}{\partial l}-r_A=\frac{\partial c}{\partial \tau} \tag{2.54}$$

对稳定流动体系：

$$\frac{\partial c}{\partial \tau}=0$$

对一级不可逆反应：

$$\frac{\partial^2 c}{\partial l^2}-\frac{u}{D_l}\frac{\partial c}{\partial l}-\frac{k}{D_l}c_A=0 \tag{2.55}$$

式(2.55)为二阶常微分方程，可得其通解为

$$c_A=C_1\exp\left(\frac{1+\alpha}{2D_l/u}l\right)+C_2\exp\left(\frac{1-\alpha}{2D_l/u}l\right) \tag{2.56}$$

并且

$$\frac{dc_A}{dl}=C_1\left(\frac{1+\alpha}{2D_l/u}\right)\exp\left(\frac{1+\alpha}{2D_l/u}l\right)+C_2\left(\frac{1+\alpha}{2D_l/u}\right)\exp\left(\frac{1-\alpha}{2D_l/u}l\right) \tag{2.57}$$

式中：C_1、C_2为常数；α由式(2.58)计算

$$\alpha=\left(1+4k\frac{L}{u}\frac{D_l}{uL}\right)^{0.5}=\left(1+4k\tau\frac{1}{Pe}\right)^{0.5} \tag{2.58}$$

对闭式，其初值和边界条件为

$l=0$： $$c_A=(c_{A0})_{0^+} \qquad \frac{dc_A}{dl}=\left(\frac{dc_A}{dl}\right)_{0^+} \tag{2.59a}$$

$l=L$： $$\left(\frac{dc_A}{dl}\right)_L=0 \tag{2.59b}$$

式中：$(c_{A0})_{0^+}$为反应器入口内侧的量；$\left(\frac{dc_A}{dl}\right)_{0^+}$为反应器入口内侧的浓度变化量。

由边界条件可得式(2.56)的解为

$$\frac{c_A}{c_{A0}}=1-X_A=\frac{4\alpha e^{Pe/2}}{(1+\alpha)^2e^{\alpha Pe/2}-(1-\alpha)^2e^{-\alpha Pe/2}} \tag{2.60}$$

【例 2.2】 若已知某闭式反应器的停留时间分布密度函数$E(\tau)$，并计算其$\sigma_\theta^2=0.211$，现在此反应器中进行一级不可逆液相分解反应，反应速率常数$k=0.307\ \text{min}^{-1}$，在停留时间$\tau=15$ min时，试用扩散模型求其转化率。

【解】 由表2.1知，对闭式反应器：

$$\sigma_\theta^2=\frac{2}{Pe}-2\left(\frac{1}{Pe}\right)^2(1-e^{-Pe})$$

试差求得

$$Pe=8.333$$

而

$$\bar{\theta}=1，即 \tau=\tau_M$$

$$\alpha=\sqrt{1+4\times0.307\times15/8.333}=1.792$$

所以

$$X_A=1-\frac{4\times1.792\times e^{8.333/2}}{(1+1.792)^2e^{1.792\times8.333/2}-(1-1.792)^2e^{-1.792\times8.333/2}}=96.61\%$$

2) 多级理想混合模型

多级理想混合模型又称槽列模型，适用于描述返混较大的情况。它是将一个实际工业反应器中的返混情况与 N 个等体积的理想混合反应器串联时的返混程度相等效。所以，这里的 N 是一个虚拟值，为该模型的模型参数，并不代表实际的反应器个数。模型假设：每个反应器为全混流，并且反应器之间无返混存在；物料体积流量恒定不变；每个反应器的体积相同；反应在等温条件下进行。

设在多级理想混合反应器中，在系统入口处阶跃注入浓度为 c_0 的示踪物，对其中的第 j 个反应器作示踪物的物料衡算，得

$$c_{j-1}Q-c_jQ=V_{Rj}\frac{dc_j}{d\tau} \tag{2.61}$$

因 $\tau_M=NV_{Rj}/Q$，故

$$\frac{dc_j}{d\tau}+\frac{N}{\tau_M}c_j=\frac{N}{\tau_M}c_{j-1}$$

初始条件是当 $\tau=0$ 时，$c_j=0$。积分上式得

$$c_j=\frac{N}{\tau_M}e^{-\frac{N\tau}{\tau_M}}\int_0^{\tau}c_{j-1}e^{\frac{N\tau}{\tau_M}}d\tau \tag{2.62}$$

对于第一级 $c_{j-1}=c_0$，故式(2.62)变为

$$c_1=c_0\frac{N}{\tau_M}e^{-\frac{N\tau}{\tau_M}}\int_0^{\tau}e^{\frac{N\tau}{\tau_M}}d\tau$$

积分上式，于是得到 N 级串联系统中第一级反应器出口示踪物的应答曲线，即

$$\frac{c_1}{c_0}=1-e^{-\frac{N\tau}{\tau_M}}$$

同样，对于第二级，$c_{j-1}=c_1$，将其代入前式，则得

$$\frac{c_2}{c_0}=1-e^{-\frac{N\tau}{\tau_M}}(1+\frac{N\tau}{\tau_M})$$

采用相同的方法，最后可得第 N 级反应器出口示踪物的应答曲线，即

$$F_N(\theta)=\frac{c_N}{c_0}=1-e^{-N\theta}[1+N\theta+\frac{1}{2!}(N\theta)^2+\cdots+\frac{1}{(N-1)!}(N\theta)^{N-1}] \tag{2.63}$$

式(2.63)即为多级理想混合模型分布函数的计算式。对式(2.63)求导得

$$E_N(\theta)=\frac{N^N}{(N-1)!}\theta^{N-1}e^{-N\theta} \tag{2.64}$$

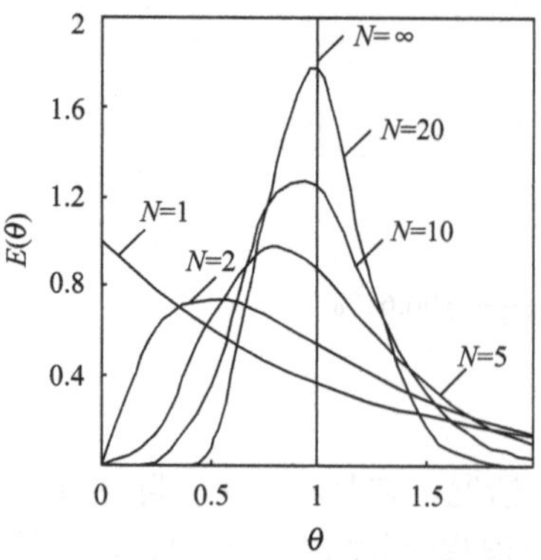

图 2.21　槽列模型的分布密度 $E(\theta)$

式(2.63)中方括号内的项数取决于多级理想混合模型的模型参数 N，其中最后一项中的 $N\theta$ 的次数应为 $N-1$，如 $N=1$，则最后一项应为 1 。不同 N 值的停留时间分布密度计算结果如图 2.21 所示。由图可知，多级理想混合模型在 $N=1$ 时即与单级理想混合反应器相同，而 $N=\infty$时则与理想置换反应器相同。

将式(2.64)代入式(2.11)可得方差：

$$\sigma_\theta^2 = \frac{1}{N} \tag{2.65}$$

应用多级理想混合模型模拟实际反应器的流动状态时，首先要测定该反应器的停留时间分布，然后求出该分布的方差，代入式(2.65)即可求出模型参数 N，当出现 N 为非整数的情况时，可用四舍五入的方法取整，这时可认为该反应器的平均停留时间和方差与 N 个等体积串联的全混流反应器近似相等。

【例 2.3】 以苯甲酸为示踪物，用脉冲法测定一体积为 1735 cm^3 的液相反应器的停留时间分布，液体流量为 40.2 cm^3/min，示踪物用量为 4.95 g。不同时刻下出口液体中示踪物的浓度 $(c)_p$ 如表 E2.3-1 所示。若用轴向扩散模型模拟该反应器，问模型参数 Pe 为多少？若改用多级理想混合模型模拟，则模型参数 N 又为多少？

表 E2.3-1　示踪物出口浓度

时间/min	$(c)_p\times10^3$/(g/cm^3)	时间/min	$(c)_p\times10^3$/(g/cm^3)	时间/min	$(c)_p\times10^3$/(g/cm^3)
10	0	45	4.840	80	0.300
15	0.113	50	4.270	85	0.207
20	0.863	55	1.735	90	0.131
25	3.210	60	1.276	95	0.094
30	3.340	65	0.910	100	0.075
35	3.720	70	0.619	105	0.001
40	3.520	75	0.413	110	0

【解】 已知 $M=4.95$ g，$Q=40.2$ cm^3/min，$V_R=1735$ cm^3，由式(2.13a)知

$$E(\tau) = \frac{Q}{M}(c)_p$$

所以式(2.2)变为

$$\tau_M = \int_0^\infty \tau E(\tau)d\tau = \frac{Q}{M}\int_0^\infty \tau(c)_p d\tau \tag{E2.3-1}$$

式(2.4)变为

$$\sigma_\tau^2 = \int_0^\infty \tau^2 E(\tau)d\tau - \tau_M^2 = \frac{Q}{M}\int_0^\infty \tau^2(c)_p d\tau - \tau_M^2 \tag{E2.3-2}$$

为了算出式(E2.3-1)及式(E2.3-2)中的积分值，根据题给的 $(c)_p$-τ 关系，算出不同时刻下的 $\tau(c)_p$ 及 $\tau^2(c)_p$ 值，结果列于表 E2.3-2。

表 E2.3-2　$\tau(c)_p$ 及 $\tau^2(c)_p$ 值

时间/min	$(c)_p\times10^3$/(g/cm³)	$\tau(c)_p\times10^3$	$\tau^2(c)_p\times10^3$
10	0	0	0
15	0.113	1.695	25.425
20	0.863	17.260	345.200
25	3.210	55.250	1381.250
30	3.340	100.200	3006.000
35	3.720	130.200	4557.000
40	3.520	140.800	5634.000
45	4.840	127.800	5751.000
50	4.270	113.500	5675.000
55	1.735	95.425	5248.375
60	1.276	76.560	4593.600
65	0.910	59.150	3844.750
70	0.619	43.330	3033.100
75	0.413	30.975	2323.125
80	0.300	24.000	1920.000
85	0.207	17.595	1495.575
90	0.131	11.790	1061.100
95	0.094	8.930	848.350
100	0.075	7.500	750.000
105	0.001	0.105	11.025
110	0	0	0

根据上述计算结果，用梯形公式求得

$$\int_0^\infty \tau(c)_p \mathrm{d}\tau = \frac{5}{2}[0+2(1.695+17.26+\cdots+0.105)+0]\times10^{-3} = 5.228(\mathrm{min}^2\cdot\mathrm{g/cm}^3)$$

将有关数值代入式(E2.3-1)，有

$$\tau_\mathrm{M} = \frac{40.2}{4.95}\times5.228 = 42.458(\mathrm{min})$$

又该过程为恒容系统

$$\tau = V_\mathrm{R}/Q = 1735/40.2 = 43.159(\mathrm{min})$$

两者甚为接近，实验可靠。同理可得

$$\int_0^\infty \tau^2(c)_p \mathrm{d}\tau = \frac{5}{2}[0+2(25.425+345.200+\cdots+11.025)+0]\times10^{-3} = 249.473(\mathrm{min}^3\cdot\mathrm{g/cm}^3)$$

$$\sigma_\tau^2 = \frac{40.2}{4.95}\times249.473-42.458^2 = 223.341(\mathrm{min}^2)$$

故

$$\sigma_\theta^2 = \sigma_\tau^2/\tau_\mathrm{M}^2 = 223.341/42.458^2 = 0.124$$

代入式(2.53)得轴向扩散模型的模型参数

$$Pe=2/\sigma_\theta^2=2/0.124=16.129$$

代入式(2.65)得多级理想混合模型的模型参数

$$N=1/\sigma_\theta^2=1/0.124=8.064\approx 9$$

由此可见，该反应器的停留时间分布近似地可用 9 个等体积的全混流反应器串联来模拟。

【例 2.4】 在实验室中用一全混流反应器等温下进行液相基元反应 $A \longrightarrow L$，其空时计算式为 $\tau=\dfrac{V_R}{Q_0}=\dfrac{X_A}{k(1-X_A)}$。当空时为 43.159 min 时，A 的转化率达 82%。将反应器放大，在管式反应器中进行中试，其停留时间分布的实测结果如例 2.3 所示，试用(1)轴向扩散模型和(2)槽列模型预测反应器出口 A 的转化率，其计算式为 $X_{AN}=1-\dfrac{1}{(1+k\tau)^N}$。

【解】 由全混流反应器的空时计算式有

$$43.159=\frac{0.82}{k(1-0.82)}$$

解得 $k=0.1056\ \mathrm{min}^{-1}$

(1)用轴向扩散模型。由式(2.58)计算 α：

$$\alpha=(1+4k\tau\frac{1}{Pe})^{0.5}=(1+4\times 0.1056\times 43.159/16.129)^{0.5}=1.460$$

代入式(2.60)得

$$\frac{c_A}{c_{A0}}=\frac{4\times 1.460\times e^{16.129/2}}{(1+1.460)^2 e^{1.460\times 16.129/2}-(1-1.460)^2 e^{-1.460\times 16.129/2}}=0.024$$

因此，出口转化率为

$$X_A=1-\frac{c_A}{c_{A0}}=1-0.024=97.6\%$$

(2)用槽列模型。在例 2.3 中已确定模型参数 $N=9$，则出口转化率为

$$X_{AN}=1-\frac{1}{(1+0.1056\times 43.159)^9}=100\%$$

用两种模型计算的结果甚为一致，但与实验室实验的结果差别较大，虽然中试与小试的反应温度及空时均相同。其原因是流动形式不同。小试是在全混流条件下操作，而中试则在返混程度较小的情况下进行。

3. 两参数模型——组合模型

两参数模型又称为组合模型，它是把某些偏离理想流动较大且流动比较复杂的实际反应器分解成若干个简单的模型，如平推流、全混流、死区、短路、循环等。再在此基础上组合各种模型，模拟实际反应器的流动状态，这样一些组合就构成许多组合模型，如全混流＋死区、全混流＋短路、全混流＋死区＋短路、全混流＋循环流、平推流＋死区、平推流＋短路、上述两种反应组合加死区、短路和循环等。这里仅简单介绍其中的几种。

1) 组合模型方程

(1) 全混流与死区的组合。将全混流分布函数计算式 $F(\tau)=1-\mathrm{e}^{-\frac{\tau}{\tau_M}}$ 进行修正，有

$$F(\tau)=1-\mathrm{e}^{-\frac{\tau}{\tau'_M}}=1-\mathrm{e}^{-\frac{\tau}{f\tau_M}} \tag{2.66}$$

式中：τ'_M 为实际反应器的平均停留时间；f 为全混流反应器体积占总体积的分数。

(2) 全混流与短路的组合。

$$F(\tau)=1-\frac{Q_1}{Q}\mathrm{e}^{-\frac{Q_1}{Q}\frac{\tau}{\tau_M}} \tag{2.67}$$

式中：Q_1 为通过全混流反应器的流体流量；Q 为实际反应器的流体流量。

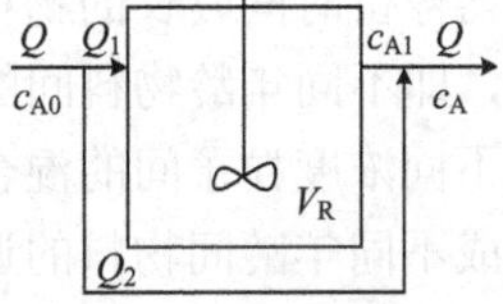

图 2.22　全混流与短路的组合

2) 用组合模型计算反应器

以全混流与短路的组合模型为例，在稳态条件下，进行等温的一级不可逆反应，反应器有效体积为 V_R，物料量之间关系如图 2.22 所示。

作反应器内物料衡算，有

$$Q_1c_{A0}=Q_1c_{A1}+V_Rkc_{A1}$$

所以

$$\frac{c_{A1}}{c_{A0}}=\frac{1}{1+k\dfrac{V_R}{Q_1}}=\frac{1}{1+k\tau_1} \tag{2.68}$$

作反应器出口与短路汇合处的物料衡算，有

$$Q_1c_{A1}+Q_2c_{A0}=Qc_A$$

所以

$$\frac{c_A}{c_{A0}}=\frac{Q_1}{Q}\frac{1}{1+k\tau\dfrac{Q}{Q_1}}+\frac{Q_2}{Q} \tag{2.69}$$

其中

$$\tau_1=\frac{V_R}{Q_1},\quad \tau=\frac{V_R}{Q},\quad \tau_1=\tau\frac{Q}{Q_1}$$

同样可以得到其他组合模型的有关设计式，见表 2.2。

表 2.2　其他组合模型的设计式

平推流＋死区	全混流＋死区	全混流＋死区＋短路
$\frac{c_A}{c_{A0}}=\exp(-fk\tau)$	$\frac{c_A}{c_{A0}}=\frac{1}{1+fk\tau}$	$\frac{c_A}{c_{A0}}=\frac{Q_1}{Q}\frac{1}{1+fk\tau\frac{Q}{Q_1}}+\frac{Q_2}{Q}$

2.4　返混及其影响

2.4.1　返混等混合现象

化学反应是不同分子间的反应，反应进行的必要条件是反应物之间首先要能相互接触，因此任何反应进行时都要使物料达到充分的混合。

1. 返混

返混是指不同年龄物料间的混合。在连续槽式搅拌反应器内，搅拌的结果是使先进入反应器停留时间较长的物料与刚进入反应器的物料相混，这种不同时刻进入反应器物料间的混合，即不同年龄物料间的混合称为返混。在化学反应器内这种混合同时包含有不同空间位置上不同浓度粒子间的混合。而在连续管式反应器中，如果径向各处物料的流速不同，也可以造成不同年龄间物料的返混，但此时物料在空间位置上可以是互不相混的。

2. 同龄混合

同龄混合是指相同年龄物料间的混合。此时反应器内所有物料在反应器内的停留时间是相同的。例如，间歇反应器中在搅拌情况下物料相互间的混合就是这样，这种混合只是在空间位置上相同浓度粒子间的混合，而在停留时间上，在反应的任何时刻，所有物料都是相同的。

3. 宏观混合与微观混合

宏观混合与微观混合是按混合现象发生的尺度大小区分的。

宏观混合是指设备尺度上的混合现象。在连续槽式反应器中，如果剧烈的搅拌作用足以使物料充分混合，使反应器内的物料在设备尺度内达到均匀，就是完全混合的全混流状态。反之，如果物料在设备内没有任何混合作用，则又是一种互不相混的理想流动状态。

微观混合是指反应器内不同年龄的流体分子群之间的物质交换，是一种物料在微团尺度上的混合。微团是指固体微粒、液滴或气泡等物料的聚集体。各个微团间达到完全均匀的混合即达到分子尺寸的混合时，就是通常讨论的均相反应过程。微观混合有完全离散和完全微观混合两种极限状态，前者是指相同年龄的所有流体分子群在反应器内不与其他年龄的流体分子群混合，相应的流体称为宏观流体，后者是指反应器内不同年龄的分子群之间进行充分的物质传递，相应的流体称为微观流体。对于有确定宏观混合状态(确定了反应器的停留时间分布)的反应器，微观混合的这两种极限也分别确定了反应器转化率的上限和下限。对于反应级数大于 1 的反应，离散模型将给出最高的转化率；而对于反应级数小于 1 的反应，最大混合模型的出口转化率最高。

微观混合状态不同将对化学反应产生不同的影响。设浓度分别为 c_{A1} 和 c_{A2} 而体积相等的两个流体粒子，在其中进行 n 级不可逆反应。如果这两个粒子是完全离散的，则其各自的反应速率应为 $r_{A1}=kc_{A1}^n$ 及 $r_{A2}=kc_{A2}^n$，其平均反应速率则为

$$r_{A宏}=(kc_{A1}^n+kc_{A2}^n)/2$$

假如这两个粒子间存在微观混合，且混合程度达到最大，则混合后 A 的浓度为$(c_{A1}+c_{A2})/2$，因此反应也是在此浓度下进行，此时的平均反应速率则为

$$r_{A微}=k[(c_{A1}+c_{A2})/2]^n$$

两种情况的平均反应速率的大小，取决于反应级数 n 的值。当 $n=1$ 时，$r_{A宏}=r_{A微}$；当 $n>1$，$r_{A宏}>r_{A微}$；当 $n<1$，$r_{A宏}<r_{A微}$。这一结果说明反应速率除与返混有关外，还与微观混合状态有关。

4. 早混合与晚混合

将两个等体积的平推流反应器和全混流反应器串联，其差别仅在顺序的不同，如图 2.23(a)和(b)所示，显然两者的停留时间分布应该是一样的，但两者的转化率不一样(一级反应除外)，这是混合早晚的缘故。混合的早晚实际上指的是混合时的浓度水平。早混合是在高浓度水平下混合，晚混合则是在低浓度水平下混合，因此虽然混合程度相同，但由于混合后的浓度不同，反应速率的变化自然不一样，结果两者的最终转化率也就有所差异。

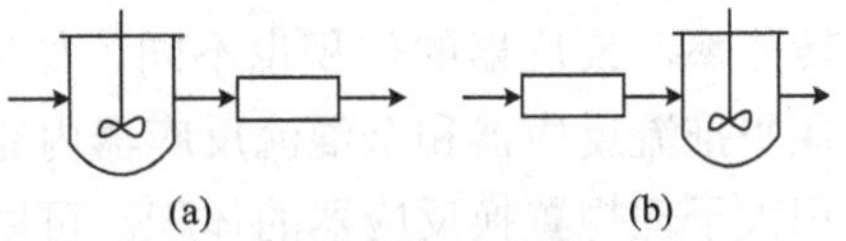

图 2.23　早混合与晚混合

2.4.2　返混的影响

返混对化学反应的影响主要表现在两个方面：一是返混的不同使得物系参数不同(如温度、浓度)，造成化学反应速率不同，进而导致反应器体积的不同；二是因为停留时间的不同影响到转化率和选择性，下面分别进行讨论。

1. 返混对化学反应速率的影响

在间歇反应器中由于剧烈搅拌而引起物料间的彼此混合，是同一时刻进入反应器而又在相同环境下经历了相同的反应时间后物料间的混合，由于反应器内不同空间位置上各点的浓度相同，因此这种混合不会造成浓度的变化。但在连续流动反应器内，由于物料的不断流入和流出，反应器内存在的是早先进入反应器并经历了不同停留时间的物料粒子，其浓度因反应进行而已经下降。因此，高浓度的新鲜物料一旦进入反应器就与低浓度的物料相混合，造成了高浓度的下降，而浓度的下降必然使反应速率下降，从而导致了不同流型下为达到相同转化率所需的反应体积不同。图 2.24 表示不同流型反应器在等温条件下浓度推动力的变化。图中 c_{A0}、c_{Af} 分别代表反应组分 A 的进、出口浓度。c_{Ae} 为反应组分 A 的平衡浓度，由于在等温下反应，c_{Ae} 为常数，而且速率常数 k 相同。这样在相同温度及相同进、出口浓度，即 c_{A0}、c_{Af} 与 c_{Ae} 都一样的情况下，理想置换反应器的推动力最大(返混为零)，理想混合反应器的推动力最小(返混最大)，中间流型反应器介于二者之间。相应地，理想置换反应器的反应速率最大，理想混合反应器的反应速率最小，中间型反应器介于二者之间。

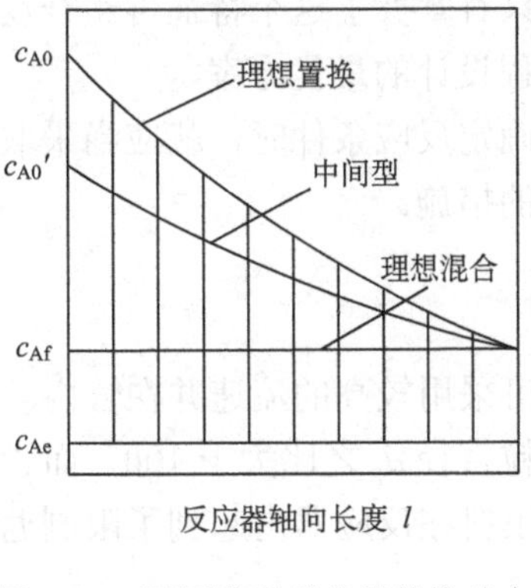

图 2.24　不同流型反应器的推动力

对反应级数大于零的简单反应，返混将导致浓度推动力下降，因此其速率总是降低的，一般来说，返混使得反应器的生产能力严重下降。

对自催化反应，第 1 章已讨论过该类反应的速率既受反应物浓度的影响，又受产物浓度的影响，反应速率会出现极大值，此时所对应的转化率为 X_{AM}。返混的影响与最终转化率 X_{Af} 有关，详见第 3 章 3.6.1 的讨论。

2. 返混对反应器体积的影响

前已指出，不同的流型，返混程度不同，从而影响到反应速率不同，因此为达到相同的转化率，反应器的体积也不同。如果在进料组成、最终转化率和进料流量都相同的条件下，在平推流反应器和全混流反应器内完成同一反应(反应级数 $n>0$)，理想混合反应器所需的体积大于理想置换反应器的体积。可以证明，其他条件相同时，转化率越低，两者的体积差别越小。因此，采用低转化率操作，可以减少理想混合反应器内返混程度带来的影响，但这样做会使原料的利用率降低，因此在决定方案时应综合考虑。

还需指出，反应级数越高，反应后分子数的增加越多，两者体积的差别越大，这是由于返混对这类反应的影响越来越严重的缘故，所以对这类反应，要特别注意减少返混。

3. 返混对反应选择性的影响

前已指出，对平行反应，选择性的大小在等温下主要取决于浓度和反应级数。而返混的存在使反应物浓度下降，因此当主反应级数大于副反应级数时，由于平推流反应器内的浓度大于全混流反应器内的浓度，所以平推流反应器内的选择性高于全混流反应器内的选择性。当主反应级数小于副反应级数时，平推流反应器内的选择性低于全混流反应器内的选择性。

对连串反应 $A \xrightarrow{k_1} L$(目的产物)$\xrightarrow{k_2} M$，无论 k_2/k_1 为何值，在相同的转化率下，平推流反应器的收率总是大于全混流反应器的收率，而且随着 k_2/k_1 的减小，这种差异越大，即返混的存在使连串反应的收率下降。

2.4.3 返混的限制

返混的存在使物料产生停留时间分布并改变反应器内的浓度分布状况。返混的利弊取决于反应动力学规律的特征、速率浓度效应和选择性浓度效应。只有掌握了这个特征再结合反应器的特征(有无返混以及返混的大小程度)，才能获得反应过程设计的最优方案。

当返混对反应的结果不利时，在选择反应器的型式结构和确定反应条件时，就应当采取适当的措施对返混加以限制，下面介绍几种工业反应器中常用的措施。

1. 提高流速和填充填料

在管式反应器内，流速不均是造成返混的主要原因，因此可采用较高的流速并在管内填充填料以促进速度分布均匀。一般来说，当填料层高度 L 与颗粒直径 d_p 之比大于 100，而管径 D_t 与颗粒直径 d_p 之比大于 8 时，返混影响基本可以消除，填料在反应器内起到了限制返混的作用。

2. 分割

限制返混的主要手段是将反应器分割，包括横向分割和纵向分割两种，其中主要是横向分割。

(1) 在连续搅拌槽式反应器内，如果搅拌是出于使物料混合均匀或是传热、传质等方面的特殊需要，而搅拌又必然带来了返混，在这样的情况下可采用多槽串联操作的方法来降低返混程度。槽数越多，返混的影响越小，但操作、控制及反应器的制造维修相应麻烦，因此串联槽数一般以三四个为宜。

(2) 在气液鼓泡反应器内，为限制液相的返混程度，也可以在设备内放置填料，同时还可起到分散气泡、增强气液传质的作用。也可沿轴向设置多层多孔横向挡板，将床层分为若干段，起到类似多槽串联的作用。还可在不同的径向位置安放许多同心的垂直套管，以使气泡大小不超过垂直套管的间距，以起到限制液相返混的作用。

(3) 在气固相流化床反应器中，同样可采用多层流化床来限制固相返混，其原理与多槽串联相类似。

最后还需指出，返混是连续化后才出现的一种混合现象，因此除在间歇反应器内不存在返混问题外，任何过程连续化时都必须考虑返混的影响，否则不但不能强化生产，反而有可能导致生产能力下降和反应选择性的降低。在实际工作中应当在首先弄清反应动力学的基础上，再根据它的浓度效应确定采用何种型式的连续反应器和采取哪些限制返混的基本措施。

习　题

2.1　用脉冲法测定一流动反应器的停留时间分布，得到出口流中示踪物的浓度 $c(\tau)$ 与时间 τ 的关系如下：

τ/min	0	2	4	6	8	10	12	14	16	18	20	22	24
$c(\tau)$/(g/min)	0	1	4	7	9	8	5	2	1.5	1	0.6	0.2	0

试求平均停留时间及方差。

2.2　某反应器用阶跃注入法测得下列数据：

时间/s	0	15	25	35	45	55	65	75	95	105
出口浓度/(mg/m^3)	0	0.5	1.0	2.0	4.0	5.5	6.5	7.0	7.7	7.7

试求 $F(\tau)$ 并绘出 $F(\tau)$-τ 图。

2.3　设 $F(\theta)$ 及 $E(\theta)$ 分别为流动反应器的停留时间分布函数及停留时间分布密度，θ 为无因次时间。

(1) 若为平推流反应器，试求 θ=0.8、1、1.2 时的 $F(\theta)$ 及 $E(\theta)$。

(2) 若为全混流反应器，试求 θ=0.8、1、1.2 时的 $F(\theta)$ 及 $E(\theta)$。

(3) 若为一个非理想流动反应器，试求：

① $F(\infty)$；② $F(0)$；③ $E(\infty)$；④ $E(0)$；⑤ $\int_0^{\infty} E(\theta)\mathrm{d}\theta$；⑥ $\int_0^{\infty} \theta E(\theta)\mathrm{d}\theta$。

2.4　等温下在反应体积为 4.55 m^3 的流动反应器中进行液相反应 $2A \longrightarrow L+M$，反应的速率方程为 $r_A=2.4\times10^{-3}\times c_A^2$ m^3/(mol·min)，进料流量为 0.5 m^3/min，c_{A0}=1.6 kmol/m^3。该反应器的停留时间分布与习题 2.1 相同。试计算反应器出口处的转化率：(1) 用离散模型；(2) 用平推流模型。

2.5　用脉冲注入法测得反应器出口示踪物浓度和时间的关系如下：

时间/s	0	5	10	15	20	25	30	35
出口浓度/(kg/m^3)	0	3	5	5	4	2	1	0

若用轴向扩散模型模拟该反应器的流动状态，求模型参数 *Pe*？若改用多级理想混合模型模拟，模型参数 *N* 又是多少？

第 3 章　均相反应器

均相反应器是指反应器内所有物料都处于同一个相的气相或液相反应器。由于反应时不存在相间的传递问题，所以动力学规律完全符合本征动力学。工业上常用的均相反应器主要有间歇槽式反应器、半间歇槽式反应器、连续槽式反应器和连续管式反应器等。本章着重讨论这些反应器的特点及其反应器设计和分析的基本方法。

3.1　间歇槽式反应器

间歇槽式反应器的特点是分批装料和卸料，操作条件较为灵活，投资小，可适用于不同品种和不同规模的产品生产，特别适用于多品种小批量的化学品的生产，因此在医药、试剂、添加剂及染料等精细化工部门中得到了广泛的应用。在其他工业过程中，一些生产规模小或者反应时间较长的反应也常采用这种反应器。其缺点是产量低、产品质量不稳定、不便于自动控制及劳动强度较大等。

由于间歇槽式反应器内一般设有搅拌器，在搅拌良好的情况下，器内物料混合均匀，各处浓度、温度、反应速率相同，但随反应时间而变。

3.1.1　间歇槽式反应器的物料衡算

因为间歇槽式反应器是分批操作的，其操作时间由两部分组成，一是反应时间 t，即装料完毕后从开始反应算起至达到所要求的转化率或收率所经历的时间；二是辅助时间(或非生产时间，指装卸料、清洗时间) t'，它一般由经验而定，所以设计的关键在于计算所需的反应时间 t。

1. 反应时间的计算

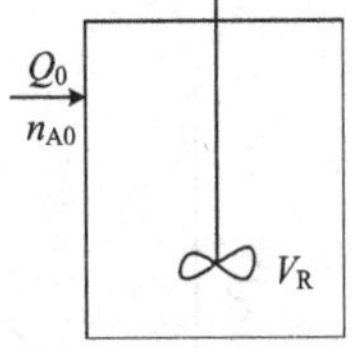

图 3.1　间歇槽式反应器

图 3.1 是一种常见的间歇槽式反应器，对它进行关键组分 A 的物料衡算，就可推导出反应时间 t 的计算式。

由于间歇槽式反应器各处浓度均匀，可以就整个反应体积在单位时间内对组分 A 作物料衡算。

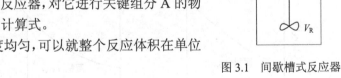

按式(0.1)有

$$\text{流入量}=\text{流出量}+\text{消耗量}+\text{累积量}$$

$$0 \qquad 0 \qquad r_A V_R \qquad \mathrm{d}n_A/\mathrm{d}t$$

即

$$-r_A V_R = \mathrm{d}n_A/\mathrm{d}t$$

由 $n_A = n_{A0}(1-X_A)$ 可知

$$\mathrm{d}n_A = -n_{A0}\mathrm{d}X_A$$

代入衡算式整理可得

$$t = n_{A0}\int_0^{X_{Af}} \frac{dX_A}{V_R r_A} \tag{3.1}$$

式中：t 为反应物 A 达到最终转化率时所需的反应时间，h；X_{Af} 为反应物 A 的最终转化率；V_R 为反应体积，m^3。

式(3.1)为间歇槽式反应器基础设计方程，无论是等温、变温、恒容和变容过程均可应用。

间歇反应过程为恒容过程，所以 $c_{A0}=n_{A0}/V_R$，式(3.1)可简化为

$$t = c_{A0}\int_0^{X_{Af}} \frac{dX_A}{r_A} = -\int_{c_{A0}}^{c_{Af}} \frac{dc_A}{r_A} \tag{3.2}$$

由式(3.2)可以得到一个极重要的结论：达到一定转化率所需要的反应时间只与反应物初始浓度和反应速率有关，与反应器大小无关。当利用中间实验设计大型装置时，只要保证两种情况下化学反应速率的影响因素相同，即可进行高倍放大设计。

将式(3.2)用于计算反应时间时，等温下只需找出反应速率与转化率之间的函数关系积分，便可得反应时间。对简单反应，不同反应级数下的反应时间计算式见表 3.1。

表 3.1　间歇槽式反应器中不同反应级数下的反应时间计算式

反应级数	浓度表示		转化率表示	
0	$t=\frac{1}{k}(c_{A0}-c_A)$	(3.3a)	$t=\frac{c_{A0}X_A}{k}$	(3.3b)
1	$t=\frac{1}{k}\ln\frac{c_{A0}}{c_A}$	(3.4a)	$t=\frac{1}{k}\ln\frac{1}{1-X_A}$	(3.4b)
2	$t=\frac{1}{k}(\frac{1}{c_A}-\frac{1}{c_{A0}})$	(3.5a)	$t=\frac{1}{c_{A0}k}\frac{X_A}{1-X_A}$	(3.5b)

对于非等温过程，速率方程 $r_A=f(T, X_A)$，所以需找出 T-X_A 的关系，此时速率方程解析式相当复杂或不能作数值积分时，可以用图解积分求所需反应时间(图 3.2)。

对复合反应，反应时间计算式可见 1.4 中的内容。

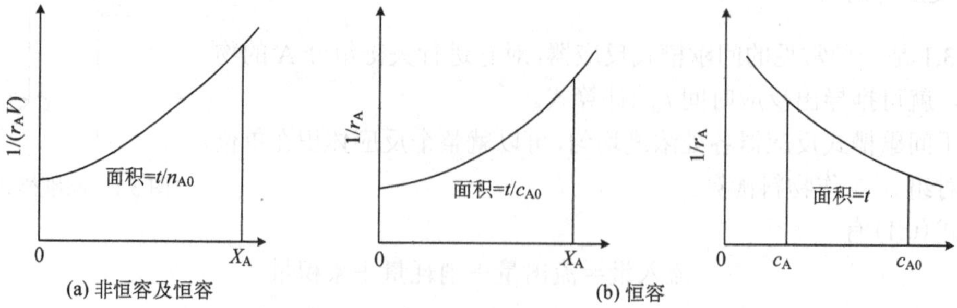

图 3.2　间歇反应器图解法

2. 反应体积的计算

等温间歇槽式反应器由于分批操作，每处理一批物料都需要有出料、清洗和加料等非生

产时间 t'，故处理一定量物料所需要的有效体积不但与反应时间有关，还与非生产时间有关。

若每天处理量 V，平均每小时处理量则为 $Q_0=V/24$，每天可生产 $24/(t+t')$ 批，所以反应体积为

$$V_R=\frac{V}{24/(t+t')}=Q_0(t+t') \tag{3.6}$$

式中：V_R 为反应体积，即物料所占有的体积，m^3；Q_0 为平均每小时需要处理的物料体积，m^3/h；t 为达到要求转化率所需的反应时间，h；t'为非生产时间，h。

考虑物料性质、搅拌情况等因素，反应器的实际体积为

$$V_R'=\frac{\delta}{\varphi}V_R \tag{3.7}$$

式中：φ 为装料系数，一般为 0.4～0.85，对不起泡不沸腾物料取 0.7～0.85，对易起泡沸腾物料取 0.4～0.6；δ 为后备系数，考虑搅拌器和换热装置的体积，一般取 1～1.5。

【例 3.1】 在间歇槽式反应器中，己二酸和己二醇聚缩生成醇酸树脂。反应在硫酸催化下进行，反应方程为 $A+B\longrightarrow L+M$，其反应速率方程由实验测得为 $r_A=kc_Ac_B$。反应温度 70 ℃时，$k=1.97$ L/(kmol·min)。己二酸、己二醇的初始浓度为 $c_{A0}=c_{B0}=0.004$ kmol/L。若每天处理 2400 kg 己二酸，己二酸转化率为 80%和 90%时出料，操作的辅助时间 $t'=1$ h。物料填装系数 $\varphi=0.75$。求反应器体积。

【解】 (1)求每批物料的反应时间。按化学反应计量关系及初始浓度知

$$c_{A0}=c_{B0}$$

因此速率方程变为

$$r_A=kc_A^2$$

由式(3.5b)

$$t=\frac{1}{c_{A0}k}\frac{X_A}{1-X_A}$$

$X_A=80\%$时反应时间为

$$t=\frac{0.8}{1.97\times0.004\times(1-0.8)}=507.6(\text{min})=8.46(\text{h})$$

$X_A=90\%$时反应时间为

$$t=\frac{0.9}{1.97\times0.004\times(1-0.9)}=1142.13(\text{min})=19.036(\text{h})$$

(2)求反应器的体积。己二酸的相对分子质量为 146，计算每小时处理的物料体积为

$$Q_0=\frac{2400}{24\times146\times0.004}=171.23(\text{L/h})$$

$X_A=80\%$时反应体积为

$$V_R=Q_0(t+t')=171.23(8.46+1)$$
$$=1448.61+171.23=1619.84(\text{L})$$

$X_A=90\%$时反应体积为

$$V_R=Q_0(t+t')=171.23(19.036+1)$$
$$=3259.53+171.23=3430.76(\text{L})$$

X_A＝80%时反应器体积为

$$V_R'=V_R/\varphi=1619.84/0.75=2159.78\,(\mathrm{L})=2.16\,(\mathrm{m^3})$$

X_A＝90%时反应器体积为

$$V_R'=V_R/\varphi=3430.76/0.75=4574.35\,(\mathrm{L})=4.57\,(\mathrm{m^3})$$

【例 3.2】 在搅拌良好的间歇槽式反应器内，用乙酸和乙醇在水和盐酸(催化剂)的作用下，生产乙酸乙酯，反应式为

$$\underset{(A)}{CH_3COOH}+\underset{(B)}{C_2H_5OH}\underset{k_2}{\overset{k_1}{\rightleftharpoons}}\underset{(L)}{CH_3COOC_2H_5}+\underset{(M)}{H_2O}$$

已知 100 ℃时，反应速率方程为 $r_A=k_1c_Ac_B-k_2c_Lc_M$，正反应速率常数 $k_1=4.76\times10^{-4}\ \mathrm{m^3/(kmol\cdot min)}$，逆反应速率常数 $k_2=1.63\times10^{-4}\ \mathrm{m^3/(kmol\cdot min)}$。反应器内装 0.3785 m³ 水溶液，其中含有 90.8 kg 乙酸、181.6 kg 乙醇。假设反应过程物料密度为 1043 kg/m³ 不改变。试计算经反应 120 min 以后乙酸的转化率。

【解】 已知乙酸的相对分子质量为 60，乙醇的相对分子质量为 46，水的相对分子质量为 18，则可计算各种物料的初始浓度。

乙酸的初始浓度：$c_{A0}=90.8/(60\times0.3785)=4.00\,(\mathrm{kmol/m^3})$

乙醇的初始浓度：$c_{B0}=181.6/(46\times0.3785)=10.43\,(\mathrm{kmol/m^3})$

水的初始浓度：$c_{M0}=[0.3785\times1043-(90.8+181.6)]/(18\times0.3785)=17.96\,(\mathrm{kmol/m^3})$

设 X_A 为乙酸的转化率，则各组分的瞬间浓度与转化率的关系为

$$c_A=4(1-X_A)\qquad c_B=10.43-4X_A\quad c_L=4X_A\quad c_M=17.96+4X_A$$

代入反应速率方程则得

$$\begin{aligned}r_A&=4.76\times10^{-4}\times4(1-X_A)\times(10.43-4X_A)-1.63\times10^{-4}\times4X_A\times(17.96+4X_A)\\&=4\times10^{-4}\times(49.6468-97.9616X_A+12.52X_A^2)\\&=5.008\times10^{-3}\times(3.965-7.824X_A+X_A^2)\end{aligned}$$

代入式(3.2)，得

$$\begin{aligned}t&=c_{A0}\int_0^{X_A}\frac{dX_A}{r_A}=\frac{4}{5.008\times10^{-3}}\int_0^{X_A}\frac{dX_A}{3.965-7.824X_A+X_A^2}\\&=\frac{4}{5.008\times10^{-3}}\frac{1}{\sqrt{7.824^2-4\times3.965}}\ln\frac{2X_A-7.824-6.7346}{2X_A-7.824+6.7346}\Bigg|_0^{X_{Af}}\\&=118.6\left(\ln\frac{2X_{Af}-14.5586}{2X_{Af}-1.0894}-\ln\frac{-14.5586}{-1.0894}\right)\end{aligned}$$

当 t＝120 min，由上式算得 X_{Af}＝0.356，即 35.6%的乙酸转化成乙酸乙酯。

【例 3.3】 在等温间歇槽式反应器中进行下列液相反应：

$$A+B\longrightarrow L\qquad r_L=2c_A\qquad \mathrm{kmol/(m^3\cdot h)}$$

$$2A\longrightarrow M\qquad r_M=0.5c_A^2\qquad \mathrm{kmol/(m^3\cdot h)}$$

反应开始时 A 和 B 的浓度均等于 1 kmol/m³，L 为目的产物，试计算反应时间为 2 h 时 A 的转化率和 L 的收率。

【解】 A 的总消耗速率为

$$r_A = -\frac{dc_A}{dt} = r_L + 2\times r_M = 2c_A + c_A^2 \tag{E3.3-1}$$

代入式(3.2)，有

$$t = -\int_{c_{A0}}^{c_A}\frac{dc_A}{r_A} = -\int_{c_{A0}}^{c_A}\frac{dc_A}{2c_A + c_A^2} \tag{E3.3-2}$$

积分式(E3.3-2)，有

$$t = \frac{1}{2}\ln\frac{c_{A0}(2+c_A)}{c_A(2+c_{A0})} \tag{E3.3-3}$$

将已知条件代入式(E3.3-3)，可求得 c_A

$$c_A = 0.0123\ \text{kmol/m}^3$$

则组分 A 的转化率为

$$X_A = 98.77\%$$

由题给条件知

$$r_L = \frac{dc_L}{dt} = 2c_A \tag{E3.3-4}$$

式(E3.3-1)除以式(E3.3-4)，有

$$\frac{dc_A}{dc_L} = -(1+0.5c_A) \tag{E3.3-5}$$

积分式(E3.3-5)，得

$$c_L = 2\ln\frac{1+0.5c_{A0}}{1+0.5c_A} = 0.7987(\text{kmol/m}^3)$$

L 的收率为

$$Y_L = \frac{0.7987}{1} = 79.87\%$$

3. 最优反应时间

反应器操作条件的最佳化可以有不同的目标函数。一般情况下，间歇操作的温度、压力及进料组成由工艺条件确定。这里仅讨论两种最优反应时间。

1) 使平均生产强度最大时的反应时间

平均生产强度是指一个生产周期内单位时间的生产量，以 Φ_L 表示。对产物而言，平均生产强度 Φ_L 按定义为

$$\Phi_L = \frac{V_R c_L}{t+t'} \tag{3.8}$$

式中：$V_R c_L$ 为生产量，kmol；$(t+t')$ 为生产周期，h。

对一定的间歇槽式反应器，t'为常数，为使 Φ_L 最大，令 Φ_L 对 t 的一阶导数为零，则

$$\frac{d\Phi_L}{dt} = \frac{V_R\left[(t+t')\dfrac{dc_L}{dt} - c_L\right]}{(t+t')^2} = 0$$

可得

$$\frac{\mathrm{d}c_L}{\mathrm{d}t}=\frac{c_L}{t+t'} \tag{3.9}$$

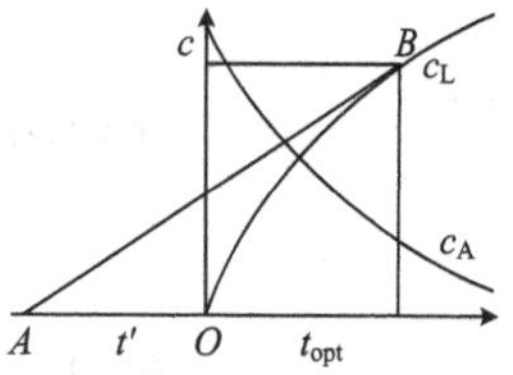

图 3.3　最佳反应时间(1)

根据式(3.9)，可用作图法求得最佳反应时间(图 3.3)。图中 c_A、c_L 分别为反应物和产物组分浓度曲线。过坐标原点 O 向左取 $OA=t'$，过 A 点作曲线 c_L-t 的切线 AB，B 为切点，B 点的横坐标值即为所求时间，纵坐标为相应产物的浓度。

2) 达到最低生产费用时的反应时间

生产费用即生产成本，生产成本越低，工厂经济效益越大。

单位产量的经费为

$$A=\frac{\alpha t+\alpha_0 t'+\alpha_F}{V_R c_L} \tag{3.10}$$

式中：α 为生产产品单位反应时间能耗，元/h；α_0 为生产产品单位辅助时间能耗，元/h；α_F 为每批料的设备折旧费，元；A 为单位产量的经费，元/mol。

欲使生产成本最低，应使单位产量经费对时间的导数为零，即 $\mathrm{d}A/\mathrm{d}t=0$

$$\frac{\mathrm{d}A}{\mathrm{d}t}=\frac{[\alpha c_L-(\alpha t+\alpha_0 t'+\alpha_F)\frac{\mathrm{d}c_L}{\mathrm{d}t}]}{V_R c_L^2}=0$$

解得

$$\frac{\mathrm{d}c_L}{\mathrm{d}t}=\frac{c_L}{t+\frac{\alpha_0 t'+\alpha_F}{\alpha}} \tag{3.11}$$

用图解法可求式(3.11)中 t 及 c_L(图 3.4)，过坐标原点 O 向左截取线段 $OA=t''=\frac{\alpha_0 t'+\alpha_F}{\alpha}$，过 A 点作曲线 c_L-t 的切线 AB，切点 B 的坐标即为最低生产费用的最佳反应时间 t_{opt}。

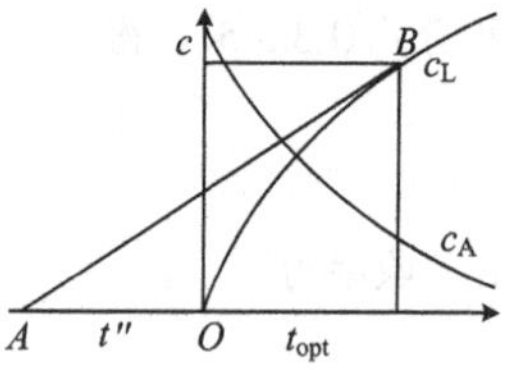

图 3.4　最佳反应时间(2)

3.1.2　间歇槽式反应器的热量衡算

前面讨论了等温间歇槽式反应器的计算，但在实际生产中，多数反应为非等温操作，需要考虑随着反应的进行，反应温度的变化。即使是等温反应器，也需要用热量衡算式确定换热器尺寸。因此，如何使用热量衡算方程设计和分析反应器是必不可少的。

间歇槽式反应器一般采用夹套或内部蛇管进行热交换，由于没有物料流入和流出，因此物料带入和带出热量为零。在恒容情况下，间歇槽式反应器的热量衡算通式为

物料带入热＝物料带出热＋反应热＋与外界换热＋累积热

$$0\qquad\qquad 0\qquad\qquad \Delta H_r V_R r_A\qquad hA(T-T_c)\qquad V_R\rho\bar{C}_p\frac{\mathrm{d}T}{\mathrm{d}t}$$

由间歇槽式反应器物料衡算式知

$$r_A=\frac{n_{A0}}{V_R}\frac{\mathrm{d}X_A}{\mathrm{d}t}$$

得热量衡算式

$$V_R\rho\bar{C}_p\frac{dT}{dt}=hA(T_c-T)+(-\Delta H_r)n_{A0}\frac{dX_A}{dt} \tag{3.12}$$

式中：h 为总传热系数，kJ/(m^2·h·K)；A 为传热面积，m^2；T_c 为换热介质的温度，K；$\bar{C}_p$ 为反应混合物的平均定压热容，kJ/(kg·K)；ρ 为反应混合物的密度，kg/m^3；$(-\Delta H_r)$ 为反应热，kJ/kmol。

式(3.12)右边第一项为反应物系与传热介质交换的热量。对吸热反应 $T_c>T$，表明外界向反应物系供热；对放热反应，一般 $T_c<T$，则反应物系向外界散热。右边第二项为反应热。

对于等温过程，$dT/dt=0$，式(3.12)简化为

$$hA(T-T_c)=(-\Delta H_r)n_{A0}\frac{dX_A}{dt} \tag{3.13}$$

对于绝热过程，反应物系与外界不发生热交换，因此式(3.12)简化为

$$\int_{T_0}^{T}V_R\rho\bar{C}_p dT=\int_0^{X_A}(-\Delta H_r)n_{A0}dX_A$$

$$T-T_0=\frac{(-\Delta H_r)n_{A0}}{V_R\rho\bar{C}_p}X_A=\frac{(-\Delta H_r)c_{A0}}{\rho\bar{C}_p}X_A \tag{3.14}$$

令

$$\frac{(-\Delta H_r)c_{A0}}{\rho\bar{C}_p}=\Lambda \tag{3.15}$$

则

$$T-T_0=\Lambda X_A \tag{3.16}$$

式中，Λ 为绝热温升，指在绝热条件下，反应物系中组分 A 全部转化时，物系温度升高或下降的数值。图 3.5 反映了转化率 X_A 与温度 T 的关系。由图可知，该直线的斜率为 $1/\Lambda$，吸热反应时，$\Lambda<0$，直线的斜角大于 90°，反应温度随转化率的增加而下降；等温反应时，$\Lambda=0$，直线的斜角等于 90°；放热反应时，$\Lambda>0$，直线的斜角小于 90°。

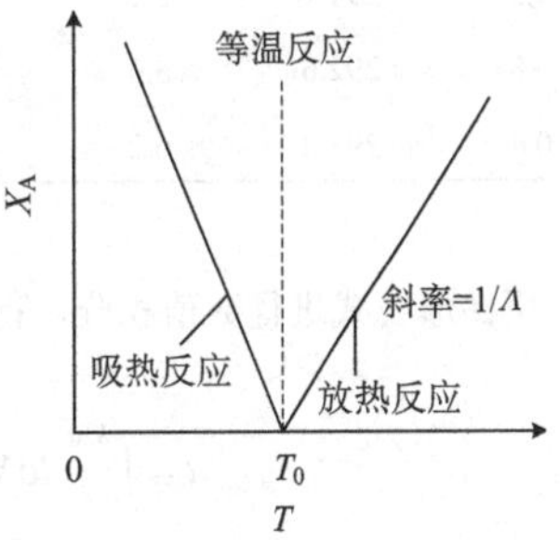

图 3.5　绝热反应过程 X_A 与 T 的关系

【例 3.4】　在水大量过量的情况下，在间歇槽式反应器中，将乙酸酐水解为乙酸：

$$(CH_3CO)_2O + H_2O \longrightarrow 2CH_3COOH$$

由于水过量，故反应可看作乙酸酐的拟一级不可逆反应。温度与速率常数的关系见表 E3.4-1。

表 E3.4-1　温度与速率常数的关系

温度/K	288	293	298	303
速率常数/s^{-1}	0.00134	0.00188	0.00263	0.00351

初始温度 T_0=288 K，乙酸酐初始浓度 c_{A0}=0.30 kmol/m^3，反应混合物的热容和密度可视为常数，分别为 3.8 kJ/(kg·K) 和 1070 kg/m^3。在实际反应温度范围内，反应热 ΔH_r=−210000 kJ/mol。试计算：(1)在绝热

条件下计算乙酸酐转化率为 80%所需的时间；(2)若辅助时间为 0.4 h，日产 1000 kg 的乙酸，所需反应器的体积。

【解】 (1)计算反应时间。

由式(3.15)得

$$\Lambda=\frac{(-\Delta H_r)c_{A0}}{\rho\bar{C}_p}=\frac{210000\times0.3}{1070\times3.8}=15.5$$

代入式(3.16)得

$$T-T_0=15.5X_A \tag{E3.4-1}$$

由式(3.2)知反应时间与转化率的关系为

$$t=c_{A0}\int_0^{X_{Af}}\frac{dX_A}{r_A}=\int_0^{X_{Af}}\frac{dX_A}{k(1-X_A)}=\int_0^{X_{Af}}IdX_A \tag{E3.4-2}$$

式中

$$I=\frac{1}{k(1-X_A)} \tag{E3.4-3}$$

计算步骤：首先假定转化率 X_A，用式(E3.4-1)求 T，由 T 与 k 的关系求出对应 T 的 k 值，由式(E3.4-3)计算 I，如此下去，直到给定的转化率 X_A=0.8 为止。计算结果列于表 E3.4-2 中。

表 E3.4-2 不同转化率 X_A 下的 I 值

X_A	T	$T-T_0$	k	I	X_A	T	$T-T_0$	k	I
0	288	0	0.00134	746.3	0.5	295.7	7.7	0.00229	872.7
0.1	289.5	1.5	0.00151	737.2	0.6	297.3	9.3	0.00252	990.5
0.2	291.1	3.1	0.00167	746.5	0.7	298.8	10.8	0.00278	1199.7
0.3	292.6	3.6	0.00184	775.6	0.8	300.4	12.4	0.00305	1638.8
0.4	293.2	6.2	0.00206	809.3					

用梯形公式进行数值积分，得反应时间

$$t=\int_0^{X_{Af}}IdX_A=\frac{I_0+2\sum_{i=1}^{7}I_i+I_8}{2}(X_{Ai}-X_{Ai-1})=732.39\,\text{s}=0.203\,\text{h}$$

(2)计算反应体积。

日产 1000 kg 的乙酸所需乙酸酐溶液量为

$$\frac{1000}{60\times24\times0.3\times2\times0.8}=1.447(\text{m}^3/\text{h})$$

需要反应器的反应体积为

$$V_R=Q_0(t+t')=1.447\times(0.203+0.4)=0.872\,(\text{m}^3)$$

3.2 半间歇槽式反应器

绪论中已指出，反应物一次加入，过程中不断移走产物或过程中不断加入反应物，产物一次取出均属于半间歇操作。将其用于反应过程要求一种反应物浓度高而另一种反应物浓度低的情况是有利的。对某些可逆反应，采用不断移走产物的半间歇操作，不仅可提高产品的收率，而且还可提高反应过程速率。对某些强放热反应，要控制所要求的反应温度，除通过冷却介质移走热量外，也可采用半间歇操作来调节加料速度。

反应物系的组成随时间而变，是半间歇操作与间歇操作的共同点，需以时间为自变量。

3.2.1 半间歇槽式反应器的物料衡算

设反应器内进行下列液相反应：

$$A + B \longrightarrow L \quad r_A = kc_Ac_B$$

对此反应就整个反应器在单位时间内对组分 A 作物料衡算，有

流入量＝流出量＋消耗量＋累积量

Q_0c_{A0} Qc_A r_AV $d(Vc_A)/dt$

即

$$Q_0c_{A0} = Qc_A + r_AV + \frac{d(Vc_A)}{dt} \tag{3.17}$$

讨论过程中不断加入反应物，产物一次取出的半间歇操作情况。假定操作开始时先向反应器中加入体积为 V_{RB} 的 B，然后连续地加入反应物 A，此时式(3.17)变为

$$Q_0c_{A0} = r_AV + \frac{d(Vc_A)}{dt}$$

$$\frac{d(Vc_A)}{dt} + kc_Ac_BV = Q_0c_{A0} \tag{3.18}$$

任意时间下反应混合物的体积为

$$V = V_0 + \int_0^t Q_0 dt \tag{3.19}$$

1. 非恒速加料

非恒速加料时，Q_0 不为常数，需要知道其与 t 的函数关系才能求解式(3.18)。A、B 浓度对反应速率的影响均考虑，式(3.18)为非线性微分方程，需用数值法求解。

2. 恒速加料

恒速加料时，Q_0 为常数，式(3.19)变为

$$V = V_0 + Q_0t \tag{3.20}$$

又设 B 过量，则反应可按一级反应处理，并将式(3.18)中的 Vc_A 视为变量，则式(3.18)为一阶线性微分方程，初始条件为 $t=0$，$Vc_A=0$，解得

$$Vc_A = \frac{Q_0c_{A0}(1-e^{-kt})}{k} \tag{3.21}$$

将式(3.20)代入可得反应物 A 的浓度与反应时间的关系

$$\frac{c_A}{c_{A0}} = \frac{1-e^{-kt}}{k(t+V_0/Q_0)} \tag{3.22}$$

反应物 A 的初始物质的量为 $n_{A0}=Q_0tc_{A0}$，则转化率为

$$X_A=\frac{n_{A0}-n_A}{n_{A0}}=1-\frac{Vc_A}{n_{A0}}$$
$$=1-\frac{Q_0c_{A0}(1-e^{-kt})}{Q_0tc_{A0}k}=1-\frac{1}{kt}(1-e^{-kt}) \tag{3.23}$$

产物 L 的浓度与反应时间的关系则为

$$Vc_L=Q_0c_{A0}t-Vc_A \tag{3.24}$$

将式(3.20)～式(3.22)代入式(3.24)，有

$$\frac{c_L}{c_{A0}}=\frac{kt-(1-e^{-kt})}{k(t+V_0/Q_0)} \tag{3.25}$$

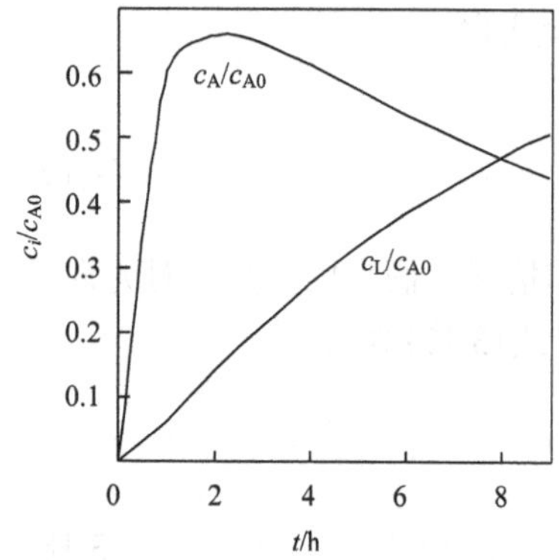

图 3.6　半间歇槽式反应器内组分浓度与时间的关系

半间歇槽式反应器内反应组分浓度与时间的关系如图 3.6 所示，其为 $k=0.2\ h^{-1}$ 及 $V_0/Q_0=0.5\ h$ 时的计算结果。由图可见，反应产物 L 的浓度总是随反应时间的增加而增加，而反应物 A 的浓度与时间的关系曲线存在一极大值。如果不存在化学反应，由于 A 的连续加入，随时间增加，A 的浓度应增加。有化学反应时，反应初期，A 的浓度低，反应速率慢，反应消耗掉的 A 量小于加入的 A 量，随时间增加，浓度仍增加；反应后期，A 的浓度增加，反应速率加快，此时反应消耗掉的 A 量超过了加入的 A 量，随时间增加，则 A 浓度下降。

【例 3.5】　为了提高目的产物的收率，将例 3.3 的槽式反应器改为半间歇操作，反应温度不变。先把 1 m^3 浓度为 2 kmol/m^3 的 B 放入槽内，然后将 1 m^3 浓度为 2 kmol/m^3 的 A 于 2 h 内连续均匀地加入，使之与 B 反应。试问 A 加完时，组分 A 和 L 的浓度各为多少？

【解】　由例 3.3 知 A 的总消耗速率为

$$r_A=-\frac{dc_A}{dt}=r_L+2\times r_M=2c_A+c_A^2 \tag{E3.5-1}$$

因为是恒速加料，且在 2 h 内将 1 m^3 的 A 加完，所以 $Q_0=0.5\ m^3/h$。而槽内先加入 1 m^3 的 B，故起始反应体积 $V_0=1\ m^3$。任何时间 t 下的反应体积为

$$V=1+0.5t \tag{E3.5-2}$$

将式(E3.5-1)、式(E3.5-2)及 Q_0c_{A0} 值代入式(3.18)，有

$$c_A\frac{d(1+0.5t)}{dt}+(1+0.5t)\frac{dc_A}{dt}+(2c_A+c_A^2)(1+0.5t)=0.5\times 2$$

$$\frac{dc_A}{dt}=\frac{2-c_A}{2+t}-2c_A-c_A^2 \tag{E3.5-3}$$

式(E3.5-3)为一阶非线性微分方程，用龙格-库塔法求解，令

$$y_{n+1}=y_n+hK_2$$
$$K_1=f(x_n,y_n)$$

$$K_2 = f(x_n + \frac{h}{2} + y_n + \frac{h}{2}K_1)$$

计算结果列于表 E3.5-1 中。

表 E3.5-1　槽内组分 A 的浓度与时间的关系

t/h	0	0.2	0.4	0.6	0.8	1	1.2	1.4	1.6	1.8	2
c_A/(kmol/m^3)	0	0.139	0.211	0.245	0.258	0.259	0.255	0.247	0.238	0.229	0.220
$t\times c_A$	0	0.028	0.084	0.147	0.206	0.259	0.306	0.346	0.382	0.413	0.441

由表可见，当 $t=2$ h 时，槽内组分 A 的浓度为 0.220 kmol/m^3。其转化率为

$$\frac{2-0.220\times 1}{2}=89\%$$

对产物 L 作物料衡算有

$$\frac{\mathrm{d}(Vc_L)}{\mathrm{d}t}=r_L V \tag{E3.5-4}$$

将式(E3.5-2)及 $r_L=2c_A$ 代入式(E3.5-4)，整理得

$$\frac{\mathrm{d}(Vc_L)}{\mathrm{d}t}=(2+t)c_A \tag{E3.5-5}$$

当 $t=0$ 时，$c_L=0$，故 $Vc_L=0$；当 $t=2$ h 时，1 m^3 的 A 全部加完，所以 $V=2$ m^3。若以 Vc_L 作为一个变量看待，则积分式(E3.5-5)得

$$\int_0^{2c_L}\mathrm{d}(Vc_L)=\int_0^2 2c_A\mathrm{d}t+\int_0^2 tc_A\mathrm{d}t$$

$$c_L=\int_0^2 c_A\mathrm{d}t+0.5\int_0^2 tc_A\mathrm{d}t \tag{E3.5-6}$$

表 E3.5-1 中已列出了 c_A 与 t 的数据，利用这些数据采用数值积分法中梯形公式可求得式(E3.5-6)右边的两个积分值

$$c_L=0.4384+0.5\times 0.4782=0.6775\,(\mathrm{kmol/m^3})$$

目的产物 L 的收率为

$$Y_L=0.6775/1=67.75\%$$

3.2.2　半间歇槽式反应器的热量衡算

讨论恒速加料时半间歇槽式反应器的热量衡算，通式为

物料带入热＝物料带出热＋反应热＋与外界换热＋累积热

$$Q_0\rho\bar{C}_pT_0 \qquad 0 \qquad \Delta H_r V r_A \quad hA(T-T_c) \quad V\rho\bar{C}_p\frac{\mathrm{d}T}{\mathrm{d}t}$$

由半间歇槽式反应器物料衡算式知

$$r_A V=\frac{\mathrm{d}(Vc_A)}{\mathrm{d}t}-Q_0c_{A0}$$

得热量衡算式为

$$V\rho\bar{C}_p\frac{\mathrm{d}T}{\mathrm{d}t}=Q_0\rho\bar{C}_pT_0+hA(T_c-T)+(-\Delta H_r)\left[\frac{\mathrm{d}(Vc_A)}{\mathrm{d}t}-Q_0c_{A0}\right] \tag{3.26}$$

3.3　连续槽式反应器

在剧烈搅拌的反应槽中，一边连续恒定地向反应器内加入反应物料，同时连续不断地把产物排出反应器。由于剧烈搅拌，反应器内物料达到全槽均匀的浓度和温度，这种带搅拌的连续流动槽式反应器的流动状况符合理想混合这一理想化假设，所以该类反应器常称为理想混合反应器(CSTR)或全混流反应器(MFR)。连续槽式反应器多用于液相反应，由于连续操作，产品质量稳定，易于自动控制，节省劳动力，常用于大规模生产，但操作复杂，投资大。

3.3.1　连续槽式反应器的物料衡算

在连续槽式反应器内，物料达到了完全均匀混合，温度、浓度、反应速率处处均一，不随时间而改变，并与出料的浓度、温度和反应速率相同。物料在反应器内达到最大返混，物料的停留时间有一个特定的分布，由于这一特点，新鲜原料一进入反应器，瞬间与槽内物料完全混合，高浓度反应物立即被稀释至出口处的低浓度，因此整个化学反应过程都在较低的反应物浓度下，即在较低的反应速率下进行。

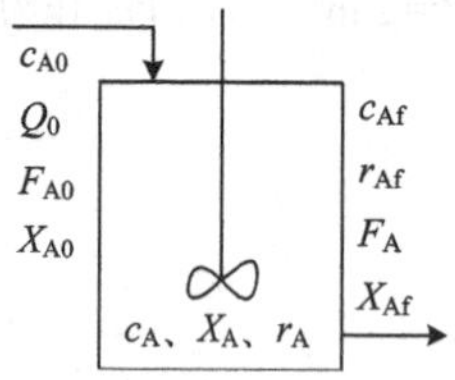

图 3.7　全混流反应器物料衡算示意图

工业中连续槽式反应器，除反应器体积很大、搅拌装置设计不好和物料黏度太大外，可以认为是全混流反应器。器内温度、浓度等参数处处相等，并等于出口各相应参数，而且不随时间变化。因此，可选取整个反应器对反应组分 A 进行物料衡算(图 3.7)，其物料累积量为零，按出口时浓度、温度计算反应速率，其物料衡算式为

流入量＝流出量＋反应量＋累积量

$$F_{A0}\qquad F_A\qquad r_{Af}V_R\qquad 0$$

即

$$F_{A0}=F_A+r_{Af}V_R$$

因为

$$F_A=F_{A0}(1-X_{Af})$$

代入衡算式得

$$F_{A0}X_{Af}=r_{Af}V_R$$

$$\tau_m=\frac{V_R}{Q_0}=\frac{c_{A0}X_{Af}}{r_{Af}}\quad 或\quad V_R=\frac{Q_0c_{A0}X_{Af}}{r_{Af}} \tag{3.27}$$

对于恒容过程：

$$\tau_m=\frac{V_R}{Q_0}=\frac{c_{A0}-c_{Af}}{r_{Af}}\quad 或\quad V_R=\frac{Q_0(c_{A0}-c_{Af})}{r_{Af}} \tag{3.28}$$

式(3.27)和式(3.28)为连续槽式反应器的基本设计方程，方程表示 V_R、Q_0、r_{Af}、X_{Af}四个

参数的关系。由第 2 章可知：$\tau = V_R/Q_0$，为连续槽式反应器的接触时间。式(3.27)和式(3.28)可以进行图解法(图 3.8 和图 3.9)。图中 A 点为连续槽式反应器操作点，反应过程是在 c_{Af}、r_{Af} 或 X_{Af}、r_{Af} 下操作。

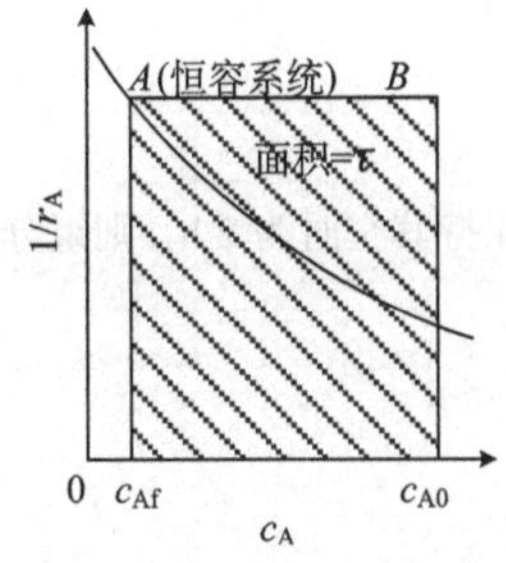

图 3.8　CSTR 图解示意图(1)

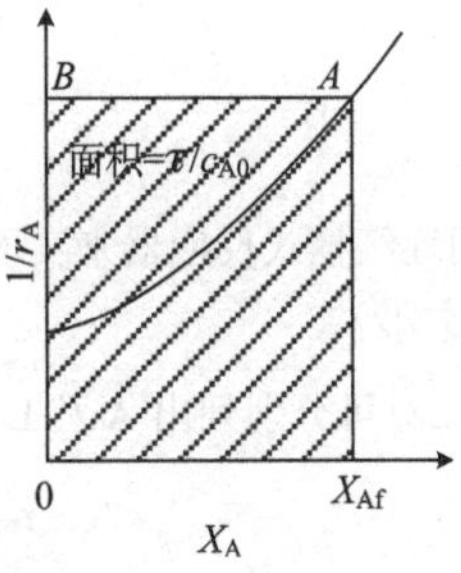

图 3.9　CSTR 图解示意图(2)

对简单反应，不同反应级数下的接触时间计算式见表 3.2。

表 3.2　等温恒容下连续槽式反应器中不同反应级数下接触时间计算式

级数	浓度表示		转化率表示	
0	$\tau_m = \dfrac{c_{A0} - c_{Af}}{k}$	(3.29a)	$\tau_m = \dfrac{c_{A0} X_{Af}}{k}$	(3.29b)
1	$\tau_m = \dfrac{c_{A0} - c_{Af}}{k c_{Af}}$	(3.30a)	$\tau_m = \dfrac{X_{Af}}{k(1 - X_{Af})}$	(3.30b)
2	$\tau_m = \dfrac{c_{A0} - c_{Af}}{k c_{Af}^2}$	(3.31a)	$\tau_m = \dfrac{X_{Af}}{k c_{A0}(1 - X_{Af})^2}$	(3.31b)
n	$\tau_m = \dfrac{c_{A0} - c_{Af}}{k c_{Af}^n}$	(3.32a)	$\tau_m = \dfrac{X_{Af}}{k c_{A0}^{n-1}(1 - X_{Af})^n}$	(3.32b)

【例 3.6】　采用连续槽式反应器来实现例 3.1 的反应，条件与例 3.1 相同，计算此反应体积。

【解】　按例 3.1，反应为等温恒容下进行的二级反应，由式(3.27)整理得

$$V_R = \frac{Q_0 X_{Af}}{k c_{A0}(1 - X_{Af})^2}$$

当转化率为 X_{Af}=80%时，有

$$V_R = \frac{171.23 \times 0.8}{1.97 \times 60 \times 0.004 \times (1 - 0.8)^2} = 7243.23(\text{L})$$

当转化率为 X_{Af}=90%时，有

$$V_R = \frac{171.23 \times 0.9}{1.97 \times 60 \times 0.004 \times (1 - 0.9)^2} = 32594.54(\text{L})$$

【例 3.7】　采用连续槽式反应器来实现例 3.2 的反应，条件与例 3.2 相同，计算此反应的转化率。

【解】　按例 3.2，反应速率方程为

$$r_A = 5.008 \times 10^{-3} \times (3.965 - 7.824 X_A + X_A^2)$$

将其代入式(3.27)，整理得

$$\tau_m = \frac{c_{A0}X_A}{k}$$

$$120 = \frac{4X_A}{5.008\times10^{-3}(3.965 - 7.824X_A + X_A^2)}$$

$$X_A^2 - 14.48X_A + 3.965 = 0$$

$$X_A = 27.92\%$$

【例 3.8】 采用连续槽式反应器来实现例 3.3 的反应，若保持其空时为 2 h，则组分 A 的最终转化率是多少？L 的收率又是多少？

【解】 由式(3.28)可分别列出 A 及 L 的物料衡算式为

$$\tau_m = \frac{V_R}{Q_0} = \frac{c_{A0} - c_A}{2c_A + c_A^2} \tag{E3.8-1}$$

$$\tau_m = \frac{c_L}{2c_A} \tag{E3.8-2}$$

将 $\tau_m = 2$ h，$c_{A0} = 1$ kmol/m^3 代入式(E3.8-1)，整理后有

$$2c_A^2 + 5c_A - 1 = 0$$

解得

$$c_A = 0.186 \text{ kmol/m}^3$$

故最终转化率为

$$X_A = (1-0.186)/1 = 81.4\%$$

将上式代入式(E3.8-2)得

$$c_L = 2\times2\times0.186 = 0.744\,(\text{kmol/m}^3)$$

所以，L 的收率为

$$Y_L = 74.4\%$$

由此可见，当连续槽式反应器的空时与间歇槽式反应器的反应时间相同时，两者的转化率和收率都不相等，因此在进行反应器放大时，应予以注意。

3.3.2 连续槽式反应器的热量衡算

在定常态下操作的连续槽式反应器一般可维持系统等温，其操作温度可由能量方程决定。由于在连续槽式反应器反应区内，温度均一，物料组成均一，因此可对整个反应器建立热量衡算式，其通式为

物料带入热＝物料带出热＋反应热＋与外界换热＋累积热

$$Q_0\rho\bar{C}_pT_0 \qquad Q_0\rho\bar{C}_pT \qquad \Delta H_rV_Rr_A \qquad hA(T-T_c) \qquad 0$$

由连续槽式反应器物料衡算式知：

$$r_{Af}V_R = F_{A0}X_A$$

得热量衡算式为

$$Q_0\rho\bar{C}_p(T - T_0) + hA(T - T_c) = (-\Delta H_r)r_AV_R \tag{3.33}$$

式中：Q_0 为物料的体积流量，m^3/h；ρ 为物料的密度，kg/m^3；$\bar{C}_p$ 为平均定压热容，kJ/(kg·K)；

T 为反应温度，K；T_0 为物料的进口温度，K；A 为总传热面积，m^2；H 为总传热系数，$kJ/(m^2 \cdot h \cdot K)$；T_c 为换热介质温度，K。

式(3.33)就是定态操作下连续槽式反应器热量衡算式。

由于 ΔH_r 或 C_p 大都是在 0 ℃或 25 ℃下的测定值，所以热量衡算时一般以 0 ℃为基准温度。

【例 3.9】 用连续槽式反应器生产聚丁二烯橡胶，年产 1500 t，若第一槽的进料温度为 20 ℃，出料温度为 60 ℃，转化率为 60%，加入原料和产品的数量和组成列于表 E3.9-1，热数据列于表 E3.9-2。

表 E3.9-1　不同温度下反应物料的进出口质量流量

组成	丁二烯	丁烯	溶剂	催化剂	聚丁二烯	温度
进料/(kg/h)	2380	24	9670	7.84		20 ℃
出料/(kg/h)	1223	24	9670	7.84	1157	60 ℃

表 E3.9-2　不同温度下物系的热参数

物料的平均热容/[kcal/(kg·℃)]		聚合热	搅拌热 H
20 ℃，0.54	60 ℃，0.58	330 kcal/kg 聚丁二烯	30000 kcal/h

物料的总质量为 12082 kg/h，求：(1)冷却水移走的热量；(2)当冷却水的进出口温差为 10 ℃，水的流量。

【解】 (1)冷却水移走的热量。

反应器的热量衡算通式为

物料带入热＝物料带出热＋聚合放出热＋搅拌热＋冷却水带走热

根据所给条件对上式各项进行计算

物料带入热：　$12082\times0.54\times20=1.305\times10^5$ (kcal/h)

物料带出热：　$12082\times0.58\times60=4.204\times10^5$ (kcal/h)

聚合放出热：　$-1157\times330=-3.818\times10^5$ (kcal/h)

搅拌热：　-0.3×10^5 (kcal/h)

将各项代入热量衡算通式可得

冷却水带走热：　$(1.305+3.818+0.3-4.204)\times10^5=1.219\times10^5$ (kcal/h)

(2)冷却水的流量。

$$Q_c = W_c\bar{C}_{pc}(T-T_c) = W_c\times1\times10$$

所以

$$W_c=1.219\times10^5/10=1.219\times10^4 \text{ (kg/h)}$$

3.3.3　连续槽式反应器的热稳定性

化学反应的稳定性是指所设计的反应器能否实现稳定操作和控制的问题。任何化学反应器的设计单从热力学和动力学的角度确定操作条件都是不够的，还必须从反应器的稳定性及参数的敏感性等方面考虑，否则反应器失控的可能性就很大。特别是对放热反应，由于反应速率与温度上升呈非线性的指数关系，而与此同时进行的换热速率与温度呈线性关系。因此，为了避免设计出不稳定甚至不能操作的反应器，对一些热效应较大、初始浓度较高、反应速率较快的热敏感型的反应过程，在反应器设计和确定操作条件时，必须充分注意这种强放热反应的定态热稳定性问题。

在连续槽式反应器中，由于强烈的返混作用，物料的浓度和温度均一并等于反应器出口处的浓度和温度，这时反应器可视为全混流反应器。这种反应器中在物料充分混合的同时，也伴随有强烈的热量反馈，使反应温度随时间而变，造成整个反应器在非定态下操作，这就是连续槽式反应器中的热稳定性问题。

1. 稳定操作条件

以 n 级不可逆恒容放热反应为例，由式(3.33)知，其放热量为

$$q_q = V_R(-\Delta H_r)r_A(X_A,T) = V_R(-\Delta H_r)k_0\exp(-\frac{E}{RT})c_{A0}^n(1-X_A)^n \tag{3.34}$$

式中：q_q 为放热速率。

以 T 对 q_q 作图，则得一 S 形曲线(图 3.10)。

反应器的移热速率等于流体热焓变化带走的热量与通过器壁传走的热量之和，即式(3.33)的左边为移热速率：

$$q_r = Q_0\rho\bar{C}_p(T-T_0) + hA(T-T_c)$$

整理可得

$$q_r = (hA + Q_0\rho\bar{C}_p)T - (hAT_c + Q_0\rho\bar{C}_pT_0) \tag{3.35}$$

式中：q_r 为移热速率。

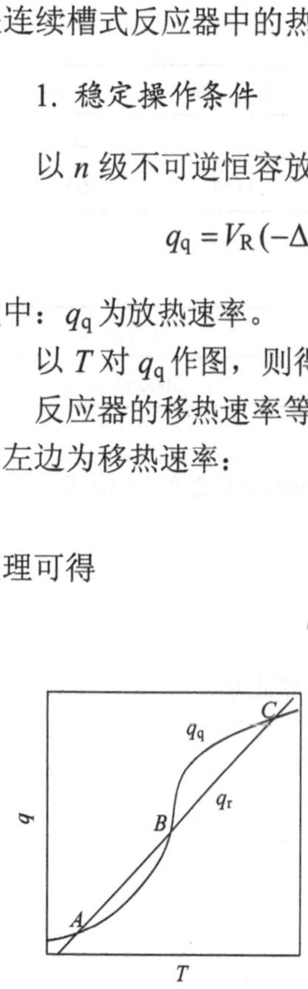

图 3.10　CSTR 的 q_q 和 q_r 线

以 T 对 q_r 作图，则为图 3.10 中的直线。该直线与 q_q-T 曲线的交点 A、B、C 即为联立方程式(3.34)和式(3.35)的解。在该三点处 $q_r=q_q$，称为反应器的定常态操作温度点。在 A、B、C 三点中，虽然都表示 $q_r=q_q$，但有的是稳定的定态操作点，有的是不稳定的定态操作点。

现以 B 点的情况为例，如选择在 B 点的温度下进行操作，则当生产中温度有微小的增加时，由于放热量大于移热量，所以系统的温度将迅速升高，即使外界干扰排除，系统温度仍会上升到 C 点。而当生产中温度略有下降时，则由于放热量小于移热量，因此系统温度会不断降低直至 A 点，即使外界干扰排除也是这样，系统温度始终会在 A 至 C 点间变化，不可能维持在某一恒定的温度下，所以 B 点是不稳定的定态操作点。

现在再来看 C 点的情况。操作若在 C 点的温度下进行，当外界有一微小的波动使系统温度增加时，由于移热速率大于放热速率，温度的任何增加都会产生降温速率大于升温速率的效应，从而有温度又回跌到 C 点的自然趋势，可以使温度稳定在某一接近 C 点的温度，当干扰消除后又回到 C 点。反之，若系统温度受外界干扰而略有降低时，则由于放热速率大于移热速率，系统温度有产生回升的趋势，这一趋势阻碍了系统的温度继续降低，当外界干扰消

除后，系统温度又回升到 C 点。这就是说，在 C 点温度下操作时，系统有热自衡能力，反应工程中称为热稳定点。

同理分析，A 点也能满足上述条件，也具有热自衡能力，同样是热稳定点。所以生产上能满足定态稳定操作点的两个条件是

$$q_r = q_q \tag{3.36}$$

$$\frac{dq_r}{dT} > \frac{dq_q}{dT} \tag{3.37}$$

2. 操作参数对热稳定性的影响

改变连续槽式反应器的一些操作参数(如进料流量、进料温度、冷却介质温度等)，会对热稳定性产生不同的影响。

1) 进料流量的影响

若其他操作参数不变，由式(3.35)知，增大进料体积流量 Q_0，移热速率直线 q_r 的斜率增大，如图 3.11 所示。当移热速率由 q_{r1} 变到 q_{r3} 时，反应过程就不再有热稳定的操作点了，q_{r3} 是开始不能自热操作的极限位置。当移热速率由 q_{r1} 变到 q_{r2} 时，连续槽式反应器的热稳定性增强。

2) 进料温度的影响

若其他操作参数不变，由式(3.35)知，进料温度 T_0 增大或减小，移热速率直线 q_r 的斜率不变，直线平行移动，如图 3.12 所示。当进料温度由 T_{01} 增加到 T_{02} 时，移热速率由 q_{r1} 变到 q_{r2}，此时直线 q_{r2} 与曲线只有一个热稳定操作点 C_2；进料温度由 T_{01} 降到 T_{03} 时，移热速率由 q_{r1} 平移到 q_{r3}，它与放热曲线有两个定态点，其中 C_3 点是直线与曲线的切点。当系统温度受到干扰而略低于 C_3 时，由于移热速率大于放热速率，系统的温度将一直下降到 A_3，所以 C_3 是非热稳定操作点。

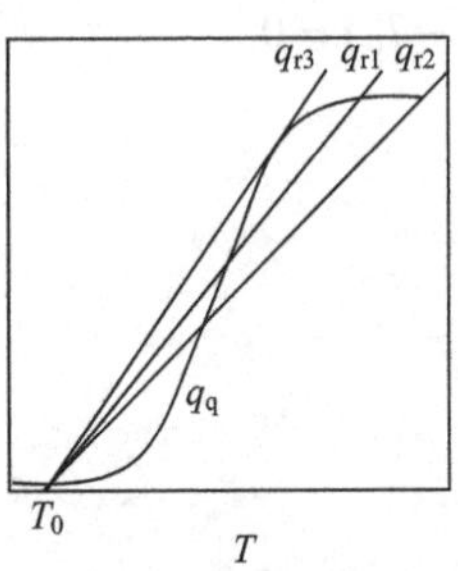

图 3.11　进料流量对热稳定性的影响

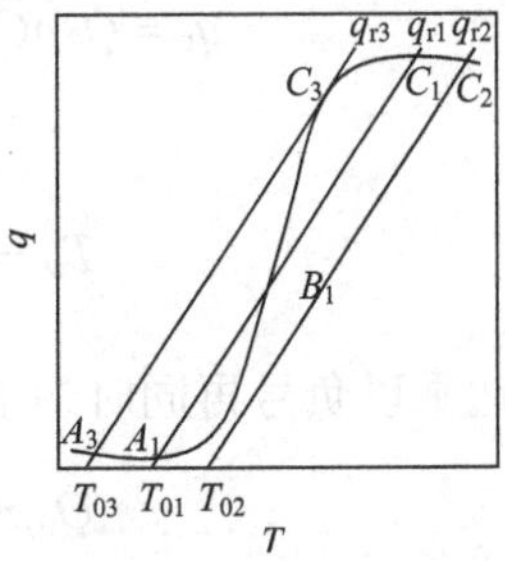

图 3.12　进料温度对热稳定性的影响

3. 热稳定性对传热温差的限制

在连续槽式反应器中进行放热反应时，如果定态稳定点温度过高，如图 3.10 中的 C 点，不宜选用。而在 A 点操作，反应速率又太小，也不适宜，而要求在 B 点的温度下操作。怎样使 B 点变为稳定的定态操作点呢？按稳定性条件，一方面应增大单位反应器容积所具有的换热能力 hA/Q_0；另一方面则要求提高冷却介质的温度，即减小传热温差，使得传热温

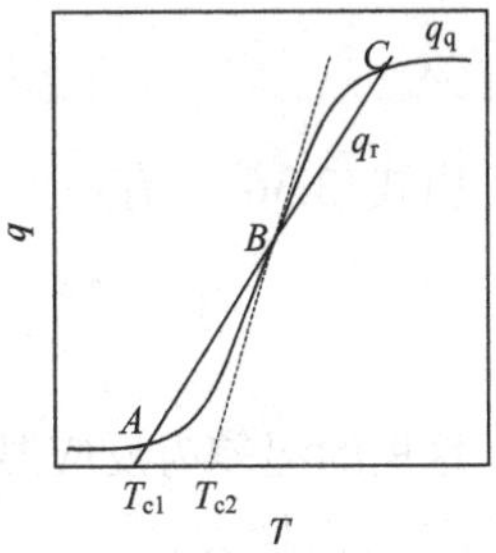

图 3.13　改善 B 点稳定性的措施

差小于某一定值。如图 3.13 所示，当冷却介质的温度为 T_{c1} 时，B 点为不稳定的操作点，将冷却介质的温度提高到 T_{c2} 时，B 点成为稳定的操作点。从图可见，要使 B 点从不稳定的操作点变为稳定的操作点，应该减少介质与系统的温差，使之小于某一确定的值，即限制传热温差。

由式(3.34)求导得

$$\frac{\mathrm{d}q_{\mathrm{q}}}{\mathrm{d}T}=V_{\mathrm{R}}(-\Delta H_{\mathrm{r}})\frac{\mathrm{d}}{\mathrm{d}T}[r_{\mathrm{A}}(X_{\mathrm{A}},T)] \tag{3.38}$$

对于 n 级不可逆反应：

$$r_{\mathrm{A}}=kc_{\mathrm{A0}}^{n}(1-X_{\mathrm{A}})^{n}=k_0\exp(-E/RT)c_{\mathrm{A0}}^{n}(1-X_{\mathrm{A}})^{n}$$

将上式对 X_{A} 和 T 求偏导后代入式(3.38)，整理得

$$\frac{\mathrm{d}q_{\mathrm{q}}}{\mathrm{d}T}=q_{\mathrm{q}}\left(1+\frac{nX_{\mathrm{A}}}{1-X_{\mathrm{A}}}\right)^{-1}\frac{E}{RT^2} \tag{3.39}$$

由式(3.35)求导得

$$\frac{\mathrm{d}q_{\mathrm{r}}}{\mathrm{d}T}=Q_0\rho\bar{C}_p+Ah \tag{3.40}$$

将式(3.39)和式(3.40)代入式(3.37)，得

$$Q_0\rho\bar{C}_p+Ah>q_{\mathrm{q}}\left(1+\frac{nX_{\mathrm{A}}}{1-X_{\mathrm{A}}}\right)^{-1}\frac{E}{RT^2} \tag{3.41}$$

式(3.41)可作为导出最大允许温差的基础。下面分几种情况来讨论。

1)变温非绝热反应器

此时 $T\neq T_0$，$A\neq 0$。引入非移反应温度 T_{w}，在此反应温度下操作，其移热速率为 0

$$q_{\mathrm{r}}=Q_0\rho\bar{C}_p(T_{\mathrm{w}}-T_0)+Ah(T_{\mathrm{w}}-T_{\mathrm{c}})=0$$

解得

$$T_{\mathrm{w}}=\frac{Q_0\rho\bar{C}_pT_0+AhT_{\mathrm{c}}}{Q_0\rho\bar{C}_p+Ah} \tag{3.42}$$

式(3.42)两边乘以负号再同时加上 T，整理得

$$Q_0\rho\bar{C}_p+Ah=\frac{q_{\mathrm{r}}}{T-T_{\mathrm{w}}} \tag{3.43}$$

将式(3.43)代入式(3.41)，得

$$\frac{q_{\mathrm{r}}}{T-T_{\mathrm{w}}}>q_{\mathrm{q}}\left(1+\frac{nX_{\mathrm{A}}}{1-X_{\mathrm{A}}}\right)^{-1}\frac{E}{RT^2}$$

由式(3.36)，有

$$\Delta T=T-T_{\mathrm{w}}<\left(1+\frac{nX_{\mathrm{A}}}{1-X_{\mathrm{A}}}\right)\frac{RT^2}{E} \tag{3.44}$$

这里的温差为反应温度与非移反应温度之差。它与反应级数 n 及转化率 X_{A} 有关，且随 n、X_{A} 的增大而增大。

2) 等温反应器

等温时 $T=T_0$，此时非移反应温度 $T_w=T_c$，式(3.44)变为

$$\Delta T = T - T_c < \left(1+\frac{nX_A}{1-X_A}\right)\frac{RT^2}{E} \tag{3.45}$$

这里的温差为反应温度与冷却介质温度之差。

3) 绝热反应器

绝热反应器不设换热面，即 $A=0$，此时非移反应温度 $T_w=T_0$，式(3.44)变为

$$\Delta T = T - T_0 < \left(1+\frac{nX_A}{1-X_A}\right)\frac{RT^2}{E} \tag{3.46}$$

这里的温差为反应器进出物料的温差。

由式(3.44)可导出一般情况下最低允许的冷却介质温度 $(T_c)_{min}$ 及最低允许进口温度 $(T_0)_{min}$，它们两者是相互依赖的。

$$T - \frac{Q_0\rho\bar{C}_pT_0 + hAT_c}{Q_0\rho\bar{C}_p + hA} < \left(1+\frac{nX_A}{1-X_A}\right)\frac{RT^2}{E}$$

得

$$(T_c)_{min} = \left(1+\frac{Q_0\rho\bar{C}_p}{hA}\right)\left[T - \left(1+\frac{nX_A}{1-X_A}\right)\frac{RT^2}{E}\right] - \frac{Q_0\rho\bar{C}_p}{hA}T_0 \tag{3.47}$$

$$(T_0)_{min} = \left(1+\frac{hA}{Q_0\rho\bar{C}_p}\right)\left[T - \left(1+\frac{nX_A}{1-X_A}\right)\frac{RT^2}{E}\right] - \frac{hA}{Q_0\rho\bar{C}_p}T_c \tag{3.48}$$

必须指出，反应器的其他操作参数，如进料体积流量 Q_0、进料温度 T_0 和原料中反应组分 A 的摩尔分数 y_{A0} 等都会对反应器的热稳定性产生不同程度的影响。但是，槽式反应器一般都用于进行液相反应，而液体的热容较大，温度变化较小，只要采用适当的调节手段，在非稳定的定态下操作也是可以的。

【例 3.10】 一级不可逆放热反应 $A \longrightarrow L$ 在一个反应体积为 10 m^3 的连续槽式反应器内进行。进料体积流量 $Q_0=0.01\ m^3/s$，进料反应物浓度 $c_{A0}=5\ kmol/m^3$，假定溶液的密度和比热在整个反应过程中不变，试计算在绝热情况下当进料温度分别为 290 K、300 K 和 310 K 时反应器所能达到稳定状态的反应温度和转化率。

已知 $-\Delta H_r=4.78\times10^6$ cal/kmol，溶液的密度 $\rho=850\ kg/m^3$，定压热容 $C_p=526$ cal/(kg·K)，速率常数 $k=10^{13}\exp(-12000/T)$。

【解】 要求稳定态的反应温度可采用定态图解法。首先由连续槽式反应器的反应体积计算式(3.28)可知

$$\frac{V_R}{Q_0} = \frac{c_{A0}X_{Af}}{r_{Af}} = \frac{c_{A0}-c_{Af}}{kc_{Af}}$$

所以

$$c_A = \frac{c_{A0}}{1+k\dfrac{V_R}{Q_0}} \quad 或 \quad X_{Af} = \frac{k\dfrac{V_R}{Q_0}}{1+k\dfrac{V_R}{Q_0}} = \frac{10^{16}\exp\left(-\dfrac{12000}{T}\right)}{1+10^{16}\exp\left(-\dfrac{12000}{T}\right)}$$

代入式(3.34)，有

$$q_q=\frac{V_R(-\Delta H_r)kc_{A0}}{1+k\dfrac{V_R}{Q_0}}=\frac{10\times4.78\times10^6\times5\times10^{13}\exp\left(-\dfrac{12000}{T}\right)}{1+\dfrac{10}{0.01}10^{13}\exp\left(-\dfrac{12000}{T}\right)}$$

$$=\frac{2.39\times10^{21}\exp\left(-\dfrac{12000}{T}\right)}{1+10^{16}\exp\left(-\dfrac{12000}{T}\right)} \qquad \text{(E3.10-1)}$$

又

$$q_r=Q_0\rho C_p(T-T_0)=0.01\times850\times526(T-T_0)=4471(T-T_0) \qquad \text{(E3.10-2)}$$

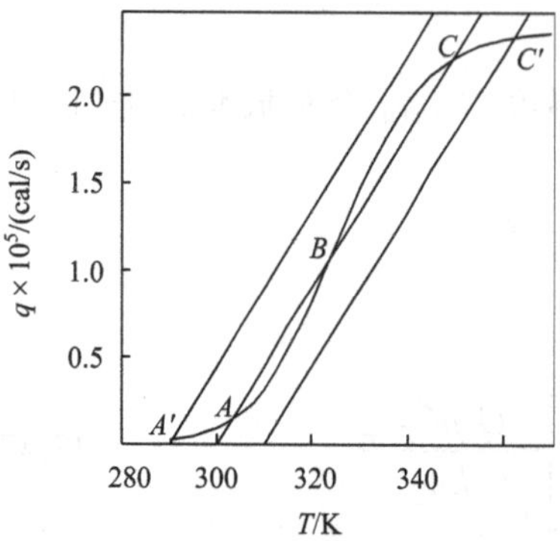

图 E3.10-1 CSTR 的 q-T 关系曲线

由式(E3.10-1)和式(E3.10-2)即可在 q-T 图上作出一条 q_q-T 曲线及当 T_0=290 K、300 K、310 K 时的三条 q_r-T 直线，从图 E3.10-1 中查得当 T_0=290 K 时，T=290.6 K，并可求得

$$X_{Af}=\frac{10^{16}\exp\left(-\dfrac{12000}{290.6}\right)}{1+10^{16}\exp\left(-\dfrac{12000}{290.6}\right)}=1.15\%$$

当 T_0=300 K 时有三个交点，其中上下两个是稳定的，并可求得 T_A=304 K 时，X_{Af}=6.15%；T_B=324.8 K，X_{Af}=44.46%；T_C=349.4 K，X_{Af}=92.38%。

当 T_0=310 K，两线又只有一个交点，即只有一个稳定态，T=362.2 K，X_{Af}=97.61%。

计算表明，随着进料温度 T_0 的不同，反应器的定态操作点数和温度均不同，其转化率也不同。

3.4 串联连续槽式反应器

前已提及连续槽式反应器的流型可按全混流处理，此时由于返混最大，反应过程在最慢的反应速率下进行。在相同的反应条件下，与其他反应器相比，反应器体积最大。

在等温条件下采用连续槽式反应器，为提高反应过程的推动力，有效的办法是采用多级槽式反应器的串联组合。若一个体积为 V_R 的连续槽式反应器改为用 N 个体积为 V_R/N 的连续槽式反应器串联代替，当两者初始与最终浓度相同时，后者的平均推动力要大于前者(图 3.14)。单级连续槽式反应器时，整个反应器中反应物浓度均为 c_{Af}，整个反应过程的平均推动力为 $c_{Af}-c_{Ae}$，若采用多级串联，各级连续槽式反应器的浓度分别是 c_{A1}、c_{A2}、c_{A3}、c_{Af}，平均推动力分别为 $c_{A1}-c_{Ae}$、$c_{A2}-c_{Ae}$、$c_{A3}-c_{Ae}$、$c_{Af}-c_{Ae}$，除最后一级与单级平均推动力相同外，其余各级平均推动力都大于单级，也就是都在高于单级操作的浓度下进行反应。

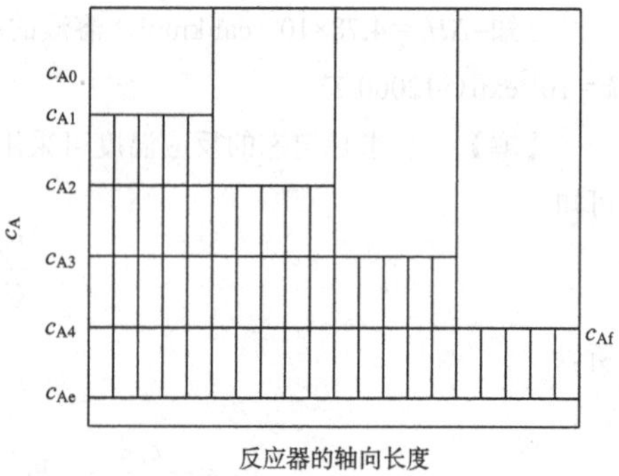

图 3.14 串联连续槽式反应器的推动力

3.4.1　串联连续槽式反应器的物料衡算

假设在串联连续槽式反应器中进行等温液相反应，因为 $\varepsilon_A=0$，且 $Q_0=Q_1=\cdots=Q_N$，图 3.15 为串联连续槽式反应器示意图。

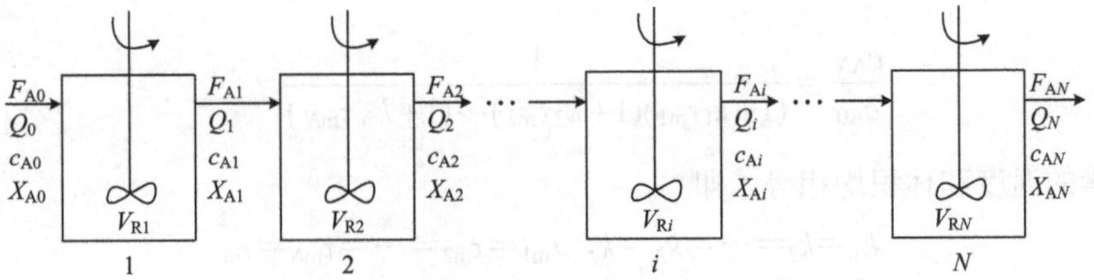

图 3.15　串联连续槽式反应器示意图

取第 i 槽对反应组分 A 进行物料衡算：

输入量＝输出量＋反应量＋积累量

$$Q_0 c_{Ai-1} \qquad Q_0 c_{Ai} \qquad r_{Ai}V_{Ri} \qquad 0$$

$$Q_0 c_{A0}(1-X_{Ai-1}) = Q_0 c_{A0}(1-X_{Ai-1}) + r_{Ai}V_{Ri}$$

整理得

$$\tau_{mi} = \frac{V_{Ri}}{Q_0} = \frac{c_{A0}(X_{Ai} - X_{Ai-1})}{r_{Ai}} \tag{3.49}$$

对恒容过程可改写为

$$\tau_{mi} = \frac{V_{Ri}}{Q_0} = \frac{(c_{Ai-1} - c_{Ai})}{r_{Ai}} \tag{3.50}$$

式(3.49)和式(3.50)适用于各槽的体积和温度各不同的恒容串联连续槽式反应器。计算串联连续槽式反应器的目的，主要是根据处理的物料量决定达到一定转化率所需级数 N、各级反应体积和转化率等。计算方法有解析法和图解法两种。

1. *解析法*

按单级连续槽式反应器的计算方法依次逐槽计算下去，直到达到要求的转化率为止。

1) 一级不可逆反应

由物料衡算可以建立级数和最终转化率的关系式，不必逐槽计算就可求出反应器的串联个数和反应器体积。

一级反应的速率方程为 $r_{Ai}=k_i c_{Ai}$，代入式(3.50)，得

$$\tau_{mi} = \frac{(c_{Ai-1} - c_{Ai})}{k_i c_{Ai}}$$

即

$$\frac{c_{Ai}}{c_{Ai-1}} = \frac{1}{1 + k_i \tau_{mi}}$$

上式中 i 取 1，2，…，N，可得

$$\frac{c_{A1}}{c_{A0}}=\frac{1}{1+k_1\tau_{m1}}$$

$$\frac{c_{A2}}{c_{A0}}=\frac{1}{(1+k_1\tau_{m1})(1+k_2\tau_{m2})}$$

$$\vdots$$

$$\frac{c_{AN}}{c_{A0}}=\frac{1}{(1+k_1\tau_{m1})(1+k_2\tau_{m2})\cdots(1+k_N\tau_{mN})} \tag{3.51}$$

若各槽的温度和体积均相等，即

$$k_1=k_2=\cdots=k_N=k,\quad \tau_{m1}=\tau_{m2}=\cdots=\tau_{mN}=\tau_m$$

式(3.51)可写为

$$\frac{c_{AN}}{c_{A0}}=\frac{1}{(1+k\tau_m)^N} \tag{3.52}$$

因此最终转化率为

$$X_{AN}=1-\frac{c_{AN}}{c_{A0}}=1-\frac{1}{(1+k\tau_m)^N} \tag{3.53}$$

2)二级不可逆反应

二级反应的速率方程为 $r_{Ai}=k_ic_{Ai}^2$，代入式(3.50)，得

$$\tau_{mi}=\frac{(c_{Ai-1}-c_{Ai})}{k_ic_{Ai}^2}$$

即

$$c_{Ai}=\frac{-1+\sqrt{1+4k_i\tau_{mi}c_{Ai-1}}}{2k_i\tau_{mi}} \tag{3.54}$$

此时要计算 c_{AN} 就需逐槽进行。

用解析法可以进行各种类型反应的计算，计算结果准确度较高，但计算复杂。往往图解法比解析法更为方便。特别是当反应级数不是 1，或各槽体积不相同时，或串联槽的个数较多时，很难用解析法求得解析解。

【例 3.11】 在三级串联连续槽式反应器中进行己二醇和己二酸的聚缩反应，生成醇酸树脂。条件与例 3.1 相同，若第一槽转化率达 70%，第二槽转化率达 80%，第三槽达 90%时，求各槽的有效体积和总体积。

【解】 反应为等温等容二级不可逆反应，各槽体积的计算由式(3.31b)

$$\tau_m=\frac{V_R}{Q_0}=\frac{X_{Af}}{kc_{A0}(1-X_{Af})^2}$$

第一槽：

$$V_{R1}=\frac{171.23\times(0.7-0)}{1.97\times60\times0.004\times(1-0.7)^2}=2816.81(\text{L})$$

第二槽：

$$V_{R2}=\frac{171.23\times(0.8-0.7)}{1.97\times60\times0.004\times(1-0.8)^2}=905.40(\text{L})$$

第三槽：

$$V_{R3}=\frac{171.23\times(0.9-0.8)}{1.97\times60\times0.004\times(1-0.9)^2}=3621.62(\text{L})$$

所以

$$V_R = V_{R1} + V_{R2} + V_{R3} = 2816.81 + 905.40 + 3621.62 = 7343.83\,(\mathrm{L})$$

若将三个槽式反应器串联与单个槽式反应器和间歇槽式反应器比较，会得到什么结果？为什么？

2. 图解法

将第 i 级反应器进出口浓度与反应速率的关系式(3.50)改写为

$$r_{Ai} = \frac{c_{Ai-1}}{\tau_{mi}} - \frac{c_{Ai}}{\tau_{mi}}$$

此关系在 r_A-c_A 的图上为一直线，其斜率为 $-1/\tau_{mi}$；同时，$r_{Ai}=f(T_i, c_{Ai})=kf(c_{Ai})$，对一定的 c_{Ai}，就有一定的 r_{Ai}，等温下，k_i 一定，r_{Ai}-c_{Ai} 为一条曲线，r_{Ai} 要同时满足两个方程，则两条线的交点横坐标即为所求的 c_{Ai} 值。这就是作图法的原理。作图步骤如下：

1) 各槽温度相等，体积相等

此时 $\tau_{m1}=\tau_{m2}=\cdots=\tau_{mN}=\tau_m$，其步骤为：

(1) 将 $r_{Ai}=kf(c_{Ai})$ 绘于 r_{Ai}-c_A 图上[图 3.16(a)]。

(2) 以起始浓度 c_{A0} 为起点，过 c_{A0} 作斜率为 $-1/\tau_{mi}$ 的直线，与动力学曲线交于 A_1 点。

(3) 由于 $\tau_{m1}=\tau_{m2}$，过 c_{A1} 作 $c_{A0}A_1$ 的平行线，$c_{A1}A_2$ 交动力学曲线于 A_2 点，以此下去，则可求出以后各级的反应速率和浓度，当 $c_{AN}\leqslant$ 规定浓度时，所作平行线的条数就是反应器的槽数。

2) 各槽温度不等，体积相等

步骤与 1) 相同，所不同的是有几槽串联，就有几个 k_i，也就有几条动力学曲线[图 3.16(b)]。

3) 各槽温度相等，体积不等

此时 $\tau_{m1}\neq\tau_{m2}\neq\cdots\neq\tau_{mN}$，其步骤与 1) 相同，所不同的是各槽物料衡算线不平行[图 3.16(c)]。

还需指出，作图法只适用于简单反应，对复合反应不适用。

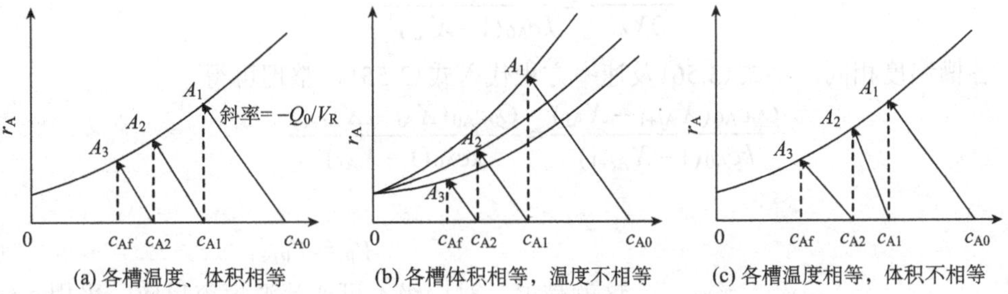

图 3.16　串联连续槽式反应器图解法示意图

3.4.2　串联连续槽式反应器的优化

多级连续槽式反应器串联，当处理的物料量、进料组成及最终转化率相同时，反应器级数、各级的反应器体积及各级的转化率之间存在一定的关系。如何确定反应器的级数及各级反应器的体积呢？需综合考虑多种因素决定。例如，级数越多，虽然增大了反应推动力，但设备、流程及操作控制变得复杂，应该合理选定。一般来说，物料处理量、进料组成及最终转化率是设计反应器前规定的，当级数也确定后(按经验一般在 3～6 级选定)，总是希望合理分配各级转化率，使所需反应体积最小。对于单参数的最优化问题，关键是先推导出目标函数与对应参数间的数学表达式，然后求此目标函数对此参数的导数，并令它等于零，便可求出最优化的条件。

由式(3.49)知各槽的反应器体积可表示为

$$V_{Ri}=\frac{Q_0c_{A0}(X_{Ai}-X_{Ai-1})}{r_{Ai}}$$

反应器的总体积为

$$V_R=V_{R1}+V_{R2}+\cdots+V_{RN}$$
$$=Q_0c_{A0}\left[\frac{X_{A1}-X_{A0}}{r_{A1}}+\frac{X_{A2}-X_{A1}}{r_{A2}}+\cdots\frac{X_{Ai}-X_{Ai-1}}{r_{Ai}}+\frac{X_{Ai+1}-X_{Ai}}{r_{Ai+1}}\cdots+\frac{X_{AN}-X_{AN-1}}{r_{AN}}\right]$$

将上式分别对 X_{Ai}($i=1$，2，…，$N-1$)求导，可得

$$\frac{\partial V_R}{\partial X_{Ai}}=Q_0c_{A0}\left[\frac{1}{r_{Ai}}-\frac{1}{r_{Ai+1}}+(X_{Ai}-X_{Ai-1})\frac{\partial(1/r_{Ai})}{\partial X_{Ai}}\right]$$

令 $\frac{\partial V_R}{\partial X_{Ai}}=0$，可得

$$\frac{1}{r_{Ai+1}}-\frac{1}{r_{Ai}}=(X_{Ai}-X_{Ai-1})\frac{\partial(1/r_{Ai})}{\partial X_{Ai}} \tag{3.55}$$

求解方程组，便可得出各槽出口转化率，从而求出各槽反应器体积。

1. 一级不可逆反应

反应速率方程：

$$r_{Ai}=kc_{Ai}=kc_{A0}(1-X_{Ai})$$

则

$$\frac{\partial(1/r_{Ai})}{\partial X_{Ai}}=\frac{1}{kc_{A0}(1-X_{Ai})^2} \tag{3.56}$$

若各槽温度相同，将式(3.56)及速率方程代入式(3.55)，整理可得

$$\frac{Q_0c_{A0}(X_{Ai+1}-X_{Ai})}{kc_{A0}(1-X_{Ai+1})}=\frac{Q_0c_{A0}(X_{Ai}-X_{Ai-1})}{kc_{A0}(1-X_{Ai})} \tag{3.57}$$

因此

$$V_{Ri}=V_{Ri+1} \tag{3.58}$$

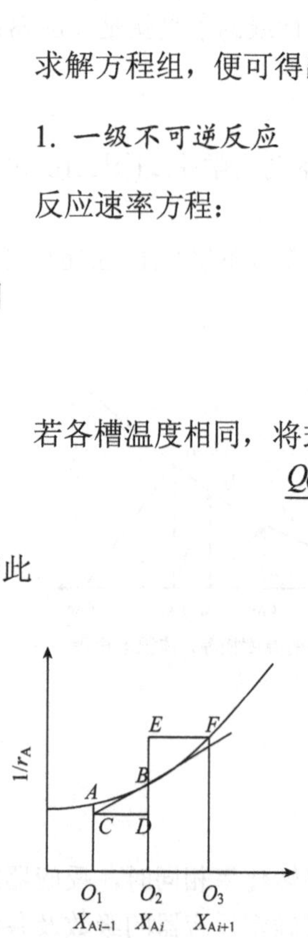

图 3.17　多槽串联 CSTR 优化的图解

这就是说，对一级不可逆等温恒容反应，采用多级连续槽式反应器串联时，要保证总的反应体积最小，必要条件是各槽的反应体积相等。式(3.58)是多级串联连续槽式反应器转化率最佳分配的条件式。

2. 非一级反应

对于非一级反应，式(3.58)不成立。需求解方程组求得各槽出口转化率，然后计算反应体积，解析法极其麻烦，用图解法(图 3.17)比较方便。

各槽在相同温度下操作时的图解法步骤如下：

(1) 将 $r_{Ai}=kf(X_{Ai})$ 绘于 $1/r_A$-X_A 图上，如图3.17中的曲线 ABF 所示。

(2) 在图中找到 X_{Ai-1} 对应的点 O_1，作垂直于横轴的直线 O_1A，交动力学曲线于 A。

(3) 假设 X_{Ai} 值，由此确定 O_2 点，作垂直于横轴的直线 O_2B，交动力学曲线于 B。

(4) 过 B 点作曲线的切线 BC，交 O_1A 于点 C。此切线的斜率为 $\dfrac{\partial(1/r_{Ai})}{\partial X_{Ai}}$，则 $BD=(X_{Ai}-X_{Ai-1})\dfrac{\partial(1/r_{Ai})}{\partial X_{Ai}}$。

(5) 由图可知，$O_2B=1/r_{Ai}$，由式(3.55)可得

$$\frac{1}{r_{Ai+1}}=\frac{1}{r_{Ai}}+(X_{Ai}-X_{Ai-1})\frac{\partial(1/r_{Ai})}{\partial X_{Ai}}=O_2B+BD$$

所以在图中作 DB 的延长线至点 E，使 $BE=BD$。

(6) 过点 E 作水平线交动力学曲线于点 F，则点 F 对应的纵坐标为 $1/r_{Ai+1}$，而对应的横坐标为 X_{Ai+1}，即图中 O_3 点。

(7) 以此类推，直到 N 槽为止。若 N 槽的出口转化率 X_{AN} 刚好与规定的转化率相符，则说明假设正确，否则重新假设 X_{Ai} 再作图，直到达到要求为止。

(8) 求得各槽出口转化率后，即可由式(3.49)求得各槽反应体积，此时总反应体积最小。

【例 3.12】 在两级串联连续槽式反应器中进行液相反应 A+B ⟶ L，反应物料中 A 与 B 按等物质的量比配成，反应速率 $r_A=kc_Ac_B=kc_A^2$，速率常数 $k=9.92\ m^3/(kmol\cdot s)$，加料速率为 $0.278\ m^3/s$，反应物浓度为 $0.08\ kmol/m^3$，反应温度维持在 25 ℃等温条件下进行，A 的转化率为 0.875，试用解析法求下列两种情况下的反应体积：(1) 两个反应器体积相同；(2) 两个反应器总体积最小。

【解】 (1) 两个等体积连续槽式反应器串联，此时 $V_{R1}=V_{R2}$，由式(3.31b)有

$$\frac{Q_0(X_{A1}-X_{A0})}{kc_{A0}(1-X_{A1})^2}=\frac{Q_0(X_{A2}-X_{A1})}{kc_{A0}(1-X_{A2})^2}$$

已知 $X_{A0}=0$，$X_{A2}=0.875$，代入上式整理可得

$$X_{A1}(1-0.875)^2=(1-X_{A1})^2(0.875-X_{A1})$$

$$X_{A1}^3-2.875X_{A1}^2+2.766X_{A1}-0.875=0$$

解得

$$X_{A1}=0.725$$

$$V_{R1}=\frac{Q_0(X_{A1}-X_{A0})}{kc_{A0}(1-X_{A1})^2}=\frac{0.278\times0.725}{9.92\times0.08\times(1-0.725)^2}=3.36(m^3)$$

故总体积为

$$V_R=2V_{R1}=6.72\ m^3$$

(2) 两个连续槽式反应器总体积最小

$$V_R=V_{R1}+V_{R2}=\frac{Q_0}{kc_{A0}}\left[\frac{X_{A1}}{(1-X_{A1})^2}+\frac{0.875-X_{A1}}{(1-0.875)^2}\right]$$

令 $\dfrac{\partial V_R}{\partial X_{A1}}=0$，上式变为

$$\frac{1+X_{A1}}{(1-X_{A1})^3}=\frac{1}{0.125^2}$$

$$X_{A1}^3-3X_{A1}^2+3.0156X_{A1}-0.9844=0$$

解得

$$X_{A1}=0.702$$

$$V_{R1}=\frac{Q_0(X_{A1}-X_{A0})}{kc_{A0}(1-X_{A1})^2}=\frac{0.278\times0.702}{9.92\times0.08\times(1-0.702)^2}=2.77(\mathrm{m}^3)$$

$$V_{R2}=\frac{Q_0(X_{A2}-X_{A1})}{kc_{A0}(1-X_{A2})^2}=\frac{0.278\times(0.875-0.702)}{9.92\times0.08\times(1-0.875)^2}=3.88(\mathrm{m}^3)$$

故总体积为

$$V_R=V_{R1}+V_{R2}=6.65\ \mathrm{m}^3$$

由计算结果表明，对于二级不可逆反应按总反应体积最小的浓度分配条件与一级不可逆反应是不相同的，此时 $V_{R1}<V_{R2}$，但差别并不太大。又由本题(1)、(2)所计算的结果相比较，两者总体积仅相差 0.07 m^3，只占总体积的 1%。在实际生产中，考虑到设计、制造不同尺寸的反应器会带来许多麻烦，往往设计成相同体积的反应器。

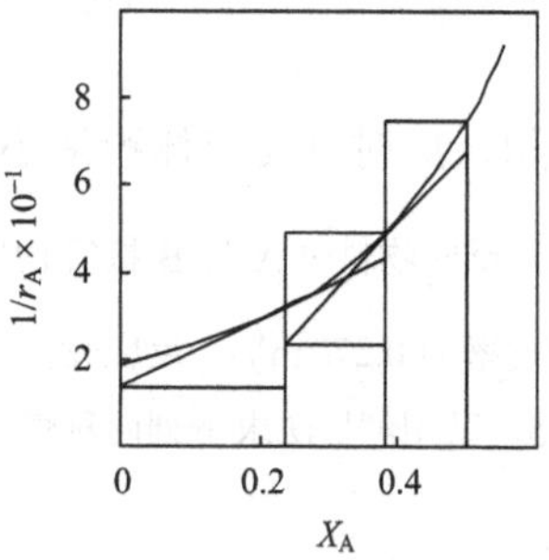

图 E3.13-1　100 ℃时多槽串联 CSTR 优化的图解

【例 3.13】　化学反应 A+B ═══ L+M，其速率方程为 $r_A=kc_Ac_B=kc_A^2$，已知初始浓度为 $c_{A0}=1.75$ mol/L，原料处理量为 $Q_0=985$ L/h，反应活化能为 $E=16744$ J/mol，100 ℃时反应速率常数为 $k=17.4\times10^{-3}$ L/(mol·min)。三槽串联操作，反应均在 100 ℃下进行，当 $X_{Af}=50\%$时，试用图解法求所需反应器的最小体积。

【解】　由速率方程：

$$r_{Ai}=17.4\times10^{-3}c_{A0}^2(1-X_A)^2$$

将上式计算结果列表，如表 E3.13-1 所示。由表中数据作 $1/r_A$-X_A 图，如图 E3.13-1 所示。

表 E3.13-1　100℃下反应速率与转化率的关系

X_A	0	0.1	0.2	0.3	0.4	0.5	0.6
$r_A\times10^3$/[mol/(L·min)]	54.289	44.164	34.105	26.111	19.184	14.322	8.526
$1/r_A\times10^{-1}$/(L·min/mol)	1.877	2.317	2.932	4.830	5.213	7.506	11.729

假设 $X_{A1}=0.232$，依据作图法可得 $X_{A3}=0.5$，故假设正确，此时 $X_{A1}=0.232$，$X_{A2}=0.383$，$X_{A3}=0.5$。由 $V_{Ri}=\frac{Q_0c_{A0}(X_{Ai}-X_{Ai-1})}{r_{Ai}}=\frac{985(X_{Ai}-X_{Ai-1})}{60\times1.74\times10^{-2}\times1.75\times(1-X_{Ai})^2}$ 可得

$$V_{R1}=212.06\ \mathrm{L},\quad V_{R2}=214.85\ \mathrm{L},\quad V_{R3}=252.32\ \mathrm{L}$$

则反应的总体积为

$$V_{RT}=678.23\ \mathrm{L}$$

3.5　管式反应器

在化工连续生产中使用细长型(长径比大于 30)的管式反应器，在流速较高($Re>10^4$)时，可近似看成是理想置换反应器或平推流反应器或活塞流反应器(PFR)。管式反应器因连续操作，产品质量产量稳定，劳动强度小，自动化程度高，成本低(但操作复杂，投资大)，广泛地应用于像石脑油的热裂解、乳化聚合等气相反应和液相反应中，也广泛地应用于气固和液固的催化反应中。当用于液相反应和反应前后无物质的量改变的气相反应时，反应前后物料密度变化不大，可视为恒容过程。当用于反应前后有物质的量改变的气相反应，按变容过程处理。如反应过程利用适当的调节手段能使温度维持基本不变，则为等温操作，否则为非等温操作。

3.5.1　管式反应器的物料衡算

在稳定状态下，管式流动反应器内物料的各种参数(如温度、浓度、反应速率)只随物料流动方向变化，不随时间变化，在任一垂直截面上参数相同。因此，可取反应器内一微元体积 dV_R 进行物料衡算(图 3.18)。在图 3.18 中，若反应器进口处组分 A 的初始浓度为 c_{A0}，流体体积流量为 Q_0，对组分 A 进行物料衡算：单位时间进入 dV_R 的组分 A 的量为 F_A，转化率为 X_A，离开 dV_R 的组分 A 的量为 F_A+dF_A，转化率为 X_A+dX_A，在 dV_R 内反应量为 $r_A dV_R$，在定常状态下，累积量为零。按物料衡算通式有

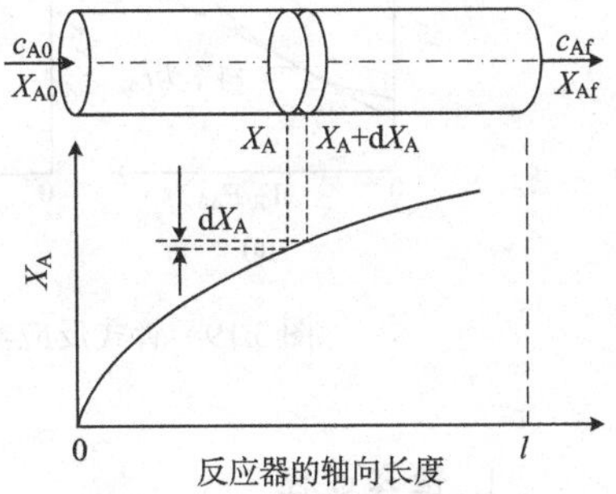

图 3.18　管式反应器示意图

流入量＝流出量＋反应量＋累积量

$$F_A \quad F_A+dF_A \quad r_A dV_R \quad 0$$

$$F_A=(F_A+dF_A)+r_A dV_R$$

由 $F_A=F_{A0}(1-X_A)$ 得 $dF_A=-F_{A0}dX_A$，将 dF_A 代入上式得

$$F_{A0}dX_A=r_A dV_R$$

积分得到

$$V_R = F_{A0}\int_0^{X_{Af}} \frac{dX_A}{r_A}$$

改写为

$$V_R = Q_0 c_{A0}\int_0^{X_{Af}} \frac{dX_A}{r_A} \tag{3.59}$$

所以

$$\tau_p = \frac{V_R}{Q_0} = c_{A0}\int_0^{X_{Af}} \frac{dX_A}{r_A} = -\int_{c_{A0}}^{c_{Af}} \frac{dc_A}{r_A} \tag{3.60}$$

式中：τ_p 为管式反应器的停留时间，h；Q_0 为物料流入反应器的体积流量，m^3/h。

式(3.59)和式(3.60)为管式反应器的基础设计方程。

式(3.59)适合恒容、变容、等温和非等温反应过程。已知进料摩尔流量 F_{A0} 及 r_A 和 X_A 关系，就可以计算反应体积 V_R。用 X_A 作纵坐标，V_R/F_{A0} 作横坐标作图，可得一条曲线，其斜率为反应速率 r_A，如图 3.19(a)所示。若用浓度 c_A 作纵坐标，停留时间 τ_p 作横坐标作图，可得一条曲线，其斜率为反应速率 r_A，如图 3.19(b)所示。

式(3.59)适合等温、非等温变容过程。已知组分 A 的初始浓度 c_{A0}，物料进料的体积流量 Q_0，以及转化率 X_A 和反应速率 r_A 的关系，就可以计算达到一定转化率 X_A 时，所需的有效体积 V_R 和停留时间 τ_p。用反应速率的倒数 $1/r_A$ 作纵坐标，转化率作横坐标作图，得 $1/r_A$-X_A 曲线。在横轴上找到 X_{Af}，通过 X_{Af} 作垂线与 $1/r_A$-X_A 曲线相交，曲线下的阴影面积为 V_R/F_{A0} 和 τ_p/c_{A0} 值(图 3.20)。已知 F_{A0} 和 c_{A0} 及所作图形面积可以求所需的反应体积 V_R 和停留时间 τ_p。

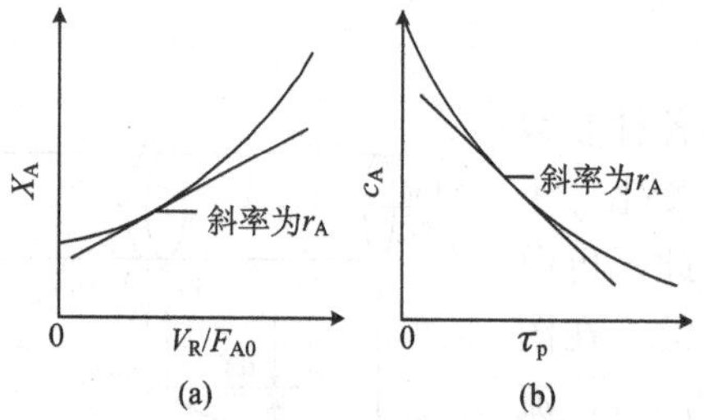

图 3.19　管式反应器图解法

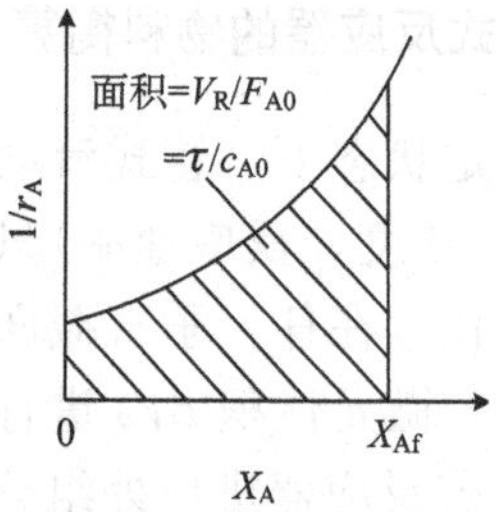

图 3.20　管式反应器图解法($1/r_A$-X_A)

1. 恒容过程

对等温恒容过程，用式(3.59)和式(3.60)可计算达到一定转化率时所需的反应体积和停留时间。

在恒容过程中，转化率 X_A 与组分 A 的浓度 c_A 呈线性关系，$c_A=c_{A0}(1-X_A)$。由式(3.60)已知 Q_0、c_{A0}、c_{Af} 和 X_{Af} 四个参数及 X_A 和 r_A 的函数关系，积分便可得 V_R 和 τ_p。利用式(3.60)作图，以反应速率倒数 $1/r_A$ 作纵坐标、组分 A 的浓度作横坐标得 $1/r_A$-c_A 曲线，在横轴上可找到组分 A 的初始浓度 c_{A0} 和残余浓度 c_{Af}，通过 c_{A0} 和 c_{Af} 可作垂直横轴的两条直线分别与曲线相交。曲线下的阴影面积就是达到转化率 X_{Af} 时所需的停留时间 τ_p(图 3.21)。

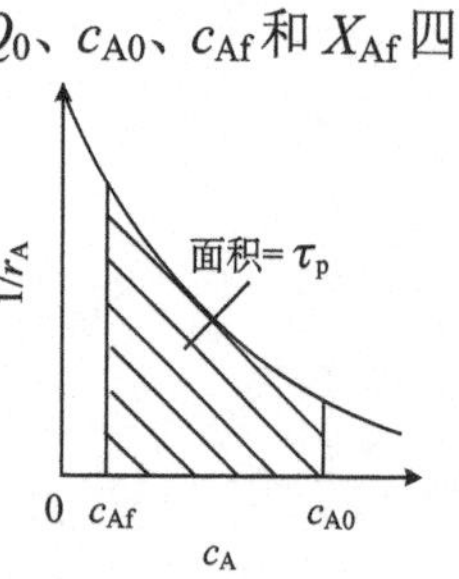

图 3.21　管式反应器图解法($1/r_A$-c_A)

比较间歇槽式反应器的基础设计方程式(3.2)及管式反应器的基础设计方程式(3.60)可知，在等温恒容下两式完全相同。因此，可以用间歇槽式反应器测得的 X_A-t 数据，进行管式反应器的设计和放大。

用式(3.60)与速率方程联立可以进行管式反应器的计算。不同级数简单反应的停留时间计算式列于表 3.3 中。

表 3.3　等温恒容管式反应器中不同反应级数下的停留时间计算式

级数	浓度表示	转化率表示	说明
0	$\tau_p=\frac{1}{k}(c_{A0}-c_A)$　(3.61a)	$\tau_p=\frac{c_{A0}X_A}{k}$　(3.61b)	某些光化学反应、表面催化反应等为零级反应
1	$\tau_p=\frac{1}{k}\ln\frac{c_{A0}}{c_A}$　(3.62a)	$\tau_p=\frac{1}{k}\ln\frac{1}{1-X_A}$　(3.62b)	化合物热分解、分子重排、异构化反应等都属于一级反应
2	$\tau_p=\frac{1}{k}(\frac{1}{c_A}-\frac{1}{c_{A0}})$　(3.63a)	$\tau_p=\frac{1}{c_{A0}k}\frac{X_A}{1-X_A}$　(3.63b)	乙烯、丙烯、异丁烯等二聚反应、加成反应等属二级反应
n	$\tau_p=\frac{1}{k(n-1)}(\frac{1}{c_A^{n-1}}-\frac{1}{c_{A0}^{n-1}})$　(3.64a)	$\tau_p=\frac{1}{k(n-1)c_{A0}^{n-1}}\frac{1-(1-X_{Af})^{n-1}}{(1-X_{Af})^{n-1}}$　(3.64b)	

【例 3.14】 在管式反应器中用己二酸与己二醇生产醇酸树脂，其条件与例 3.1 同。计算管式反应器的反应体积。

【解】 二级反应在等温恒容下进行，其他条件与例 3.1 相同，由式(3.63b)得

$$V_R=\frac{Q_0X_{Af}}{kc_{A0}(1-X_{Af})}$$

当转化率为 80%时，有

$$V_R=\frac{171.23\times0.8}{1.97\times60\times0.004\times(1-0.8)}=1448.65(\text{L})$$

当转化率为 90%时，有

$$V_R=\frac{171.23\times0.9}{1.97\times60\times0.004\times(1-0.9)}=3259.45(\text{L})$$

同连续槽式反应器比较(X_{Af}=80%时，V_R=7243.23 L；X_{Af}=90%时，V_R=3259.45 L)，相同转化率下，连续槽式反应器比管式反应器的反应体积大。

2. 变容过程

等温管式反应器内进行反应前后有物质的量变化的气相反应时，为变容反应。其反应体积在反应前后发生变化，此时转化率 X_A 和反应组分 A 的浓度不呈线性关系。$c_A=c_{A0}(1-X_A)$ 关系式不再成立。因此，对变容过程可用第 1 章中的膨胀率 ε_A 和膨胀因子 δ_A 表示。

由于变摩尔反应的气相物料体积 V 随转化率的变化关系为

$$V=V_0(1+\varepsilon_AX_A)$$

即

$$c_A=\frac{n_A}{V}=\frac{n_{A0}(1-X_A)}{V_0(1+\varepsilon_AX_A)}=c_{A0}\frac{1-X_A}{1+\varepsilon_AX_A} \tag{3.65}$$

等温 n 级不可逆反应 A ⟶ …，有

$$r_A=kc_A^n$$

当反应为变容时，则有

$$r_A = kc_{A0}^n \frac{(1-X_A)^n}{(1+\varepsilon_A X_A)^n} \tag{3.66}$$

将式(3.66)代入式(3.60)，得

$$\tau_p = \frac{V_R}{Q_0} = \frac{1}{kc_{A0}^{n-1}} \int_0^{X_{Af}} \frac{(1+\varepsilon_A X_A)^n \mathrm{d}X_A}{(1-X_A)^n} \tag{3.67}$$

积分式(3.67)，可得不同反应级数下的停留时间计算式(表 3.4)。

表 3.4　等温变容管式反应器中不同反应级数下的停留时间计算式

反应级数	停留时间计算式	
0	$\tau_p = \frac{c_{A0}X_A}{k}$	(3.68)
1	$\tau_p = -\frac{1}{k}[(1+\varepsilon_A)\ln(1-X_A)+\varepsilon_A X_A]$	(3.69)
2	$\tau_p = \frac{1}{c_{A0}k}[(1+\varepsilon_A)^2 \frac{X_A}{1-X_A} + 2\varepsilon_A(1+\varepsilon_A)\ln(1-X_A) + \varepsilon_A^2 X_A]$	(3.70)

【例 3.15】 应用管径为 D_t=12.6 cm 的管式反应器进行一级不可逆的气体 A 的热分解反应，其反应方程为 A ⟶ L＋M，反应速率方程 $r_A=kc_A$， $k=7.80\times10^9\exp(-19220/T)\ \mathrm{s}^{-1}$；原料为纯气体 A，反应压力 p=5 atm(5×0.101325 MPa)；反应温度 T 为 500 ℃(等温反应)，反应过程中压力一定。要求 X_{Af} 为 90%，原料气的进料流量 F_{A0}=1.55 kmol/h。试计算所需停留时间 τ_p 及反应管的管长 L。

【解】 500 ℃下的速率常数为

$$k = 7.80\times10^9 \mathrm{e}^{-\frac{19220}{273+500}} = 0.124(\mathrm{s}^{-1})$$

反应气体的进料体积流量 Q_0 为

$$Q_0 = \frac{F_{A0}RT}{p} = \frac{1.55\times0.08206\times773}{5} = 19.66(\mathrm{m}^3/\mathrm{h}) = 5.46\times10^{-3}(\mathrm{m}^3/\mathrm{s})$$

系统体积反应前后不等，其膨胀因子为 $\delta_A = \frac{2-1}{1} = 1$，对纯气体，$y_{A0}$=1，则 ε_A=1。

代入式(3.69)，求出停留时间：

$$\tau_p = -\frac{1}{0.124}[(1+1)\ln(1-0.9)+0.9] = 29.88(\mathrm{s})$$

反应体积为

$$V_R = Q_0\tau_p = 5.46\times10^{-3}\times29.88 = 0.163(\mathrm{m}^3)$$

反应管的管长为

$$L = \frac{4V_R}{\pi D_t^2} = \frac{4\times0.163}{3.1416\times0.126^2} = 13.08(\mathrm{m})$$

【例 3.16】 均相气相反应 A ⟶ 3R，服从二级反应动力学。在 5 kg/cm²、350 ℃和 Q_0=4 m³/h 下，采用一个内径 2.5 cm、长 2 m 的实验反应器，能获得 60%转化率。为了设计工业规模反应器，当处理量为 320 m³/h，进料中含 50% A、50%惰性物料时，在 25 kg/cm² 和 350℃下反应，为了获得 80%转化率。问：

(1) 需用内径 2.5 cm、长 2 m 的管子多少根？

(2)这些管子应以并联或串联连接？

假设流动状态为平推流，忽略压降，反应气体符合理想气体。

【解】 反应气体符合理想气体，由状态方程：

$$c_{A0} = p_A / RT$$

由等温变容管式反应器中二级反应下的空间时间计算式(3.70)：

$$\tau_p = \frac{V_R}{Q_0} = \frac{1}{c_{A0}k}\left[(1+\varepsilon_A)^2 \frac{X_A}{1-X_A} + 2\varepsilon_A(1+\varepsilon_A)\ln(1-X_A) + \varepsilon_A^2 X_A\right] \tag{E3.16-1}$$

在实验反应器中，由题意知，反应为变容均相气相反应，Q_0=4 m^3/h，X_A=60%，故

$$\delta_A = \frac{3-1}{2} = 2 \qquad \varepsilon_A = y_{A0}\delta_A = 1\times 2 = 2$$

$$V_{R1} = 0.785\times 0.025^2 \times 2 = 9.8125\times 10^{-4}(\text{m}^3)$$

代入式(E3.16-1)，得

$$\frac{V_R}{4} = \frac{4.9045}{(p_{A1}/RT)\times k} \tag{E3.16-2}$$

在工业规模反应器中，已知 Q_0=320 m^3/h，X_A=80%，$\delta_A = 2$，$\varepsilon_A = y_{A0}\delta_A = 0.5\times 2 = 1$，代入式(E3.16-1)得

$$\frac{nV_R}{320} = \frac{10.3622}{(p_{A2}/RT)\times k} \tag{E3.16-3}$$

式(E3.16-3)除以式(E3.16-2)，得

$$n = \frac{10.3622\times 5\times 320}{4.9045\times 0.5\times 25\times 4} = 67.6$$

从工程角度考虑(工程上所允许的气速范围以及阻力损失等)，这些管子必须并联连接。

【例 3.17】 均相气相反应 A ⟶ 3R，反应速率为 r_A＝$0.01c_A^{0.5}$ mol/(L·s)或 kmol/(m^3·s)，50% A 及 50%惰性气体物质加入管式流动反应器，在 215 ℃及 5 atm(5×0.101325MPa)下操作，X_{Af}＝80%时停留时间为多少？已知 c_{A0}＝0.0625 mol/L。

【解】 反应为等温等压变容过程，其膨胀因子为 $\delta_A = \frac{3-1}{2} = 2$，$y_{A0}$＝0.5，则 $\varepsilon_A = 0.5\times 2 = 1$。

由式(3.67)

$$\tau_p = \frac{V_R}{Q_0} = \frac{1}{kc_{A0}^{n-1}}\int_0^{X_{Af}} \frac{(1+\varepsilon_A X_A)^n \mathrm{d}X_A}{(1-X_A)^n} \tag{E3.17-1}$$

将 n＝0.5 代入式(E3.17-1)，整理得

$$\tau_p = \frac{V_R}{Q_0} = \frac{1}{kc_{A0}^{-0.5}}\int_0^{X_{Af}} \frac{(1+X_A)^{0.5} \mathrm{d}X_A}{(1-X_A)^{0.5}} \tag{E3.17-2}$$

用数值积分计算，结果列于表 E3.17-1。

用数值积分法中的梯形公式计算，得

$$\tau_p = \frac{0.0625^{0.5}}{0.01}\int_0^{0.8}\left(\frac{1+X_A}{1-X_A}\right)^{0.5} \mathrm{d}X_A = 25\times \frac{(I_0 + 2\sum_{i=1}^{7} I_i + I_8)\times(X_i - X_{i-1})}{2} = 25\times 1.333 = 33.325(\text{s})$$

表 E3.17-1　不同转化率下的积分值

X_A	0	0.1	0.2	0.3	0.4	0.5	0.6	0.7	0.8
$(1+X_A)^{0.5}$	1	1.049	1.095	1.140	1.183	1.225	1.265	1.304	1.342
$(1-X_A)^{-0.5}$	1	1.054	1.118	1.195	1.291	1.414	1.581	1.826	2.236
$(1+X_A)^{0.5}(1-X_A)^{-0.5}$	1	1.106	1.225	1.363	1.528	1.732	2.000	2.380	4.000
	I_0	I_1	I_2	I_3	I_4	I_5	I_6	I_7	I_8

3.5.2　管式反应器的热量衡算

由于管式反应器内沿轴向存在着反应速率的分布，且化学反应过程都伴随着热效应，很难实现严格的等温操作，而且在经济上也不合理。对某些复合反应，其主、副反应的活化能不同，温度的高低对主、副反应的影响也不同，要使目的产物的收率最大，常采用改变温度的方法改变产物的分布。总之，工业反应器极少情况下是等温的，绝大多数都是在变温条件下操作。本节主要介绍变温管式反应器的热量衡算式。

1. 非绝热变温管式反应器

设反应混合物定压热容为常数，垂直于流动方向的任何截面上温度均匀，温度仅随轴向位置而变。取反应器的微元反应体积 $dV_R=(\pi/4)D_t^2dl$ 作热量衡算，其通式为

物料带入热 ＝ 物料带出热 ＋ 反应热 ＋ 与外界换热 ＋ 累积热

$$G\bar{C}_pT\frac{\pi}{4}D_t^2 \qquad G\bar{C}_p(T+dT)\frac{\pi}{4}D_t^2 \qquad \Delta H_r r_A dV_R \qquad h\pi D_t dl(T_c-T) \qquad 0$$

$$G\bar{C}_p dT=(-\Delta H_r)r_A dl+4hD_t^{-1}dl(T-T_c) \tag{3.71}$$

由管式反应器的物料衡算

$$F_{A0}dX_A=r_A dV_R$$

即

$$\frac{Gy_{A0}\times\frac{\pi}{4}D_t^2}{M_m}dX_A=r_A\frac{\pi}{4}D_t^2dl$$

$$\frac{Gy_{A0}}{M_m}\frac{dX_A}{dl}=r_A \tag{3.72}$$

代入式(3.71)整理得

$$\frac{dT}{dl}=\frac{(-\Delta H_r)y_{A0}}{\bar{C}_pM_m}\frac{dX_A}{dl}+\frac{4h(T-T_c)}{D_tG\bar{C}_p} \tag{3.73}$$

式中：G 为单位横截面积质量流速，kg/(m^2·h)；D_t 为反应管内径，m；y_{A0} 为进料中关键组分 A 的摩尔分数；M_m 为反应混合物的平均摩尔质量，kg/kmol。

式(3.73)为非绝热变温管式反应器的热量衡算式。由该式可知：在进行化学反应的同时，物系须与环境进行热交换，若为吸热反应需要将反应器加热，放热反应则要冷却，使反应过程的温度控制在要求的范围内，以获得较好的转化率和安全的操作，特别是对会损坏催化剂或设备的反应及对温度过高会发生爆炸的反应更为重要。

非绝热变温管式反应器由于化学反应与传热同时进行，这就需保证有一定的传热面积，通常是采用列管式反应器达到目的。即使许多直径较小的管式反应器并联操作，这一方面可以保证所需的传热面积，另一方面则可使各个管式反应器的横截面不致太大，以免径向温差过大。

设计非绝热变温管式反应器是从物料衡算式和热量衡算式出发，通过改变管径及换热速率使反应器内维持在所要求的温度水平上。若为多管并联反应器时，一般可认为各管的情况相同，所以只对一根管作考察即能反映整个反应器的情况。

2. 绝热变温管式反应器

对于绝热过程，反应物系与外界不发生热交换，因此式(3.73)简化为

$$\frac{dT}{dl}=\frac{(-\Delta H_r)y_{A0}}{M_m\bar{C}_p}\frac{dX_A}{dl}$$

积分得

$$T-T_0=\frac{(-\Delta H_r)y_{A0}}{M_m\bar{C}_p}X_A=\Lambda X_A \tag{3.74}$$

令

$$\frac{(-\Delta H_r)y_{A0}}{M_m\bar{C}_p}=\Lambda \tag{3.75}$$

则

$$T-T_0=\Lambda X_A \tag{3.76}$$

式(3.76)与间歇槽式反应器在绝热操作情况下的式(3.16)完全相同，绝热温升 Λ 的含义与前面介绍的也完全一样。绝热操作线方程(3.76)可适用于各类反应器。

若为不可逆放热反应，反应温度随转化率的增加而升高，而可逆放热反应其转化率 X_A 与温度 T 的关系如图 3.22 所示。图中 AB、CD 和 EF 线分别为管式反应器进料温度为 T_0、T_0' 和 T_0''时的绝热操作线。对于一定的转化率，当 $T<T_{opt}$ 时，反应速率总是随温度的升高而增加；当 $T>T_{opt}$ 时，反应速率则随温度的升高而降低。在进料温度 T_0'下即 CD 线操作，其平均反应速率要大于 AB 线操作，若再提高进料温度至 T_0''，在反应后期太接近平衡，按 EF 线操作并不比 CD 线好，因此存在着使反应体积最小的最佳进料温度。反应体积与进料温度的关系如图 3.23 所示。图中每条曲线是对一定的最终转化率而作出的。由图可见，最终转化率越高($X''_{Af}>X'_{Af}>X_{Af}$)，则最佳进料温度越低($T_0''<T_0'<T_0$)。

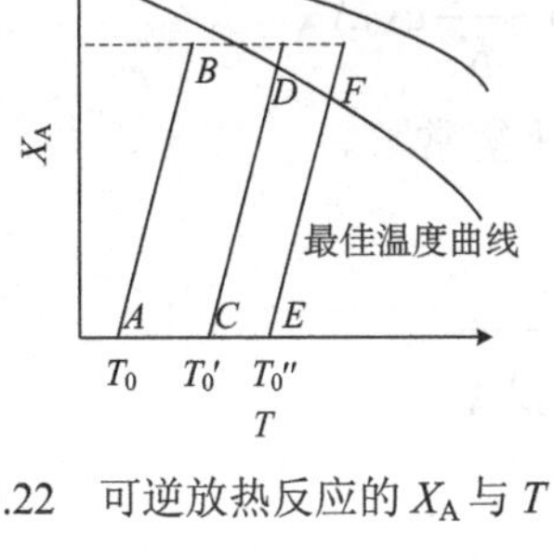

图 3.22　可逆放热反应的 X_A 与 T 的关系

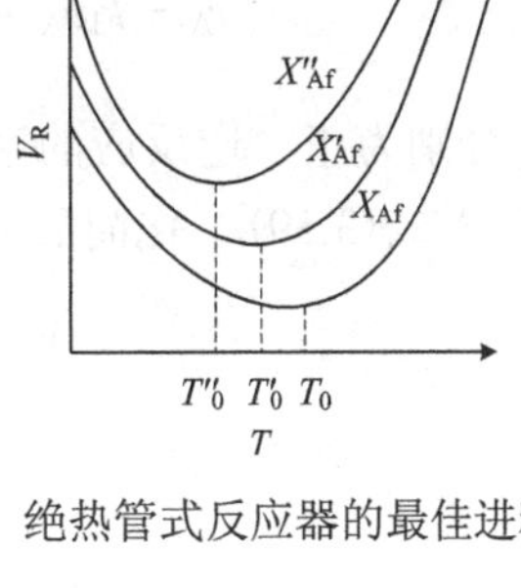

图 3.23　绝热管式反应器的最佳进料温度

3.5.3　管式反应器的最佳温度序列

温度是影响反应器操作的敏感因素，它对转化率、收率、反应速率以及反应器的生产强度都有影响。正确选择操作温度是管式反应器设计的一个十分重要的内容。不同类型的反应，目标函数不同，最佳温度对策往往也不同。

1. 简单反应

对于简单反应，反应器最佳操作条件的选择，目的是使完成一定生产任务所需的反应体积最小。

1) 等温操作的最佳温度

对于等温操作过程就有一个选择最佳反应温度的问题。对于不可逆反应和可逆吸热反应，反应速率总是随温度升高而增加，对这类反应的操作，应选择尽可能高而又可行的温度。可逆放热反应，存在着最佳温度，需要选择最佳反应温度进行等温操作。

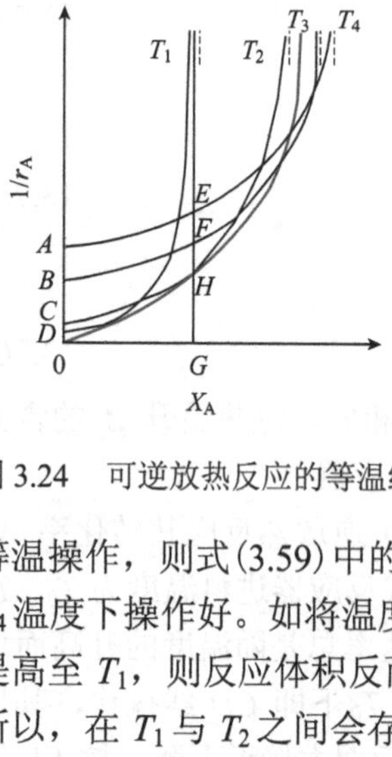

图 3.24　可逆放热反应的等温线

由基础设计方程式(3.59)可知，当原料处理量以及最终转化率一定时，即 F_{A0}、X_{Af} 一定时，所需的反应体积 V_R 仅取决于积分值的大小。这个积分值与温度有关，对于不可逆反应及可逆吸热反应，这个值随温度升高而减少，而可逆放热反应则存在一极小值，可找出对应于极小值的温度。以 X_A 对 $1/r_A$ 作图，$1/r_A$ 曲线下方在直线 $X_A=0$ 及 $X_A=X_{Af}$ 间的面积即等于该积分值(图 3.24)。图中作出 4 条等温线，即等温条件下 $1/r_A$ 与 X_A 的关系曲线，其中 $T_1>T_2>T_3>T_4$。垂直的虚线为等温渐近线，即在该温度下所能达到的最大转化率(平衡转化率)。设 G 点对应的转化率为所要求的最终转化率，若在温度 T_4 下等温操作，则式(3.59)中的积分值等于面积 $0AEG$ 大于 $0BFG$，所以，在 T_3 温度下操作比在 T_4 温度下操作好。如将温度再升高至 T_2，反应体积仍可减少，其面积为 $0CHG$。但再将温度提高至 T_1，则反应体积反而增加，因 T_1 等温线下的面积要相应地大于 T_2 等温线下的面积。所以，在 T_1 与 T_2 之间会存在一最佳温度，使所需的反应体积最小。将式(3.59)对温度求导，并令 $dV_R/dT=0$，求解后可得最佳操作温度。

若当反应器大小一定，处理的物料量也一定时，选择最佳操作温度，可使所达到的转化率最大。这两者的差别只在于目标函数不同，所得的结果完全一样。

现以一级可逆反应为例，设可逆基元反应 $A \rightleftharpoons L$ 的速率方程如下式表示：

$$r_A = k_1 c_A - k_2 c_L = k_1 c_{A0}(1-X_A) - \frac{k_1}{K_c} c_{A0} X_A$$

式中：k_1、k_2 分别为正、逆反应的速率常数；K_c 为化学平衡常数。

将该式代入式(3.59)，化简后为

$$V_R = \frac{Q_0}{k_1}\int_0^{X_{Af}} \frac{dX_A}{1-\left(1+\frac{1}{K_c}\right)X_A}$$

所以

$$V_R = \frac{Q_0}{k_1(1+\frac{1}{K_c})} \ln \frac{1}{1-(1+\frac{1}{K_c})X_A}$$

由此得

$$X_{Af} = \frac{K_c}{1+K_c}\left[1-e^{-\frac{k_1 V_R (1+K_c)}{Q_0 K_c}}\right] \tag{3.77}$$

式(3.77)为最终转化率的计算式。由于 K_c 及 k_1 均为温度的函数，由式(3.77)计算在不同的反应温度 T 下所达到的最终转化率 X_{Af} 值，以 X_{Af} 对 T 作图(图 3.25)。图中的三条曲线是根据不同的接触时间计算得到的，其中 $\tau_1 > \tau_2 > \tau_3$。由图可见，接触时间越长，所能达到的最终转化率越高，只是在高温范围内，在不同的接触时间下操作，都达到同样最佳转化率，显然这是因为反应已达到或者已十分接近平衡。接触时间不同，最佳操作温度也不同，前者越长，则后者越低。由此可见，正确选择反应温度对提高反应器的产量是十分重要的。

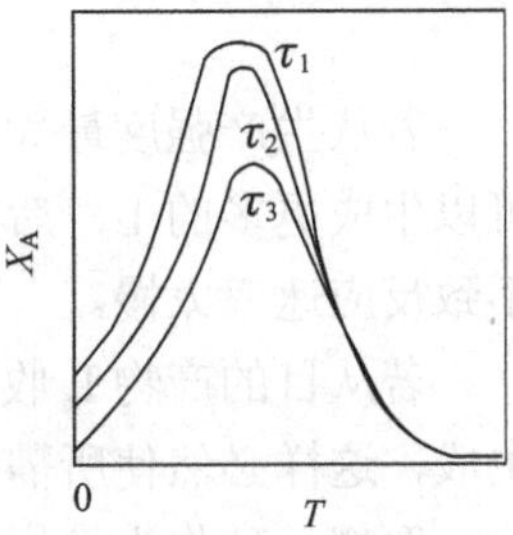

图 3.25　一级基元可逆反应的最佳等温操作温度

2) 非绝热变温操作的最佳温度

对非绝热变温操作的管式反应器，需要确定反应器的最佳轴向温度分布，即最佳操作温度序列。

对于不可逆反应和可逆吸热反应，其最佳操作温度序列应遵循先低后高原则。一方面，因为反应过程中反应速率随反应物浓度逐渐降低而减小，所以温度逐渐上升则可补偿反应速率的减小，获得最大的平均反应速率和较大的生产强度。另一方面，对可逆吸热反应，要获得较大的平衡转化率，需保持较高的反应器出口温度，否则最终转化率将受到化学平衡的约束而不能提高。

对于可逆放热反应，其最佳操作温度序列应遵循先高后低原则。由第 1 章知，该类反应存在最佳温度，且随转化率的增加而降低。在最佳温度下，反应速率最大，按此关系来控制管式反应器的反应温度，将可保证其生产强度最大。

3) 绝热变温操作的最佳温度

绝热变温管式反应器由于其自身的特点，反应温度总是单调地改变。

对于不可逆反应，其最佳操作温度序列仍遵循先低后高原则。

对于可逆吸热反应，反应温度单调下降，其最佳操作温度序列遵循先高后低原则。

对于可逆放热反应，反应温度单调上升，其最佳操作温度序列遵循先低后高原则。

可见，对后两类反应，最佳操作温度序列与非绝热变温管式反应器相反，就这一点而言，绝热变温管式反应器对这些类型的反应是不合适的。此外，反应器的物料进口温度会影响绝热变温管式反应器的反应温度序列，因此，要获得适宜的反应温度条件，必须正确选定进口温度。

2. 复合反应

对于复合反应，反应器最佳操作温度的选择，除以生产强度最大为目标函数外，还可以目的产物的收率最大或选择性最大作为目标函数。

1) 平行反应

讨论单一反应组分的平行反应($E_1<E_2$)：

$$A \xrightarrow{k_1} L \quad （主反应）$$

$$A \xrightarrow{k_2} M \quad （副反应）$$

若从生产强度最大考虑，应先低温后高温，因低温有利于 L 的生成，反应前期采用低温可以生成更多的 L，后期由于反应物浓度下降而导致反应速率降低，采用高温则可以抵偿而不致反应速率太慢。

若从目的产物 L 收率最大考虑，则应使整个反应过程在较低的温度下进行，以减少 M 的生成，这样必然使所需的反应体积增大，生产强度下降，但总选择性提高。

取哪一种作为目标函数，取决于经济因素，如原料、目的产物及副产物的价格高低以及反应器的造价等。

2) 连串反应

以两步均为一级的连串反应 $A \xrightarrow{k_1} L$(目的产物)$\xrightarrow{k_2} M$ 进行讨论。

第 1 章讨论了 L 为目的产物时等温间歇槽式反应器存在最佳反应时间，可使 L 的收率最大，这一结论同样适用于管式反应器，控制空时使之与最佳反应时间相等便能达到同样的目的。

若以收率最大为目标函数，对等温操作，当 $E_1<E_2$ 时，反应温度越低越好；当 $E_1>E_2$ 时，反应温度越高越好；对非绝热变温操作，当 $E_1<E_2$ 时，操作温度应采取先高后低呈下降型的序列，先高温是为了加快第一个反应，促使目的产物 L 的生成，待 L 累积到一定量后，降低温度以减小副产物 M 的生成。

以上仅针对一些比较简单的情况，对管式反应器的最佳温度序列作了定性的讨论。对一些较复杂的反应过程，其最佳温度序列需要进行复杂的计算才能得到。

3.6　循环管式反应器

如果将管式反应器出口的产物部分地返回到入口处与初始反应物料混合，然后再进入管式反应器进行反应，这类反应器称为循环管式反应器或者为循环操作的管式反应器，它广泛地应用于自催化反应、生化反应和某些自热反应。

3.6.1　循环管式反应器的物料衡算

循环管式反应器如图 3.26 所示。

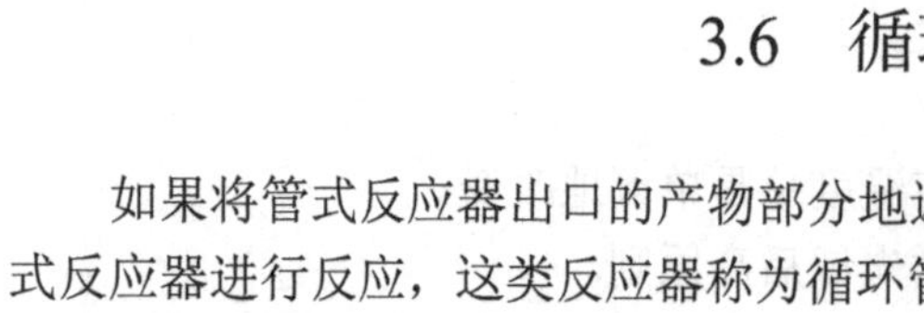

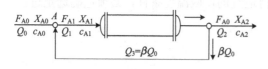

图 3.26　循环管式反应器示意图

定义循环比为 $\beta=Q_3/Q_0$，所以，反应器的物料处理量为

$$Q_1=Q_0+Q_3=(1+\beta)Q_0$$

对反应器进口前的汇合点 A 作物料衡算可得

$$Q_0c_{A0}+\beta Q_0c_{A2}=(1+\beta)Q_0c_{A1}$$

或

$$Q_0c_{A0}+\beta Q_0c_{A0}(1-X_{A2})=(1+\beta)Q_0c_{A0}(1-X_{A2}) \tag{3.78}$$

式中：Q_0 为进反应系统物料的体积流量；Q_3 为循环物料的体积流量；c_{A0} 为反应系统进料中反应物 A 的浓度；c_{A1}、c_{A2} 为循环管式反应器进、出口中反应物 A 的浓度；X_{A1}、X_{A2} 为循环管式反应器进、出口中反应物 A 的转化率。

将式(3.78)化简得

$$c_{A1}=\frac{c_{A0}+\beta c_{A2}}{1+\beta} \quad 或 \quad X_{A1}=\frac{\beta X_{A2}}{1+\beta} \tag{3.79}$$

当循环比 $\beta=0$ 时，显然就是管式反应器。在反应器出口的物料中，由于反应物浓度低于进料中反应物的浓度，因此把这部分物料循环返回到反应器进口与进料汇合后总是使反应器进口反应物浓度降低。循环比 β 越大，循环返回的量越多，进口浓度下降就越厉害。当 $\beta\to\infty$ 时，反应器进口反应物浓度接近于反应器的出口浓度。这种浓度分布与连续槽式反应器浓度分布特征相同。因此，当 $\beta\to\infty$时，循环管式反应器相当于全混流反应器。

循环管式反应器型式除循环流外与无循环流的管式反应器完全相同，而循环流也仅是影响反应器进口的物料浓度，所以与管式反应器的计算方法完全相同。其设计方程仍可由式(3.59)得出

$$V_{Rr}=Q_1c_{A0}\int_{X_{A1}}^{X_{Af}}\frac{dX_A}{r_A}=(1+\beta)Q_0c_{A0}\int_{\frac{\beta X_{Af}}{1+\beta}}^{X_{Af}}\frac{dX_A}{r_A}$$

或

$$\tau_r=(1+\beta)c_{A0}\int_{\frac{\beta X_{Af}}{1+\beta}}^{X_{Af}}\frac{dX_A}{r_A} \tag{3.80}$$

3.6.2　循环管式反应器的循环比

1. 最优循环比

由式(3.80)可知，对于给定的 c_{A0}、Q_0 和 X_{A2}，所需反应体积 V_R 将取决于操作的循环比 β，这里存在着使 V_R 最小的最优循环比 β_{opt} 的优化问题，为获得最优循环比 β_{opt}，可将式(3.80)写成如下形式：

$$\frac{\tau_r}{c_{A0}}=(1+\beta)\int_{\frac{\beta X_{Af}}{1+\beta}}^{X_{Af}}\frac{1}{r_A}dX_A \tag{3.81}$$

根据含参变数积分的导数，将式(3.81)对 β 求导数并令其导数为零，即

$$\int_{\frac{\beta X_{Af}}{1+\beta}}^{X_{Af}}\frac{1}{r_A}dX_A-\frac{(1+\beta)}{r_{A1}}\frac{X_{Af}}{(1+\beta)^2}=0$$

$$\frac{1}{r_{A1}}=\frac{(1+\beta)}{X_{Af}}\int_{\frac{\beta X_{Af}}{1+\beta}}^{X_{Af}}\frac{1}{r_A}dX_A \tag{3.82}$$

将式(3.79)中的 X_{A2} 表示为 X_{Af}，式两边同时乘以负号，再同时加上 X_{Af}，整理可得

$$X_{Af}-X_{A1}=\frac{X_{Af}}{1+\beta}$$

即

$$\frac{1+\beta}{X_{Af}}=\frac{1}{X_{Af}-X_{A1}}$$

将其代入式(3.82)得

$$\frac{1}{r_{A1}}=\frac{1}{X_{Af}-X_{A1}}\int_{X_{A1}}^{X_{Af}}\frac{1}{r_A}dX_A \tag{3.83}$$

式中：r_{A1} 为相应 X_{A1} 时的反应速率。式(3.83)表明最佳循环比应使进料的$(1/r_A)_{X_{A1}}$值等于反应器的平均 $1/r_A$ 值(图 3.27)，图中 AB 长代表进料的$(1/r_A)_{X_{A1}}$，CD 代表整个反应器的平均 $1/r_A$ 值。

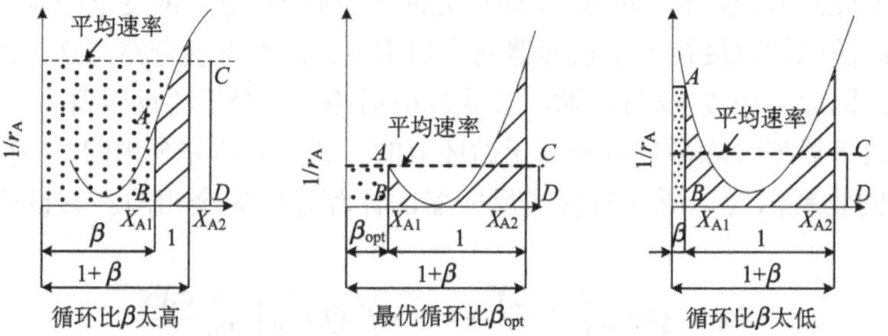

图 3.27　循环比 β 与平均速率的关系

2. 实现全混流的最小循环比

在化学反应工程的研究中，常采用加大循环比的方法使循环管式反应器实现全混流操作。前已指出，当循环比无限大时，循环管式反应器相当于全混流反应器，那么循环比实际上有多大才能做到这一点呢？有的学者把等温二级不可逆恒容反应 2A ⟶ L＋M 的反应速率方程分别代入全混流反应器和循环管式反应器的基础设计方程中，得到相应的反应体积计算式如下。

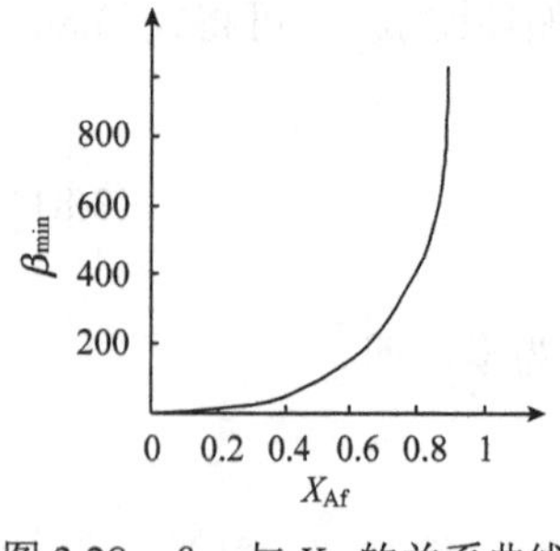

图 3.28　β_{min} 与 X_{Af} 的关系曲线

全混流反应器：

$$V_{Rm}=\frac{Q_0X_{Af}}{kc_{A0}(1-X_{Af})^2} \tag{3.31b}$$

循环管式反应器：

$$V_{Rr}=\frac{Q_0(1+\beta)X_{Af}}{kc_{A0}(1-X_{Af})(1+\beta-\beta X_{Af})} \tag{3.84}$$

用上述两式通过详细的计算得到不同转化率下用循环管式反应器实现全混流的最小循环比的 β_{min}-X_{Af} 关系曲线(图 3.28)。

由计算结果和曲线图得出以下结论：

在其他条件相同的情况下，随着转化率的不同，在循环管式反应器内实现全混流的最小循环比 β_{min} 的差异极大，当 X_{Af}＜20%时，β_{min}＝25 左右。而后随着转化率的增大而迅速增大，在

$X_{Af}=50\%$，$\beta_{min}=100$，而 $X_{Af}>90\%$，$\beta_{min}>1000$。

3.7　反应器型式与操作方式的筛选

为使工业反应过程能获得最大的经济效益，在生产过程开发工作中既要以化学反应动力学特性和反应器特性作为开发工作的依据，同时还要结合原料、产品、能量的价格、设备和操作费用、生产规模、三废处理等因素综合地进行方案的优化选择。这主要从两个方面进行比较和评选，第一，生产能力，即单位时间、单位体积反应器所能得到的产物量，也就是达到相同产量时，所需反应器体积大小的比较。第二，反应选择性，对复合反应不仅考虑反应器的大小，还要考虑反应的选择性，即产品分布的影响。

3.7.1　反应体积的比较

本章前几节已讨论了间歇槽式反应器、连续槽式反应器、串联连续槽式反应器、管式反应器、循环管式反应器的特征和反应体积的计算，如果在这些反应器中进行相同的反应，相同的操作条件(进料流率、进料浓度、反应温度与最终转化率)下，这几种反应器所需的体积是否相同呢？应选择哪种型式的反应器呢？现仅就进行等温恒容的简单反应进行比较和评选。

1. 间歇槽式反应器与管式反应器

两种反应器具有相同的设计方程，当条件完全相同时，达到相同转化率 X_{Af}，所需的反应时间 t 和停留时间 τ_p 在数值上完全相等。在未考虑间歇槽式反应器的辅助时间时，即 $t'=0$ 时，它们的反应体积是相同的，但实际生产上 $t'>0$，因此，管式反应器的反应体积必然小于间歇槽式反应器的反应体积，即 $V_{Rp}<V_{RB}$。辅助时间 t'越大，管式反应器反应体积比间歇槽式反应器反应体积越小。两者有效体积之差为 Q_0t'。

2. 连续槽式反应器与管式反应器

间歇槽式反应器与管式反应器都不存在返混，反应物浓度逐渐降低，其反应速率也从高而逐渐降低。而连续槽式反应器返混极大，反应是在较低反应速率下进行，所以反应体积要大一些。令管式反应器反应体积与连续槽式反应器反应体积之比为容积效率 η，即

$$\eta=\frac{\text{管式反应器的反应体积}}{\text{连续槽式反应器的反应体积}}=\frac{V_{Rp}}{V_{Rm}}=\frac{\tau_p}{\tau_m}$$

对 n 级反应，其反应级数 n、转化率 X_A 影响着容积效率 η 的大小。

将管式反应器的停留时间计算式(3.60)和连续槽式反应器的停留时间计算式(3.32b)代入，得

$$\eta=\frac{\tau_p}{\tau_m}=\frac{c_{A0}\int_0^{X_{Af}}\frac{dX_A}{kc_{A0}^n(1-X_A)^n}}{\frac{c_{A0}X_{Af}}{kc_{A0}^n(1-X_{Af})^n}}=\frac{(1-X_{Af})^n}{X_{Af}}\int_0^{X_{Af}}\frac{dX_A}{(1-X_A)^n} \tag{3.85}$$

不同级数反应的容积效率计算式列于表 3.5 中。

由表 3.5 可得结论：对于一切反应级数 $n>0$ 的不可逆等温恒容反应，其容积效率 η 值

小于 1，即连续槽式反应器的反应体积大于管式反应器的反应体积。

表 3.5　不同级数反应的容积效率计算式

级数	速率方程式	容积效应计算式	
−1	$r_A = kc_A^{-1}$	$\eta = \frac{(1-X_{Af})^{-1}}{X_{Af}}\int_0^{X_{Af}}\frac{dX_A}{(1-X_A)^{-1}} = \frac{1-0.5X_{Af}}{1-X_{Af}} > 1$	(3.86)
0	$r_A = k$	$\eta = \frac{\tau_p}{\tau_m} = 1$	(3.87)
1	$r_A = kc_A$	$\eta = \frac{(1-X_{Af})}{X_{Af}}\int_0^{X_{Af}}\frac{dX_A}{(1-X_A)} = \frac{1-X_{Af}}{X_{Af}}\ln\frac{1}{1-X_A} < 1$	(3.88)
2	$r_A = kc_A^2$	$\eta = \frac{(1-X_{Af})^2}{X_{Af}}\int_0^{X_{Af}}\frac{dX_A}{(1-X_A)^2} = 1-X_{Af} < 1$	(3.89)
n	$r_A = kc_A^n$	$\eta = \frac{(1-X_{Af})^n[(1-X_{Af})^{1-n}-1]}{X_{Af}(n-1)} = \frac{(1-X_{Af})[1-(1-X_{Af})^{n-1}]}{X_{Af}(n-1)} < 1$	(3.90)

由表 3.5 中式(3.87)～式(3.89)作图，如图 3.29 所示。由图可见，反应级数越高，容积效率越低。转化率越高，容积效率越低。当反应级数较高，转化率要求较高时，选用管式反应器。间歇槽式反应器与管式反应器具有相同效率。当反应要求在槽内进行时，可以选用间歇槽式反应器和串联连续槽式反应器。对于反应级数 $n>0$ 的不可逆等温恒容反应，$1/r_A$ 和 X_A 呈单调上升(图 3.30)，可在图中比较不同型式反应器，显然，管式反应器和间歇槽式反应器(当辅助时间为零)所需的反应体积最小，而连续槽式反应器的反应体积最大，而多级串联连续槽式反应器的反应体积比单级连续槽式反应器的反应体积小。对于反应级数 $n<0$ 的不可逆等温恒容反应，$1/r_A$ 和 X_A 呈单调下降(图 3.31)，当反应物浓度下降时反而会增大反应速率，所以返混作用会导致反应体积的减少，此时容积效率 η 值大于 1，采用返混极大的连续槽式反应器的反应体积最小，返混为零的管式反应器不利于这类反应，多级串联连续槽式反应器随槽数 N 增大而反应容积增大。

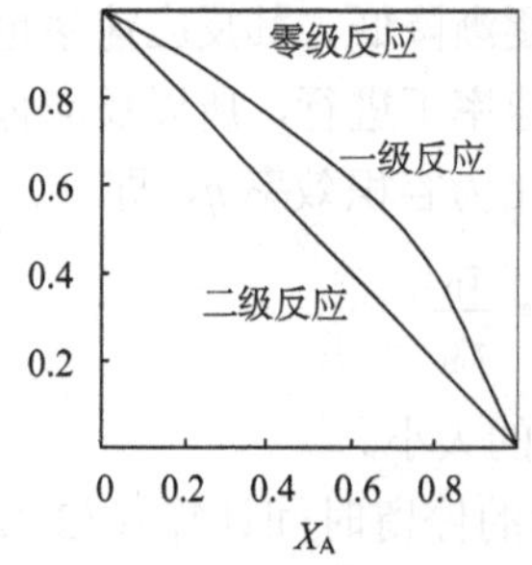

图 3.29　容积效率与 X_A 的关系

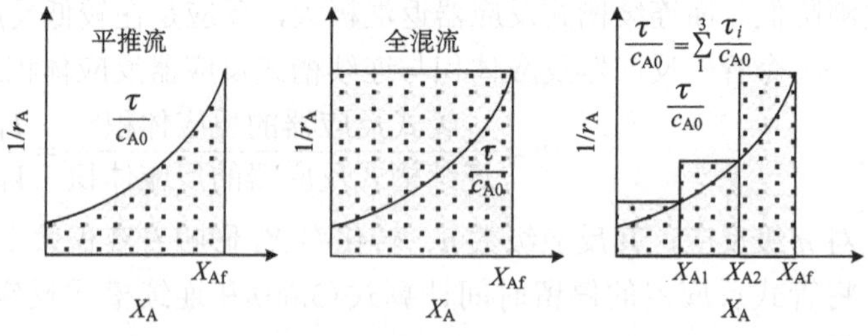

图 3.30　不同反应器的体积(反应级数 $n>0$)

3. 用于自催化反应的反应器组合

由 3.6 所述，循环管式反应器广泛应用于自催化反应。因为，自催化反应在 $1/r_A$-X_A 曲线上存在着极小值，如图 3.32 所示。此外，其他反应器型式的选择随转化率 X_A 值的大小不同而不同。

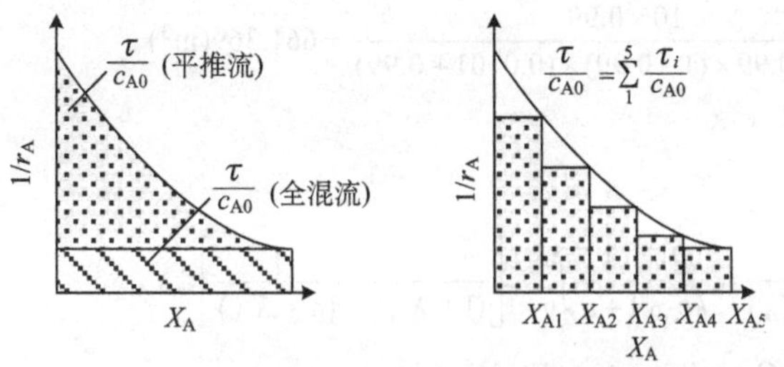

图 3.31　不同反应器的体积(n<0)

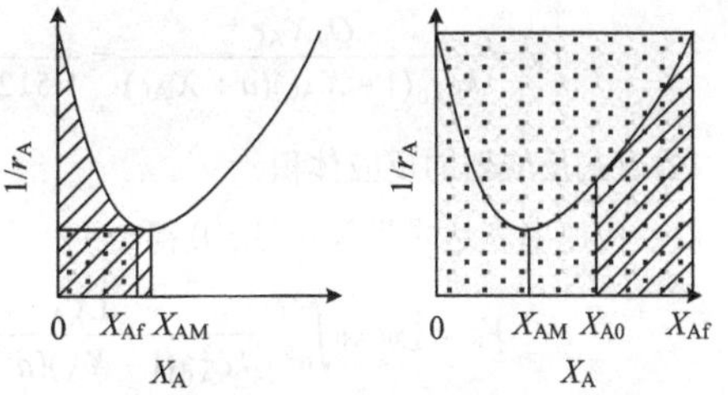

(a) $X_{Af} < X_{AM}$　　(b) $X_{A0} > X_{AM}$

图 3.32　不同转化率的反应器比较

(1)当最终转化率 X_{Af} 小于最小$(1/r_A)_{min}$值所对应的转化率 X_{AM} 时，应选择连续槽式反应器，它所需的反应体积最小，而管式反应器所需的反应体积最大[图 3.32(a)]。

(2)当反应物料的起始转化率 X_{A0} 大于 X_{AM}[图 3.32(b)]，应选择管式反应器或多级串联的连续槽式反应器。

(3)当 $X_{A0} < X_{AM} < X_{Af}$ 时，反应器的选择如图 3.33 所示。首先应选择连续槽式反应器串联管式反应器，其次选择最优循环比下的循环管式反应器，再次可选择管式反应器，而连续槽式反应器最差。

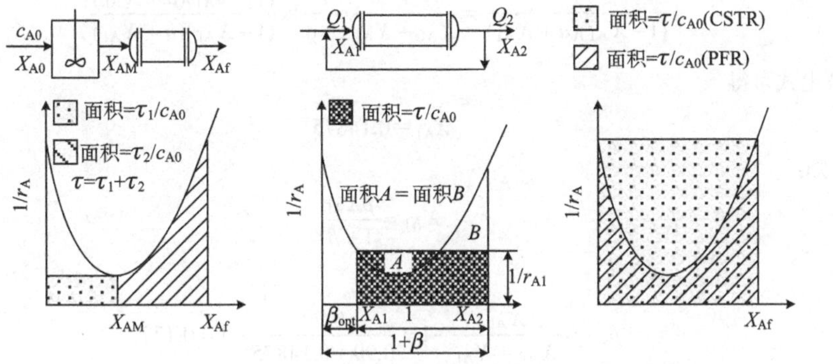

(a) CSTR+PFR　　(b) 在β_{opt}下操作的PFR　　(c) CSTR或PFR

图 3.33　自催化反应在 $X_{A0}<X_{AM}<X_{Af}$ 时反应器的选择

【例 3.18】　自催化反应 A＋L ⟶ 2L，其反应速率为 $r_A = kc_Ac_L$，在 70 ℃下等温反应，在此温度下 k＝1.512 m³/(kmol·h)。已知 c_{A0}＝0.99 kmol/m³，c_{L0}＝0.01 kmol/m³，Q_0＝10 m³/h，要求反应的转化率 X_A＝99%。试求当分别在连续槽式反应器、管式反应器、最优循环比下操作的循环管式反应器以及在连续槽式反应器串联管式反应器中进行反应时所需的反应体积。

【解】　令

$$a = c_{L0}/c_{A0} = 0.01/0.99 = 0.0101$$

$$c_A = c_{A0}(1-X_A) \qquad c_L = c_{L0} + c_{A0}X_A = c_{A0}(a+X_A)$$

所以

$$r_A = kc_{A0}^2(1-X_A)(a+X_A) \tag{E3.18-1}$$

(1)连续槽式反应器的反应体积。

将反应速率表达式代入式(3.27)得

$$V_R=\frac{Q_0X_{Af}}{kc_{A0}(1-X_{Af})(a+X_{Af})}=\frac{10\times0.99}{1.512\times0.99\times(1-0.99)\times(0.0101+0.99)}=661.369(m^3)$$

(2)管式反应器的反应体积。

将反应速率表达式代入式(3.59)得

$$V_R=Q_0c_{A0}\int_0^{X_{Af}}\frac{dX_A}{kc_{A0}^2(1-X_A)(a+X_A)}=\frac{Q_0}{kc_{A0}}\frac{1}{1+a}\int_0^{X_{Af}}\left[\frac{1}{(1+X_A)}+\frac{1}{(a+X_A)}\right]dX_A$$

$$=\frac{Q_0}{kc_{A0}}\frac{1}{1+a}\left[\ln\frac{(a+X_A)}{(1-X_A)}\right]_0^{X_{Af}}=\frac{Q_0}{kc_{A0}}\frac{1}{1+a}\ln\frac{(a+X_{Af})}{a(1-X_{Af})}$$

$$=\frac{10}{1.512\times0.99(1+0.0101)}\ln\frac{0.0101+0.99}{0.0101(1-0.99)}=60.783(m^3)$$

(3)在最优循环比下操作的循环管式反应器的反应体积。

将反应速率表达式代入式(3.83)得

$$\frac{1}{kc_{A0}^2(1-X_{A1})(a+X_{A1})}=\frac{1}{X_{Af}-X_{A1}}\int_{X_{A1}}^{X_{Af}}\frac{dX_A}{kc_{A0}^2(1-X_A)(a+X_A)}$$

$$\frac{1}{(1-X_{A1})(a+X_{A1})}=\frac{1}{X_{Af}-X_{A1}}\frac{1}{1+a}\left[\ln\frac{(a+X_A)}{(1-X_A)}\right]_{X_{A1}}^{X_{Af}}$$

$$\frac{1}{(1-X_{A1})(a+X_{A1})}=\frac{1}{X_{Af}-X_{A1}}\frac{1}{1+a}\ln\frac{(1-X_{A1})(a+X_{Af})}{(1-X_{Af})(a+X_{A1})}$$

用试差法解上式可得

$$X_{A1}=0.14875$$

由式(3.79)知:

$$X_{A1}=\frac{\beta X_{Af}}{1+\beta}$$

所以

$$\beta_{opt}=\frac{X_{Af}}{X_{Af}-X_{A1}}-1=\frac{0.99}{0.99-0.14875}-1=0.177$$

将式(E3.18-1)代入式(3.80)得

$$V_R=Q_1c_{A0}\int_{X_{A1}}^{X_{Af}}\frac{dX_A}{kc_{A0}^2(1-X_A)(a+X_A)}=(1+\beta)Q_0c_{A0}\int_{X_{A1}}^{X_{Af}}\frac{dX_A}{kc_{A0}^2(1-X_A)(a+X_A)}$$

$$=\frac{Q_0}{kc_{A0}}\frac{1+\beta}{1+a}\int_{X_{A1}}^{X_{Af}}\left[\frac{1}{(1-X_A)}+\frac{1}{(a+X_A)}\right]dX_A$$

$$=\frac{Q_0}{kc_{A0}}\frac{1+\beta}{1+a}\left[\ln\frac{(a+X_A)}{(1-X_A)}\right]_{X_{A1}}^{X_{Af}}=\frac{Q_0}{kc_{A0}}\frac{1+\beta}{1+a}\ln\frac{(1-X_{A1})(a+X_{Af})}{(1-X_{Af})(a+X_{A1})}$$

$$=\frac{10(1+0.177)}{1.512\times0.99(1+0.0101)}\ln\frac{(1-0.14875)(0.0101+0.99)}{(1-0.99)(0.0101+0.14875)}=48.924(m^3)$$

(4)连续槽式反应器串联管式反应器时的反应体积。

将式(E3.18-1)求导并令导数为零，由此可得出相应于反应速率最大时的转化率X_{AM}:

$$\frac{dr_A}{dX_A}=\frac{d[kc_{A0}^2(1-X_A)(a+X_A)]}{dX_A}=0$$

$$X_{AM}=\frac{1-a}{2}=\frac{1-0.0101}{2}=0.495$$

先采用连续槽式反应器使其出口转化率 $X_{A1}=X_{AM}=0.495$，即

$$V_{R1}=\frac{Q_0X_{A1}}{kc_{A0}(1-X_{A1})(a+X_{A1})}=\frac{10\times0.495}{1.512\times0.99\times(1-0.495)\times(0.0101+0.495)}=12.964(\mathrm{m^3})$$

然后再进入管式反应器，出口转化率 $X_{A2}=0.99$，即

$$\begin{aligned}V_{R2}&=Q_0c_{A0}\int_{X_{A1}}^{X_{Af}}\frac{dX_A}{kc_{A0}^2(1-X_A)(a+X_A)}\\&=\frac{Q_0}{kc_{A0}}\frac{1}{1+a}\left[\ln\frac{(a+X_A)}{(1-X_A)}\right]_{X_{A1}}^{X_{Af}}=\frac{Q_0}{kc_{A0}}\frac{1}{1+a}\ln\frac{(1-X_{A1})(a+X_{Af})}{(1-X_{Af})(a+X_{A1})}\\&=\frac{10}{1.512\times0.99(1+0.0101)}\ln\frac{(1-0.495)(0.0101+0.99)}{(1-0.99)(0.0101+0.495)}=30.453(\mathrm{m^3})\end{aligned}$$

总共需要的反应体积为

$$V_R=V_{R1}+V_{R2}=12.964+30.453=43.417\,(\mathrm{m^3})$$

由以上计算结果可知各类反应器有效体积大小分别为

$$V_{R(m+p)}<V_{Rr}<V_{Rp}<V_{Rm}$$

4. 组合反应器

由以上讨论可以看出，进行自催化反应时，组合反应器具有较小的反应体积。因此，工业生产中为了一定的需要，常将管式反应器与连续槽式反应器按一定方式加以组合。现仅讨论等温下两个体积相同的理想反应器组合进行一级不可逆反应的几种情况。

图 3.34 为两个等体积理想反应器组合的几种情况，其反应温度、进料体积流量 Q_0、反应物浓度 c_{A0} 均相同，而各个反应器的反应体积 V_R 也相同，其计算及结论见例 3.19。

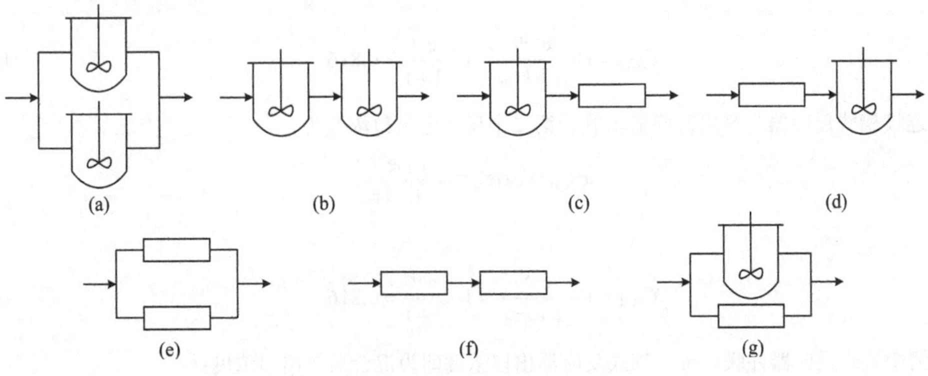

图 3.34　全混流和平推流的组合

【例 3.19】　两个等体积的理想反应器按图 3.34 中的七种组合方式，在等温恒容下进行一级不可逆反应，反应速率 $r_A=kc_A$，$k=1\ \mathrm{min^{-1}}$，$c_{A0}=1\ \mathrm{kmol/m^3}$，两种反应器 $\tau=1\ \mathrm{min}$，计算最终转化率 X_{Af}，并进行比较。

【解】　由式(3.30a)知一级反应在连续槽式反应器的计算式为

$$\tau_m=\frac{c_{A0}-c_A}{kc_A}\quad 或\quad c_A=\frac{c_{A0}}{1+k\tau_m}$$

由式(3.62a)知一级反应在管式反应器的计算式为

$$\tau_{\mathrm{p}}=\frac{1}{k}\ln\frac{c_{\mathrm{A0}}}{c_{\mathrm{A}}}$$

因此

$$c_{\mathrm{A}}=c_{\mathrm{A0}}\mathrm{e}^{-k\tau_{\mathrm{p}}}$$

而 $X_{\mathrm{A}}=\frac{c_{\mathrm{A0}}-c_{\mathrm{A}}}{c_{\mathrm{A0}}}=1-\frac{c_{\mathrm{A}}}{c_{\mathrm{A0}}}$，下面根据不同的组合方式，计算最终转化率。

(a)两个连续槽式反应器并联。每个连续槽式反应器出口浓度即为混合后的出口浓度为

$$c_{\mathrm{Af,a}}=\frac{c_{\mathrm{A0}}}{1+k\dfrac{V_{\mathrm{R}}}{Q_0/2}}=\frac{c_{\mathrm{A0}}}{1+2k\tau_{\mathrm{m}}}$$

所以

$$X_{\mathrm{Af,a}}=1-\frac{1}{1+2k\tau_{\mathrm{m}}}=1-\frac{1}{1+2\times1\times1}=0.667 \tag{E3.19-1}$$

(b)两个连续槽式反应器串联。第二个连续槽式反应器出口浓度为

$$c_{\mathrm{Af,b}}=\frac{c_{\mathrm{A1}}}{1+k\tau_{\mathrm{m}}}=\frac{c_{\mathrm{A0}}}{(1+k\tau_{\mathrm{m}})^2}$$

所以

$$X_{\mathrm{Af,b}}=1-\frac{1}{(1+k\tau_{\mathrm{m}})^2}=1-\frac{1}{(1+1\times1)^2}=0.75 \tag{E3.19-2}$$

(c)管式反应器与连续槽式反应器串联。第二个反应器出口浓度为

$$c_{\mathrm{Af,c}}=\frac{c_{\mathrm{A1}}}{1+k\tau_{\mathrm{m}}}=\frac{c_{\mathrm{A0}}\mathrm{e}^{-k\tau_{\mathrm{p}}}}{1+k\tau_{\mathrm{m}}}$$

所以

$$X_{\mathrm{Af,c}}=1-\frac{\mathrm{e}^{-k\tau_{\mathrm{p}}}}{1+k\tau_{\mathrm{m}}}=1-\frac{\mathrm{e}^{-1}}{1+1}=0.816 \tag{E3.19-3}$$

(d)连续槽式反应器与管式反应器串联。第二个反应器出口浓度为

$$c_{\mathrm{Af,d}}=c_{\mathrm{A1}}\mathrm{e}^{-k\tau_{\mathrm{p}}}=\frac{c_{\mathrm{A0}}\mathrm{e}^{-k\tau_{\mathrm{p}}}}{1+k\tau_{\mathrm{m}}}$$

所以

$$X_{\mathrm{Af,d}}=1-\frac{\mathrm{e}^{-k\tau_{\mathrm{p}}}}{1+k\tau_{\mathrm{m}}}=1-\frac{\mathrm{e}^{-1}}{1+1}=0.816 \tag{E3.19-4}$$

(e)两个管式反应器并联。每个管式反应器出口浓度即为混合后的出口浓度：

$$c_{\mathrm{Af,e}}=c_{\mathrm{A0}}\mathrm{e}^{-2k\tau_{\mathrm{p}}}$$

所以

$$X_{\mathrm{Af,e}}=1-\mathrm{e}^{-2k\tau_{\mathrm{p}}}=1-\mathrm{e}^{-2}=0.865 \tag{E3.19-5}$$

(f)两个管式反应器串联。第二个管式反应器出口浓度为

$$c_{\mathrm{Af,f}}=c_{\mathrm{A1}}\mathrm{e}^{-k\tau_{\mathrm{p}}}=c_{\mathrm{A0}}\mathrm{e}^{-2k\tau_{\mathrm{p}}}$$

所以

$$X_{\mathrm{Af,f}}=1-\mathrm{e}^{-2k\tau_{\mathrm{p}}}=1-\mathrm{e}^{-2}=0.865 \tag{E3.19-6}$$

(g) 管式反应器与连续槽式反应器并联。管式反应器出口浓度为

$$c_{A0}e^{-2k\tau_p}$$

连续槽式反应器出口浓度为

$$\frac{c_{A0}}{1+2k\tau_m}$$

两股物流混合后浓度为

$$c_{Af,g}=\frac{1}{2}\left(c_{A0}e^{-2k\tau_p}+\frac{c_{A0}}{1+2k\tau_m}\right)$$

所以

$$X_{Af,g}=1-\frac{1}{2}\left(e^{-2k\tau_p}+\frac{1}{1+2k\tau_m}\right)=0.766 \tag{E3.19-7}$$

从上述计算结果看，各种组合形式的比较如下：

$$X_{Af,e}(X_{Af,f})>X_{Af,d}(X_{Af,c})>X_{Af,g}>X_{Af,b}>X_{Af,a}$$

即两个管式反应器并联或串联最优，而两个连续槽式反应器并联最差。上述结论只限于等温恒容一级不可逆反应。

3.7.2 反应选择性的比较

对于复合反应，影响反应过程经济性的主要因素往往是目的产物的收率或选择性，它直接影响到生产的操作费用和生产成本。不同类型的反应器其流动特点不仅影响反应器体积的大小，而且影响反应的选择性。下面分别仅就平行反应和连串反应进行讨论。

1. 平行反应

1) 单反应组分的平行反应

对单反应组分的平行反应：

$$A\xrightarrow{k_1}L\quad（主反应）\qquad r_{A1}=k_1c_A^{\alpha}$$

$$A\xrightarrow{k_2}M\quad（副反应）\qquad r_{A2}=k_2c_A^{\beta}$$

由式(1.68)，得目的产物 L 的瞬时选择性为

$$S=\frac{r_{A1}}{r_{A1}+r_{A2}}=\frac{1}{1+(k_2/k_1)c_A^{\beta-\alpha}} \tag{1.68}$$

由上式可知，反应物系的浓度和温度是影响瞬时选择性的直接因素。

(1) 选择性的浓度效应。在一定反应体系和温度下，k_1、k_2、α、β 都是常数，则

①当反应级数 $\alpha>\beta$，即主反应级数高时，选择性 S 值随着浓度 c_A 的升高而增大，因此需要浓度 c_A 高的反应器，故应选用管式反应器、间歇槽式反应器或多级串联连续槽式反应器。

②当反应级数 $\alpha<\beta$，即主反应级数低时，选择性 S 值随着浓度 c_A 的升高而减少，因此需要浓度 c_A 低的反应器，故应选用连续槽式反应器。

③当反应级数 $\alpha=\beta$ 时，选择性 S 值与浓度 c_A 无关。

总之，对平行反应而言，提高反应物浓度有利于级数高的反应，降低反应物浓度有利于级数低的反应。

(2) 选择性的温度效应。由式(1.68)知，当转化率一定时，平行反应瞬时选择性的变化情况与主、副反应活化能的相对大小有关。

对恒容系统，在管式反应器中，其总选择性为

$$\bar{S}=\frac{1}{c_{A0}-c_{Af}}\int_{c_{Af}}^{c_{A0}}S\mathrm{d}c_A=\frac{1}{c_{A0}-c_{Af}}\int_{c_{Af}}^{c_{A0}}\frac{\mathrm{d}c_A}{1+(k_2/k_1)c_A^{\beta-\alpha}}$$

对恒容系统，在连续槽式反应器中，因浓度始终恒定，故有

$$\bar{S}=S=S_f=\frac{1}{1+(k_2/k_1)c_A^{\beta-\alpha}}$$

由上两式可知：

①若活化能 $E_1>E_2$，则温度升高，反应的选择性 S 增加，此时应采用高温操作。

②若活化能 $E_1<E_2$，则温度升高，反应的选择性 S 减少，此时应采用低温操作。

2) 双反应组分的平行反应

对双反应组分的平行反应：

$$A+B\xrightarrow{k_1}L\ (\text{主反应})\qquad r_{A1}=k_1c_A^{\alpha_1}c_B^{\beta_1}$$

$$A+B\xrightarrow{k_2}M\ (\text{副反应})\qquad r_{A2}=k_2c_A^{\alpha_2}c_B^{\beta_2}$$

目的产物 L 的瞬时选择性为

$$S=\frac{r_{A1}}{r_{A1}+r_{A2}}=\frac{1}{1+\dfrac{k_2}{k_1}c_A^{\alpha_2-\alpha_1}c_B^{\beta_2-\beta_1}}\tag{3.91}$$

加料方式的选择与主副反应级数的相对大小有关，并影响到反应的选择性。

(1) 当 $\alpha_1>\alpha_2$，$\beta_1>\beta_2$ 时，应使 c_A、c_B 都高。对间歇槽式反应器应选择 A 和 B 一次同时加入的形式；对管式反应器应选择 PFR 进口处 A 和 B 同时加入的形式；对多级串联的连续槽式反应器应选择在第一个 CSTR 中同时加入 A 和 B 的形式。

(2) 当 $\alpha_1<\alpha_2$，$\beta_1<\beta_2$ 时，应使 c_A、c_B 都低。对间歇槽式反应器应选择 A 和 B 缓慢加入，液位不断上升的形式；对管式反应器应选择在 PFR 侧面多个进口处加入 A 和 B 的形式；对多级串联的连续槽式反应器应选择在每一个 CSTR 中加入 A 和 B 的形式。

(3) 当 $\alpha_1>\alpha_2$，$\beta_1<\beta_2$ 时，应使 c_A 高、c_B 低。对间歇槽式反应器应选择 A 先全部加入，而 B 缓慢加入的形式；对管式反应器应选择在 PFR 进口处加入 A，而在 PFR 侧面多个进口处加入 B 的形式；对多级串联的连续槽式反应器应选择在第一个 CSTR 中加入 A，而在每一个 CSTR 中加入 B 的形式。

【例 3.20】 有一分解反应：

$$A\xrightarrow{k_1}L\ (\text{主反应})\qquad r_{A1}=c_A$$

$$A\xrightarrow{k_2}M\ (\text{副反应})\qquad r_{A2}=1.5c_A^2$$

c_{A0}=1 kmol/m^3，c_{L0}=c_{M0}=0，Q_0=1 m^3/h，求转化率为 90%时：

(1) 若采用 CSTR，其出口 c_L=?V_{Rm}=?

(2) 若采用 PFR，其出口 c_L=?V_{Rp}=?

(3) 若采用体积相同的两个 CSTR 串联，第一槽最佳出口 c_L=?相应反应器体积为多少?

【解】　(1) CSTR。

该反应器的总选择性等于瞬时选择性：

$$\overline{S}=S=\frac{r_L}{r_A}=\frac{c_A}{c_A+1.5c_A^2}=\frac{1}{1+1.5c_A}=\frac{1}{1+1.5\times1\times(1-0.9)}=87\%$$

$$c_L=\overline{S}(c_{A0}-c_A)=0.87\times(1-0.1)=0.783(\text{kmol/m}^3)$$

$$V_{Rm}=\frac{Q_0(c_{A0}-c_A)}{r_A}=\frac{1\times(1-0.1)}{0.1+1.5\times0.1^2}=7.826(\text{m}^3)$$

(2) PFR。

$$\begin{aligned}c_L&=\overline{S}(c_{A0}-c_A)\\&=\int_{c_A}^{c_{A0}}\frac{1}{1+1.5c_A}\mathrm{d}c_A=\frac{1}{1.5}\ln\frac{1+1.5c_{A0}}{1+1.5c_A}=\frac{1}{1.5}\ln\frac{1+1.5\times1}{1+1.5\times0.1}=0.518(\text{kmol/m}^3)\end{aligned}$$

$$S=\frac{c_L}{c_{A0}-c_A}=\frac{0.518}{1-0.1}=57.6\%$$

由式(3.60)，得

$$\begin{aligned}\frac{V_R}{Q_0}&=-\int_{c_{A0}}^{c_A}\frac{\mathrm{d}c_A}{r_A}=\int_{c_A}^{c_{A0}}\frac{\mathrm{d}c_A}{c_A(1+1.5c_A)}=\int_{c_A}^{c_{A0}}\left(\frac{1}{c_A}-\frac{1.5}{1+1.5c_A}\right)\mathrm{d}c_A\\&=\ln\frac{c_{A0}}{c_A}+\ln\frac{1+1.5c_A}{1+1.5c_{A0}}\end{aligned}$$

$$V_{Rp}=1\times\left(\ln\frac{1}{0.9}+\ln\frac{1+1.5\times0.1}{1+1.5\times1}\right)=1.526(\text{m}^3)$$

(3) 两个 CSTR 串联。

$$c_L=S_1(c_{A0}-c_{A1})+S_2(c_{A1}-c_{A2})=\frac{c_{A0}-c_{A1}}{1+1.5c_{A1}}+\frac{c_{A1}-c_{A2}}{1+1.5c_{A2}}$$

为使 c_L 最大，令 $\mathrm{d}c_L/\mathrm{d}c_{A1}=0$，得 $c_{A1}=0.464\ \text{kmol/m}^3$，则

$$c_L=\frac{1-0.464}{1+1.5\times0.464}+\frac{0.464-0.1}{1+1.5\times0.1}=0.633(\text{kmol/m}^3)$$

$$S=\frac{c_L}{c_{A0}-c_A}=\frac{0.633}{1-0.1}=70.3\%$$

$$V_{Rms}=2V_{Rm1}=2\times\frac{1\times(1-0.464)}{0.464+1.5\times0.464^2}=1.362(\text{m}^3)$$

2. 连串反应

以两步均为一级的连串反应 $A\xrightarrow{k_1}L$(目的产物)$\xrightarrow{k_2}M$ 进行讨论。

速率方程分别为

$$r_A=-\frac{\mathrm{d}c_A}{\mathrm{d}t}=k_1c_A\qquad r_L=\frac{\mathrm{d}c_L}{\mathrm{d}t}=k_1c_A-k_2c_L\qquad r_M=\frac{\mathrm{d}c_M}{\mathrm{d}t}=k_2c_L$$

第 1 章已得出在间歇槽式反应器中进行上述连串反应的浓度积分式(表 1.3)和 t_{opt} 及 $Y_{L,\max}$(表 1.4)。管式反应器与间歇槽式反应器具有相同的设计方程，因此仍可用表 1.3 和表 1.4 中的公式。

若在全混流反应器进行该反应，对整个反应器进行物料衡算，有

	流入量	=	流出量	+	反应消耗量	+累积量
A 组分：	Q_0c_{A0}		Q_0c_{Af}		$k_1c_{Af}V_R$	0
L 组分：	Q_0c_L		0		$(k_1c_{Af}-k_2c_L)V_R$	0

整理得

$$c_{Af}=c_{A0}\frac{1}{1+k_1\tau_m} \tag{3.92}$$

$$c_L=c_{A0}\frac{k_1\tau_m}{(1+k_1\tau_m)(1+k_2\tau_m)} \tag{3.93}$$

$$c_M=c_{A0}\frac{k_1\tau_m k_2\tau_m}{(1+k_1\tau_m)(1+k_2\tau_m)} \tag{3.94}$$

根据收率的定义可得收率与停留时间和转化率的关系式，然后将收率对时间和转化率求导，令 $dY_{Lm}/d\tau_m=0$，$dY_{Lm}/dX_A=0$，可得最佳操作时间、最佳转化率和最大收率，各类表达式见表 3.6。

表 3.6　全混流反应器中 L 为目的产物的连串反应的各类表达式

$k_2/k_1\neq1$		$k_2/k_1=1$	
$Y_{Lm}=\frac{c_L}{c_{A0}}=\frac{k_1\tau_m}{(1+k_1\tau_m)(1+k_2\tau_m)}$	(3.95a)	$Y_{Lm}=\frac{c_L}{c_{A0}}=\frac{k_1\tau_m}{(1+k_1\tau_m)^2}$	(3.95b)
$Y_{Lm}=\frac{X_A(1-X_A)}{1+(k_2/k_1-1)X_A}$	(3.96a)	$Y_{Lm}=(1-X_A)-(1-X_A)^2$	(3.96b)
$\tau_{m,opt}=\frac{1}{\sqrt{k_1k_2}}$	(3.97a)	$\tau_{m,opt}=\frac{1}{k_1}$	(3.97b)
$X_{A,opt}=\frac{\sqrt{k_1}}{\sqrt{k_1}+\sqrt{k_2}}$	(3.98a)	$X_{A,opt}=0.5$	(3.98b)
$Y_{m,max}=\frac{k_1}{(\sqrt{k_1}+\sqrt{k_2})^2}$	(3.99a)	$Y_{m,max}=0.25$	(3.99b)

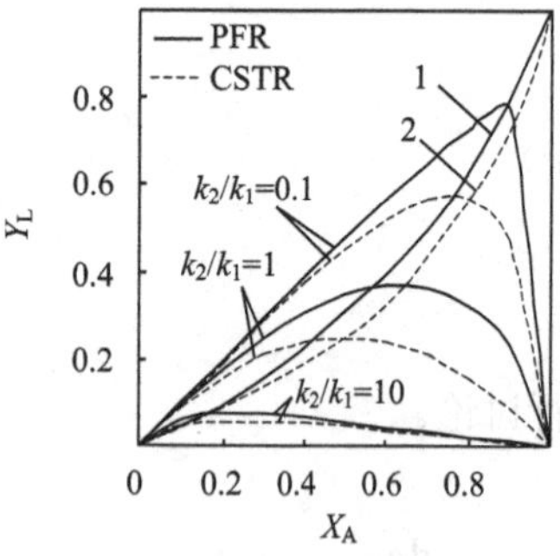

图 3.35　连串反应的收率和 X_A（PFR 与 CSRT）

当 $k_2/k_1\neq1$，由式(3.99a)可见，最大收率 Y_{max} 与初始浓度无关，只取决于 k_2/k_1 之比。

为了比较全混流反应器和平推流反应器的收率与转化率，根据式(1.82)和式(3.96)，以收率 Y_L 对转化率作图，如图 3.35 所示。图中的实线表示平推流反应器，而虚线则表示全混流反应器，曲线 1 为平推流反应器最大收率线，曲线 2 为全混流反应器最大收率线。由图可见，两种反应器的收率均为 k_2/k_1 的函数，无论是在平推流反应器还是在全混流反应器操作，连串反应的收率总是随 k_2/k_1 的减小而增大；无论 k_2/k_1 为何值，在相同的转化率下，平推流反应器的收率总是大于全混流反应器的收率，而且随着 k_2/k_1 的减小，这种差异越大。因为 $Y=\bar{S}X_A$，所以这个结论对选择性也是适用的。

【例 3.21】 一级不可逆反应 $A \xrightarrow{k_1} L \xrightarrow{k_2} M$，$k_1=0.15\ \mathrm{min}^{-1}$，$k_2=0.05\ \mathrm{min}^{-1}$，进料流量为 $0.5\ \mathrm{m^3/min}$，$c_{A0}=1\ \mathrm{kmol/m^3}$，$c_{L0}=c_{M0}=0$。试求下列反应器的出口主产物 L 的浓度：(1)采用单个 $V_R=1\ \mathrm{m^3}$ 的连续槽式反应器；(2)采用两个 $V_R=0.5\ \mathrm{m^3}$ 的连续槽式反应器串联；(3)采用单个 $V_R=1\ \mathrm{m^3}$ 的管式反应器。

【解】 (1)单个连续槽式反应器。

$$\tau_m = \frac{V_R}{Q_0} = 1/0.5 = 2(\mathrm{min})$$

$$c_L = c_{A0}\frac{k_1\tau_m}{(1+k_1\tau_m)(1+k_2\tau_m)} = \frac{1\times 0.15\times 2}{(1+0.15\times 2)(1+0.05\times 2)} = 0.21(\mathrm{kmol/m^3})$$

(2)两个连续槽式反应器串联。

$$\tau_{m1} = \tau_{m2} = \frac{V_R}{Q_0} = 0.5/0.5 = 1(\mathrm{min})$$

第一个反应器：

出口主产物 L 的浓度为

$$c_{L1} = c_{A0}\frac{k_1\tau_{m1}}{(1+k_1\tau_{m1})(1+k_2\tau_{m1})} = \frac{1\times 0.15\times 1}{(1+0.15\times 1)(1+0.05\times 1)} = 0.124(\mathrm{kmol/m^3})$$

反应物 A 的出口浓度为

$$c_{A1} = c_{A0}\frac{1}{(1+k_1\tau_{m1})} = \frac{1}{(1+0.15\times 1)} = 0.87(\mathrm{kmol/m^3})$$

第二个反应器：

反应物 A 的出口浓度为

$$c_{Af} = c_{A1}\frac{1}{(1+k_1\tau_{m2})} = \frac{1}{(1+0.15\times 1)} = 0.756(\mathrm{kmol/m^3})$$

对 L 进行物料衡算，有

$$Q_0 c_{Lf} - Q_0 c_{L1} = (k_1 c_{Af} - k_2 c_{Lf})V_{R2}$$

$$c_{Lf} = \frac{k_1\tau_{m2}c_{Af} + c_{L1}}{(1+k_2\tau_{m2})} = \frac{0.15\times 1\times 0.756 + 0.124}{(1+0.05\times 1)} = 0.231(\mathrm{kmol/m^3})$$

(3)单个管式反应器。

$$\tau_p = \frac{V_R}{Q_0} = 1/0.5 = 2(\mathrm{min})$$

$$c_{Lf} = \frac{k_1 c_{A0}}{k_2 - k_1}[\exp(-k_1\tau_p) - \exp(-k_2\tau_p)] = \frac{0.15\times 1}{0.05-0.15}(\mathrm{e}^{-0.15\times 2} - \mathrm{e}^{-0.05\times 2}) = 0.246(\mathrm{kmol/m^3})$$

习 题

3.1 蔗糖在稀水溶液中按下式水解生成葡萄糖和果糖：

$$\underset{\text{蔗糖(A)}}{C_{12}H_{22}O_{11}} + \underset{\text{水(B)}}{H_2O} \xrightarrow{H^+} \underset{\text{葡萄糖(L)}}{C_6H_{12}O_6} + \underset{\text{果糖(M)}}{C_6H_{12}O_6}$$

当水极大过量时，遵循一级反应动力学，即 $r_A=kc_A$，催化剂 HCl 的浓度为 0.1 mol/L。反应温度 48 ℃时，速率常数 $k=0.0193\ \mathrm{min}^{-1}$，当蔗糖的初浓度为(a) 0.1 mol/L；(b) 0.5 mol/L 时，试计算：

(1)反应 20 min 后，溶液(a)和(b)中蔗糖、葡萄糖和果糖的浓度各为多少？

(2)此时，两溶液中的蔗糖转化率各达到多少？是否相等？

(3) 若要求蔗糖浓度降到 0.01 mol/L，它们各需反应多长时间？

3.2 乙酸与丁醇反应生产乙酸丁酯，反应式为

$$\underset{(A)}{CH_3COOH} + \underset{(B)}{C_4H_9OH} \longrightarrow \underset{(C)}{CH_3COOC_4H_9} + \underset{(M)}{H_2O}$$

当反应温度为 100 ℃并使用 0.032%(质量分数)的 H_2SO_4 为催化剂时，动力学方程为 $r_A=kc_A^2$，此时 $k=17.4$ mL/(mol·min)。已知在同一间歇反应槽中，若进料中乙酸的浓度分别为 (a) 0.09 mol/L；(b) 0.18 mol/L，其余为丁醇，试计算：

(1) 反应的初始速率。

(2) 乙酸转化率达到 50%时所需的反应时间。

(3) 若反应槽中投入 100 L 溶液，则各得多少千克乙酸丁酯？

3.3 设某反应的动力学方程为 $r_A=0.35\,c_A^2$ mol/(L·s)，当 A 的浓度分别为 (a) 1 mol/L；(b) 5 mol/L 时，达到 A 的残余浓度 0.01 mol/L 时，各需多少时间？

3.4 试对一级反应和二级反应分别计算转化率从 90%提高到 99%时，转化所需的时间为其前期转化时间的倍数。

3.5 在间歇槽式反应器中进行液相反应 A＋B ⟶ L，$r_A=kc_Ac_B$，测得二级反应速率常数 $k=61.5$ L/(mol·h)，$c_{A0}=0.307$ mol/L。计算当 c_{B0}/c_{A0} 为 1 和 5 时，转化率分别为 50%、90%、99%时的反应时间。

3.6 在等温间歇槽式反应器中进行皂化反应 $CH_3COOC_2H_5+NaOH \longrightarrow CH_3COONa+C_2H_5OH$，若该反应对乙酸乙酯和氢氧化钠均为一级，反应开始时乙酸乙酯和氢氧化钠的浓度均为 0.02 mol/L，反应速率常数为 5.6 L/(mol·min)，要求最终转化率为 95%，试求当反应体积分别为 1 m^3 和 2 m^3 时所需的反应时间？

3.7 液相反应 A+B ⟶ L 在半间歇槽式反应器中进行，B 一次性全部加入，A 连续加入。该反应对 A 为一级，反应速率常数 $k=0.4\ h^{-1}$，已知 $V_0/Q_0=0.25$ h，试绘出 c_A/c_{A0}、c_L/c_{A0} 和 X_A 随时间的变化图。

3.8 全混流反应器的体积为 10 m^3，用来分解 A 的稀溶液，该反应为一级不可逆反应，反应速率常数 $k=3.45$ h^{-1}，若要分解 90%，问可处理多少溶液？

3.9 某一级不可逆放热液相反应在绝热连续槽式反应器中进行，反应混合物的体积流量为 $Q_0=60\ cm^3/s$，其中反应物 A 的浓度 $c_{A0}=3$ mol/L，进料及反应器中反应混合物的密度 $\rho=1\ g/cm^3$，热容 $C_p=1$ cal/(g·℃)，在反应过程中维持不变。反应体积 $V_R=18$ L，进料中不含产物，反应热 $(-\Delta H_r)=50\ 000$ cal/mol，反应速率 $r_A=4.48\times10^6\exp(-15\ 000/RT)\,c_A$ mol/(cm³·s)，若进料温度 $t_0=25$ ℃，试求操作状态点的温度。

3.10 在一等温操作的间歇槽式反应器中进行某一级液相反应，13 min 后反应物转化掉 70%。今若把此反应移至平推流反应器和连续槽式反应器中进行时，其空时和空速各是多少？

3.11 液相反应 A ⟶ L，在间歇槽式反应器中进行，反应速率如下表所示：

c_A/(mol/L)	0.1	0.2	0.3	0.4	0.5	0.6	0.7	0.8	1.0	1.3	2.0
r_A/[mol/(L·min)]	0.1	0.3	0.5	0.6	0.5	0.25	0.10	0.06	0.05	0.045	0.042

(1) 若 $c_{A0}=1.3$ mol/L，$c_{Af}=0.3$ mol/L，此时反应时间为多少？

(2) 当 $c_{A0}=1.5$ mol/L，$F_{A0}=1000$ mol/h，$X_A=0.80$ 时，所需管式反应器的反应体积的大小？

(3) 当 $c_{A0}=1.5$ mol/L，$F_{A0}=1000$ mol/h，$X_A=0.80$ 时，所需连续槽式反应器的反应体积的大小？

3.12 气相反应 A ⟶ 3L 在 215 ℃反应，反应速率为 $r_A=10c_A$ mol/(m³·min)，原料中有 50%的惰性气体。其中 $c_{A0}=62.5$ mol/m³，求转化率为 80%时，在管式反应器中所需的停留时间。

3.13　在 555 K 及 3 kg/cm^2 的平推流反应器中进行气相反应：A $\longrightarrow$ L，已知进料中含 30% A(摩尔分数)，其余为惰性物料，加料流量为 6.3 mol/s(A)，反应速率方程为 $r_A=0.27c_A$ mol/(m^3·s)。当转化率为 95%时，试求：(1)所需的空速为多少?(2)反应体积为多少？

3.14　裂解反应 A $\longrightarrow$ L+M 是一级不可逆反应，其反应速率方程为 $r_A=k_pc_A$ kmol/(m^3·s)，若反应在 1 atm、273 ℃时进行，$k_p=7.85\times10^{-4}$ kmol/(m^3·atm·s)，试求处理量为 432 m^3/d 原料气(操作条件下体积流量)，而 $X_A=90\%$时，所需管式反应器的反应体积。

3.15　有自催化反应 A+L $\longrightarrow$ 2L，进料中含有 99%的 A 和 1%的 L，要求产物组成含 90%的 L 和 10%的 A。已知 $r_A=kc_Ac_L$，$k=1$ L/(mol·min)，$c_{A0}+c_{L0}=1$ mol/L，试求管式反应器中达到所要求的产物组成时所需的停留时间为多少？

3.16　反应 A+B $\longrightarrow$ L+M，已知 $V_R=1$ L，物料进料体积流量为 $Q_0=0.5$ L/min，$c_{A0}=c_{B0}=0.05$ mol/L，反应速率方程为 $r_A=kc_Ac_B$，式中 $k=100$ L/(mol·min)，求：

(1)反应在管式反应器中进行，出口转化率是多少？

(2)若用连续槽式反应器得到相同的出口转化率，反应体积多大？

(3)若连续槽式反应器反应体积 $V_R=1$ L，可以达到的出口转化率是多少？

3.17　有一液相等温反应，反应速率为 $r_A=kc_A^2$，$k=10$ m^3/(kmol·h)，$c_{A0}=0.2$ kmol/m^3，加料速率为 2 m^3/h，试比较(1) V_R 为 2 m^3 的两个串联管式反应器；(2) V_R 为 2 m^3 的两个串联连续槽式反应器的两个方案中，何者转化率大？

3.18　已知平行反应为

$$A\begin{cases}\longrightarrow L & r_L=k_1c_A & k_1=2\ \text{min}^{-1}\\ \longrightarrow M & r_M=k_2 & k_2=1\ \text{mol/(L·min)}\\ \longrightarrow N & r_N=k_3c_A^2 & k_3=1\ \text{L/(mol·min)}\end{cases}$$

$c_{A0}=2$ mol/L，求：

(1)在连续槽式反应器中所能得到产物 L 的最大收率 Y_{max}。

(2)采用管式反应器所能得到产物 L 的最大收率 Y_{max}。

(3)假如反应物加以回收，采用何种反应器型式较为理想？

3.19　一级连串反应 $A\xrightarrow{k_1}L\xrightarrow{k_2}M$，$r_A=k_1c_A$，$r_L=k_1c_A-k_2c_L$，式中 A 表示 C_6H_6，L 表示 C_2H_5Cl，M 表示 $C_2H_4Cl_2$。已知 $k_1=1$ min^{-1}，$k_2=0.5$ min^{-1}，$c_{A0}=1$ mol/L，$c_{L0}=c_{M0}=0$，求：

(1)在管式反应器中，$\tau_p=1$ min；(2)在单个连续槽式反应器中，$\tau_m=1$ min；(3)在两个串联连续槽式反应器中，$\tau_{m1}=\tau_{m2}=1$ min；(4)若两个串联连续槽式反应器中，$\tau_{m1}=\tau_{m2}=0.5$ min 的情况下，最终产物中 L 和 M 的分子比各为多少？

第 4 章　气固相催化反应动力学

有很多化学反应，从热力学的观点看是可以达到很高的理论转化率的，但从动力学的角度看，由于它们在一般条件下的反应速率非常缓慢，因此是没有工业意义的。然而在有催化剂存在的条件下，反应却可以在有限的时间内达到一定的转化率，有可能实现工业生产。这种催化现象的发现和催化剂的开发应用，对化工生产和化学反应工程学科的发展起了十分重大的推动作用。

催化反应在化学工业中应用十分广泛，其主要特征是：

(1) 催化剂可以加快或减慢(负催化剂)化学反应速率，但它本身在反应前后的性质和数量都不会发生改变。

(2) 对可逆反应，催化剂以同样的程度加快正反应和逆反应的反应速率，所以它可以加快反应达到平衡的时间，但不会改变平衡常数。

(3) 对复合反应，催化剂具有特殊的选择性，它可以加快某个反应而不改变甚至抑制其他反应的进行，从而可以提高目的产物的收率。

(4) 催化剂的催化作用是通过改变反应途径以降低反应活化能来实现的。例如，反应 $A+B\xrightarrow{E_0}L$，在使用催化剂后反应历程变为 $A+[cat]\xrightarrow{E_1}A[cat]$ 和 $A[cat]+B\xrightarrow{E_2}L+[cat]$，由于活化能 E_1 和 E_2 都小于 E_0，所以采用催化剂加速了化学反应。

(5) 固体催化剂的表面对气体反应的催化作用与催化剂表面上的吸附现象密切相关。

在化工生产中，许多重要的化学反应都借助催化剂来进行，把添加有催化剂的反应过程称为催化反应过程。当催化剂与原料形成的混合物是一相时，称为均相催化反应过程。当催化剂与原料之间不能形成一相时，称为非均相催化反应过程。若原料和产物是气相而催化剂是固相，则称为气固相催化反应过程。例如，氨的合成、一氧化碳的变换、二氧化硫的氧化、乙苯脱氢制苯乙烯及萘氧化制苯酐等过程都属于气固相催化反应过程。

在工业反应器内进行的气固相催化反应，存在着相间的传递问题(传质、传热、传动及流动)。化学反应过程是化学反应和传递过程的统一体，因此，工业反应器内的化学动力学问题称为化工动力学或宏观动力学。宏观动力学是以本征动力学为基础的。

气固相催化反应一般是指以固体物质作为催化剂的气体组分之间的反应。由于反应要在固体催化剂的表面上才能发生，因此多数情况下催化剂都是制成多孔的固体颗粒。这种固体颗粒内的微孔非常多，形成的内表面积远比颗粒的外表面积大，所以化学反应虽然也在颗粒的外表面上进行，但大量的是在颗粒的内表面上进行。

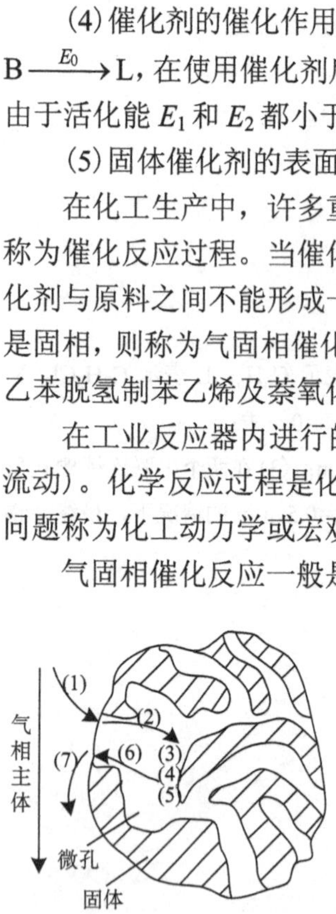

图 4.1　催化反应过程步骤示意

在多孔固体催化剂中进行的气固相催化反应过程如图 4.1 所示，它通常包括下列步骤：

(1) 反应物由气相主体扩散到固体颗粒的外表面上。

(2) 反应物从颗粒的外表面通过微孔扩散到内表面上。

(3) 反应物在内表面上被吸附。

(4) 吸附态的反应物在内表面上进行化学反应，生成吸附态的产物。

(5) 产物从内表面上脱附。

(6) 产物从内表面扩散到颗粒的外表面。

(7) 产物由外表面向气相主体扩散。

上述七个步骤中，(1)、(7) 两步称为外扩散过程，取决于颗粒外表面上的气膜层对传递过程的阻力；(2)、(6) 两步称为内扩散过程，取决于颗粒的大小、微孔的直径及反应的温度和浓度；(3)、(4)、(5) 三步称为表面反应过程或化学动力学过程，取决于反应的性质及温度浓度。

本章重点讨论表面反应过程动力学及外扩散过程和内扩散过程对反应有影响的宏观动力学问题。

4.1　固体催化剂颗粒的表征

在气固相催化反应器内，化学反应与流体的流动、传质及传热密切相关，而流动、传质、传热又受到固体颗粒及床层特性的影响。现将几个常用参数介绍于下。

4.1.1　相当直径及形状系数

1. 单个颗粒的相当直径及形状系数

固体颗粒的直径可以用许多不同的方法表示。相当直径是表示不同形状颗粒的直径，通常有等体积相当直径、等外表面积相当直径和等比表面积相当直径三种表示方法。

1) 等体积相当直径 d_v

在流体力学研究中，常采用与颗粒体积 V_p 相等的球体的直径来表示颗粒的直径。

$$V_p = V_s = \frac{1}{6}\pi d_v^3 \quad 或 \quad d_v = \sqrt[3]{\frac{6V_p}{\pi}} \tag{4.1}$$

此时对非球形颗粒，其外表面积 S_p 一定大于等体积圆球的外表面积 S_s。

因此，引入一个无因次系数 φ_s，称为颗粒的形状系数，其值如下：

$$\varphi_s = \frac{S_s}{S_p} \leqslant 1 \tag{4.2}$$

可以用 φ_s 衡量颗粒接近圆球的程度(也称为圆球度或球形系数)。除球体的 $\varphi_s=1$ 外，其他形状粒子的 φ_s 均小于 1，它的大小反映了粒子形状与圆球的差异程度，其数值可由颗粒的体积及外表面积算得。颗粒的体积可由实验测定，或由质量和重度计算。形状规则的颗粒，其外表面积可用有关公式计算。形状不规则的颗粒的外表面积难以直接测量，这时可测定由待测颗粒所组成的固定床压力降来计算形状系数。

表 4.1 中列出了若干种粒子的形状系数，对于未列入的其他种类的粒子，如不作实测，也可参照此表进行估算。

2) 等外表面积相当直径 d_a

在固定床传质及传热研究中，通常采用与颗粒外表面积 S_p 相等的球体的直径来表示颗粒的相当直径，此时称为面积相当直径。

$$S_{\mathrm{p}} = S_{\mathrm{s}} = \pi d_{\mathrm{a}}^2 \quad 或 \quad d_{\mathrm{a}} = \sqrt{S_{\mathrm{p}} / \pi} \tag{4.3}$$

表 4.1　非球形粒子的形状系数

物料	形状	φ_s	物料	形状	φ_s	物料	形状	φ_s
鞍形填料	—	0.3	天然煤灰	<10 mm	0.65	砂	圆形	0.83
拉西环	—	0.3	破碎煤粉	—	0.75	砂	有角状	0.83
烟尘	球形	0.89	砂	—	0.75	碎玻璃屑	尖角状	0.65
	聚集状	0.55	硬砂	尖片状	0.43			

3）等比表面积相当直径 d_s

还有采用与颗粒比表面积 a 相等的球体的直径来表示颗粒的相当直径。因为

$$a = \frac{S_{\mathrm{p}}}{V_{\mathrm{p}}} = \frac{S_{\mathrm{s}}}{V_{\mathrm{s}}} = \frac{\pi d_{\mathrm{s}}^2}{\frac{\pi}{6} d_{\mathrm{s}}^3} = \frac{6}{d_{\mathrm{s}}}$$

所以

$$d_{\mathrm{s}} = \frac{6}{a} = \frac{6V_{\mathrm{p}}}{S_{\mathrm{p}}} \tag{4.4}$$

d_s主要在传质和流体力学中使用，适用面比较广。

三种相当直径与形状系数的关系如下。

因为

$$\varphi_{\mathrm{s}} = \frac{S_{\mathrm{s}}}{S_{\mathrm{p}}} = \frac{\pi d_{\mathrm{v}}^2}{\pi d_{\mathrm{a}}^2} = \left(\frac{d_{\mathrm{v}}}{d_{\mathrm{a}}}\right)^2 \tag{4.5}$$

而

$$d_{\mathrm{s}} = \frac{6V_{\mathrm{p}}}{S_{\mathrm{p}}} = \frac{6 \times \frac{1}{6} \pi d_{\mathrm{v}}^3}{\pi d_{\mathrm{a}}^2} = \frac{d_{\mathrm{v}}^3}{d_{\mathrm{a}}^2} = d_{\mathrm{v}} \left(\frac{d_{\mathrm{v}}}{d_{\mathrm{a}}}\right)^2$$

所以

$$\varphi_{\mathrm{s}} = \frac{d_{\mathrm{s}}}{d_{\mathrm{v}}} \tag{4.6}$$

2. 混合颗粒的平均直径

固体催化剂一般由粒度不均匀的混合颗粒组成，其粒度分级、粒度检测采用标准筛。筛孔大小用目数表示，一般将在 1 in^2 (in^2 为非法定单位，1 in^2=6.452×10^{-4} m^2) 内的筛网所具有的孔数称为目数，目数越大，说明物料粒度越细。各国所定的标准筛并不相同，表 4.2 为中国、美国和英国标准筛的部分规格。

混合颗粒的平均直径可以用筛分分析数据计算，计算方法有三种。

1）几何平均直径

将混合颗粒用标准筛组进行筛析，分别称量留在各号筛上的颗粒质量，然后除以颗粒的

表 4.2　标准筛的部分规格

目数	孔径/mm(中国)	孔径/mm(美国)	孔径/mm(英国)
10	2.000	2.000	1.700
18	1.000	1.000	0.850
30	0.600	0.600	0.500
60	0.300	0.250	0.250
100	0.150	0.150	0.150
120	0.125	0.125	0.125
200	0.074	0.075	0.075

总质量分别算出各颗粒所占的分数。在某一号筛上的颗粒，其直径通常为该号筛孔净宽及上一号筛孔净宽的几何平均值(两相邻筛孔净宽乘积的平方根)。

$$\bar{d}=\sum_{i=1}^{n}x_i\sqrt{d_i}=x_1\sqrt{d_1}+x_2\sqrt{d_2}+\cdots+x_n\sqrt{d_n} \tag{4.7}$$

2)算术平均直径

$$\bar{d}=\sum_{i=1}^{n}x_i d_i=x_1d_1+x_2d_2+\cdots+x_nd_n \tag{4.8}$$

3)调和平均直径

$$\frac{1}{\bar{d}}=\sum_{i=1}^{n}\frac{x_i}{d_i}=\frac{x_1}{d_1}+\frac{x_2}{d_2}+\cdots+\frac{x_n}{d_n} \tag{4.9}$$

式中：$\bar{d}$ 为混合颗粒的平均直径；x_i 为质量分数，$x_i=G_i/G$，直径为 d_i 的颗粒 i 的质量 G_i 除以总质量 G；d_i 为颗粒 i 的直径，$d=\sqrt{b_{i-1}b_i}$；b 为筛孔净宽；$b_{i-1}b_i$ 为两相邻筛孔净宽乘积。

在固定床的流体力学计算中，用调和平均直径较为符合实验数据。

4.1.2　固定床的空隙率和当量直径

1. 床层空隙率 ε_b

1)床层空隙率的定义

固定床的空隙率是颗粒物料层中颗粒间自由体积与整个床层体积之比：

$$\varepsilon_b=\frac{V_{空}}{V_{床层}} \tag{4.10}$$

它是固定床的重要参数，空隙率对床层的压力降、比表面积和床层有效导热系数都有影响。

2)影响固定床空隙率的因素

床层的空隙率 ε_b 随颗粒的形状、大小及表面粗糙度而异，还与颗粒直径与容器直径 D_t 之比有关，如图 4.2 所示。颗粒直径 d_p 与床层直径 D_t 的比值越大，床层的空隙率随之增大。当 $D_t/d_p>8$ 时，壁效应对床层空隙率的影响可以忽略不计。床层径向空隙率的分布是不均匀的，它随径向位置而变，图 4.3 是在直径 102 mm 的圆管中填充球形颗粒时床层空隙率随径向位置(观察点距中心的距离 r 与管半径 r_0 之比)的变化关系图。由图可见，床层空隙率在离器壁 1～2 个粒径处最大，而在床层中心处最小。床层空隙率的不均匀易引起径向流速不均匀，结果使各处传热情况和停留时间分布不一样，最终便影响到反应结果。

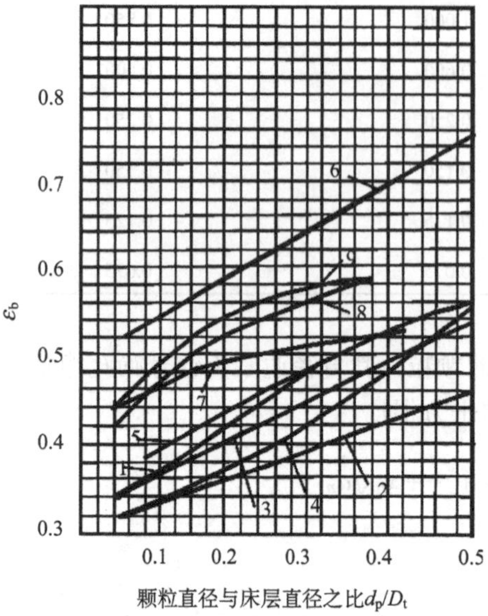

图 4.2　填充床空隙率随 d_p/D_t 的变化

球形：1.光滑、均匀；2.光滑、混合；3.白土

圆柱：4.光滑、均匀；5.钢铝石、均匀；6.陶瓷、拉西环

颗粒：7.熔融磁铁；8.熔融钢铝石；9.铝矿

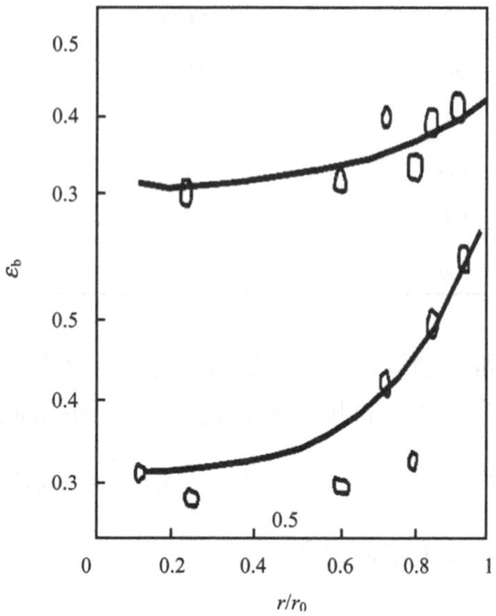

图 4.3　固定床空隙率随径向位置的变化

2. 固定床的当量直径 D_{te}

为了将处理流体在管道中流动的方法应用于固定床中的流体流动问题，必须确定固定床的当量直径 D_{te}。固定床的当量直径一般定义为水力学半径 R_H 的 4 倍，而水力学半径可由床层的空隙率及单位床层体积中的粒子的润湿表面积求得。

1) 床层的比表面积 S_e

如忽略粒子间接触点的这一部分表面积，则单位床层中粒子的外表面积(床层的比表面积) S_e 为

$$S_e = \frac{\text{床层中颗粒的总外表面积}}{\text{床层的体积}} = \frac{AS_p(1-\varepsilon_b)}{AV_p} = \frac{6(1-\varepsilon_b)}{d_s} \tag{4.11}$$

式中：A 为床层中的颗粒数。

2) 水力学半径 R_H

$$\begin{aligned} R_H &= \frac{\text{有效截面积}}{\text{润湿周边}} \times \frac{\text{床层高度}}{\text{床层高度}} = \frac{\text{床层的空隙体积}}{\text{总的润湿面积}} \\ &= \frac{\text{床层的空隙体积 / 床层体积}}{\text{总的润湿面积 / 床层体积}} = \frac{\varepsilon_b}{S_e} \end{aligned} \tag{4.12}$$

3) 当量直径 D_{te}

固定床的当量直径一般定义为水力学半径的 4 倍，因此

$$D_{te} = 4R_H = 4\frac{\varepsilon_b}{S_e} = \frac{2}{3}\left(\frac{\varepsilon_b}{1-\varepsilon_b}\right)d_s \tag{4.13}$$

4.1.3　其他结构参数

1. 比表面积 S_g

一般把单位质量催化剂颗粒所具有的表面积称为比表面积 S_g(m^2/g)，其数值范围大多为 0.5～500 m^2/g。由于催化剂颗粒大都是海绵状的多孔物质，其内表面积要比外表面积大得多，因此这里的表面积主要是指内表面积。

固体催化剂的表面积大小对催化剂性能影响很大，尤其对活性、选择性、寿命影响更大。因此，表面积的参数也就成为制备某些催化剂的一种控制指标，或者质量检测指标。该数据对反应工程计算也有一定意义。

可采用静态吸附容量法、重量法和动态吸附流动色谱法等进行测定。无论采用何种方法，其计算都是建立在吸附理论和 BET 方程基础上。BET 方程实际上是朗缪尔吸附等温式用于多分子层的物理吸附的推广，其方程为

$$\frac{p_A}{V(p_A^0 - p_A)} = \frac{1}{V_m C} + \frac{(C-1)p_A}{V_m p_A^0 C} \tag{4.14}$$

式中：p_A 为被吸附组分的分压；p_A^0 为实验温度下被吸附组分的饱和蒸气压；V 为被吸附组分在单位质量(1 g)的固体上的标准体积，cm^3/g；V_m 为在单位质量的固体表面上铺满单分子层时所需吸附质的标准体积，cm^3/g；C 为与吸附质、吸附剂性质及温度有关的常数。

实验方法一般是在低温下分别测定几个不同分压下气体(如氮)在固体上的吸附量和平衡分压值，以 $p_A/[V(p_A^0-p_A)]$对 p_A/p_A^0 作图，则应为一直线。直线斜率为$(C-1)/V_mC$，截距为 $1/(V_mC)$。由此可得 V_m＝1/(斜率＋截距)。然后再由 V_m 按下式计算比表面积 S_g：

$$S_g = \frac{V_m}{22400} \times 6.023 \times 10^{23} \times \alpha \times 10^{-20}\,\text{m}^2/\text{g} = 4.25V_m \tag{4.15}$$

式中：22400 为气体的标准摩尔体积，cm^3/mol；6.023×10^{23} 为阿伏伽德罗常量；α 为吸附质分子的覆盖面积，$Å^2$。

2. 孔容积和孔隙率

孔容积 V_g 是指单位质量催化剂颗粒内部微孔所占的体积(m^3/g)，而孔隙率 ε_p 定义为

$$\varepsilon_p = \frac{\text{催化剂颗粒的孔隙体积}}{\text{催化剂颗粒的总体积}} \tag{4.16}$$

测定催化剂颗粒孔容积的准确方法是汞-氦置换法。做法是把氦引入一个装有一定质量的催化剂粒子的真空容器中。由所通入的氦气量和通氦前后的压力就可测定容器内催化剂颗粒的总余隙(包括催化剂颗粒内的和颗粒间的空隙)。然后把氦抽空，容器在大气压下用汞充满，由于汞在大气压下不能渗透到颗粒内部的微孔中，只能占据颗粒间的空隙。这样氦和汞所占的空隙体积之差就是催化剂颗粒的孔容积 V_g。

若 V_R 为测量仪器的容积，V_{Hg} 为汞所占据的体积(因只占据了催化剂颗粒间的空隙体积)，

V_{He} 为氦所占据的体积(占据了催化剂颗粒间的体积和颗粒内的孔体积)，则 $V_{He}-V_{Hg}$ 为催化剂颗粒内的孔体积，V_R-V_{He} 为催化剂颗粒的真实体积，m_p 为催化剂颗粒的质量，则有

$$V_g = \frac{V_{He} - V_{Hg}}{m_p} = \frac{(V_{He} - V_{Hg})/(V_R - V_{Hg})}{m_p/(V_R - V_{Hg})} = \frac{\varepsilon_p}{\rho_p} \tag{4.17}$$

$$\varepsilon_p = \frac{V_{He} - V_{Hg}}{V_R - V_{Hg}} \tag{4.18}$$

3. 密度

催化剂颗粒的密度有真密度 ρ_s、假密度 ρ_p 和堆密度 ρ_b 之分。

(1)真密度又称骨架密度，指不包括任何孔隙和颗粒间空隙而由催化剂自身构成的密度。

$$\rho_s = \frac{m_p}{V_R - V_{He}} \tag{4.19}$$

(2)假密度又称颗粒密度，是指单颗粒包括孔体积在内的密度。

$$\rho_p = \frac{m_p}{V_R - V_{Hg}} \tag{4.20}$$

(3)堆密度又称床层密度或填充密度，是指单位体积容器内添装催化剂颗粒的质量。

$$\rho_b = \frac{m_p}{V_R} \tag{4.21}$$

三种密度 ρ_s、ρ_p、ρ_b 与孔隙率 ε_p 和空隙率 ε_b 的关系为

$$\rho_b = \rho_p(1-\varepsilon_b) = \rho_s(1-\varepsilon_p)(1-\varepsilon_b) \tag{4.22}$$

4. 孔半径及其分布

催化剂颗粒内的微孔半径在很大的范围内变动，形状和长度也是各不相同的。但通常可把微孔看成是半径不相同的圆筒状毛细管的组合。用压汞法可以测量微孔的孔径分布。汞不润湿大多数固体表面，因此要使汞进入微孔要施加外部压力，孔径越小，所需外部压力越大，这一关系可以表示为

$$r_p = 750000/p \tag{4.23}$$

式中：r_p 为孔半径；p 为压力，kg/cm^2。

在实际应用中，常采用平均孔半径 $\bar{r}_p$ 作为孔结构的重要特征。它是由惠勒提出的平行孔模型导出的，它假定所有的微孔都是半径相同、均匀光滑的平行圆筒形孔。令孔的总长度为 L，则有

$$m_p S_g = 2\pi \bar{r}_p L \qquad m_p V_g = \pi \bar{r}_p^2 L$$

两式相除，可得平均孔半径为

$$\bar{r}_p = 2V_g/S_g \tag{4.24}$$

必须指出，用压汞法不能测定半径小于 100～200 Å 的微孔半径。对细孔的孔径分布，可用低温氮的毛细管凝聚法测定。

4.2　气固相催化反应的表面反应过程

气固相催化表面过程一般可分为下述三个步骤：

(1) 气相分子被催化剂表面上的活性中心吸附(吸附)。

(2) 被吸附的分子在催化剂表面上相互反应生成吸附态的产物(表面反应)。

(3) 被吸附的产物由催化剂表面上脱附(脱附)。

气固相催化反应本征动力学就是研究在不受扩散影响的条件下，固体催化剂表面与其相接触的气体间的反应动力学，又可称为气固相催化表面过程动力学。

下面将对上述三个步骤进行详细讨论，以得出表面反应过程的速率方程。

4.2.1　化学吸附与脱附

固体表面上的吸附现象可分为物理吸附和化学吸附两种。而化学吸附被认为是由于电子的共用或转移而发生相互作用的分子与固体间电子的重排。因此，气体分子与固体之间的相互作用具有化学键的特征；吸附剂对吸附物有很强的选择性，吸附温度可高于被吸附物的沸点，吸附物在吸附剂的表面上呈单分子覆盖层及吸附热的大小近似等于反应热等。因此，化学吸附可视为吸附剂与被吸附物之间发生了化学反应。

与化学吸附不同，物理吸附现象可发生在任何固体的表面上，吸附剂与吸附物之间是靠范德华力结合的，吸附仅发生在被吸附物的沸点温度以下，吸附表面可呈多分子层覆盖，吸附热小到接近于被吸附物的冷凝潜热。显然物理吸附中吸附剂与吸附物之间不可能发生化学反应现象。

由于发生化学吸附需要一定的能量，因此它只能发生在固体表面上一些较为活泼、能量较高的原子上，通常把这类原子称为活性中心，用符号“σ”表示，这样气相中的组分 A 在活性中心上的吸附作用可用下式表示：

$$\mathrm{A}+\sigma \underset{k_{\mathrm{dA}}}{\overset{k_{\mathrm{aA}}}{\rightleftharpoons}} \mathrm{A}\sigma$$

如果定义组分 i 的覆盖率 θ_i 为固体表面上被组分 i 覆盖的活性中心数与总的活性中心数之比，空位率 θ_{V} 为尚未覆盖的活性中心数与总的活性中心数之比，则有

$$\theta_{\mathrm{V}}+\sum\theta_i=1 \tag{4.25}$$

显然某组分的吸附速率与吸附物系的性质、被吸附物在气相中的浓度(分压)及吸附剂上的空位率成正比。根据广义质量作用定律一般写为

$$r_{\mathrm{aA}}=k_{\mathrm{aA0}}\mathrm{e}^{-\frac{E_{\mathrm{a}}}{RT}}p_{\mathrm{A}}\theta_{\mathrm{V}}=k_{\mathrm{aA}}p_{\mathrm{A}}\theta_{\mathrm{V}} \tag{4.26}$$

由于吸附常是可逆的，即在同一时刻系统中既存在吸附过程也存在脱附过程，显然脱附速率与脱附物系的性质及覆盖率成正比，即

$$r_{\mathrm{dA}}=k_{\mathrm{dA0}}\mathrm{e}^{-\frac{E_{\mathrm{d}}}{RT}}\theta_{\mathrm{A}}=k_{\mathrm{dA}}\theta_{\mathrm{A}} \tag{4.27}$$

式中：r_{aA}、r_{dA} 为组分 A 的吸附速率和脱附速率；E_{a}、E_{d} 为吸附活化能和脱附活化能；θ_{V}、θ_{A} 为空位率和组分 A 的覆盖率；k_{aA0}、k_{dA0} 为吸附指前因子和脱附指前因子；k_{aA}、k_{dA} 为吸附速

率常数和脱附速率常数；p_A为组分 A 的气相分压；T 为吸附温度；R 为摩尔气体常量。

吸附过程的净速率 r_A 为吸附速率与脱附速率之差：

$$r_A = r_{aA} - r_{dA} = k_{aA0}e^{-\frac{E_a}{RT}} p_A \theta_V - k_{dA0}e^{-\frac{E_d}{RT}} \theta_A = k_{aA} p_A \theta_V - k_{dA}\theta_A \tag{4.28}$$

1. 理想吸附等温方程

1）吸附理论

朗缪尔（Langmuir）认为，化学吸附遵循下列条件：

（1）催化剂表面上的活性中心是均匀的，各处的吸附能力相同。

（2）被吸附分子间互不影响，也不影响空位对气相分子的吸附。

（3）吸附活化能和脱附活化能与覆盖率无关。

（4）为单分子层吸附，吸附和脱附可建立动态平衡。

显然，这是吸附中的一种理想状况，所以又称为理想吸附。

2）吸附等温式

化学吸附按组分分为单组分吸附和多组分吸附，下面讨论它们的吸附等温式。

（1）单组分吸附。如果吸附剂仅吸附系统中的 A 组分，称为单组分吸附，此时吸附式为

$$A+\sigma \underset{k_{dA}}{\overset{k_{aA}}{\rightleftharpoons}} A\sigma$$

由于

$$\theta_V+\theta_A=1 \qquad \theta_V=1-\theta_A$$

所以净吸附速率

$$r_A = r_{aA} - r_{dA} = k_{aA} p_A (1-\theta_A) - k_{dA}\theta_A$$

当达到吸附平衡时，$r_A=0$，故

$$k_{aA} p_A^* (1-\theta_A) = k_{dA}\theta_A$$

令吸附平衡常数 $K_A = \dfrac{k_{aA}}{k_{dA}}$，则有

$$\theta_A = \frac{K_A p_A^*}{1+K_A p_A^*} \tag{4.29}$$

式中：p_A^*为组分 A 的平衡分压；K_A 为组分 A 的吸附平衡常数。

式（4.29）称为朗缪尔吸附等温式。

若组分 A 在吸附时解离，即

$$A+2\sigma \underset{k_{dA}}{\overset{k_{aA}}{\rightleftharpoons}} 2A_{1/2}\sigma$$

净吸附速率

$$r_A = r_{aA} - r_{dA} = k_{aA} p_A \theta_V^2 - k_{dA}\theta_A^2$$

当达到吸附平衡时，$r_A=0$，故

$$\theta_A = \sqrt{K_A p_A^*}\,\theta_V \tag{4.30}$$

则有

$$\theta_A = \frac{\sqrt{K_A p_A^*}}{1+\sqrt{K_A p_A^*}} \tag{4.31}$$

(2)多组分吸附。如果固体吸附剂不仅吸附系统中的A组分，而且还吸附B、C……其余组分，则称为多组分吸附系统。此时，净吸附速率的通式为

$$r_i = r_{ai} - r_{di} = k_{ai} p_i \theta_V - k_{di}\theta_i$$

而

$$\theta_V = 1-\sum\theta_i = 1-(\theta_A+\theta_B+\theta_c+\cdots) \tag{4.32}$$

则用同样的方法可导出

$$\theta_i = \frac{K_i p_i^*}{1+\sum K_i p_i^*} \tag{4.33}$$

$$\theta_V = \frac{1}{1+\sum K_i p_i^*} \tag{4.34}$$

式中：θ_i为组分i的覆盖率；p_i^*为组分i的平衡分压；K_i为组分i的吸附平衡常数。

若组分之一A在吸附时解离，将式(4.30)代入式(4.33)和式(4.34)，得

$$\theta_i = \frac{K_i p_i^*}{1+\sqrt{K_A p_A^*}+\sum K_i p_i^*} \tag{4.35}$$

$$\theta_V = \frac{1}{1+\sqrt{K_A p_A^*}+\sum K_i p_i^*} \tag{4.36}$$

式中：i为除发生解离吸附组分外的组分。

2. 真实吸附等温方程

1)吸附理论

焦姆金认为，化学吸附过程遵循下列条件：

(1)吸附剂表面上的活性中心是不均匀的。

(2)吸附分子间也是相互影响的。

(3)吸附活化能随覆盖度的增加而增大，脱附活化能则随覆盖度的增加而减少，其关系呈线性变化。

(4)为单分子层吸附，吸附和脱附可建立动态平衡。

2)吸附等温式

由于仍为单层吸附，此时

$$E_a = E_a^0 + \alpha\theta_A \tag{4.37}$$

$$E_d = E_d^0 - \beta\theta_A \tag{4.38}$$

式中：E_a^0、E_d^0为$\theta_A=0$时的吸附和脱附活化能；α、β为表面不均匀系数。

对单组分吸附系统，将式(4.37)代入吸附速率式(4.26)后可写为

$$r_{aA} = k_{aA0} e^{-\frac{E_a^0}{RT}} e^{-\frac{\alpha\theta_A}{RT}} p_A(1-\theta_A) \tag{4.39}$$

由于 θ_A 值处于 0～1，当系统处于中等覆盖率时，$(1-\theta_A)$ 及 θ_A 的变化对吸附速率的影响远比 $e^{-\alpha\theta_A/(RT)}$ 小，可近似当作常数处理。令

$$k_{aA} = k_{aA0}e^{-\frac{E_a^0}{RT}}(1-\theta_A),\quad g = \frac{\alpha}{RT}$$

则

$$r_{aA} = k_{aA}e^{-g\theta_A}p_A \tag{4.40}$$

同理，将式(4.38)代入式(4.27)，则脱附速率为

$$r_{dA} = k_{dA0}e^{-\frac{E_d^0}{RT}}e^{\frac{\beta\theta_A}{RT}}\theta_A \tag{4.41}$$

令

$$k_{dA} = k_{dA0}e^{-\frac{E_d^0}{RT}}\theta_A,\quad h = \frac{\beta}{RT}$$

则

$$r_{dA} = k_{dA}e^{h\theta_A} \tag{4.42}$$

故净速率为

$$r_A = r_{aA} - r_{dA} = k_{aA}e^{-g\theta_A}p_A - k_{dA}e^{h\theta_A} \tag{4.43}$$

当吸附达平衡时，$r_A=0$，$r_{aA}=r_{dA}$，即

$$\frac{k_{aA}}{k_{dA}}p_A^* = e^{(g+h)\theta_A}$$

再令吸附平衡常数 $K_A=k_{aA}/k_{dA}$，$f=g+h$，则前式变为

$$K_A p_A^* = e^{f\theta_A}$$

取对数得

$$\theta_A = \frac{1}{f}\ln(K_A p_A^*) \tag{4.44}$$

式(4.44)称为焦姆金吸附等温式。

4.2.2　表面化学反应

在固体催化剂的表面上，被吸附的反应物分子间进行反应生成产物，此时反应的通式可表示为

$$A\sigma + B\sigma \underset{k_{2S}}{\overset{k_{1S}}{\rightleftharpoons}} L\sigma + M\sigma$$

一般认为表面反应是基元反应，可将覆盖率视为浓度，再由质量作用定律写出表面反应速率，即

$$r_S = r_{正} - r_{逆} = k_{1S}\theta_A\theta_B - k_{2S}\theta_L\theta_M \tag{4.45}$$

当表面反应达平衡时，$r_{正}=r_{逆}$，即

$$k_{1S}\theta_A\theta_B = k_{2S}\theta_L\theta_M$$

令表面反应平衡常数 $K_S=k_{1S}/k_{2S}$，则有

$$K_S=\frac{\theta_L\theta_M}{\theta_A\theta_B} \tag{4.46}$$

式中：k_{1S}、k_{2S} 分别为表面正、逆反应速率常数；K_S 为表面反应平衡常数。

4.2.3　本征速率方程

在气固相催化表面反应过程中，吸附、表面反应、脱附三个步骤是串联进行的，综合这三步而获得的反应速率方程称为气固相催化反应的本征速率方程。

候根-瓦特森认为，在吸附—反应—脱附这三个步骤中，在达到定态前，必然有一步的速率最慢，是过程的控制步，以符号 $\not\rightleftharpoons$ 或 $\nrightarrow$ 表示，该控制步骤的速率近似等于本征反应速率。除控制步外，其余步骤均可达到平衡状态，且各个步骤均可按基元反应处理，覆盖度可按浓度对待。即建立速率方程的步骤和要点为

(1) 假定反应机理，即假定反应所经历的步骤。

(2) 确定过程的速率控制步，该步骤的速率即等于整个过程的速率。

(3) 非控制步可达平衡。如为吸附和脱附控制，则列出吸附等温式，此时组分在气相中的分压等于固体表面上的平衡分压。如为表面化学反应控制，则可写出化学平衡式。

(4) 将速率方程中的覆盖率和用 (3) 中所列出的各平衡式转换为气相各组分分压的函数，即可得出可供具体应用的本征速率方程。

必须指出，在多组分系统中，除至少应有一个反应物被吸附外，其他组分不一定都是吸附态，当产物都不是吸附态，则产物脱附过程将不复存在，此时表面过程就只有吸附及表面反应两大步骤了。

由于吸附理论的不同，所导出的本征速率方程的形式也不同，下面将分别讨论。

1. 双曲型本征速率方程

1) 由机理式导出速率方程

下面将分别导出不同控制步时的速率方程。

(1) 吸附控制。以 $A+B \rightleftharpoons L+M$ 为例，其中 A 的吸附为控制步骤。该反应的机理式、速率式及平衡式列于表 4.3。

表 4.3　$A+B \rightleftharpoons L+M$ 反应的机理式、速率式及平衡式

步骤	机理式	速率式	平衡式
Ⅰ	$A+\sigma \not\rightleftharpoons A\sigma$	$r_A=k_{aA}p_A\theta_V-k_{dA}\theta_A$	
Ⅱ	$B+\sigma \rightleftharpoons B\sigma$	$r_B=k_{aB}p_B\theta_V-k_{dB}\theta_B$	$\theta_B=K_Bp_B\theta_V$
Ⅲ	$A\sigma+B\sigma \rightleftharpoons L\sigma+M\sigma$	$r_S=k_{1S}\theta_A\theta_B-k_{2S}\theta_L\theta_M$	$K_S=\frac{k_{1S}}{k_{2S}}=\frac{\theta_L\theta_M}{\theta_A\theta_B}$
Ⅳ	$L\sigma \rightleftharpoons L+\sigma$	$r_L=k_{dL}\theta_L-k_{aL}p_L\theta_V$	$\theta_L=K_Lp_L\theta_V$
Ⅴ	$M\sigma \rightleftharpoons M+\sigma$	$r_M=k_{dM}\theta_M-k_{aM}p_M\theta_V$	$\theta_M=K_Mp_M\theta_V$

而

$$\theta_A+\theta_B+\theta_L+\theta_M+\theta_V=1 \tag{4.47}$$

此时 $r_A \approx r_{本征}$，Ⅱ、Ⅲ、Ⅳ、Ⅴ可达平衡，$r_B=r_S=r_L=r_M=0$，将Ⅱ、Ⅳ、Ⅴ中的平衡式代入Ⅲ的平衡式，得

$$\theta_A = \frac{K_L K_M}{K_S K_B}\frac{p_L p_M}{p_B}\theta_V \tag{4.48}$$

令

$$K = \frac{K_S K_A K_B}{K_L K_M} \tag{4.49}$$

所以

$$\theta_A = \frac{K_A}{K}\frac{p_L p_M}{p_B}\theta_V \tag{4.50}$$

将式(4.50)及Ⅱ、Ⅳ、Ⅴ中的平衡式代入式(4.47)，得

$$(1+\frac{K_A}{K}\frac{p_L p_M}{p_B}+K_B p_B+K_L p_L+K_M p_M)\theta_V=1$$

$$\theta_V = \frac{1}{1+\frac{K_A}{K}\frac{p_L p_M}{p_B}+K_B p_B+K_L p_L+K_M p_M} \tag{4.51}$$

将式(4.48)代入Ⅰ的速率式，得

$$r_A = k_{aA} p_A \theta_V - k_{dA}\frac{K_A}{K}\frac{p_L p_M}{p_B}\theta_V$$

将式(4.51)代入上式，整理得

$$r_A = \frac{k_{aA}(p_A - \frac{1}{K}\frac{p_L p_M}{p_B})}{1+\frac{K_A}{K}\frac{p_L p_M}{p_B}+K_B p_B+K_L p_L+K_M p_M} \tag{4.52}$$

式(4.52)即为组分 A 吸附控制时反应的本征速率方程。

(2)脱附控制。以 $A+B \rightleftharpoons L+M$ 为例，组分 A 发生了解离吸附，组分 M 无吸附态，其中 L 的脱附为控制步骤。该反应的机理式、速率式及平衡式列于表 4.4。

表 4.4　$A+B \rightleftharpoons L+M$ 反应的机理式、速率式及平衡式

步骤	机理式	速率式	平衡式
Ⅰ	$A+2\sigma \rightleftharpoons 2A_{1/2}\sigma$	$r_A = k_{aA} p_A \theta_V^2 - k_{dA}\theta_A^2$	$\theta_A = \sqrt{K_A p_A}\theta_V$
Ⅱ	$B+\sigma \rightleftharpoons B\sigma$	$r_B = k_{aB} p_B \theta_V - k_{dB}\theta_B$	$\theta_B = K_B p_B \theta_V$
Ⅲ	$2A_{1/2}\sigma+B\sigma \rightleftharpoons L\sigma+M+2\sigma$	$r_S = k_{1S}\theta_A^2\theta_B - k_{2S}\theta_L p_M \theta_V^2$	$K_S = \frac{\theta_L p_M \theta_V^2}{\theta_A^2\theta_B}$
Ⅳ	$L\sigma \not\rightleftharpoons L+\sigma$	$r_L = k_{dL}\theta_L - k_{aL} p_L \theta_V$	

而

$$\theta_A+\theta_B+\theta_L+\theta_V=1 \tag{4.53}$$

此时 $r_L \approx r_{本征}$，Ⅰ、Ⅱ、Ⅲ可达平衡，$r_A=r_B=r_S=0$，将Ⅰ、Ⅱ中的平衡式代入Ⅲ的平衡式，得

$$\theta_L = K_L K \frac{p_A p_B}{p_M}\theta_V \tag{4.54}$$

式中

$$K = \frac{K_S K_A K_B}{K_L}$$

将式(4.54)及Ⅰ、Ⅱ的平衡式代入式(4.53)，得

$$\theta_V = \frac{1}{1+\sqrt{K_A p_A} + K_B p_B + K_L K \dfrac{p_A p_B}{p_M}} \tag{4.55}$$

将式(4.54)代入Ⅳ的速率式，得

$$r_L = k_{dL} K_L K \frac{p_A p_B}{p_M}\theta_V - k_{aL} p_L \theta_V$$

将式(4.55)代入上式，整理得

$$r_L = \frac{k_{aL}\left(K\dfrac{p_A p_B}{p_M} - p_L\right)}{1+\sqrt{K_A p_A} + K_B p_B + K_L K \dfrac{p_A p_B}{p_M}} \tag{4.56}$$

式(4.56)即为组分 L 脱附控制时反应的本征速率方程。

(3) 表面化学反应控制。以 $A+B \rightleftharpoons L+M$ 为例，吸附在两类活性中心上发生，其中表面化学反应为控制步骤。该反应的机理式、速率式及平衡式列于表 4.5。

表 4.5　有两类活性中心参加反应时的机理式、速率式及平衡式

步骤	机理式	速率式	平衡式
Ⅰ	$A+\sigma_1 \rightleftharpoons A\sigma_1$	$r_A = k_{aA} p_A \theta_{V1} - k_{dA}\theta_{A1}$	$\theta_{A1} = K_A p_A \theta_{V1}$
Ⅱ	$B+\sigma_2 \rightleftharpoons B\sigma_2$	$r_B = k_{aB} p_B \theta_{V2} - k_{dB}\theta_{B2}$	$\theta_{B2} = K_B p_B \theta_{V2}$
Ⅲ	$A\sigma_1+B\sigma_2 \rightleftharpoons L\sigma_2+M\sigma_1$	$r_S = k_{1S}\theta_{A1}\theta_{B2} - k_{2S}\theta_{L2}\theta_{M1}$	
Ⅳ	$L\sigma_2 \rightleftharpoons L+\sigma_2$	$r_L = k_{dL}\theta_{L2} - k_{aL} p_L \theta_{V2}$	$\theta_{L2} = K_L p_L \theta_{V2}$
Ⅴ	$M\sigma_1 \rightleftharpoons M+\sigma_1$	$r_M = k_{dM}\theta_{M1} - k_{aM} p_M \theta_{V1}$	$\theta_{M1} = K_M p_M \theta_{V1}$

若 σ_1、σ_2 吸附时各不干扰，则

$$\theta_{A1}+\theta_{M1}+\theta_{V1}=1 \tag{4.57}$$

$$\theta_{B2}+\theta_{L2}+\theta_{V2}=1 \tag{4.58}$$

此时 $r_S \approx r_{本征}$，Ⅰ、Ⅱ、Ⅳ、Ⅴ可达平衡，$r_A = r_B = r_L = r_M = 0$，将Ⅰ、Ⅱ、Ⅳ、Ⅴ中的平衡式代入式(4.57)和式(4.58)，得

$$\theta_{V1} = \frac{1}{1 + K_A p_A + K_M p_M} \tag{4.59}$$

$$\theta_{V2} = \frac{1}{1 + K_B p_B + K_L p_L} \tag{4.60}$$

将Ⅰ、Ⅱ、Ⅳ、Ⅴ中的平衡式代入Ⅲ的速率式，得

$$r_S = k_{1S} K_A p_A \theta_{V1} K_B p_B \theta_{V2} - k_{2S} K_L p_L \theta_{V1} K_M p_M \theta_{V2}$$

将式(4.59)和式(4.60)代入上式，整理得

$$r_S = \frac{k_{1S} K_A K_B (p_A p_B - p_L p_M / K)}{(1 + K_A p_A + K_M p_M)(1 + K_B p_B + K_L p_L)} \tag{4.61}$$

式(4.61)即为表面化学反应控制时反应的本征速率方程。

在下述情况下，表面化学反应控制时的反应速率方程会发生变化。

①若表面反应不可逆，即

$$A\sigma_1 + B\sigma_2 \longrightarrow L\sigma_2 + M\sigma_1 \qquad r_S = k_{1S}\theta_A\theta_B$$

式(4.61)变为

$$r_S = \frac{k_{1S} K_A K_B p_A p_B}{(1 + K_A p_A + K_M p_M)(1 + K_B p_B + K_L p_L)} \tag{4.62}$$

②若反应组分之一 A 发生解离吸附，即

$$A + 2\sigma_1 \rightleftharpoons 2A_{1/2}\sigma_1$$

A 组分的平衡式为

$$\theta_{A1} = \sqrt{K_A p_A}\,\theta_{V1}$$

则式(4.59)变为

$$\theta_{V1} = \frac{1}{1 + \sqrt{K_A p_A} + K_M p_M} \tag{4.63}$$

而表面反应写为

$$2A_{1/2}\sigma_1 + B\sigma_2 \rightleftharpoons L\sigma_2 + M\sigma_1 + \sigma_1$$

其速率为

$$r_S = k_{1S}\theta_{A1}^2\theta_{B2} - k_{2S}\theta_{L2}\theta_{M1}\theta_{V1}$$

将Ⅰ、Ⅱ、Ⅳ、Ⅴ中的平衡式代入上式，得

$$r_S = k_{1S} K_A p_A \theta_{V1}^2 K_B p_B \theta_{V2} - k_{2S} K_L p_L \theta_{V2} K_M p_M \theta_{V1}^2$$

将式(4.60)和式(4.63)代入上式，得

$$r_S = \frac{k_{1S} K_A K_B (p_A p_B - p_L p_M / K)}{(1 + \sqrt{K_A p_A} + K_M p_M)^2 (1 + K_B p_B + K_L p_L)} \tag{4.64}$$

【例 4.1】 某气固催化反应过程 $A+B \rightleftharpoons L+M$，已知其反应机理为 $A+\sigma_1 \rightleftharpoons A\sigma_1$，$B+2\sigma_2 \rightleftharpoons 2B_{1/2}\sigma_2$，$A\sigma_1+2B_{1/2}\sigma_2 \rightleftharpoons L\sigma_1+M\sigma_2+\sigma_2$，$L\sigma_1 \rightleftharpoons L+\sigma_1$，$M\sigma_2 \rightleftharpoons M+\sigma_2$，试导出相应的反应速率方程。

【解】

步骤	速率式	平衡式
Ⅰ	$r_A = k_{aA} p_A \theta_{V1} - k_{dA}\theta_{A1}$	$\theta_{A1} = K_A p_A \theta_{V1}$
Ⅱ	$r_B = k_{aB} p_B \theta_{V2}^2 - k_{dB}\theta_{B2}^2$	$\theta_{B2} = \sqrt{K_B p_B}\theta_{V2}$
Ⅲ	$r_S = k_{1S}\theta_{A1}\theta_{B2}^2 - k_{2S}\theta_{L1}\theta_{M2}\theta_{V2}$	$K_S = \dfrac{\theta_{L1}\theta_{M2}\theta_{V2}}{\theta_{A1}\theta_{B2}^2}$
Ⅳ	$r_L = k_{dL}\theta_{L1} - k_{aL} p_L \theta_{V1}$	$\theta_{L1} = K_L p_L \theta_{V1}$
Ⅴ	$r_M = k_{dM}\theta_{M2} - k_{aM} p_M \theta_{V2}$	

若 σ_1、σ_2 吸附时各不干扰，则

$$\theta_{B2}+\theta_{M2}+\theta_{V2}=1 \tag{E4.1-1}$$

将Ⅰ、Ⅱ、Ⅳ中的平衡式代入Ⅲ的平衡式，得

$$\theta_{M2} = \frac{K_S K_A K_B}{K_L}\frac{p_A p_B}{p_L}\theta_{V2} = KK_M \frac{p_A p_B}{p_L}\theta_{V2} \tag{E4.1-2}$$

将式(E4.1-2)及Ⅱ中的平衡式代入式(E4.1-1)，得

$$\theta_{V2} = \frac{1}{1+\sqrt{K_B p_B}+KK_M \dfrac{p_A p_B}{p_L}} \tag{E4.1-3}$$

将式(E4.1-2)和式(E4.1-3)代入Ⅴ的速率式，得

$$r_M = k_{dM}KK_M \frac{p_A p_B}{p_L}\theta_{V2} - k_{aM} p_M \theta_{V2} = \frac{k_{aM}\left(K\dfrac{p_A p_B}{p_L} - p_M\right)}{1+\sqrt{K_B p_B}+KK_M \dfrac{p_A p_B}{p_L}} \tag{E4.1-4}$$

【例 4.2】 若反应 $A+B \rightleftharpoons L+M$ 的反应机理式为 $B+2\sigma \rightleftharpoons 2B_{1/2}\sigma$，$A+2B_{1/2}\sigma \rightleftharpoons L+M\sigma+\sigma$，$M\sigma \rightleftharpoons M+\sigma$，试推导其本征速率方程。

【解】

步骤	速率式	平衡式
Ⅰ	$r_B = k_{aB} p_B \theta_V^2 - k_{dB}\theta_B^2$	
Ⅱ	$r_S = k_{1S} p_A \theta_B^2 - k_{2S} p_L \theta_M \theta_V$	$K_S = \dfrac{p_L\theta_M\theta_V}{p_A\theta_B^2}$
Ⅲ	$r_M = k_{dM}\theta_M - k_{aM} p_M \theta_V$	$\theta_M = K_M p_M \theta_V$

而

$$\theta_B+\theta_M+\theta_V=1 \tag{E4.2-1}$$

将Ⅲ中的平衡式代入Ⅱ的平衡式，得

$$\theta_B = \sqrt{\frac{K_M}{K_S K_B}\frac{p_L p_M}{p_A}}\theta_V = \sqrt{\frac{K_B}{K}\frac{p_L p_M}{p_A}}\theta_V \tag{E4.2-2}$$

式中

$$K = \frac{K_S K_B}{K_M}$$

将式(E4.2-2)及Ⅲ中的平衡式代入式(E4.2-1)，得

$$\theta_V = \frac{1}{1+\sqrt{\dfrac{K_B}{K}\dfrac{p_L p_M}{p_A}}+K_M p_M} \tag{E4.2-3}$$

将式(E4.2-2)及式(E4.2-3)代入 I 的速率式，得

$$r_B = k_{aB} p_B \theta_V^2 - k_{dB}\frac{K_B}{K}\frac{p_L p_M}{p_A}\theta_V^2 = \frac{k_{aB}\left(p_B - \dfrac{1}{K}\dfrac{p_L p_M}{p_A}\right)}{\left(1+\sqrt{\dfrac{K_B}{K}\dfrac{p_L p_M}{p_A}}+K_M p_M\right)^2} \tag{E4.2-4}$$

2) 由速率式导出机理式

理想吸附表面过程速率式双曲函数型的一般形式为

$$r_i = \frac{[常数项][推动力项]}{[吸附项]^n} \tag{4.65}$$

(1) 由推动力项可判断表面过程是否可逆。吸附和脱附一定可逆，如式(4.52)和式(4.56)；表面化学反应不一定可逆，如式(4.61)和式(4.62)。

(2) 由吸附项可判断吸附态组分和过程属于何种控制：

①凡分母中出现分压的组分或分压用其他组分的关联式代替的组分均为吸附态，如式(4.52)、式(4.56)、式(4.61)、式(4.62)和式(4.64)。

②凡分母中的分压用其他组分的关联式代替的即为该组分控制，如式(4.52)和式(4.56)。

③凡分母中全为组分的分压时为表面化学反应控制，如式(4.61)、式(4.62)和(4.64)。

④凡分母中的分压指数出现 1/2 者为解离吸附，如式(4.56)和式(4.64)。

⑤凡分母为两项的乘积，则说明吸附在两种不同的活性中心上发生，如式(4.61)、式(4.62)和式(4.64)。

(3) 式中 n 为参加表面反应的活性点数。

① $n=1$ 为单活性点控制反应，如式(4.52)和式(4.56)。

② $n=2$ 为双活性点控制反应，如式(4.61)和式(4.62)。

③ $n=3$ 为三活性点控制反应，此时一组分发生解离，如式(4.64)。

(4) 常数项仅与温度有关。

【例 4.3】 若已知其反应速率方程为 $r = \dfrac{k_{1S}K_A K_B p_A p_B - k_{2S}K_M p_L p_M}{(1+K_A p_A + K_M p_M)(1+\sqrt{K_B p_B})^2}$，试写出相应的反应机理和控制步骤。

【解】 分母为两项的乘积，说明吸附在两类不同的活性中心上发生，其中 A、M 占一类，B 占一类，而 B 分压指数出现 1/2，说明它发生了解离吸附，L 在分母中未出现，说明未被吸附；分母中全为组分的分压，说明反应为表面化学反应控制；由推动力项可判断表面过程可逆，A、B 为反应物，L、M 为生成物，机理式为

(Ⅰ) $A+\sigma_1 \rightleftharpoons A\sigma_1$　(Ⅱ) $B+2\sigma_2 \rightleftharpoons 2B_{1/2}\sigma_2$　(Ⅲ) $A\sigma_1+2B_{1/2}\sigma_2 \xrightleftharpoons{A} L+M\sigma_1+2\sigma_2$

(Ⅳ) $M\sigma_1 \rightleftharpoons M+\sigma_1$

2. 幂函数型的本征速率方程

由焦姆金的真实吸附理论出发，经过前述过程的同样步骤，可导出幂函数型的本征速率方程。

【例 4.4】 在铁催化剂上氨的合成反应 $0.5N_2+1.5H_2 \rightleftharpoons NH_3$，其反应机理为 $N_2+2\sigma \rightleftharpoons 2N\sigma$，$2N\sigma+3H_2 \rightleftharpoons 2NH_3+2\sigma$。若铁催化剂为非均匀表面，吸附为焦姆金型，试推导其速率方程。

【解】 因为 N_2 的吸附是控制步骤，所以按式(4.43)可写出其速率方程为

$$r_{N_2} = k_{aN_2} e^{-g\theta_{N_2}} p_{N_2} - k_{dN_2} e^{h\theta_{N_2}} \tag{E4.4-1}$$

由于第二步表面化学反应是非控制步骤，达到了化学平衡，即吸附态的氮与氢、氨之间达到化学平衡，即

$$K_p^2 = \frac{p_{NH_3}^2}{p_{N_2}^* p_{H_2}^3} \quad 或 \quad p_{N_2}^* = \frac{p_{NH_3}^2}{K_p^2 p_{H_2}^3} \tag{E4.4-2}$$

按焦姆金吸附等温式(4.44)有

$$\theta_{N_2} = \frac{1}{f}\ln(K_{N_2} p_{N_2}^*) \tag{E4.4-3}$$

将式(E4.4-2)代入式(E4.4-3)，得

$$\theta_{N_2} = \frac{1}{f}\ln\left(K_{N_2}\frac{p_{NH_3}^2}{K_p^2 p_{H_2}^3}\right) \tag{E4.4-4}$$

将式(E4.4-4)代入式(E4.4-1)，得

$$r_{N_2} = k_{aN_2} p_{N_2} \exp\left[-\frac{g}{f}\ln\left(K_{N_2}\frac{p_{NH_3}^2}{K_p^2 p_{H_2}^3}\right)\right] - k_{dN_2}\exp\left[\frac{h}{f}\ln\left(K_{N_2}\frac{p_{NH_3}^2}{K_p^2 p_{H_2}^3}\right)\right]$$

令 $\alpha=g/f$，$\beta=h/f$，则上式变为

$$r_{N_2} = k_{aN_2} p_{N_2}\left(K_{N_2}\frac{p_{NH_3}^2}{K_p^2 p_{H_2}^3}\right)^{-\alpha} - k_{dN_2}\left(K_{N_2}\frac{p_{NH_3}^2}{K_p^2 p_{H_2}^3}\right)^{\beta}$$

再令 $k_1 = k_{aN_2}\left(\frac{K_{N_2}}{K_p^2}\right)^{-\alpha}$，$k_2 = k_{dN_2}\left(\frac{K_{N_2}}{K_p^2}\right)^{\beta}$，代入上式得

$$r_{N_2} = k_1 p_{N_2}\left(\frac{p_{NH_3}^2}{p_{H_2}^3}\right)^{-\alpha} - k_2\left(\frac{p_{NH_3}^2}{p_{H_2}^3}\right)^{\beta}$$

苏联学者焦姆金在铁催化剂上实验测得 $\alpha=\beta=0.5$，所以上式最后变为

$$r_{N_2} = k_1 p_{N_2}\frac{p_{H_2}^{1.5}}{p_{NH_3}} - k_2\frac{p_{NH_3}}{p_{H_2}^{1.5}} \tag{E4.4-5}$$

用类似的方法同样可推导出表面反应和脱附控制时幂函数型的本征速率方程。

最后必须指出，对同一个气固相催化反应的动力学数据，可以分别用幂函数型和双曲函数型进行关联，得到的两种速率方程精度相差并不大，但幂函数型方程简单，便于数学处理，而双曲函数型形式复杂，能表示组分在反应中的吸附状态，但需注意，假设不同的反应步骤，有时可得出相同形式的速率方程。所以不能轻易地说所设的反应步骤就是该反应的真实反应机理。

4.3　气固相催化反应的外扩散过程

前已指出，气固相催化反应的(1)(反应物由气相主体扩散到固体颗粒的外表面上)和(7)(产物由外表面向气相主体扩散)步称为外扩散过程，取决于颗粒外表面上的气膜层对传递过程的阻力。

下面将讨论外扩散过程对气固相催化反应的影响。

4.3.1　流动特性及床层压降

1. 流动特性

气固相催化反应器大都为固定床，流体在固定床中的流动较之在空管内的情况要复杂得多。在固定床中，流体是在固体颗粒间的孔道中流动的，而这些孔道是大小不同、弯弯曲曲、相互交错、形状各异和长短不等的，在床层各横截面上的孔道数也是各不相同的。

床层中孔道的特性主要取决于颗粒的粒度、粒度分布、形状及粗糙度，即影响床层空隙率的因素都与孔道特性有关。颗粒粒度越小则构成的孔道数目越多，孔道的截面积也越小。颗粒的粒度越不均匀，形状越不规则，表面越粗糙，则构成的孔道越不规则，各孔道间的差异就越大。在床层中所有颗粒间的孔道所构成的体积即空隙体积内并非都有流体流动，因为存在部分死角，那里的流体不是处于流动状态而是静止的。而流体在畅通的孔道内流动时，经常碰撞到前面的颗粒，加上孔道截面时小时大，以致流体在做轴向流动时往往在颗粒间产生再分布。流体的旋涡数目要比空管中多得多，而且旋涡的运动范围要受到孔道形状及大小的限制，以致流体在固定床内由层流转入湍流时不存在明显的界限，而有一个不稳定的过渡区。

2. 固定床中的压降

1)流体在空圆管中的压力降

流体在空圆管中做等温流动，密度的变化不计时，压降计算式为

$$\Delta p = 4f\frac{L}{D_{\mathrm{t}}}\frac{\rho_{\mathrm{f}}u_{0\mathrm{e}}^2}{2} \tag{4.66}$$

式中：f为摩擦系数，无因次；L为床层高度，m；D_{t}为圆管的直径，m；ρ_{f}为流体的密度，kg/m^3；$u_{0\mathrm{e}}$为流体的平均流速，m/s。

2)流体在固定床中的压力降

流体通过固定床时要产生压力损失，主要来自两方面：一方面是颗粒的黏滞曳力，即流体与颗粒表面间的摩擦；另一方面是由于流体流动过程中孔道截面积突然扩大和收缩，以及流体对颗粒的撞击和流体的再分布而产生。在低流速时压降主要是由于表面摩擦而产生。在高流速及薄床层中流动时，扩大、收缩则起主导作用。如果容器直径与颗粒直径的比值较小，还应计入壁效应对压力降的影响。

计算固定床压降的方法很多，但大多是仿照流体在空管中流动时的压降公式加以适当修改而成，下面介绍其中的三个。

(1) 空管压降修正式。将式(4.66)加以修正，可用于固定床

$$\Delta p = f_m \frac{\rho_f u_0^2}{d_s}\left(\frac{1-\varepsilon_b}{\varepsilon_b^3}\right)L \tag{4.67}$$

式中：f_m 为修正的摩擦系数，无因次，计算式为

$$f_m = \frac{150}{Re_m} + 1.75 \tag{4.68}$$

Re_m 为修正的雷诺数，无因次，计算式为

$$Re_m = \frac{d_s \rho_f u_0}{\mu}\frac{1}{1-\varepsilon_b} = \frac{d_s G}{\mu}\frac{1}{1-\varepsilon_b} \tag{4.69}$$

d_s 为等比外表面积相当直径，m，$D_{te} = \frac{2}{3}\left(\frac{\varepsilon_b}{1-\varepsilon_b}\right)d_s$；$u_0$ 为以床层空截面积计算的流体平均速率，m/s，$u_0 = \varepsilon_b u_{0e}$；$\mu$ 为流体的黏度，kg/(m·s)；ε_b 为床层的空隙率，分数；G 为流体的质量流速，kg/(m²·s)；Δp 为床层的压力降，kg/m²。

① 在不同 Re_m 下的压降公式。因修正的摩擦系数 f_m 与 Re_m 有关，Re_m 不同，则 f_m 不同。

当 $10 < Re_m < 1000$ (过渡区)：

$$\Delta p = \left(\frac{150}{Re_m} + 1.75\right)\frac{\rho_f u_0^2}{d_s}\left(\frac{1-\varepsilon_b}{\varepsilon_b^3}\right)L$$

当 $Re_m < 10$ (层流)，$150/Re_m >> 1.75$：

$$\Delta p = 150\frac{(1-\varepsilon_b)^2}{\varepsilon_b^3}\frac{\mu u_0}{d_s^2}L \tag{4.70}$$

当 $Re_m > 1000$ (湍流)，$150/Re_m << 1.75$：

$$\Delta p = 1.75\frac{\rho_f u_0^2}{d_s}\left(\frac{1-\varepsilon_b}{\varepsilon_b^3}\right)L \tag{4.71}$$

② 床层中颗粒大小不均匀时的压降公式。出现此种情况时，可将固定床压降公式中的 d_s 用 $\overline{d}_s$ 代替，$\overline{d}_s$ 为颗粒的平均相当直径，即

$$\frac{1}{\overline{d}_s} = \sum \frac{x_i}{d_{si}} \tag{4.72}$$

③ 考虑壁效应时的压降公式。当 $D_t/d_s < 8$ 时，应考虑壁效应对固定床压降的影响，可将固定床压降公式中的 d_s 用 d_s' 代替，即

$$\frac{1}{d_s'} = \frac{1}{d_s} + \frac{2}{3(1-\varepsilon_b)D_t} \tag{4.73}$$

(2) 较可靠的压力降计算式。

$$\Delta p = \frac{2f' G^2 L(1-\varepsilon_b)^{3-n}}{d_v \rho_f \varphi_s^{3-n}\varepsilon_b^3} \tag{4.74}$$

式中，摩擦系数 f' 与指数 n 之值可从图中查用(图 4.4)。

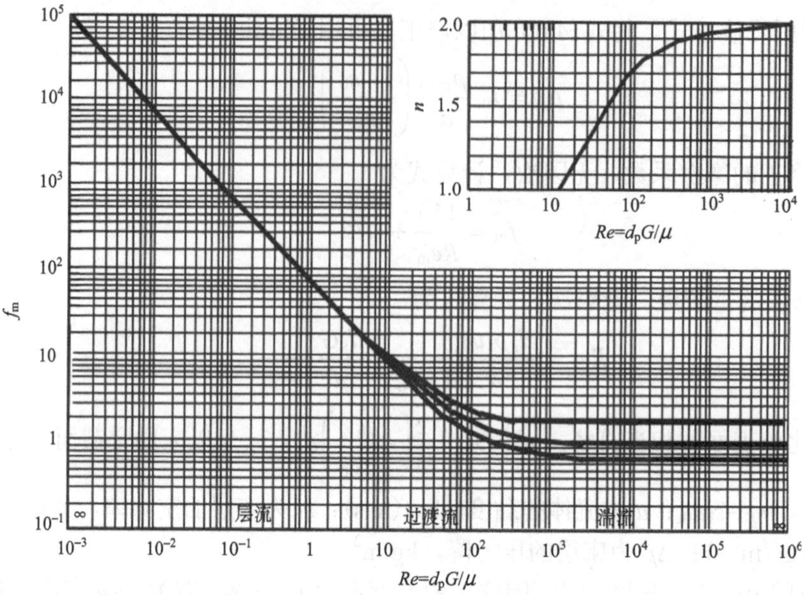

图 4.4　固定床的修正摩擦系数 f_m 与雷诺数的关系

(3) 高压流体压力降计算式。对于高压流体，则应作为可压缩流体而用式(4.75)计算 1、2 两点间的压差：

$$p_2^1 - p_2^2 = \frac{2ZRG^2T}{M}\left[\ln\frac{V_2}{V_1} + \frac{2f'L(1-\varepsilon_b)^{3-n}}{d_p\varphi_s^{3-n}\varepsilon_b^3}\right] \tag{4.75}$$

式中：Z 为压缩因子，可由一般热力学书上查到；M 为流体的相对分子质量；V_1、V_2 为 1、2 两点处的单位质量流体的体积；R 为摩尔气体常量。

由于在生产过程中，流体的压头有限，床层压降往往有重要影响，因此一般固定床的压降不宜超过床内压力的 15%。

由上述公式计算的压降一般是指新催化剂的预期压降，它在使用过程中还会增大，在设计时应留有一定的裕量。

在影响床层压降的诸因素中，尤以流速的影响最为敏感。由于流速与压降呈平方关系，所以流速的选择应适当。在常压工业催化反应器中，操作状况下的虚拟气流速率一般采用 0.5～2 m/s，加压下则采用更低的气速。尽管高流速可以使相间梯度减至最小并保证良好的流体分布，对高压容器来说，它还意味着反应器的直径可以减小而便于制造，但高的压降将使能耗升高。另外，填充物粒子的粒度不能太小，最好做成圆球形，这样可以增大床层的空隙率而减小压降。当然，粒子的均匀程度、填充方法、粒径与床层直径之比等也会影响到床层空隙率的均匀分布，从而使局部空隙率过大而形成偏流。因此，产生床层中径向流速、温度和转化率不一，使反应器的操作性能恶化。

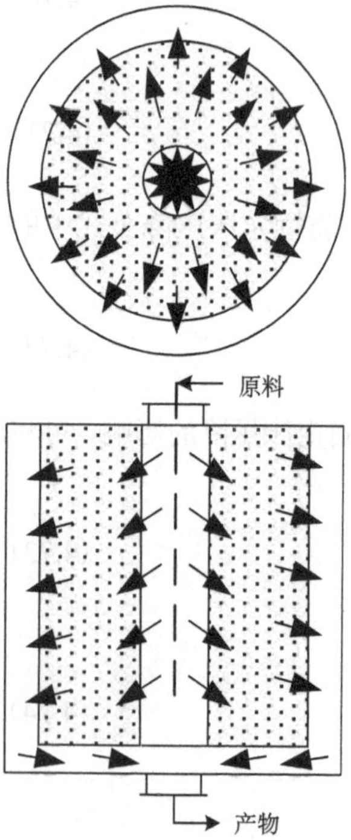

图 4.5　径向反应器示意图

当采用的多段绝热催化床由于床层太高，压降过大时，可采用径向反应器，其示意图如图 4.5 所示。此时物料在反应器的催化床中呈径向流动。原料进入反应器后，通过中心管上的小孔流入催化床，反应后的物料通过床层外壁上的小孔流出。在反应器壁与床层的环隙间汇合后从底部离开反应器。这种径向反应器与轴向反应器相比，由于流道短，流动面积大，因而床层的压力较小，这样就为使用小颗粒的催化剂创造了条件。这对内扩散影响较大的反应过程具有重要的意义。

【例 4.5】 在内径为 50 mm 的管子内装有 4 m 高的熔铁催化剂，形状系数 $\varphi_s=0.65$，其粒度情况如下：

粒径 d_v/mm	3.40	4.60	6.90
质量分数	0.60	0.25	0.15

在反应条件下气体的物性为 $\rho_f=2.46\times10^{-3}$ g/cm³，$\mu=2.3\times10^{-4}$ g/(cm·s)，如气体以 $G=6.2$ kg/(m²·s) 的质量流速通过，床层的空隙率 $\varepsilon_b=0.44$，求床层压降。

【解】 平均粒径为

$$\bar{d}_v=1/\sum\frac{x_i}{d_{vi}}=1\Big/\left(\frac{0.60}{3.40}+\frac{0.25}{4.60}+\frac{0.15}{6.90}\right)=3.959(\text{mm})$$

$$\bar{d}_s=\varphi_s\bar{d}_v=0.65\times3.959=2.573(\text{mm})$$

$$D_t/\bar{d}_s=50/2.573=19.433>9$$

可不考虑壁效应的影响。

因

$$Re_m=\frac{\bar{d}_sG}{\mu}\frac{1}{1-\varepsilon_b}=\frac{0.2573\times0.62}{2.3\times10^{-4}(1-0.44)}=1.2386\times10^3>1000$$

故可按式(4.71)计算压降。

又

$$u_0=G/\rho_f=0.62/(2.46\times10^{-3})=2.52\times10^2(\text{cm/s})$$

$$\Delta p=1.75\frac{\rho_f u_0^2}{d_s}\left(\frac{1-\varepsilon_b}{\varepsilon_b^3}\right)L=\frac{1.75\times2.46\times10^{-3}(252)^2(1-0.44)400}{0.2573\times(0.44)^3}$$
$$=2.794\times10^6[\text{g/(cm}\cdot\text{s}^2)]=2.794\times10^5(\text{N/m}^2)=2.849\times10^4(\text{kg/m}^2)$$

【例 4.6】 在常压下两个并联反应器进行水煤气变换反应实验。两个反应器完全相同，其截面积 A 均为 72.5×10^{-3} m²，催化床的高度为 0.32 m。催化剂颗粒的相当直径 $d_s=4$ mm，床层空隙率 $\varepsilon_b=0.3$，气体混合物的总流量 $W=2.0\times10^{-4}$ kg/s，催化床中气体混合物的平均密度 $\rho_f=0.314$ kg/m³，黏度 $\mu=250\times10^{-7}$ kg/(m·s)。

上述并联反应器工作了一段时间后，若其中一个改用相当直径 $d_s=2$ mm 的催化剂颗粒，而其他操作条件和床层特性不变，试求改装前后气体通过床层的压力降。

【解】 (1) 改装前，两个并联反应器中催化剂的情况完全相同，所以两者的气体质量流速 G 均相等，压力降相同。

$$G=W/2A=2\times10^{-4}/(2\times2.5\times10^{-3})=0.04[\text{kg/(m}^2\cdot\text{s)}]$$

$$Re_m=\frac{d_sG}{\mu}\frac{1}{1-\varepsilon_b}=\frac{4\times10^{-3}\times0.04}{250\times10^{-7}(1-0.3)}=9.143$$

$$f_m=\frac{150}{Re_m}+1.75=18.156$$

$$\Delta p=f_m\frac{G^2}{\rho_f d_s}\left(\frac{1-\varepsilon_b}{\varepsilon_b^3}\right)L=18.156\times\frac{0.04^2}{0.314\times4\times10^{-3}}\frac{1-0.3}{0.3^3}\times0.32$$
$$=1.919\times10^2(\text{N/m}^2)=19.568(\text{kg/m}^2)$$

(2)改装后，反应器之一改用 d_s=2 mm 的催化剂，其余条件不变。此时，由于两者是并联的，压降必相等，但两者的气体质量流速不同。令 G_1 和 G_2 分别为改装催化剂及不改装催化剂的反应器的气体质量流速。由 Δp_1=Δp_2 可得

$$(\frac{150}{Re_{m1}}+1.75)\frac{G_1^2}{d_{s1}}=(\frac{150}{Re_{m2}}+1.75)\frac{G_2^2}{d_{s2}}$$

$$(\frac{150}{\frac{d_{s1}G_1}{\mu}\frac{1}{1-\varepsilon_b}}+1.75)\frac{G_1^2}{d_{s1}}=(\frac{150}{\frac{d_{s2}G_2}{\mu}\frac{1}{1-\varepsilon_b}}+1.75)\frac{G_2^2}{d_{s2}}$$

$$3.5G_1^2+2.625G_1=1.75G_2^2+0.656\,25G_2 \tag{E4.6-1}$$

又

$$G_1+G_2=\frac{2\times10^{-4}}{2.5\times10^{-3}}=0.08 \tag{E4.6-2}$$

解联立方程(E4.6-1)和方程(E4.6-2)，可得

$$G_1=0.0177\ \text{kg/(m}^2\cdot\text{s)}$$

$$G_2=0.0623\ \text{kg/(m}^2\cdot\text{s)}$$

故改装后有

$$\Delta p_1=\Delta p_2=(\frac{150}{\frac{2\times10^{-3}\times0.0177}{250\times10^{-7}}\frac{1}{1-0.3}}+1.75)0.314\times\frac{0.0177^2}{2\times10^{-3}}\times\frac{1-0.3}{0.3^3}\times0.32$$
$$=3.141\times10^2(\text{N/m}^2)=32.032(\text{kg/m}^2)$$

4.3.2 传质与传热

1. 传质、传热速率及其相似性

1)传质速率

流体与颗粒外表面间的传质过程(包括反应物由气相主体穿过滞流层到外表面，产物由外表面穿过滞流层到气相主体)实际上就是外扩散过程。

用浓度表示的传质速率为

$$R_{AW}=k_Ga_m(c_{Ag}-c_{As}) \tag{4.76a}$$

用分压表示的传质速率为

$$R_{AW}=k_ga_m(p_{Ag}-p_{As}) \tag{4.76b}$$

上两式也可写成摩尔通量

$$N_A=k_G(c_{Ag}-c_{As})=k_g(p_{Ag}-p_{As}) \tag{4.76c}$$

式中：N_A 为对于给定的颗粒表面的摩尔通量，kmol/(m^2·s)；c_{Ag}、c_{As} 为气相主体和颗粒外表面的浓度，kmol/m^3；p_{Ag}、p_{As} 为气相主体和颗粒外表面的分压，atm；k_g 为以分压为推动力的单位界面面积的气相传质系数，kmol/(m^2·h·atm)，对于理想气体，$k_G=k_gRT$；a_m 为单位质量催化剂颗粒的有效外表面积，m^2/kg，等于颗粒的几何外表面积乘以校正系数 f，f 根据不同的形状，取不同的值，见表 4.6。

表 4.6　不同形状颗粒的校正系数

形状	球形	圆柱	片状	无定形
校正系数	1	0.91	0.81	0.91

2) 传热速率

严格来说，在气固相催化反应中，气相主体与颗粒内部的温度和浓度都是不一样的。因为反应在颗粒的内表面上进行，同时伴随的反应热将导致颗粒与流体存在一定的温差，这样就必然存在传热过程，其能力取决于传热系数 h。

在稳态下

流体与颗粒外表面的换热量＝反应放出或吸收的热量

其传热速率方程为

$$Q=R_{AW}(-\Delta H_r)=ha_m(T_s-T_g) \tag{4.77}$$

式中：$-\Delta H_r$ 为反应热，kJ/kmol；h 为流体与颗粒外表面间的气膜传热系数，$kJ/(m^2\cdot s\cdot K)$；T_s、T_g 为颗粒外表面及气流主体的温度，K。

3) 传质与传热系数间的关系

流体与颗粒外表面间的传质系数 k_G 及传热系数 h 取决于颗粒外表面上气膜的性质及气流主体的流动状态，可用有关的实验关联式计算，也可用 J 因子方程计算，即

$$J_D=\frac{k_G\rho_G}{G}(Sc)^{2/3}=\frac{0.725}{Re^{0.41}-0.15} \tag{4.78}$$

$$J_H=\frac{h}{GC_p}(Pr)^{2/3}=\frac{1.10}{Re^{0.41}-0.15} \tag{4.79}$$

式中：Sh 为舍伍德数，$Sh=\frac{k_G\rho_G}{D}h$；Re 为雷诺数，$\frac{d_sG}{\mu}=Re$；Sc 为施密特数，$Sc=\frac{\mu}{\rho_G D}$；Pr 为普朗特数，$Pr=\frac{C_p\mu}{\lambda}$；$J_D$ 为传质 J 因子；J_H 为传热 J 因子；C_p 为气体的定压热容，$kJ/(kg\cdot K)$；λ 为气体的导热系数，$kJ/(m\cdot s\cdot K)$。

式(4.78)和式(4.79)的适用范围：$Sc=0.6\sim1300$，$Re=0.8\sim2130$。所得的 k_G 和 h 均为平均值，式中的流体物性参数以膜温(流体主体温度与颗粒外表面温度的算术平均值)计算，简化计算时可取气流主体的温度计算，所造成的误差不太大。

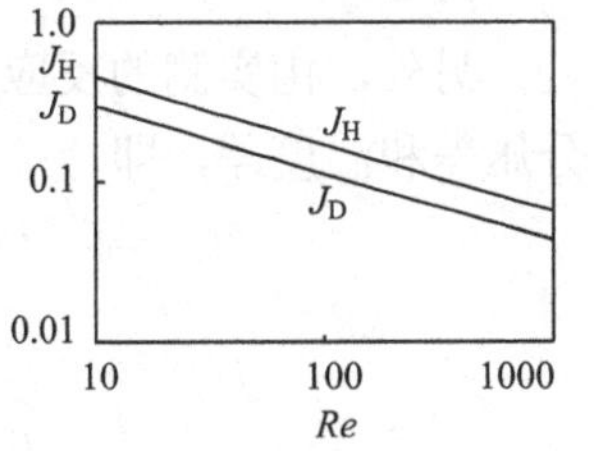

图 4.6　J_D、J_H 与 Re 的关系图

图 4.6 给出了 J_H、J_D 与 Re 间的关系，由图可见，流体与颗粒外表面间的传质、传热随 Re 的变化极为相似，用式(4.78)和式(4.79)相除，得

$$J_D=0.66J_H \tag{4.80}$$

所以可称为 J 因子相似。利用上述关系可由传质系数计算传热系数，反之亦然。

2. 流体与颗粒外表面间的浓度差和温度差

把传质速率式(4.76a)和传热速率式(4.77)相除，可求出流体与颗粒外表面间的温度差和浓度差之间的关系：

$$T_s - T_g = \frac{k_G}{h}(-\Delta H_r)(c_{Ag} - c_{As}) \tag{4.81}$$

又由 J 因子方程可得

$$k_G = \frac{GJ_D}{\rho_G (Sc)^{2/3}} \qquad h = \frac{GJ_H C_p}{(Pr)^{2/3}}$$

将上述两式代入式(4.81)，简化后得

$$T_s - T_g = \frac{J_D}{J_H}\left(\frac{Pr}{Sc}\right)^{2/3} \frac{(-\Delta H_r)}{\rho_G C_p}(c_{Ag} - c_{As}) \tag{4.82}$$

对固定床，$J_D/J_H=0.66$，而对大多数气体，$Pr/Sc \approx 1$，代入式(4.82)，得

$$T_s - T_g = 0.66\frac{(-\Delta H_r)}{\rho_G C_p}(c_{Ag} - c_{As}) = 0.66\frac{(-\Delta H_r)}{M_m C_p}(y_{Ag} - y_{As}) \tag{4.83}$$

式中：M_m 为气体的平均相对分子量。

在完全反应的情况下，$c_{As}=0$，式(4.83)变为

$$(T_s - T_g)_{max} = 0.66\frac{(-\Delta H_r)}{\rho_G C_p}c_{Ag} = 0.66\frac{(-\Delta H_r)}{M_m C_p}y_{Ag} \tag{4.84}$$

若反应在绝热条件下进行，则反应放出热应等于气体升温热。设气体的升温值为 $(\Delta T)_{ad}$，则以 1 m^3 气体为基准时，有

$$c_{Ag}(-\Delta H_r) = \rho_G C_p (\Delta T)_{ad}$$

或

$$y_{Ag}(-\Delta H_r) = M_m C_p (\Delta T)_{ad}$$

即

$$(\Delta T)_{ad} = \frac{(-\Delta H_r)}{\rho_G C_p}c_{Ag} = \frac{(-\Delta H_r)}{M_m C_p}y_{Ag} \tag{4.85}$$

将式(4.85)代入式(4.84)，得

$$(T_s - T_g)_{max} = 0.66(\Delta T)_{ad} \tag{4.86}$$

另外，由实测的反应速率 R_A 及传质、传热系数，还可计算气流主体和颗粒外表面间的分压差和温度差，即

$$p_{Ag} - p_{As} = \frac{pM_m R_{AW}(Sc)^{2/3}}{a_m J_D G} = \frac{R_{AW}}{k_G a_m} \tag{4.87}$$

$$T_s - T_g = \frac{(-\Delta H_r)R_{AW}(Pr)^{2/3}}{C_p a_m J_H G} = \frac{(-\Delta H_r)R_{AW}}{h a_m} \tag{4.88}$$

【例 4.7】 在以氧化铝为载体的镍催化剂上，进行气相苯加氢反应 $C_6H_6 + 3H_2 \longrightarrow$ 环-C_6H_{12}，以生产环己烷，催化剂为圆柱状，直径和高度均为 8 mm，颗粒密度为 900 kg/m^3，堆密度等于 600 kg/m^3。反应混合物通过反应器的质量速率为 1500 $kg/(m^2 \cdot h)$。已知在反应器内某处，反应混合气的组成为 1.2% C_6H_6、92% H_2 及 6.8% 环-C_6H_{12}，气体温度为 180 ℃，压力为 1 atm，反应速率等于 0.0195 mol 环己烷/($g_{催化剂} \cdot h$)。试估算该处催化剂外表面的温度及苯的浓度。

根据给定的温度、压力及混合气的组成，可估算出反应气体的物理性质如下：苯的扩散系数 6.78×10^{-5} m^2/s，

气体混合物的导热系数 0.175 kcal/(m·h·℃)，混合气体的黏度 1.161×10^{-5} kg/(m·s)，混合气的平均热容 8.9 kcal/(kmol·℃)。反应热等于 51000 cal/mol。

【解】 催化剂颗粒的相当直径 d_a 等于与其外表面积相等的圆球直径：

$$d_a=\sqrt{\frac{2\pi\times8^2/4+\pi\times8\times8}{\pi}}=9.8(\text{mm})=9.8\times10^{-3}(\text{m})$$

求出雷诺数，然后由 J_D 及 J_H 分别计算传质系数 k_G 及传热系数 h。

$$Re=\frac{d_aG}{\mu}=\frac{9.8\times10^{-3}\times1500/3600}{1.161\times10^{-5}}=351.708$$

由式(4.78)得

$$J_D=\frac{0.725}{351.708^{0.41}-0.15}=0.06642$$

由式(4.79)得

$$J_H=\frac{1.10}{351.708^{0.41}-0.15}=0.10078$$

混合气体的平均相对分子质量为

$$M_m=0.92\times2+0.012\times78+0.068\times84=8.488$$

因此，混合气的密度为

$$\rho_G=\frac{pM_m}{RT}=\frac{1\times8.488}{0.08206\times(273+180)}=0.2283(\text{kg}/\text{m}^3)$$

传质系数为

$$k_G=\frac{GJ_D}{\rho_G(Sc)^{2/3}}=\frac{1500\times0.06642}{0.2283\left(\dfrac{1.161\times10^{-5}}{0.2283\times6.78\times10^{-5}}\right)^{2/3}}=528.632(\text{m}/\text{h})$$

传热系数为

$$h=\frac{GJ_HC_p}{(Pr)^{2/3}}=\frac{1500\times0.10078\times8.9/8.488}{[1.161\times10^{-5}\times3600\times8.9/(0.175\times8.488)]^{2/3}}$$
$$=398.962[\text{kcal}/(\text{m}^2\cdot\text{h}\cdot℃)]$$

单位质量催化剂床层的有效外表面积为

$$a_m=\frac{[2\times\pi\times0.008^2/4+\pi\times0.008\times0.008]\times0.91}{900\times\pi\times(0.008)^2\times0.008/4}=0.7583(\text{m}^2/\text{kg})$$

由式(4.88)可求得流体与催化剂外表面间的温度差为

$$T_s-T_g=\frac{(-\Delta H_r)R_A}{ha_m}=\frac{51000\times0.0195}{398.962\times0.7583}=3.3(℃)$$

因此，催化剂外表面的温度 $T_s=180+3.3=183.3$(℃)。

气相中苯的浓度为

$$c_{Ag}=\frac{p_{Ag}}{RT}=\frac{0.012}{0.08206\times(273+180)}=3.228\times10^{-4}(\text{kmol}/\text{m}^3)$$

由式(4.76a)得

$$c_{Ag}-c_{As}=\frac{R_{AW}}{k_Ga_m}=\frac{0.0195}{528.632\times0.7583}=4.864\times10^{-5}(\text{kmol}/\text{m}^3)$$

所以，催化剂外表面上苯的浓度为

$$c_{As}=3.228\times10^{-4}-4.864\times10^{-5}=2.742\times10^{-4}\ (\text{kmol/m}^3)$$

通过例 4.7 的计算可知，在例题给的情况下，气流与催化剂外表面之间的温度差和浓度差并不算太大，这说明外扩散对过程影响不严重。这里是通过实测的反应速率，反算催化剂外表面的温度和浓度，以检验外扩散对过程的影响。如从设计的角度考虑，反应速率通常是由本征速率方程计算得到，而 R_A 又是 c_{As} 及 T_s 的函数，只有知道 c_{As} 和 T_s 方可算出反应速率。这时，需联立求解流体与催化剂外表面间的传质方程、传热方程以及反应的本征速率方程，即得催化剂外表面上反应组分的浓度及温度。

3. 固定床中的传质与混合

1) 固定床中流体的混合扩散

在一般的简化模型中，常把固定床内的流体流动看作平推流。实际上，当流体流经填充料时，不断发生分散与混合，在径向比轴向更为显著。随着流速的提高和粒径的增大，径向和轴向的混合程度也随之增大。有时为了提高模型的精度，需把这一影响包括在内。而表征这种现象的参数是径向和轴向混合扩散系数 D_r 和 D_l，通常表示成无因次数 $Pe_r=d_pu_m/D_r$ 和 $Pe_l=d_pu_m/D_l$ 的形式。这里 u_m 是平均流速。

根据实测的结果，Pe_r 值为 5～13。在不同的 Re 下近于常数。在多数的反应装置中，取 $Pe_r=10$ 误差不会太大。

轴向扩散系数对气体可取 $Pe_l=2$，对液体可取 $Pe_l=1$～1.5。它们也近乎一常数值。

2) 固定床中的轴向返混

第 2 章中已指出，可以忽略不计轴向返混影响的条件是模型参数 $D_L/uL<0.005$。在固定床反应器的流动状况下，一般 $Re>40$，此时 $Pe_l=d_pu_m/D_l=2$，由此可得

$$D_l\Big/\left(u_mL\frac{d_p}{d_p}\right)^{-1}<0.005 \qquad\qquad \frac{1}{2}\left(\frac{L}{d_p}\right)^{-1}<0.005$$

即

$$L>100d_p \tag{4.89}$$

所以，只有在固定床中床层高度 L 超过颗粒直径 d_p 的 100 倍时，才可略去轴向返混的影响。

4. 固定床中的传热

在换热式固定床催化反应器中，为了保证反应进行所必须的温度条件，催化床需要与外界进行换热，无论床层是被加热还是被冷却，固定床与外界介质间的传热，都需经历三部分热阻：一是换热介质一方的热阻，二是器壁的热阻，三是固定床本身的热阻。这里主要讨论最后一个方面。

固定床的传热阻力可分为两大部分：一部分是器内壁处滞流边界层的阻力，常以壁膜给热系数 α_w 表示其阻力的大小；另一部分是床层内部的阻力，以有效导热系数 λ_e 反映。在拟均相模型中，通常把粒子与流体在内的整个床层看作假想的均一固体，按热传导的方式考虑床层内的传热。用一个假想固体的导热系数 λ_e 表征传热特性。若将床层一方的两部分热阻合

并一起考虑，则以床层的传热系数 α_b 表示。至于床层中粒子与流体间的传热问题在前面已作过讨论，这里不再重复。

1) 固定床的有效导热系数

在固定床反应器中，流体在轴向和径向的运动情况是不同的，所以固定床在轴向和径向的有效导热系数不同，由于流体沿轴向带走的热量远比床层传导的传热贡献大，所以除放热反应外，轴向传热一般可以忽略不计。因此，床层的有效导热系数 λ_e 实际上常指床层的径向有效导热系数 λ_{er}。

床层的径向有效导热系数是粒子与流体间的传热，粒子及流体本身的导热和床层内的热辐射传热等几类作用的综合表现。有人用实验测得的固定床径向有效导热系数 λ_{er} 的关联式如下：

$$\frac{\lambda_{er}}{\lambda_f} = A\left(\frac{d_s G}{\mu}\right)^B \left(\frac{D_t}{d_s}\right)^C \tag{4.90}$$

式中：A、B、C 为常数，与固体颗粒的特性有关，其数值列于表 4.7。

表 4.7　式 (4.90) 中常数 A、B 和 C 值

固体颗粒特性		A	B	C
低导热系数	球形	0.182	0.75	0.45
	圆柱及圆环	0.22	0.75	0.45
高导热系数	球形	0.30	0.72	0.6
	圆柱及圆环	0.38	0.72	0.6

流体的物性数据以床层进出口温度的算术平均值作为定性温度。式 (4.90) 的实验范围是 $1300 \leqslant d_s G/\mu \leqslant 1400$，低导热系数颗粒 $0.074 \leqslant d_s/D_t \leqslant 0.254$，高导热系数颗粒 $0.12 \leqslant d_s/D_t \leqslant 0.20$。

2) 壁膜给热系数 α_w

固定床的壁膜给热系数 α_w，对于工业固定床反应器，推荐采用两个根据已往发表的数据进行重新关联的式子进行计算。

对低导热系数颗粒：

$$\frac{\alpha_w d_s}{\lambda_f} = 65\exp\left[\left(-4\frac{d_s}{D_t}\right)\left(\frac{D_t}{L}\right)^{0.2}\left(\frac{G d_s}{\mu}\right)^{0.4}\right] \tag{4.91}$$

式 (4.91) 适用范围：$1300 \leqslant d_s G/\mu \leqslant 1400$，$0.074 \leqslant d_s/D_t \leqslant 0.254$，$5 \leqslant L/D_t \leqslant 15$。

对高导热系数颗粒：

$$\frac{\alpha_w d_s}{\lambda_f} = 5.1\left(\frac{D_t}{d_s}\right)^{0.8}\left(\frac{D_t}{L}\right)^{0.1}\left(\frac{G d_s}{\mu}\right)^{0.46} \tag{4.92}$$

式中：d_s 为等比表面积相当直径；D_t 为固定床直径 D_t 或当量直径 D_{te}。

式 (4.92) 适用范围：$1300 \leqslant d_s G/\mu \leqslant 1400$，$0.12 \leqslant d_s/D_t \leqslant 0.2$，$5 \leqslant L/D_t \leqslant 15$。

α_w 值的大小一般为 100～250 kcal/$(m^2 \cdot h \cdot K)$。

3) 床层与器壁的传热系数 α_b

前面已经讨论了径向有效导热系数 λ_{er} 及壁膜给热系数 α_w 的求法。将两者合并便得床层与器壁的传热系数 α_b。但在采用一维模型计算固定床气固催化反应器时，已假定床层的径向温度分布均匀，此时计算径向有效导热系数已无必要，只需直接求出 α_b 即可。在此情况下，可用固定床对壁的传热系数关联式直接进行计算。

下面推荐两个根据已往发表过的数据重新进行关联得到的式子。

对低导热系数颗粒：

$$\frac{\alpha_b D_t}{\lambda_s} = 6.0 Re_p^{0.6} Pr_p^{0.123} \frac{1}{1 - 1.59 D_t / L} \exp\left(-3.684 \frac{d_s}{D_t}\right) \tag{4.93}$$

式(4.93)适用范围：$250 \leqslant Re_p \leqslant 6500$，$0.08 \leqslant d_s/D_t \leqslant 0.5$，$10 \leqslant L/D_t \leqslant 30$。

对高导热系数颗粒：

$$\frac{\alpha_b D_t}{\lambda_s} = 2.17 Re_p^{0.52} \left(\frac{D_t}{d_s}\right)^{0.8} \frac{1}{1 + 1.3 D_t / L} \tag{4.94}$$

式(4.94)适用范围：$300 \leqslant Re_p \leqslant 10000$，$0.1 \leqslant d_s/D_t \leqslant 0.5$，$10 \leqslant L/D_t \leqslant 30$。

一般情况下，床层对壁的传热系数 α_b 值为 15～75 kcal/(m^2·h·K)。由此数值可以看出固定床的传热系数远大于流速相同的空管。这是由于固定床内固体颗粒的存在增大了流体的涡流程度。

4)固定床的总传热系数

催化剂床层一侧的对流传热量为

$$Q_1 = \alpha_b A_b (T - T_w) = \frac{\Delta t_1}{1/(\alpha_b A_b)} \tag{4.95}$$

通过器壁传导的热量为

$$Q_2 = \frac{\lambda A_m}{\delta}(T_w - T_w') = \frac{\Delta t_2}{\delta / (\lambda A_m)} \tag{4.96}$$

冷流体一侧的对流传热量为

$$Q_3 = \alpha_c A_c (T_w' - T_c) = \frac{\Delta t_3}{1/(\alpha_c A_c)} \tag{4.97}$$

对于稳定传热过程

$$Q_1 = Q_2 = Q_3 = Q$$

将式(4.95)～式(4.97)相加得

$$Q = \frac{T - T_c}{\dfrac{1}{\alpha_b A_b} + \dfrac{\delta}{\lambda A_m} + \dfrac{1}{\alpha_c A_c}} = \frac{\text{总推动力}}{\text{总热阻}} \tag{4.98}$$

换热式固定床催化反应器中，床层与外界换热介质间的传热速率可用式(4.99)表示

$$Q = hA(T - T_c) = hA\Delta t_m \tag{4.99}$$

式(4.98)与式(4.99)比较，可得

$$\frac{1}{hA} = \frac{1}{\alpha_b A_b} + \frac{\delta}{\lambda A_m} + \frac{1}{\alpha_c A_c} \tag{4.100}$$

式中：h 为总传热系数；A 为传热面积；A_b 为固定床一方的传热面积；A_c 为换热介质一方的

传热面积；A_m 为 A_b 与 A_c 的对数平均值，$A_m = \dfrac{A_c - A_b}{\ln(A_c / A_b)}$；$\alpha_b$ 为固定床的传热系数；α_c 为换热介质的传热系数，可由通常的传热系数关联式进行计算；λ 为管材的导热系数；δ 为器壁的厚度。

4.3.3　外扩散效率因子

为了定量地描述外扩散对反应的影响，引入外扩散效率因子 η_X，其定义如下：

$$\eta_X = \frac{\text{外扩散有影响时的反应速率}}{\text{扩散无影响时的反应速率}} = \frac{R_{AWX}}{r_{AWg}} \tag{4.101}$$

现以二级不可逆反应为例，并假定流体与颗粒外表面间不存在温度差仅存在浓度差，则外扩散有影响时，颗粒外表面处的反应速率为 $R_{AWX}=k_W c_{As}^2$，而外扩散无影响时，由于 $c_{Ag}\approx c_{As}$，颗粒外表面处的速率即为本征动力学速率，即 $r_{AWg}=k_W c_{Ag}^2$。代入定义式(4.101)有

$$\eta_X = \frac{k_W c_{As}^2}{k_W c_{Ag}^2} \quad \text{或} \quad R_{AWX} = \eta_X r_{AWg} = \eta_X k_W c_{Ag}^2$$

即

$$c_{As} = \sqrt{\eta_X}\, c_{Ag} \tag{4.102}$$

由于在稳定状态下，从气流主体扩散到颗粒外表面上的量应等于外表面上的反应量，即

$$k_G a_m (c_{Ag} - c_{As}) = k_W c_{As}^2$$

令 $Da_2 = \dfrac{k_W c_{Ag}}{k_G a_m}$，代入上式整理得

$$c_{As}^2 + \frac{1}{Da_2} c_{Ag} c_{As} - \frac{1}{Da_2} c_{Ag}^2 = 0$$

解得

$$c_{As} = \frac{-\dfrac{1}{Da_2} + \sqrt{\left(\dfrac{1}{Da_2}\right)^2 + \dfrac{4}{Da_2}}}{2} c_{Ag} = \frac{1}{2Da_2}(\sqrt{1+4Da_2} - 1) c_{Ag}$$

代入式(4.102)，整理得

$$\eta_X = \frac{1}{4Da_2^2}(\sqrt{1+4Da_2} - 1)^2 \tag{4.103}$$

式中：Da_2 为二级反应的丹克莱尔数。

式(4.103)为二级不可逆反应的外扩散效率因子计算式。

若定义

$$Da_n = \frac{k_W c_{Ag}^{n-1}}{k_G a_m} \tag{4.104}$$

式中：Da_n 为 n 级反应的丹克莱尔数。

仿照二级不可逆反应的推导方法同样可得

$n=1$ 时：

$$\eta_X=\frac{1}{1+Da} \tag{4.105}$$

$n=1/2$ 时：

$$\eta_X=\left[\frac{2+Da^2}{2}\left(1-\sqrt{1-\frac{4}{(2+Da^2)^2}}\right)\right]^{\frac{1}{2}} \tag{4.106}$$

$n=-1$ 时：

$$\eta_X=\frac{2}{1+\sqrt{1-4Da}} \tag{4.107}$$

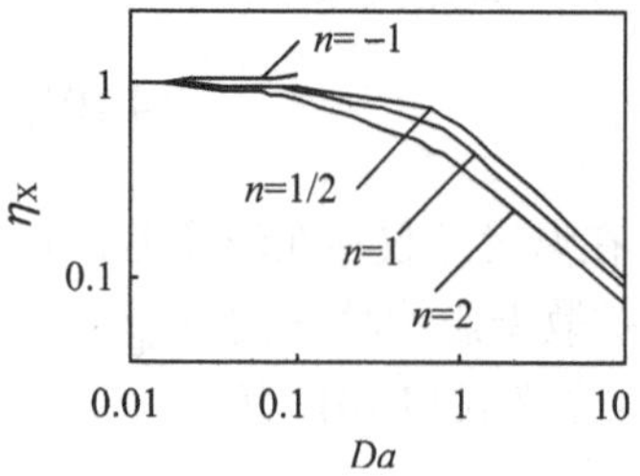

图 4.7　等温外扩散有效因子

由上述各式可计算不同反应级数的外扩散效率因子，如图 4.7 所示。由图可见，除负级数反应外，反应级数越高，丹克莱尔数越高，外扩散效率因子越小，外扩散影响越大，当 $Da\to 0$ 时，$\eta_X\to 1$。显然，对高级数的反应，降低外扩散阻力是十分必要的。

4.3.4　外扩散的影响与消除

1. 外扩散的影响

1) 反应速率

由于气固相催化反应是发生在颗粒表面上的，因此外扩散所导致的气体与颗粒外表面间存在的浓度差和温度差，必然影响到气固相催化反应的速率。由图 4.7 可知，对 $n>0$ 的反应，外扩散下，$\eta_X<1$，即气固相催化反应的速率下降。

2) 反应级数

实际上，当外扩散阻力极大时，过程为外扩散控制，此时颗粒外表面上浓度趋于零或平衡浓度。宏观动力学速率接近于扩散速率，此时无论本征动力学的级数如何，表面反应级数均为一级。这是过程处于外扩散控制区时出现的动力学假象。这时温度的影响主要表现在对传质系数 k_G 的影响上。由于温度对 k_G 的影响并不敏感，因此改变温度对外扩散速率的影响并不大。另外，由于扩散速率与活化能 E 无关，因此无论采用什么样的催化剂，反应的宏观速率都一样。

3) 反应选择性

(1) 平行反应。

$$A\xrightarrow{k_1}L\ (\text{主反应})\qquad R_{A1}=k_1c_{As}^{\alpha}$$

$$A\xrightarrow{k_2}M\ (\text{副反应})\qquad R_{A2}=k_2c_{As}^{\beta}$$

由反应的瞬时选择性定义得

$$S^*=\frac{R_{A1}}{R_{A1}+R_{A2}}=\frac{1}{1+\dfrac{k_2}{k_1}c_{As}^{\beta-\alpha}} \tag{4.108}$$

若外扩散对过程无影响，则 $c_{As}=c_{Ag}$，所以

$$S=\frac{1}{1+\dfrac{k_2}{k_1}c_{\mathrm{Ag}}^{\beta-\alpha}} \tag{4.109}$$

因为 $c_{\mathrm{Ag}}>c_{\mathrm{As}}$，比较式(4.108)与式(4.109)可知：

① 当 $\alpha<\beta$ 时，$S^*>S$，即外扩散存在使反应的选择性提高。

② 当 $\alpha>\beta$ 时，$S^*<S$，即外扩散存在使反应的选择性下降。

③ 当 $\alpha=\beta$ 时，$S^*=S$，即外扩散存在对选择性无影响。

(2)连串反应。对两步均为一级的连串反应：

$$\mathrm{A}\xrightarrow{k_1}\mathrm{L}(\text{目的产物})\xrightarrow{k_2}\mathrm{M}$$

由第一步：

$$k_{\mathrm{G}}a_{\mathrm{m}}(c_{\mathrm{Ag}}-c_{\mathrm{As}})=k_{\mathrm{W1}}c_{\mathrm{As}}$$

得

$$c_{\mathrm{As}}=\frac{c_{\mathrm{Ag}}}{1+\dfrac{k_{\mathrm{W1}}}{k_{\mathrm{G}}a_{\mathrm{m}}}}=\frac{c_{\mathrm{Ag}}}{1+Da_1}$$

又由第二步：

$$k_{\mathrm{G}}a_{\mathrm{m}}(c_{\mathrm{Lg}}-c_{\mathrm{Ls}})=k_{\mathrm{W1}}c_{\mathrm{As}}-k_{\mathrm{W2}}c_{\mathrm{Ls}}$$

得

$$c_{\mathrm{Ls}}=\frac{c_{\mathrm{Lg}}+\dfrac{k_{\mathrm{W1}}}{k_{\mathrm{G}}a_{\mathrm{m}}}c_{\mathrm{As}}}{1+\dfrac{k_{\mathrm{W2}}}{k_{\mathrm{G}}a_{\mathrm{m}}}}=\frac{c_{\mathrm{Lg}}+Da_1c_{\mathrm{As}}}{1+Da_2}=\frac{(1+Da_1)c_{\mathrm{Lg}}+Da_1c_{\mathrm{Ag}}}{(1+Da_1)(1+Da_2)}$$

由反应的瞬时选择性定义得

$$S^*=\frac{R_{\mathrm{A1}}-R_{\mathrm{A2}}}{R_{\mathrm{A1}}}=1-\frac{k_{\mathrm{W2}}c_{\mathrm{Ls}}}{k_{\mathrm{W1}}c_{\mathrm{As}}}=\frac{1}{1+Da_2}-\frac{k_{\mathrm{W2}}c_{\mathrm{Lg}}(1+Da_1)}{k_{\mathrm{W1}}c_{\mathrm{Ag}}(1+Da_2)} \tag{4.110}$$

当外扩散对过程无影响，即 $c_{\mathrm{Ag}}=c_{\mathrm{As}}$，$c_{\mathrm{Lg}}=c_{\mathrm{Ls}}$ 时，反应的选择性为

$$S=\frac{r_{\mathrm{A1}}-r_{\mathrm{A2}}}{r_{\mathrm{A1}}}=1-\frac{k_{\mathrm{W2}}c_{\mathrm{Lg}}}{k_{\mathrm{W1}}c_{\mathrm{Ag}}} \tag{4.111}$$

比较式(4.110)与式(4.111)可知，$S>S^*$，即外扩散存在使选择性下降。因此，对连串反应应设法降低外扩散的阻力。

2. 外扩散影响的判断与消除

外扩散影响的存在会使反应($n>0$)的速率下降，使平行反应($\alpha>\beta$)和连串反应选择性下降，带来动力学假象，在多数情况下对反应都是不利的，因此必须消除和降低外扩散的影响。

判断外扩散对气固相催化反应过程的影响是否存在，可用实验检验法和计算检验法判别。

1)实验检验法

由于通过催化床流体的质量流速 G 对外扩散过程有显著的影响，当 G 增加时，传质系数

k_G及传热系数 h 均增大，使流体与颗粒外表面间的温差和浓差减小，当 G 增大到足以忽略相间的温差和浓差时，颗粒外表面上的温度及浓度分别等于流体主体中的温度及浓度，不再随 G 的继续增大而变化，此时由于 G 的改变对内扩散及表面化学反应的影响都不大，不同质量流速下的反应速率均接近于同一数值。因此判断外扩散影响最简便的方法是：在同一反应器内，在保证空速及其他条件均相同的情况下，做装填不同质量的催化剂和不同原料流量的实验，测定反应器出口转化率 X_A，可得出一系列 G 和 X_A 间的关系数据，并将其描绘成如图 4.8 所示。由图可见，在其他条件一定时，流体质量流速超过某一数值 G_m 后，再增大 G 则 X_A 保持不变，说明外扩散影响已经消除。而当 $G<G_m$ 时，X_A 随 G 的增大而增加，说明外扩散有影响。

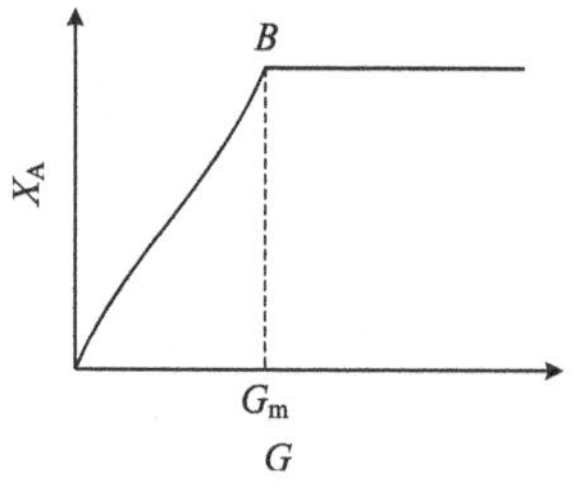

图 4.8　外扩散影响的检验

必须指出，由于传质系数 k_G 与温度有关，温度增加时 k_G 增大，转化率也增加，因此在不同温度下实验所得的 G_m 值并不一样，温度越高，所测出的 G_m 值越大。也就是说，在高温下需要更高的质量流速才能消除外扩散的影响，因此用实验检验外扩散影响时，应选择在反应温度范围的上限进行。如果高温下已不存在外扩散的影响，则低温时外扩散的影响必然可以忽略不计。

2) 计算检验法

在实际生产中，若能测得 n 级不可逆反应的表观反应速率 R_A，则可用式(4.112)判断气相主体与颗粒外表面间的浓度差是否存在

$$\frac{R_A L}{c_{Ag} k_G} < \frac{0.15}{n} \tag{4.112}$$

而温度差是否可忽略，则可用式(4.113)判断

$$\frac{R_A L(-\Delta H_r)}{T_g h} < \frac{0.15RT_g}{E} \tag{4.113}$$

4.4　气固相催化反应的内扩散过程

前已指出，气固相催化反应的(2)(反应物从颗粒的外表面通过微孔扩散到内表面上)和(6)(产物从内表面扩散到颗粒的外表面)步称为内扩散过程，取决于颗粒的大小、微孔的直径及反应的温度和浓度。

下面将讨论内扩散过程对气固相催化反应的影响。

4.4.1　多孔催化剂内的扩散

反应组分从催化剂颗粒的外表面进入颗粒微孔内的移动和颗粒内的反应产物通过微孔向颗粒外表面的移动主要是扩散。这种颗粒内的扩散称为孔扩散，其按气体分子的平均自由程与孔径 $2\bar{r}_p$ 的相对大小可分为分子扩散和克努森扩散两种。当 $\lambda/2\bar{r}_p \leqslant 10^{-2}$ 时，在微孔内的扩散称为分子扩散或正常扩散。当 $\lambda/2\bar{r}_p \geqslant 10$ 时，在微孔内的扩散称为克努森扩散。常温常压下气体分子的平均自由程 λ 值为 1000 Å 左右。不同压力下的平均自由程可用式(4.114)估算。

$$\lambda = 3.66\frac{T}{p} \tag{4.114}$$

式中：T 为温度，K；p 为压力，atm；λ 为平均自由程，Å。

1. 分子扩散系数

1) 双组分系统(静止时) A ═══ B

在分子扩散的的情况下，其扩散状况与流体中组分的扩散完全一样。双组分系统的分子扩散系数可由有关手册查出，也可按式(4.115)估算

$$D_{AB} = \frac{1\times 10^{-3} T^{1.75}\left(\frac{1}{M_A}+\frac{1}{M_B}\right)^{0.5}}{p[(\sum V_A)^{1/3}+(\sum V_B)^{1/3}]^2} \tag{4.115}$$

式中：D_{AB} 为分子扩散系数(A 在 B 中的扩散系数)，cm^2/s；T 为热力学温度，K；M_i 为组分 i 的相对分子质量；p 为系统总压，atm 或 kg/m^2；$\sum V_i$ 为组分 i 的扩散体积，可查表 4.8 求得，表中未列入的气体，其扩散体积可由组成该分子的原子扩散体积加和得到，如 HCl 气体，$\sum V_{HCl} = V_H + V_{Cl} = 1.98 + 19.5 = 21.48$。

表 4.8　原子和分子的扩散体积

原子	扩散体积	分子	扩散体积	分子	扩散体积
C	16.5	H_2	7.07	CO	18.9
H	1.98	N_2	17.9	CO_2	26.9
O	5.48	O_2	16.6	H_2O	12.7
N	5.69	He	2.88	NH_3	14.9
Cl	19.5	Ne	5.59	N_2O	35.9
S	17	Ar	16.1	SO_2	41.1
		空气	20.1	Cl_2	37.7
				苯烃及多环化合物	−20.2

2) 多组分扩散系统(静止时)

在化学反应中，经常遇到的是多组分扩散系统，若组分 i 在系统中的分子分数为 y_i，则 i 在混合气体中的扩散系数可用式(4.116)计算

$$\frac{1}{D_{im}} = \frac{1}{1-y_i}\sum_{j\neq i}^{n}\frac{y_j}{D_{ij}} \tag{4.116}$$

式中：D_{im} 为组分 i 在混合气体中的扩散系数；D_{ij} 为组分 i 与 j 所构成的双组分系统扩散系数，可由式(4.115)计算。

式(4.116)仅适用于气体中其余组分是静止的情况。

3) 多组分流动扩散系统

在化学反应中，大都是多组分流动系统，此时扩散系数与体系组成有关，且对各组分有不同值，组分 A 向其余 n 个组分中有效扩散系数可按式(4.117)计算

$$\frac{1}{D_{\mathrm{Am}}}=\sum_{j\neq \mathrm{A}}^{n}\frac{1}{D_{\mathrm{A}j}}\left(y_j-\frac{N_j}{N_{\mathrm{A}}}y_{\mathrm{A}}\right) \tag{4.117}$$

式中：j 为混合物中除 A 以外的其余组分；D_{Am} 为组分在混合气体中的扩散系数，包括流体本体流动对传质的影响；N_j 为扩散通量，kmol/(m^2·s)，$N_j=-c_{\mathrm{T}}D_{j\mathrm{m}}\dfrac{\mathrm{d}y_i}{\mathrm{d}L}$；$c_{\mathrm{T}}$ 为多元混合物的总浓度，kmol/m^3；L 为扩散距离。

4）双组分流动扩散系统

对二元体系，式(4.117)变为

$$\frac{1}{D_{\mathrm{Am}}}=\frac{1}{D_{\mathrm{AB}}}\left(y_{\mathrm{B}}-\frac{N_{\mathrm{B}}}{N_{\mathrm{A}}}y_{\mathrm{A}}\right) \tag{4.118}$$

因为 $y_{\mathrm{B}}=1-y_{\mathrm{A}}$，令 $a=1+\dfrac{N_{\mathrm{B}}}{N_{\mathrm{A}}}$，则有

$$\frac{1}{D_{\mathrm{Am}}}=\frac{1}{D_{\mathrm{AB}}}(1-ay_{\mathrm{A}}) \tag{4.119}$$

下述情况下，式(4.119)可作一些简化：

(1)若过程为等物质的量逆向扩散，则 $N_{\mathrm{A}}=-N_{\mathrm{B}}$，$a=0$，因此

$$D_{\mathrm{Am}}=D_{\mathrm{AB}}$$

(2)在等温等压下，当无化学反应，且过程为定态时，扩散通量与相对分子质量的平方根成反比：

$$\frac{N_{\mathrm{B}}}{N_{\mathrm{A}}}=\frac{\sqrt{M_{\mathrm{A}}}}{\sqrt{M_{\mathrm{B}}}}\quad \text{或}\quad a=1+\frac{\sqrt{M_{\mathrm{A}}}}{\sqrt{M_{\mathrm{B}}}} \tag{4.120}$$

(3)当有化学反应存在，且过程处于定态时，扩散通量与化学计量系数成正比：

$$\nu_{\mathrm{A}}\mathrm{A}=\!=\!=\nu_{\mathrm{B}}\mathrm{B}$$

$$\frac{N_{\mathrm{B}}}{N_{\mathrm{A}}}=\frac{\nu_{\mathrm{B}}}{\nu_{\mathrm{A}}}\quad \text{或}\quad a=1+\frac{\nu_{\mathrm{B}}}{\nu_{\mathrm{A}}} \tag{4.121}$$

显然，式(4.119)中 D_{Am} 的计算包括了流体本体的流量对传质的影响。它既适用于气体在催化剂颗粒微孔内属于分子扩散的扩散系数的计算，也适用于颗粒空隙间扩散系数的计算，还适用于催化剂颗粒外表面与流体主体间的气膜层中分子扩散系数的计算。

2. 克努森扩散系数

当颗粒 $\lambda/2\bar{r}_{\mathrm{p}}\geqslant 10$ 时的扩散称为克努森扩散。这时由于分子在相互碰撞前就已碰到了孔壁，分子与孔壁间的来回碰撞降低了分子的前进速率，其扩散系数 D_{K} 应用式(4.122)计算

$$D_{\mathrm{K}}=9700\bar{r}_{\mathrm{p}}\sqrt{\frac{T}{M}} \tag{4.122}$$

式中：D_{K} 为克努森扩散系数，cm^2/s；$\bar{r}_{\mathrm{p}}$ 为平均孔半径，cm；T 为温度，K；M 为相对分子质量。

3. 综合扩散系数

在一定条件下，当孔径处于某一中间值时，分子扩散和克努森扩散同时存在，分子间的碰撞和分子与孔壁间的碰撞均不可忽略，称为过渡区扩散，这时的扩散系数称为综合扩散系数，可按式(4.123)计算。

$$\frac{1}{D}=\frac{1}{D_{\mathrm{Am}}}+\frac{1}{D_{\mathrm{K}}} \tag{4.123}$$

对于双组分等物质的量逆向扩散系统，$N_A=-N_B$，$D_{Am}=D_{AB}$，故式(4.123)变为

$$\frac{1}{D}=\frac{1}{D_{\mathrm{AB}}}+\frac{1}{D_{\mathrm{K}}} \tag{4.124}$$

式(4.124)虽然只由双组分等物质的量逆向扩散系统导出，但在某些情况下用它近似估算其误差不会太大。

由式(4.115)可见，分子扩散系数 D_{AB} 与压力成反比，与温度的 1.75 次方成正比，与孔径无关。当温度、组成及孔径不变时，压力升高，D_K 不变，但分子扩散系数下降，当压力升高至某值时，$1/D_{AB}\gg 1/D_K$，过渡区扩散变为分子扩散，此时 $D=D_{Am}$。

由式(4.122)可见，克努森扩散系数 D_K 与孔径成正比，与温度的 0.5 次方成正比，与压力无关。在一定的温度、压力下，当孔径减小时，D_K 下降，当孔径 $\bar{r}_p$ 降低到一定程度时，$1/D_K\gg 1/D_{AB}$，则过渡区扩散变为克努森扩散，$D=D_K$。

4. 颗粒有效扩散系数

前面是从单一孔的角度来讨论孔内的扩散问题，是以孔道的截面积为扩散面来计算扩散通量的，而催化剂颗粒是多孔的，当以颗粒的外表面积为扩散面来计算扩散系数时，由于可供扩散的部分仍然仅是孔道的截面积，所以必须乘以孔隙率 ε_p 加以校正，同时由于催化剂内的孔道弯弯曲曲、时大时小、相互交错，其扩散距离远比颗粒的线性尺寸长得多，所以还需用曲节因子 τ 加以校正(其倒数称为迷宫因子)，才是真正反映粒内扩散能力的有效扩散系数 D_e，即

$$D_{\mathrm{e}}=\frac{\varepsilon_{\mathrm{p}}}{\tau}D \tag{4.125}$$

实验测定表明，大多数催化剂颗粒的曲节因子数值为 2～7，且以 3～4 居多，这与约翰逊(M. F. Johnson)的平行交叉连接孔模型的理论数值相接近。

必须指出，由于颗粒上的毛孔大小不一，弯曲的程度也不一样，上述方法计算的有效扩散系数还不十分准确。

【例 4.8】 在 1 atm 及 30 ℃下，二氧化碳气体向某催化剂中的氢气进行扩散，该催化剂孔容及比表面积分别为 0.72 cm^3/g 及 150 m^2/g，颗粒密度为 0.7 g/cm^3。试估算有效扩散系数。该催化剂的曲节因子为 3.9，分子扩散系数为 0.09 cm^2/s。

【解】 由孔容及比表面积计算平均孔半径为

$$\bar{r}_{\mathrm{p}}=\frac{2V_{\mathrm{g}}}{S_{\mathrm{g}}}=\frac{2\times 0.72}{150\times 10^{4}}=9.6\times 10^{-7}=96(\text{Å})$$

平均自由程为

$$\lambda = 3.66\frac{303}{1} = 1108.98(\text{Å})$$

$$\frac{\lambda}{2\overline{r}_p} = \frac{1108.98}{2\times 96} = 5.775$$

此值在 10^{-2} 与 10 之间，所以扩散以综合扩散为主。

克努森扩散系数为

$$D_K = 9700\overline{r}_p\sqrt{\frac{T}{M}} = 9700\times 9.6\times 10^{-7}\sqrt{\frac{303}{44}} = 2.444\times 10^{-2}(\text{cm}^2/\text{s})e^{i\theta}$$

综合扩散系数为

$$\frac{1}{D} = \frac{1}{D_{AB}} + \frac{1}{D_K} = \frac{1}{0.09} + \frac{1}{2.444\times 10^{-2}}$$

所以

$$D \approx D_K = 1.922\times 10^{-2}(\text{cm}^2/\text{s})$$

而

$$\varepsilon_p = V_g\rho_p = 0.72\times 0.7 = 0.504$$

则有效扩散系数为

$$D_e = \frac{\varepsilon_p}{\tau}D = \frac{0.504}{3.9}\times 1.922\times 10^{-2} = 2.484\times 10^{-3}(\text{cm}^2/\text{s})$$

4.4.2 等温内扩散效率因子

为了定量地描述内扩散对反应速率的影响，常采用内扩散效率因子 η_I 对本征动力学速率加以校正，其定义如下：

$$\eta_I = \frac{\text{内扩散对反应过程有影响时的反应速率}}{\text{扩散对反应过程无影响时的反应速率}} = \frac{R_{AI}}{r_{Ag}} \tag{4.126}$$

对一级不可逆反应：

$$R_{AI}=\eta_I k_W c_{As}$$

对一级可逆反应：

$$R_{AI}=\eta_I k_W (c_{As}-c_{Ae})$$

内扩散效率因子的推导步骤：

(1) 建立催化剂颗粒内反应物浓度分布的微分方程，即扩散反应方程，确定相应的边界条件，解此微分方程而求得浓度分布。

(2) 根据浓度分布而求得颗粒内的平均反应速率。

(3) 由内扩散效率因子的定义即可导出其计算式。

1. 等温一级不可逆反应的内扩散效率因子

1) 薄片催化剂

以薄片催化剂为例，推导其内扩散效率因子。设薄片催化剂的厚度为 $2L$，扩散面积为 a，此时若忽略侧面处的扩散量将不影响计算的精确度，如图 4.9 所示。

在薄片内取距离表面为 l、厚度为 dl 的微元体，作反应物 A 的物料衡算，则在单位时间内有

扩散进入微元体的 A 量–扩散离开微元体的 A 量＝微元体内反应的 A 量

即

$$D_e a\left(\frac{dc_A}{dl}\right)_{l+dl}-D_e a\left(\frac{dc_A}{dl}\right)_l=r_A a dl$$

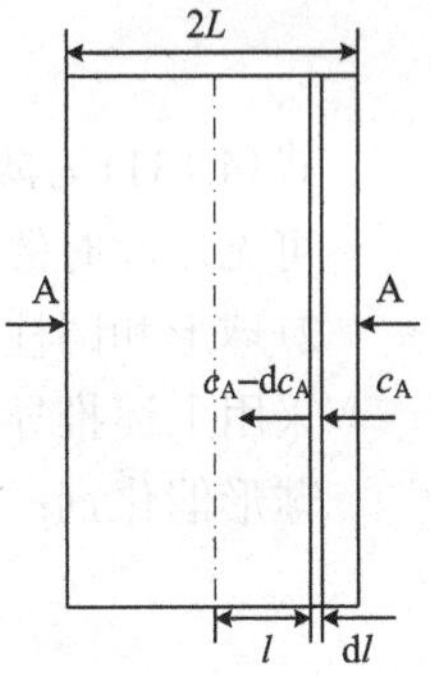

图 4.9　薄片催化剂

由于

$$\left(\frac{dc_A}{dl}\right)_{l+dl}=\left(\frac{dc_A}{dl}\right)_l+\frac{d^2c_A}{dl^2}dl,\quad r_A=kc_A$$

代入整理得

$$\frac{d^2c_A}{dl^2}=\frac{k}{D_e}c_A \tag{4.127}$$

其边界条件为：颗粒中心处 $l=0$，$dc_A/dl=0$；颗粒外表面上 $l=L$，$c_A=c_{As}$。

令 $\lambda^2=(\varphi/L)^2=k/D_e$，则上述二阶齐次方程的通解为

$$c_A=C_1e^{\lambda l}+C_2e^{-\lambda l}$$

求导得

$$\frac{dc_A}{dl}=\lambda C_1e^{\lambda l}-\lambda C_2e^{-\lambda l}$$

故

$$C_1=C_2=\frac{c_{As}}{e^{\lambda L}+e^{-\lambda L}}$$

所以方程的特解为

$$c_A=c_{As}\frac{ch(\lambda l)}{ch(\lambda L)} \tag{4.128}$$

式(4.128)即为粒内浓度分布的数学表达式。

由于内扩散有影响时催化剂颗粒内的浓度是不均匀的，随 l 而变，需要求出此时的平均反应速率：

$$R_{AI}=\frac{1}{L}\int_0^L kc_A dl \tag{4.129a}$$

将式(4.128)代入式(4.129a)，得

$$R_{AI}=\frac{1}{L}\int_0^L kc_{As}\frac{ch(\lambda l)}{ch(\lambda L)}dl=\frac{kc_{As}}{\lambda L}th(\lambda L) \tag{4.129b}$$

若内外扩散均无影响，则 $c_A=c_{As}=c_{Ag}$，$\eta_X=1$，本征反应速率为 $r_{Ag}=kc_{Ag}$。

由内扩散效率因子 η_I 的定义式(4.126)得

$$\eta_I=\frac{R_{AI}}{r_{Ag}}=\frac{th(\lambda L)}{\lambda L}=\frac{th\varphi}{\varphi} \tag{4.130}$$

式中

$$\varphi = \lambda L = L\sqrt{k / D_e} \tag{4.131}$$

式(4.131)为薄片催化剂颗粒等温一级不可逆反应蒂勒模数的表达式。

可见，此时催化剂的效率因子 η_I 仅为蒂勒模数的函数，即 $\eta_I = f(\varphi)$。

2)球形和圆柱形催化剂

采用上述推导思路，也可导出球形催化剂和圆柱形催化剂的内扩散效率因子计算式。

球形催化剂：

$$\eta_I = \frac{R_{AI}}{r_{Ag}} = \frac{1}{\varphi}\left[\frac{1}{\text{th}(3\varphi)} - \frac{1}{3\varphi}\right] \tag{4.132}$$

圆柱形催化剂：

$$\eta_I = \frac{R_{AI}}{r_{Ag}} = \frac{I_1(2\varphi)}{\varphi I_0(2\varphi)} \tag{4.133}$$

式中：I_0 为零阶一类变形贝塞尔函数。

2. 蒂勒模数

1)等温一级反应通用蒂勒模数计算式

式(4.130)、式(4.132)和式(4.133)中的 φ 均可用式(4.131)表示

$$\varphi = \lambda L = L\sqrt{k/D_e} \tag{4.131}$$

式中：L 为特征长度，计算式为

$$L = V_p/S_p \tag{4.134}$$

不同的几何形状，其特征长度不同，见表 4.9。

表 4.9　不同颗粒形状的特征长度

颗粒形状	单位面积平板[厚度之半(L)]	单位长度圆柱[半径(R)]	$D=H$ 的圆柱体[半径(R)]	球[半径(R)]
V_p	$2L$	πR^2	$\pi R^2 \cdot 2R$	$4/3\pi R^3$
S_p	2	$2\pi R$	$2\pi R^2 + 2\pi R \cdot 2R$	$4\pi R^2$
$L = V_p/S_p$	L	$R/2$	$R/3$	$R/3$

所以，式(4.134)可表示成一个通用的蒂勒模数，以便用于其他形状颗粒的效率因子的计算，即

$$\varphi = \frac{V_p}{S_p}\sqrt{\frac{k}{D_e}} = L\sqrt{\frac{k}{D_e}} \tag{4.135}$$

式中：V_p 为催化剂颗粒的体积，m^3；S_p 为催化剂颗粒的外表面积，m^2。

2)普遍化蒂勒模数计算式

实际计算表明，只要令普遍化蒂勒模数

$$\varphi=\frac{V_p}{S_p}\sqrt{\frac{n+1}{2}\frac{k}{D_e}c_{As}^{n-1}} \tag{4.136}$$

则式(4.130)、式(4.132)和式(4.133)可用于任何级数、任何形状颗粒的内扩散效率因子的计算，其误差仅在 10%左右。

3) 蒂勒模数的物理意义

不同形状颗粒的 η_I-φ 关系如图 4.10 所示。由图可见，在 φ 值较小或 φ 值较大时，薄片、圆柱、圆球的 η_I-φ 曲线几乎重合为一。只有当 $0.4<\varphi<3$ 时，三条曲线才有较明显的差别，不过相差只有 10%～20%。所以，按式(4.130)或式(4.132)、式(4.133)计算 η_I 都可以。

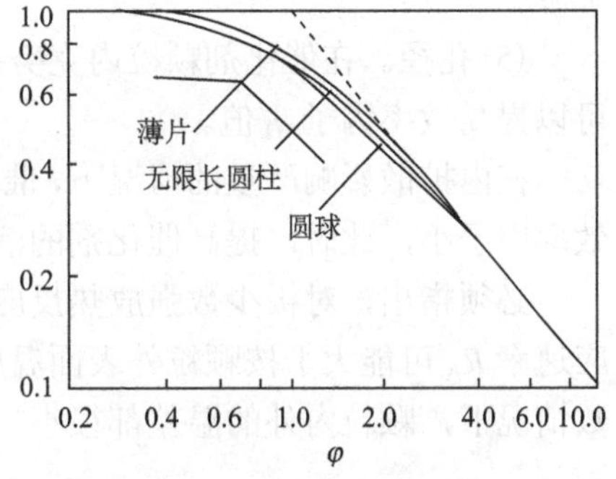

图 4.10　催化剂的内扩散效率因子

由图 4.10 还可看出，无论是何种形状的催化剂颗粒，当 $\varphi<0.4$ 时，$\eta_I\approx1$，表明没有明显的内扩散阻力。当 $\varphi>3$ 时，即内扩散影响严重时，三条曲线与其渐近线(图中的虚线)相重合，此时根据双曲正切函数的性质，当 $\varphi>3$ 时，$\text{th}\varphi>0.995$，即

$$\eta_I=1/\varphi$$

因为

$$\varphi=\frac{V_p}{S_p}\sqrt{\frac{k}{D_e}}$$

即

$$\varphi^2=\frac{V_p^2kc_{Ag}}{S_p^2D_ec_{Ag}}=\frac{r_{Ag}}{D_e(\frac{S_p}{V_p})^2(c_{Ag}-0)}=\frac{\text{本征反应速率}}{\text{最大扩散速率}}$$

因此蒂勒模数表示了本征反应速率与扩散速率的相对大小。φ 值越大，扩散速率相对越小，说明内扩散影响越大。

3. 等温非一级不可逆反应的内扩散效率因子

由前知，当内扩散影响严重时：

$$\eta_I=1/\varphi \tag{4.137}$$

即

$$\eta_I=\frac{S_p}{V_p}\sqrt{\frac{2}{n+1}\frac{D_e}{k}c_{As}^{-(n-1)}} \tag{4.138}$$

由式(4.138)可知，影响效率因子的因素有：

(1) 粒度。效率因子与特征长度成反比，粒度减小，效率因子增加。

(2) 温度。增加温度，有效扩散系数 D_e 和反应速率常数 k 均增加，但前者增加的幅度小于后者，所以效率因子 η_I 下降。

(3)浓度。当反应级数 $n=1$ 时，$\eta_{\mathrm{I}}=\dfrac{S_{\mathrm{p}}}{V_{\mathrm{p}}}\sqrt{\dfrac{D_{\mathrm{e}}}{k}}$，浓度与 η_{I} 无关；当反应级数 $n>1$ 时，浓度增加，η_{I} 下降；当反应级数 $-1<n<1$ 时，浓度增加，η_{I} 增加。

(4)压力。由式(4.115)知有效扩散系数 D_{e} 与压力成反比，所以压力增加，D_{e} 下降，η_{I} 下降。

(5)孔径。在催化剂颗粒内克努森扩散占优势时，增大孔径以提高有效扩散系数 D_{e}，也可以提高效率因子 η_{I} 值。

在内扩散影响严重的情况下，催化剂的活性高，反应速率常数 k 值大，因而 φ 值也较大，效率因子小，此时，提高催化剂的活性并不一定能提高实际反应速率。

必须指出，对极少数强放热反应，颗粒内外部温差可高达几十摄氏度，这时内部表观反应速率 R_{A} 可能大于按颗粒外表面温度、浓度计算的反应速率，因而 η_{I} 可能大于 1。但在大多数情况下，颗粒内外的温差都很小，把颗粒视为等温是符合实际的。

【例 4.9】 在 Pt/γ-Al_2O_3 催化剂上进行甲烷氧化反应，对甲烷而言为一级反应，对氧则为零级，催化剂为球形，直径等于 6 mm，平均孔半径可按 58 Å 计算。若反应系在 1 atm 及 450 ℃等温下进行，反应速率常数为 10 s^{-1}，试计算内扩散效率因子。如其他条件不变，改用 4 mm 的球形催化剂，则内扩散效率因子是多少？如用直径与高均等于 6 mm 的圆柱形催化剂，内扩散效率因子又是多少？催化剂的曲节因子等于 3.8，孔隙率为 0.37。

【解】 根据题给条件

$$\lambda=3.66\times(273+450)/1=2648.18\,(\text{Å})$$

$$\lambda/2\,\overline{r}_{\mathrm{p}}=2648.18/116=22.8\geqslant 10$$

说明在催化剂内的扩散属于克努森扩散，甲烷的克努森扩散系数为

$$D_{\mathrm{K}}=9700\times 58\times 10^{-8}\sqrt{\frac{450+273}{16}}=3.782\times 10^{-2}(\mathrm{cm}^2/\mathrm{s})$$

因此，催化剂的有效扩散系数可由式(4.125)求得

$$D_{\mathrm{e}}=\frac{0.37}{3.8}\times 3.782\times 10^{-2}=3.682\times 10^{-3}(\mathrm{cm}^2/\mathrm{s})$$

由式(4.135)得球形催化剂的蒂勒模数为

$$\varphi=\frac{R_{\mathrm{p}}}{3}\sqrt{\frac{k}{D_{\mathrm{e}}}}=\frac{0.6/2}{3}\sqrt{\frac{10}{3.682\times 10^{-3}}}=5.211$$

因 $\varphi>3$，说明内扩散影响严重，由式(4.137)得效率因子为

$$\eta_{\mathrm{I}}=\frac{1}{5.211}=0.19$$

若改用 4 mm 直径的球形催化剂，则

$$\varphi=\frac{0.4/2}{3}\sqrt{\frac{10}{3.682\times 10^{-3}}}=3.474$$

$$\eta_{\mathrm{I}}=\frac{1}{3.474}=0.29$$

比较两种粒度的计算结果可知，粒度越小，效率因子越大。

若用高度及直径均等于 6 mm 的圆柱形催化剂，由表 4.9 知，其特征长度为 $R/3$，与球形催化剂的特征

长度一样，仍用式(4.137)计算，可得 $\eta_1=0.19$。

【例 4.10】 在流动管式反应器中进行环己烷 C_6H_{12} 催化脱氢制苯反应 $A(C_6H_{12}) \longrightarrow 3B(H_2)+C(C_6H_6)$，原料气进料为：氢 6 mol/ks，环己烷 2 mol/ks，反应器出口环己烷转化率 $X_A=14.2\%$，宏观反应速率 $R_A=3.94\times10^{-2}$ mol/(s·L)，球形催化剂直径 $d_p=0.355$ cm，孔容 $V_g=0.46\ cm^3/g$，孔隙率 $\varepsilon_p=0.57$，比表面积 $S_g=220\ m^2/g$，曲节因子 $\tau=4.5$。反应于等温等压下进行，$t=437$ ℃，总压 $p=1.4$ MPa(13.8 atm)，反应可视作一级不可逆反应，试计算催化剂的内扩散效率因子(假设内扩散影响严重)。

【解】 由气体分子的平均自由程

$$\lambda = 3.66\frac{T}{p} = 3.66\frac{273+437}{13.8} = 188.3(\text{Å})$$

$$\overline{r}_p = \frac{2V_g}{S_g} = \frac{2\times0.46}{220\times10^4} = 4.182\times10^{-7}(\text{cm}) = 41.82\ (\text{Å})$$

$$\frac{\lambda}{2\overline{r}_p} = \frac{188.3}{2\times41.82} = 2.25$$

此值在 10^{-2} 与 10 之间，扩散以综合扩散为主。

克努森扩散系数为

$$D_K = 9700\overline{r}_p\sqrt{\frac{T}{M}} = 9700\times4.182\times10^{-7}\sqrt{\frac{710}{84}} = 1.179\times10^{-2}(\text{cm}^2/\text{s})$$

所以综合扩散系数为

$$\frac{1}{D} = \frac{1}{D_{AB}} + \frac{1}{D_K}$$

有效扩散系数为

$$D_e = \frac{\varepsilon_p}{\tau}D = \frac{0.57\times1.179\times10^{-2}}{4.5} = 1.494\times10^{-3}(\text{cm}^2/\text{s})$$

反应后组分的流量为

$$F_A = F_{A0}(1-X_A) = 1.716\text{mol/ks},\quad F_C = 0.284\text{mol/ks}$$

$$F_B = 6+3\times0.284 = 6.852\text{mol/ks},\quad F_T = 8.852\text{mol/ks}$$

$$y_A = 1.716/8.852 = 0.194$$

$$c_A = 0.194\times13.8/(0.08206\times710) = 0.046\text{mol/L}$$

$$R_A = \eta_1 k c_A$$

因内扩散影响严重，则 $\eta_1=1/\varphi$，所以

$$\eta_1 = \frac{3}{R}\sqrt{\frac{D_e}{k}} = \frac{3}{R}\sqrt{\frac{\eta_1 c_A D_e}{R_A}} = \frac{6}{0.355}\sqrt{\frac{\eta_1\times0.046\times1.494\times10^{-3}}{3.94\times10^{-2}}}$$

$$\eta_1^2 - 0.498\eta_1 = 0$$

解得

$$\eta_1 = 0.498$$

4.4.3 内扩散的影响与消除

内扩散不但能改变反应速率，而且能改变反应级数、活化能及选择性，所以，只有在消除内扩散影响的条件下，才能用实验测定出本征反应速率、反应级数及活化能。

1. 内扩散的影响

1) 反应速率

因为 $R_A=\eta_I r_{Ag}$，而一般情况下 $\eta_I<1$，所以内扩散影响均使反应速率下降，只有在消除内扩散影响的条件下，$\eta_I=1$，$R_A=r_{Ag}$，此时测得的实际反应速率才等于本征反应速率。

2) 反应级数

以 n 级不可逆反应为例，其本征速率方程为 $r_{Ag}=kc_{Ag}^n$，而当外扩散影响可以忽略但内扩散影响严重时，宏观反应速率为

$$R_A=\eta_I r_{Ag}=\frac{S_p}{V_p}\sqrt{\frac{2}{n+1}\frac{D_e}{k}c_{Ag}^{-(n-1)}}kc_{Ag}^n=\frac{S_p}{V_p}\sqrt{\frac{2}{n+1}D_e kc_{Ag}^{\frac{n+1}{2}}}=k^*c_{Ag}^{\frac{n+1}{2}}$$

式中

$$k^*=\frac{S_p}{V_p}\sqrt{\frac{2}{n+1}D_e k} \tag{4.139}$$

可见宏观反应级数为 $(n+1)/2$ 级。因此，必须在消除内扩散影响的条件下进行实验，才能测出本征反应级数，否则会得出错误的结论。

3) 活化能

将式(4.139)变形，有

$$k^*=\frac{S_p}{V_p}\sqrt{\frac{2}{n+1}}\left(k_D e^{-\frac{E_D}{RT}}\right)^{0.5}\left(k_0 e^{-\frac{E}{RT}}\right)^{0.5}=\frac{S_p}{V_p}\sqrt{\frac{2}{n+1}}k_D^{0.5}k_0^{0.5}e^{-\frac{E_D+E}{2RT}}=k_0^* e^{-\frac{E^*}{RT}} \tag{4.140}$$

式中：k_0^* 为表观反应速率常数的指前因子，$k_0^*=\frac{S_p}{V_p}\sqrt{\frac{2}{n+1}}k_D^{0.5}k_0^{0.5}$；$k_0$ 为扩散系数的指前因子；E_D 为扩散活化能；E 为本征活化能；E^* 为宏观活化能。

由式(4.140)可见，宏观活化能 $E^*=(E_D+E)/2$，通常扩散活化能很小，所以 $E^*=E/2$，也就是说，当内扩散影响严重时，宏观活化能仅为本征活化能的一半。

上述结果说明，多相催化反应的活化能严格来说并非定值，高温区常为外扩散控制，$E^*=4\sim12$ kJ/mol；中温区常为内扩散控制，$E^*=E/2$；低温区常为化学动力学控制，$E^*=E=40\sim400$ kJ/mol。且活化能只有在一定的温度范围内才可近似认为是常数。

4) 反应选择性

对复合反应，内扩散还会影响到反应的选择性。现以平行反应和连串反应为例说明其影响。

(1) 平行反应。

$$A\xrightarrow{k_1}L \quad (主反应，\alpha 级)$$
$$A\xrightarrow{k_2}M \quad (副反应，\beta 级)$$

由反应的瞬时选择性定义得

$$S^*=\frac{R_{A1}}{R_{A1}+R_{A2}}=\frac{1}{1+\frac{\eta_{I2}k_2}{\eta_{I1}k_1}c_{Ag}^{\beta-\alpha}}$$

当内扩散影响严重时

$$\eta_{I1}=\frac{S_p}{V_p}\sqrt{\frac{2}{\alpha+1}\frac{D_{eA}}{k_1}c_{Ag}^{-(\alpha-1)}}\qquad \eta_{I2}=\frac{S_p}{V_p}\sqrt{\frac{2}{\beta+1}\frac{D_{eA}}{k_2}c_{Ag}^{-(\beta-1)}}$$

因此

$$S^*=\frac{R_{A1}}{R_{A1}+R_{A2}}=\frac{1}{1+\sqrt{\frac{k_2(\alpha+1)}{k_1(\beta+1)}}c_{Ag}^{\frac{\beta-\alpha}{2}}} \tag{4.141}$$

而扩散无影响时的选择性为

$$S=\frac{r_{A1}}{r_{A1}+r_{A2}}=\frac{1}{1+\frac{k_2}{k_1}c_{Ag}^{\beta-\alpha}} \tag{4.142}$$

比较式(4.141)和式(4.142)可知，内扩散影响的存在可能使选择性增加，也可能使其下降。对给定的物系，随主副反应的速率常数、反应级数及浓度而异：

① 当 $k_1>k_2$，$\alpha>\beta$，$c_{Ag}>1$ 时，内扩散存在使选择性下降。

② 当 $k_1<k_2$，$\alpha<\beta$，$c_{Ag}>1$ 时，内扩散存在使选择性上升。

(2) 连串反应。两步均为一级的连串反应：$A\xrightarrow{k_1}L$(目的产物)$\xrightarrow{k_2}M$, 对催化剂颗粒内的某一点，反应的选择性为

$$S=\frac{\text{L的净生成速率}}{\text{A的消失速率}}=\frac{k_1c_A-k_2c_L}{k_1c_A}=1-\frac{k_2}{k_1}\frac{c_L}{c_A} \tag{4.143}$$

可见反应的选择性随 c_L/c_A 的值而变化。随着颗粒内各处的 c_L/c_A 值不同，选择性随之变化。当存在内扩散影响时，颗粒从外到内 c_A 由大变小，而 c_L 则由小到大，所以选择性下降。

由上述分析可以看出，内扩散对反应的影响极大，而颗粒的直径和粒内微孔的半径大小是造成内扩散阻力大小的主要原因。催化剂的比表面积 S_g 增大，粒径减小，孔数增加，微孔半径减小，不利于内扩散。因此，并非是催化剂的比表面积越大活性就越高，孔半径 $\overline{r}_p$ 与 S_g 之间存在某种最佳折衷。生产上常将催化剂制成环形、车轮形等结构，使其具有大的外表面积及孔径，小的线性尺寸 $L=V_p/S_p$，以利于减小内扩散阻力和流体阻力。

2. 内扩散影响的判断与消除

内扩散影响的存在，会使反应($n>0$)的速率下降、级数下降、活化能下降，平行反应($\alpha>\beta$)和连串反应的选择性下降，即在多数情况下对反应都是不利的，因此消除或降低内扩散阻力，判别其是否存在，无论对工业生产还是实验研究都是十分必要的。

1) 实验检验法

等温等压下，内扩散效率因子可表示为 $\eta_I=f(d_p, T, c_A, p)$，而对给定的催化剂、反应温度、压力和反应物浓度，内扩散效率因子仅与颗粒的大小有关。因此，改变粒度大小进行动力学实验是检验内扩散影响的最好方法。

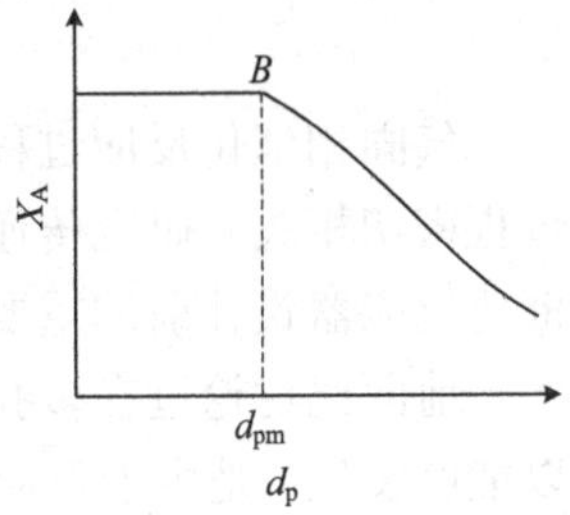

图 4.11　内扩散影响的检验

在一定的温度、浓度及空速(W/F_{A0})条件下，改变催化剂粒径 d_p，测出转化率 X_A，然后作 X_A-d_p 关系图(图 4.11)，图中 B 点左

侧的区域内，转化率 X_A 不随 d_p 而变，催化剂的效率因子 η_I 未随 d_p 的增大而减小，说明此时 $\eta_I=1$，即内扩散对过程无影响。

在 B 点右侧的区域，转化率 X_A 随 d_p 的增大而减小，说明内扩散影响随 d_p 的增大而增大，转化率开始随 d_p 的增大而降低，表明开始出现内扩散影响。所以，B 点所对应的 d_{pm} 值是该条件下消除内扩散影响的最大粒径值。

必须指出，消除内扩散影响的粒径值 d_{pm} 也随温度而异，升高温度时由于速率常数 k 的增大值远比有效扩散系数 D_e 的增大值多得多，这就使得颗粒内外的浓差增大，所以需要更小的粒径才能消除内扩散的影响。因此，在检验内扩散影响的实验时应选择在操作温度的上限进行。若在这样的温度条件下检验出的某一粒径 d_{pm} 已无内扩散影响时，则在低于这一温度时，这一粒度的催化剂也一定不会存在内扩散的影响。

2) 计算检验法

实际上，内扩散影响的检验除通过上述的实验方法外，还可用下列的计算方法进行。

当已知宏观速率方程时，对一级不可逆反应，宏观速率方程为 $R_A=\eta_I k c_{As}$。

由式(4.135)

$$\varphi=\frac{V_p}{S_p}\sqrt{\frac{k}{D_e}}=L\sqrt{\frac{k}{D_e}} \quad 或 \quad k=\frac{D_e\varphi^2}{L^2}$$

代入宏观速率方程可得

$$R_A=\eta_I\frac{D_e\varphi^2}{L^2}c_{As} \quad 或 \quad \eta_I\varphi^2=R_A\frac{L^2}{D_e c_{As}}$$

当忽略外扩散影响时，$c_{As}=c_{Ag}$，而 L、D_e 和 R_A 均为实验的已知数据。

当无内扩散影响时，$\varphi\ll 1$，$\eta_I\approx 1$，所以 $\eta_I\varphi^2\ll 1$，即

$$R_A\frac{L^2}{D_e c_{Ag}}\ll 1 \tag{4.144}$$

当内扩散影响严重时，$\varphi\gg 1$，$\eta_I\approx 1/\varphi$，所以 $\eta_I\varphi^2\approx\varphi\gg 1$，即

$$R_A\frac{L^2}{D_e c_{Ag}}\gg 1 \tag{4.145}$$

所以通过式(4.144)和式(4.145)可判别反应过程有无内扩散存在。一般来说，当 $R_A\dfrac{L^2}{D_e c_{Ag}}>15$ 时，内扩散影响已十分严重。

4.5　气固相催化反应的宏观动力学

气固相催化反应过程的速率，除取决于催化剂表面上的本征化学反应速率外，还与传递过程密切相关。研究传递过程对反应速率的影响，即研究反应的宏观动力学，是进行气固相催化反应器设计前的重要任务。

前面已讨论过在多孔固体催化剂中进行的气固相催化反应过程的七个步骤，各步骤之所以能够发生，是由于反应组分浓度不同的结果。图 4.12 表明球形催化剂颗粒上的浓度变化情况。以可逆反应 $A\rightleftharpoons B$ 为例，若组分 A 在气相主体中的浓度为 c_{Ag}，在颗粒外表面上的浓

度为 c_{As}，颗粒内微孔中的浓度为 c_A，颗粒中心处的浓度为 c_{Ac}，而在反应温度下的平衡浓度为 c_{Ae}，则在一般情况下有 $c_{Ag}>c_{As}>c_{Ac}>c_{Ae}$。

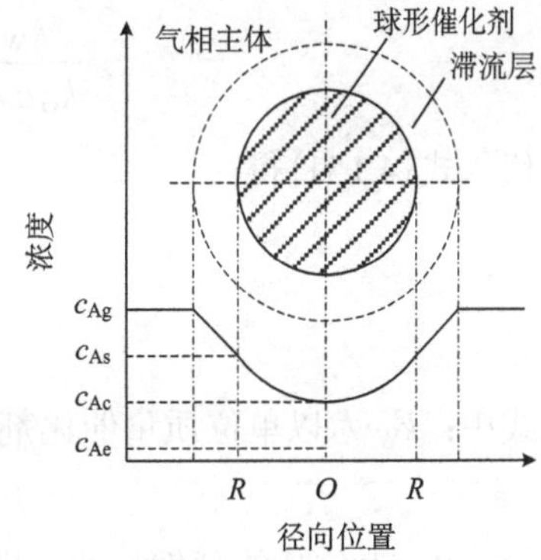

图 4.12　球形催化剂的浓度分布

在组分 A 由气相主体穿过气膜层向颗粒外表面的扩散过程中，由于不存在化学反应，是一个单纯的相间传质过程，因此浓度梯度为常量，浓度与距离呈直线关系。而在催化剂颗粒的内部，组分 A 由颗粒外表面向颗粒内部扩散，并同时在颗粒的内表面上发生化学反应，因此浓度随距离的变化呈曲线关系。由于化学反应的不断进行，越到颗粒内部，反应物的浓度越低，并以颗粒中心处的浓度 c_{Ac} 为最低。而可能达到的最小值为平衡浓度 c_{Ae}，对不可逆反应则为零。

4.5.1　总效率因子

1. 总效率因子计算式

前面分别介绍了外扩散效率因子 η_X 和内扩散效率因子 η_I，若反应过程中内、外扩散都有影响，则定义总效率因子 η 为

$$\eta=\frac{\text{内、外扩散都有影响时的反应速率}}{\text{无扩散影响时的反应速率}}=\frac{R_{AW}}{r_{AW}} \tag{4.146}$$

根据前面已讨论过的内容，对一级反应可写出

$$R_{AW}=k_G a_m(c_{Ag}-c_{As})=\eta_I k_W c_{As}=\eta k_W c_{Ag} \tag{4.147}$$

在反应过程达到稳态时式(4.147)中这三个等式是等效的，第一式表示反应速率与外扩散速率相等；第二式是以内扩散效率因子表示的反应速率，式中 c_{As} 已暗含外扩散的影响；第三式是以总效率因子表示的反应速率。由此可导出

$$c_{As}=c_{Ag}\Big/\left(1+\frac{k_W}{k_G a_m}\eta_I\right) \tag{4.148}$$

及

$$R_{AW}=\eta_I k_W c_{Ag}\Big/\left(1+\frac{k_W}{k_G a_m}\eta_I\right)=\left(\frac{\eta_I}{1+\eta_I Da}\right)k_W c_{Ag} \tag{4.149}$$

将式(4.149)与式(4.147)对比可知

$$\eta=\frac{\eta_I}{1+\eta_I Da} \tag{4.150}$$

将薄片催化剂上进行一级不可逆反应时内扩散效率因子的计算式(4.130)及丹克莱尔数 Da 的定义式(4.104)代入式(4.150)，得

$$\eta=\frac{\mathrm{th}\varphi}{\varphi\left(1+\dfrac{k_W}{k_G a_m}\dfrac{\mathrm{th}\varphi}{\varphi}\right)} \tag{4.151}$$

但

$$\frac{k_{\mathrm{W}}}{k_{\mathrm{G}}a_{\mathrm{m}}\varphi}=\frac{k_{\mathrm{W}}\varphi}{k_{\mathrm{G}}a_{\mathrm{m}}\varphi^{2}}=\frac{k_{\mathrm{W}}\varphi D_{\mathrm{e}}}{k_{\mathrm{G}}a_{\mathrm{m}}L^{2}k}=\frac{\varphi D_{\mathrm{e}}}{k_{\mathrm{G}}L}=\frac{\varphi}{Bi_{\mathrm{m}}}$$

代入式(4.151)得

$$\eta=\frac{\mathrm{th}\varphi}{\varphi\left(1+\dfrac{\varphi\mathrm{th}\varphi}{Bi_{\mathrm{m}}}\right)} \tag{4.152}$$

式中：k_{W}为以单位质量催化剂为基准表示的反应速率常数，即

$$k_{\mathrm{W}}=a_{\mathrm{m}}Lk \tag{4.153}$$

Bi_{m}为传质的拜俄特数，即

$$Bi_{\mathrm{m}}=k_{\mathrm{G}}L/D_{\mathrm{e}} \tag{4.154}$$

传质的拜俄特数 Bi_{m}表示内、外扩散阻力的相对大小，$Bi_{\mathrm{m}}\to\infty$时，外扩散阻力可忽略；$Bi_{\mathrm{m}}\to 0$ 时，内扩散阻力可忽略。

2. 总效率因子计算式的简化

1) 外扩散影响时的效率因子

若只有外扩散影响，内扩散阻力可忽略，即 $\eta_{\mathrm{I}}=1$，$Bi_{\mathrm{m}}\to 0$，则式(4.150)和式(4.152)可简化为

$$\eta=\frac{1}{1+Da}=\eta_{\mathrm{X}} \quad 或 \quad \eta=1\Big/\left(1+\frac{k_{\mathrm{W}}}{k_{\mathrm{G}}a_{\mathrm{m}}}\right)=1/(1+Da)=\eta_{\mathrm{X}} \tag{4.155}$$

因为在内扩散影响可忽略时，总效率因子就只是由外扩散影响造成，自然就应该$\eta=\eta_{\mathrm{X}}$了。

2) 内扩散影响时的效率因子

若只有内扩散影响，外扩散阻力可忽略，即 $c_{\mathrm{Ag}}=c_{\mathrm{As}}$，$Da=0$，$Bi_{\mathrm{m}}\to\infty$，则式(4.150)和式(4.152)可简化为

$$\eta=\eta_{\mathrm{I}} \quad 或 \quad \eta=\mathrm{th}\varphi/\varphi=\eta_{\mathrm{I}} \tag{4.156}$$

必须指出，在实际生产中，由于气速较高，外扩散的影响一般都是可以忽略的。但床层中由于压降的限制，颗粒粒度一般都不能太小，内扩散的影响往往是存在的，因此内扩散效率因子的概念特别有用，它表征了多相催化反应过程中催化剂内表面利用的程度。当然，前面的讨论都是在颗粒内外等温的假定下进行的，这在大多数情况下并不会有太大的误差。但在少数情况下，颗粒内外温差较大，则除要建立颗粒内的浓度分布方程外，还需建立温度分布方程，然后联立求解才能得出效率因子，显然这较等温情况复杂得多，需要时可参阅有关文献。

4.5.2 宏观速率方程

如前所述，气固相催化反应总是由外扩散、内扩散及表面化学反应三过程组成，4.2 讨论了内、外扩散对反应无影响时的表面反应过程的本征速率方程，而在实际生产中，内外扩散的传递过程对反应是有影响的，这种包括扩散影响在内的速率称为宏观反应速率。实验中无论传质影响是否存在，实际测得的反应速率都称为宏观反应速率(实际反应速率)，用 R_{A}表示。显然，当内、外扩散的影响可以忽略时，宏观反应速率也就是本征反应速率，它可由

本征速率方程计算。

以一级可逆反应为例进行讨论。

1) 表面化学反应速率

$$R_{AW}=r_{AW}=k_W(c_{Ag}-c_{Ae})=k_W(c_{As}-c_{Ae}) \tag{4.157}$$

2) 外扩散速率

$$R_{AWX}=\eta_X r_{AW}=\eta_X k_W(c_{As}-c_{Ae}) \tag{4.158}$$

当过程为外扩散控制时，宏观反应速率＝外扩散速率，所以也可由传质方程计算：

$$R_{AWX}=k_G a_m(c_{Ag}-c_{As}) \tag{4.76a}$$

3) 内扩散速率

$$R_{AWI}=\eta_I r_{AW}=\eta_I k_W(c_{As}-c_{Ae}) \tag{4.159}$$

4) 各步骤对反应均有影响时的速率

因为外扩散、内扩散及表面化学反应是一个连续的串联过程，所以在定常态下各步骤的速率应相等，即

$$R_{AW}=k_G a_m(c_{Ag}-c_{As})=\eta_I k_W(c_{As}-c_{Ae}) \tag{4.160}$$

解得

$$c_{As}=\frac{k_G a_m c_{Ag}+\eta_I k_W c_{Ae}}{\eta_I k_W+k_G a_m} \tag{4.161}$$

将式(4.161)代入式(4.160)，整理可得

$$R_{AW}=\frac{(c_{Ag}-c_{Ae})}{\dfrac{1}{k_G a_m}+\dfrac{1}{\eta_I k_W}}=\frac{(c_{Ag}-c_{Ae})}{\dfrac{1}{k_G a_m}+\dfrac{1-\eta_I}{\eta_I k_W}+\dfrac{1}{k_W}} \tag{4.162}$$

$$=\frac{推动力}{外扩散阻力+内扩散阻力+表面反应阻力}$$

式(4.162)即为各步骤对反应都有影响时等温一级可逆反应的宏观速率方程，可理解为推动力与阻力之比。

4.5.3　浓度关系和反应速率

事实上，进行的各个步骤本身所具有的可能速率并不一样，其中总有一个速率最慢，对过程的总速率起到了控制作用，因而称为过程的控制步，而其余各步阻力可以忽略，即 $R_{总}\approx R_{控制步}$。

1) 外扩散控制

此时外扩散阻力最大，其余各步阻力可以忽略，其浓度关系变为 $c_{Ag}\gg c_{As}\approx c_{Ac}\approx c_{Ae}$，阻力为 $\dfrac{1}{k_G a_m}\gg\dfrac{1-\eta_I}{\eta_I k_W}+\dfrac{1}{k_W}$，即反应速率为

$$R_{AW}=k_G a_m(c_{Ag}-c_{As}) \tag{4.76a}$$

2) 内扩散控制

此时内扩散阻力最大，其余各步阻力可以忽略，其浓度关系变为 $c_{Ag}\approx c_{As}\gg c_{Ac}\approx c_{Ae}$，且 $\eta_I\ll 1$，阻力为 $\dfrac{1}{\eta_I k_W}\gg\dfrac{1}{k_G a_m}+\dfrac{1}{k_W}$，即反应速率为

$$R_{AW}=\eta_I k_W(c_{Ag}-c_{Ae})=\eta_I k_W(c_{As}-c_{Ae}) \tag{4.159}$$

3) 化学动力学控制

此时表面反应过程阻力最大，其余各步阻力可以忽略，其浓度关系变为 $c_{Ag}\approx c_{As}\approx c_{Ac}\gg c_{Ae}$，阻力为 $\frac{1}{k_W}\gg\frac{1}{k_G a_m}+\frac{1-\eta_I}{\eta_I k_W}$，即反应速率为

$$R_{AW}=k_W(c_{Ag}-c_{Ae})=k_W(c_{As}-c_{Ae}) \tag{4.157}$$

4) 过渡区控制

指某个步骤阻力可以忽略，其他两个步骤的阻力不相上下，都要考虑。

(1) 外扩散与化学动力学之间的过渡控制区。

此时内扩散阻力可以忽略，其浓度关系变为 $c_{Ag}>c_{As}\approx c_{Ac}>c_{Ae}$，阻力为 $\frac{1}{k_G a_m}+\frac{1}{k_W}\gg\frac{1}{\eta_I k_W}$，即反应速率为

$$R_{AW}=\frac{(c_{Ag}-c_{Ae})}{\frac{1}{k_G a_m}+\frac{1}{k_W}} \tag{4.163}$$

(2) 外扩散与内扩散之间的过渡控制区。

此时化学动力学阻力可以忽略，其浓度关系变为 $c_{Ag}>c_{As}>c_{Ac}\approx c_{Ae}$，阻力为 $\frac{1}{k_G a_m}+\frac{1-\eta_I}{\eta_I k_W}\gg\frac{1}{k_W}$，即反应速率为

$$R_{AW}=\frac{(c_{Ag}-c_{Ae})}{\frac{1}{k_G a_m}+\frac{1-\eta_I}{\eta_I k_W}} \tag{4.164}$$

(3) 内扩散与化学动力学之间的过渡控制区。

此时外扩散阻力可以忽略，其浓度关系变为 $c_{Ag}\approx c_{As}>c_{Ac}>c_{Ae}$，阻力为 $\frac{1-\eta_I}{\eta_I k_W}+\frac{1}{k_W}\gg\frac{1}{k_G a_m}$，即反应速率为

$$R_{AW}=\eta_I k_W(c_{As}-c_{Ae}) \tag{4.159}$$

若上述各式中反应为一级不可逆反应时，$c_{Ae}=0$，则上述各式的 c_{Ae} 不存在。

习　题

4.1　求下列颗粒的 d_v、d_a、d_s、φ_s 及床层的 D_{te} 与 S_e。

(1) 直径 5 mm 的圆球，$\varepsilon_b=0.4$。

(2) 直径 5 mm、高 10 mm 的圆柱体，$\varepsilon_b=0.4$。

4.2　可逆反应 $A+B \rightleftharpoons L+M$ 的反应机理为 (Ⅰ) $A+\sigma_1 \rightleftharpoons A\sigma_1$，(Ⅱ) $B+\sigma_2 \rightleftharpoons B\sigma_2$，(Ⅲ) $A\sigma_1+B\sigma_2 \rightleftharpoons L\sigma_1+M\sigma_2$，(Ⅳ) $L\sigma_1 \rightleftharpoons L+\sigma_1$，(Ⅴ) $M\sigma_2 \xrightleftharpoons{\ast} M+\sigma_2$。试推导其速率方程。

4.3　可逆反应 $A+B \rightleftharpoons L+M$ 的反应机理为 (Ⅰ) $A+2\sigma \rightleftharpoons 2A_{1/2}\sigma$，(Ⅱ) $B+\sigma \xrightleftharpoons{\ast} B\sigma$，(Ⅲ) $2A_{1/2}\sigma+B\sigma \rightleftharpoons L\sigma+M+2\sigma$，(Ⅳ) $L\sigma \rightleftharpoons L+\sigma$。试推导其速率方程。

4.4　已知可逆反应 $A+B \rightleftharpoons L+M$ 的反应机理为 (Ⅰ) $A+\sigma \rightleftharpoons A\sigma$，(Ⅱ) $B+\sigma \rightleftharpoons B\sigma$，(Ⅲ) $A\sigma+B\sigma \xrightleftharpoons{\ast} L\sigma+M\sigma$，(Ⅳ) $L\sigma \rightleftharpoons L+\sigma$，(Ⅴ) $M\sigma \rightleftharpoons M+\sigma$。试推导其速率方程。

4.5　在氧化钽催化剂上进行乙醇氧化反应：

$$C_2H_5OH(A)+0.5O_2(B)\longrightarrow CH_3CHO(L)+H_2O(M)$$

乙醇和氧分别在两类活性中心 σ_1 和 σ_2 上解离吸附，即

$$C_2H_5OH + 2\sigma_1 \rightleftharpoons C_2H_5O\sigma_1 + H\sigma_1$$

$$O_2 + 2\sigma_2 \rightleftharpoons 2O\sigma_2$$

$$C_2H_5O\sigma_1 + 2O\sigma_2 \longrightarrow C_2H_4O + OH\sigma_2 + \sigma_1 + \sigma_2$$

$$OH\sigma_2 + H\sigma_1 \rightleftharpoons H_2O\sigma_2 + \sigma_1$$

$$H_2O\sigma_2 \rightleftharpoons H_2O + \sigma_2$$

试推导该反应的速率方程。

4.6　合成甲醇反应为 $CO+2H_2 \rightleftharpoons CH_3OH$，其反应机理为

$$H_2+\sigma \longrightarrow H_2\sigma$$

$$2H_2\sigma+CO \rightleftharpoons CH_3OH + 2\sigma$$

试推导不均匀吸附表面动力学方程。

4.7　乙炔与氯化氢在 $HgCl_2$-活性炭催化剂上合成氯乙烯的反应：

$$C_2H_2(A)+HCl(B) \rightleftharpoons C_2H_3Cl(C)$$

其速率方程有可能有如下几种形式：

(1) $r=k\dfrac{(p_A p_B - p_C/K)}{(1+K_A p_A + K_B p_B + K_C p_C)^2}$　　(2) $r=k\dfrac{K_A K_B p_A p_B}{(1+K_A p_A + K_C p_C)(1+K_B p_B)}$

(3) $r=k\dfrac{K_B p_A p_B}{1+K_B p_B + K_C p_C}$　　(4) $r=k\dfrac{K_A K_B p_A p_B}{(1+K_A p_A + K_B p_B)^2}$

试说明代表的反应机理及控制步。

4.8　在一个管式苯气固相催化加氢反应器中，共有 Φ 40 mm×3 mm 的反应管 230 根，管长 6 m。各管中均匀充填有 Φ 8mm×8 mm 的圆柱状 $Ni\text{-}Al_2O_3$ 催化剂，总装填量为 800 kg，催化剂的堆密度为 1.06 g/cm^3，床层空隙率 ε_b=0.35。进口气体的组成及流量如下表。管外用水冷却，催化剂平均温度为 140 ℃，此时混合气体的黏度为 0.0483 kg/(m·h)，反应后气体的转化率为 99%，反应器入口压力为 1 atm(表压)。试计算气体通过床层的压力降。

组分	C_6H_6	H_2	C_2H_{12}	N_2
流量/(kg/h)	320	51.8	10.9	106

4.9　假设萘的催化氧化可用下列不可逆平行反应近似表示：

$$C_{10}H_8 \xrightarrow{k_1} C_8H_4O\text{（目的产物苯二甲酸酐）}$$

$$C_{10}H_8 \xrightarrow{k_2} 10CO_2 + 4H_2O$$

设 E_1=27.9 kcal/mol，E_2=40 kcal/mol，ΔH_1=−900 kcal/mol，ΔH_2=−1139 kcal/mol。在固定床反应器中的某一位置，催化剂颗粒与气相间的温差为 15 K，气相主体温度为 620 K。如果忽略气固相间的传热阻力的影响，计算这将对苯二甲酸酐的选择性产生多大误差。

4.10　在 360 ℃、1 atm 和过量氮气存在下，于沸石颗粒固定床内进行异丙苯裂解为苯和丙烯的反应。反应

器内异丙苯分压为 0.07 atm。宏观反应速率 $R_A=0.15\ kmol/(kg_{cat}\cdot h)$，黏度 $\mu=0.096\ kg/(m\cdot h)$，密度 $\rho_g=0.68\ kg/m^3$，气体混合物的平均相对分子质量 $M_m=34.4$，导热系数 $\lambda_g=0.041\ kcal/(m\cdot h\cdot ℃)$，$C_p=0.33\ kcal/(kg\cdot ℃)$，质量流量 $G=56.5\ kg/(m^2\cdot h)$，$Re=0.052$，$Pr=0.85$。异丙苯的二元平均有效扩散系数 $D_{Am}=0.094\ m^2/h$。单位质量催化剂外表面积 $a_m=45\ m^2/kg_{cat}$。反应热 $(-\Delta H_r)=-42000\ kcal/kmol$。说明在上述条件下是否可忽略颗粒外气膜上的压力降和温度降。

4.11 设气流主体与颗粒外表面间不存在温度差，试推导负一级不可逆反应的外扩散效率因子计算式。

4.12 一种 Al_2O_3 的固相密度为 3.9 g/cm^3，颗粒密度为 1.9 g/cm^3，比表面积为 150 m^2/g，计算 Al_2O_3 的孔隙率、孔容和平均孔半径。若 CH_4 和 H_2 在颗粒中进行逆向扩散，CH_4 的摩尔分数为 0.25，试估算 1 atm、600 ℃时 CH_4 的有效扩散系数。该催化剂的曲节因子为 3.5。

4.13 试推导在球形催化剂上进行等温一级不可逆反应时，内扩散效率因子的计算式

$$\eta_I=\frac{1}{\varphi}\left[\frac{1}{\text{th}(3\varphi)}-\frac{1}{3\varphi}\right]$$

4.14 直径为 7 mm 的球形合成甲醇催化剂的孔容积为 0.2 cm^3/g，比表面积为 160 m^2/g，曲节因子为 4.2，孔隙率为 0.438，空隙率为 0.4，反应速率 $r_{AW}=k_W c_A=2\times10^{-5}\ mol/(g\cdot s)$。若在催化剂中扩散的混合气为 CO 和 H_2，物质的量比为 1∶1，分子扩散系数与压力的关系为 $D_{AB}=0.7668/p$，计算下列条件下的内扩散效率因子：(1) 温度为 30 ℃，压力为 1 atm；(2) 温度为 30 ℃，压力为 200 atm。

4.15 气固相催化二级不可逆反应 $A\longrightarrow R$，$r_A=k_W c_A^2=1.339\times10^{-6}\ mol/(g\cdot s)$，温度为 600 K，压力为 1 atm，分子扩散系数 $D_{AR}=0.101\ cm^2/s$，A 的相对分子质量为 58，球形催化剂半径为 9 mm，颗粒密度为 1.2 g/cm^3，比表面积为 105 m^2/g，孔隙率为 0.59，空隙率为 0.35。若 A 和 R 进行等物质的量逆向扩散，试计算有效扩散系数并确定是否存在内扩散影响。(曲节因子取 3.5)

4.16 在 630 ℃、1 atm 下，通过固定床反应器研究轻油的气相催化裂解。实验表明，在研究条件下，催化剂的表观活性与外表面积成比例。催化剂为 SiO_2-Al_2O_3 球形颗粒，粒径为 0.088 cm。轻油的液体空速为 60 cm^3/(h·cm^3 反应器体积)，转化率为 50%，密度为 0.869，平均相对分子质量为 255，固定床的有效密度为 0.7 g_{cat}/(cm^3 反应器体积)。催化剂中的有效扩散系数为 $8\times10^{-4}\ cm^2/s$，催化剂颗粒的密度为 0.95，反应物的平均浓度为 $6\times10^{-5}\ mol/cm^3$。设反应为一级不可逆，过程等温，并将数据看成微分反应器的平均数据，试计算催化剂的内扩散效率因子 η_I。

4.17 在半径为 R 的球形催化剂上进行气固相催化反应 $A\rightleftharpoons B$。若气流主体、催化剂颗粒外表面上及颗粒中心处组分 A 的浓度分别为 c_{Ag}、c_{As}、c_{Ac}，平衡浓度为 c_{Ae}。试绘出下列情况下反应物的径向浓度分布示意图：(1) 化学动力学控制；(2) 外扩散控制；(3) 内扩散控制；(4) 化学动力学阻力可以忽略；(5) 外扩散阻力可以忽略；(6) 内扩散阻力可以忽略。

第 5 章　气固相固定床催化反应器

凡是由气态的反应物料通过固体催化剂构成的床层进行反应的装置都称为气固相催化反应器。其中尤以催化剂在反应器内固定不动的固定床反应器最为重要。例如，在工业生产中，氨的合成、二氧化硫的氧化、水煤气的变换、天然气转化、合成甲醇、乙苯脱氢制苯乙烯、烃类的催化重整等，都是采用固定床催化反应器。由于气固相固定床催化反应器中催化剂不易磨损而可长期使用，床层内流体的流动接近平推流，因此与全混流反应器相比，它的反应速率较快，可用较少量的催化剂和较小的反应器容积获得较大的生产能力。同时，由于其停留时间可以严格控制，温度分布可以适当调节，特别有利于达到高的选择性和转化率，因而在大规模生产中占有重大的优势。

当然，由于固定床中传热较差，催化剂的载体又往往是不良导体，而化学反应大多伴有热效应，反应结果对温度的依赖性又很强，因此对于热效应大的反应过程，传热与控温就成为一个难题。加上催化剂的更换必须停产进行，这就在经济上要受到相当的影响，因此所用的催化剂必须具有足够长的寿命。

气固相固定床催化反应器按催化床与外界进行热量交换的情况可分为两大类。一类是反应过程中催化床与外界没有热量交换，称为绝热式反应器。另一类是反应过程中催化床与外界有热量交换，称为换热式反应器。本章主要介绍绝热式反应器和换热式反应器的设计计算。

5.1　固定床催化反应器的设计方法

工业固定床催化反应器的设计方法主要有经验法和数学模型法两种。

5.1.1　经验法

固定床催化反应器设计计算的目标是根据原料组成和产品年产量，按规定的转化率和选择性求得催化剂床层体积。

经验或半经验方法一般以整个床层作为一个整体，通过实验获得最适宜工艺条件，并求得最适宜空速、催化剂负荷(单位体积或单位质量催化剂在单位时间内处理的原料量)或空时收率(单位体积或单位质量催化剂在单位时间内获得的产品量)等。

空间速度法是从需要处理的原料气体体积流量或质量流量，按最适宜空速计算催化剂用量或床层体积。其基本思路是在放大设计时，采用的空速与在实验室或中间实验工艺条件下得到的最适宜空速相同，催化剂可保持同样优良性能。因此，只需将产量换算成单位时间所需处理原料气体量，即可计算出催化剂床层体积。

将空间速度 S_v 的定义式(1.24)变形，则催化剂床层体积为

$$V_R = \frac{Q_{ON}}{S_v} \tag{5.1}$$

催化剂床层的实际体积为

$$V_R' = \delta V_R \tag{5.2}$$

式中：V_R'为催化剂床层的实际体积，m^3；δ为安全系数，考虑催化剂的衰老、中毒、操作条件的波动及实验数据的误差等因素，其值大于1。

同样，也可根据催化剂负荷或空时收率计算催化剂用量或床层体积。

【例5.1】 苯氧化制顺丁烯二酸酐的固定床反应器，通过单管实验及中间实验研究认为，在比较适宜的操作条件下，催化剂负荷为50 g苯/(kg催化剂·h)。对于年产250 t顺丁烯二酸酐的反应器，苯的处理量为116 kg/h。已知催化剂的堆积密度为810 kg/m³，试计算催化剂的床层体积。

【解】 由催化剂负荷和苯的处理量，可得

$$催化剂用量=116/50=2320\,(kg)$$

则

$$催化剂床层体积=2320/810=2.86\,(m^3)$$

确定催化剂床层体积后，可按式(5.3)和式(5.4)确定床层截面积和高度。

床层截面积为

$$A_R = \frac{Q_{ON}}{u_0} \tag{5.3}$$

床层高度为

$$L = \frac{V_R}{A_R} \tag{5.4}$$

式中：A_R为床层截面积，m^2；L为床层高度，m；u_0为空床气体流速，m/s。一般在一定范围内选择，选择时需考虑两方面的因素：一是在床层空床气速u_0情况下，是否足以消除外扩散阻力的影响；二是根据床层空床气速u_0确定的床层截面积和高度，对具体催化剂颗粒大小的床层，其压降是否符合允许范围，如超过允许范围，则对空床气速u_0作相应的调整。

根据已确定的床层截面积和高度，可以选择合适的反应器结构型式。如选列管式反应器，设计的关键则为确定反应管径；确定管径后，从已知床层截面积即可求得管子数；然后按一般列管式换热器的设计方法选定管间距及排列方法，确定反应器壳体尺寸。

由上可见，经验或半经验方法只能作近似计算。当对工业催化反应过程缺乏完整的动力学或缺乏比较确切的化学反应工程分析时，往往采用此法，它便于较快地估计复杂反应过程反应器的大小，并能对反应器的生产能力进行比较。

在实际应用时，在相似操作条件下，采用经验或半经验方法主要以实验室或中间实验研究结果作为设计放大的依据，并只能以低倍数逐级放大，难以迅速实验大规模的工业生产。

5.1.2　数学模型法

前面已经提到对固定床反应器，理论推导和实验测定均证明，当床层高度与颗粒直径之比大于100和床层直径与颗粒直径之比大于8，且流体在床层内的流速较大的情况下，其流型可按理想置换处理，生产上的固定床反应器都是能满足这一要求的。

气固相固定床催化反应器的数学模型，根据是否考虑气固相的传递阻力可分为“非均相”和“拟均相”两类。当反应属于化学动力学控制时，内、外扩散阻力均可忽略，催化剂颗粒内、外表面上反应组分的浓度和温度都与气流主体一致，计算过程与均相反应完全一样，故

称为拟均相模型。如果内、外扩散影响严重，把这些传递因素对反应速率的影响计入模型，则称为非均相模型。如果某些催化剂的宏观动力学研究还不够充分，只能先按化学动力学控制处理，然后再将内、外扩散的影响以及催化剂的中毒、衰老等因素合并到“校正系数”里进行修正，则这种模型也属于拟均相模型。

根据催化剂层内的流动和温度分布状况，气固相固定床催化反应器的数学模型又可分为“一维”模型和“二维”模型两种。只考虑反应器中沿着气流方向(也称轴向)的浓差及温差，称为一维模型。若同时计入垂直于气流方向(也称径向)的浓差及温差，称为二维模型。若用径向的平均温度和平均浓度分别代替径向温度分布和径向浓度分布，则可将二维模型简化为一维模型。

考虑到在工业装置中，使用的气速较高，流体与颗粒间的温差和浓度差大都可以忽略(少数强放热反应例外)，而颗粒内外的温差和浓度差也可用效率因子计算或者归并到“校正系数”中去考虑，可用类似于拟均相模型的方法来处理。所以本章仅介绍拟均相一维理想置换模型，其基本假定是：

(1)流体在床层中的流动属于平推流。

(2)流体沿床层径向上无温度和浓度梯度。

(3)流体与催化剂颗粒间在同一径向截面上的温度、浓度相同，可按气相主体中的反应组分浓度和温度计算速率。

本章涉及的绝热式和换热式固定床催化反应器的数学模型将分别在 5.2 和 5.3 中介绍。

5.2　绝热式固定床催化反应器

由于绝热式催化反应器结构简单，催化剂均匀地堆放在床层内，床内没有换热装置，反应物系预热到适当温度进入床层进行反应就可以了，所以对于热效应不大，反应器直径也不太大，反应温度允许变化范围又较宽的情况，用绝热式反应器最为方便。而且在放大时只要保持相同的停留时间并注意避免沟流和偏流就可以了。

总之，不论是吸热或放热反应，绝热式反应器的应用都是十分广泛的。特别是对大型的、高温的或高压的反应器，希望结构简单、同样大小的装置内能容纳尽可能多的催化剂以增加生产能力(少加换热空间)，则绝热床正好能满足这些要求。当然，绝热床的温度变化总是比较大，往往使反应温度偏离最佳温度较远，而温度对反应结果的影响又很大，因此如何取舍，要综合分析并根据具体情况决定。此外，还应注意到绝热床的高径比不宜过大，务必使床层充填均匀，并要注意气流的预分布，以保证床层内气流的均匀分布，才能得到良好的反应效果。本节主要介绍绝热式反应器的设计计算。

5.2.1　绝热式催化反应器的分类

绝热式固定床催化反应器根据催化剂在床层的装填段数分为单段和多段两类。

1. 单段绝热式催化反应器

该类反应器中催化剂只装填了一段，适用于热效应不太大的反应。

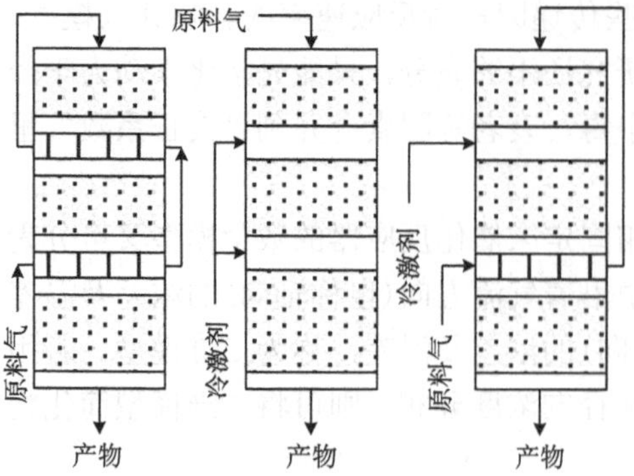

(a) 间接换热式 (b) 直接冷激式 (c) 联合换热式

图 5.1 多段固定床绝热反应器

2. 多段绝热式催化反应器

该类反应器中催化剂装填不只一段，适用于热效应较大的反应，其办法是在段与段之间进行换热来控制温度，但段内反应仍在绝热情况下进行。而段间换热的办法又可分为间接换热、直接换热和联合换热三种。其中间接换热是在段与段之间加间壁式换热器调节温度[图 5.1(a)]。直接换热则是在段与段之间直接加入冷激剂来调节温度，常称为冷激式。随所用冷激物料的不同又可分为原料气冷激和非原料气冷激两种[图 5.1(b)]。联合换热式反应器则是在部分段间(如一、二段之间)用直接冷激换热，而另一部分段间(如二、三段之间)用间壁换热调节温度[图 5.1(c)]。

5.2.2 绝热式催化反应器的数学模型

1. 物料衡算式

在床层中取一高度为 dl 的微元体 dV_R 作反应物 A 的物料衡算，有

$$F_A = F_A + dF_A + R_A dV_R$$

$$F_{A0} dX_A = R_A dV_R$$

整理得

$$\frac{dX_A}{dl} = \frac{R_A}{y_{A0} F_{T0} / A_R} = \frac{R_A}{y_{A0} G / M_m} \tag{5.5a}$$

或

$$V_R = Q_0 c_{A0} \int_0^{X_{Af}} \frac{dX_A}{\eta r_A} \tag{5.5b}$$

式中：G 为气体的质量流速，kg/(m^2·s)；y_{A0} 为进口气体中反应物 A 的摩尔分数；M_m 为混合物的相对分子质量；R_A 为宏观反应速率，由 $R_A = \eta r_A$ 计算，而 η 为催化剂的效率因子；r_A 由前面的动力学部分给出。

2. 热量衡算式

如不考虑轴向热扩散，对绝热式固定床微元体作催化床内的热量衡算，有

$$F_T C_{pb} T_b = F_T C_{pb} (T_b + dT_b) + \Delta H_r R_A dV_R$$

$$\frac{dT_b}{dl} = \frac{R_A A_R (-\Delta H_r)}{F_T C_{pb}} \tag{5.6}$$

将物料衡算式代入式(5.6)，整理得

$$dT_b = \frac{y_{A0} F_{T0} (-\Delta H_r)}{F_T C_{pb}} dX_A \tag{5.7}$$

3. 动量衡算式

当床层内压力变化较大时，需对微元体进行动量衡算，建立压力分布方程，由压力计算式知

$$-\mathrm{d}p = f_{\mathrm{m}}\frac{\rho_{\mathrm{f}}u_0^2}{d_{\mathrm{s}}}\left(\frac{1-\varepsilon_{\mathrm{b}}}{\varepsilon_{\mathrm{b}}^3}\right)\mathrm{d}l = f_{\mathrm{m}}\frac{G^2}{\rho_{\mathrm{f}}d_{\mathrm{s}}}\left(\frac{1-\varepsilon_{\mathrm{b}}}{\varepsilon_{\mathrm{b}}^3}\right)\mathrm{d}l$$

即

$$-\frac{\mathrm{d}p}{\mathrm{d}l} = f_{\mathrm{m}}\frac{\rho_{\mathrm{f}}u_0^2}{d_{\mathrm{s}}}\left(\frac{1-\varepsilon_{\mathrm{b}}}{\varepsilon_{\mathrm{b}}^3}\right) \tag{5.8}$$

而一般情况下，床层内的压降变化不大时，动量衡算式可不考虑，但在确定床层高度和直径及能耗时，仍需用到压降计算式。所以一维理想置换模型最基本的是物料衡算式和热量衡算式。不同情况下，式(5.6)和式(5.8)还可作适当的改写和简化。

5.2.3　单段绝热式催化反应器的设计

确定催化反应器所需的催化剂量，是反应器设计的基本内容之一。前已指出，流体在固定床中的流动可视为平推流，因而可以采用平推流模型计算所需的催化剂用量。此时，由第 3 章中的式(3.59)可知

$$V_{\mathrm{R}} = Q_0c_{\mathrm{A0}}\int_0^{X_{\mathrm{Af}}}\frac{\mathrm{d}X_{\mathrm{A}}}{r_{\mathrm{A}}} = F_{\mathrm{A0}}\int_0^{X_{\mathrm{Af}}}\frac{\mathrm{d}X_{\mathrm{A}}}{r_{\mathrm{A}}} \tag{3.59}$$

由于在催化床内，扩散过程对反应有影响，因此式中 r_{A} 应为宏观反应速率 R_{A}，可由式(5.9)计算：

$$V_{\mathrm{R}} = Q_0c_{\mathrm{A0}}\int_0^{X_{\mathrm{Af}}}\frac{\mathrm{d}X_{\mathrm{A}}}{R_{\mathrm{A}}} = Q_0c_{\mathrm{A0}}\int_0^{X_{\mathrm{Af}}}\frac{\mathrm{d}X_{\mathrm{A}}}{\eta r_{\mathrm{Ag}}} \tag{5.9}$$

这里 r_{Ag} 为按气相主体的浓度及温度计算的本征反应速率。如果外扩散阻力可以忽略，则可按催化剂颗粒外表面处的浓度和温度计算，此时 $\eta=\eta_{\mathrm{I}}$，无论是效率因子 η_{I}，还是本征反应速率 r_{Ag}，当原料气的组成一定时，均是转化率和温度的函数。对于非等温过程，要积分式(5.9)，首先要找出温度与转化率间的函数关系。显然，这个关系可由热量衡算求得。

上述计算方法对于绝热催化反应器，无论是单段还是多段中的任何一段都适用。

1. 绝热温升

图 5.2 是可逆放热反应单段绝热催化床的操作过程在 T-X_{A} 图上的标绘。图上标绘了平衡曲线、最佳温度曲线和绝热操作线 AB。A 点表示进口状态，B 点表示出口状态。绝热反应过程中，整个催化床与外界没有热量交换。此时，由式(5.7)得

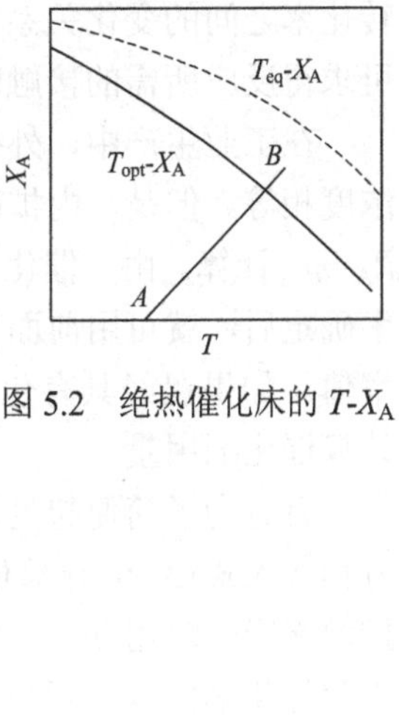

图 5.2　绝热催化床的 T-X_{A}

$$\mathrm{d}T_{\mathrm{b}} = \frac{y_{\mathrm{A0}}F_{\mathrm{T0}}(-\Delta H_{\mathrm{r}})}{F_{\mathrm{T}}C_{p\mathrm{b}}}\mathrm{d}X_{\mathrm{A}}$$

对上式进行积分(从床层进口到出口)，可得

$$T_{b2}-T_{b1}=\int_{X_{A1}}^{X_{A2}}\frac{y_{A0}F_{T0}(-\Delta H_r)_{T_{b1}}}{F_T C_{pb}}dX_A \tag{5.10}$$

式中：T_{b1}、T_{b2}为整段催化床进、出口处的温度；X_{A1}、X_{A2}为整段催化床进、出口处反应组分A的转化率；C_{pb}为定压热容，是反应混合物组成及温度的函数。

因此，严格来说，对式(5.10)积分时，应考虑转化率和温度变化对反应热、热容和反应混合物摩尔流量的影响，这种计算只能用电子计算机运算。在工业计算中可以简化。如果热容C_{pb}取出口组成和进出口平均温度下的平均热容$\overline{C}_{pb}$来计算，则有

$$T_{b2}-T_{b1}=\frac{y_{A0}F_{T0}(-\Delta H_r)_{T_{b1}}}{F_T\overline{C}_{pb}}(X_{A2}-X_{A1})=\Lambda(X_{A2}-X_{A1}) \tag{5.11}$$

对床层中任意位置：

$$T_b-T_{b1}=\Lambda(X_A-X_{A1}) \tag{5.12}$$

式中：F_{T0}、F_T为床层进口及出口状态的气体组成计算的摩尔流量，mol/s；$(-\Delta H_r)_{T_{b1}}$为进口温度T_{b1}下的反应热，J/mol；$\overline{C}_{pb}$为按出口气体组成及进出口平均温度$\overline{T}_b=(T_{b1}+T_{b2})/2$下的平均定压热容，J/(mol·K)；$\Lambda$为绝热温升，含义与第3章介绍的完全一样。由式(5.13)计算：

$$\Lambda=\frac{y_{A0}F_{T0}(-\Delta H_r)_{T_{b1}}}{F_T\overline{C}_{pb}} \tag{5.13}$$

式(5.12)称为绝热操作线方程，即图5.2中的AB线。

由式(5.13)可见，对于既定的反应系统，绝热温升的数值取决于混合气体的初始组成y_{A0}及反应热ΔH_r的数值。y_{A0}越大则绝热温升越大。所以当绝热温升过大而使床层出口温度超过催化剂耐热温度时，可采用降低初始浓度的方法调节。

必须指出，式(5.11)是一近似关系。对反应过程中反应混合物的热容随温度及组成变化很大的情况，式(5.11)不能使用，此时需用数值法联立求解。

2. 反应体积的计算

由物料衡算式求得速率方程中各组分的浓度或摩尔分数之间的变化关系，再由热量衡算式确定反应过程中气体温度与转化率之间的变化关系，就可知道平衡常数及反应速率常数与转化率之间的变化关系。将速率方程在给定的转化率及反应温度的变化范围内进行积分，即可求得反应所需的接触时间和催化床体积。

在工业生产中，外扩散影响一般可以忽略，故可认为催化剂外表面处的浓度与气相中的浓度相等。但是，内扩散的影响一般都比较大，因此积分时其反应速率应采用宏观反应速率$R_A=\eta r_A$计算。由于催化剂内扩散效率因子η_I与温度、浓度等有关，因此当系统的温度与转化率确定后，就可用前面有关催化剂内扩散效率因子的计算方法求出η_I，进而求得宏观反应速率值。如果已经具有包括内、外扩散影响在内的宏观反应速率方程，则可直接代入式(5.9)计算催化剂用量。

有时为了简便起见，还可采用下述的近似计算方法，即将化学动力学控制时的本征速率方程代入式(3.59)计算催化剂的理论用量，然后根据反应过程的平均情况计算效率因子η(外扩散无影响时用η_I)，对催化剂用量加以校正；或者将它们包括在“校正系数”之中，用它去除催化剂的理论用量求得实际用量。这时校正系数除考虑催化剂的衰老、中毒等因素外，

还计入了内、外扩散过程对反应速率的影响。

式(5.9)的积分可采用龙格-库塔法在电子计算机上求解。但手算时一般采用图解积分法或数值积分法求取所需的接触时间和催化床体积。具体计算步骤见例 5.2。

【例 5.2】 某日产 1000 t 的合成氨装置，其低温变换炉在 30 atm 下操作。变换反应为 $CO+H_2O \rightleftharpoons CO_2+H_2$。进口气体流量 F_{T0} 为 9707.4 kmol/h。其中 y_{A0}=0.0212，y_{B0}=0.3138，y_{C0}=0.1085，y_{D0}=0.4133，y_{I0}=0.1432，下标 A、B、C、D、I 分别代表 CO、H_2O、CO_2、H_2、N_2。进口温度 230 ℃。反应采用某铜系催化剂，现要求低温变换炉出口转化率为 88%，试计算低温变换炉催化剂用量。

已知该催化剂上变换反应的宏观速率方程为

$$-\frac{\mathrm{d}y_A}{\mathrm{d}\tau_0}=k^*\left(y_A y_B-\frac{1}{K_p}y_C y_D\right),\ \mathrm{h^{-1}} \tag{E5.2-1}$$

式中

$$K_p=\exp(5025.163/T-0.0936\times\ln T+1.4555\times10^{-3}T-2.4887\times10^{-7}T^2-5.2894) \tag{E5.2-2}$$

$$k^*=C_1\exp\left(12.88-\frac{1855}{T}\right),\ \mathrm{h^{-1}} \tag{E5.2-3}$$

C_1 是压力校正系数，催化剂在 30 atm 下操作时 C_1＝4(1 atm 时 C_1＝1)。k^*为工业粒度催化剂的反应速率常数，已将内、外扩散对反应速率的影响考虑在内。

25 ℃各组分焓值：$\Delta H_{A,25℃}=-110.5\ \mathrm{kJ/mol}$，$\Delta H_{B,25℃}=-242.56\ \mathrm{kJ/mol}$，$\Delta H_{C,25℃}=-393.52\ \mathrm{kJ/mol}$；反应体系各组分在 100 ℃、200 ℃时的平均定压热容列于下表中。

热容/[J/(mol·K)]	$\bar{C}_{pA}$	$\bar{C}_{pB}$	$\bar{C}_{pC}$	$\bar{C}_{pD}$	$\bar{C}_{pI}$
100 ℃	29.22	33.82	38.71	28.97	29.17
200 ℃	29.36	34.21	40.59	29.11	29.27

【解】 (1)计算进、出口摩尔分数。

低温变换反应器进、出口处气体中各组分的摩尔分数见表 E5.2-1。

表 E5.2-1　进、出口处气体中各组分的摩尔分数

摩尔分数	y_A	y_B	y_C	y_D	y_I
进口	0.0212	0.3138	0.1085	0.4133	0.1432
出口	0.0025	0.2951	0.1272	0.4320	0.1432

(2)计算平均热容。

将绝热反应过程分解为下面的降温、等温反应、升温三个过程：

$$\begin{array}{ccc} t_1=230\ ℃\text{反应前气体} & \xrightarrow{\Delta H_1} & t_2=?\ \text{反应后气体} \\ \Delta H_2\downarrow & & \uparrow\Delta H_4 \\ t_3=25\ ℃\text{反应前气体} & \xrightarrow{\Delta H_3} & t_4=25\ ℃\text{反应后气体} \end{array}$$

先假定出口温度 t_2＝252.8 ℃，则可算出平均热容，见表 E5.2-2。

表 E5.2-2　平均定压热容

热容/[J/(mol·K)]	$\bar{C}_{pA}$	$\bar{C}_{pB}$	$\bar{C}_{pC}$	$\bar{C}_{pD}$	$\bar{C}_{pI}$
127.5 ℃	29.259	33.927	39.227	29.009	29.198
138.9 ℃	29.274	33.972	39.441	29.024	29.209

(3) 计算低温变换反应器出口温度。

以 1 mol 湿混合气体为计算基准：

对绝热反应

$$\Delta H_1 = \Delta H_2 + \Delta H_3 + \Delta H_4$$

$$\begin{aligned}\Delta H_2 &= \sum y_i \bar{C}_{pi}(t_3 - t_1)\\ &= [(0.0212)(29.259)+(0.3138)(33.927)+(0.1085)(39.227)+(0.4133)(29.009)\\ &\quad +(0.1432)(29.198)](25-230) = -6497.081(J)\end{aligned}$$

$$\begin{aligned}\Delta H_3 &= \Delta y_A \Delta H_{r25°C}\\ &= (0.0212-0.0025)(-393.52+110.5+242.56)\times 10^3 = -754.822(J)\end{aligned}$$

$$\begin{aligned}\Delta H_4 &= \sum y_i' \bar{C}_{pi}'(t_2 - t_3)\\ &= [(0.0025)(29.274)+(0.2951)(33.972)+(0.1272)(39.441)\\ &\quad +(0.4320)(29.024)+(0.1432)(29.209)](t_2 - 25)\end{aligned}$$

于是

$$-6497.081-754.822+31.836(t_2-25)=0$$

解得 $t_2=25+227.8=252.8$(℃)，与原假设相符。

(4) 由绝热温升计算不同温度下的气体组成和 $d\tau_0/dy_A$。

因为

$$T_{b2} - T_{b1} = \Lambda(X_{A2} - X_{A1}) \tag{E5.2-4}$$

所以

$$\Lambda = \frac{t_{b2} - t_{b1}}{X_{A2} - X_{A1}} = \frac{252.8-230}{0.88} = 25.909(℃)$$

不同温度下的气体组成和 $d\tau_0/dy_A$ 值计算后列于表 E5.2-3 中。

表 E5.2-3　不同转化率下的 $d\tau_0/dy_A$ 值

X_A	t/℃	y_A	y_B	y_C	y_D	K_p	k^*/h^{-1}	$dy_A/d\tau_0$	$d\tau_0/dy_A$	I
0	230	0.0212	0.3138	0.1085	0.4133	119.709	39278.069	246.586	0.004	I_0
0.176	234.56	0.0175	0.3101	0.1122	0.4170	109.948	40601.246	202.634	0.005	I_1
0.352	239.12	0.0137	0.3063	0.1160	0.4208	101.144	41944.242	156.282	0.006	I_2
0.528	243.68	0.0100	0.3026	0.1197	0.4245	93.189	43306.778	107.521	0.009	I_3
0.704	248.24	0.0063	0.2989	0.1234	0.4282	85.990	44688.572	56.346	0.018	I_4
0.88	252.8	0.0025	0.2951	0.1272	0.4320	79.464	46089.340	2.749	0.364	I_5

(5) 求催化剂用量。

用数值积分法中的梯形公式，有

$$\tau_0=\int_{0.0025}^{0.0212}\left(\frac{d\tau_0}{dy_A}\right)dy_A=\frac{\left(I_0+2\sum_{i=1}^{4}I_i+I_5\right)\times(y_{Ai}-y_{Ai-1})}{2}$$
$$=0.222\times0.0212\times0.176=0.000829(h)$$

则
$$V_R=Q_0\tau_0=9707.4\times22.4\times0.000829=180.316(m^3)$$

该催化剂在 30 atm 下操作，反应速率常数增加倍数 $C_1=4$。所以

$$V_R=180.316/4=45.09\,(m^3)$$

由于低温变换催化剂易受硫、氯等毒物影响而中毒，取校正系数为 0.8，故催化剂实际用量为

$$V_{R\,实际}=45.09/0.8=56.363\,(m^3)$$

【例 5.3】 在钒催化剂上绝热条件下进行二氧化硫氧化，其操作条件如下：进口转化率 $X_{A1}=0$，进口温度 $t_{b1}=440$ ℃，绝热温升 $\Lambda=211$，二氧化硫出口转化率 $X_{A2}=0.68$，气体混合物的起始组成 SO_2 7.5%、O_2 11%、N_2 81.5%。当 $0<X_A<0.75$，$T<475$ ℃时，6AB-钒催化剂的反应速率常数值见下表。

t/℃	430	440	450	460	470	475
k/s^{-1}	0.086	0.14	0.47	1.2	1.6	1.75

化学反应速率方程为

$$a\frac{dX_A}{d\tau_0}=k\left(\frac{X_A^*-X_A}{X_A}\right)^{0.8}\left(b-\frac{aX_A}{2}\right)\frac{273}{t+273} \tag{E5.3-1}$$

当 $0<X_A<0.75$，$t<475$ ℃时，有

$$k=5.08\times10^6\exp\left[-\frac{22100}{1.987(t+273)}\right] \tag{E5.3-2}$$

平衡常数计算式为

$$\lg K_p=\frac{4905.5}{t+273}-4.6455 \tag{E5.3-3}$$

平衡转化率计算式为

$$X_A^*=\frac{K_p}{K_p+\sqrt{\dfrac{1-0.5aX_A^*}{p(b-0.5aX_A^*)}}} \tag{E5.3-4}$$

上述式子中，a 为 SO_2 的起始浓度；b 为 O_2 的起始浓度；p 为系统总压，一般为 1 atm。

若气体混合物的处理量 $Q_0=15000$ m³/h(标准态)，催化剂平均效率因子 $\eta=0.45$，考虑催化剂衰老、中毒等因素的校正系数 $C=0.8$，试求催化剂用量。

【解】
$$\frac{d\tau_0}{dX_A}=\frac{a}{k}\left(\frac{X_A}{X_A^*-X_A}\right)^{0.8}\left(b-\frac{aX_A}{2}\right)^{-1}\frac{t+273}{273} \tag{E5.3-5}$$

根据进口温度 440 ℃、进口转化率 $X_{A1}=0$ 及绝热温升 $\Lambda=211$，可由式(5.12)计算绝热状况下反应过程中的温度与转化率的关系：

$$t_b-440=211X_A \tag{E5.3-6}$$

而一定温度下的平衡转化率 X_A^* 可由式(E5.3-4)计算。

因此，可求出一定温度下的 X_A、X_A^* 及 $d\tau_0/dX_A$ 值。计算结果列于表 E5.3-1 中。

表 E5.3-1　不同转化率下的 $d\tau_0/dX_A$ 值

X_A	t/℃	K_p	X_A^*	k	$d\tau_0/dX_A$	I
0	440	171.055	0.983	0.853	0.000	I_0
0.068	454.348	125.162	0.976	1.161	0.201	I_1
0.136	468.696	92.695	0.968	1.561	0.292	I_2
0.204	483.044	69.437	0.957	2.074	0.344	I_3
0.272	497.392	52.577	0.943	2.728	0.377	I_4
0.340	511.740	40.218	0.927	3.552	0.403	I_5
0.408	526.088	31.061	0.906	4.582	0.431	I_6
0.476	540.436	24.209	0.881	5.857	0.471	I_7
0.544	554.784	19.032	0.852	7.423	0.539	I_8
0.612	569.132	15.085	0.818	9.333	0.680	I_9
0.680	583.480	12.051	0.780	11.644	1.107	I_{10}

用数值积分法中的梯形公式

$$\tau_0 = \int_0^{0.68}\left(\frac{d\tau_0}{dX_A}\right)dX_A = \frac{(I_0 + 2\sum_{i=1}^{9} I_i + I_{10})\times(X_i - X_{i-1})}{2} = 4.378\times 0.068 = 0.298(\text{s})$$

故

$$V_R = Q_0\tau\left(\frac{1}{\eta}\right)\left(\frac{1}{C}\right) = \frac{15000}{3600}\times 0.298\times\frac{1}{0.45}\times\frac{1}{0.8} = 3.449(\text{m}^3)$$

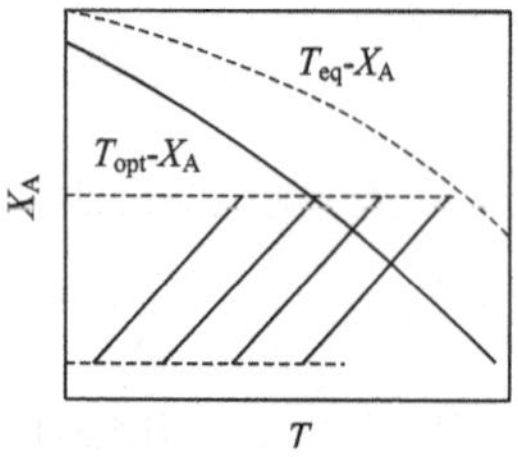

图 5.3　单段绝热催化床

3. 最佳进口温度

在使用单段绝热催化反应器时，由于反应器进、出口处反应组分 A 的转化率 X_{A1}、X_{Af} 是操作工艺规定的，但可以在不同的进口温度 T_{b1} 下操作，相应地达到不同的出口温度 T_{bf}(图 5.3)，由于 T_{bf} 和 T_{b1} 之间的关系应服从绝热操作线方程(5.12)。所以，当处理气量一定时，催化床体积或所需标准接触时间 τ_0 是 X_{A1}、X_{Af}、T_{b1} 及 T_{bf} 四个变量的函数，但只有一个独立变量 T_{b1}，即 $V_R=f(T_{b1})$，显然，存在一个最佳进口温度，此时

$$dV_R/dT_{b1}=0 \tag{5.14}$$

【例 5.4】 某日产千吨合成氨装置中的中温变换反应器在 30.5 atm 下操作，变换反应为 $CO(A)+H_2O(B) \rightleftharpoons CO_2(C)+H_2(D)$。进口气量 F_{T0}=9707.04 kmol/h，其中 y_{A0}=0.0810，y_{B0}=0.3735，y_{C0}=0.0048，y_{D0}=0.3535，y_{I0}=0.1432，下标含义与例 5.2 相同。反应采用某铁系催化剂，现要求反应器出口 y_A=0.02106，试确定其最佳进口温度。

已知催化剂上变换反应的宏观速率方程为

$$-\frac{dy_A}{d\tau_0} = k^*\left(y_A y_B - \frac{1}{K_p}y_C y_D\right),\ \text{h}^{-1} \tag{E5.4-1}$$

式中

$$K_p = \exp(5025.163/T - 0.0936\times\ln T + 1.4555\times10^{-3}T - 2.4887\times10^{-7}T^2 - 5.2894) \quad \text{(E5.4-2)}$$

$$k^* = C_1\exp\left(15.95 - \frac{4900}{T}\right),\ \text{h}^{-1} \quad \text{(E5.4-3)}$$

该催化剂在 30.5 atm 下操作时，压力校正系数 $C_1=4.1$，k^*为常压下工业催化剂的反应速率常数，已将内、外扩散影响考虑在内。该催化剂长期使用后，考虑到催化剂的衰老中毒，取校正系数为 0.9。

【解】 当催化床进口温度确定时，由进、出口气体组成，按例 5.2 的计算思路，可用试算法算得出口浓度及绝热温升，再用数值积分法算得标准接触时间和催化剂用量。计算结果见表 E5.4-1。

表 E5.4-1　中温变换催化剂体积与进口温度的关系

进口温度/℃	出口温度/℃	进口 CO 分数	出口 CO 分数	V_R/m^3	$V_R/0.9/\text{m}^3$
350	419	0.081	0.02268	13.916	17.395
355	423.9	0.081	0.02268	13.691	17.114
360	428.8	0.081	0.02268	13.571	16.964
365	433.8	0.081	0.02268	13.588	16.985
370	438.7	0.081	0.02268	13.782	17.227
375	443.6	0.081	0.02268	14.246	17.807
380	448.5	0.081	0.02268	15.166	18.958
385	453.4	0.081	0.02268	16.994	21.242
390	458.3	0.081	0.02268	21.163	26.454
395	463.1	0.081	0.02268	35.284	44.105

由计算结果可见，当床层进口温度为 360 ℃时，催化剂用量最小，该温度为理论最佳进口温度。考虑到催化剂长期使用，活性逐渐衰退。因此，在确定催化剂用量时，要以长期使用数据为选择依据。由表 E5.4-1 可见，催化剂长期使用活性校正系数为 0.9，最佳进口温度为 360 ℃时，催化剂体积为 16.964 m^3。而操作初期，校正系数为 1，进口温度在 350～380 ℃范围内，同样体积的催化剂都能使出口一氧化碳分数降至 0.02268 以下，达到工艺要求。为使催化剂使用寿命延长，操作初期，进口温度宜低一些；操作后期，催化剂活性下降，进口温度可适当高一些。

5.2.4　多段绝热式催化反应器的设计

多段绝热式催化反应器主要用于可逆放热反应。由于可逆放热反应存在着最佳温度，如果整个过程能按最佳温度曲线进行，则反应速率最大。此时为完成一定的生产任务所需的催化剂量最少。所以，对简单的可逆放热反应，反应过程温度接近最佳温度曲线的程度，是评价反应器的重要标志之一。

1. 多段间接换热式反应器

1) 工艺特征

图 5.4 为三段间接换热式催化反应器及操作状况图。图中的平衡曲线为反应达到平衡时，过程的温度与转化率的关系。此曲线是针对一

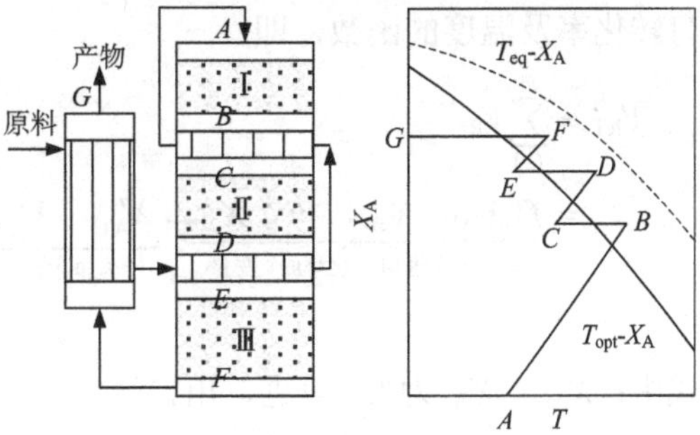

图 5.4　三段间接换热式催化反应过程

定的原料气起始组成由热力学计算得到。平衡曲线为操作的极限。如果达到平衡转化率，则所需的催化剂量为无限多。所以实际操作点应处于平衡曲线的下方。图中的实线为最佳温度曲线，它可由实验数据测得，也可由式(1.111)计算。直线 AB、CD、EF 分别为第Ⅰ、第Ⅱ及第Ⅲ段的绝热操作线，它表示相应段内的温度与转化率的关系，其方程为

$$T - T_i = \Lambda(X_A - X_{Ai}) \tag{5.15}$$

式中：X_{Ai} 为第 i 段进口转化率；T_i 为第 i 段进口温度。

由式(5.15)可知，绝热操作线的斜率为 $1/\Lambda$，当热容随气体的组成及温度变化不大时，各段均可采用相同的平均热容。由于各段的起始气体组成相同，因此各段Λ值近似相等，此时各段绝热操作线相互平行。图 5.4 中BC、DE分别表示第Ⅰ与第Ⅱ、第Ⅱ与第Ⅲ段间的换热情况。由于换热过程中不发生化学反应，也未添加物料，气体的转化率保持不变，因而这些线段均与温度轴线平行，称为冷却线。FG是离开第Ⅲ段的热气体在床外换热器中预热进入系统的冷却原料气的过程，G点温度取决于整个催化床及换热系统的热量衡算。

由图 5.4 可以看出，整个反应过程中，只有 a、b、c 三点符合最佳温度，其他点均不在最佳温度下操作。要使整个反应过程完全沿着最佳温度进行操作，如采用多段绝热式反应器，只有段数无限多才能办到，显然这是不现实的。实际上只能尽可能接近最佳温度曲线操作，而不能完全沿着最佳温度曲线操作，段数越多，接近的程度越高。但是，段数太多又会使设备、流程和操作变得过于复杂，因此工业生产中用到五、六段以上的极为少见。

总之，间接换热式反应器由于段与段之间要增设换热器，设备结构较为繁杂，但因为换热过程中未添加任何物料，产物浓度较高，段数较少时，最终转化率不太高。在选用时要根据各种催化反应的具体情况而定。

2) 各段始末转化率及温度的最佳分配

在原料气起始组成、最终转化率及段数已确定的前提下，各段进、出口转化率及温度又如何决定呢？在规定的段数下，可以有无数个方案能够达到规定的最终转化率。这就需要从其中挑选出一个最佳的分配方案来。

解决最佳化的问题，首先必须确定一个目标函数来确定最佳方案。在反应器设计中，一般常以催化剂用量最小为目标函数。

m 段间接换热式催化反应器设计最佳化的目标函数是使各段催化剂用量之和最小，即

$$V_{RT} = \sum_{i=1}^{m} V_{Ri} = \min$$

在反应器处理的原料气量及起始组成一定的情况下，催化剂总用量 V_{RT} 仅为各段进、出口转化率及温度的函数，即

$$\begin{aligned} V_{RT} &= \sum_{i=1}^{m} V_{Ri} \\ &= f(\underbrace{X_{A1}, X_{A2}, \cdots, X_{Am}}_{\text{各段进口转化率}m\text{个变量}}, \underbrace{X'_{A1}, X'_{A2}, \cdots, X'_{Am}}_{\text{各段出口转化率}m\text{个变量}}, \underbrace{T_1, T_2, \cdots, T_m}_{\text{各段进口温度}m\text{个变量}}, \underbrace{T'_1, T'_2, \cdots, T'_m}_{\text{各段出口温度}m\text{个变量}}) \end{aligned} \tag{5.16}$$

式中：X_{Ai}、X'_{Ai} 为第 i 段进、出口转化率；T_i、T_i'为第 i 段进、出口温度。

现分析目标函数中的变量情况。从式(5.16)可见，对 m 段反应器而言，应有 $4m$ 个变量。

一般情况下，X_{A1}(一段进口)、X'_{Am}(m 段出口)均已选定，故变量应为($4m-2$)个。对间接换热反应器，换热时不反应，其转化率不变，即 $X'_{Ai}=X_{Ai+1}$，则变量应减少 $m-1$ 个，故变量数变为 $3m-1$ 个。而在每一段中 X_{Ai}、X'_{Ai}、T_i、T_i'的关系必须符合绝热操作线方程，只有三个变量是独立的，所以有 m 段则减少了 m 个变量，故变量数变为 $2m-1$ 个。因为在工业生产中，使用的催化剂均有一个活性温度范围，所以第一段的进口温度 T_1 一般应按催化剂的起燃温度选取，则变量数变为 $2m-2$ 个。

V_{RT} 最小的必要条件为 V_{RT} 对各独立变量的偏导数为零，设反应气体在床层内呈平推流，扩散影响不计时，则式(5.16)可写为

$$V_{RT}=\sum_{i=1}^{m}V_{Ri}=F_{A0}\left[\int_{X_{A1}}^{X'_{A1}}\frac{dX_A}{r_A(X_A,\ T_1)}+\cdots+\int_{X_{Ai}}^{X'_{Ai}}\frac{dX_A}{r_A(X_A,\ T_i)}+\cdots+\int_{X_{Am}}^{X'_{Am}}\frac{dX_A}{r_A(X_A,\ T_m)}\right] \tag{5.17}$$

为了使催化剂总用量最小，可将式(5.17)分别对 X_{A2}，X_{A3}，…，X_{Am} 及 T_2，T_3，…，T_m 求偏导数并令其为零，即

$$\left(\frac{\partial V_{RT}}{\partial X_{Ai}}\right)_{T_i,X_{Aj}(j\neq i)}=0\qquad X_{Ai}及X_{Aj}中 i,\ j=2,3,\cdots,m;\ T_i 中 i=2,3,\cdots,m \tag{5.18}$$

$$\left(\frac{\partial V_{RT}}{\partial T_i}\right)_{X_{Ai},T_j(j\neq i)}=0\qquad X_{Ai}中 i=2,3,\cdots,m;\ T_i及T_j中 i,\ j=2,3,\cdots,m \tag{5.19}$$

式(5.18)称为第一类条件式，式(5.19)称为第二类条件式，要了解它们的物理意义，必须将其展开。

(1)第一类条件式的展开。因为第 i 段的进口转化率为 X_{Ai}，又是第 $i-1$ 段的出口转化率，即

$$V_{Ri}=(X_{Ai},T_i,X_{Ai+1}),\quad X_{Ai+1}=X'_{Ai}$$
$$V_{Ri-1}=(X_{Ai-1},T_i,X_{Ai}),\quad X_{Ai}=X'_{Ai-1}$$

而

$$V_{RT}=\sum_{i=1}^{m}V_{Ri}=V_{R1}+\cdots+V_{Ri-1}+V_{Ri}+\cdots+V_{Rm}$$

所以

$$\frac{\partial V_{RT}}{\partial X_{Ai}}=\frac{\partial V_{Ri-1}}{\partial X_{Ai}}+\frac{\partial V_{Ri}}{\partial X_{Ai}}=0$$

或

$$\frac{\partial V_{Ri-1}}{\partial X_{Ai}}=-\frac{\partial V_{Ri}}{\partial X_{Ai}}$$

改写为

$$\frac{1}{F_{A0}\dfrac{\partial X_{Ai}}{\partial V_{Ri-1}}}=-\frac{1}{F_{A0}\dfrac{\partial X_{Ai}}{\partial V_{Ri}}}\quad 或\quad \frac{1}{-\dfrac{\partial F_A}{\partial V_{Ri-1}}}=-\frac{1}{-\dfrac{\partial F_A}{\partial V_{Ri}}}$$

即

$$r_A(X_{Ai},T'_{i-1})=-r_A(X_{Ai},T_i)\qquad i=2,3,\cdots,m \tag{5.20}$$

式(5.20)共有 $m-1$ 个方程，称为第一类条件式。它的物理意义是任何一段的出口反应速率等于下一段的进口反应速率的绝对值。它确定了各段之间的间接换热过程，即冷却线上的起点和终点。负号表示下段进口处的反应速率随上段出口转化率的增加而减小。

(2) 第二类条件式的展开。展开式(5.19)可得

$$\frac{\partial V_{Ri}}{\partial T_i}=0 \text{ 或 } \frac{\partial}{\partial T_i}\int_{X_{Ai}}^{X'_{Ai}}\frac{\mathrm{d}X_A}{r_A(X_A,T)}=0 \qquad i=2,3,\cdots,m \tag{5.21}$$

式(5.21)共有 $m-1$ 个方程，称为第二类条件式。它的物理意义是在绝热条件下进行可逆放热反应，当进、出口转化率一定时，任何一段都存在一个最佳进口温度，使该段的催化剂用量最少。它可确定各段出口转化率，即确定绝热操作线。

由式(5.20)及式(5.21)可知，对 m 段反应器，保证催化剂用量最少的必要条件共有 $2m-2$ 个方程，而独立变量也是 $2m-2$ 个。联立求解这 $2m-2$ 个方程，便可得出最佳分配时各段的进口温度及各段(第 m 段除外)的出口转化率。

3) 多段间接换热式反应器的计算步骤

(1) 第一类条件式的计算。因为

$$r_{Ai-1}=f(X'_{Ai-1},T'_{i-1})=f(X_{Ai},T'_{i-1})$$

$$r_{Ai}=f(X_{Ai},T_i)$$

所以 $r_{Ai-1}(X'_{Ai-1},T'_{i-1})$、$r_{Ai}(X_{Ai},T_i)$ 的计算只需将 X_{Ai}、T_i 的具体数据代入 $r_{Ai}=f(X_{Ai},T_i)$ 关系式即可求出。

(2) 第二类条件式的计算。因为

$$\frac{\partial}{\partial T_i}\int_{X_{Ai}}^{X'_{Ai}}\frac{\mathrm{d}X_A}{r_A(X_A,T)}=0$$

在绝热反应中，T-X_A 符合绝热操作线方程，即 $T=f(X_A)$，以 T 为参变量，上式包含参变量积分的导数，即可先微分后积分或先积分后微分：

$$\frac{\partial\int_{X_{Ai}}^{X'_{Ai}}\frac{\mathrm{d}X_A}{r_A(X_A,T)}}{\partial T}=\int_{X_{Ai}}^{X'_{Ai}}\left[\frac{\partial\frac{1}{r_A(X_A,T)}}{\partial T}\right]_{X_A}\mathrm{d}X_A=0 \tag{5.22}$$

令 X_{AM} 为绝热操作线与最佳温度曲线交点的纵坐标。

当 $X_{Ai}<X_A<X_{AM}$ 时，T 升高，r_A 升高，$1/r_A$ 下降，即

$$\left[\frac{\partial\frac{1}{r_A(X_A,T)}}{\partial T}\right]_{X_A}\mathrm{d}X_A<0$$

当 $X_A=X_{AM}$ 时，即

$$\left[\frac{\partial\frac{1}{r_A(X_A,T)}}{\partial T}\right]_{X_A}\mathrm{d}X_A=0$$

当 $X_{AM}<X_A<X'_{Ai}$ 时，T 升高，r_A 下降，$1/r_A$ 升高，即

$$\left[\frac{\partial\frac{1}{r_A(X_A,T)}}{\partial T}\right]_{X_A}\mathrm{d}X_A>0$$

而

$$\int_{X_{Ai}}^{X'_{Ai}}\left[\frac{\partial\dfrac{1}{r_A(X_A,T)}}{\partial T}\right]_{X_A}dX_A=\int_{X_{Ai}}^{X_{AM}}\left[\frac{\partial\dfrac{1}{r_A(X_A,T)}}{\partial T}\right]_{X_A}dX_A+\int_{X_{AM}}^{X'_{Ai}}\left[\frac{\partial\dfrac{1}{r_A(X_A,T)}}{\partial T}\right]_{X_A}dX_A=0 \tag{5.23}$$

式(5.23)可用图解积分法求解，也可由速率方程对 T 求偏导而得，其求解步骤如下：

① 先在一定的 X_A 下，变更 T，得到一系列的 $1/r_A$ 值，然后作 $1/r_A$-T 图的关系曲线。

② 确定切线点。在 X_A 一定的条件下，按绝热操作线方程所对应的温度 T 处，作曲线的切线，其斜率即是所求的 $\{[\partial(1/r_A(X_A,T)]/\partial T\}_{X_A}$ 值。

③ 用各个 X_A 下所对应的 $\{[\partial(1/r_A(X_A,T)]/\partial T\}_{X_A}$ 斜率值，作 $\{[\partial(1/r_A(X_A,T)]/\partial T\}_{X_A}$-$X_A$ 图，如图 5.5 所示。若方程式(5.23)得到满足，则图 5.5 中 X_A 轴上下两块阴影面积应相等。因 X_{Ai} 已知，即面积 $AX_{Ai}X_{AM}$ 一定，通过试差使面积 $BX_{AM}X'_{Ai}$ 等于面积 $AX_{Ai}X_{AM}$，即可求出出口转化率 X'_{Ai}。

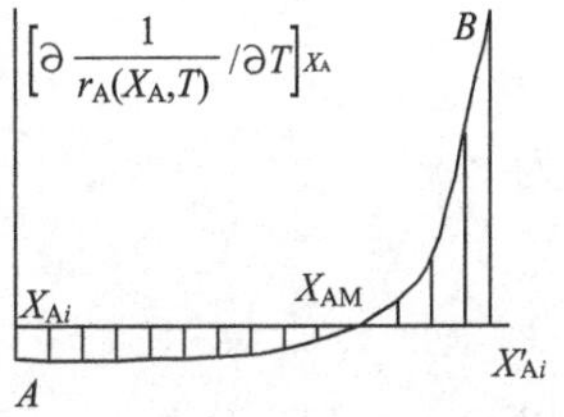

图 5.5　第二类条件式的图解求解

如果必须计入内、外扩散过程对反应速率的影响，则 r_A 要采用宏观速率方程的形式。

$\{[\partial(1/r_A(X_A,T)]/\partial T\}_{X_A}$ 值此时一般只能用图解法求得。

(3) 多段间接换热式反应器的计算步骤。根据式(5.20)及式(5.21)即可进行各段始末转化率的最佳分配，其步骤如下：

① 在 T-X_A 图上，作出反应过程的平衡曲线和最佳温度曲线。

② 在平衡温度线和最佳温度线之间假定第Ⅰ段出口转化率 X_{A2}，选定第Ⅰ段进口温度 T_1，由绝热操作线方程式(5.12)求出第Ⅰ段出口温度 T'_1。

③ 根据第Ⅰ段的出口温度 T'_1 和转化率 X_{A2} 算出 $r_A(X_{A2}, T'_1)$ 值，然后利用第一类条件式(5.20)求得第Ⅱ段的入口状态 (T_2, X_{A2})。

④ 由于第Ⅱ段的进口状态已定，由式(5.21)可求出第Ⅱ段的出口转化率 X_{A3}，再由绝热操作方程算出第Ⅱ段的出口温度 T'_2。

⑤ 仿照同样的方法求出其余各段的进、出口转化率和温度。如最后算出的第 m 段出口转化率与规定的最终转化率 X'_{Am} 不符，则说明原先假定的第Ⅰ段出口转化率不正确，需重新假设，重复上述各步的计算，直至第 m 段的出口转化率的计算值与规定的最终转化率一致为止。在试算过程中，若计算所得的第 m 段的出口转化率较规定值高，则应降低第Ⅰ段出口转化率的假定值，反之则提高。这种试算过程十分麻烦，手算时相当费时，大多采用电子计算机计算。

如果所选定的最终转化率太高，寻不到第 m 段出口转化率与所给出的最终转化率相符合的条件，则说明按照所给的段数达不到如此高的最终转化率，因而上述联立方程无解。

在工业生产情况下，大多数的催化剂都有一个活性温度范围。如温度低于此活性温度范围的下限，则催化剂的活性太低，反应速率太小，过程难以升温。如温度高于此温度范围的上限即耐热温度，则催化剂又会完全失去活性。因此，必须根据催化剂的活性温度范围确定第Ⅰ段的进口温度 T_1，一般在催化剂使用初期，进口温度可选定为比最低活性温度稍高的数值，以便随使用时间的增加，逐步提高进口温度。因此，第二类条件式实际上对第Ⅰ段不适用。

上述计算方法只适用于不带副反应的可逆放热反应。

还需指出，按上述方法决定转化率及温度的最佳分配时，可能出现温度超过使用温度的情况，特别是第Ⅰ段出口。这时前述方法就不能应用。若各段出口温度均超过催化剂的最高使用温度 T，则各段出口温度就只能取 T^*，从而独立变量又相应减少了 m 个。由绝热操作线方程式(5.12)得

$$T^* - T_i = \Lambda(X_{\mathrm{A}i+1} - X_{\mathrm{A}i})$$

将上式对 $X_{\mathrm{A}i}$ 求导，则有

$$\frac{\partial T^*}{\partial X_{\mathrm{A}i}} - \frac{\partial T_i}{\partial X_{\mathrm{A}i}} = -\Lambda$$

因为

$$\frac{\partial T^*}{\partial X_{\mathrm{A}i}} = 0$$

所以

$$\frac{\partial T_i}{\partial X_{\mathrm{A}i}} = \Lambda \tag{5.24}$$

将式(5.16)对 $X_{\mathrm{A}i}$ 求导，则有

$$\frac{\partial \sum V_{\mathrm{R}i}}{\partial X_{\mathrm{A}i}} = \left(\frac{\partial \sum V_{\mathrm{R}i}}{\partial X_{\mathrm{A}i}}\right)_{T_i} + \left(\frac{\partial \sum V_{\mathrm{R}i}}{\partial T_i}\right)_{X_{\mathrm{A}i}} \frac{\partial T_i}{\partial X_{\mathrm{A}i}} \tag{5.25}$$

将式(5.20)、式(5.21)、式(5.24)代入式(5.25)，并令 $\partial \sum V_{\mathrm{R}i} / \partial X_{\mathrm{A}i} = 0$，可得

$$\frac{1}{r_{\mathrm{A}}(X_{\mathrm{A}i}, T'_{i-1})} - \frac{1}{r_{\mathrm{A}}(X_{\mathrm{A}i}, T_i)} + \Lambda \frac{\partial}{\partial T_i} \int_{X_{\mathrm{A}i}}^{X'_{\mathrm{A}i}} \frac{\mathrm{d}X_{\mathrm{A}}}{r_{\mathrm{A}}(X_{\mathrm{A}}, T_i)} = 0 \qquad i = 2, 3, \cdots, m \tag{5.26}$$

此即各段转化率最佳分配的条件式。但需注意，在应用式(5.20)及式(5.21)进行最佳分配时，只有温度超过催化剂使用温度上限的段，才使用式(5.26)。

当各段始末转化率和温度的最佳分配方案确定后，就可利用绝热催化床的反应器体积计算式计算各段的催化剂体积。进而求出催化剂的总用量 V_{RT}，在此基础上，再由生产上所允许的床层压降确定反应器的床层高度和直径。至于中间换热器的设计，可由热平衡所需的热负荷及温度条件按一般热交换器的计算方法进行设计。

【例 5.5】 拟设计一个两段间接换热式水煤气交换反应器。干原料气处理量为 3500 $\mathrm{Nm^3/h}$，其组成为 30.4% CO，9.46% CO_2，37.8% H_2，21.3% N_2，0.25%(O_2+Ar)，0.79% CH_4。水蒸气与干气的物质的量比为 1.4。使用直径及高分别为 8.9 mm 及 7.67 mm 的圆柱形氧化铁催化剂，其最高温度为 500 ℃。反应在常压下进行，要求一氧化碳最终转化率为 91.8%，当进第一段的原料气温度为 360 ℃时，为保证催化剂总用量最少，试计算第一段的出口转化率及第二段的进口温度和催化剂总用量。

对所使用的催化剂，反应的宏观速率方程为

$$R_{\mathrm{A}} = k^* p_{\mathrm{A}}(1-\beta)$$

式中，k^*为宏观反应速率常数，它与热力学温度的关系为

$$k^* = 22\exp(-13000 / RT),\ \mathrm{mol/(g \cdot min \cdot atm)}$$

$$\beta = p_C p_D / p_A p_B K_p$$

其中，p 为分压，下标 A、B、C、D 分别代表 CO、H_2O、CO_2、H_2。平衡常数 K_p 与热力学温度的关系为

$$K_p = 0.0165\exp(8759/1.987T)$$

反应热等于−9800 kcal/kmol，反应气体的平均热容可按 8 cal/(mol·℃)计算。

【解】　(1)第Ⅰ段出口转化率及第Ⅱ段进口温度的计算。

首先计算绝热温升。为此，需算出湿原料气的组成。因水蒸气与干煤气的物质的量比为 1.4，故湿原料气中 CO 的摩尔分数为

$$a = 0.304/(1+1.4) = 0.1267$$

同理可算出 H_2O、CO_2、H_2 的摩尔分数分别为

$$b = 0.5833,\quad c = 0.0394,\quad d = 0.1575$$

所以，绝热温升为

$$\Lambda = a(-\Delta H_r)/\bar{C}_p = 0.1267 \times 9800 / 8 = 155.2(℃)$$

于是，绝热操作线方程为

$$T = 360 + 155.2X_A \tag{E5.5-1}$$

设第Ⅰ段的出口转化率为 85%，则由式(E5.5-1)可计算第Ⅰ段的出口温度为

$$T_1 = 360 + 155.2\times 0.85 = 492(℃)$$

将速率方程转换为转化率 X_A 的函数。由于总压为 1 atm，所以

$$R_A = k^* a(1-X_A)(1-\beta) \tag{E5.5-2}$$

$$\beta = \frac{(c+aX_A)(d+aX_A)}{a(1-X_A)(b-aX_A)K_p} \tag{E5.5-3}$$

当温度为 492 ℃时

$$k^* = 22\exp[-13000/1.987(492+273)] = 4.248\times 10^{-3}\ [\text{mol}/(\text{g}\cdot\text{min}\cdot\text{atm})]$$

$$K_p = 0.0165\exp[8759/1.987(492+273)] = 5.248$$

将有关数据代入式(E5.5-2)和式(E5.5-3)，可求得 β 值及第Ⅰ段出口的反应速率：

$$\beta = \frac{(0.0394+0.1267\times 0.85)(0.1575+0.1267\times 0.85)}{0.1267\times(1-0.85)(0.5833-0.1267\times 0.85)\times 5.248} = 0.822$$

$$R_{A1} = 4.248\times 10^{-3}\times 0.1267(1-0.85)(1-0.822) = 1.437\times 10^{-5}[\text{mol}/(\text{g}\cdot\text{min})]$$

因为所给的催化剂允许的最高使用温度为 500 ℃，现计算的第Ⅰ段出口温度为 492 ℃，未超过允许温度，故可用式(5.20)决定第Ⅱ段的进口温度。设第Ⅱ段的进口温度为 390 ℃，则

$$k^* = 22\exp[-13000/1.987(390+273)] = 1.14\times 10^{-3}\ \text{mol}/(\text{g}\cdot\text{min}\cdot\text{atm})$$

$$K_p = 0.0165\exp[8759/1.987(390+273)] = 12.736$$

所以

$$\beta = \frac{(0.0394+0.1267\times 0.85)(0.1575+0.1267\times 0.85)}{0.1267\times(1-0.85)(0.5833-0.1267\times 0.85)\times 12.736} = 0.339$$

第Ⅱ段进口反应速率为

$$R_{A2} = 1.14\times 10^{-3}\times 0.1267(1-0.85)(1-0.339) = 1.432\times 10^{-5}[\text{mol}/(\text{g}\cdot\text{min})]$$

该值与上面求出的第Ⅰ段出口反应速率极为相近，可认为相等。由此可知第Ⅱ段的进口温度为 390 ℃。

再利用式(5.21)求第Ⅱ段出口的转化率，视其是否符合最终转化率要求。因

$$\left[\frac{\partial(1/R_A)}{\partial T}\right]_{X_A} = -\frac{1}{R_A^2}\left(\frac{\partial R_A}{\partial T}\right)_{X_A}$$

$$\left(\frac{\partial R_A}{\partial T}\right)_{X_A} = \frac{\partial}{\partial T}[k^* a(1-X_A)(1-\beta)]$$

$$= a(1-X_A)\frac{\partial k^*}{\partial T} - \frac{(c+aX_A)(d+aX_A)}{b-aX_A}\frac{K_p\dfrac{\partial k^*}{\partial T} - k^*\dfrac{\partial K_p}{\partial T}}{K_p^2} \tag{E5.5-4}$$

而

$$\left(\frac{\partial k^*}{\partial T}\right)_{X_A} = \frac{13000k^*}{RT^2} \qquad \frac{\partial K_p}{\partial T} = -\frac{8759K_p}{RT^2}$$

代入式(E5.5-4)，化简后得

$$\left(\frac{\partial R_A}{\partial T}\right)_{X_A} = \frac{828.938k^*(1-X_A)(1-1.674\beta)}{T^2}$$

所以

$$\left[\frac{\partial(1/R_A)}{\partial T}\right]_{X_A} = -\frac{828.938k^*(1-X_A)(1-1.674\beta)}{R_A^2 T^2} \tag{E5.5-5}$$

用式(E5.5-5)计算不同 X_A 值时的 $[\partial(1/R_A)/\partial T]$ 值，计算结果列于表 E5.5-1 中。

表 E5.5-1　不同转化率下的 $[\partial(1/R_A)/\partial T]$ 值

X_A	T/K	K_p	$k^*\times10^3$	β	$(1/R_A)^2\times10^{-9}$	$[\partial(1/R_A)/\partial T]$
0.85	663	12.736	1.140	0.3388	4.877	−680.330
0.86	664.552	12.539	1.166	0.3748	5.977	−682.713
0.87	666.104	12.347	1.193	0.4164	7.600	−667.326
0.88	667.656	12.160	1.221	0.4654	10.155	−611.233
0.89	669.208	11.974	1.249	0.5237	14.550	−456.178
0.9	670.760	11.793	1.278	0.5942	23.177	−29.191
0.90041	670.824	11.785	1.279	0.5974	23.697	0.04
0.91	672.312	11.615	1.307	0.6808	44.218	1331.978
0.9188	673.678	11.462	1.333	0.7752	105.277	6193.919

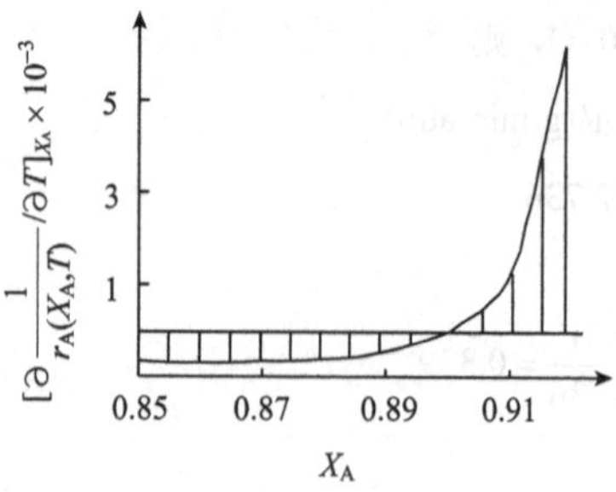

图 E5.5-1

根据表E5.5-1中的数据，以 $[\partial(1/R_A)/\partial T]$ -X_A 作图(图E5.5-1)。图中 X_A 轴上下方的两块阴影面积应相等。X_A 轴下方的面积可由图上算出。如上方的面积与之相等，则 X_A 应等于 0.9188，即第Ⅱ段的出口转化率为 0.9188。题给的最终转化率为 0.9188，两者正好相符，说明开始时假设的第Ⅰ段出口转化率 85%是正确的，从而由此求得的第Ⅱ段进口温度 390 ℃也是正确的。若算出的第Ⅱ段出口转化率不等于题给的转化率，则应重设第Ⅰ段出口转化率，然后按上述方法重算，直至相符时为止。

(2)催化剂总用量的计算。

①第Ⅰ段催化剂用量的计算。

因为
$$V_{\mathrm{RI}} = F_{\mathrm{A0}}\int_0^{0.85} \mathrm{d}X_{\mathrm{A}} / R_{\mathrm{A}}$$

式中的积分值可用图解积分计算。为此可给定转化率，由式(E5.5-1)计算相应的温度，从而可求出反应速率常数 k^*及平衡常数 K_p。继而由式(E5.5-2)计算宏观反应速率 R_{A}，计算结果列于表 E5.5-2 中。

表 E5.5-2　第Ⅰ段催化床中反应速率与转化率的关系

X_{A}	T/K	K_p	$k^*\times10^3$	β	$1/R_{\mathrm{A}}\times10^{-3}$	I
0	633	17.453	7.139	0.4811×10^{-2}	11.108	I_0
0.17	659.384	13.209	10.796	0.1398×10^{-1}	8.933	I_1
0.34	685.768	10.213	15.815	0.3586×10^{-1}	7.843	I_2
0.51	712.152	8.049	22.52	0.8914×10^{-1}	7.853	I_3
0.68	738.536	6.452	31.268	0.2352	10.314	I_4
0.85	764.920	5.251	42.443	0.8218	69.573	I_5

用梯形公式进行数值积分

$$\int_0^{0.85}\left(\frac{1}{R_{\mathrm{A}}}\right)\mathrm{d}X_{\mathrm{A}} = \frac{(I_0 + 2\sum_{i=1}^{4} I_i + I_5)\times(X_{\mathrm{A}i} - X_{\mathrm{A}i-1})}{2} = 12798.191\,(\mathrm{kg\cdot min/kmol})$$

因为

$$F_{\mathrm{A0}} = \frac{3500\times0.304}{22.4\times60} = 0.792(\mathrm{kmol/min})$$

所以

$$V_{\mathrm{RI}} = 0.792\times12798.191 = 10136.167(\mathrm{kg})$$

② 第Ⅱ段催化剂用量的计算。

因为
$$V_{\mathrm{RII}} = F_{\mathrm{A0}}\int_{0.85}^{0.9188} \mathrm{d}X_{\mathrm{A}}/R_{\mathrm{A}}$$

用同样的方法可算得第Ⅱ段催化床中转化率与反应速率的关系，结果列于表 E5.5-3 中。

表 E5.5-3　第Ⅱ段催化床中反应速率与转化率的关系

X_{A}	T/K	K_p	$k^*\times10^3$	β	$1/R_{\mathrm{A}}\times10^{-3}$	I
0.85	663	12.736	1.140	0.3389	69834	I_0
0.86376	665.136	12.467	1.176	0.3896	80683	I_1
0.87752	667.271	12.205	1.214	0.4525	96947	I_2
0.89128	669.407	11.950	1.253	0.5320	123841	I_3
0.90504	671.542	11.703	1.292	0.6355	176478	I_4
0.9188	673.678	11.462	1.333	0.7752	324464	I_5

用梯形公式进行数值积分

$$\int_{0.85}^{0.9188}\left(\frac{1}{R_{\mathrm{A}}}\right)\mathrm{d}X_{\mathrm{A}} = \frac{(I_0 + 2\sum_{i=1}^{4} I_i + I_5)\times(X_{\mathrm{A}i} - X_{\mathrm{A}i-1})}{2} = 9289.35\,(\mathrm{kg\cdot min/kmol})$$

所以 $$V_{RII}=0.792\times9289.35=7357.165(\text{kg})$$

③ 总催化剂用量的计算。

$$V_{RT}=V_{RI}+V_{RII}=10136.167+7357.165=17493.332(\text{kg})$$

2. 多段原料气直接冷激式反应器

1）工艺特征

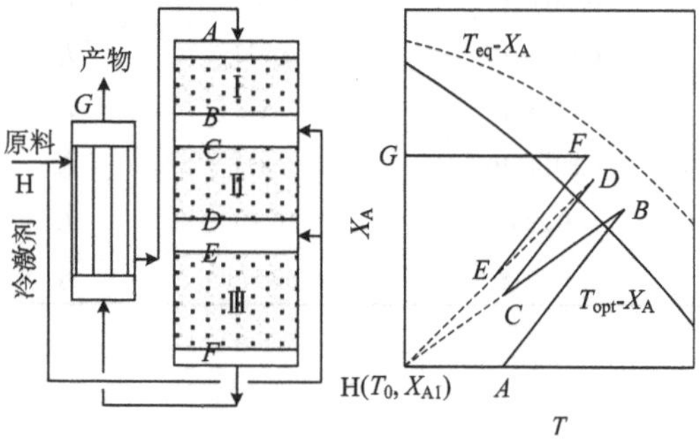

图 5.6　三段原料气冷激式催化反应过程

图5.6为三段原料气冷激式催化反应器的操作状况，其中AB、CD及EF分别为第Ⅰ、第Ⅱ及第Ⅲ段的绝热操作线。BC及DE为段间冷却线。与图5.4相比可知，原料气冷激式与间接换热式不同只在冷却线。其余如平衡曲线、最佳温度曲线及绝热操作线，只要起始气体组成相同，则两者都相同。由于各段的气体起始组成都相同，因此各段相应的平衡曲线和最佳温度曲线相同。而且当组成变化不大时，各段操作线斜率相同。但是冷却线的情况就不同了，间接换热式在换热过程中转化率不发生变化，所以冷却线平行于横轴。而原料气冷激式的换热是向反应后的气体中补加未经预热的冷原料气，使前者的温度降低，两者混合的结果改变了反应物与产物之间的比例关系，从而降低了反应物的转化率。以冷却线BC为例，B点相应于第Ⅰ段出口的温度及转化率，C点相应于第Ⅱ段进口的温度及转化率。可见在冷激过程中，与温度降低的同时，转化率也随之下降。

2）各段组成与温度的关系

通过冷激过程的物料和热量衡算，可以确定冷激前后各股物料的温度、组成间的关系。

多段原料气冷激式催化反应器各段单位时间内的物料处理量是不同的。设进入反应系统的总原料气的质量流量为G，其中关键组分A的质量分数为W_A，如以Φ_i和Φ_{i-1}分别表示第i段和第$i-1$段中反应物料流量与进入反应系统的总原料流量之比，则第$i-1$段及第i段的反应物料流量分别等于$G\Phi_{i-1}$及$G\Phi_i$。而第$i-1$段与第i段间加入的冷激原料气量为$G(\Phi_i-\Phi_{i-1})$。对冷激过程作关键组分A的物料衡算，可得

$$G\Phi_{i-1}W_{A0}(1-X'_{Ai-1})+G(\Phi_i-\Phi_{i-1})W_{A0}(1-X_{A1})=G\Phi_iW_{A0}(1-X_{Ai}) \tag{5.27}$$

简化后得

$$\frac{X'_{Ai-1}-X_{A1}}{X_{Ai}-X_{A1}}=\frac{\Phi_i}{\Phi_{i-1}} \tag{5.28}$$

设第$i-1$段出口物料、第i段的进口物料及冷激物料的热容分别为C_{pi-1}、C_{pi}及C_{p0}，作冷激过程的热量衡算得

$$G\Phi_{i-1}C_{pi-1}T'_{i-1}+G(\Phi_i-\Phi_{i-1})C_{p0}T_0=G\Phi_iC_{pi}T_i \tag{5.29}$$

式中：T_0为冷激原料气的温度。

若$C_{pi-1}\approx C_{pi}\approx C_{p0}$，则式(5.29)可化简为

$$\frac{T'_{i-1}-T_0}{T_i-T_0}=\frac{\Phi_i}{\Phi_{i-1}} \tag{5.30}$$

比较式(5.28)与式(5.30)，有

$$\frac{T'_{i-1}-T_0}{T_i-T_0}=\frac{X'_{Ai-1}-X_{A1}}{X_{Ai}-X_{A1}} \quad 或 \quad \frac{T'_{i-1}-T_0}{X'_{Ai-1}-X_{A1}}=\frac{T_i-T_0}{X_{Ai}-X_{A1}} \tag{5.31}$$

式(5.31)表明，在 T-X_A 图上，(T_0, X_{A1})、(T_i, X_{Ai})、(T'_{i-1}, X'_{Ai-1})三点共线。(T_0, X_{A1})即图 5.6 中 H 点。它由冷激物料的温度及转化率决定。一般来说 $X_{A1}=0$，所以 H 点落在横轴上。式(5.31)适用于任何两段间的冷激过程，所以各段冷却线都应相交于 H 点。此外，在同一冷却线上的任何三点都应符合直线规则。以Ⅰ段冷却线 BC 为例，Ⅰ段出口热物料量与Ⅰ、Ⅱ段间冷激气量之比应等于线段 HC 与线段 BC 之比。以上结论仅适用于反应物料的热容随温度和转化率的变化而改变不大的情况。若冷激过程中冷、热物料热容的差别不可忽略，则各段冷却线延长后既不会交于 H 点，也不符合直线规则。

还需指出，图 5.6 的 FG 线表示换热器中间接换热过程的冷却线，所以平行于横轴。

原料气冷激式反应器，由于在冷激过程中加入了原料气，因此下一段进口气体中关键组分的转化率较上一段出口气体中关键组分的转化率有所降低，这相当于段间有部分返混。因此，当最终转化率及原料气处理量和组成相同时，这类反应器所需的催化剂用量要比间接换热式大得多。被冷激气体的转化率越高，冷激后所造成的返混影响就越大。但是这类反应器的优点是节省换热面。如果要使催化剂用量不致增加太多而又要减少换热面，可采用原料气冷激式和间接换热式相结合的联合换热式反应器，在这类反应器中，前几段段间采用原料气冷激，后几段段间采用间接换热。

3) 各段始末转化率及温度的最佳分配

与多段间接换热式一样，多段冷激式各段的温度及转化率也存在一个最佳分配问题。图 5.7为m段原料气冷激式催化反应器的流程示意图。图上标出了各有关变量。通常进入反应系统的原料气组成、温度及流量都是给定的，各段进、出口温度$2m$个，进、出口转化率$2m$个，而各段处理的反应气量占进入系统总原料气量的分数则为$m-1$个，这是因第m段的气体处理量等于输入系统的总原料气量。所以，$\Phi_m=1$为定值，变量数目应将其扣除。因此总变量数目共$5m-1$个，但$5m-1$个变量并非都是独立的。对各段都可分别列出如式(5.12)所示的热量衡算式共m个。对各个冷激过程又可分别列出物料衡算式(5.28)及热量衡算式(5.30)，共获$2m-2$个。因此，可列出式子总数为$2m-2+m=3m-2$，由此得独立变量数为$5m-1-(3m-2)=2m+1$。

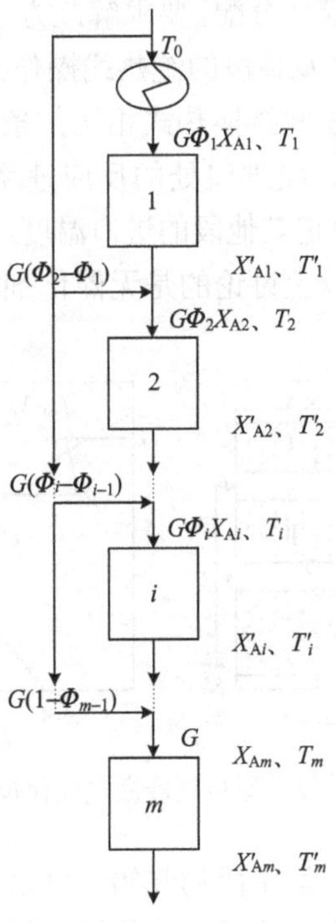

图 5.7　多段原料气冷激式催化反应器流程示意图

但是，第Ⅰ段进口的转化率 X_{A1} 及第 m 段出口的转化率 X'_{Am}（最终转化率）通常已根据工艺要求决定，所以实际需要确定的独立变量只有 $2m-1$ 个。为方便起见，选各段（m 段除外）的出口转化率 X'_{Ai}，各段的气体处理分数 $\Phi_i(i=1, 2, \cdots, m-1)$ 以及第Ⅰ段的进口温度 T_1 作为独立变量，以催化剂总用量为目标函数，采用微分法求催化剂总用量最小时，各段的转化率和温度分配。

催化剂总用量为

$$V_{RT}=\sum_{i=1}^{m}V_{Ri}=\frac{GW_{A0}}{M_A}\sum_{i=1}^{m}\Phi_i\int_{X_{Ai}}^{X'_{Ai}}\frac{dX_A}{r_A} \tag{5.32}$$

即

$$V_{RT}=f(X'_{A1}, X'_{A2}, \cdots, X'_{Ai}, \cdots, X'_{Am-1}, \Phi_1, \Phi_2, \cdots, \Phi_i, \cdots, \Phi_{m-1}, T_1)$$

将式(5.32)对 X'_{Ai} 求导，并令其为零，整理可得

$$r_{Ai}(X'_{Ai})=-r_{Ai+1}(X_{Ai+1}) \qquad i=1,2,\cdots,m-1 \tag{5.33}$$

将式(5.32)对 Φ_i 求导，并令其为零，整理可得

$$\frac{X_{Ai}-X_{A1}}{r_{Ai}(X_{Ai})}-\frac{X'_{Ai}-X_{A1}}{r_{Ai+1}(X_{Ai+1})}+\int_{X_{Ai}}^{X'_{Ai}}\left(1-\frac{\Phi_i}{r_A^2}\frac{\partial r_A}{\partial \Phi_i}\right)dX_A=0 \qquad i=1,2,\cdots,m-1 \tag{5.34}$$

由于第Ⅰ段进口温度 T_1 也为独立变量，故将式(5.32)对其求导，然后使其为零，则有

$$\frac{\partial V_{RT}}{\partial T_1}=\frac{\partial}{\partial T_1}\int_{X_{Ai}}^{X'_{Ai}}\frac{dX_A}{r_A}=0 \tag{5.35}$$

式(5.33)～式(5.35)即为保证多段原料气冷激式反应器催化剂总用量最少的条件式。其中包括 $2m-1$ 个方程，所求的独立变量也有 $2m-1$ 个，解此方程组便可决定各段始末转化率和温度的最佳分配。要求解此方程组，必须知道所进行反应的速率方程，同时要结合式(5.28)、式(5.30)以及各段的绝热线操作方程，方能求解。

与多段间接换热式相比，条件式(5.33)是相同的，两者均需保证任何一段出口处的反应速率与下一段进口处的反应速率相等，式(5.35)表明第Ⅰ段存在一个最佳进口温度，而式(5.34)则决定其他段的进口温度。显然，多段原料气冷激式的计算较多段间接换热式麻烦。还需指出，以上讨论的是无催化剂耐热温度限制时的最佳分配条件式。若有温度限制，可参阅有关文献。

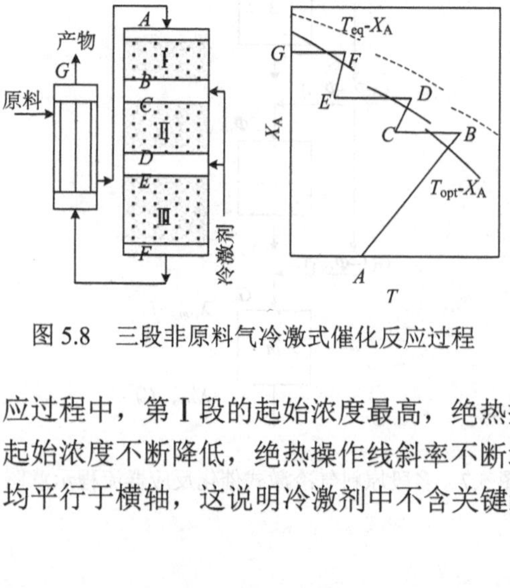

图 5.8　三段非原料气冷激式催化反应过程

3. 多段非原料气直接冷激式反应器

非原料气冷激式采用的冷激剂与原料气不同，通常是参与反应的一种反应物，而且往往是过量的反应组分，即非关键组分。图 5.8 是三段非原料气冷激式反应器及操作状况图。冷激后关键组分的分数降低，所以相应于各段的起始气体组成是不同的。因之相应的平衡曲线和最佳温度曲线以及绝热操作线的斜率各段均不相同。在反应过程中，第Ⅰ段的起始浓度最高，绝热操作线斜率最小。然后由于冷激剂的加入，各段的起始浓度不断降低，绝热操作线斜率不断增大，故各段绝热操作线互不平行。图中各冷却线均平行于横轴，这说明冷激剂中不含关键组分。冷激过程中关键组分的转化率 X_A 不变。但

如冷激剂中含有关键组分，则冷却线就不是平行于横轴的水平线了，但这种情况实际生产中甚少。

在非原料气冷激式反应器中，各段进口气体中关键组分的初始浓度是逐渐降低的，因此，第Ⅰ段进口处气体中关键组分的浓度往往比间接换热式选用得高，而最后一段进口处气体的初始组成中关键组分的浓度却比间接换热式低。当段数相同时，非原料气冷激式反应器较间接换热式可达到更高的转化率，但单位质量催化剂的生产能力低得多。

还需指出，采用原料气冷激时，冷激气量只能在全部原料气范围内波动。而非原料气冷激时的冷激气量是外加的，可根据需要调节。但是随着冷激气量的加入，产物的浓度下降。因此，只有在上一工序来的原料气的温度及浓度均符合反应的要求时，采用非原料气冷激才是有利的。此时不但可以省去换热器，而且可简化设备及管道，温度调节也方便。如上一工序来的原料气温度较低，需将其预热至反应温度，采用非原料气冷激式就不见得有利。有时生产中还有将非原料气冷激式与间接换热结合起来使用的联合换热式催化反应器。

在多段间接换热式反应器部分导出的式子，都可用在非原料气冷激式反应器的计算中。但由于非原料冷激气改变了平衡温度曲线和最佳温度曲线，等反应速率线也不连续，用试差图解法比较麻烦。较方便的方法是用式(5.20)计算冷激后下段进口状态。和图解法一样，各段出口状态(转化率)需要先假定，假定值应保证该段反应线跨越最佳温度曲线。若计算的最终段数和转化率不能同时满足要求，应调整各段出口状态重新计算，直到符合要求为止。

5.3　连续换热式固定床催化反应器

前已指出，对反应热较大和允许操作温度范围较窄的反应，为了及时移走或补充热量以控制反应温度，应采用连续换热式反应器。此外对于某些复合反应，为了提高选择性和收率，也需要采用连续换热式反应器。

连续换热式反应器又称非绝热变温反应器，其特点是在催化床内设有换热装置，使催化床在进行化学反应的同时与外界进行热交换，这样可以使催化床的温度控制在更为靠近最佳温度范围的条件下进行，反应速率较快，催化剂用量较少，反应的选择性也较高，当然这种反应器的结构较为复杂，反应器内催化剂的装填系数较小，床层的压降也较大，因此它也不能完全取代绝热式催化反应器。

5.3.1　连续换热式反应器的分类

连续换热式反应器根据换热介质的不同可分为外热式和自热式两类。

1. 外热式反应器

用某种和反应无关的热载体加热或冷却反应床层的反应器称为外热式反应器，如图 5.9 所示，它一般用于强放热或强吸热反应。其型式多用列管式，通常将催化剂放在管内，管间通过载热体，也有的与之相反。载热体可根据反应过程所要求的温度、反应热效应、操作压力及过程对温度的敏感度来选择。一般采用强制循环进行

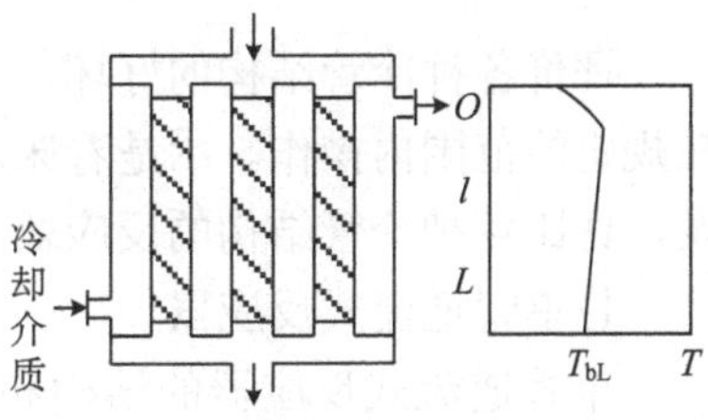

图 5.9　外冷管式固定床催化床层结构及轴向温度分布

换热。常用的有烟道气、沸腾水、高沸点物质的蒸气(如联苯氧化物、有机硅化物等)及无机融盐(硝酸钾、硝酸钠)等。个别情况下还可采用熔融金属(如钠、锂)。它们的传热系数都较大，传热效果好。因此无论是放热还是吸热反应，也无论是并流或逆流(指反应物流向和载热体的流向相同或者相反)，列管外壁温度一般可视为常数，而管内催化剂层的温度波动也较小，加之结构简单，操作方便，因此应用十分广泛。例如，烃类蒸气转化、低压合成甲醇、乙炔法合成氯乙烯等均使用这类反应器。

外热式反应器的反应管径一般比较小，多为 20～35 mm，一方面是为了减小床层的径向温差，另一方面是为了单位床层体积具有较大的换热面，其优点是床层轴向温度分布比绝热式反应器均匀，其缺点是结构比绝热式反应器复杂，催化剂装填也不太方便。

2. 自热式反应器

自热式反应器是利用反应热来加热原料气使之达到要求温度再进入催化剂床层进行反应的自身换热式反应器。它只适用于热效应不太大的放热反应和原料气必须预热的系统。这种反应器本身能达到热量平衡，不需外加热源或者外加换热介质来冷却反应床层。

自热式反应器的型式很多。一般是在圆筒形的容器内配置许多与轴向平行的管子(俗称冷管)，管内通过冷原料气，管外放置催化剂，所以又称管壳式固定床反应器。它按冷管的型式可分为单管、双套管、三套管和U形管等反应器，再按管内外流体的流向还有并流和逆流之分。图 5.10 为几种不同冷管结构的反应器的结构示意图和轴向温度分布示意图。图中 T_b 为催化剂层的轴向温度，T_a 为内外冷管环隙内(或单冷管管内)的气体温度，T_i 为内冷管内的气体温度。催化床层各点的实际温度取决于单位体积床层中反应放热量与单位体积催化床中冷管排热量之间的相对大小。而后者由单位体积催化床的冷管面积(比冷管面积)、催化床与冷管间传热系数和催化床温度 T_b 与冷管中冷原料气温度之差等因素确定。对不同的冷管结构、不同的催化床高度，传热温差的数值不同，这就影响到催化床实际温度分布与最佳温度曲线的偏离，因而影响到催化床的生产强度。

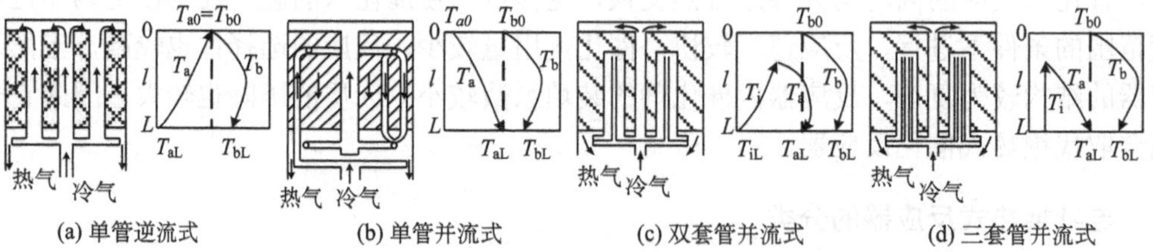

图 5.10 自热式固定床催化床层结构及轴向温度分布

评价各种冷管结构的好坏，一是看能否把冷原料气预热到要求的温度，使床层温度稳定在规定的范围内操作。二是看床层的温度分布靠近最佳温度曲线的程度。下面从这两方面出发，评比各种冷管结构的反应器。

1) 单管逆流式反应器

单管逆流式反应器的结构和温度分布如图 5.10(a) 所示。这种反应器的结构及气体流动路线最为简单。由温度分布曲线可知，冷气体在管内自下而上温度逐渐升高，冷管上端的温度即为催化床的进口温度。催化床上部处于反应初期，反应物浓度高，反应速率大，放热多，而催化床上部冷管内的气体温度 T_a 与催化剂层的温度 T_b 的温差不大，故排热速率小，升温速率 dT_b/dl 较大，这是符合使反应温度尽快靠近最佳温度曲线的要求的。到催化床中部，反应已基本在最佳温度附近进行，反应速率较大，放热较多，而此时的传热温差（T_b-T_a）也较大，排热速率大，能满足使反应维持在最佳温度曲线附近进行的要求。但是到了床层的下部，反应已处于后期，反应物浓度较低，反应速率减慢，放热量下降，但此时下部冷管内的气体温度低，传热温差大，排热速率快，因此床层下部降温速率 dT_b/dl 过大，经常造成下部床层过冷，使反应偏离最佳温度曲线较远。

2）单管并流式反应器

单管并流式反应器的结构和轴向温度分布如图 5.10（b）所示。这种反应器冷管内的气体自上而下流动，温度一直升高，到达底部时的温度最高，为催化床的进口温度。由于催化床上部处于反应初期，反应速率大，放热量也大，此时由于冷管内气体温度 T_a 较低，传热温差大，排热速率也较大，因此上部床层升温速率 dT_b/dl 较小，这样反应温度不能尽快向最佳温度曲线靠拢。而到了床层中部，反应进入中期，放热速率与排热速率大致相当，所以反应可维持在最佳温度曲线附近进行。到了床层下部，反应处于后期，反应速率下降，放热量减少，此时的排热温差也较小，因此仍能使反应温度维持在最佳附近进行。这种反应器如能在床层上部设置绝热反应段，则可克服反应初期床层升温较慢而不能迅速靠近最佳温度的缺点。当然这在设备结构上就要比单管逆流式更复杂些。

3）双套管并流式反应器

双套管并流式反应器的结构和温度分布如图 5.10（c）所示。此类反应器在床层上部设置了绝热反应段，而冷管放在绝热段之下的冷却段。由于气体先进入内冷管吸取部分热量后再进入外冷管与内冷管之间的环隙与床层换热，因此温度分布得到了改善。根据内外冷管间环隙的气流方向与催化剂层中气流的方向相同还是相反，又可区分为并流或者逆流两类。这里主要分析并流式反应器的情况。

冷气体在内冷管内自下而上流动，温度 T_i 不断升高，到顶部后折流而进入套管环隙自上向下流动，温度 T_a 也不断上升，到底部后汇集进入中心管向上流动至顶部，再进入催化剂层自上向下流动。这样与催化剂层直接换热的是管环隙内的气体，二者流向是相同的。在床层冷却段上部，与催化剂层直接换热的环隙内的气体温度 T_a 比单管并流式冷管内的气体温度要高些，排热温差相应小一些，所以床层的升温速率不及单管逆流式快，却比单管并流式要快得多。这就部分地消除了反应初期不能使床层反应温度尽快向最佳温度曲线靠拢的缺点。至于反应中后期，情况与单管并流式基本相似，只是冷管结构比单管并流式更为复杂，而且冷管占据的体积更大，催化剂的装填系数相应减少，流体阻力增大。

4）三套管并流式反应器

三套管并流式反应器的结构及温度分布如图 5.10（d）所示。三套管反应器实际上是在双套管的内管外加装一层两端密封的衬管，其中形成不流动的滞气层，起到隔热作用，使流体在内冷管内的温度变化甚小，这样冷气体只有在流经外冷管与衬管之间的环隙时才与床层换热，内冷管仅起到气体通道的作用。

三套管并流式反应器上部一般也设有绝热反应段，与单管并流式相比，上部升温速率大于单管并流式，符合床层上部温度需要迅速升高向最佳温度曲线靠拢的要求。而在床层的中部，则由于传热温差比双套管并流式的大，更符合此时反应速率大，放热多需大量排热的要求。到床层下部，其排热能力又比双套管并流式小，因此更能保证床层下部不致过冷。实际的计算结果表明，同样的外冷管面积，三套管式可达到更高的转化率。当然，这种反应器结构更加复杂，床层的压力降也更大。

5.3.2 连续换热式反应器的数学模型

气固相连续换热式固定床催化反应器的设计计算，一般采用一维拟均相理想置换模型，其基础方程仍然是物料、热量、动量衡算式和速率方程，为一组微分方程。所以原则上仍可采用式(5.5)～式(5.8)。这种模型对于管径和管间距较小，反应热效应不算太大而流体在床层中流速又较大的系统是合适的。

1. 数学模型的建立

引用下列符号：

T_b、T_a、T_i、T_s——催化床内、内外冷管环隙内(或单冷管管内，或冷却介质)、内冷管内及催化床外环隙内气体温度，K；

C_{pb}、C_{pa}、C_{pi}、C_{ps}——催化床内、内外冷管环隙内(或冷却介质)、内冷管内及催化床外环隙内混合气体的定压热容，kJ/(kg·K)；

h_{ba}、h_{ai}、h_{bs}——催化床与内外冷管环隙、外冷管与内冷管及催化床与床外的传热系数，$kJ/(m^2·h·K)$；

d_a、d_i、δ_a、δ_i——外冷管及内冷管的平均直径及其壁厚，m；

F_{T0}、F_{T1}、F_{Th}、F_{Tc}——初始组成混合气体、催化床进口(或冷管内)、离开绝热段及离开冷却段摩尔流量，kmol/h；

L、L_h、L_d、L_c——催化床总高度、绝热段高度、折流头高度及冷却段高度；折流头是指双套管及三套管式催化床的外冷管与内冷管顶端间的距离，一般作绝热段处理，但截面积为A_c；

l——催化床高度(变量)，m，自上而下取为正；

A_h、A_c——绝热段及冷却段催化床截面积，m^2；

m_t——冷管根数；

D_t——催化床直径，m；

ΔH_r——反应热，kJ/kmol，对放热反应，其值为负；

R_A——单位时间、单位床层体积的反应速率，$kmol/(m^3·h)$；

±——取决于换热介质的流向，并流取正号，逆流取负号。

连续换热式催化床中反应过程与传热过程同时进行，二者相互联系、相互制约，其数学模型是一组微分方程。

对于三套管并流式、双套管并流式及副产蒸气的单管外冷式催化床，其气流及传热方向分别如图 5.10(d)、(c)及图 5.9 所示，若略去不计中心管内的气体温升，在床层轴向位置 l-l 截面处取一微元高度为 dl 的微元段，且反应体积为 dV_R 的微元体作衡算，可列出下列衡算式。

1) 反应速率式

在气固相催化反应中，反应速率式应采用宏观速率方程。此外由于还要计入催化剂衰老、中毒及还原等过程的影响，因此采用校正系数 C 对速率方程加以校正更为合适，即

$$R_A = Cr_A = Cf(T_b, X_A) \tag{5.36a}$$

若以床高 l 作变量，则式(5.36a)可写为

$$\frac{dF_A}{dl} = CAf(T_b, X_A) \tag{5.36b}$$

式中：A 为催化床的截面积，需按绝热段及冷却段分别计算，其值为 A_h 及 A_c。

2) 热量衡算式

通式：

物料带入热＝物料带出热＋反应热＋与外界交换热＋积累热

(1) 催化床内的热量衡算式。

如果反应器由耐压外筒及内件组成，未反应气体经过外筒及内筒间隙流入床外换热器，再进入内筒内的冷管，最后进入催化床，在此情况下，催化床外气体温度即内、外筒环隙气体温度，而催化床传给外界的热就分为两部分：一部分传给内外冷管环隙，另一部分传给内外筒环隙。

$$F_T C_{pb} T_b = F_T C_{pb}(T_b + dT_b) - (-\Delta H_r) R_A dV_R + h_{ba}(T_b - T_a) m_t \pi d_a dl + h_{bs}(T_b - T_s)\pi D_t dl$$

对于绝热段因传给内外冷管环隙的热不存在，所以上式右边第三项为 0，即

$$\frac{dT_b}{dl} = \pm \frac{(-\Delta H_r)}{F_{Th} C_{pb}} \frac{dF_A}{dl} - \frac{h_{bs}\pi D_t}{F_{Th} C_{pb}}(T_b - T_s) \tag{5.37a}$$

对于冷却段，有

$$\frac{dT_b}{dl} = \pm \frac{(-\Delta H_r)}{F_{Tc} C_{pb}} \frac{dF_A}{dl} - \frac{h_{ba} m_t \pi d_a}{F_{Tc} C_{pb}}(T_b - T_a) - \frac{h_{bs}\pi D_t}{F_{Tc} C_{pb}}(T_b - T_s) \tag{5.37b}$$

(2) 催化床外热量衡算式。

$$F_T C_{ps} T_s = F_T C_{ps}(T_s + dT_s) + 0 - h_{bs}(T_b - T_s)\pi D_t dl$$

$$\frac{dT_s}{dl} = \frac{h_{bs}\pi D_t}{F_T C_{ps}}(T_b - T_s) \tag{5.38}$$

(3) 内外冷管环隙内热量衡算式。

① 并流双套管。

$$F_{T1} C_{pa} T_a = F_{T1} C_{pa}(T_a + dT_a) + 0 - h_{ba}(T_b - T_a) m_t \pi d_a dl + h_{ai}(T_a - T_i) m_t \pi d_i dl$$

$$\frac{dT_a}{dl} = \frac{h_{ba} m_t \pi d_a}{F_{T1} C_{pa}}(T_b - T_a) - \frac{h_{ai} m_t \pi d_i}{F_{T1} C_{pa}}(T_a - T_i) \tag{5.39a}$$

② 并流三套管。

$$F_{T1} C_{pa} T_a = F_{T1} C_{pa}(T_a + dT_a) + 0 - h_{ba}(T_b - T_a) m_t \pi d_a dl$$

$$\frac{dT_a}{dl} = \frac{h_{ba} m_t \pi d_a}{F_{T1} C_{pa}}(T_b - T_a) \tag{5.39b}$$

③ 单冷管内。催化剂层传给单冷管的热应等于单冷管内气体升温热，即

$$h_{ba}(T_b - T_a) m_t \pi D_t dl = F_{T1} C_{pa} dT_a$$

$$\frac{dT_a}{dl}=\pm\frac{h_{ba}m_t\pi D_t}{F_{T1}C_{pa}}(T_b-T_a) \tag{5.39c}$$

(4) 内冷管内热量衡算式。

式(5.40)只适用于并流双套管，因只有其内冷管中气体温度会发生变化。

$$F_{T1}C_{pi}(T_i+dT_i)=F_{T1}C_{pi}T_i+0-h_{ai}(T_a-T_i)m_t\pi d_i dl$$

$$\frac{dT_i}{dl}=-\frac{h_{ai}m_t\pi d_i}{F_{T1}C_{pi}}(T_a-T_i) \tag{5.40}$$

3) 不同反应器类型的数学模型

并流双套管冷却段数学模型由式(5.36)、式(5.37b)、式(5.38)、式(5.39a)及式(5.40)五个一阶常微分方程联立组成，并流三套管冷却段数学模型由式(5.36)、式(5.37b)、式(5.38)及式(5.39b)四个一阶常微分方程联立组成，两反应器绝热段数学模型相同，由式(5.36)、式(5.37a)及式(5.38)三个一阶常微分方程联立组成。单管的数学模型由式(5.36)、式(5.37b)及式(5.39c)三个一阶常微分方程联立组成。

上述常微分方程中，床层中组分 A 的浓度分布还可用 dp_A/dl，dc_A/dl，dy_A/dl 等多种形式表示。

利用上述微分方程，代入边界条件，就可求出不同反应器所要求达到的转化率需要的催化床高度以及床层的轴向温度、浓度分布。反之，也可由催化床的高度求出所能达到的出口转化率。

2. 数学模型的求解

由于换热式气固相催化反应器的数学模型都是一些非线性的微分方程组，而且微分过程中各项变量相互牵连，因此一般只有数值解，通常是用龙格-库塔法在电子计算机上求解。而手算时则是将微分方程转换成差分方程用修正欧拉法计算。

近似逐段差分求解微分方程的方法称为修正欧拉法。根据计算精确度的要求，将催化床高度 l 划分为若干小段，每段的高度为 Δl，Δl 称为步长，催化床中诸变量随催化床层高度变化的曲线，可以看成是一小段直线，因此可近似地将微分看成差分。

以 T_b 为例，当自变量无限小时，直线函数的增量就近似等于非线性函数的增量。

当两截面的间距 Δl 很小时，有

$$\Delta T_b=(dT_b/dl)_m\Delta l \tag{5.41}$$

如果该小段 Δl 是在 j 及 $j+1$ 截面之间，已知 l_j 截面上的参数 T_{bj}，欲求 l_{j+1} 截面上的参数 T_{bj+1}，则有

$$T_{bj+1}=T_{bj}+\left(\frac{dT_b}{dl}\right)_{j,j+1}\Delta l \tag{5.42}$$

上两式中，$(dT_b/dl)_m$ 或 $(dT_b/dl)_{j,j+1}$ 是该小段内 dT_b/dl 的平均值，即

$$\left(\frac{dT_b}{dl}\right)_{j,j+1}=\left(\frac{dT_b}{dl}\right)_m=\frac{1}{2}\left[\left(\frac{dT_b}{dl}\right)_j+\left(\frac{dT_b}{dl}\right)_{j+1}\right] \tag{5.43}$$

j 截面上的 $(dT_b/dl)_j$ 可由式(5.37)求得，但 $j+1$ 截面上的 $(dT_b/dl)_{j+1}$ 尚未知，为此可用下述的“逼近法”：

(1) 第一次近似取 $(\mathrm{d}T_b/\mathrm{d}l)_{j+1} \approx (\mathrm{d}T_b/\mathrm{d}l)_j$，由式(5.43)有

$$(\mathrm{d}T_b / \mathrm{d}l)'_{j,j+1} \approx (\mathrm{d}T_b / \mathrm{d}l)_j$$

(2) 按式(5.42)求出一次逼近值：

$$(T_b)'_{j+1} = T_{bj} + \left(\frac{\mathrm{d}T_b}{\mathrm{d}l}\right)'_{j,j+1} \Delta l$$

(3) 将 $(T_b)'_{j+1}$ 代入式(5.37)求得 $(\mathrm{d}T_b/\mathrm{d}l)'_{j+1}$。

(4) 将 $(\mathrm{d}T_b/\mathrm{d}l)_j$ 及 $(\mathrm{d}T_b/\mathrm{d}l)'_{j+1}$ 代入式(5.43)，可求出 $(\mathrm{d}T_b/\mathrm{d}l)_{j,j+1}$。

(5) 由式(5.42)求出二次逼近值 $T_{bj+1} = T_{bj} + \left(\frac{\mathrm{d}T_b}{\mathrm{d}l}\right)_{j,j+1} \Delta l$。

对于工程计算，一般采用二次逼近值即可。

床层高度分的段数越多，Δl 越小，精确度越高，但计算越繁，且过多的段数还可能使计算误差积累，又减低了精确度。为了简化起见，在床层诸参数随床层高度变化函数是单调连续的情况下，即参数值 $(\mathrm{d}T_b/\mathrm{d}l)$ 的符号没有变化的情况下，可作如下简化，其误差不会太大，即

$$\left(\frac{\mathrm{d}T_b}{\mathrm{d}l}\right)_{j,j+1} - \left(\frac{\mathrm{d}T_b}{\mathrm{d}l}\right)_{j-1,j} = \left(\frac{\mathrm{d}T_b}{\mathrm{d}l}\right)_j - \left(\frac{\mathrm{d}T_b}{\mathrm{d}l}\right)_{j-1} \tag{5.44}$$

$$\left(\frac{\mathrm{d}T_b}{\mathrm{d}l}\right)_{j,j+1} = \frac{3}{2}\left(\frac{\mathrm{d}T_b}{\mathrm{d}l}\right)_j - \frac{1}{2}\left(\frac{\mathrm{d}T_b}{\mathrm{d}l}\right)_{j-1} \tag{5.45}$$

不用逼近法而用上式可方便地求出 T_{bj+1}，但上式只适用于参数单调连续的曲线。

在下列情况下需用逐次逼近法计算：

(1) 催化床层进口的第一个计算点，即 0-0 截面处。

(2) 绝热段至冷却段的转折处曲线不连续。

(3) 热点前后曲线是不单调的，热点前 $\mathrm{d}T_b/\mathrm{d}l>0$，热点后 $\mathrm{d}T_b/\mathrm{d}l<0$。

(4) 步长 Δl 值改变时。

5.3.3 连续换热式反应器的设计

【例 5.6】 外筒内径 1000 mm 的三套管氨合成塔，其催化床结构尺寸及工艺操作条件如下，试用近似逐段差分法计算催化床中轴向温度和氨含量分布。

(1) 氨合成塔催化床的结构尺寸，单位均为 mm。

合成塔外筒内径	Φ1000	三套冷管规格	Φ44×2.5/Φ29×2.5/Φ22×1
触媒筐内径	Φ900	冷管根数	m_t＝62 根
中心管直径	Φ219×10	绝热层高度	L_h＝950(已考虑触媒还原后下沉)
热电偶套管直径	Φ51×3.5	冷却层高度	L_c＝8870(已考虑触媒还原后下沉)
热电偶数目	2 根		

(2) 工艺设计参数。

操作压力　p＝300 atm

进塔气体组成　y_{L0}=0.03，y_{C0}=0.04，y_{D0}=0.08，y_{A0}/y_{B0}=3

符号 A、B、C、D、L 的含义与例 1.6 相同。

氨分解基空间速度　S_v＝25000 h^{-1}，反应热 $(-\Delta H_r)$＝(11589＋3.216t_b) kcal/kmol

催化剂N-1型，平均直径5.7 mm，形状系数0.33

催化剂的反应速率常数：$k_T = 22600\exp\left[-\dfrac{40000}{R}\left(\dfrac{1}{T}-\dfrac{1}{723.15}\right)\right]$，$\text{atm}^{0.5}/\text{h}$

绝热层内催化剂校正系数为0.65，冷却层内催化剂校正系数由0.65渐降至0.45。

催化床入口温度　　t_{b0}=415 ℃

(3)数学模型。

由例1.6得速率方程为

$$\frac{dy_L}{d\tau} = k_T(1+y_L)^2 N_A$$

式中

$$N_A = \left\{\frac{K_p^2 p^2[y_{A0}(1+y_L)-1.5y_L]^{1.5}[y_{B0}(1+y_L)-0.5y_L]}{y_L} - \frac{y_L}{[y_{A0}(1+y_L)-1.5y_L]^{1.5}}\right\}p^{-0.5}\left(\frac{3}{4}\right)^{1.5}$$

$$\lg K_p = \frac{2074.8}{T} - 2.4943\lg T - 1.256\times10^{-4}T + 1.8564\times10^{-7}T^2 + 2.206$$

则由式(5.36)、式(5.37)、式(5.38)及式(5.39b)可得

对于绝热段
$$\begin{cases}\dfrac{dy_L}{dl} = \dfrac{C_h}{w_{0h}}k_T(1+y_L)^2 N_A \\ \dfrac{dt_b}{dl} = \dfrac{(-\Delta H_r)}{C_{pb}(1+y_L)}\dfrac{dy_L}{dl} - 1.5\end{cases}$$

对于冷却段
$$\begin{cases}\dfrac{dy_L}{dl} = \dfrac{C_c}{w_{0c}}k_T(1+y_L)^2 N_A \\ \dfrac{dt_b}{dl} = \dfrac{(-\Delta H_r)}{C_{pb}(1+y_L)}\dfrac{dy_L}{dl} - \dfrac{h_{ba}m_t\pi d_a(1+y_L)(t_b-t_a)}{F_{T0}C_{pb}} - 1.5 \\ \dfrac{dt_a}{dl} = \dfrac{h_{ba}m_t\pi d_a(1+y_{L1})(t_b-t_a)}{F_{T0}C_{pa}}\end{cases}$$

式中，床外环隙温升 dt_s/dl=1.5，是根据生产经验选取的数值。w_{0h} 是按照绝热段床层截面积计算的流速，w_{0c} 是按照冷却段床层截面积计算的流速，m/s。

【解】 (1)催化剂体积和进塔气量。

绝热段催化床截面积：　$A_h = \dfrac{\pi}{4}(0.900^2 - 0.219^2 - 2\times0.051^2) = 0.5944(\text{m}^2)$

冷却段催化床截面积：　$A_c = \dfrac{\pi}{4}(0.900^2 - 0.219^2 - 2\times0.051^2 - 62\times0.044^2) = 0.5001(\text{m}^2)$

催化床体积：　$V_R = L_h A_h + L_c A_c = 5.001(\text{m}^3)$

氨分解基气量：　$F_{T0} = \dfrac{S_v V_R}{22.4} = \dfrac{25000\times5.001}{22.4} = 5581.47(\text{kmol/h})$

进塔气量：　$F_{T1} = \dfrac{F_{T0}}{1+y_{L0}} = \dfrac{5581.47}{1+0.03} = 5418.91(\text{kmol/h})$

(2)物性参数的计算。

预估冷管内、绝热段及冷却段的温度及组成的变化，根据各部分的平均温度及平均组成计算各部分物性数据。

① 冷管内物性参数。

冷管内，气体组成不变，y_{L0}=0.03，y_{C0}=0.04，y_{D0}=0.08，y_{A0}/y_{B0}=3，则

$$y_{B0}=(1-0.03-0.04-0.08)/4=0.2125，y_{A0}=0.6375$$

相对分子质量：$M_1=17.03\times0.03+16.04\times0.04+39.94\times0.08+0.6375\times2.016+0.2125\times28.02=11.587$

出冷管温度，如不计入中心管气体温升，应等于催化床入口处气体温度 415 ℃，进冷管的温度估计为 231 ℃，故冷管气体平均温度为 323 ℃。

氨分解基惰性气体分数：$y_{I0}=\dfrac{0.04+0.08}{1+0.03}=0.1165$

冷管内气体 $\overline{C}_{pa}=7.187\ \text{kcal/(kmol·K)}$，$\mu=0.1063\ \text{kg/(m·h)}$，$\Lambda=0.1287\ \text{kcal/(m·h·K)}$

② 绝热段催化床物性参数。

绝热段催化床，估计气体离开绝热段氨分数 $y_{Lh}=0.0732$，气体温度 485.6 ℃，则离开绝热段气体，$y_{Lh}=0.0732$，平均温度 450.3 ℃，其物性数据为

$$\overline{C}_{pb,h}=7.504\ \text{kcal/(kmol·K)},\ \mu=0.1262\ \text{kg/(m·h)},\ \Lambda=0.1311\ \text{kcal/(m·h·K)}$$

③ 冷却段催化床物性参数。

冷却段催化床，估计气体离开冷却段氨分数 $y_{Lc}=0.1960$，则离开冷却段气体平均氨分数 $y_L=0.1346$，估计冷却段气体平均温度 478.4 ℃，其物性数据为

$$\overline{C}_{pb}=7.872\ \text{kcal/(kmol·K)},\ \mu=0.1332\ \text{kg/(m·h)},\ \Lambda=0.1186\ \text{kcal/(m·h·K)}$$

离开冷却段气体，$y_{Lc}=0.1960$，平均温度 478.4 ℃时，其比热容 $\overline{C}_{pb,c}=8.219\ \text{kcal/(kmol·K)}$。

(3) 催化床对冷管的传热总系数。

① 内外冷管环隙对外冷管内壁的给热系数 α_a。

用圆管内给热系数公式计算，但管径代以环隙当量直径 d_e。

冷管内气体质量流量：$G_0=F_{T1}M_1=5418.91\times11.587=62789.67\,(\text{kg/h})$

环隙当量直径 d_e，以传热周边计算：

$$d_e=\frac{4\times\dfrac{\pi}{4}\times(0.039^2-0.029^2)}{\pi\times0.039}=1.744\times10^{-2}\,(\text{m})$$

所以冷管内：

$$Re=\frac{62789.67\times1.744\times10^{-2}}{62\times\dfrac{\pi}{4}\times(0.039^2-0.029^2)\times0.1063}=3.109\times10^5$$

$$Pr=\frac{7.187\times0.1063}{11.587\times0.1287}=0.5126$$

$$Nu=\frac{\alpha_a d_e}{\lambda}=0.023Re^{0.8}Pr^{0.3}$$

$$\alpha_a=0.023(3.109\times10^5)^{0.8}(0.5126)^{0.3}\times0.1287/(1.744\times10^{-2})=3442[\text{kcal/(m}^2\cdot\text{h}\cdot\text{K)}]$$

② 催化床对冷管外壁的给热系数 α_b。

催化床的当量直径：

$$D_{te}=\sqrt{\frac{4A_c}{\pi m_t}}=\sqrt{\frac{4\times0.5001}{\pi\times62}}=0.101\,(\text{m})$$

催化剂等外表面相当直径：

$$d_s=\overline{d}_p/\sqrt{\varphi_s}=0.0057/\sqrt{0.33}=9.92\times10^{-3}\,(\text{m})$$

催化床内气体流量与平均相对分子质量随催化床高度而变，但其质量流量不变，与冷管内气体质量流量相同。

催化床内：

$$Re=\frac{62789.67\times 9.92\times 10^{-3}}{0.5001\times 0.1332}=9353$$

$$\frac{D_{te}}{d_s}=\frac{0.101}{9.92\times 10^{-3}}=10.2$$

对高导热系数的催化剂：

$$\frac{\alpha_b D_{te}}{\lambda_f}=2.17Re^{0.52}\left(\frac{D_{te}}{d_s}\right)^{0.8}\left(\frac{1}{1+1.3D_{te}/L_c}\right)$$

所以

$$\alpha_b=2.17(9353)^{0.52}(10.2)^{0.8}\left(\frac{1}{1+1.3\times 0.101/8.87}\right)\frac{0.1186}{0.101}=1864.65\ [\text{kcal}/(\text{m}^2\cdot\text{h}\cdot\text{K})]$$

③ 催化床对冷管的传热总系数。

$$\frac{1}{h_{ba}}=\frac{1}{\alpha_b}+\frac{d_a}{\alpha_a d_i}+\frac{d_a}{2\lambda_t}\ln\frac{d_a}{d_i}+R_c=\frac{1}{1864.65}+\frac{0.044}{3442\times 0.039}+\frac{0.044}{2\times 20}\ln\frac{0.044}{0.039}+0.00054$$

$$h_{ba}=650.7\ \text{kcal}/(\text{m}^2\cdot\text{h}\cdot\text{K})$$

(4) 一些常数的计算。

① 绝热温升 Λ。

绝热段：

$$\Lambda_h=\frac{(-\Delta H_r)_h(1+y_{Lh})}{\overline{C}_{pb,h}}=\frac{(11599+3.216\times 415)(1+0.0732)}{7.504}=1849.55(^\circ\text{C})$$

冷却段：

$$\Lambda_c=\frac{(-\Delta H_r)_c(1+y_{Lc})}{\overline{C}_{pb,c}}=\frac{(11599+3.216\times 478.4)(1+0.1960)}{8.219}=1915.01(^\circ\text{C})$$

② 常数。

$$\frac{h_{ba}m_t\pi d_a}{F_T\overline{C}_{pb,c}}=\frac{650.7\times 62\times 3.1416\times 0.044}{\dfrac{5581.47}{1.1960}\times 8.219}=0.1454(\text{m}^{-1})$$

$$\frac{h_{ba}m_t\pi d_a}{F_{T1}\overline{C}_{pa}}=\frac{650.7\times 62\times 3.1416\times 0.044}{\dfrac{5581.47}{1.03}\times 7.187}=0.1432(\text{m}^{-1})$$

取其平均值 0.1443 m^{-1}。

③ 流速。

绝热段：

$$w_{0h}=\frac{22.4F_{T0}}{3600A_h}=\frac{22.4\times 5581.47}{3600\times 0.5944}=58.43(\text{m/s})$$

冷却段：

$$w_{0c}=\frac{22.4F_{T0}}{3600A_c}=\frac{22.4\times 5581.47}{3600\times 0.5001}=69.44(\text{m/s})$$

(5) 数学模型。将有关常数代入催化床中反应速率及热量衡算联立微分方程组：

对于绝热段

$$\begin{cases}\dfrac{dy_L}{dl}=\dfrac{C_h}{58.43}k_T(1+y_L)^2N_A & \text{(E5.6-1)}\\[2ex] \dfrac{dt_b}{dl}=\dfrac{1849.55}{(1+y_L)^2}\dfrac{dy_L}{dl}-1.5 & \text{(E5.6-2)}\end{cases}$$

对于冷却段

$$\begin{cases}\dfrac{dy_L}{dl}=\dfrac{C_c}{69.44}k_T(1+y_L)^2N_A & \text{(E5.6-3)}\\[2ex] \dfrac{dt_b}{dl}=\dfrac{1915.01}{(1+y_L)^2}\dfrac{dy_L}{dl}-0.1443(t_b-t_a)-1.5 & \text{(E5.6-4)}\\[2ex] \dfrac{dt_a}{dl}=0.1443(t_b-t_a) & \text{(E5.6-5)}\end{cases}$$

(6) 近似逐段差分解。绝热段只有 y_L 和 t_b 两个参数。L_h=0.950 m，划分为 5 段，每段步长 Δl=0.19 m。

①“截面 0”处。

$$(y_L)_0=0.03,\quad (t_b)_0=415\ ℃$$

②“截面 1”处。

先求出“截面 0”处的 $(dy_L/dl)_0$ 及 $(dt_b/dl)_0$ 值，该催化剂的反应速率。当 $(y_L)_0$=0.03，$(t_b)_0$=415 ℃，$(dy_L/d\tau_0)_0$=4.0557，校正系数 C_0=0.65。

由式(E5.6-1)求得

$$\left(\frac{dy_L}{dl}\right)_0=\frac{0.65}{58.43}\times 4.0557=0.0451$$

由式(E5.6-2)求得

$$\left(\frac{dt_b}{dl}\right)_0=1849.55\times\frac{0.0440}{(1+0.03)^2}-1.5=77.2$$

近似取

$$\left(\frac{dy_L}{dl}\right)_1\approx\left(\frac{dy_L}{dl}\right)_0\quad 及\quad \left(\frac{dt_b}{dl}\right)_1\approx\left(\frac{dt_b}{dl}\right)_0$$

由式(5.43)

$$\left(\frac{dy_L}{dl}\right)'_{0,1}\approx\left(\frac{dy_L}{dl}\right)_0\quad 及\quad \left(\frac{dt_b}{dl}\right)'_{0,1}\approx\left(\frac{dt_b}{dl}\right)_0$$

则由式(5.42)，求出一次逼近值

$$(y_L)'_1=(y_L)_0+\left(\frac{dy_L}{dl}\right)'_{0,1}\Delta l=0.0386$$

$$(t_b)'_1=(t_b)_0+\left(\frac{dt_b}{dl}\right)'_{0,1}\Delta l=429.7\ ℃$$

由一次逼近值求得在 $(t_b)'_1=429.7$ ℃，$(y_L)'_1=0.0386$ 时，$(dy_L/d\tau_0)'_1=3.9612$，校正系数 C_1=0.65，因此 $(dy_L/dl)'_1$=0.0441，$(dt_b/dl)'_1$=74.1。

由式(5.43)求得二次逼近值

$$\left(\frac{dy_L}{dl}\right)_{0,1}=\frac{1}{2}\left[\left(\frac{dy_L}{dl}\right)_0+\left(\frac{dy_L}{dl}\right)'_1\right]=\frac{1}{2}(0.0451+0.0441)=0.0446$$

$$\left(\frac{dt_b}{dl}\right)_{0,1}=\frac{1}{2}\left[\left(\frac{dt_b}{dl}\right)_0+\left(\frac{dt_b}{dl}\right)'_1\right]=\frac{1}{2}(77.2+74.1)=75.6$$

最后由式(5.42)，求得“截面 1”处 y_L 和 t_b 的二次逼近值

$$(y_L)_1=(y_L)_0+\left(\frac{dy_L}{dl}\right)_{0,1}\Delta l=0.0385$$

$$(t_b)_1=(t_b)_0+\left(\frac{dt_b}{dl}\right)_{0,1}\Delta l=429.4℃$$

③“截面 2”处，由于在绝热段温度和氨含量分布曲线都是连续单调的，因而可用式(5.45)的简化近似计算。“截面 0”处诸参数均已知。“截面 1”处，由二次逼近值求得在 $(t_b)_1=429.4$℃，$(y_L)_1=0.0385$ 时，$(dy_L/d\tau_0)_1$=3.9540，校正系数 C_1=0.65，因此 $(dy_L/dl)_1$=0.044，$(dt_b/dl)_1$=73.9，即

$$\left(\frac{dy_L}{dl}\right)_{1,2}=\frac{3}{2}\left(\frac{dy_L}{dl}\right)_1-\frac{1}{2}\left(\frac{dy_L}{dl}\right)_0=\frac{3}{2}\times 0.044-\frac{1}{2}\times 0.0451=0.0434$$

$$\left(\frac{dt_b}{dl}\right)_{1,2}=\frac{3}{2}\left(\frac{dt_b}{dl}\right)_1-\frac{1}{2}\left(\frac{dt_b}{dl}\right)_0=\frac{3}{2}\times 73.9-\frac{1}{2}\times 77.2=72.3$$

再由式(5.42)求得

$$(y_L)_2=(y_L)_1+\left(\frac{dy_L}{dl}\right)_{1,2}\Delta l=0.0467$$

$$(t_b)_2=(t_b)_1+\left(\frac{dt_b}{dl}\right)_{1,2}\Delta l=443.1\ ℃$$

④“截面 3”至“截面 5”计算方法与“截面 2”相同。

⑤ 自“截面 5”开始进入冷却段。由“截面 5”至“截面 6”曲线是不连续的，因此不能用式(5.45)的近似简化计算，而改用二次逼近法。冷却段高度 8.87 m，分为 10 段，步长为 0.887 m。

“截面 7”处，$(dt_b/dl)_{7,8}$出现负值，故热点在“截面 7”。由“截面 7”至“截面 8”曲线是非单调的，此时不能用简化式，需用二次逼近法。

由“截面 8”至“截面 15”均可用近似简化公式。

冷却段开始时，“截面 5”处冷管气体温度$(t_a)_5$假定为 231 ℃。此值是否适当，需待算至L=9.82 m，检查$(t_a)_L$是否与催化床进口温度$(t_b)_0$相等。如果$(t_a)_L\neq(t_b)_0$，则必须另行假设冷管气体温度$(t_a)_5$的值，直至$(t_a)_L=(t_b)_0$为止，这是一个试算法。

按上述方法，算出“截面 15”L=9.820 m 处，$(y_L)_L$=0.1960，$(t_a)_L$=415.0 ℃，说明$(t_a)_5$=231 ℃的假设值适当，热点温度 507.7 ℃，热点位置在 2.724 m 处。

计算结果列于表 E5.6-1。

表 E5.6-1　氨含量、床层温度和内外冷管环隙温度的计算结果

序号	Δl/m	L/m	$(y_L)_j$	$(t_b)_j$	$(t_a)_j$	$(dy_L/d\tau_0)_j$	$(C)_j$
0	0	0	0.03	415		4.0557	0.65
1	0.19	0.19	0.0385	429.4		3.9540	0.65
2	0.19	0.38	0.0467	443.1		3.9856	0.65
3	0.19	0.57	0.0552	457.0		4.0902	0.65
4	0.19	0.76	0.0640	471.1		4.2296	0.65
5	0.19	0.95	0.0732	485.6	231	4.3778	0.65
6	0.887	1.837	0.1050	503.5	263.2	3.3906	0.63
7	0.887	2.724	0.1277	507.7	292.7	2.4968	0.61
8	0.887	3.611	0.1441	504.9	318.5	1.8769	0.59
9	0.887	4.498	0.1556	497.9	340.5	1.5238	0.57
10	0.887	5.385	0.1652	491.8	358.8	1.2873	0.55
11	0.887	6.272	0.1732	486.2	374.3	1.1233	0.53
12	0.887	7.159	0.1801	481.4	387.2	1.0021	0.51
13	0.887	8.046	0.1861	477.3	398.1	0.9088	0.49
14	0.887	8.933	0.1913	473.9	407.3	0.8345	0.47
15	0.887	9.2	0.1960	471.2	415.0	0.7737	0.45

续表

序号	$(\mathrm{d}y_L/\mathrm{d}l)_j$	$(\mathrm{d}t_b/\mathrm{d}l)_j$	$(\mathrm{d}t_a/\mathrm{d}l)_j$	$(y_L)'_{j+1}$	$(t_b)'_{j+1}$	$(t_a)'_{j+1}$	$(\mathrm{d}y_L/\mathrm{d}\tau_0)'_{j+1}$
0	0.0451	77.2		0.038 6	429.7		3.961 2
1	0.0440	73.9					
2	0.0443	73.4					
3	0.0455	74.1					
4	0.0471	75.4					
5	0.0410	29.9	36.7	0.1095	512.1	263.6	3.3855
6	0.0308	12.1	34.7	0.1322	514.2	294.0	2.3456
7	0.0219	0.5	31.0	0.1472	508.2	320.2	1.7587
8	0.0159	−5.1	26.9				
9	0.0125	−6.3	22.7				
10	0.0102	−6.3	19.2				
11	0.0086	−5.7	16.2				
12	0.0074	−5.0	13.6				
13	0.0064	−4.2	11.4				
14	0.0056	−3.5	9.6				
15							

序号	$(C)'_{j+1}$	$\left(\frac{\mathrm{d}y_L}{\mathrm{d}l}\right)'_{j+1}$	$\left(\frac{\mathrm{d}t_b}{\mathrm{d}l}\right)'_{j+1}$	$\left(\frac{\mathrm{d}t_a}{\mathrm{d}l}\right)'_{j+1}$	$\left(\frac{\mathrm{d}y_L}{\mathrm{d}l}\right)_{j,j+1}$	$\left(\frac{\mathrm{d}t_b}{\mathrm{d}l}\right)_{j,j+1}$	$\left(\frac{\mathrm{d}t_a}{\mathrm{d}l}\right)_{j,j+1}$
0	0.65	0.0441	74.1		0.0446	75.6	
1					0.0434	72.3	
2					0.0445	73.0	
3					0.0463	74.2	
4					0.0484	76.4	
5	0.63	0.0307	10.4	35.8623	0.0358	20.2	36.3
6	0.61	0.0206	−2.5	31.7797	0.0257	4.8	33.2
7	0.59	0.0149	−6.9	27.1232	0.0184	−3.2	29.1
8					0.0130	−7.9	24.8
9					0.0108	−6.9	20.6
10					0.0090	−6.3	17.4
11					0.0078	−5.4	14.6
12					0.0068	−4.6	12.3
13					0.0059	−3.8	10.3
14					0.0053	−3.1	8.7
15							

(7)校核。为了校核计算是否有误，对整个催化床进行热量衡算，检查催化床传向冷管的热量 Q_1 与冷管内气体温升所传入的热量 Q_2 是否相等。

根据热焓是状态函数的原则，在进口温度 415 ℃下，由 $(y_L)_0=0.03$ 至 $(y_L)_L=0.1960$ 氨合成的反应热，减去出口组成气体由 415 ℃升温至 471.1 ℃所需热量，再减去传向催化床外环隙的热量，即为传向冷管的热量。

$$产氨量=\frac{5418.91\times(0.1960-0.03)}{(1+0.1960)}=752.08(\mathrm{kmol/h})$$

$(y_L)_L$=0.1960 的气体由 415 ℃至 471.1 ℃的平均热容为 8.177 kcal/(kmol·K)，催化床外环隙中气体热容为 7.127 kcal/(kmol·K)。

$$Q_1=752.08\times(11599+3.216\times415)-\frac{5581.47}{(1+0.1960)}\times8.177\times(471.1-415)-1.5\times9.82\times5418.91\times7.127$$

$$=7.028\times10^6(\mathrm{kcal/h})$$

而冷管内气体由 231 ℃升温至 415 ℃所传入热量为

$$Q_1=5418.91\times(415-231)\times7.187=7.361\times10^6(\mathrm{kcal/h})$$

$$相对误差=\frac{7.361\times10^6-7.028\times10^6}{7.028\times10^6}=4.74\%$$

热量衡算误差仅为 4.74%，说明此方案计算无误。

(8)生产强度。

$$J=\frac{752.08\times17.03\times24}{1000\times5.001}=61.5[\mathrm{t\ NH_3/(m^3\cdot d)}]$$

5.4 实验室催化反应器

实验催化反应器的选择要根据所研究对象的特点而定，如反应物料是单相或是多相，催化剂是粒状或是粉状，催化剂是否容易失活，反应热效应大小及反应物料的腐蚀性等。一个实验反应器的优劣主要看其能否做到等温，因为反应器的等温程度对动力学数据的准确性影响极大。当然，反应物料的取样分析、停留时间的测定以及设备的加工制造等方面也应适当给予考虑。

5.4.1 实验室催化反应器的分类

实验室催化反应器的型式很多，结构也多种多样，但最常用的是循环无梯度反应器、固定床积分反应器及固定床微分反应器三大类。

1. 循环无梯度反应器

循环无梯度反应器实质上是全混流反应器。目的是设法使化学反应在等温等浓度的条件下进行。

这种反应器通过机械搅拌作用，使反应物料在反应器内达到完全混合。其原理十分简单，但结构则是多种多样的。它可用于均相反应，也可用于多相反应。

对于均相反应，只需在反应器内设置足够的搅拌器就可以了。但对多相反应，则可以是使固体颗粒(或催化剂)处于运动状态的(如转篮式搅拌反应器)，也可以是使其固定不动的(如内循环式反应器)。其结构示意如图 5.11 所示。

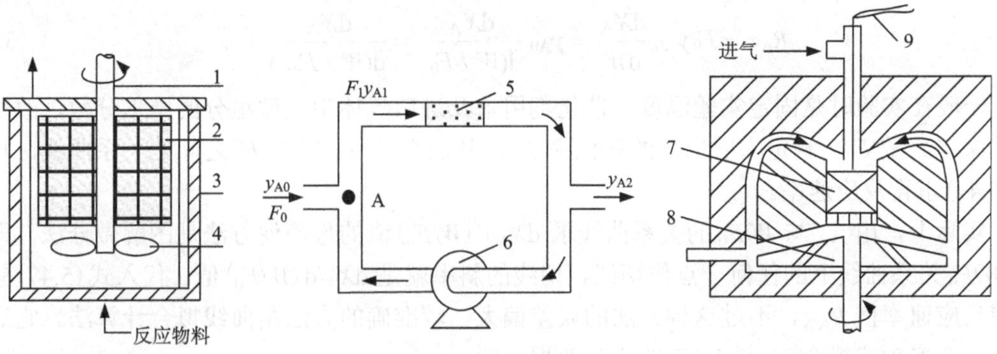

(a) 转篮式搅拌反应器　(b) 外循环式无梯度反应器　(c) 内循环式无梯度反应器

图 5.11　实验室催化反应器

1. 搅拌轴；2. 催化剂篮；3. 挡板；4. 搅拌桨；5. 催化床；6. 循环泵；7. 催化剂；8. 桨叶；9. 热电偶

事实上，无论哪一种连续搅拌反应器，关键的问题是在反应区建立剧烈的搅拌，使反应物料达到完全混合的状态，而这一状态是否实现，需要通过对反应器内的物料进行停留时间分布测定的实验来检验。

在无梯度反应器中，由于床层内各处的温度、浓度均匀且与出口处的温度、浓度相等，可直接用式(5.46)计算反应速率。

$$R_{AW}=\frac{F_0(y_{A0}-y_{Af})}{W},\quad \mathrm{mol/(s\cdot g)} \tag{5.46}$$

式中：F_0 为反应器进口处气体的流量，mol/s；y_{A0} 为反应器进口处气体中组分 A 的摩尔分数；y_{Af} 为反应器出口处气体中组分 A 的摩尔分数；W 为反应器内催化剂的质量，g。

在上述几种反应器中，以内循环式无梯度反应器最为常用，它不但有自由空间小(转篮式除外)、分析方法要求不苛刻、有把握实现无梯度要求及无需专门配气等优点，而且可用于研究不同粒度催化剂的动力学。因此，它不仅是评价催化剂和进行动力学研究的良好工具，而且可用于直接测定工业粒度的催化剂的动力学特性，为反应器设计放大提供有用的数据。

2. 固定床积分反应器

实验室用的固定床积分反应器是指催化剂装填量较大($W>3$ g)，反应物料组成沿催化剂层的高度而变，最终转化率较高($X_{Af}>25\%$)的反应器。它大都用不起催化作用的直圆管制成，管内填充催化剂，管外用电炉或载热体加热，以维持反应所需的温度。

为了准确地测取反应速率，积分反应器内必须保证物料在反应器中呈平推流，而要达到这一点，应使雷诺数 $Re>30$，床层高与颗粒直径之比大于 100，为了减少管壁效应，避免径向流速分布不均，除应均匀装填催化剂外，还应使管径与颗粒直径之比大于 8。

其次，必须保证床层等温，使温度波动控制在±1 ℃左右，对强放热反应，可采用外形与催化剂相似的惰性填料稀释催化剂，以减少单位床层的换热量，避免局部过热，增加床层的等温性。但惰性物料的量也不能过多，否则会改变床层的性质。

设催化剂的质量为 W，反应混合物的摩尔流量为 F_0，取催化剂微元质量 dW 进行物料衡算，则单位质量催化剂上的反应速率为

$$R_{AW}=F_0y_{A0}\frac{dX_A}{dW}=y_{A0}\frac{dX_A}{d(W/F_0)}=\frac{dX_A}{d(W/F_{A0})} \tag{5.47}$$

一般在实验时是固定实验温度、催化剂用量及进口气体中关键组分的摩尔分数，改变气体的摩尔流量 F_0，测定床层出口的转化率 X_A，从而得到 X_A 与 W/F_0 之间的关系曲线，再由式(5.47)求得反应速率。

实际上，由 X_A 与 W/F_0 的关系曲线求 $dX_A/d(W/F_0)$ 值的最简便方法是图解微分法。即在 X_A-W/F_0 关系曲线上的任何一点作切线，切线的斜率就是 $dX_A/d(W/F_0)$ 值。代入式(5.47)就可求得反应速率值 R_{AW}，不过这种方法的误差偏大。较准确的方法是曲线拟合计算法。它通常是用一个多项式拟合 X_A 与 W/F_0 的实验数据，即

$$X_A=a_0+a_1(W/F_0)+a_2(W/F_0)^2+a_3(W/F_0)^3+\cdots \tag{5.48}$$

式中，$a_0, a_1, a_2, \cdots$ 为常数，可用最小二乘法确定。将式(5.48)对 W/F_0 求导后可得 $dX_A/d(W/F_0)$ 值。该法较图解法误差为小，可免除人为干扰，但需用电子计算机计算。

积分反应器结构简单，实验方便，且由于转化率较高，对分析取样要求不苛刻。但是数据处理麻烦，实现床层等温较难，实验误差较大，但由于它比较接近工业反应器的实际，因此目前仍较常采用。

3. 固定床微分反应器

微分反应器的结构与积分反应器完全相似，只是由于催化剂装填量较少(<1 g)，操作空速高，相应的转化率较低(<10%)，所以在该转化率范围内反应速率可当作常数，于是

$$R_{AW}=F_0y_{A0}\frac{\Delta X_A}{W}=F_{A0}\frac{X_{Af}-X_{A0}}{W} \tag{5.49}$$

这样可以直接求出 R_{AW}，它相当于按反应物进、出口浓度的算术平均值计算的反应速率。所以若要求得整个实用转化率范围内的反应速率，就需配入产物将进料配成与各转化率下的组成相当的浓度进行测定，因而实验是相当费事的。当然由于它的催化剂用量较少，转化率又低，床层易于等温，因此实验误差不大。但是由于床层进出口浓度相差甚小，对分析精度的要求较高，故能否采用微分反应器，首先要看有无相应的分析手段以分析反应的物料。其次，由于床层较薄，催化剂的装填力求均匀，否则容易产生沟流进而影响到实验数据的准确度，因此目前已较少采用。

以上介绍的三种常用实验室反应器各有其优缺点，但相对来说以无梯度反应器为三者之冠，特别是内循环式无梯度反应器，对工业粒度催化剂的测定和等温性等方面尤为突出，所以得到了较为广泛的应用。

5.4.2 实验室催化反应器的应用

化学反应的速率方程除基元反应外，目前还不能从理论上加以预测，唯一的方法是靠实验测定。化学反应工程的实验研究概括地说主要是研究反应过程的速率以及影响因素，这些因素包括温度、浓度、压力、传质传热及催化剂的种类等。

根据不同操作条件下测得的实验数据以及对过程的了解，对实验数据进行分析整理，找出其内在规律，确定各参数间的定量关系，建立起实际可用的数学模型是实验最终目的。这一阶段的工作称为实验数据处理，它包括实验数据的分析、模型的筛选及模型参数的估值等。

下面仅从实用的角度出发对这一过程作一简要的介绍。

1. 动力学模型的建立

由实验测得的动力学数据，常用两种方法进行处理以建立化学反应的动力学模型：一是微分法，其实质是将不同浓度及温度下测得的反应速率值关联成速率方程，它对于可直接测出反应速率值的微分装置最为适用。二是积分法，它是将假定的速率方程积分后，再对实验数据进行处理，一般只适用于积分装置所测得的数据。但不论用哪种方法处理实验数据，建立数学模型一般都要经历下列过程：

(1) 提出模型。根据已有的理论知识及对实验数据的分析，提出可能的数学模型。

(2) 筛选模型。从提出的多个可能模型中筛选出合适的模型。合适就是要能符合全部实验数据，有意义而且可用。

(3) 模型参数估值。对筛选出的合适模型中的模型参数进行精确估值，如活化能、速率常数、吸附平衡常数及吸附热等。

(4) 模型的检验。即用方差分析及残差分析检验模型对实验数据的适应性及显著性(模型表示实验数据的能力)。

在模型的检验中，上述过程不是孤立进行的，一般都要结合起来交叉进行。

2. 动力学模型的筛选

动力学模型的筛选方法主要有初速率法和诊断参数法两种，这里主要介绍初速率法。

初速率是指转化率为零时的反应速率。当起始反应物的比例和温度一定时，不同的总压下，初速率的数值一般情况下是不同的。不同的反应机理、总压和相应的初速率间的关系是不相同的，因此可利用这种关系来筛选动力学模型。

初速率法首先是由杨光华与豪根提出来的，做法是先假定反应机理，寻找初速率 R_{A0} 与总压 p 的关系，再用实验得到的 R_{A0}-p 关系曲线来对比，以判断反应机理。例如，对反应 A+B ══ L，可先假设组分 A、B 和 L 同时被吸附，反应为组分 A 的吸附控制，则根据理想吸附理论可导出双曲型的速率方程为

$$R_A = \frac{k\left(p_A - \dfrac{p_L}{Kp_B}\right)}{1 + \dfrac{K_A}{K}\dfrac{p_L}{p_B} + K_B p_B + K_L p_L}$$

式中

$$K = \frac{K_S K_A K_B}{K_R}$$

在反应刚开始时，产物极少，逆反应可以忽略，产物的吸附量近似为零，且 $p_{A0}=p_{B0}=p/2$，故初速率 R_{A0} 可表示为

$$R_{A0}=p/(a+bp)$$

式中：a、b 为常数。

若过程属表面化学反应控制，则可导出双曲型的速率方程为

$$R_S = \frac{k(p_A p_B - p_L / K)}{(1 + K_A p_A + K_B p_B + K_L p_L)^2}$$

故初速率 R_{A0} 可表示为

$$R_{A0}=[p/(a+bp)]^2$$

把上述根据假设的反应机理导出的总压和相应的初速率间的相互关系，与由实验得到的 R_{A0} 和 p 间的关系曲线进行对比，就可筛选出一些可能的动力学模型。图 5.12 为不同反应机理时的 R_{A0}-p 曲线，可供筛选模型时参考。

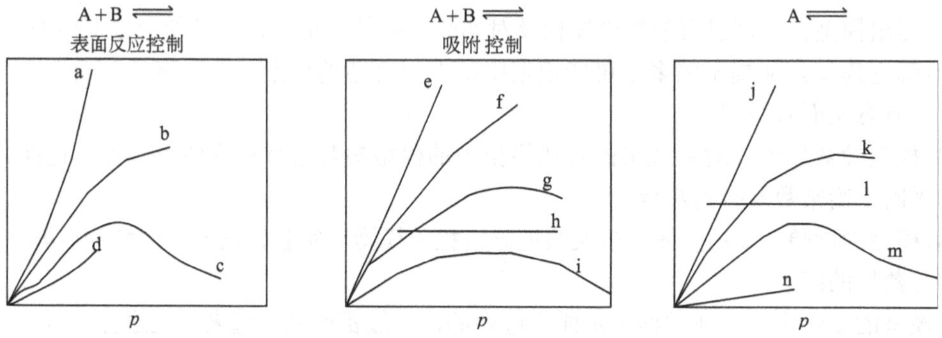

图 5.12　不同机理时初速率与总压的关系

a. A 吸附，B 不吸附；b. A、B 均吸附；c. 均吸附，但 A 解离吸附；d. 均相反应；e. A 吸附控制；B 不吸附；f. B 吸附控制，A 解离吸附；g. A 吸附控制；h. 产物脱附控制的不可逆反应；i. A 解离吸附控制；j. A 吸附控制；k. 表面反应控制(单活性点)；l. 产物脱附控制的不可逆反应；m. 表面反应控制(双活性点)；n. 均相反应

在用初速率法筛选出可能的数个模型后，可再用诊断参数法确定模型参数，然后由模型参数是否符合物理意义及误差大小来最后确定实用的模型，具体做法可参阅有关文献。

3. 动力学模型参数的确定

将模型方程中的参数进行估值是建立动力学模型的重要组成部分，这不仅是为了应用模型所必需，也是筛选模型的依据之一。

进行模型参数估值的基本原则是模型的计算值应尽可能与实测值相接近。通常用残差平方和最小来估计参数值。最常用的数学方法就是最小二乘法。

现以非线性方程——双曲函数型为例来说明。若

$$R_A = \frac{kK_A K_B p_A p_B}{(1 + K_A p_A + K_B p_B)^2} \tag{5.50}$$

式中：k、K_A、K_B 为模型参数；p_A、p_B 为反应组分的分压，可由实验确定；R_A 为反应速率，可按不同实验室反应器的计算式求得。

先将式(5.50)线性化，则

$$\sqrt{kK_A K_B}\sqrt{\frac{p_A p_B}{R_A}} = 1 + K_A p_A + K_B p_B$$

令　　$c = \sqrt{kK_A K_B}\quad a = K_A\quad b = K_B\quad Z = \sqrt{\frac{p_A p_B}{R_A}}$

代入上式得

$$cZ=1+ap_A+bp_B$$

设实验误差为 δ，则上式可改写为

$$\delta=1+ap_A+bp_B-cZ$$

将 n 次实验所得的数据代入上式并求其平方和，则有

$$\sum\delta^2=n+a^2\sum{p_A}^2+b^2\sum{p_B}^2+c^2\sum Z^2+2a\sum p_A+2b\sum p_B-2c\sum Z+2ab\sum p_Ap_B-2ac\sum p_AZ-2bc\sum p_BZ$$

按最小二乘法的原理，a、b、c 最可能的值是使 $\sum\delta^2$ 值最小，而 $\sum\delta^2$ 是 a、b、c 的函数，$\sum\delta^2$ 值最小，即对 a、b、c 的偏导数为零，故将上式分别对 a、b、c 求偏导数并令其为零，可得

$$a\sum{p_A}^2+\sum p_A+b\sum p_Ap_B-c\sum p_AZ=0 \tag{5.51}$$

$$b\sum{p_B}^2+\sum p_B+a\sum p_Ap_B-c\sum p_BZ=0 \tag{5.52}$$

$$c\sum Z^2-\sum Z-a\sum p_AZ-b\sum p_BZ=0 \tag{5.53}$$

式中，除 a、b、c 外，其余各加和值均可由实验数据算出，代入后联立求解式(5.51)～式(5.53)三式即可求出 a、b、c，进而可求出模型参数 k、K_A、K_B。

必须指出，由于速率方程是在假定反应机理的情况下得出的，如果所设的机理正确，则用上法解出的模型参数值应为正值。若有负值出现，则说明所设机理不对，模型应舍去。如果假设的几种机理解出的模型参数均为正值，则可取其误差(方差及残差)最小者。所以求出的模型参数值同时可起到筛选模型的作用。

【例 5.7】 在无梯度反应器中进行 $SO_2+0.5O_2 \rightleftharpoons SO_3$ 氧化反应实验，温度分别为 485 ℃和 420 ℃，压力为 1 atm，所用 S_{107} 型钒催化剂的质量 $W=0.3$ g，粒度 0.4～0.6 mm，气体总流量为 462 mL/min(标准状态)。在不同入口 SO_2 和 O_2 浓度下测得的转化率如表 E5.7-1 和表 E5.7-2 所示。试求以幂函数型表示的速率方程。

【解】 将反应 $SO_2+0.5O_2 \rightleftharpoons SO_3$ 改写为 $A+0.5B \rightleftharpoons L$。

对无梯度反应器，可用式(5.46)计算反应速率，即

$$R_{AW}=\frac{F_0(y_{A0}-y_{Af})}{W}=\frac{F_{A0}X_A}{W} \tag{E5.7-1}$$

由式(E5.7-1)求得各点 R_{AW} 值，列于表 E5.7-1 和表 E5.7-2 第 8 列中。

表 E5.7-1　温度 485 ℃时 SO_2 在 S_{107} 型钒催化剂上氧化动力学测定数据

组数	气体初始组成		反应后气体组成			转化率	反应速率/[mol/(kg·s)]	
	y_{A0}/%	y_{B0}/%	y_{Af}/%	y_{Bf}/%	y_{Lf}/%	X_A/%	$R_{AW}\times10^3$	$R_{AW计算}\times10^3$
1	6.83	17.37	6.37	17.19	—	6.735	5.271	5.439
2	6.83	14.6	6.42	14.42	—	6.003	4.698	4.733
3	6.86	11.62	6.516	11.46	—	5.015	3.942	3.947
4	6.65	7.79	6.41	7.66	—	3.609	2.750	2.848
5	6.77	4.39	6.62	4.32	—	2.216	1.719	1.807
6	2.93	13.89	2.62	13.73	—	10.580	3.552	3.840

续表

组数	气体初始组成		反应后气体组成			转化率	反应速率/[mol/(kg·s)]	
	y_{A0}/%	y_{B0}/%	y_{Af}/%	y_{Bf}/%	y_{Lf}/%	X_A/%	$R_{AW}\times10^3$	$R_{AW计算}\times10^3$
7	4.66	13.89	4.32	13.72	—	7.296	3.896	4.213
8	7.14	13.89	6.775	13.65	—	5.112	4.182	4.589
9	9.3	13.89	8.91	13.69	—	4.194	4.469	4.838
10	11.11	13.89	10.705	13.65	—	3.645	4.641	5.013
11	13.45	13.89	13.04	13.69	—	3.048	4.698	5.208

表 E5.7-2　温度 420 ℃时 SO_2 在 S_{107} 型钒催化剂上氧化动力学测定数据

组数	气体初始组成		反应后气体组成			转化率	反应速率/[mol/(kg·s)]	
	y_{A0}/%	y_{B0}/%	y_{Af}/%	y_{Bf}/%	y_{Lf}/%	X_A/%	$R_{AW}\times10^3$	$R_{AW计算}\times10^3$
1	4.474	19.783	4.263	19.697	0.2155	4.811	2.442	2.371
2	5.533	19.564	5.311	19.472	0.2279	4.115	2.583	2.517
3	6.001	19.467	5.774	19.373	0.2342	3.897	2.653	2.564
4	7.107	19.238	6.871	19.139	0.2446	3.437	2.771	2.684
5	7.120	19.235	6.884	19.136	0.2452	3.439	2.779	2.683
6	8.168	19.018	7.925	18.916	0.2537	3.103	2.878	2.778
7	8.749	18.898	8.502	18.793	0.2587	2.953	2.932	2.823
8	9.049	18.836	8.801	18.730	0.2603	2.873	2.957	2.847
9	9.612	18.719	9.360	18.612	0.2650	2.753	3.005	2.884
10	10.496	18.536	10.240	18.426	0.2699	2.568	3.065	2.943
11	10.548	18.526	10.292	18.415	0.2704	2.560	3.067	2.946
12	11.088	18.414	10.832	18.303	0.2716	2.446	3.085	2.985
13	11.483	18.332	11.223	18.219	0.2756	2.396	3.130	3.000
14	12.856	18.048	12.591	17.931	0.2837	2.204	3.218	3.065

因为催化剂颗粒粒度较小，可认为反应在化学动力学范围内进行。此时根据不均匀表面吸附理论导出的幂函数型的速率方程为

$$R_{AW计算}=-\frac{dF_A}{dW}=k_{Wy1}\,y_A^{\alpha}y_B^{\beta}y_L^{\gamma}-k_{Wy2}\,y_A^{\alpha'}y_B^{\beta'}y_L^{\gamma'} \tag{E5.7-2}$$

式中：$R_{AW计算}$ 为反应速率，mol/(kg·s)；W 为催化剂质量，kg；F_A 为 SO_2 的摩尔流量，mol/s；k_{Wy1}、k_{Wy2} 为正、逆反应的速率常数，mol/(kg·s)；y_A、y_B、y_L 为相应组分的瞬时浓度，摩尔分数。

在实验条件下，转化率极低，$X_A<25\%$，逆反应可以忽略，故式(E5.7-2)变为

$$R_{AW计算}=k_{Wy}\,y_A^{\alpha}y_B^{\beta}y_L^{\gamma} \tag{E5.7-3}$$

(1)485 ℃时的动力学方程。

据有关资料介绍，在较高温度下，SO_3 对反应没有阻滞作用，$\gamma=0$，此时式(E5.7-3)变为

$$R_{AW计算}=k_{Wy}\,y_A^{\alpha}y_B^{\beta} \tag{E5.7-4}$$

将式(E5.7-4)线性化，取对数得

$$\ln R_{AW计算} = \ln k_{Wy} + \alpha \ln y_A + \beta \ln y_B \tag{E5.7-5}$$

取 $y_{A0}=0.0683$ 的前面五点，以 $\ln R_{AW}$ 对 $\ln p_B$ 作图(图 E5.7-1)，得实线方程为

$$\ln R_{AW计算} = -3.7781 + 0.8269\ln y_B$$

截距为

$$\ln[k_{Wy}(0.0683)^{\alpha}] = -3.7781 \tag{E5.7-6}$$

同理取 $y_{B0}=0.1389$ 的后面六点，以 $\ln R_{AW}$ 对 $\ln p_A$ 作图(图 E5.7-1)，得虚线方程为

$$\ln R_{AW计算} = -4.9417 + 0.1984\ln y_A$$

截距为

$$\ln[k_{Wy}(0.1389)^{\beta}] = -4.9417 \tag{E5.7-7}$$

由式(E5.7-6)和式(E5.7-7)分别求得 k_{Wy} 值为 3.894×10^{-2} 和 3.653×10^{-2}，取平均值则 $k_{Wy}=3.774\times10^{-2}$。另外可近似取 $\alpha=0.2$，$\beta=0.8$，于是式(E5.7-4)变为

$$R_{AW计算} = 0.03774 y_A^{0.2} y_B^{0.8} \tag{E5.7-8}$$

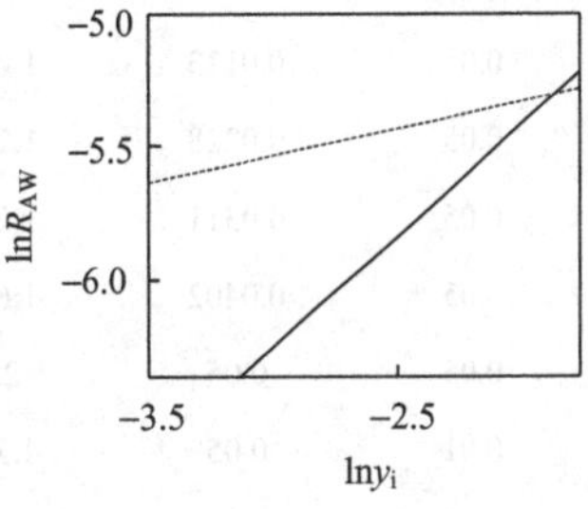

图 E5.7-1

式(E5.7-8)即为高温段 485 ℃时，SO_2 在 S_{107} 型钒催化剂上氧化的动力学方程。

按式(E5.7-8)计算的速率值也列于表 E5.7-1 的第 9 列中。由于有 11 组实验数据，三个待定参数 k_{Wy}、α 和 β，故标准误差为

$$[\sum (R_{AW}-R_{AW计算})^2/(11-3)]^{0.5}=3.41\times10^{-4}$$

故可以认为在高温段(450～550 ℃)，SO_2 在 S_{107} 型钒催化剂上氧化的动力学方程为

$$R_{AW计算} = k_{Wy} y_A^{0.2} y_B^{0.8} \tag{E5.7-9}$$

(2) 420 ℃时的动力学方程。

实验证明，低温下 SO_3 对反应的影响不可忽略，其速率方程应用式(E5.7-3)表示。

用相同的思路可求得 α=0.4234(取 α=0.4)，β=1.0143(取 β=1)，γ=−0.3252(取 γ=−0.3)，k_{Wy}=0.00674。所以式(E5.7-3)可写为

$$R_{AW计算} = 0.00674 y_A^{0.4} y_B y_L^{-0.3} \tag{E5.7-10}$$

式(E5.7-10)即为低温段 420 ℃时，SO_2 在 S_{107} 型钒催化剂上氧化的动力学方程。

故可以认为在低温段(360～450 ℃)，SO_2 在 S_{107} 型钒催化剂上氧化的动力学方程为

$$R_{AW计算} = k_{Wy} y_A^{0.4} y_B y_L^{-0.3} \tag{E5.7-11}$$

【例 5.8】 反应 NO(A)＋H_2(B) ⟶ $0.5N_2$＋H_2O 在 400 ℃、1 atm 和装有 W＝1.066 g 的 $CuO{\cdot}ZnO{\cdot}Cr_2O_3$ 催化剂的微分反应器中进行，气体总流量为 2000 m^3/min(标准状态)，在不同入口分压 p_{A0} 及 p_{B0} 下测得的转化率 X_A 值见表 E5.8-1。

(1) 求相应各点的反应速率。

(2) 求以幂函数形式表示的速率方程。

(3) 若设想反应为吸附态的 A 和气相中的 B 的反应控制，或者是吸附态的 A 与吸附态的 B 的表面反应控制，试写出其双曲型的速率方程，并比较它们中哪个最合适？

【解】 (1) 对微分反应器，可用下式计算反应速率，即

$$R_{AW}=F_0 y_{A0}\frac{\Delta X_A}{W}=\frac{2.0}{22.4}p_{A0}\frac{X_A}{1.066}=0.08376p_{A0}X_A \tag{E5.8-1}$$

按此式可将各点的 R_{AW} 值算出，并将计算结果列于表 E5.8-1 第 4 列中。

表 E5.8-1　不同压力下的转化率值和速率值

p_A	p_B	X_A	R_{AW}	$\ln p_A$	$\ln p_B$	$\ln R_{AW}$	R^*_{AW}	R^{**}_{AW}
0.05	0.00659	0.602	2.52		−5.02	0.92	2.75	2.24
0.05	0.0113	1.006	4.21		−4.48	1.44	3.72	3.51
0.05	0.0228	1.293	5.41		−3.78	1.69	5.52	5.82
0.05	0.0311	1.579	6.61		−3.47	1.89	6.57	6.96
0.05	0.0402	1.639	6.86		−3.21	1.93	7.58	7.85
0.05	0.05	2.1	8.79		−3.00	2.17	8.57	8.53
0.01	0.05	4.348	3.64	−4.61		1.29	3.71	3.29
0.0153	0.05	3.724	4.77	−4.18		1.56	4.63	4.55
0.0270	0.05	2.924	6.61	−3.61		1.89	6.22	6.54
0.0361	0.05	2.627	7.94	−3.32		2.07	7.23	7.56
0.0482	0.05	1.938	7.88	−3.03		2.06	8.40	8.43

注：第 4、8、9 列为 $R_{AW}\times10^5$ mol/(min·g)；*表示由式(E5.8-6)计算；**表示由式(E5.8-10)计算。

(2)幂函数型速率方程动力学模型参数的确定。

以幂函数形式表示的速率方程可写为

$$R_{AW}=kp_A^a p_B^b \tag{E5.8-2}$$

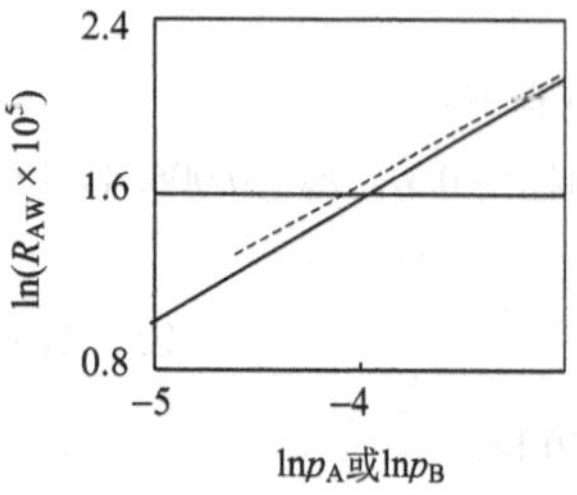

图 E5.8-1

将式(E5.8-2)线性化，取对数得

$$\ln R_{AW}=\ln k+a\ln p_A+b\ln p_B \tag{E5.8-3}$$

取 p_{A0}=0.05 的前面六点，以 $\ln R_{AW}$ 对 $\ln p_B$ 作图(图 E5.8-1)，得实线方程为

$$\ln R_{AW}=3.8084+0.5579\ln p_B$$

截距为

$$\ln[k(0.05)^a]=3.8084 \tag{E5.8-4}$$

同理取 p_{B0}=0.05 的后面六点，以 $\ln R_{AW}$ 对 $\ln p_A$ 作图(图 E5.8-1)，同样可得到虚线方程为

$$\ln R_{AW}=3.7264+0.5206\ln p_A$$

截距为

$$\ln[k(0.05)^b]=3.7264 \tag{E5.8-5}$$

由式(E5.8-4)和式(E5.8-5)分别求得 k 值为 214.4×10^{-5} 和 220.9×10^{-5}，取平均值则 $k=217.7\times10^{-5}$。另外可近似取 $a=0.52$，$b=0.56$，于是式(E5.8-2)变为

$$R_{AW}=2.177\times10^{-3}p_A^{0.52}p_B^{0.56} \tag{E5.8-6}$$

按式(E5.8-6)计算的速率值也列于表 E5.8-1 的第 8 列中。由于有 11 组实验数据，三个待定参数 k、a 和 b，故标准误差为

$$[\sum(R_{AW实测}-R_{AW计算})^2/(11-3)]^{0.5}=4.78\times10^{-6}$$

(3) 双曲型速率方程动力学模型参数的确定。

①A 吸附控制速率方程动力学模型参数的确定。

如果控制步骤为吸附态的 A 与气相中的 B 反应，则在低转化率下，产物的影响可以忽略不计，此时不难写出其速率方程为

$$R_A = kp_B\theta_A = \frac{kK_A p_A p_B}{1+K_A p_A} \tag{E5.8-7}$$

变形得

$$kK_A \frac{p_A p_B}{R_A} = 1+K_A p_A \tag{E5.8-8}$$

令

$$c=kK_A \quad a=K_A \quad Z=\frac{p_A p_B}{R_A}$$

代入式(E5.8-8)得

$$cZ=1+ap_A$$

设实验误差为 δ，则上式可改写为

$$\delta=1+ap_A-cZ$$

将 n 次实验所得的数据代入上式并求其平方和，则有

$$\sum\delta^2=n+a^2\sum p_A^2+c^2\sum Z^2+2a\sum p_A-2c\sum Z-2ac\sum p_A Z$$

按最小二乘法的原理，a、c 最可能的值是使$\sum\delta^2$值最小，而$\sum\delta^2$是 a、c 的函数，$\sum\delta^2$值最小，即对 a、c 的偏导数为零，故将上式分别对 a、c 求偏导数并令其为零，得

$$a\sum p_A^2+\sum p_A-c\sum p_A Z=0$$

$$c\sum Z^2-\sum Z-a\sum p_A Z=0$$

根据实验数据，确定参数 $c=0.031$，$a=-7.042$，因此式(E5.8-7)应予弃去。

②表面化学反应控制速率方程动力学模型参数的确定。

若控制步骤为吸附态的 A 与吸附态的 B 的表面化学反应，则反应速率为

$$R_A = \frac{kK_A K_B p_A p_B}{(1+K_A p_A+K_B p_B)^2} \tag{E5.8-9}$$

式(E5.8-9)与式(5.50)完全相同，用同样的处理方法，得出与式(5.51)～式(5.53)相同的式子，代入实验数据，确定参数 $c=0.587$，$a=22.244$，$b=21.305$，故可得三个参数 $k=7.271\times10^{-4}$，$K_A=22.244$，$K_B=21.305$，将三个参数代入式(E5.8-9)，得速率式为

$$R_A = \frac{0.3346 p_A p_B}{(1+22.244 p_A+21.305 p_B)^2} \tag{E5.8-10}$$

用式(E5.8-10)计算的结果列于表 E5.8-1 最后一列中，其标准误差为 5.62×10^{-6}，与幂函数型的误差基本一样，但此法对机理有所考虑，而前法的数据处理却比较简便。

5.5　固定床催化反应器的最佳操作参数和工程问题

5.5.1　最佳操作参数

设计催化反应器的基本任务是在合适的原料消耗和能量消耗的前提下，获得设备的最大

生产能力。为此，必须根据经济核算的原则确定气固相催化反应过程的最佳操作参数。这主要包括：温度、压力、反应混合物的初始组成、最终转化率、空间速度以及催化剂颗粒尺寸与混合物的质量流速。其中又以温度的影响最大。

1. 可逆放热反应的最佳温度

1) 最佳温度曲线

在第 1 章已得出，在相同的转化率下，最佳温度与平衡温度的关系式(1.111)：

$$T_{\text{opt}} = \frac{T_{\text{eq}}}{1 + T_{\text{eq}} \dfrac{R}{E_2 - E_1} \ln\left(\dfrac{E_2}{E_1}\right)} \tag{5.54}$$

由式(5.54)可以看出，最佳温度与操作压力和反应物系起始组成有关。凡是能影响平衡温度的因素都会影响最佳温度。式(5.54)表面上没有含变量 X_A，但由于平衡温度是 X_A 的函数，因此式(5.54)实质上是转化率与最佳温度的关系式。一般来说，凡能提高平衡转化率但又不影响反应速率常数的因素，都会使最佳温度升高。这是由于减少了反应平衡对反应速率的限制作用，同一转化率下的平衡温度升高。

2) 扩散过程对最佳温度曲线的影响

表征最佳温度与平衡温度的关系式(5.54)是在反应为化学动力学控制的情况下导出的。使用大颗粒催化剂时，内扩散的影响不可忽视，因此不能使用式(5.54)。由于内扩散对反应速率的影响关系式复杂，计入扩散影响的最佳温度很难有解析解。一般是在计入扩散影响的实际反应速率对温度标绘的曲线上找出一定转化率下最大速率点所对应的温度作为最佳温度。

计入扩散影响时的最佳温度较化学动力学控制时的最佳温度低。颗粒越大，内扩散的影响越大，相应的最佳温度降低得越多。对于大多数的可逆放热反应，转化率越低，内扩散影响越大，相应的最佳温度也降低得越多。这是由于在内扩散有影响时，与气流中的浓度相比，颗粒内的反应物浓度更低，而产物的浓度更高，与粒内组成相对应的浓度比更大，与其相对应的平衡温度 T_{eq} 更低，或更接近于实际温度下的平衡常数，而减小了反应的推动力，从式(5.54)可看出内扩散控制时的最佳温度应降低。

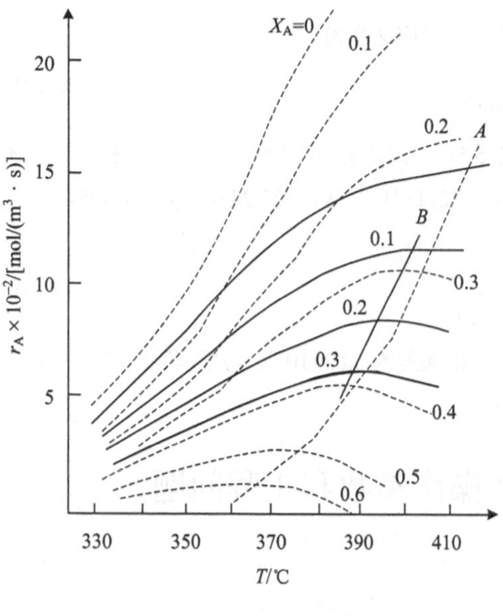

图 5.13　反应速率-温度图

当某些工业催化剂包括内扩散影响在内的宏观速率方程可以用类似于化学动力学控制时的速率方程表示时，如 $r_A=k^*f(c_{As})$，也可用式(5.54)计算其最佳温度，但此时应用表观活化能计算表观速率常数 k^*。

图 5.13 是在 Cr_2O_3-ZnO 工业催化剂上 CO 加 H_2 合成甲醇的 r_A-T 图。图中的虚线表示过程为化学动力学控制时的反应速率曲线和相应的最佳温度曲线 A。而粗实线表示内扩散对过程有影

响时的工业反应器内的反应速率曲线和相应的最佳温度曲线 B。由图可见，内扩散效应对最佳温度的影响是相当大的。

3) 可逆放热催化反应中最佳温度的实现

由于在最佳温度下反应速率最大，为了使催化反应器的生产能力达到最大，反应物系的温度应遵循最佳温度进行。前已指出，可逆放热反应的最佳温度是随着转化率的不断升高而逐渐降低的。但是随着可逆放热反应的不断进行，放出的热量逐渐增多，反应物系的温度趋势是升高的。因此，要想使反应沿着最佳温度曲线进行，就必须不断从催化床中移出热量。

在工业生产上，从催化床移出热量的方法通常有多段换热 (5.24) 和连续换热 (5.3) 两种方式。多段换热式就是把反应过程与换热过程分开进行。连续换热的特点是反应与换热同时进行。实际上，在反应过程中，随着转化率的提高，反应速率下降，反应放热量逐渐减少，而排热能力由于设备的限制是无法与放热能力完全相适应的。因此，实际生产过程中的温度只能尽量地接近最佳温度曲线。

必须指出，对于许多催化反应过程，当转化率较低时，相应的最佳温度很高，往往超过催化剂的耐热温度。所以在实际生产中，最佳温度只有在催化剂的活性温度范围内才有意义。一般是选择一个合适的初始温度进入催化床，然后进行绝热反应，依靠自身的反应热尽快地升高温度，达到最佳温度后再进行换热使反应遵循最佳温度曲线进行。这样做一方面可以减少预热反应物系所需要的热量，另一方面则可以避免超过催化剂的耐热温度。

2. 最佳操作压力

某些重要的气固催化反应，如氨的合成和甲醇合成，必须在加压下进行。操作压力的确定往往是选择生产流程的主要因素。对于高压反应，设备的总费用是随着压力增高而减少。同时，可逆放热催化反应所选用的操作压力还与催化剂的活性温度范围有关。如在较高的压力和温度下，一些反应系统的副反应会加剧，其副反应的反应热可能都高于主反应，严重时，会造成催化床温度猛升而损坏整个催化剂及反应器，当然压力的选择还要考虑压缩机的制造水平。

3. 反应混合物的最佳初始组成

反应混合物的初始组成不仅影响平衡转化率、原料消耗、催化反应速率、催化剂用量、催化反应器的设备费用和反应混合物流过催化反应器的动力消耗，往往还会影响生产系统中其他设备的生产能力和动力消耗。各类反应所选用的最佳反应气体初始组成，应当根据工艺流程、反应速率方程、最终转化率、动力费用等各因素确定。即按生产系统总成本最低来确定反应气体混合物的初始组成才是最全面的，而生产系统总成本除包括催化反应的生产成本外，还包括受反应混合物初始组成影响的其他设备的生产成本。

4. 最佳最终转化率与最佳空间速度

提高最终转化率，可降低单位产品的原料消耗，对于不循环过程，则降低了未反应物料的回收费用，甚至可取消回收装置，但催化剂用量增加，动力费用同时增加，又有导致生产成本增加的趋势。因此，应根据经济核算确定最佳最终转化率。

对于循环过程，如氨合成反应和甲醇合成反应，由于平衡转化率的限制，离开催化反应器时还有相当多的反应组分尚未进行反应，必须将产物分离后，将反应混合物进行循环，再次通入反应器。此时反应过程的空间速度与转化率的变化相互联系。如果采用较低的空间速度，则转化率变化较大，催化反应过程中气体混合物的组成与平衡组成较接近，反应速率较低，催化剂的生产强度较低；但是单位质量产品所需循环的气量较小，气体循环的动力消耗较小，预热未反应气体到催化床进口温度所需换热面积较小，并且离开反应器气体的温度较高，热能利用价值较高。如果采用较高的空间速度，情况则相反，即转化率变化较小，催化剂的生产强度提高，所需换热面积增大，热能利用率降低，增大了循环气体通过设备的压力降及动力消耗；并且由于气体中反应产物的浓度降低，增加了分离反应产物的费用。还应注意的是，空间速度增大到一定程度后，催化床温度不易维持。因此，确定最佳空间速度必须综合考虑上述因素。

5. 最佳催化剂颗粒尺寸

在第 4 章中分析过，催化剂颗粒的大小不仅对反应气体通过催化床的压降有显著影响，而且对扩散过程的速率有显著影响，从而影响催化反应的宏观反应速率。因此，它是固定床的一个重要参数。一般来说，减小催化剂颗粒的尺寸，能增大催化剂的内表面利用率，减小内扩散的影响，从而增加催化反应的宏观反应速率，减少催化剂用量。另外，当反应器直径不变时，能降低催化床的高度，从而降低反应气体通过催化床的压降。但是，减小催化剂颗粒的粒度会使体积流速一定的反应气体通过单位高度催化床的压降增大，从而增加输送气体的动力消耗。因此，催化剂的最佳颗粒尺寸需视气流和床层的特性及有关的具体情况而定。

催化剂最佳颗粒尺寸与选用的反应气体在反应器中的质量流速、催化剂的允许压降、轴向流动还是径向流动等具体情况有关。在高压下进行的循环反应过程，如氨合成反应和甲醇合成反应，催化床的允许压降受选用循环机的限制，一定生产规模的反应系统所用高压容器的内径一定，因而反应混合物质量流速一定，轴向流动反应器所选用的催化剂颗粒尺寸就由这些因素决定。

5.5.2 设计和操作的工程问题

本小节对在工业固定床催化反应器设计和操作中需要注意的几个工程问题作简要综述。

1. 反应物的预混合

由于各种原因，几种反应物在进入反应器之前通常要预先加以混合，使物料在反应前达到分子尺度上的均匀程度。在气固相催化反应中，反应物一经接触催化剂就开始反应，必须采用有效的预混合措施以保证最佳的浓度和温度分布。特别是对一些可燃和易燃、易炸的组分。例如，氧或空气与有机反应物的充分混合更是必不可少的，否则物料的流动中会形成爆炸死角。所以，在反应器的设计中必须设置预混合装置，常用的有“T”形或“Y”形混合管件、喷射混合器和鼓风机混合等。即使是均相反应中的极快反应，预混合的程度对选择性也会产生显著影响，所以必须予以重视。

2. 反应器的流体分布

流体分布均匀是固定床催化反应器设计中的一个重要问题。在催化床中，气流的分布不良将导致流体在径向的流速不均匀，甚至出现沟流和死角而产生返混和造成催化剂局部过热而另一部分催化剂未被利用，以致影响反应效果。特别是对于一些大直径的反应器，气流分布不均会使径向梯度加大。因此，在设计反应器时应采用各种气流分布装置以保证良好的气流分布。常用的方法是在进口处安装筛网、多孔板、挡板和装填惰性填料等。对于薄床层还可在入口处安置扩散器。采用大的反应器入口管也是有效措施之一。另外，对床层的出口要有合理的布置。例如，在床层底部装填惰性填料，或在底部同一横截面上对称设几个出口等，都有助于形成良好的气流分布。

3. 支承结构

催化剂在反应器内被支承的方式有惰性填料支承和格栅板支承两种。

1) 惰性填料支承

惰性填料支承方式最为方便，但需要有一个气体出口过滤器。过滤器是外径约为反应器内径 25%的圆筒，沿圆筒四周围有金属丝网，其作用是防止出口气体将破碎的催化剂或粉末带出反应器，造成后面管路堵塞。

2) 格栅板支承

整个格栅板放在焊于设备壳体上的支承环及支承梁上。对直径大的反应器，格栅可以分块，格栅的开孔面积大于 70%。

在催化剂与惰性填料或支承格栅之间放有金属筛网，网目尺寸按最小催化剂直径选择，并有足够的开孔面积。支承格栅的反应器需有人孔，催化剂必须从人孔卸出或用真空卸料机吸出，而支承催化剂的惰性填料可直接从卸料口放出。所有床层内的各部件应该都能从人孔取出。

4. 床层阻力的均匀性

除在气体分布器设计上考虑流体分布均匀外，还应重点考虑床层阻力的均匀性。对于一定大小的催化剂颗粒，其堆放的好坏会直接影响床层阻力的均匀程度，且与反应结果直接相关。床层催化剂的均匀性可以通过严格选择催化剂的粒度、提出一定的强度要求以及仔细的装填予以保证。对于列管式固定床催化反应器，要求各根管子的阻力降相差不大于 5%，在工业上一般是将催化剂预先称量，使各根管子装入量相等，并逐管测试压降，再根据偏差大小，吸出少量催化剂或补加惰性填料，以调整到所要求的压差。

5. 流体的流动模型

由于平推流反应器内的推动力最大，反应速率最高，因此固定床气固相催化反应器内的气体流动状况应尽量接近平推流。要做到这一点，设计中选用较大的高径比 (L/D_t) 和较高的气速是必要的。一般来说，对于充填均匀的固定床，设备内径至少应为催化剂粒径的 8 倍，床层高至少为催化剂粒径的 100 倍。此时在较高的流速下即可使反应器内的流动状况趋近于平推流。

6. 反应器的防腐和保温

对于腐蚀性的气体，反应器内壁可采用加覆盖防腐层的方法加以保护，这比整个容器都采用抗腐蚀材料要节约。对高温流体，可用耐火材料衬里以保护器壁。对于腐蚀性强或温度很高的流体，可应用一内衬筒以防止与反应器壁直接接触。此时腐蚀性的或高温的气体处于不锈钢的内衬筒内，而非腐蚀性的或冷的补充气则在内衬筒与低合金压力容器的环隙之间流动，以保护器壁不受腐蚀或不受高温。这对压力容器特别有效，它可使内衬筒两侧的压差降至最小。

习　题

5.1　已知氨合成反应 $0.5N_2+1.5H_2 \rightleftharpoons NH_3$ 的平衡常数与温度、压力的关系如下：

$$\lg K_p = \frac{2172.26+1.99082p}{T}-(5.2405+0.002155p)$$

而

$$K_p = \frac{y_{NH_3}}{0.325p(1-y_{NH_3}-y_{I0}-y_{I0}y_{NH_3})^2}$$

反应所用某铁催化剂的正反应活化能 E_1=14000 cal/mol，逆反应活化能为 E_2=40000 cal/mol。试分别计算下列情况下氨合成反应的最佳温度并绘出平衡曲线和最佳温度曲线，然后加以比较。

(1) p=300 atm(绝对)，y_{NH_3} 分别为 0.08、0.10、0.12、0.14、0.16；氨分解基气体组成为 3∶1 物质的量比的氢氮气。

(2) p=300 atm(绝对)，y_{NH_3} 分别为 0.08、0.10、0.12、0.14、0.16；氨分解基气体组成为：惰性气体含量 y_{I0}=0.12，其余为 3∶1 的氢氮气。

(3) p=150 atm(绝对)，其余条件同(1)。

(4) p=150 atm(绝对)，其余条件同(2)。

5.2　二氧化硫氧化反应在某钒催化剂上进行时的本征速率方程为

$$a\frac{dX_A}{d\tau_0}=k\left(\frac{X_A^*-X_A}{X_A}\right)^{0.8}\left(b-\frac{aX_A}{2}\right)\frac{273}{t+273} \tag{5.2-A}$$

式中

$$k=9.26\times10^6\exp\left[-\frac{23000}{1.987(t+273)}\right]\text{s}^{-1} \tag{5.2-B}$$

平衡转化率计算式为

$$X_A^*=\frac{K_p}{K_p+\sqrt{\dfrac{1-0.5aX_A^*}{p(b-0.5aX_A^*)}}} \tag{5.2-C}$$

平衡常数计算式为

$$\lg K_p=\frac{4905.5}{t+273}-4.6455 \tag{5.2-D}$$

如初始气体组成为 SO_2, a=0.07; O_2, b=0.11 的原料气。在装有此种催化剂的绝热反应器中进行反应，气体的绝热温升 Λ=200 ℃。试求：

(1) 当此反应器的气体入口温度为 450 ℃，出口转化率为 0.70 时，标准接触时间是多少？

(2) 当此反应器的处理气量为 19700 Nm^3/h 时，催化剂用量为多少？(催化剂的活性校正系数为 0.6)

5.3　某常压一氧化碳变换器采用两段间接换热式催化反应器，进口干基气量为 55000 Nm^3/h，进口干基气体组成为：H_2 0.4950；CO 0.3850；CO_2 0.065；N_2+Ar 0.0550。进口气体中水蒸气与一氧化碳物质的量之比为 6。

第Ⅰ段催化床进口温度为 400 ℃，出口转化率为 0.87。

第Ⅱ段催化床进口温度为 415 ℃，出口转化率为 0.928。

所用催化剂的本征速率方程为

$$-\frac{\mathrm{d}p_{CO}}{\mathrm{d}\tau_0}=k_1p_{CO}\left(\frac{p_{H_2O}}{p_{H_2}}\right)^{0.5}-k_2p_{CO_2}\left(\frac{p_{H_2}}{p_{H_2O}}\right)^{0.5} \tag{5.3-A}$$

式中

$$k_1=13100\exp\left[-\frac{12500}{1.987(t+273)}\right]\mathrm{h}^{-1} \tag{5.3-B}$$

平衡常数计算式为

$$\lg K_p=\frac{1914}{t+273}-1.782 \tag{5.3-C}$$

已知正反应活化能 E_1＝12500 cal/mol，逆反应活化能 E_2＝21300 cal/mol。

(1) 试计算并绘出平衡曲线和化学动力学控制时的最佳温度曲线。

(2) 计算第Ⅰ段及第Ⅱ段催化床出口温度。

(3) 求第Ⅰ段催化剂用量(校正系数取 0.5)。

(4) 求第Ⅱ段催化剂用量(校正系数取 0.625)。

5.4　在 350 ℃附近以工业 V_2O_5-硅胶作催化剂进行萘的空气氧化以制取邻苯二甲酐的反应为

$$C_{10}H_8+4.5O_2\longrightarrow C_8H_4O_3+2H_2O+2CO_2$$

其速率方程可近似地表示如下：

$$r_A=3.05\times10^5p_{C_{10}H_8}^{0.38}\exp\left[-\frac{12\,500}{1.987(t+273)}\right],\ \mathrm{mol/(g_{cat}\cdot h)}$$

反应热 ΔH_r＝−14700 J/g，但由于考虑到有完全氧化的副反应存在，放热量还要更多。如进料含萘 0.1%，空气 99.9%，而温度不超过 400 ℃，则可取 ΔH_r＝−20100 J/g 进行计算，反应压力为 0.2 表压。今有在内径为 2.5 cm、长为 3 m 的列管式反应器中，以预热到 340 ℃的原料气，按 1870 kg/(m^2·h)的质量流速通入，管内壁温度由于管外强制传热而保持在 340 ℃，所用催化剂为直径 0.5 cm、高 0.5 cm 的圆柱体，堆积密度为 0.80 g/cm^3。试按一维模型计算床层轴向的温度分布。

提示：列管式反应器以一根管计算，气体平均恒压热容以350 ℃为定性温度计，$\bar{C}_p$＝1.059×29 J/(mol·℃)，传热系数h取h_1＝25 J/(m^2·s·℃)和h_2＝10 J/(m^2·s·℃)二值进行计算，以进行比较。将管长分为10段计算，只要计算截面0-0至截面3-3即可。

5.5　1-丁醇催化脱水反应为表面化学反应控制，初速率式为 $r_0=kK_Af/(1+K_Af)^2$ mol/(h·g_{cat})，f 为 1-丁醇的逸度。试由下表中的实验数据，求常数 k 和 K_A。

r_0/[mol/(h·g_{cat})]	0.27	0.51	0.76	0.76	0.52
p/atm	15	465	915	3 485	7 315
f/p	1.00	0.88	0.74	0.43	0.46

第 6 章　气固相流化床催化反应器

流化床反应器是一种利用气体或液体通过颗粒状固体层而使固体颗粒处于悬浮运动状态，可以像流体一样进行流动，即流态化的反应器，适用于流-固或气-液-固催化或非催化反应系统。在用于气固系统时，又称沸腾床反应器。

流化床反应器在现代工业中的早期应用为 1926 年德国出现的粉煤气化的温克勒（Winker）炉。现代流化反应技术的开拓是以 1942 年美国将流态化技术用于石油催化裂化为代表的流化催化裂化（fluid catalytic cracking，FCC），它的问世开创了石油化工的新局面。后来，在矿石焙烧、多相催化和一些物理操作（如吸附、干燥、浸渍、浸取）等方面也都广泛应用了流态化技术。

与固定床反应器相比，流化床反应器的优点是：

(1) 可以实现固体物料的连续输入和输出。

(2) 固体颗粒悬浮在流体中，相互重叠面积减小，流固有效接触比表面积增大，流体和颗粒的运动使床层具有良好的传热性能，床层内部温度均匀，而且易于控制，特别适用于强放热反应。

(3) 便于进行催化剂的连续再生和循环操作，适于催化剂失活速率高的过程的进行，如石油炼制工业中的催化裂化流化床反应器。

(4) 由于固体颗粒小，可消除内扩散阻力，能充分发挥催化剂的效能。

然而，由于流态化技术的固有特性以及流化过程影响因素的多样性，流化床反应器又存在很明显的缺点：

(1) 反应物以气泡形式通过床层，减少了气-固相之间的接触机会，降低了反应转化率。实际生产中，对于转化率要求较高的反应过程，一般不采用单级流化床反应器。

(2) 由于固体颗粒和气泡在连续流动过程中的剧烈循环和搅动，造成的返混也可能降低转化率和选择性，且无论气相或固相都存在着相当广的停留时间分布，导致不适当的产品分布，降低了目的产物的收率。

(3) 固体催化剂在流动过程中的剧烈撞击和摩擦，使催化剂加速粉化，加上床层顶部气泡的爆裂和高速运动、大量细粒催化剂的带出，使催化剂流失严重，要求设有旋风分离器等粒子回收系统。

(4) 与固定床相比，其流体力学、传递现象更复杂，使反应过程处于非定常条件下，难以揭示其统一的规律，也难以脱离经验放大、经验操作。

(5) 颗粒与装置壁面及输送管道磨损较大，设备维修费用较高。

本章将对流化床的流化现象、传递特性、数学模型及流化床反应器的设计等问题进行讨论。

6.1　流化床设计基础

本节主要介绍流化床的流化现象、操作条件及其分类。

6.1.1　流化现象

图 6.1 表示不同的流化现象，流体从床层下方流入，通过图中虚线所示的分布板而进入颗粒物料层时，随着流体流速 u_0 的不同，会出现不同的流化现象。

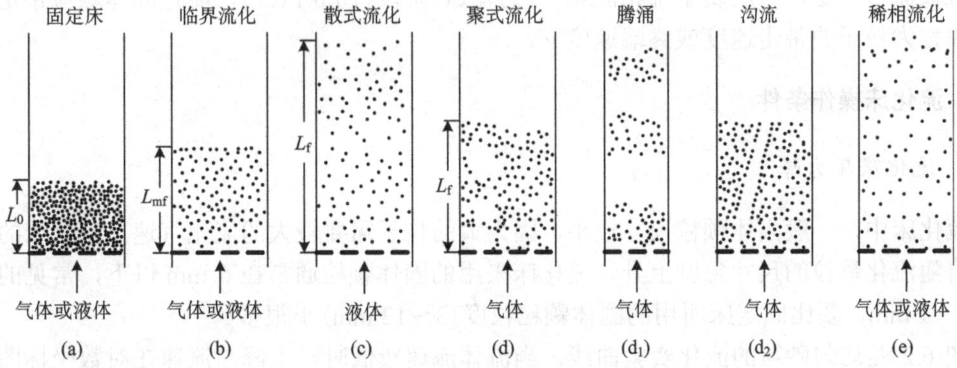

图 6.1　流化现象

1. 未流化阶段

流体流速较低时，固体颗粒静止不动，即未发生流化，床层属于固定床阶段[图 6.1(a)]，阻力随流体流速增大而增大。

2. 临界流化阶段

流体流速继续增大，颗粒在流体中的浮力接近或等于颗粒所受重力及其在床层中的摩擦力时，颗粒开始松动悬浮，床层体积开始膨胀，当流速继续增大，几乎所有的粒子都会悬浮在床层空间，床层属于初始流化或临界流化阶段[图 6.1(b)]。此时的流速称为临界流化速度或最小流化速度 u_{mf}。

3. 流化阶段

对于液固流化床，当液速 $u_f > u_{mf}$ 时，由于液体与固体粒子的密度相差不大，床层膨胀均匀且波动较小，床层属于散式流化阶段[图 6.1(c)]。

对于大多数气固流化床，当气速 $u_f > u_{mf}$ 时，床层发生搅动，气体鼓泡现象开始出现。气泡的聚并引起床层的剧烈波动，床层中形成很多以气泡为主的稀相空间(床层上部)和以颗粒为主的密相空间(床层下部)，床层属于聚式流化或鼓泡流化阶段[图 6.1(d)]。气速较大时，小尺寸的气固流化床容易出现腾涌[图 6.1(d_1)]，此时上升气泡的聚并形成直径与床径相等的大气泡，气泡带着颗粒柱塞式地上涌，直到某一高度又崩落下来；而在大尺寸流化床中，有时会因气体分布不均造成沟流[图 6.1(d_2)]，腾涌和沟流都是流化床不稳定的现象。

也可按费劳德数 Fr 的大小判断流化类型，即

$$Fr = \frac{u_f^2}{g d_p} \tag{6.1}$$

式中：Fr 为弗劳德数，$Fr<1$ 为均匀的散式流化，$Fr>1$ 为不均匀的聚式流化。

4. 稀相流化阶段

如果继续加大流体的流速，固体颗粒与流体间的力平衡被打破，床层上界面消失，大部分颗粒被流体带走，床层属于稀相流化(气力输送)阶段[图 6.1(e)]，能把固体颗粒带走的流体流速称为粒子的带走速度或终端速度 u_t。

6.1.2 流化床操作条件

1. 流化床压力降

流化床中，一般固体颗粒尺寸较小，因为大的粒子需要较大的流化气速，流化床的动力消耗将随流化颗粒的尺寸急剧上升。流化床采用的固体颗粒通常在 6 mm 以下，常见的粒度在 0.1～1 mm，要比固定床所用的固体颗粒粒度(3～12 mm)小很多。

图 6.2 是均匀砂粒的流化实验曲线，当流体流速较低时，压降与流速在对数坐标图上近似成正比，随着流速的增大，直到最大压力降Δp_{max}(虚线 AB)，此时为固定床。Δp_{max}略大于床层静压，因为粒子流化除克服静压外，还要克服静止状态下粒子之间的静摩擦力(使床层空隙率由固定床空隙率变化到临界床层空隙率ε_{mf})。粒子完全松动后，流速增加，压降值不再增加，反而又恢复到与静压相等，这时，系统中粒子与流体间达到力平衡，处于完全流化状态。图中 C 点为临界流化点，对应的流速即为临界流化速度 u_{mf}。流化阶段，流速增大但床层压降基本保持不变(图中 CD 实线)。当流速超过 D 点所对应的流速后，粒子开始被流体夹带“出局”，这时如果不连续补充粒子，固体颗粒将会随着流速的增大完全被带出反应器，床层压力降急剧下降(图中 DG 曲线)。D 点所对应的流速为最大流化速度，也称粒子带出速度 u_t。若逐渐降低流化床层流体的流速，床层高度也逐渐降低，到达临界点 C 点时，床层停止流化。继续降低流速，压力降则沿 EF 实线(而不是 BA 虚线)下降。

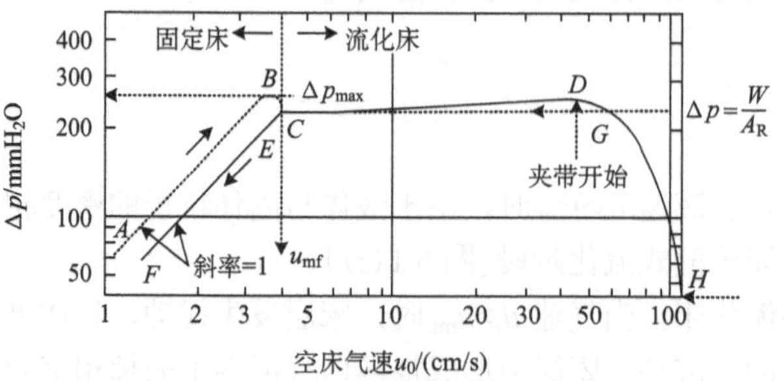

图 6.2　床层压降与气速的关系

在流化状态下，流体向上运动产生的曳力应等于固体粒子的重力 W，即

$$A_R\Delta p=W \tag{6.2}$$

而

$$W=(A_RL_{mf})(1-\varepsilon_{mf})(\rho_s-\rho_f)g=(A_RL_f)(1-\varepsilon_f)(\rho_s-\rho_f)g \tag{6.3}$$

联立式(6.2)和式(6.3)，得床层阻力计算式为

$$\Delta p = L_{mf}(1-\varepsilon_{mf})(\rho_s-\rho_f)g = L_f(1-\varepsilon_f)(\rho_s-\rho_f)g \tag{6.4}$$

式中：Δp 为床层压力降，Pa；A_R 为床层横截面积；L_{mf}、L_f 为临界流化床层高度和流化床层高度，m；ε_{mf}、ε_f 为临界流化床和流化床的空隙率；ρ_s、ρ_f 为固体颗粒和流体的密度，kg/m^3；g 为重力加速度，9.807 m/s^2。

流化床压力降也可以从固定床在临界流速下的压力降求得，因为流化床压力降在流化段保持不变，可以通过其与固定床的交点 C 计算。根据欧根公式(4.67)，固定床在 C 点的压力降可由下式计算

$$\Delta p = f_m \frac{\rho_f u_{mf}^2}{d_s}\left(\frac{1-\varepsilon_{mf}}{\varepsilon_{mf}^3}\right)L_{mf} \tag{6.5}$$

式中，参数为床层在临界状态下的参数，f_m 为临界状态下的摩擦系数。

2. 临界流化速度

1) 由压力降公式计算

联立式(6.4)和式(6.5)，得临界流化速度的计算式为

$$u_{mf} = \frac{\mu(1-\varepsilon_{mf})}{d_s\rho_f}\left[\frac{1}{3.5}\sqrt{22500+\frac{7\varepsilon_{mf}^3}{(1-\varepsilon_{mf})^2}}-\frac{300}{7}\right] \tag{6.6}$$

2) 由经验公式计算

式(6.6)计算临界流化速度时要求知道临界床层空隙率ε_{mf}，而实际在设计时往往缺乏这个数据，所以常采用一些经验公式进行估算。

对小颗粒($Re_{mf}<20$)

$$u_{mf} = \frac{(\rho_s-\rho_f)gd_p^2}{1650\mu} \tag{6.7}$$

对大颗粒($Re_{mf}>1000$)

$$u_{mf} = \left[\frac{(\rho_s-\rho_f)gd_p}{24.5\rho_f}\right]^{1/2} \tag{6.8}$$

在实际生产中，流化床内的固体粒子总是存在一定的粒度分布，其流化特性会有很大的差异，小粒子先流化而大粒子后流化，在粒度相差较大时，可能出现小粒子在上层空间流化而大粒子在下层空间流化的分级现象，因此，一般要求流化床中的粒径分布不能太宽，大小粒径之比不超过 6。要获得可靠的临界流化速度最好是通过实验测定。

3. 粒子的带出速度

当流体速度大于固体粒子在流体中的沉降速度时，粒子将被流体带出床层，这个速度称为带出速度 u_t，它是流化床流速的上限。此时如不连续补充固体颗粒，床层将迅速消失，所以在压力降图上曲线急剧下降(图 6.2 中的 GH 段)。颗粒在流体中沉降，受到重力、浮力和流体与颗粒相对运动而产生的阻力的作用。

1) 球形颗粒

(1) 单颗粒。当球形颗粒做等速沉降运动时，粒子流化时在空间的受力平衡为

$$\frac{\pi}{6}d_p^3\rho_s = C_D\frac{\pi}{4}d_p^2\frac{u_t^2\rho_f}{2g}+\frac{\pi}{6}d_p^3\rho_f \tag{6.9}$$

由式(6.9)可得到颗粒的带出速度为

$$u_t=\sqrt{\frac{4}{3}\frac{gd_p(\rho_s-\rho_f)}{\rho_f C_D}} \tag{6.10}$$

式中：C_D为阻力系数，为雷诺数 Re 的函数，流型不同，函数关系不同，对应的带出速度不同(表 6.1)。

表 6.1　颗粒的带出速度

流型	阻力系数	带出速度	
层流($Re<0.4$)	$C_D=\frac{24}{Re}$	$u_t=\frac{(\rho_s-\rho_f)gd_p^2}{18\mu}$	(6.11)
过渡流($0.4<Re<500$)	$C_D=\frac{10}{\sqrt{Re}}$	$u_t=\left[\frac{4}{225}\frac{(\rho_s-\rho_f)^2g^2}{\rho_f\mu}\right]^{1/3}d_p$	(6.12)
湍流($500<Re<2\times10^5$)	$C_D=0.43$	$u_t=\left[\frac{3.1(\rho_s-\rho_f)gd_p}{\rho_f}\right]^{1/2}$	(6.13)

由于 $Re=d_p\rho_f u_t/\mu$，是带出速度 u_t 的函数，所以带出速度需试差求解。

(2)混合颗粒。在流化床中实际上存在着大量的颗粒，沉降过程会相互干扰。因此，需将式(6.11)～式(6.13)求得的带出速度 u_t 加以校正，即

$$u_t'=F_c u_t \tag{6.14}$$

式中：F_c为校正系数，为雷诺数 Re 的函数，由图 6.3 查得。

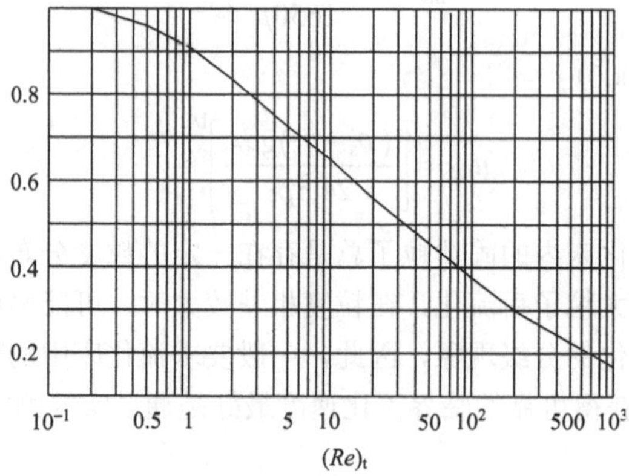

图 6.3　校正系数 F_c

对于混合颗粒，小粒子的带出速度比大粒子的带出速度小，为了保证小粒子不被带出而大粒子充分流化，一般应按最小颗粒计算带出速度。

2) 非球形颗粒

对于非球形粒子需要对粒子进行球形化校正，即用式(6.11)～式(6.13)求得的带出速度 u_t 乘以校正系数，即

$$u_t'' = f_c u_t \tag{6.15}$$

式中：f_c 为校正系数，为形状系数的函数，即

$$f_c = 0.843\lg\frac{\varphi_s}{0.065} \tag{6.16}$$

$f_c<1$，所以非球形颗粒的带出速度小于球形颗粒的带出速度。

4. 流体操作流速

显然，流化床的实际操作流速应选择在临界流化速度与带出速度之间。

操作流速与临界流化速度之比 u_f/u_{mf} 称为流化数，用 F_n 表示。一般认为，要保证流化床的稳定操作，流化数应大于 3。理论上讲，采用尽量接近临界流速的流体速度，可以降低床层的动力消耗、颗粒磨损、粉尘回收等负荷，但在实际反应器中，为了追求更高的气固传质、传热速率和反应效率，往往使用较高的气固相对速度。例如，萘氧化制苯酐的流化床中，流化数为 10～40；丙烯胺氧化流化床中，流化数达 100 以上；石油催化裂化流化床中，流化数高达 300～1000。较低流化数只适用于催化剂容易破碎、粉尘回收困难的场合，或用于停留时间要求较长或反应热效应小的反应，以便提高反应转化率或减少气体带走反应热等。

带出速度与临界流化速度之比 u_t/u_{mf} 也是流化床的一个重要指标，它的大小表征了床层操作弹性的大小，比值越大，操作的灵活性越大。小颗粒在 $Re<0.4$ 时，$u_t/u_{mf}=91.7$；大颗粒在 $Re>1000$ 时，$u_t/u_{mf}=8.71$。

可以看出，小颗粒流化床具有较宽的适应范围和更大的操作灵活性。大颗粒流化床流化性能差，容易产生沟流、腾涌等不正常流化现象，可采用挡板或优化气体分布器来改善流化状态。

【例 6.1】 苯酐生产中所用的 V_2O_5 催化剂，其粒度分布如下：

粒度/μm	50～75	75～100	100～125	125～200	200～300
质量分数 x	0.15	0.250	0.35	0.15	0.1

颗粒的固体密度 $\rho_s=900\ \mathrm{kg/m^3}$，以空气作氧化剂并使催化剂流化，操作条件下空气密度 ρ_f 为 $1.0\ \mathrm{kg/m^3}$，黏度为 0.03 cP[cP(厘泊)为非法定单位，$1\ \mathrm{cP}=1\times10^{-3}\ \mathrm{Pa\cdot s}$]，计算临界流化速度 u_{mf} 及带出速度 u_t。

【解】 先计算催化剂的平均粒径 $\bar{d}_p$。各筛分组粒子的粒径 d_{pi} 用式(E6.1-1)计算，即

$$d_{pi} = \sqrt{b_i b_{i-1}} \tag{E6.1-1}$$

计算结果列于下表：

粒径/μm	50～75	75～100	100～125	125～200	200～300
d_{pi}/μm	61.24	86.60	111.80	158.11	244.95
$x_i/d_{pi}\times10^3$	2.45	2.89	3.13	0.95	0.41

混合粒度催化剂的平均粒径用调和平均直径计算，即

$$\frac{1}{\bar{d}} = \sum_{i=1}^{n}\frac{x_i}{d_i} = \frac{x_1}{d_1}+\frac{x_2}{d_2}+\cdots+\frac{x_n}{d_n} \tag{E6.1-2}$$

则

$$\bar{d}_p = 101.73\ \mu m$$

(1) 临界流化速度。由于ε_{mf}未知，故由式(6.7)估算临界流化速度，即

$$u_{mf} = \frac{(\rho_s - \rho_f)gd_p^2}{1650\mu} = \frac{(900-1)\times10^{-3}\times980.7\times(1.02\times10^{-2})^2}{1650\times3\times10^{-4}} = 0.185\ (cm/s)$$

验算

$$Re_{mf} = \frac{d_p\rho_f u_{mf}}{\mu} = \frac{1.02\times10^{-2}\times0.185\times10^{-3}}{3\times10^{-4}} = 0.00629 < 20$$

说明所选公式恰当。

(2) 带出速度。计算混合颗粒流化床的带出速度应按最小颗粒粒径，即 d_p=50 μm 进行计算。设颗粒为小颗粒，则用式(6.11)计算粒子带出速度为

$$u_t = \frac{(\rho_s - \rho_f)gd_p^2}{18\mu} = \frac{(900-1)\times10^{-3}\times980.7\times(5\times10^{-3})^2}{18\times3\times10^{-4}} = 4.082\ (cm/s)$$

验算

$$Re = \frac{d_p\rho_f u_t}{\mu} = \frac{5\times10^{-3}\times1\times10^{-3}\times4.082}{3\times10^{-4}} = 0.068 < 0.4$$

说明所选公式恰当。

5. *床层膨胀比*

流化床的床层高度有静止高度 L_0、临界床层高度 L_{mf} 和流化床层高度 L_f 之分，对应的空隙率分别为静止空隙率 ε_0、临界空隙率 ε_{mf} 和流化空隙率 ε_f，相应的操作流速为空床气速 u_0、临界流化速度 u_{mf} 和流化速度 u_f。

随着空床气速 u_0 的增加，床层中固体颗粒间的空隙率会增大，床层发生膨胀。以床层膨胀比 R 度量床层高度的变化，即

$$R = \frac{L_f}{L_{mf}} = \frac{1-\varepsilon_{mf}}{1-\varepsilon_f} = \frac{\rho_{mf}}{\rho_f}$$

或

$$R = \frac{L_f}{L_0} \tag{6.17}$$

式中：ρ_{mf}、ρ_f 为临界状态及操作条件下床层的平均密度。

为了保证自由床具有良好的流化质量，床层的高径比 L_0/D_t 一般取 1～2，R 值为 1.15～2。

床层膨胀比 R 是流化床设计和操作的重要参数之一，其大小与流化床中气速、颗粒直径及分布、床层直径及内部构件有关，对小型流化床可用一些关联式计算。

1) 限制床关联式

在流化床中装有垂直管束、挡板或挡网，如在床径 0.25 m，板距 100～400 mm，颗粒直径 d_p=0.218～0.232 mm 的流化床中进行苯酐生产催化剂实验，得到以下关系。

有垂直管束的床层：

$$R=\frac{0.517}{1-0.67\left(\frac{u_0}{100}\right)^{0.114}} \tag{6.18}$$

有倾斜挡板和挡网的床层：

$$R=\frac{0.517}{1-0.76\left(\frac{u_0}{100}\right)^{0.1924}} \tag{6.19}$$

2)床层膨胀关联曲线

图 6.4 为自由床床层膨胀的关联曲线，查图可得操作条件下的床层膨胀比 R，再由式(6.17)计算相应的平均空隙率。

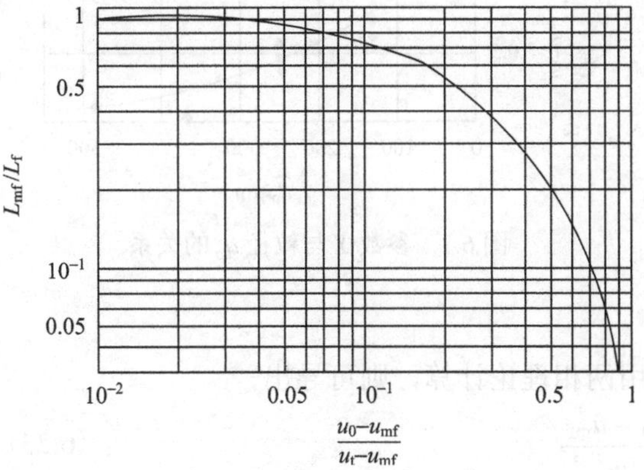

图 6.4　床层膨胀关联曲线

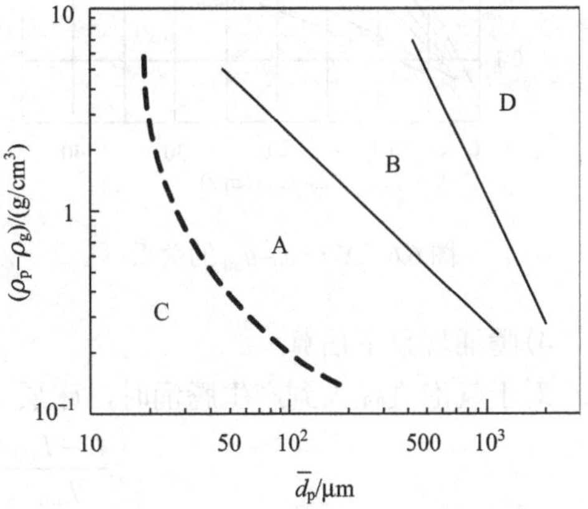

图 6.5　Geldart 颗粒分类法

3)按 Geldart 分类法计算

Geldart 根据不同的流化特性对流化颗粒作了分类，不同流化体系用颗粒直径与密度的关系可划分为 A、B、C、D 四种颗粒类型，如图 6.5 所示，其比较列于表 6.2 中。

表 6.2　不同流化颗粒的比较

类型	颗粒特征	代表颗粒	流化行为
A	细粒子	烃类催化裂化催化剂	u_{mb}(鼓泡气速)/u_{mf}>1，呈现均匀显著的散式膨胀 流化床层膨胀大，流化平稳，整个床层中颗粒返混程度大
B	较粗颗粒	砂粒	u_{mb}/u_{mf}=1，出现气泡，且气泡直径较大，床层不太平稳，一旦停气床层迅速崩落
C	粒度过细或粒间易黏结粒子		流化困难，在搅拌或振动等辅助作用下方可流化
D	大而重的粒子	玻璃球麦子	床层易产生喷动

对于 A 型颗粒，可用式(6.20)计算最大气泡直径：

$$d_{bmax}=\frac{2u_t^2}{g} \tag{6.20}$$

若 $d_{bmax}<0.5D_t$，不致发生腾涌，可按式(6.21)计算膨胀比：

$$R=\frac{L_f}{L_{mf}}=1+\frac{u_0-u_{mf}}{u_t} \tag{6.21}$$

对于 B 型颗粒，由式(6.22)计算膨胀比：

$$R=1+XY \tag{6.22}$$

式中：X、Y 为参数，分别由图 6.6 和图 6.7 查得。

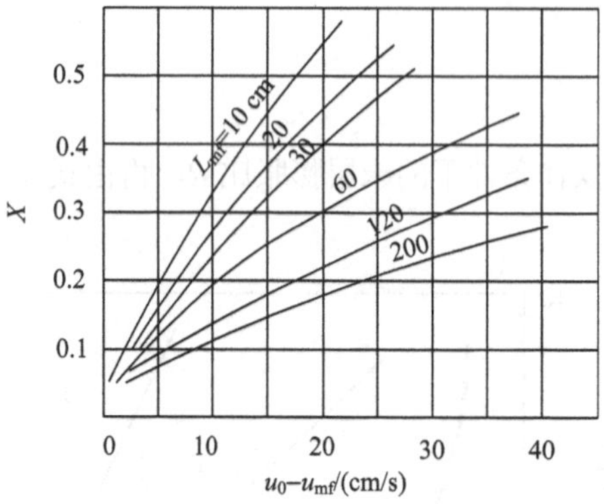

图 6.6　X 与 u_0-u_{mf} 的关系

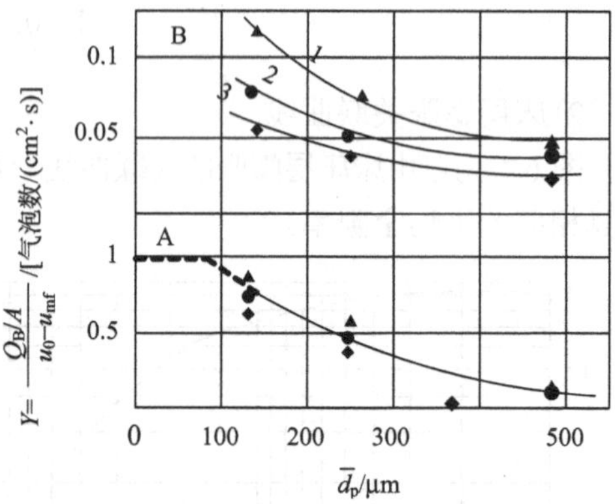

图 6.7　参数 Y 与粒径 d_p 的关系

4) 腾涌现象下估算

对于气泡直径大到产生腾涌时，床层高度用两相理论计算，则可导出

$$\frac{L-L_{mf}}{L_{mf}}=\frac{u_0-u_{mf}}{u_b} \tag{6.23}$$

$$\frac{L_{max}-L_f}{L_{mf}}=\frac{u_0-u_{mf}}{0.35(gD)^{1/2}} \tag{6.24}$$

【例 6.2】 按例 6.1 的流化条件，若取操作气速 $u_f=6u_{mf}$，求床层的膨胀比。

【解】 计算操作气速：

$$u_f=6\times0.185=1.11\ (\text{cm/s})$$

(1) 由床层膨胀关联曲线计算。

$$\frac{u_f-u_{mf}}{u_t-u_{mf}}=\frac{1.11-0.185}{4.082-0.185}=0.237$$

对于自由床，由图 6.4 查得 $L_{mf}/L_f=0.4$，所以床层膨胀比 $R=2.5$。

(2) 按 Geldart 分类法计算。

$$\rho_s-\rho_f\cong0.9\ \text{g/cm}^3,\quad \bar{d}_p=101.73\ \mu\text{m}$$

由图 6.5 可知颗粒为 A 型，则由式(6.20)计算最大气泡直径为

$$d_{bmax}=\frac{2u_t^2}{g}=\frac{2(4.082)^2}{980.7}=0.034(\text{cm})$$

一般情况下 $d_{bmax}\ll0.5D_t$，故由式(6.21)计算床层膨胀比为

$$R=1+\frac{u_f-u_{mf}}{u_t}=1+\frac{1.111-0.185}{4.082}=1.227$$

两种方法的计算结果差别较大。

由于床层参数测定及数据关联上的困难，目前尚无公认可靠的计算方法，各种关联式的计算值也存在很大差异。

6.1.3　流化床分类

流化床反应器的结构型式很多，一般有以下几种分类方法。

1. 按应用分类

流化床反应器按应用可分为固相加工过程和流体相加工过程两类。

(1) 固相加工过程流化床。加工对象主要是固体，如矿石的焙烧，称为固相加工过程。

(2) 流体相加工过程流化床。加工对象主要是流体，如石油催化裂化、酶反应过程等催化反应过程，称为流体相加工过程。本章主要讨论此类流化床。

2. 按催化反应分类

气固相流化床分为气固相流化床非催化反应器和气固相流化床催化反应器两类。

(1) 气固相流化床非催化反应器。在气固相流化床非催化反应器中，原料直接与悬浮湍动的固体原料发生化学反应(图 6.8)，如煤、硫铁矿、锌精矿、汞矿的沸腾焙烧，石灰石的煅烧，水泥的烧结等。

(2) 气固相流化床催化反应器。气相以一定的流动速度使固体催化剂颗粒呈悬浮湍动，并在固体催化剂作用下进行化学反应的设备是气固相流化床催化反应器(图 6.9)，它是气固相催化反应常用的一种反应器，本章主要讨论此类流化床。

3. 按固体颗粒循环分类

气固相流化床催化反应器按固体颗粒是否循环分为单器(非循环操作的流化床)和双器(循环操作的流化床)两类。

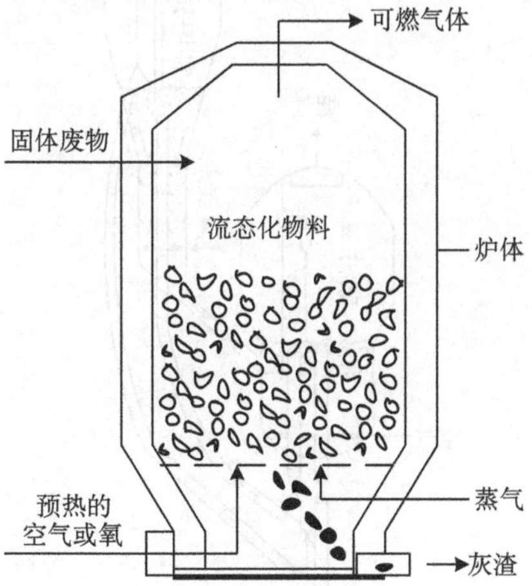

图 6.8　流化床非催化反应器

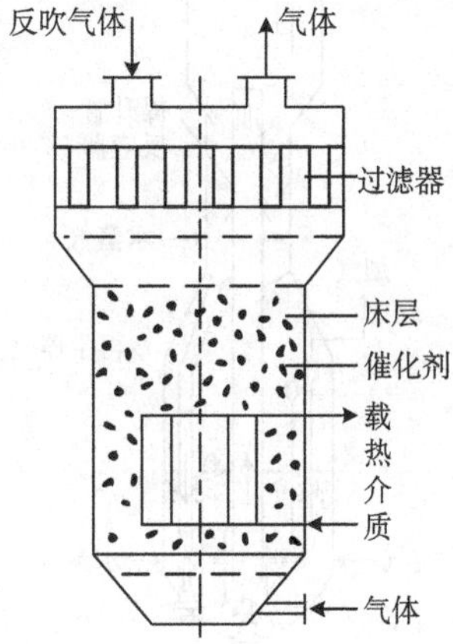

图 6.9　流化床催化反应器

(1)单器流化床。单器流化床(图 6.9)在工业上应用最为广泛，多用于催化剂使用寿命较长的气固相催化反应过程，如乙烯氧氯化反应器、萘氧化反应器和乙烯氧化反应器等。

(2)双器流化床。双器流化床多用于催化剂寿命较短、容易再生的气固相催化反应过程，如石油炼制工业中的催化裂化装置。在这类双器流化床中，催化剂在反应器(筒式或提升管式)和再生器间循环，是靠控制两器的密度差形成压差实现的。因为两器间实现了催化剂的定量定向流动，所以同时完成了催化反应和再生烧焦的连续操作过程。双器流化床有并立式、同轴式和提升管式等类型，如图 6.10～图 6.14 所示。

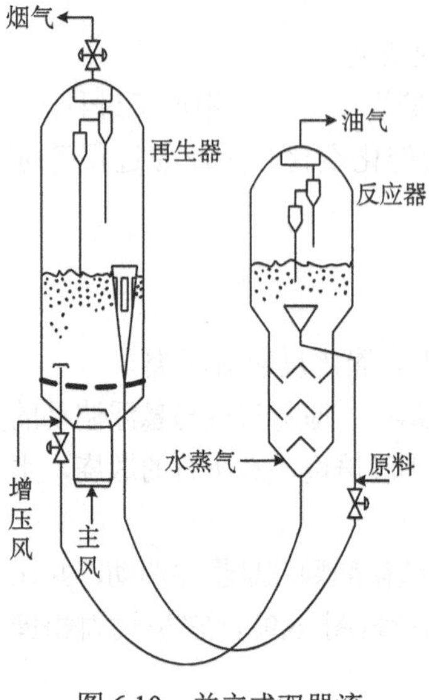

图 6.10　并立式双器流化床反应器

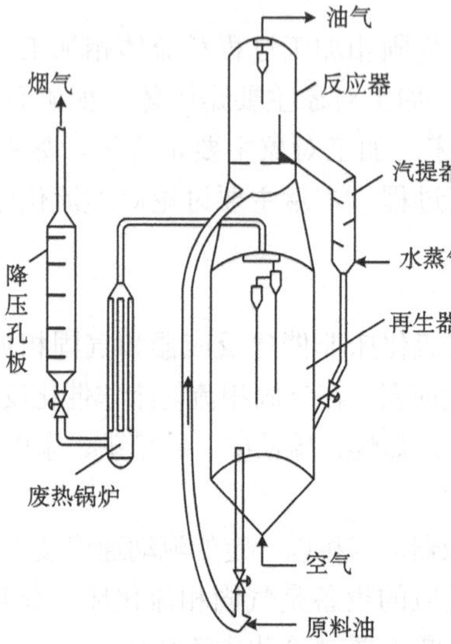

图 6.11　同轴式双器流化床反应器

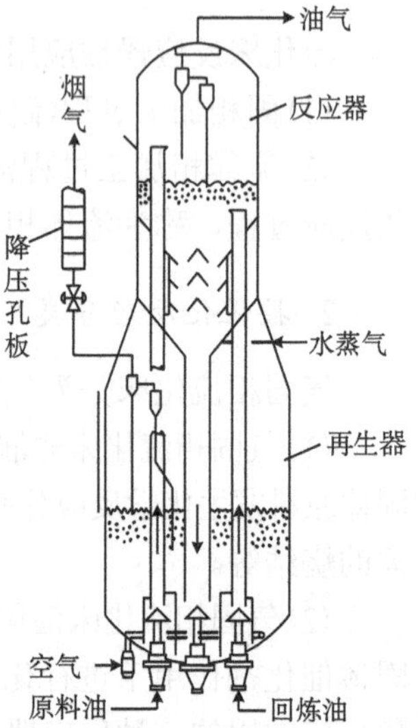

图 6.12　C 型同轴式双器流化床反应器

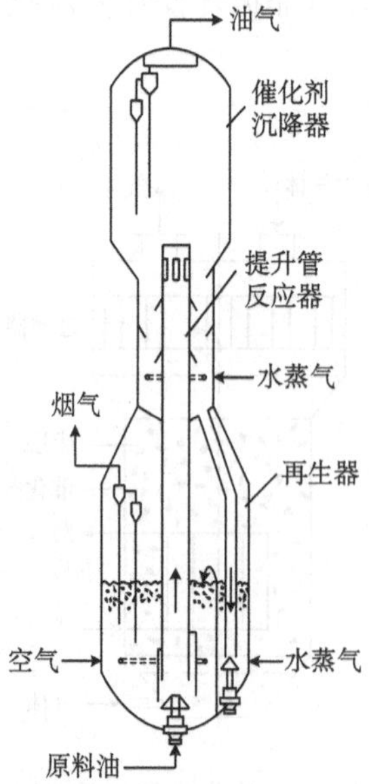

图 6.13　正流式内部提升管型双器流化床反应器

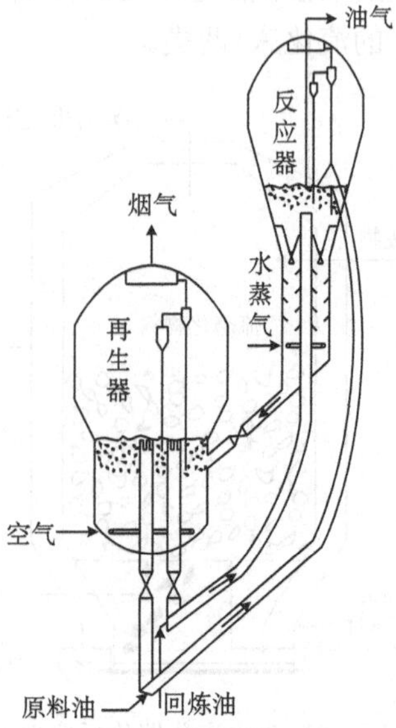

图 6.14　德士双提升管型双器流化床

4. 按床层外形分类

气固相流化床催化反应器按床层外形可分为圆筒形流化床和圆锥形流化床。

(1) 圆筒形流化床反应器。圆筒形流化床反应器结构简单，制造容易，设备容积利用率高。

(2) 圆锥形流化床反应器。圆锥形流化床反应器的结构比较复杂，制造比较困难，设备的利用率较低，但因其截面自下而上逐渐扩大，也具有很多优点：适用于催化剂粒度分布较宽的体系；由于底部速度大，增强了分布板的作用；适用于气体体积增大的反应过程。

5. 按设置内部构件分类

气固相流化床催化反应器按设置内部构件可分为自由床和限制床。

(1) 自由床。床层中未设置内部构件的称为自由床(图 6.15)。对于反应速率快、延长接触时间不至于产生严重副反应或对于产品要求不严的催化反应过程，一般采用自由床，如石油炼制工业的催化裂化反应器。

(2) 限制床。床层中设置内部构件的称为限制床(图 6.16)，设置内部构件的目的在于增进气固接触，减少气体返混，改善气体停留时间分布，提高床层的稳定性，从而使高床层和高流速操作成为可能。许多流化床反应器都采用挡网、挡板等作为内部构件。

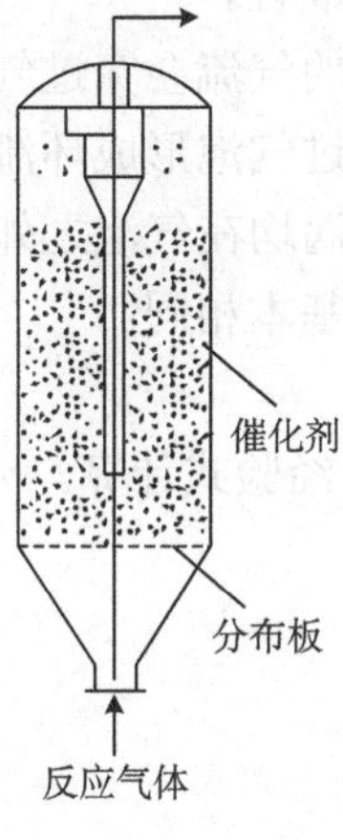

图 6.15　自由床流化床反应器

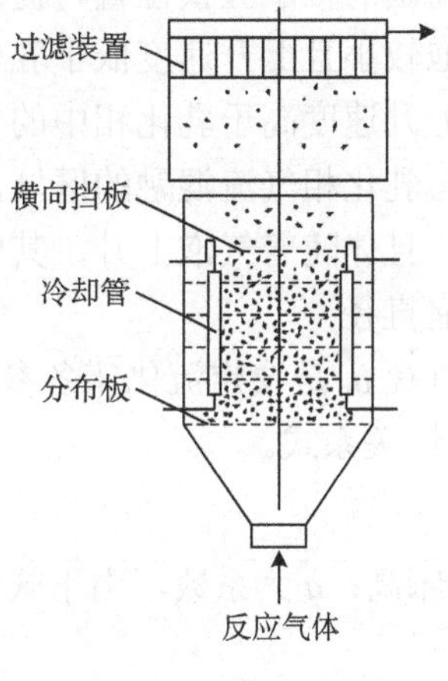

图 6.16　限制床流化床反应器

6.2　流化床催化反应器的传递特性

6.1.1 已对流化的不同阶段进行了讨论，而作为反应器的流化床，其流体流动及传递过程更为复杂。

虽然流化床和固定床都是颗粒床层，反应的进行都依靠床层的传递将流体相中的反应物传递到固体催化剂表面上进行反应，但两种床层的传递性能有很大的差别，后者更接近于理想置换反应器，而前者更具有理想混合反应器的特征。由于流化床中的剧烈湍动，流化床中的传质、传热过程得到了空前的强化。因此，流化床反应器常被用在要求有很高传质、传热速率的反应体系，对其传质、传热过程进行准确的计算是设计流化床反应器的主要内容之一。

6.2.1 流化床的流动特性

在气固相流化床反应器中，存在稀相和密相两个区域。前者的固体颗粒稀疏，后者的稠密，两者间有清晰的界面。密相又由气泡相和乳化相组成。气泡相由 $u_0>u_{mf}$ 的气泡携带少量颗粒组成；乳化相由 $u_0=u_{mf}$ 的气相及悬浮在其中的大量颗粒组成。

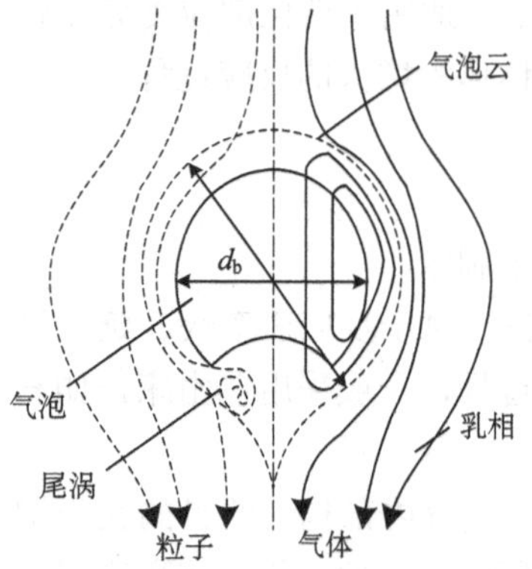

图 6.17　气泡及周围的流线情况

1. 气泡相

气泡在上升途中聚并、分裂，不断将反应组分传递到乳化相中的催化剂上，同时将生成的产物带走，其行为直接影响反应的结果。因此，气泡的行为是流化床研究中的重要组成部分。

图 6.17 为气泡及周围的流线情况。由图可见，一个不受干扰的气泡顶部呈球形，尾部略内凹。气泡在上升的过程中有一定的速度，尾部区域压力略低，内凹并卷入少量粒子形成局部涡流，这一区域称为尾涡。尾涡中的粒子随气泡的上升不断与周围的粒子互换位置，促进了全床层中粒子的循环和混合。

当气泡较小且上升速度低于乳化相中的气速时，乳化相中的气流会穿过气泡上流；当气泡较大且上升速度高于乳化相中的气速时，就会有部分气体穿过气泡形成环流，在气泡外形成一层不与乳化相气流混融的区域，称为气泡云。气泡云及尾涡均在气泡之外，合称为气泡晕或泡晕，且伴随着气泡上升，其中所含粒子浓度与乳化相中基本相同。

1) 气泡直径

气泡直径 d_b 是决定流化床各参数的关键数据，可由许多半经验式计算。

(1) 线性关系式。

$$d_b = al + d_{b0} \tag{6.25}$$

式中：l 为床高；a 为系数，由下式计算

$$a = 1.4 d_p \rho_s u_f / u_{mf} \tag{6.26}$$

d_{b0} 为离开分布板时的起始气泡直径，与分布板型式有关，即

$$d_{b0} = 0.327[A_R(u_f-u_{mf})/N]^{0.4} \quad \text{（多孔板）} \tag{6.27}$$

$$d_{b0} = 0.00376(u_f-u_{mf})^2 \quad \text{（密孔板）} \tag{6.28}$$

式中：A_R 为流化床床层截面积；N 为多孔板上的孔数。

(2) Mori 经验式。

$$\frac{d_{bm}-d_b}{d_{bm}-d_{b0}} = e^{-0.3\frac{H}{D_t}} \tag{6.29}$$

$$d_{bm} = 1.64[A_R(u_f-u_{mf})]^{0.4} \tag{6.30}$$

式中：d_{bm} 为气泡会合时假想的最大稳定气泡直径；H 为从分布板计的高度；D_t 为床层直径。

(3) 戴维森 (Davidson) 式。

$$d_{\mathrm{bm}} = \frac{1}{g}\left(\frac{u_{\mathrm{t}}}{0.711}\right)^2 \tag{6.31}$$

2) 气泡上升速度

单一气泡在流化床中的上升速度 u_{br}，可按式 (6.32) 计算：

$$u_{\mathrm{br}} = 22.26 d_{\mathrm{b}}^{1/2} \tag{6.32}$$

式中：u_{br} 为单一气泡的上升速度，cm/s；d_{b} 为与球形顶盖气泡体积相等的球体直径，cm。

床层中气泡上升的绝对速度 u_{b} 可用以下经验式计算：

$$u_{\mathrm{b}} = u_{\mathrm{f}} - u_{\mathrm{mf}} + 0.711\,(g d_{\mathrm{b}})^{1/2} \tag{6.33}$$

式中：d_{b} 为气泡直径，由式 (6.25) 计算。

3) 气泡晕厚度

当气泡穿过乳化相上升时，气泡晕厚度与气体流速有关。当 $u_{\mathrm{br}} = u_{\mathrm{f}}$ 时，气泡晕厚度为无穷大，随着气泡上升速度的增大，气泡晕减薄，气泡晕厚度可按下式估算：

$$\delta_{\mathrm{c}} = R_{\mathrm{c}} - R_{\mathrm{b}} = \left[\left(\frac{u_{\mathrm{br}} + 2u_{\mathrm{f}}}{u_{\mathrm{br}} - u_{\mathrm{f}}}\right)^{0.5} - 1\right] R_{\mathrm{b}} \tag{6.34a}$$

$$\left(\frac{R_{\mathrm{c}}}{R_{\mathrm{b}}}\right)^2 = \frac{u_{\mathrm{br}} + 2u_{\mathrm{f}}}{u_{\mathrm{br}} - u_{\mathrm{f}}} \tag{6.34b}$$

式中：δ_{c} 为气泡晕厚度；R_{c}、R_{b} 为气泡云及气泡的半径；u_{f} 为乳化相中气体真实速度，$u_{\mathrm{f}} = u_{\mathrm{mf}}/\varepsilon_{\mathrm{mf}}$。

4) 气泡相中的体积比

尾涡与气泡体积之比为

$$\alpha_{\mathrm{w}} = \frac{V_{\mathrm{w}}}{V_{\mathrm{b}}} \tag{6.35a}$$

气泡云与气泡体积之比为

$$\alpha_{\mathrm{c}} = \frac{V_{\mathrm{c}}}{V_{\mathrm{b}}} \tag{6.35b}$$

气泡晕与气泡体积之比为

$$\alpha = \alpha_{\mathrm{w}} + \alpha_{\mathrm{c}} = \frac{V_{\mathrm{w}} + V_{\mathrm{c}}}{V_{\mathrm{b}}} \tag{6.35c}$$

尾涡体积所占分数为

$$f_{\mathrm{w}} = \frac{V_{\mathrm{w}}}{V_{\mathrm{w}} + V_{\mathrm{b}}} = \frac{\alpha_{\mathrm{w}}}{1 + \alpha_{\mathrm{w}}} \tag{6.35d}$$

全部气泡所占床层的体积分数，即气泡体积分数 δ_{b} 由下式计算：

$$\delta_{\mathrm{b}} = \frac{L_{\mathrm{f}} - L_{\mathrm{mf}}}{L_{\mathrm{f}}} = \frac{u_{\mathrm{f}} - u_{\mathrm{mf}}}{u_{\mathrm{f}} - u_{\mathrm{mf}}(1+\alpha)} \tag{6.35e}$$

式中：V_{b}、V_{w}、V_{c} 为气泡、尾涡及气泡云的体积；α_{w}、α_{c}、α 为尾涡、气泡云及气泡晕与气泡体积之比，其中尾涡体积与颗粒直径之间的关系如图 6.18

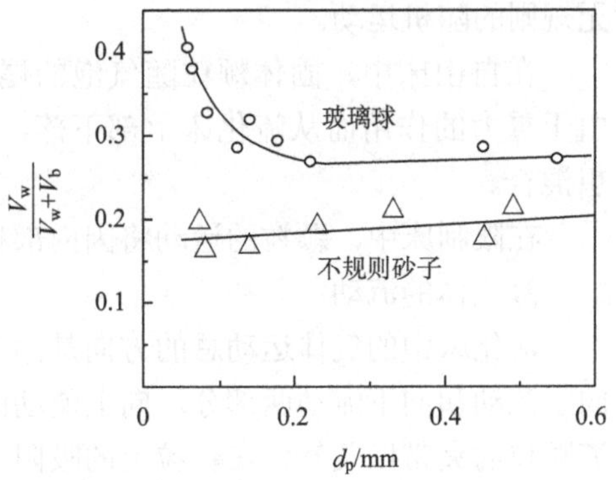

图 6.18　尾涡体积与颗粒直径的关系

所示；δ_b 为床层中气泡所占的体积分数。

【例 6.3】 在一开始流化的床层中，流化介质为空气，其密度和黏度分别为 1×10^{-3} g/cm³ 和 1.37×10^{-4} Pa·s，固体密度为 2 g/cm³。试计算当固体颗粒直径 d_p=0.1 mm 及 0.2 mm 时床层中最大稳定气泡直径。

【解】 最大稳定气泡直径为气泡速度等于带出速度时的直径，故需计算 u_t。

设 0.4＜Re＜500，则由式(6.12)有

$$u_t=\left[\frac{4}{225}\frac{(\rho_s-\rho_f)^2g^2}{\rho_f\mu}\right]^{1/3}d_p=\left[\frac{4}{225}\frac{(2-1\times10^{-3})^2\times980.7^2}{1\times10^{-3}\times1.37\times10^{-4}}\right]^{1/3}d_p=7.93\times10^3d_p$$

而

$$Re_p=\frac{d_pu_t\rho_g}{\mu}$$

$$d_{p1}=0.01\ \text{cm},\quad u_{t1}=79.3\ \text{cm/s},\quad Re_{p1}=5.79$$

$$d_{p2}=0.02\ \text{cm},\quad u_{t2}=158.6\ \text{cm/s},\quad Re_{p2}=23.175$$

由式(6.20) $d_{bmax}=2u_t^2/g$ 计算最大稳定气泡直径为

$$d_{bmax1}=\frac{2\times79.3^2}{980.7}=12.82(\text{cm})$$

$$d_{bmax2}=\frac{2\times158.6^2}{980.7}=51.30(\text{cm})$$

由式(6.31) $d_{bm}=\dfrac{1}{g}\left(\dfrac{u_t}{0.711}\right)^2$ 计算最大稳定气泡直径为

$$d_{bm1}=\frac{1}{980.7}\left(\frac{79.3}{0.711}\right)^2=12.68(\text{cm})$$

$$d_{bm2}=\frac{1}{980.7}\left(\frac{158.6}{0.711}\right)^2=50.74(\text{cm})$$

两种算法结果相近。

2. 乳化相

乳化相是流化床中两相接触反应的主要场所，该相内固体颗粒和气体的流动都十分复杂。

1) 固体颗粒的流动

固体颗粒在乳化相中存在两种运动，一是由于气泡带动下的循环运动；二是流化状态下无规则的随机运动。

在自由床中，固体颗粒随气泡的尾涡或气泡云上升，在气泡破裂后，这部分固体颗粒由于重力的作用而从流化床上部下落，形成循环。整个床层颗粒混合均匀，可以认为是理想混合。

在限制床中，颗粒的运动将因内部构件型式不同而变得十分复杂。

2) 气体的流动

流化床中的气体运动总的方向是向上，但在乳化相中气体的运动状态也非常复杂，分为向上流动和向下流动两部分。向上流动的速度等于临界流化速度，但由于气体间的扩散、回流颗粒的夹带以及气体在颗粒上的吸附等，又有一部分气体随固体颗粒的循环向下流动。乳化相中气体的上流和下流区域是随机变化的，当床层处于定常态时，整个床层截面上流气量

和下流气量大致上是恒定的。增大气速，下流气量也随之增加。当流化数 F_n 为 6～11 时，下流气量超过上流气量，按净流量计，乳化相中的气体整体上是向下流动，但乳化相中的气体量在进入床层的总气体量中只占极少部分，大部分气体是以气泡的形式通过床层。因此，流化床中的气体存在很大的返混。

3. 固体颗粒在气泡相和乳化相的体积比

固体颗粒在气泡、气泡晕及乳化相中的含量不一样。气泡本身所含粒子的体积比 γ_b 很小，为 0.001～0.01，仅占床层所有粒子的 2‰～4‰，一般可以忽略不计。气泡云及尾涡中则含有大量的粒子，一般认为这些区域与周围乳化相一样处于临界流化状态，其浓度与乳化相相同。因此，在气泡晕中所含固体颗粒体积与气体之比可由下式计算：

$$\gamma_c = (1-\varepsilon_{mf})\frac{V_c + V_w}{V_b} = (1-\varepsilon_{mf})\left[\frac{3u_{mf}/\varepsilon_{mf}}{0.711(gd_b)^{1/2} - u_{mf}/\varepsilon_{mf}} + \frac{V_w}{V_b}\right] \tag{6.36}$$

$$\gamma_e = (1-\varepsilon_{mf})\frac{1-\delta_b}{\delta_b} - (\gamma_c + \gamma_b) \tag{6.37}$$

式中：γ_c 为气泡晕中粒子体积与气泡体积之比；γ_e 为乳化相中粒子体积与气泡体积之比；γ_b 为气泡中粒子体积与气泡体积之比。

根据流化床的流化气速、气泡的运动速度及气泡大小等参数，可以估算出流化床床层高度、气体停留时间、气固传质面积等重要参数。

6.2.2 流化床的传质特性

如果将乳化相看作均匀的混合体系，气体在通过床层时主要以气泡通过床层。对于一般的中速或慢速反应，由于气泡内的催化剂颗粒较少，气泡内的反应与乳化相内的反应量相比可以忽略，气体反应物必须从气泡传递到乳化相才能与催化剂接触进行化学反应。因此，气体组分在气泡与乳化相之间的质量交换(图 6.17)便是决定反应速率的重要因素。

对于气泡与乳化相之间的交换过程与气液之间的传质有相似之处，可以认为反应物首先从气泡传到气泡晕，再由气泡晕传到乳化相。假设 c_{Ab}、c_{Ac}、c_{Ae} 分别为组分 A 在气泡、气泡晕及乳化相中的浓度，在稳定的传递过程中，气泡在 dt 时间内上升 dl 距离时，A 的传递量为

$$-\frac{1}{V_b}\frac{dn_{Ab}}{dt} = -u_b\frac{dc_{Ab}}{dl} = K_{bc}(c_{Ab}-c_{Ac}) = K_{ce}(c_{Ac}-c_{Ae}) = K_{be}(c_{Ab}-c_{Ae}) \tag{6.38}$$

式中：K_{bc}、K_{ce}、K_{be} 分别为气泡与气泡晕间、气泡晕与乳化相间及气泡与乳化相间交换系数，可由下式计算，即

$$K_{bc} = \frac{q + k_{bc}S_{bc}}{\dfrac{\pi}{6}(d_b)^3} = 4.5\left(\frac{u_{mf}}{d_b}\right) + 5.85\left(\frac{D_e^{1/2}g^{1/4}}{d_b^{5/4}}\right) \tag{6.39a}$$

$$K_{ce} = 6.78\left(\frac{\varepsilon_{mf}D_e u_b}{d_b^3}\right)^{1/2} \tag{6.39b}$$

$$\frac{1}{K_{\mathrm{be}}}\approx\frac{1}{K_{\mathrm{bc}}}+\frac{1}{K_{\mathrm{ce}}} \tag{6.39c}$$

其中：q 为气体穿流量，$q=(3/4)\pi d_b^2 u_{mf}$；S_{bc} 为气泡与气泡晕间的相界面积；D_e 为气体在乳化相中的有效扩散系数，如缺乏数据，可在 $\varepsilon_{mf}D\sim D$ 范围内选取，D 为气体的扩散系数；k_{bc} 为气泡与气泡晕间的传质系数，cm/s，可由下式估算：

$$k_{\mathrm{bc}}=0.975D^{1/2}(g/d_{\mathrm{b}})^{1/4} \tag{6.40}$$

气泡与气泡晕之间的质量交换由两部分组成：一部分是由气泡底部进入并穿过气泡从顶部流出的穿流量 q；另一部分是气泡与气泡晕间的扩散量。对单个气泡，单位时间内由气泡向气泡晕传递的组分 A 的量为

$$-\frac{\mathrm{d}n_{\mathrm{Ab}}}{\mathrm{d}t}=K_{\mathrm{bc}}(c_{\mathrm{Ab}}-c_{\mathrm{Ac}})V_{\mathrm{b}}$$

将式(6.39a)代入上式，有

$$-\frac{\mathrm{d}n_{\mathrm{Ab}}}{\mathrm{d}t}=(q+k_{\mathrm{bc}}S_{\mathrm{bc}})(c_{\mathrm{Ab}}-c_{\mathrm{Ac}}) \tag{6.41}$$

以上两相间质量传递的讨论仅限于鼓泡区，即不包括反应器两端接近分布板的区域和床层上方的稀相区。

6.2.3 流化床的传热特性

流化床反应器中由于颗粒的快速循环和气体的湍流运动，其流动过程可认为符合全混流，床层内的传热速率很快，气体在进入反应器后很短的距离内就能达到与床层内温度一致，设计时完全可作为等温操作处理。而要维持等温，则需有足够的传热面。计算流化床床层与换热面之间的换热系数，算出维持等温所需要的换热面积，是流化床传热特性研究最重要的内容。

流化床对换热表面的传热有床层与外壁间和床层与换热器间两类，其为一个复杂的过程，给热系数一般采用推荐的关联式计算，这些式子与流体和颗粒的性质、流动条件、床层与换热面的几何形状等因素有关，应用时局限性较大，准确性较低。

1. 床层与外壁间的传热

由于流化床中物料的剧烈运动，床层与外壁的给热系数 α_w 比空管及固定床都高，一般为 400～1600 W/(m·K)。常用计算 α_w 的关联式如下。

1) Wen C Y 和 Leva M 关联式

$$\frac{\alpha_{\mathrm{w}}d_{\mathrm{p}}}{\lambda_{\mathrm{f}}}=0.16\left(\frac{C_{p\mathrm{f}}\mu}{\lambda_{\mathrm{f}}}\right)^{0.4}\left(\frac{d_{\mathrm{p}}\rho_{\mathrm{f}}u_{\mathrm{f}}}{\mu}\right)^{0.76}\left(\frac{C_{p\mathrm{s}}\rho_{\mathrm{s}}}{C_{p\mathrm{f}}\rho_{\mathrm{f}}}\right)^{0.4}\left(\frac{u_{\mathrm{f}}^2}{gd_{\mathrm{p}}}\right)^{-0.2}\left(\frac{u_{\mathrm{f}}-u_{\mathrm{mf}}}{u_{\mathrm{f}}}\frac{L_{\mathrm{mf}}}{L_{\mathrm{f}}}\right)^{0.76} \tag{6.42}$$

式中：λ_f 为流体的导热系数，J/(cm·s·℃)；C_{pf}、C_{ps} 为流体和固体颗粒的热容，J/(g·℃)；$\frac{C_{pf}\mu}{\lambda_f}$ 为有因次物理数群，s/cm²。

式(6.42)包含有较广泛的实验数据，但误差约为±50%。

2) Wender L 和 Cooper G T 关联式

$$\frac{\alpha_w d_p}{\lambda_f}=\psi\left[1+7.5\exp\left(-0.44\frac{L_h}{D_t}\frac{C_{pf}}{C_{ps}}\right)\right](1-\varepsilon_f)\frac{C_{ps}\rho_s}{C_{pf}\rho_f} \tag{6.43}$$

式中：L_h 为换热面高度；D_t 为反应器直径；ψ为参数，与雷诺数有关，可由图 6.19 查取。式(6.43)的平均偏差约为±20%。

2. 床层与换热器间的传热

1) 床层与垂直管换热器

当换热器为垂直管时，采用 Wender L 和 Cooper G T 关联式计算给热系数α_w：

$$\frac{\alpha_w d_p}{\lambda_f}=0.01844C_R(1-\varepsilon_f)\left(\frac{C_{pf}\rho_f}{\lambda_f}\right)^{0.43}\left(\frac{d_p\rho_f u_f}{\mu}\right)^{0.23}\left(\frac{C_{ps}}{C_{pf}}\right)^{0.8}\left(\frac{\rho_s}{\rho_f}\right)^{0.66} \tag{6.44}$$

式中：C_R 为垂直管在床层中径向位置有关的校正系数，可由图 6.20 查取。

由图可见，α_w 的最大值在床层半径约 0.4 处。

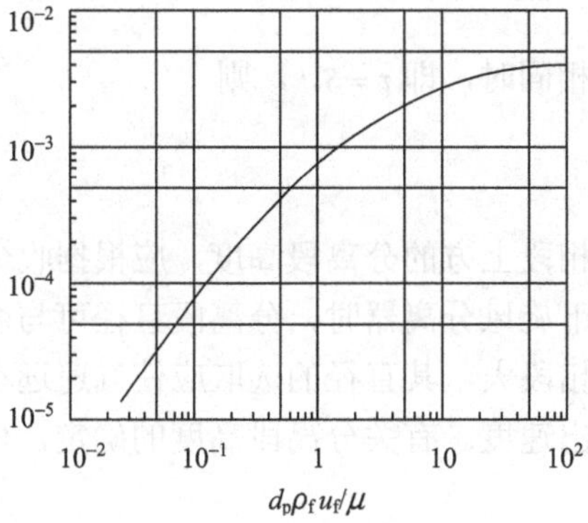

图 6.19　器壁给热系数关联图

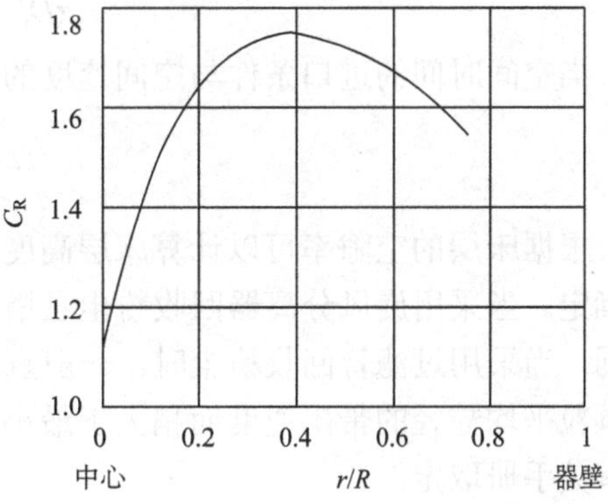

图 6.20　C_R-r/R 关系

式(6.44)应用范围为 $d_p\rho_f u_f/\mu=10^{-2}\sim10^2$，在对 323 个数据的校验中，平均偏差为±20%。

2) 床层与水平管换热器

当换热器为水平管时，采用 Vreedenbeng N A 关联式计算给热系数α_w。

$d_p\rho_f u_f/\mu<2000$ 时：

$$\frac{\alpha_w d_p}{\lambda_f}=0.66\left(\frac{C_{pf}\mu}{\lambda_f}\right)^{0.3}\left[\left(\frac{d_{t0}\rho_f u_f}{\mu}\right)\left(\frac{\rho_s}{\rho_f}\right)\left(\frac{1-\varepsilon_f}{\varepsilon_f}\right)\right]^{0.44} \tag{6.45a}$$

$d_p\rho_f u_f/\mu>2500$ 时：

$$\frac{\alpha_w d_p}{\lambda_f}=420\left(\frac{C_{pf}\mu}{\lambda_f}\right)^{0.3}\left[\left(\frac{d_{t0}\rho_f u_f}{\mu}\right)\left(\frac{\rho_s}{\rho_f}\right)\left(\frac{\mu^2}{d_p^3\rho_p g}\right)\right]^{0.3} \tag{6.45b}$$

式中：d_{t0} 为水平管外径。

流化床内设换热管多采用直立而少用水平，这是因为上下排列的水平管影响了固体颗粒与中间水平管的接触，使其给热系数α_w 比直立管低 5%～15%。

6.3 流化床催化反应器的数学模型

工业流化床催化反应器的设计方法与固定床一样，有经验法和数学模型法之分。

当缺乏足够可靠的实验数据时，可根据工业实践中的经验数据估算催化剂用量或最终转化率，这种方法称为经验法。

流化床反应器中保持的催化剂体积量称为藏量，以 V_R 表示。

若已知空速或接触时间，可根据产量或原料处理量 Q_0 求得催化剂藏量，即静止床层体积 V_R。

由选定的空床流速 u_0 及原料处理量 Q_0 可计算流化床床层直径：

$$D_t = \sqrt{\frac{4Q_0}{\pi u_0}} \tag{6.46}$$

由静止床层体积及床层直径可计算静止床层高度：

$$L_0 = \frac{4V_R}{\pi D_t^2} = \frac{V_R}{Q_0}u_0 = u_0\tau_{流} \tag{6.47}$$

当空间时间的进口条件与空间速度的标准状态相同时，即 $\tau = S_v^{-1}$，则

$$L_0 = \frac{u_0}{S_v} \tag{6.48}$$

根据床层的空隙率可以计算床层高度，至于浓相段上方的分离段高度，应根据收尘的情况确定。当采用旋风分离器回收粉尘且塔内足以装下旋风分离器时，分离段直径可与浓相段相同；当采用过滤管回收粉尘时，一般直径都比浓相段大，其直径的选取应使气速远小于固体颗粒平均粒径的带出速度而稍大于最小颗粒的带出速度。有关分离段高度的确定，可以参照有关手册取定。

通过反应器模型的分析计算，可以确定反应器的性能，即对给定的生产任务，在给定的反应器中达到的转化率或选择性，或达到规定转化率或收率所需反应器的大小，这也是反应器设计最关心的问题。近年来，随着对流化床物理现象研究的深化，根据不同的操作状态及模拟的精度要求，可以对流化床作不同的简化假设，人们提出了各种数学模型，如拟均相、二相和三相模型等，它们的可靠性取决于模型参数值的确定，但模型及各类模型参数大都有比较局限的适用范围，有一些值得完善的地方，还有待更进一步研究，至今许多问题还依靠经验法解决。

6.3.1 拟均相模型

如果从宏观考虑，将流化床考虑成一个均匀的模型，此时便是一个拟均相的反应器模型。该模型认为，固体颗粒处于完全混合状态，气体的流动可以是平推流、全混流或部分返混。

对等温一级不可逆反应

$$A + B \longrightarrow L$$

若反应区为固体体积 V_s，则反应速率方程为

$$-\frac{1}{V_s}\frac{dn_A}{dt}=kc_A \tag{6.49}$$

若反应区为反应器体积 V_R，则反应速率方程为

$$-\frac{1}{V_R}\frac{dn_A}{dt}=(1-\varepsilon_b)kc_A \tag{6.50}$$

对式(6.49)和式(6.50)积分，可得不同气体流型的反应动力学方程，详见表 6.3。

表 6.3　不同气体流型的动力学方程

气体流型	动力学方程	
平推流	$\frac{c_A}{c_{A0}}=\exp[-(1-\varepsilon_b)k\tau_p]$	(6.51)
全混流	$\frac{c_A}{c_{A0}}=\frac{1}{1+(1-\varepsilon_b)k\tau_m}$	(6.52)
部分返混	$\frac{c_A}{c_{A0}}=\frac{4\alpha\exp(u_fL_m/2D_l)}{(1+\alpha)^2\exp\left(\frac{\alpha}{2}\frac{u_fL_m}{D_l}\right)-(1-\alpha)^2\exp\left(-\frac{\alpha}{2}\frac{u_fL_m}{D_l}\right)}$	(6.53)

注：D_l 为流化层内的综合扩散系数；α 为参数，由下式计算：

$$\alpha=\sqrt{1+4(1-\varepsilon_b)k\tau(D_l/u_fL)} \tag{6.54}$$

拟均相模型与流化床的流动状况偏离较大，因此计算结果与实际情况的出入较大。

6.3.2　非均相模型

实际流化床大都是非均相的。由于有大量气泡上升，流体与固相的接触是不充分的，因此实际转化率甚至可能小于全混流假定下的计算值，这是拟均相模型所不能解释的。

当流化床中出现大量气泡，而反应速率又受气泡的影响很大时，若同时考虑气泡和乳化相之间的传质，流动模型为两相模型。若同时考虑气泡、气泡晕和乳化相之间的传质，流动模型为三相模型，此模型对流化床反应行为的描述将更为准确，但获得准确的模型参数比较困难。

1. 两相模型

两相模型的示意图如图 6.21 所示，其基本假设为：

(1) 气体以流速 u_f 进入床层后分为两部分：一部分以 u_{mf} 通过乳化相，另一部分流速以 u_f-u_{mf} 呈气泡形式通过床层。

(2) 流化床床层高度 L_f 与起始流化床层高度 L_{mf} 之差是气泡体积增大的结果。

(3) 气泡相与乳化相之间气体的交换量 Q 由气体的穿流量 q 与两相间的扩散量组成。

(4) 气泡中不含固体颗粒，也不发生化学反应，气泡大小均匀，其流型呈平推流。

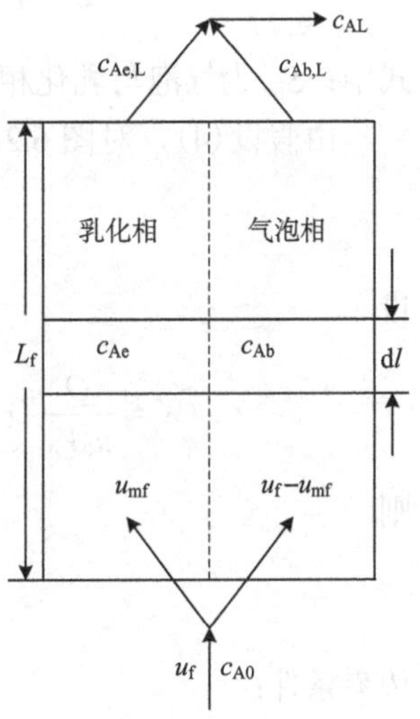

图 6.21　两相模型示意图

(5) 反应全部在乳化相发生，其流型为平推流或全混流。

由假设(1)，有

$$n_b V_b u_b = u_f - u_{mf} \tag{6.55}$$

由假设(2)，有

$$L_f - L_{mf} = n_b V_b L_f \tag{6.56}$$

式中：n_b 为单位体积床层中的气泡数；V_b 为单个气泡的平均体积。

根据两相气体流量分布假定，床层的体积膨胀是气泡体积所致，故

$$L_f = L_0 / (1 - n_b V_b) \tag{6.57}$$

联立式(6.55)和式(6.56)可求得气泡上升速度计算式为

$$u_b = \frac{u_f - u_{mf}}{1 - L_{mf} / L_f} \tag{6.58}$$

联立式(6.55)和式(6.57)可得

$$\frac{L_f}{u_b} = \frac{L_0}{u_b(1 - n_b V_b)} = \frac{L_0}{u_b - u_f + u_{mf}} \tag{6.59}$$

将式(6.33)代入式(6.59)得

$$\frac{L_f}{u_b} = \frac{L_0}{0.711(g d_b)^{1/2}} \tag{6.60}$$

而气泡直径则可由下式计算：

$$d_b = \frac{1}{g}\left(\frac{L_{mf}}{L_f - L_{mf}} \frac{u_f - u_{mf}}{0.711}\right)^2 = \frac{1}{g}\left(\frac{u_b - u_f + u_{mf}}{0.711}\right)^2 \tag{6.61}$$

由假设(3)，有

$$Q = q + k_{be} S_{be} = \frac{3}{4}\pi u_{mf} d_b^2 + 0.975 D^{0.5} (g / d_b)^{0.25} S_{be} \tag{6.62}$$

式中：S_{be} 为气泡与乳化相间的相界面积；k_{be} 为两相间的传质系数。

由假设(4)，对图 6.21 微元体中气泡相作反应物 A 的物料衡算，对一级反应有

$$-u_b V_b \frac{dc_{Ab}}{dl} = (q + k_{be} S_{be})(c_{Ab} - c_{Ae}) \tag{6.63}$$

设

$$X = \frac{Q}{u_b V_b} L_f = \frac{q + k_{be} S_{be}}{u_b V_b} L_f = \frac{6.34 L_0}{d_b (g d_b)^{0.5}} \left[u_{mf} + 1.3 D^{0.5} \left(\frac{g}{d_b}\right)^{0.25} \right] \tag{6.64a}$$

则

$$\frac{dc_{Ab}}{dl} + \frac{X}{L_f}(c_{Ab} - c_{Ae}) = 0 \tag{6.64b}$$

边界条件：

$$l=0 \text{ 时}, \quad c_{Ab} = c_{A0}$$

$$l = L_f \text{ 时}, \quad \frac{dc_{Ab}}{dl} = 0$$

将式(6.64b)对 l 求导，得二阶微分方程为

$$\frac{d^2c_{Ab}}{dl^2}+\frac{X}{L_f}\left(\frac{dc_{Ab}}{dl}-\frac{dc_{Ae}}{dl}\right)=0 \tag{6.65}$$

由假设(5)，若为不同流型时，反应器的物料衡算方程不同，最终所得的动力学方程不同。

1) 乳化相为平推流

对等温一级不可逆反应 A+B $\longrightarrow$ L，速率方程为 $r_A=kc_{Ae}$，对微元层高的两相作反应物 A 的物料衡算，有

$$(u_f-u_{mf})\frac{dc_{Ab}}{dl}+u_{mf}\frac{dc_{Ae}}{dl}+r_A(1-n_bV_b)=0$$

上式整理可得

$$\left(1-\frac{u_{mf}}{u_f}\right)\frac{dc_{Ab}}{dl}+\frac{u_{mf}}{u_f}\frac{dc_{Ae}}{dl}+\frac{kc_{Ae}(1-n_bV_b)}{u_f}=0 \tag{6.66}$$

设

$$Z=1-\frac{u_{mf}}{u_f}；\quad Y=\frac{kL_{mf}}{u_f}=\frac{k_WpW}{F} \tag{6.67a}$$

则

$$Z\frac{dc_{Ab}}{dl}+(1-Z)\frac{dc_{Ae}}{dl}+\frac{Y}{L_f}c_{Ae}=0 \tag{6.67b}$$

式中：k_W 为以 $r=\dfrac{1}{W}\dfrac{dF_A}{dt}=k_Wp$ 定义的反应速率常数；p 为总压；W 为催化剂质量；F 为物料摩尔流量。

将式(6.64b)和式(6.65)代入式(6.67b)，整理可得

$$L_f^2(1-Z)\frac{d^2c_{Ab}}{dl^2}+L_f(Y+X)\frac{dc_{Ab}}{dl}+YXc_{Ab}=0 \tag{6.68}$$

该二阶微分方程的通解为

$$c_{Ab}=C_1e^{-\lambda_1 l}+C_2e^{-\lambda_2 l} \tag{6.69}$$

式中：C_1、C_2 为积分常数，可由边界条件求得；λ_1、λ_2 为特征方程的根，即

$$\lambda_{1,2}=\frac{(X+Y)\pm\sqrt{(X+Y)^2-4(1-Z)YX}}{2L_f(1-Z)} \tag{6.70}$$

最后可得浓度与床层高度 l 的关系式，即

$$\frac{c_{Ab}}{c_{A0}}=\frac{1}{\lambda_1-\lambda_2}(\lambda_1e^{-\lambda_2 l}+\lambda_2e^{-\lambda_1 l}) \tag{6.71}$$

$$\frac{c_{Ae}}{c_{A0}}=\frac{1}{\lambda_1-\lambda_2}\left[\left(\frac{L_f}{X}\lambda_1-1\right)\lambda_2e^{\lambda_1 l}-\left(\frac{L_f}{X}\lambda_2-1\right)\lambda_1e^{-\lambda_2 l}\right] \tag{6.72}$$

根据两相气体流量分布的假设，作反应器出口的物料衡算，有

$$u_fc_{AL}=(u_f-u_{mf})c_{Ab,L}+u_{mf}c_{Ae,L} \tag{6.73}$$

以 $l=L_f$ 代入式(6.71)和式(6.72)，并将其代入式(6.73)，得出口反应物浓度 c_{AL} 的关系式为

$$\frac{c_{AL}}{c_{A0}}=\frac{1}{\lambda_1-\lambda_2}\left[\lambda_1\left(1-\frac{u_{mf}}{u_f}\frac{L_f}{X}\lambda_2\right)e^{-\lambda_2 L_f}-\lambda_2\left(1-\frac{u_{mf}}{u_f}\frac{L_f}{X}\lambda_1\right)e^{-\lambda_1 L_f}\right] \tag{6.74}$$

2) 乳化相为全混流

此时，沿流化床高度方向乳化相中反应物浓度 c_{Ae} 为一常数。积分式(6.63)，有

$$c_{Ab}=c_{Ae}+(c_{A0}-c_{Ae})\exp\left(-\frac{q+k_{be}S_{be}}{u_b V_b}l\right) \tag{6.75}$$

当 $l=L_f$ 时，上式变为

$$c_{Ab,L}=c_{Ae,L}+(c_{A0}-c_{Ae,L})\exp(-X) \tag{6.76}$$

对全床层作组分 A 的物料衡算，有

$$(u_f-u_{mf})(c_{A0}-c_{Ab,L})+u_{mf}(c_{A0}-c_{Ae,L})=L_{mf}k_c c_{Ae,L} \tag{6.77}$$

将式(6.76)和式(6.77)代入式(6.73)，得出口反应物浓度 c_{AL} 的关系式为

$$\frac{c_{AL}}{c_{A0}}=Ze^{-X}+\frac{(1-Ze^{-X})^2}{Y+1-Ze^{-X}} \tag{6.78}$$

由式(6.78)可计算乳化相为全混流时的转化率。

【例 6.4】 在自由流化床中进行合成乙酸乙烯反应 $C_2H_2+CH_3COOH \longrightarrow CH_3COOCH{=}CH_2$，已知反应对乙炔为一级，$k_r=6.21\times10^{-4}$ mol/(g $_{催化剂}$·h·atm)，反应温度 180 ℃，床层平均压力 1.435 atm，静床高度为 6.20 m，$L_{mf}=6.45$ m，$u_{mf}=11.7$ cm/s，$\varepsilon_{mf}=0.55$，$L_f=7.22$ m，平均空床流速 $u_f=23.7$ cm/s；催化剂平均粒径为 40 μm，密度为 1.69 g/cm^3，堆积密度为 0.790 g/cm^3，体积为 48.8 m^3；气体空速为 118 h^{-1}，密度为 1.412×10^{-3} g/cm^3，黏度为 1.368×10^{-4} g/(cm·s)，乙炔扩散系数 $D=0.1235$ cm^2/s。试用两相模型计算乙炔的转化率。

【解】 由式(6.67a)得

$$Z=1-\frac{u_{mf}}{u_f}=1-\frac{11.7}{23.7}=0.494$$

$$Y=\frac{k_W pW}{F}=\frac{6.21\times10^{-4}\times1.435\times(48.8\times0.790\times10^6)}{118\times48.8\times10^3/22.4}=0.1336$$

由式(6.61)得

$$d_b=\frac{1}{g}\left(\frac{L_{mf}}{L_f-L_{mf}}\frac{u_f-u_{mf}}{0.711}\right)^2=\frac{1}{980.7}\left(\frac{6.45}{7.22-6.45}\frac{23.7-11.7}{0.711}\right)^2=20.381(\text{cm})$$

由式(6.64a)得

$$X=\frac{6.34L_0}{d_b(gd_b)^{0.5}}\left[u_{mf}+1.3D^{0.5}\left(\frac{g}{d_b}\right)^{0.25}\right]=\frac{6.34\times6.2\times10^2}{20.381(980.7\times20.381)^{0.5}}\left[11.7+1.3\times0.1235^{0.5}\left(\frac{980.7}{20.381}\right)^{0.25}\right]=17.668$$

当乳化相为平推流时，由式(6.70)计算特征方程的根为

$$\lambda_{1,2}=\frac{(X+Y)\pm\sqrt{(X+Y)^2-4(1-Z)YX}}{2L_f(1-Z)}$$

$$=\frac{(17.668+0.1336)\pm\sqrt{(17.668+0.1336)^2-4(1-0.494)0.1336\times17.668}}{2\times7.22\times10^2(1-0.494)}$$

$$\lambda_1=4.854\times10^{-2},\quad \lambda_2=1.844\times10^{-4}$$

代入式(6.74)得

$$\frac{c_{AL}}{c_{A0}}=\frac{1}{\lambda_1-\lambda_2}\left[\lambda_1\left(1-\frac{u_{mf}}{u_f}\frac{L_f}{X}\lambda_2\right)e^{-\lambda_2 L_f}-\lambda_2\left(1-\frac{u_{mf}}{u_f}\frac{L_f}{X}\lambda_1\right)e^{-\lambda_1 L_f}\right]$$

$$=\frac{4.854\times10^{-2}\left(1-\frac{11.7}{23.7}\frac{722}{17.668}1.844\times10^{-4}\right)e^{-1.844\times10^{-4}\times722}-1.844\times10^{-4}\left(1-\frac{11.7}{23.7}\frac{722}{17.668}4.854\times10^{-2}\right)e^{-4.854\times10^{-2}\times722}}{4.854\times10^{-2}-1.844\times10^{-4}}$$

$=0.875$

则转化率为

$$X_A=1-\frac{c_{AL}}{c_{A0}}=0.125$$

当乳化相为全混流时，由式(6.78)有

$$\frac{c_{AL}}{c_{A0}}=Ze^{-X}+\frac{(1-Ze^{-X})^2}{Y+1-Ze^{-X}}=0.494e^{-17.668}+\frac{(1-0.494e^{-17.668})^2}{0.1336+1-0.494e^{-17.668}}=0.882$$

则转化率为

$$X_A=1-\frac{c_{AL}}{c_{A0}}=0.118$$

两种模型计算结果相近。

2. 三相模型

三相模型最具代表性的是鼓泡床模型，它用于剧烈鼓泡、充分流化的流化床。在 u_f/u_{mf} 为 6～11 时，乳化相中气体全部下行流动的情况，如图 6.22 所示。鼓泡床模型的基本假设为

(1)床层分为气泡、气泡晕及乳化相三相。

(2)气体以气泡形式通过床层，从乳化相中“逸出”的气体量可忽略不计，乳化相处于临界流化状态。

(3)整个床层内气泡大小一致。

(4)气泡、气泡晕及乳化相之间的传递是一个串联过程。

(5)气泡、气泡晕及乳化相中均有化学反应发生。

1)气泡中不含固体颗粒

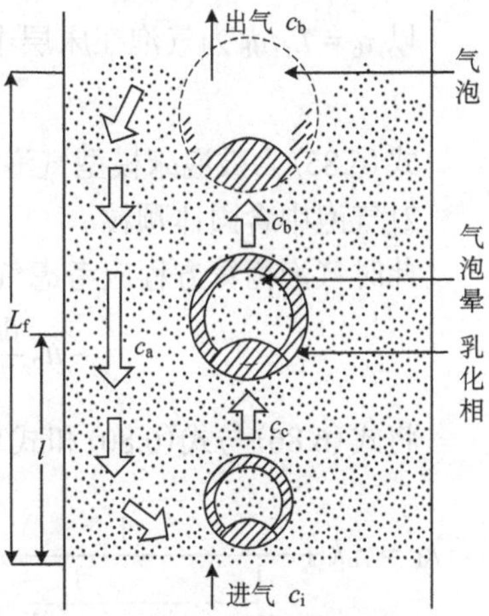

图 6.22　鼓泡床流况示意图

(u_0/u_{mf} 为 6～11)

当乳化相中的气体往下流动时，床层出口的气体组成与床层上界面处气泡的组成相同。因此，基于以上的假定(4)、(5)，设反应为一级不可逆反应，则对反应物进行物料衡算式可得

总消耗量=气泡相中的反应量+传递到气泡晕中的量

传递到气泡晕中的量=气泡晕中的反应量+传递到乳化相的量

传递到乳化相的量=乳化相中的反应量

上述过程可列出以下方程：

气泡相
$$-u_b\frac{dc_{Ab}}{dl}=k_f c_{Ab}=K_{bc}(c_{Ab}-c_{Ac})\tag{6.79}$$

气泡晕相
$$K_{bc}(c_{Ab}-c_{Ac})=\gamma_c k c_{Ac}+K_{ce}(c_{Ac}-c_{Ae}) \tag{6.80}$$

乳化相
$$K_{ce}(c_{Ac}-c_{Ae})=\gamma_e k c_{Ae} \tag{6.81}$$

式中：k_f为包括传递过程影响的总反应速率常数；k为本征反应速率常数。

由式(6.80)和式(6.81)可解得 c_{Ae}和 c_{Ac}，代入式(6.79)可求得总的反应速率常数：

$$k_f=\cfrac{1}{\cfrac{1}{K_{bc}}+\cfrac{1}{\gamma_c k+\cfrac{1}{\cfrac{1}{K_{ce}}+\cfrac{1}{\gamma_e k}}}} \quad 或 \quad k_f=\left[\frac{1}{K_{bc}}+\left(\gamma_c k+\left(\frac{1}{K_{ce}}+\frac{1}{\gamma_e k}\right)^{-1}\right)^{-1}\right]^{-1} \tag{6.82}$$

式中：k_f为包括传递过程影响的总反应速率常数；k为本征反应速率常数；γ_b、γ_c、γ_e分别为气泡、气泡晕及乳化相中固体颗粒体积与气泡体积之比。

当 l=0 时，c_{Ab}=c_{A0}，积分式(6.79)，得

$$c_{Ab}=c_{A0}\exp\left(-k_f\frac{l}{u_b}\right) \tag{6.83}$$

当 l=L_f时，c_{Ab}=$c_{Ab,L}$，则床层出口处的浓度为

$$c_{Ab,L}=c_{A0}\exp\left(-k_f\frac{L_f}{u_b}\right) \tag{6.84}$$

以 $\tau_b=L_f/u_b$为气泡在床层中的平均停留时间，则床层中气体反应物的转化率为

$$X_A=1-\exp(-k_f\tau_b) \tag{6.85}$$

式(6.85)为鼓泡床模型气泡中不含固体颗粒的设计计算公式。

2)气泡中含固体颗粒

此时气泡衡算方程应考虑气泡内固体颗粒上发生的反应，即

$$-u_b\frac{dc_{Ab}}{dl}=\gamma_b k c_{Ab}+K_{bc}(c_{Ab}-c_{Ac}) \tag{6.86}$$

将式(6.86)与式(6.80)和式(6.81)联立求解，并以同样方式定义总反应速率常数，则

$$k_f=\gamma_b k+\cfrac{1}{\cfrac{1}{K_{bc}}+\cfrac{1}{\gamma_c k+\cfrac{1}{\cfrac{1}{K_{ce}}+\cfrac{1}{\gamma_e k}}}} \quad 或 \quad k_f=\gamma_b k+\left[\frac{1}{K_{bc}}+\left(\gamma_c k+\left(\frac{1}{K_{ce}}+\frac{1}{\gamma_e k}\right)^{-1}\right)^{-1}\right]^{-1} \tag{6.87}$$

气泡组成和转化率仍可用式(6.83)～式(6.85)计算。一般情况下，气泡中颗粒含量是可忽略的。

如果乳化相的气体向上流，则床层出口气体浓度还应考虑乳化相气体的影响，可近似地将乳化相气体的转化率取为 1。但由于 u_f/u_{mf}＞3 时，乳化相气体在总气体量中所占的比例非常小，故按气泡相作近似计算也是可以的。

鼓泡床模型中许多参数都涉及气泡直径 d_b，它是决定流化床各参数的关键数据。鼓泡床模型应用的关键在于确定气泡有效直径，并通过调节其值的大小，使计算与实际反应结果相

符。在有垂直换热管束的流化床中，可用管间的空间估算气泡直径；在缺乏实验数据时，可用床层的当量直径 D_{te} 代表。但这些方法的可靠程度都不高。

【例 6.5】 流化床催化反应器中进行一级分解反应，$r_A=0.257c_A$。已知：流化床临界床层高度 $L_{mf}=66$ cm，临界流化速度 $u_{mf}=0.43$ cm/s，临界空隙率 $\varepsilon_{mf}=0.5$。操作气速 $u_f=10.5$ cm/s，床层空隙率 $\varepsilon_f=0.533$。气泡直径 $d_b=4.0$ cm，气泡中的固含率 $\gamma_b=0$，尾涡体积分数 $\alpha_w=0.47$，有效扩系数 $D_e=0.204$ cm²/s。试求该条件下催化反应的转化率。

【解】 首先计算流化数 F_n：

$$F_n=\frac{u_f}{u_{mf}}=\frac{10.5}{0.43}=24.419>6$$

故可以用鼓泡床模型进行设计。

气泡与气泡晕间的交换系数由式(6.39a)计算：

$$K_{bc}=4.5\left(\frac{u_{mf}}{d_b}\right)+5.85\left(\frac{D_e^{1/2}g^{1/4}}{d_b^{5/4}}\right)=\frac{4.5\times0.43}{4.0}+\frac{5.85\times0.204^{1/2}\times980.7^{1/4}}{4.0^{5/4}}=3.284\,(\mathrm{s}^{-1})$$

气泡在床层中上升的绝对速度由式(6.33)得

$$u_b=u_f-u_{mf}+0.711(gd_b)^{1/2}=10.5-0.43+0.711(980.7\times4.0)^{1/2}=54.602\,(\mathrm{cm/s})$$

气泡晕与乳化相间的交换系数由式(6.39b)计算：

$$K_{ce}=6.78\left(\frac{\varepsilon_{mf}D_eu_b}{d_b^3}\right)^{1/2}=6.78\left(\frac{0.5\times0.204\times54.602}{4.0^3}\right)^{1/2}=2.00\,(\mathrm{s}^{-1})$$

气泡占床层体积分数近似可得

$$\delta_b\doteq\frac{u_f-u_{mf}}{u_b}=\frac{10.5-0.43}{54.602}=0.184$$

气泡晕中固体颗粒体积与气泡体积之比由式(6.36)计算

$$\gamma_c=(1-\varepsilon_{mf})\left[\frac{3u_{mf}/\varepsilon_{mf}}{0.711(gd_b)^{1/2}-u_{mf}/\varepsilon_{mf}}+\frac{V_w}{V_b}\right]=(1-0.5)\left[\frac{3\times0.43/0.5}{0.711(980.7\times4.0)^{1/2}-0.43/0.5}+0.47\right]=0.265$$

乳化相中固体颗粒体积与气泡体积之比由式(6.37)计算

$$\gamma_e=\frac{(1-\varepsilon_{mf})(1-\delta_b)}{\delta_b}-\gamma_b-\gamma_c=\frac{(1-0.5)(1-0.184)}{0.184}-0-0.265=1.952$$

总反应速率常数可由式(6.82)计算

$$k_f=\left[\frac{1}{K_{bc}}+\left(\gamma_ck+\left(\frac{1}{K_{ce}}+\frac{1}{\gamma_ek}\right)^{-1}\right)^{-1}\right]^{-1}=\left[\frac{1}{3.284}+\left(0.265\times0.257+\left(\frac{1}{2}+\frac{1}{1.952\times0.257}\right)^{-1}\right)^{-1}\right]^{-1}=0.410\,\mathrm{s}^{-1}$$

流化床床层高度可由式(6.17)计算：

$$L_f=\frac{1-\varepsilon_{mf}}{1-\varepsilon_f}L_{mf}=\frac{1-0.5}{1-0.533}\times66=70.664(\mathrm{cm})$$

最终转化率由式(6.85)计算：

$$X_A=1-\exp\left(-k_f\frac{L_f}{u_b}\right)=1-\exp\left(-0.410\times\frac{70.664}{54.602}\right)=0.412$$

按鼓泡床模型计算该反应的最终转化率为 41.2%。

6.4　流化床催化反应器的设计

流化床反应器种类繁多，结构各异，一般可将其结构按功能分为反应器壳体、原料气体分布装置、换热装置、内部构件、颗粒回收装置、固体供给和循环装置等，其结构示意图如图6.23所示。

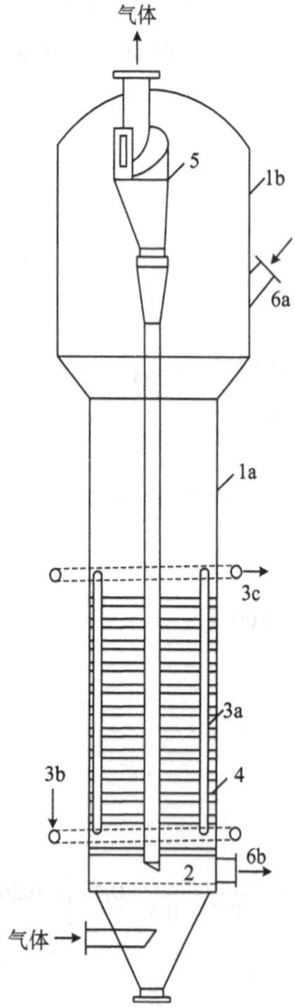

图6.23　流化床反应器结构示意图

1a. 壳体；1b. 扩大段；2. 气体分布器；3a. 换热器；3b. 冷却水进口；3c. 冷却水排出口；4. 内部构件；5. 旋风分离器；6a. 催化剂进入口；6b. 催化剂排出口

6.4.1　反应器壳体

壳体为流化床反应器的外壳，由筒体（一般为圆柱形）、顶盖及锥底等组成。按前述方法，再根据反应的动力学特点，选择合适类型的反应器、颗粒的粒度及其分布后，就可计算空塔气速及反应器的各部分尺寸。

1. 流化床反应器直径的确定

1）流化床反应器的直径

当生产能力确定后，可根据反应的物料衡算求得通过床层的气体体积流量，用式(6.46)计算床层直径。

$$D_t = \sqrt{\frac{4Q_0}{\pi u_0}} \tag{6.46}$$

工业上常用的操作气速，细粒床为0.1～1.0 m/s，粗粒床可达10 m/s。表6.4为一些工业流化床反应器的操作条件。

2）流化床扩大段的直径

当流化床采用过滤管或旋风分离器回收气体带出的粉尘时，常在床层上部设置扩大段以减少气体空速，使一部分细颗粒沉降下来，减轻过滤管或旋风分离器的负荷。

扩大段的直径应使空速远小于平均粒径的带出速度，稍大于最小颗粒的带出速度，并考虑到过滤管或旋风分离器的安装需要。当采用旋风分离器回收粉尘时，如果塔内足以装下旋风分离器，可以不设扩大段。

2. 流化床反应器高度的确定

流化床床身总高由浓相段高度、稀相段高度（分离高度）、扩大段高度及锥底高度构成，下面主要介绍前两段高度的计算方法。

表 6.4　工业流化床反应器的操作条件

产品	装置类型	气体种类	催化剂粒度/μm	反应温度/℃	操作压力/(kg/cm^2)	操作空速/(m/s)
丙烯腈	自由床 (微粉)	反应气体 空气	50～80	400～500	常压 ～2	0.4～0.7
顺丁烯二酸酐	自由床 (微粉)	反应气体 空气	50～100	400～500	常压 ～3	(200～300)u_{mf}
催化裂化 (FCC)	双器 流化床 (微粉)	原料油 空气 (水蒸气)	50～100	470～550 (反应器) 580～770 (再生器)	0.7～2.5 (反应器) 1～3 (再生器)	0.5～0.8 (反应器) 2～15 (再生器)
聚丙烯	粗粒搅拌 流化床	反应气体	～400 (含产物)	70～75	25～30	0.1～0.3
苯氧化制苯酐	细粒	反应气体 空气	120～360	370		0.3～0.4

1)浓相段高度

浓相段高度由静止床高度 L_0 及操作条件下床层膨胀比 R 确定。

(1)数学模型法计算。当已知反应动力学特性、床层内的流型、操作条件及反应转化率要求后，可选用 6.3 所述的各类模型方法进行计算。

(2)经验法计算。

① 静床高度。若通过实验选取了流化床的空速 S_v 或接触时间 $\tau_{流}$，则可计算催化剂藏量

$$V_R = \frac{Q_0}{S_v} = Q_0\tau_{流} \tag{6.88}$$

反应器中催化剂的装填量为

$$W_s = V_R \rho_b \tag{6.89}$$

式中：ρ_b 为催化剂的堆积密度，kg/m^3。

可由式(6.47)计算静床高度：

$$L_0 = \frac{V_R}{A_R} = \frac{Q_0}{A_R}\tau_{流} = u_0\tau_{流} \tag{6.47}$$

② 浓相段高度。由床层膨胀比的计算式(6.17)有

$$L_f = RL_{mf} \approx RL_0 \tag{6.90}$$

2)分离高度

当反应气体由流化床顶部逸出时，由于气泡破裂，尾涡中或床层表面的部分固体颗粒以大于气体空速抛向床层上方空间，形成稀相层。被夹带的颗粒随着上升高度的增加，速度分布变得均匀并接近于操作空速，大部分颗粒受重力作用又重新沉降返回床层。因此在稀相段中，粒子的浓度将随高度的增加而呈指数函数减小。在达到某一高度以上，只有带出速度小于操作气速的粒子才被带上去，因此粒子浓度大致恒定，不再随高度增加而减少。这一高度称为输送分离高度(transport disengaging height，TDH)，反应器中的旋风分离器进口宜设在这一高度。

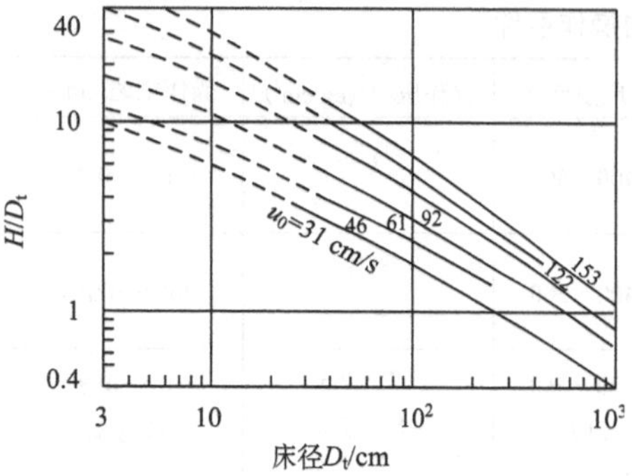

图 6.24　分离空间高度估算图

尽管分离高度的确定对流化床设计很重要，但有关资料不多。

(1)用估算图查得。韦伊(Weil)等对一定粒度分布的催化裂化催化剂进行了实验，得出床径与分离高度 H 的关系图(图 6.24)。

(2)用关联式计算。

$$H = 1200 L_0 Re_p^{1.55} Ar^{-1.1} \tag{6.91}$$

式中：Re_p 为雷诺数，$Re_p = d_p u\rho/\mu$；Ar 为阿基米德数，$Ar = d_p^3 \rho_g(\rho_g - \rho)/\mu^2$。

此式的适用范围为

$$15 < Re_p < 300$$

$$1.95\times10^4 < Ar < 65\times10^4$$

如流化床中有横向挡板，分离高度为

$$H = 730 L_0 Re_p^{1.55} Ar^{-1.1} \tag{6.92}$$

比较式(6.91)和式(6.92)可知，设置横向挡板可以降低分离段高度，减少颗粒夹带。

6.4.2　气体分布装置

气体分布装置有分布板和预分布器两类。

1. 气体分布板

1)分布板类型

分布板在床层的最下部，作用是支承固体粒子，并使气体沿全部截面均匀分布。所设计的分布板要满足在床层不操作时不堵塞气体通道、不发生颗粒泄露，在流化操作时不形成粒子滞留，因此分布板设计是保证流化床流化质量的关键。工业反应器内采用的分布板种类很多，有筛孔式、填充式、风帽式、短管式分布板等，如图 6.25 所示。

2)分布板压降

流化质量除与分布板的结构有关外，还与气体通过分布板的压降 Δp_d 有关。实验证明，当分布板压降 Δp_d 太小时，板上只有一部分孔工作，在流化床中形成沟流。气体通过分布板的阻力越大，Δp_d 超过某一数值，气体的分布就越均匀。

通常用气体通过分布器的压降 Δp_d 与气体通过床层的总压降 Δp 之比($\Delta p_d/\Delta p$)表示这一参数。$\Delta p_d/\Delta p$ 的数值不仅取决于分布器的构造，也与颗粒、床层高度及选用的空速直接有关。对于浅床层，$\Delta p_d/\Delta p \approx 1$。对于深床层，$\Delta p_d/\Delta p \ll 1$。在开发新的流化床时，$\Delta p_d/\Delta p = 0.1 \sim 0.3$。迄今为止，分布板压降的确定主要凭借已往的经验。

分布板的气流线速与开孔率有关，即

$$\varphi = u_0/u_{or} \tag{6.93}$$

式中：u_{or} 为分布板的气流线速；φ 为分布板上的开孔率，一般取 0.4%～1%；

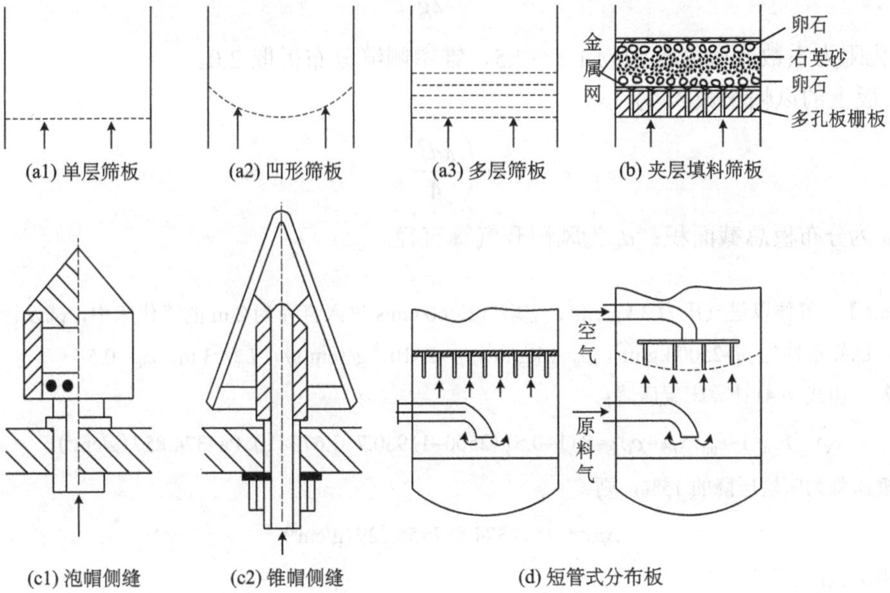

图 6.25　分布板类型

(1) 筛孔式分布板压降。分布板压降 Δp_d 与小孔气速 u_{or} 的关系、小孔气速与单位面积分布板上应开的孔数 N_{or} 的关系为

$$u_{or} = C_d'\left(\frac{2g\Delta p_d}{\rho_g}\right)^{1/2} \tag{6.94}$$

$$N_{or} = \left(\frac{\pi}{4}d_{or}^2\right)^{-1}\frac{u_0}{u_{or}} = \left(\frac{\pi}{4}d_{or}^2\right)^{-1}\varphi \tag{6.95}$$

$$\varphi = u_0/u_{or} \tag{6.96}$$

式中：d_{or} 为小孔直径；C_d' 为小孔的阻力系数，可由图 6.26 查得。

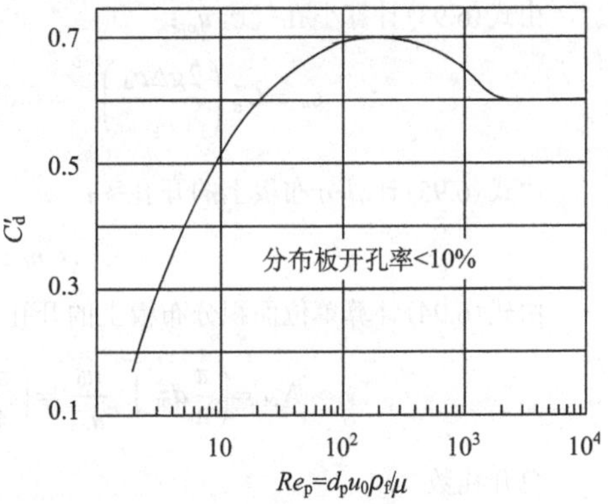

图 6.26　锐孔阻力系数

当所有小孔都均匀工作时，流化气速 u_f 与分布板压降 Δp_{df} 的关系为

$$\Delta p_{df} = 0.5\rho_g\left(\frac{A_R u_f}{\alpha_0 n}\right)^2 = \frac{(1-2\pi^{-1})H_j\rho_p(1-\varepsilon_{mf})g}{1-(u_{mf}/u_f)^2} \tag{6.96}$$

式中：α_0 为有效小孔面积，约为实际孔截面的 60%；n 为分布板上的开孔数；H_j 为小孔气体的喷动高度，与分布板上的孔间距 S 有关，二维床的 H_j/S=3.8，三维床的 H_j/S=2。

式(6.95)较好地包括了固体颗粒性质、流化数等因素的影响。当 u_f/u_{mf} <1.4 时，该式与实验结果较一致。

(2) 风帽式分布板压降。分布板压降 Δp_d 可用式(6.96)计算，也可表示成速度头的函数：

$$\Delta p_{\rm d} = \zeta \frac{u_{\rm or}^2 \rho_{\rm g}}{2g} \tag{6.97}$$

式中：ζ为阻力系数，取值范围为 1.5～2.5，锥帽侧缝分布板取 2.0。

分布板上的风帽个数 N 为

$$N = \varphi A_{\rm R} \left(\frac{\pi d_{\rm o}^2}{4} \right)^{-1} \tag{6.98}$$

式中：$A_{\rm R}$为分布板总截面积；$d_{\rm o}$为风帽升气管直径。

【例 6.6】 气体以进气压力 3 kg/cm²、空塔气速 60 cm/s 进入直径为 2 m 的流化床中，试设计所用的多孔分布板。已知条件为 $\rho_{\rm s}$=2500 kg/m³，$\rho_{\rm g}$=1 kg/m³，μ=2×10⁻⁴ g/(cm·s)，$L_{\rm mf}$=3 m，$\varepsilon_{\rm mf}$=0.5。

【解】 由式(6.4)计算床层压降：

$$\Delta p = L_{\rm mf}(1-\varepsilon_{\rm mf})(\rho_{\rm s}-\rho_{\rm f})g=3(1-0.5)(2500-1)980.7=3.672\times10^4\ {\rm Pa}=374.857\ ({\rm g/cm^2})$$

如取分布板压降为床层压降的 15%，则

$$\Delta p_{\rm d}=0.15\times374.857=56.229\ ({\rm g/cm^2})$$

计算雷诺数：

$$Re = \frac{D_{\rm t} u_0 \rho_{\rm g}}{\mu} = \frac{200\times60\times10^{-3}}{2\times10^{-4}} = 6\times10^4$$

查图 6.26 得锐孔系数 $C_{\rm d}'$ =0.6。

由式(6.93)计算小孔气速 $u_{\rm or}$：

$$u_{\rm or} = C_{\rm d}' \left(\frac{2g\Delta p_{\rm d}}{\rho_{\rm g}} \right)^{1/2} = 0.6 \left(\frac{2\times980.7\times56.229}{10^{-3}} \right)^{1/2} = 6301.051 ({\rm cm/s})$$

由式(6.95)计算分布板上的开孔率：

$$\varphi=u_0/u_{\rm or}=60/6301.05=0.952\%$$

由式(6.94)计算单位面积分布板上的开孔数 $N_{\rm or}$：

$$N_{\rm or} = \left(\frac{\pi}{4} d_{\rm or}^2 \right)^{-1} \frac{u_0}{u_{\rm or}} = \left(\frac{\pi}{4} d_{\rm or}^2 \right)^{-1} \times 0.952\% = 1.213\times10^{-2} / d_{\rm or}^2 \tag{E6.6-1}$$

总开孔数

$$n = N_{\rm or} A_{\rm R} = \frac{\pi}{4}(2\times10^2)^2 = 3.14\times10^4 N_{\rm or} \tag{E6.6-2}$$

开孔数随孔径的变化列于表 E6.6-1。

表 E6.6-1 开孔数随孔径的变化

$d_{\rm or}$/cm	$N_{\rm or}$/cm⁻²	$n\times10^{-3}$	$d_{\rm or}$/cm	$N_{\rm or}$/cm⁻²	$n\times10^{-3}$
0.1	1.213	38.089	0.4	0.076	2.381
0.2	0.303	9.522	0.5	0.049	1.524
0.3	0.135	4.232	0.6	0.034	1.058

孔径太小，易堵塞；孔径太大，易造成气体分布不均。选用 $d_{\rm or}$=0.2 cm，$N_{\rm or}$=0.3 cm⁻²。

2. 气体预分布器

气体预分布器(图 6.27)在分布板下部，一般为一倒锥形的气室，进气管自侧向进入气室，气体在此进行粗略的重整后进入分布板。图 6.27(a)是常用的最简单的气体预分布器。也有在气室内安同心圆锥壳导向构件[图 6.27(b)]或填料层[图 6.27(c)]，使气体进入分布板前有一个大致均匀的分布，从而减轻分布板均匀布气的负荷。

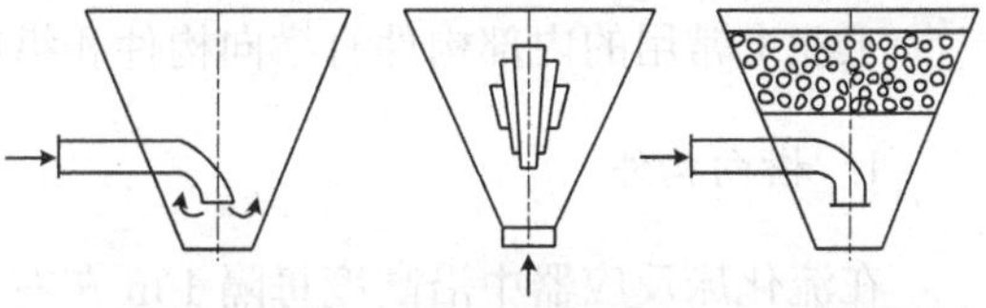

(a) 倒锥形气室 (b) 有同心圆锥壳导向构件的倒锥形气室 (c) 有填料层的倒锥形气室

图 6.27 气体预分布器类型

6.4.3 换热装置

在流化床中进行的反应大多为热效应大的反应。为了控制流化床床层的反应温度，一般是通过流化床的器壁或在床层中换热装置，对床层进行加热或冷却。

换热装置有的是利用筒体夹套，有的在床层内装换热管。反应热通过水或其他热载体及时移出，热载体再进入废热锅炉产生蒸气以回收热量。

流化床内换热器有单管式、套管式、鼠笼式、管束式、蛇管式等结构型式，如图 6.28 所示。

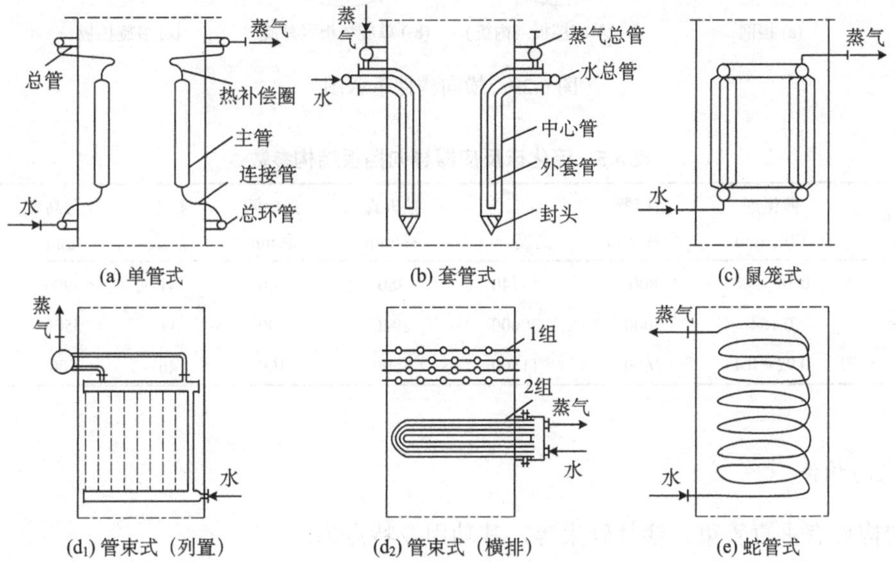

(a) 单管式 (b) 套管式 (c) 鼠笼式

(d_1) 管束式（列置） (d_2) 管束式（横排） (e) 蛇管式

图 6.28 流化床内换热器类型

流化床反应器中换热装置传热面积的计算方法与一般换热器的相似，可参考相关手册进行设计。

6.4.4 内部构件

流化床流化质量除与分布板设计有关外，还与床层内气固接触有关。

为了使反应器中的大气泡破碎，减低返混程度，改进气固相接触，一般可选用具有良好粒度分布的细颗粒催化剂，或选用合理的内部构件来实现。对于一些颗粒性质无法任意改变的情况下，内部构件的作用尤为重要。

工业上常用的内部构件有横向构件和纵向构件两类。

1. 横向构件

在流化床反应器中沿高度每隔 1 m 左右设置导向挡板，上升气泡碰到挡板而被破碎，防止气泡成长。同时被挡板分隔的床层之间的固体粒子交换也受到限制，致使床层沿轴向产生一定的温度和浓度分布，其作用相当于多级串联，每级为理想混合，级间则为有限混合。横向构件有水平挡网、多孔挡板以及斜片百叶窗式挡板等，图 6.29 为水平挡网及内旋、外旋和多旋式百叶窗式导向挡板的示意图。百叶窗式挡板是我国流化床反应器应用较多的内部构件，已成功地用于丁烯氧化脱氢、苯氧化制苯酐等反应中。表 6.5 中列举了一些流化床反应器所用导向挡板的结构参数。

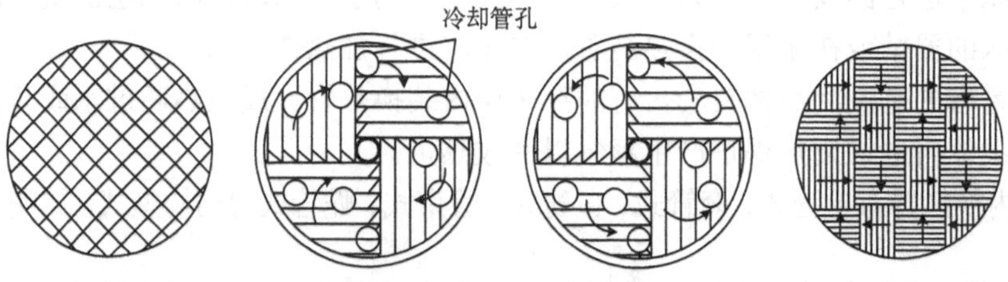

(a) 挡网　(b$_1$) 单旋挡板（内旋）　(b$_2$) 单旋挡板（外旋）　(c) 多旋挡板

图 6.29　横向构件示意图

表 6.5　流化床反应器导向挡板结构参数

生产过程	催化剂粒度/mm	反应器直径/mm	反应器高度/mm	挡板直径/mm	挡板间距/mm	挡板层数	床层高度/mm	挡板形式
丁烯脱氢	0.18～0.8	800	13740	780	100	41	3900	多旋倾斜
萘氧化	0.184	3000	20000	2940	400	11	5500	
催化裂化	0.02～0.1	3600	11500	3500	100	46	500	

2. 纵向构件

纵向构件有垂直管束、翅片管束等，其功用及特点为：

(1) 垂直管束的设置可以限制气泡的成长，减少流化床的放大效应，增进气固相的接触。

(2) 与横向构件相比，不影响颗粒的周向运动，不造成床层轴向温差，能够防止床层死区的形成，减少颗粒的带出。

通常垂直管束同时用作换热器，构造较简单，不另占据空间。

6.4.5　颗粒回收装置

在流化床中，颗粒在剧烈碰撞磨损中产生的细粒和粉尘，即使通过一段扩大分离高度，仍会有颗粒被气流带出床层。大型流化床正常操作下，每天跑损的催化剂达数吨之多。为减少催化剂的损失，防止产物被污染以及环境保护的需要，必须捕集回收这些细粒。工业上常用的颗粒回收装置有内旋风分离器及内过滤器。

1. 内旋风分离器

流化床反应器中广泛采用装设在反应器上部的内旋风分离器，其结构如图 6.30 所示。

气体以高速(15～25 m/s)进入内旋风分离器，依靠离心力把固体颗粒甩到器壁上，然后由料腿返回床层底部，保持床层的粒度分布，保证流化质量稳定，净化后的气体由顶部引出。

关于内旋风分离器的设计已有定型及规范可供参考。一般步骤为：

(1)根据生产要求选定分离器类型。

(2)确定入口气速，计算内旋风分离器的进口截面积。

(3)根据不同系列内旋风分离器的结构性能，确定筒体直径及其他各部分尺寸，出口线速取 3～8 m/s。

虽然第一级旋风分离器的回收率可达99%以上，但为了确保净化质量，常采用二级或三级串联的旋风分离器。

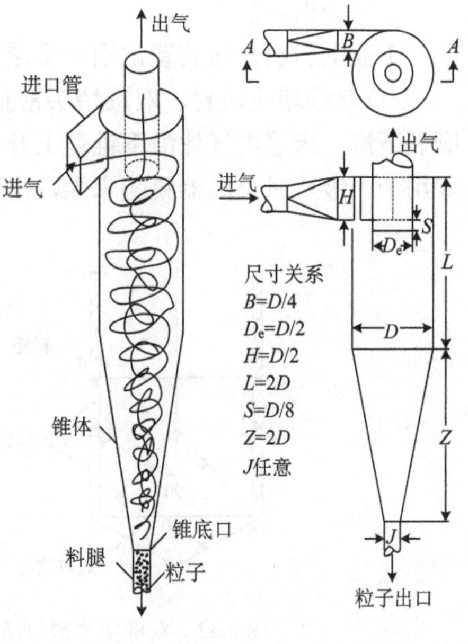

图 6.30　内旋风分离器

为了使内旋风分离器捕集的粒子顺利地返回流化床层，同时防止气体从内旋风分离器底部进入而短路，在内旋风分离器的下部装有料腿及其密封装置。

1)料腿下料量

设计料腿时，可根据固体颗粒经孔口重力流出的关联式推算下料质量流量 W_s。

$$\frac{W_s(\tan\theta_r)^{0.5}}{C_w C_o\sqrt{g}\rho_b d_p^{2.5}}=0.161n^{2.746} \tag{6.99}$$

$$C_w=\left(\frac{n-1}{n}\right)^3+0.5\left[1-\left(\frac{n-2}{2}\right)^2\right] \tag{6.100}$$

$$n=\frac{d_{or}}{d_p} \tag{6.101}$$

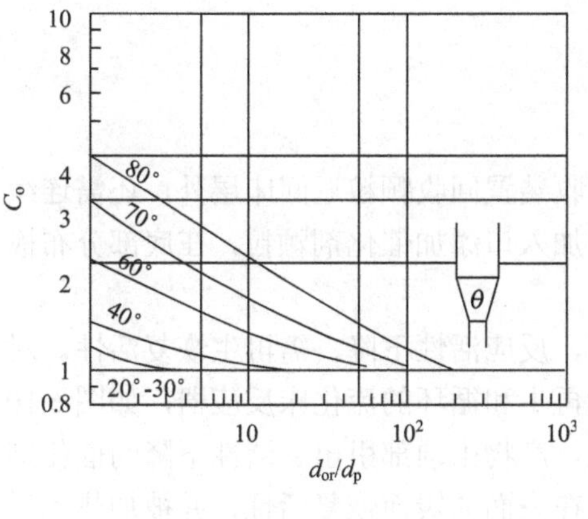

图 6.31　料腿锥角校正系数

式中：W_s 为料腿下料质量流量，g/s；θ_r 为粒子的休止角，一般为 20°～40°；ρ_b 为颗粒的松密度，g/cm³；d_p 为颗粒直径，cm；d_{or} 为料腿孔口直径，cm；C_w 为壁效应校正系数；C_o 为锥角校正系数，由图 6.31 查得。

对于 $d_{or}/d_p>10$ 的扁平孔板，可取 C_w、C_o 为 1。还可用下式估算下料体积流量：

$$Q = 0.243 d_{or}^{0.5}(0.25 d_{or}^2 - 0.95 d_{or} d_p + 1.66 d_p^2) \tag{6.102}$$

式中：Q 为料腿下料体积流量，m^3/h；d_p 为颗粒直径，cm；d_{or} 为料腿孔口直径，cm。

式(6.102)的适用范围为 $d_{or}/d_p>6$。

2)料腿密封装置

工业上料腿密封装置常用双锥堵头及翼阀密封等。

(1)双锥堵头密封。双锥堵头密封(图 6.32)是一空心锥体。锥角的确定要考虑固体颗粒顺利下流，床层内气体沿下锥角上升，在料腿出口处造成负压有利于粒子流出。双锥堵头一般用于一级旋风分离器料腿末端，出料口是直接插入密相层中。

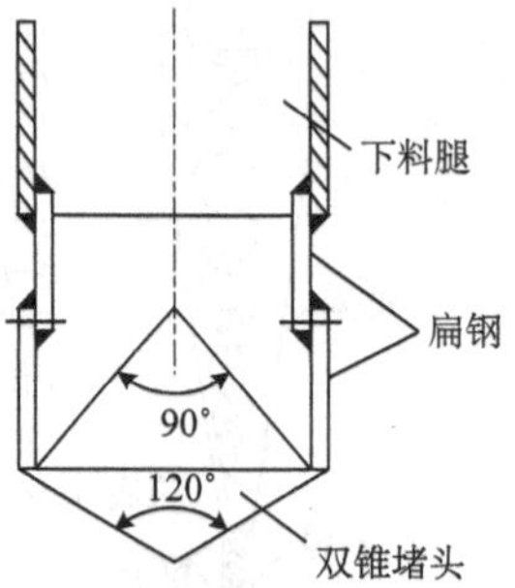

图 6.32　双锥堵头密封结构

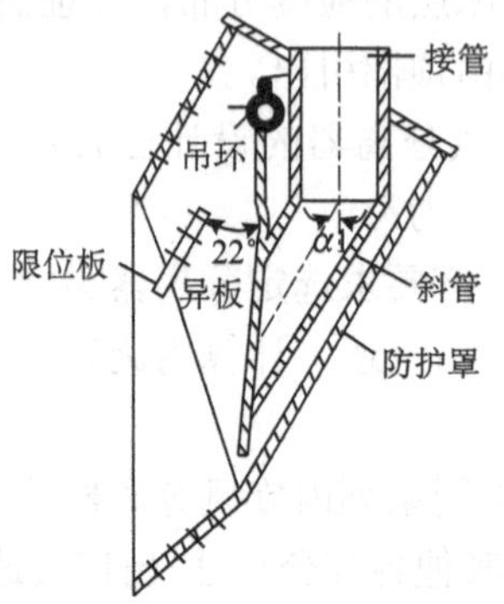

图 6.33　翼阀密封结构

(2)翼阀密封。翼阀密封的结构如图 6.33 所示。正常操作时料腿中的颗粒依靠料柱静压将翼阀顶开自动流出，并保持一定料封高度。翼阀结构简单可靠，一般装设在二级旋风分离器料腿末端，出料口插入稀相层中。

2. 内过滤器

对于旋风分离器不能捕集的粉尘，或某些不允许被气体带出的催化剂，常采用内过滤器回收粉尘(图 6.9)。一般在多孔管外包以玻璃纤维布，气体通过滤布后，绝大部分粉尘被过滤下来。当过滤管上粉尘较厚时，采用气体定期倒吹以减少阻力或用多组过滤管切换操作。这种方法分离效率高，但压降大。

6.4.6　固体供给和循环装置

为保证流化床的床层高度稳定，除用上述颗粒回收装置回收颗粒返回床层外，还需连续或周期性地补充固体颗粒。一般在流化床中可由顶部加入口添加催化剂颗粒，在底部分布板之上设颗粒放尽口。

随着反应的进行，催化剂由于结炭、烧结等原因，反应活性下降，需再生恢复活性。对于活性下降很快，需要频繁再生的催化剂，采用连续再生和循环的流化床反应器，如图 6.10 所示的双器流化床反应器。烃类原料在反应器中裂化，产物由顶部引出。活性下降的催化剂连续流入再生器，在此与通入的空气接触而烧掉沉积在表面的炭而恢复活性，并被加热到反应温度后经循环管重新进入反应器。

习　题

6.1 某厂设计一年产 2000 t 的丙烯腈装置，采用流化床反应器。若反应温度为 470 ℃，反应气体密度和黏度分别为 0.76 kg/m^3 和 4×10^{-4} g/(cm·s)，催化剂颗粒粒度范围 50～295 μm，平均直径为 0.185 mm，颗粒密度为 2.6 g/cm^3，临界流化床空隙率为 0.55。试计算：(1)最小流化速度；(2)带出速度；(3)选择操作速度。

6.2 一细粒流化床层，已知其临界流化速度为 4.5 cm/s，临界流化床空隙率为 0.5。若气体以直径为 7 cm 的气泡上升。试求气泡的上升速度及气泡晕的厚度。

6.3 某一流化床中催化剂为光滑的球形颗粒，平均直径为 100 μm，临界流化状态 u_{mf}=0.4 cm/s，ε_{mf}=0.5，若 d_b=3.5 cm，γ_b=0.01。试估算在流速为 20 cm/s、30 cm/s、40 cm/s 下，固体颗粒在乳化相、气泡相中的分布情况。

6.4 一流化床直径 1.6 m，设置多孔分布板(孔数 1350)，已知空床气速为 24 cm/s，u_{mf}=1.2 cm/s，ε_{mf}=0.45，催化剂粒径 d_p=150 μm，密度 ρ_p=2.5 g/cm^3，气体在乳化相中扩散系数 D_e=0.95 cm^2/s，L_f=2.5 m。试计算在床高 0.4 cm 和 1 m 处气泡和乳化相间的交换系数。

6.5 在一自由床流化床中等温进行一级裂解反应$A \longrightarrow L+M$，反应总压1 atm，$k_w=5.0\times10^{-4}$ mol/($g_{催化剂}$·h·atm)。又已知L_{mf}=3 m，u_{mf}=12.5 cm/s，ε_{mf}=0.5，L_f=3.4 m，空床流速25 cm/s；催化剂总装填量16.8×10^3 kg，密度为1.90 g/cm^3，堆积密度为0.760 g/cm^3；气体进料流量为1.0×10^5 mol/h，密度为1.4×10^{-3} g/cm^3，黏度为1.4×10^{-5} Pa·s，有效扩散系数D_e=0.120 cm^2/s。试用两相模型计算反应的转化率。

6.6 在一内径为 2 m 的流化床中，进行某一级不可逆反应，$k=0.8\ s^{-1}$。已知催化剂装填高度 2.2 m，ε_b=0.45，ε_{mf}=0.50，u_{mf}=0.03 m/s，空床流速 0.3 m/s；气体分子扩散系数 D=0.2 cm^2/s。设代表气泡直径为 20 cm，气泡体积分数 γ_b=0.003，尾涡与气泡体积之比 α_w=0.33。试用鼓泡床模型求该反应器出口转化率。

6.7 已知某流化床内径 2.5 m，催化剂平均粒径 d_p=180 μm，静床装填高度 2 m，气体空床速度 0.4 m/s，密度 1.45×10^{-3} g/cm^3，黏度 1.37×10^{-5} Pa·s。试计算该流化床操作床层高度及所需的分离高度。

6.8 已知流化床内径为 3.5 cm，ρ_s=3 g/cm^3，$\rho_g=1.9\times10^{-3}$ g/cm^3，$\mu=2\times10^{-4}$ Pa·s，L_{mf}=3 m，ε_{mf}=0.48，气体进塔压力 3 atm，空床速度 50 cm/s。确定多孔气体分布板的开孔率、孔径和单位面积上孔数的关系。

第 7 章　气固相非催化反应器

流固相非催化反应是化工生产中的另一类非均相反应，在这类反应中，固相不是催化剂，而是反应物或产物，按流体相可分为气固相非催化反应和液固相非催化反应两类。例如，矿物的焙烧、氧化物的氢还原、氧化物的氯化、煤的气化及固体氧化态催化剂的还原等都属于气固相非催化反应，硫酸分解磷矿、氢氧化钠与氧化硼反应、矿物的酸分解等属于液固相非催化反应。本章主要讨论气固相非催化反应的情况。

7.1　气固相非催化反应

本节主要介绍气固相非催化反应类型和物理模型。

7.1.1　气固相非催化反应类型

既然是一个气固相反应，系统中至少包括一个气相和一个固相。如果整个反应过程中始终都存在着气固两个相，则多相反应的速率机理是不难确定的。现在的问题是反应过程中固相是否会随反应的进行而发生变化。按反应物和产物的物相不同，气固相非催化反应可分为以下几种情况。

1. 固体气化反应

1) 反应通式

固体气化反应的反应通式为

$$A(g)+B(s)=\!=\!=L(g)$$

该类反应在化工生产中有广泛应用，典型工业实例有煤的燃烧和气化、金属氧化物的卤化等。

(1) 煤的燃烧。

$$C(s)+O_2(g)=\!=\!=CO_2(g)$$

(2) 煤的气化。

$$C(s)+H_2O(g)=\!=\!=CO(g)+H_2(g)$$

$$2C(s)+O_2(g)=\!=\!=2CO(g)$$

(3) 金属化合物的卤化。

$$UF_4(s)+F_2(g)=\!=\!=UF_6(g)$$

2) 固相变化情况

该类反应固体反应物 B 的变化可能有两种情况：

(1) 固体反应物 B 为纯物质(或含少量杂质的纯物质)，这时随着反应的进行，固体颗粒不断减小，最后直至固相全部消失。

(2) 固体反应物为含少量反应物 B 的不纯物质，其中除 B 外均为不参与反应的杂质，并且在反应过程中，颗粒保持其坚固的原形而不崩解或碎屑脱落下来。这样，反应过程中始终存在固态，并且在反应过程中，固体颗粒的大小与形状几乎不变。

2. *产物只有固相的反应*

1) 反应通式

产物只有固相的反应通式为

$$A(g)+B(s)=M(s)$$

典型工业实例有各类金属、低价金属的氧化，气体在固体表面上的化学吸附，以及某些特殊固相产品的制备等。

(1) 金属的氧化。

$$4Fe(s)+3O_2(g)=2Fe_2O_3(s)$$

(2) 低价氧化物的氧化。

$$3UO_2(s)+O_2(g)=U_3O_8(s)$$

2) 固相变化情况

该类反应固相变化可能有三种情况：

(1) 固体反应物为含少量反应物 B 的不纯物质，反应过程中除 B 转化为新的固体产物外，整个固体颗粒保持其坚固的原形而不崩解。

(2) 固体反应物 B 为纯物质，反应终了，B 转化为新的固体产物 M，但仍保持其坚固的形状和大小。

(3) 固体反应物 B 为纯物质，在反应过程中 B 逐渐转化为新的固体产物 M，但产物为崩解的碎屑而不断脱落下来。

3. *固体分解反应*

1) 反应通式

固体分解反应的反应通式为

$$B(s)=L(g)+M(s)$$

典型工业实例有碱、各种盐类、金属化合物的热分解等。

(1) 氢氧化铁的热分解。

$$2Fe(OH)_3(s)=Fe_2O_3(s)+3H_2O(g)$$

(2) 碳酸钙的热分解。

$$CaCO_3(s)=CaO(s)+CO_2(g)$$

(3) 铀酰盐的煅烧分解。

$$(NH_4)_2U_2O_7(s)=2UO_3(s)+H_2O(g)+2NH_3(g)$$

(4) 氧化银的热分解。

$$2Ag_2O(s)=4Ag(s)+O_2(g)$$

2) 固相变化情况

该类反应固相变化与产物只有固相的反应相同。

4. 气相的固相转化反应

1) 反应通式

气相的固相转化反应通式为

$$A(g)+C(g)=L(g)+M(s)$$

典型工业实例有超细粉末材料的制备等。

$TiCl_4$ 气相氧化生产固相 TiO_2:

$$TiCl_4(g)+O_2(g)=TiO_2(s)+2Cl_2(g)$$

2) 固相变化情况

该类反应固相变化可能有两种情况:

(1) 生成的固体产物 M 保持其坚固的原形而不崩解。

(2) 生成的固体产物 M 为崩解的碎屑而不断脱落下来。

5. 反应物和产物均有气固相的反应

1) 反应通式

反应物和产物均有气固相的反应通式为

$$A(g)+B(s)=L(g)+M(s)$$

典型工业实例有金属化合物矿石的氧化焙烧、金属氧化物催化剂的还原、化学脱硫、金属氧化物的还原和氢氟化等，其涉及的工业应用范围及技术领域更为广泛，所以是五种气固相非催化反应中最为普遍的一种反应。

(1) 硫铁矿的氧化。

$$4FeS_2(s)+11O_2(g)=8SO_2(g)+2Fe_2O_3(s)$$

(2) 二氧化铀的氢氟化。

$$UO_2(s)+4HF(g)=2H_2O(g)+UF_4(s)$$

2) 固相变化情况

该类反应固体反应物的变化包括固体气化反应和产物只有固相的反应中的各种情况。

7.1.2 气固相非催化反应的物理模型

气固相非催化反应类型很多，研究起来非常困难。如果找出这些过程的共同特征，假设出相应的反应模型，就可使问题大大简化。为此，在设想反应模型时，应该阐明以下两个问题:

第一，气固相非催化反应的速率机理，即整个反应过程包括哪几个步骤。

第二，反应物理模型即气固两相反应物是如何不断作用而完成全部反应的。

7.1.1 已阐明了第一个问题，本节拟讨论第二个问题，即气体反应物究竟是与所有的固体反应物同时起反应呢，还是开始时仅与颗粒表面层起反应，而后逐层向内深入呢？根据许多气固相非催化反应的实验观察，人们提出了许多作用模型，如整体反应模型、收缩未反应芯模型、有限厚度反应区模型、微粒模型、单孔模型和破芯模型等，现仅介绍前两种模型，并以反应 A(g)+B(s)══L(g)+M(s)为例进行讨论。

1. 整体反应模型

整体反应模型又称为连续反应模型，是指气体反应物进入整个固体颗粒内部，并同时与固体物起反应，反应连续进行直到固体颗粒全部转化，如图 7.1 所示。

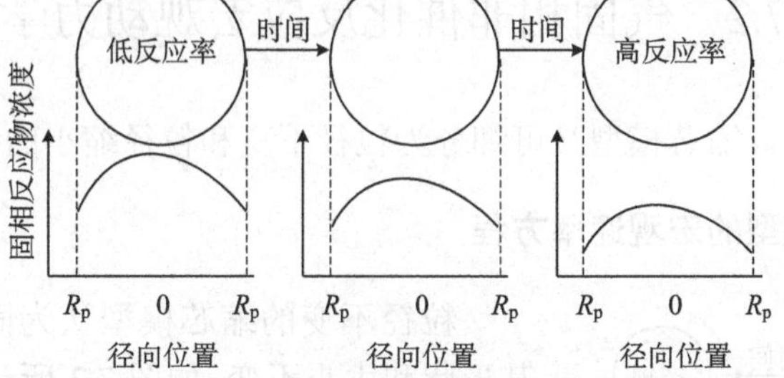

图 7.1　整体反应模型

整体反应模型固体颗粒中反应区内气体反应物的浓度梯度不是常量，变化关系为 $c_{Ag}>c_{As}>c_{Ac}>c_{Ae}$(下标含义与 4.5 相同)，即越靠近颗粒中心，浓度降低越多。而固相反应物的浓度变化关系为 c_{B0}(初始浓度)$>c_{Bc}>c_{B}$(颗粒内部浓度)$>c_{Bs}$，即经过一段时间的反应，c_{Bs} 先变为零，形成一定厚度的产物层，直至全部固相反应物转变为产物。

整体反应模型主要用于孔隙率较高的多孔颗粒，如催化剂的烧碳再生反应和一些金属氧化物的还原反应等。

2. 缩芯模型

缩芯模型是收缩未反应芯模型的简称，它认为反应仅在未反应固体与流体接触的界面上发生。随着反应的进行，此界面由表及里不断往颗粒中心处收缩，如图 7.2 所示。

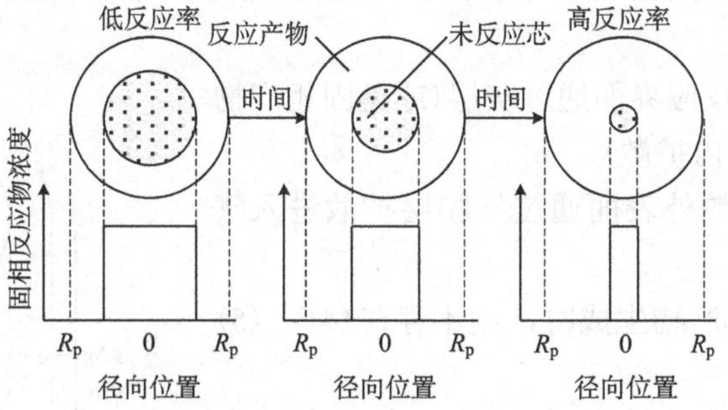

图 7.2　缩芯模型

这种作用模型只有在固体反应物颗粒致密无孔而化学反应速率又很快，流体扩散非常慢时才适用。

上述两种模型哪一种更符合真实的情况呢？实验表明，气固相非催化反应中，两种模型都存在。但在冶金生产中大量的气固相非催化反应更接近第二种模型。例如，辉钼矿的氧化焙烧、四氟化铀的氟化都属于未反应芯模型。

为什么会出现这两种情况呢？主要是由于气体透过颗粒的速度与化学反应速率的相对大小不同。对于疏松多孔、易透过的颗粒，而化学反应速率又不太快的物质，容易形成第一种模型；反之，对于坚硬致密的颗粒，化学反应速率又不太慢的物质，容易形成第二种模型，冶金生产中所处理的固体颗粒大多为紧密坚硬的物料，因而更接近第二种模型。基于这种情况，本章着重讨论缩芯模型。

7.2 气固相非催化反应宏观动力学

按粒径变化的不同，缩芯模型又可细分为粒径不变和粒径缩小的缩芯模型两类。

7.2.1 粒径不变缩芯模型的宏观速率方程

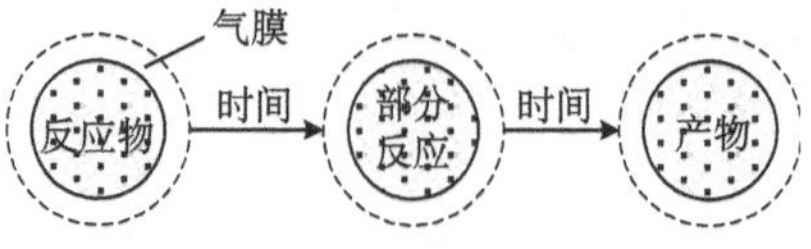

图 7.3 粒径不变的缩芯模型

粒径不变的缩芯模型认为固体颗粒在过程中保持其形状和大小不变，如图 7.3 所示。例如，辉钼矿（MoS_2）的焙烧就属于这种类型，即

$$MoS_2(s)+3.5O_2(g) \longrightarrow MoO_3(s)+2SO_2(g)$$

7.1.1 固相变化情况反应 1 中的(1)、反应 2 中的(1)和(2)及反应 4 中的(1)等都属于这类模型。

1. 反应过程

以气固相反应 $A(g)+bB(s) \longrightarrow lL(g)+mM(s)$ 为例。若反应过程中生成的固体产物滞留在颗粒表面，形成一灰层，灰层密度可能不同于固体反应物，但能维持颗粒的外径不变。整个反应过程可按下述步骤进行：

(1) 气体反应物 A 通过气膜层扩散到颗粒的外表面（外扩散）。

(2) 气体反应物 A 通过灰层扩散到未反应芯的界面（内扩散或灰层扩散）。

(3) 气体反应物 A 与固相反应物 B 在界面上反应（化学反应），生成气相产物 L 和固相产物 M。

(4) 气体产物 L 从反应界面通过灰层（或是固相产物层）扩散到颗粒外表面（内扩散）。

(5) 气体产物从颗粒外表面通过气膜层扩散进入气相主体（外扩散）。

若反应后没有气体产物生成时，则不存在(4)、(5)两步。

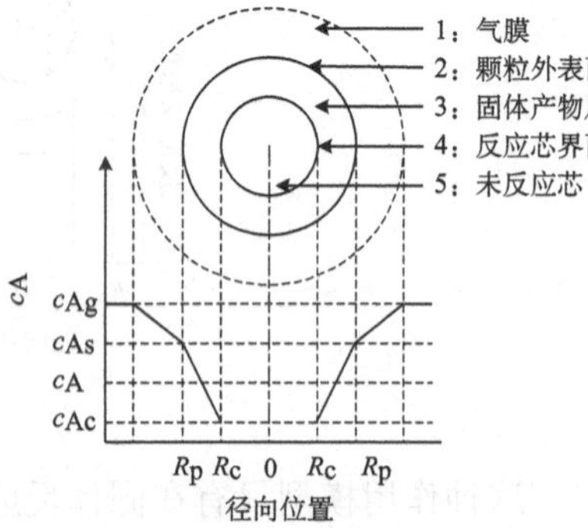

图 7.4 球形颗粒内的浓度分布

2. 浓度分布

由于扩散的影响，反应界面和气相主体间存在着反应物、产物的浓度差，其浓度变化如图 7.4 所示。若以下标 g、s、c 分别表示气相主体、颗粒外表面和未反应芯表面处的浓度，则显然有

$$c_{Ag}>c_{As}>c_{Ac} \text{ 及 } c_{Lg}<c_{Ls}<c_{Lc}$$

由于反应中存在气膜扩散、灰层扩散和表面化学反应三大步骤，因此存在过程为气膜扩散控制、灰层扩散控制和化学动力学控制三种特殊情况，其浓度分布如图 7.5 所示。

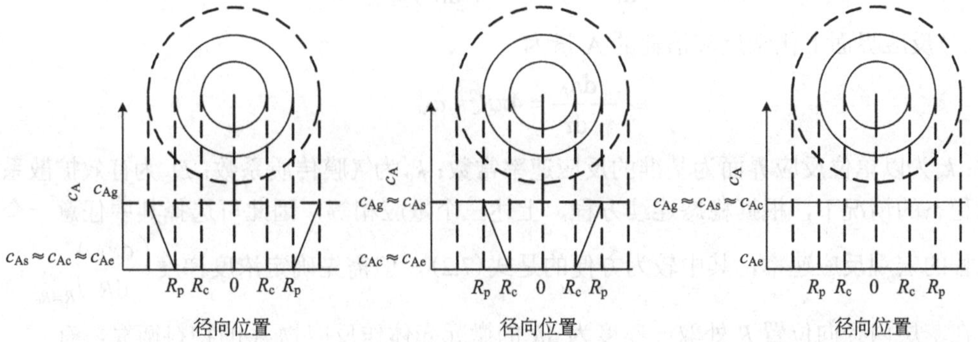

(a) 气膜扩散控制　(b) 灰层扩散控制　(c) 化学动力学控制

图 7.5　不同控制步骤下的反应物浓度分布

1) 气膜扩散控制

当气膜扩散阻力远大于其他各步阻力时，$c_{Ag}\gg c_{As}$，过程属气膜扩散控制。

对于可逆反应：　　　$c_{As}\approx c_{Ac}\approx c_{Ae}$（$c_{Ae}$ 为反应温度下的平衡浓度）

对于不可逆反应：　　　$c_{As}\approx c_{Ac}\approx 0$

2) 灰层扩散控制

此时气膜扩散阻力和化学动力学阻力都远小于灰层内的扩散阻力，$c_{Ag}\approx c_{As}\gg c_{Ac}\approx c_{Ae}$，过程属灰层扩散控制。

3) 化学动力学控制

当气流速率很高，固体产物层孔隙很大时，化学反应阻力远比其他步骤大，此时 $c_{Ag}\approx c_{As}\approx c_{Ac}\gg c_{Ae}$，过程为化学动力学控制。

3. 速率方程

由于反应过程中未反应芯半径 R_c 不断缩小，随反应时间而变化，因此严格地说，气固相非催化反应过程是非稳态的。但考虑到反应界面的移动速率远较气体反应物通过灰层的扩散速率小，相对于气体反应物 A 的反应速率而言，固相反应面的移动速率可以忽略，因此该过程仍可近似看作稳定过程，当作拟稳态处理。

1) 宏观速率方程的推导

为简单起见，以一级不可逆等温反应 $A(g)+bB(s)\longrightarrow mM(s)$ 为例，建立过程的宏观动力学模型。

假定颗粒等温，并定义单颗粒 B 上单位时间内反应物 A 的变化量为 $-\dfrac{dn_A}{d\tau}$[mol A/(h·B颗)]。由于反应后无气体产物生成，因此根据反应机理可写出前三步的速率方程。

(1) 反应物 A 通过气膜层扩散进入灰层的量为

$$-\frac{dn_A}{d\tau}=4\pi R_p^2 k_g\left(c_{Ag}-c_{As}\right) \tag{7.1}$$

(2) 反应物 A 通过灰层扩散进入反应界面上的量为

$$-\frac{\mathrm{d}n_{\mathrm{A}}}{\mathrm{d}\tau}=4\pi R_{\mathrm{c}}^{2}D_{\mathrm{e}}\left(\frac{\mathrm{d}c_{\mathrm{A}}}{\mathrm{d}R}\right)_{R=R_{\mathrm{c}}} \tag{7.2}$$

(3) 反应界面上化学反应消耗的 A 量为

$$-\frac{\mathrm{d}n_{\mathrm{A}}}{\mathrm{d}\tau}=4\pi R_{\mathrm{c}}^{2}k_{\mathrm{s}}c_{\mathrm{Ac}} \tag{7.3}$$

式中：k_{s} 为以单位反应界面为基准的反应速率常数；k_{g} 为气膜传质系数；D_{e} 为有效扩散系数。在拟稳态的情况下，根据稳态连续方程，上述三个量应相等，因此可选择其中任意一个量表示过程的宏观反应速率，其中较为方便的是式(7.2)，但需先确定浓度梯度 $\left(\frac{\mathrm{d}c_{\mathrm{A}}}{\mathrm{d}R}\right)_{R=R_{\mathrm{c}}}$。

在灰层内径向位置 R 处取一厚度为 $\mathrm{d}R$ 的微元壳体作反应物 A 的物料衡算，有

扩散进入微元壳体的 A 量＝扩散离开微元壳体的 A 量

即

$$4\pi(R+\mathrm{d}R)^{2}D_{\mathrm{e}}\left(\frac{\mathrm{d}c_{\mathrm{A}}}{\mathrm{d}R}\right)_{R+\mathrm{d}R}=4\pi R^{2}D_{\mathrm{e}}\left(\frac{\mathrm{d}c_{\mathrm{A}}}{\mathrm{d}R}\right)_{R} \tag{7.4}$$

展开并忽略 $(\mathrm{d}R)^2$ 项后整理为

$$\frac{\mathrm{d}}{\mathrm{d}R}\left(R^{2}\frac{\mathrm{d}c_{\mathrm{A}}}{\mathrm{d}R}\right)=0 \tag{7.5}$$

边界条件：① $R=R_{\mathrm{p}}$，$c_{\mathrm{A}}=c_{\mathrm{As}}$；② $R=R_{\mathrm{c}}$，$c_{\mathrm{A}}=c_{\mathrm{Ac}}$。

对式(7.5)积分两次，并代入边界条件后得

$$c_{\mathrm{A}}-c_{\mathrm{Ac}}=(c_{\mathrm{As}}-c_{\mathrm{Ac}})\frac{1-\dfrac{R_{\mathrm{c}}}{R}}{1-\dfrac{R_{\mathrm{c}}}{R_{\mathrm{p}}}} \tag{7.6}$$

对式(7.6)求导并取 $R=R_{\mathrm{c}}$ 得

$$\left(\frac{\mathrm{d}c_{\mathrm{A}}}{\mathrm{d}R}\right)_{R=R_{\mathrm{c}}}=\frac{c_{\mathrm{As}}-c_{\mathrm{Ac}}}{R_{\mathrm{c}}\left(1-\dfrac{R_{\mathrm{c}}}{R_{\mathrm{p}}}\right)} \tag{7.7}$$

式中，c_{As} 和 c_{Ac} 都是不可测变量，应转换成可测变量的函数，以便于应用。为此联立求解表示相等量的三个方程式(7.1)～式(7.3)，消去 c_{As}，则可将 c_{Ac} 表示成气相主体浓度 c_{Ag} 的函数，即

$$c_{\mathrm{Ac}}=\frac{c_{\mathrm{Ag}}}{1+\dfrac{k_{\mathrm{s}}}{k_{\mathrm{g}}}\left(\dfrac{R_{\mathrm{c}}}{R_{\mathrm{p}}}\right)^{2}+\dfrac{k_{\mathrm{s}}R_{\mathrm{c}}}{D_{\mathrm{e}}}\left(1-\dfrac{R_{\mathrm{c}}}{R_{\mathrm{p}}}\right)} \tag{7.8}$$

将式(7.8)代入式(7.3)，即可得到单颗粒上的反应速率式为

$$-\frac{\mathrm{d}n_{\mathrm{A}}}{\mathrm{d}\tau}=\frac{4\pi R_{\mathrm{c}}^{2}k_{\mathrm{s}}c_{\mathrm{Ag}}}{1+\dfrac{k_{\mathrm{s}}}{k_{\mathrm{g}}}\left(\dfrac{R_{\mathrm{c}}}{R_{\mathrm{p}}}\right)^{2}+\dfrac{k_{\mathrm{s}}R_{\mathrm{c}}}{D_{\mathrm{e}}}\left(1-\dfrac{R_{\mathrm{c}}}{R_{\mathrm{p}}}\right)} \tag{7.9}$$

由于式中的未反应芯半径 R_c 随时间而变，不便使用，也应转换成时间的函数。

由化学计量式知：

$$-\frac{dn_A}{d\tau}=-\frac{1}{b}\frac{dn_B}{d\tau}$$

而

$$\frac{dn_B}{d\tau}=\frac{d}{d\tau}\left(\frac{4}{3}\pi R_c^3\frac{\rho_B}{M_B}\right)=\frac{4\pi R_c^2\rho_B}{M_B}\frac{dR_c}{d\tau} \tag{7.10}$$

所以

$$-\frac{dn_A}{d\tau}=-\frac{4\pi R_c^2\rho_B}{bM_B}\frac{dR_c}{d\tau} \tag{7.11}$$

将式(7.11)代入式(7.9)，整理得

$$-\frac{dR_c}{d\tau}=\frac{bM_Bk_sc_{Ag}/\rho_B}{1+\frac{k_s}{k_g}\left(\frac{R_c}{R_p}\right)^2+\frac{k_sR_c}{D_e}\left(1-\frac{R_c}{R_p}\right)} \tag{7.12}$$

式(7.12)为以未反应芯半径收缩速率表示的单颗粒上的宏观速率方程，其初始条件为：$\tau=0$ 时，$R=R_p$。

将式(7.12)两边同除 R_p，并移项整理得

$$d\tau=\left\{-\left[1+\frac{k_s}{k_g}\left(\frac{R_c}{R_p}\right)^2+\frac{k_sR_c}{D_e}\left(1-\frac{R_c}{R_p}\right)\right]\frac{dR_c}{R_p}\right\}\frac{\rho_BR_p}{bM_Bk_sc_{Ag}}$$

积分上式，代入初始条件，整理得

$$\tau=\left\{\frac{1}{k_s}\left(1-\frac{R_c}{R_p}\right)+\frac{1}{3k_g}\left[1-\left(\frac{R_c}{R_p}\right)^3\right]+\frac{R_p}{6D_e}\left[1-3\left(\frac{R_c}{R_p}\right)^2+2\left(\frac{R_c}{R_p}\right)^3\right]\right\}\frac{\rho_BR_p}{bM_Bc_{Ag}} \tag{7.13}$$

式(7.13)为球形颗粒上温度及气相主体反应物浓度恒定时一级不可逆反应的反应时间计算式，它可直接用于反应器的设计计算。

当颗粒完全反应时，$R_c=0$，则由式(7.13)得完全反应时间为

$$\tau_f=\left(\frac{1}{k_s}+\frac{1}{3k_g}+\frac{R_p}{6D_e}\right)\frac{\rho_BR_p}{bM_Bc_{Ag}} \tag{7.14}$$

速率方程还可用固体反应物 B 的转化率 X_B 表示。定义

$$X_B=\frac{\text{初始B量}-\text{反应至}t\text{时量}}{\text{初始B量}}$$

对单颗球形颗粒：

$$X_B=\frac{\frac{4}{3}\pi R_p^3\rho_B-\frac{4}{3}\pi R_c^3\rho_B}{\frac{4}{3}\pi R_p^3\rho_B}=1-\left(\frac{R_c}{R_p}\right)^3 \tag{7.15}$$

或

$$\frac{R_c}{R_p}=(1-X_B)^{\frac{1}{3}} \tag{7.16}$$

求导得

$$\frac{dX_B}{d\tau} = -\frac{3}{R_p}(1-X_B)^{\frac{2}{3}}\frac{dR_c}{d\tau} \tag{7.17}$$

或

$$-\frac{dR_c}{d\tau} = \frac{R_p}{3}(1-X_B)^{-\frac{2}{3}}\frac{dX_B}{d\tau} \tag{7.18}$$

代入式(7.13)，有

$$\tau = \left\{\frac{1}{k_s}[1-(1-X_B)^{\frac{1}{3}}] + \frac{1}{3k_g}X_B + \frac{R_p}{6D_e}[1-3(1-X_B)^{\frac{2}{3}} + 2(1-X_B)]\right\}\frac{\rho_B R_p}{bM_B c_{Ag}} \tag{7.19}$$

完全反应时，$X_B=1$，得完全反应时间为

$$\tau_f = \left(\frac{1}{k_s} + \frac{1}{3k_g} + \frac{R_p}{6D_e}\right)\frac{\rho_B R_p}{bM_B c_{Ag}} \tag{7.20}$$

式(7.20)与式(7.14)相同。

2)宏观速率方程的简化

(1)气膜扩散控制。由于外扩散控制时 $k_g \ll k_s$，$k_g \ll D_e$，式(7.13)和式(7.19)右边括号中的第一和第三项可忽略，即

$$\tau = \frac{\rho_B R_p}{3bM_B k_g c_{Ag}}\left[1-\left(\frac{R_c}{R_p}\right)^3\right] = \frac{\rho_B R_p}{3bM_B k_g c_{Ag}}X_B \tag{7.21}$$

当颗粒完全反应时，$R_c=0$，$X_B=1$，则完全反应时间为

$$\tau_f = \frac{\rho_B R_p}{3bM_B k_g c_{Ag}} \tag{7.22}$$

反应时间分数：

$$\frac{\tau}{\tau_f} = 1-\left(\frac{R_c}{R_p}\right)^3 = X_B \tag{7.23}$$

(2)灰层扩散控制。此时气膜扩散阻力和化学动力学阻力都远小于灰层内的扩散阻力，$D_e \ll k_g$，$D_e \ll k_s$，式(7.13)和式(7.19)右边的第一和第二项可忽略，即

$$\tau = \frac{\rho_B R_p^2}{6D_e bM_B c_{Ag}}\left[1-3\left(\frac{R_c}{R_p}\right)^2 + 2\left(\frac{R_c}{R_p}\right)^3\right] = \frac{\rho_B R_p^2}{6D_e bM_B c_{Ag}}[1-3(1-X_B)^{\frac{2}{3}} + 2(1-X_B)] \tag{7.24}$$

当颗粒完全反应时，$R_c=0$，$X_B=1$，则完全反应时间为

$$\tau_f = \frac{\rho_B R_p^2}{6D_e bM_B c_{Ag}} \tag{7.25}$$

反应时间分数：

$$\frac{\tau}{\tau_f} = 1-3\left(\frac{R_c}{R_p}\right)^2 + 2\left(\frac{R_c}{R_p}\right)^3 = 1-3(1-X_B)^{\frac{2}{3}} + 2(1-X_B) \tag{7.26}$$

(3)化学动力学控制。当气流速率很高，固体产物层孔隙很大时，化学反应阻力远比其

他步骤大，此时，$k_s \ll k_g$，$k_s \ll D_e$，式(7.13)和式(7.19)右边的第二和第三项可忽略，即

$$\tau = \frac{\rho_B R_p}{bM_B k_s c_{Ag}}\left(1-\frac{R_c}{R_p}\right) = \frac{\rho_B R_p}{bM_B k_s c_{Ag}}[1-(1-X_B)^{\frac{1}{3}}] \tag{7.27}$$

当颗粒完全反应时，$R_c=0$，$X_B=1$，则完全反应时间为

$$\tau_f = \frac{\rho_B R_p}{bM_B k_s c_{Ag}} \tag{7.28}$$

反应时间分数：

$$\frac{\tau}{\tau_f} = 1-\frac{R_c}{R_p} = 1-(1-X_B)^{\frac{1}{3}} \tag{7.29}$$

由式(7.21)、式(7.24)及式(7.27)可知，为了强化实际反应过程，缩短反应时间，对气膜扩散控制，有效措施是提高 k_g 和提高反应物 A 的浓度 c_{Ag}。具体方法是增大气体与颗粒的相对速度。对灰层扩散控制过程，由于有效扩散系数 D_e 受物质性质和灰层孔结构而定，因此强化生产的有效措施是减小颗粒的半径 R_p。对化学动力学控制过程，增大表面反应速率常数 k_s 即提高温度是强化生产的主要手段，当然，提高气体中反应组分 A 的浓度，对加快反应速率也是有利的。

7.2.2　粒径缩小缩芯模型的宏观速率方程

粒径缩小的缩芯模型认为固体颗粒在过程中不断变小，直至消失，如图 7.6 所示。例如，TiO_2 的氯化属于这种类型，即

$$TiO_2(s)+2Cl_2(g) \longrightarrow TiCl_4(s)+O_2(g)$$

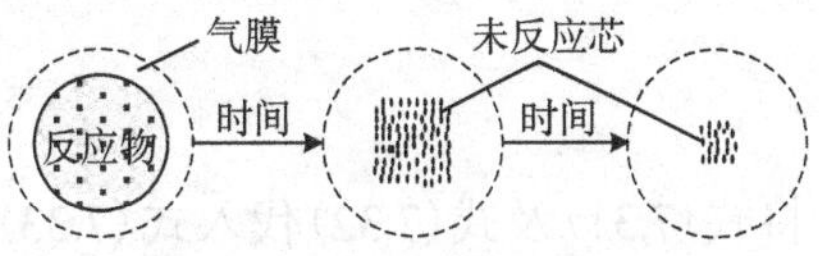

图 7.6　粒径缩小的缩芯模型

7.1.1 固相变化情况反应 1 中的(2)、反应 2 中的(3)及反应 4 中的(2)等都属于这类模型。

1. 反应过程

以气固相非催化反应 $A(g)+bB(s) \longrightarrow lL(g)+mM(s)$ 为例。随着反应的进行，固体反应物颗粒将不断缩小，最后全部消失，这时由于没有灰层，过程中将不存在灰层中的内扩散过程。整个反应过程可按下述步骤进行：

(1)气体反应物 A 通过气膜层扩散到颗粒的外表面(外扩散)。

(2)气体反应物 A 与固相反应物 B 在界面上反应(化学反应)，生成气相产物 L 和固相产物 M。

(3)气体产物从颗粒外表面通过气膜层扩散进入气相主体(外扩散)。

若反应后没有气体产物生成，则不存在第(3)步。

2. 浓度分布

由于反应中只存在气膜扩散和表面化学反应两大步骤，其浓度分布如图 7.5(a)和(c)所示，浓度关系与 7.2.1 中 2 的 1)和 3)相同。

3. 速率方程

1) 宏观速率方程的推导

由于反应中无固相产物层存在，只需考虑气膜扩散和表面化学反应两大步骤，即可建立过程的宏观动力学模型。

(1) 在 τ 时刻，气体反应物 A 通过气膜层扩散颗粒表面上的速率为

$$-\frac{\mathrm{d}n_{\mathrm{A}}}{\mathrm{d}\tau}=4\pi R_{\mathrm{c}}^{2}k_{\mathrm{g}}(c_{\mathrm{Ag}}-c_{\mathrm{As}}) \tag{7.30}$$

(2) 气体反应物 A 在颗粒表面上的反应速率为

$$-\frac{\mathrm{d}n_{\mathrm{A}}}{\mathrm{d}\tau}=4\pi R_{\mathrm{c}}^{2}k_{\mathrm{s}}c_{\mathrm{As}} \tag{7.31}$$

拟稳态下，上两步应相等，由式(7.30)及式(7.31)可得

$$c_{\mathrm{As}}=\frac{k_{\mathrm{g}}}{k_{\mathrm{g}}+k_{\mathrm{s}}}c_{\mathrm{Ag}} \tag{7.32}$$

由化学计量式知：

$$-\frac{\mathrm{d}n_{\mathrm{A}}}{\mathrm{d}\tau}=-\frac{1}{b}\frac{\mathrm{d}n_{\mathrm{B}}}{\mathrm{d}\tau},\quad \frac{\mathrm{d}n_{\mathrm{B}}}{\mathrm{d}\tau}=\frac{\mathrm{d}}{\mathrm{d}\tau}\left(\frac{4}{3}\pi R_{\mathrm{c}}^{3}\frac{\rho_{\mathrm{B}}}{M_{\mathrm{B}}}\right)=\frac{4\pi R_{\mathrm{c}}^{2}\rho_{\mathrm{B}}}{M_{\mathrm{B}}}\frac{\mathrm{d}R_{\mathrm{c}}}{\mathrm{d}\tau}$$

因此

$$-\frac{\mathrm{d}n_{\mathrm{A}}}{\mathrm{d}\tau}=-\frac{4\pi R_{\mathrm{c}}^{2}\rho_{\mathrm{B}}}{bM_{\mathrm{B}}}\frac{\mathrm{d}R_{\mathrm{c}}}{\mathrm{d}\tau} \tag{7.33}$$

将式(7.31)及式(7.32)代入式(7.33)得

$$-\frac{\mathrm{d}R_{\mathrm{c}}}{\mathrm{d}\tau}=\frac{bM_{\mathrm{B}}}{\rho_{\mathrm{B}}}\left(\frac{k_{\mathrm{s}}k_{\mathrm{g}}}{k_{\mathrm{g}}+k_{\mathrm{s}}}\right)c_{\mathrm{Ag}}=\frac{bM_{\mathrm{B}}}{\rho_{\mathrm{B}}}\left(\frac{1}{\frac{1}{k_{\mathrm{g}}}+\frac{1}{k_{\mathrm{s}}}}\right)c_{\mathrm{Ag}} \tag{7.34}$$

式(7.34)为颗粒缩小时缩芯模型速率方程的通用式。

初始条件为 $\tau=0$ 时，$R_{\mathrm{c}}=R_{\mathrm{p}}$。通过积分即可得出颗粒缩小至 R_{c} 时所需的反应时间。

$$\tau=-\frac{\rho_{\mathrm{B}}}{bM_{\mathrm{B}}c_{\mathrm{Ag}}}\int_{R_{\mathrm{p}}}^{R_{\mathrm{c}}}\left(\frac{1}{k_{\mathrm{s}}}+\frac{1}{k_{\mathrm{g}}}\right)\mathrm{d}R_{\mathrm{c}} \tag{7.35}$$

等温下 k_{s} 为常数，但 k_{g} 随 R_{c} 的不断缩小而变化。

球形颗粒外的气膜传质系数计算式为

$$\frac{k_{\mathrm{g}}d_{\mathrm{p}}y_{i}}{D_{\mathrm{A}}}=2.0+0.6\left(\frac{\mu}{\rho_{\mathrm{g}}D_{\mathrm{A}}}\right)^{\frac{1}{3}}\left(\frac{d_{\mathrm{p}}u\rho_{\mathrm{g}}}{\mu}\right)^{\frac{1}{2}} \tag{7.36}$$

对滞流区小颗粒：

$$\frac{k_{\mathrm{g}}d_{\mathrm{p}}y_{i}}{D_{\mathrm{A}}}\approx 2.0$$

所以

$$k_g = \frac{D_A}{y_i R_c} \tag{7.37}$$

对湍流区大颗粒：

$$\frac{k_g d_p y_i}{D_A} \approx 0.6\left(\frac{\mu}{\rho_g D_A}\right)^{\frac{1}{3}}\left(\frac{d_p u \rho_g}{\mu}\right)^{\frac{1}{2}}$$

所以

$$\begin{aligned} k_g &= 0.6\left(\frac{\mu}{\rho_g D_A}\right)^{\frac{1}{3}}\left(\frac{d_p u \rho_g}{\mu}\right)^{\frac{1}{2}}\left(\frac{D_A}{d_p y_i}\right) = 0.6\mu^{-\frac{1}{6}}\rho^{\frac{1}{6}}u^{\frac{1}{2}}D_A^{\frac{2}{3}}y_i^{-1}\left(\frac{1}{2R_c}\right)^{\frac{1}{2}} \\ &= 0.6\times 0.5^{\frac{1}{2}}\mu^{-\frac{1}{6}}\rho^{\frac{1}{6}}u^{\frac{1}{2}}D_A^{\frac{2}{3}}y_i^{-1}\left(\frac{1}{R_c}\right)^{\frac{1}{2}} = K\left(\frac{1}{R_c}\right)^{\frac{1}{2}} \end{aligned} \tag{7.38}$$

令
$$K = 0.6\times 0.5^{\frac{1}{2}}\mu^{-\frac{1}{6}}\rho^{\frac{1}{6}}u^{\frac{1}{2}}D_A^{\frac{2}{3}}y_i^{-1}$$

式中：D_A 为气体组分 A 的扩散系数；y_i 为惰性组分在扩散膜两侧的平均摩尔分数；ρ_g 为气体的密度；μ 为气体的黏度。

将式(7.37)、式(7.38)分别代入式(7.35)，积分得

对滞流区小颗粒：

$$\begin{aligned} \tau &= \frac{\rho_B R_p}{b M_B c_{Ag}}\left\{\frac{1}{k_s}\left(1-\frac{R_c}{R_p}\right)+\frac{y_i R_p}{2D_A}\left[1-\left(\frac{R_c}{R_p}\right)^2\right]\right\} \\ &= \frac{\rho_B R_p}{b M_B c_{Ag}}\left\{\frac{1}{k_s}[1-(1-X_B)^{\frac{1}{3}}]+\frac{y_i R_p}{2D_A}[1-(1-X_B)^{\frac{2}{3}}]\right\} \end{aligned} \tag{7.39}$$

对湍流区大颗粒：

$$\begin{aligned} \tau &= \frac{\rho_B R_p}{b M_B c_{Ag}}\left\{\frac{1}{k_s}\left(1-\frac{R_c}{R_p}\right)+\frac{R_p^{\frac{1}{2}}}{K}\left[1-\left(\frac{R_c}{R_p}\right)^{\frac{2}{3}}\right]\right\} \\ &= \frac{\rho_B R_p}{b M_B c_{Ag}}\left\{\frac{1}{k_s}[1-(1-X_B)^{\frac{1}{3}}]+\frac{R_p^{\frac{1}{2}}}{K}[1-(1-X_B)^{\frac{1}{2}}]\right\} \end{aligned} \tag{7.40}$$

2) 宏观速率方程的简化

在工业生产中，由于颗粒直径一般较小，流速也不太大，因此对于滞流区小颗粒情况下的处理有较大的实践意义。

(1) 气膜扩散控制。此时反应速率常数 k_s 极大。

① 滞流区小颗粒。对于滞流区小颗粒，式(7.39)的第一项可忽略，即

$$\tau = \frac{\rho_B y_i R_p^2}{2D_A b M_B c_{Ag}}\left[1-\left(\frac{R_c}{R_p}\right)^2\right] = \frac{\rho_B y_i R_p^2}{2D_A b M_B c_{Ag}}[1-(1-X_B)^{\frac{2}{3}}] \tag{7.41}$$

当颗粒完全反应时，$R_c=0$，$X_B=1$，则完全反应时间为

$$\tau_f = \frac{\rho_B y_i R_p^2}{2D_A b M_B c_{Ag}} \tag{7.42}$$

反应时间分数：

$$\frac{\tau}{\tau_f}=1-\left(\frac{R_c}{R_p}\right)^2=1-(1-X_B)^{\frac{2}{3}} \tag{7.43}$$

② 湍流区大颗粒。对于湍流区大颗粒，式(7.40)中的第一项可忽略，即

$$\tau=\frac{\rho_B R_p^{\frac{3}{2}}}{KbM_Bc_{Ag}}\left[1-\left(\frac{R_c}{R_p}\right)^{\frac{3}{2}}\right]=\frac{\rho_B R_p^{\frac{3}{2}}}{KbM_Bc_{Ag}}[1-(1-X_B)^{\frac{1}{2}}] \tag{7.44}$$

当颗粒完全反应时，$R_c=0$，$X_B=1$，则完全反应时间为

$$\tau_f=\frac{\rho_B R_p^{\frac{3}{2}}}{KbM_Bc_{Ag}} \tag{7.45}$$

反应时间分数：

$$\frac{\tau}{\tau_f}=1-\left(\frac{R_c}{R_p}\right)^{\frac{3}{2}}=1-(1-X_B)^{\frac{1}{2}} \tag{7.46}$$

(2)化学动力学控制。此时反应速率常数 k_s 极小，而分子扩散系数 D_A 极大，式(7.39)和式(7.40)中的第二项可忽略。由于这时反应速率仅与温度有关，不受粒径大小和流速的影响，所以其反应时间均为

$$\tau=\frac{\rho_B R_p}{k_s bM_Bc_{Ag}}\left(1-\frac{R_c}{R_p}\right)=\frac{\rho_B R_p}{k_s bM_Bc_{Ag}}[1-(1-X_B)^{\frac{1}{3}}] \tag{7.47}$$

当颗粒完全反应时，$R_c=0$，$X_B=1$，则完全反应时间为

$$\tau_f=\frac{\rho_B R_p}{k_s bM_Bc_{Ag}} \tag{7.48}$$

反应时间分数：

$$\frac{\tau}{\tau_f}=1-\frac{R_c}{R_p}=1-(1-X_B)^{\frac{1}{3}} \tag{7.49}$$

从反应时间的计算式可以看出，强化生产的措施基本上与颗粒大小不变时相似。

上述模型也适用于液固相非催化反应，使用时将气膜换成液膜。

7.2.3　速率控制步骤的判别

为了正确地选用计算公式和采取强化生产的有效措施，必须首先判断过程属于何种步骤控制。

1. 用操作条件判别

根据某个操作条件对不同控制步骤时的速率有不同的影响，可以分别改变某个操作条件来观察反应速率的变化，综合速率变化的情况就能判别出控制步骤。

1) 温度

基于操作温度对化学反应速率的影响远比扩散过程为大，如果在一系列温度条件下测定反应速率，发现反应速率随温度而急剧变化，过程很可能属化学反应控制。如属扩散控制，还可进一步做改变气流速率的实验，以进一步判别是气膜扩散控制还是灰层扩散控制。

实际反应速率与温度的关系如图 7.7 所示。由图可见，低温区过程属化学动力学控制，中温区过程接近于固相产物层扩散控制，高温区过程接近于气膜扩散控制。

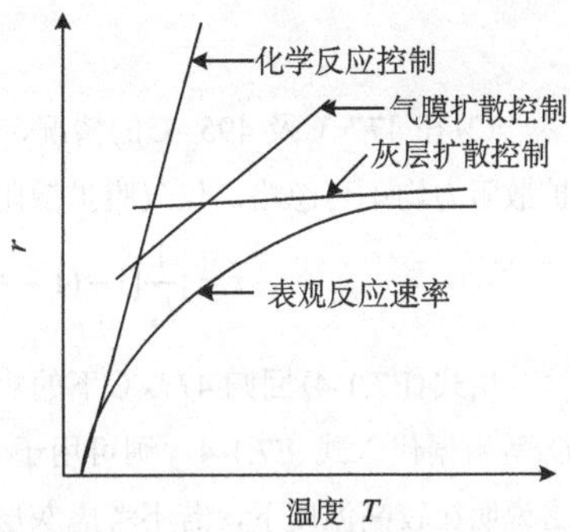

图 7.7　温度对反应速率的影响

【例 7.1】 用 H_2 还原 FeS_2，其反应式为 $2H_2(g)+FeS_2(s) \longrightarrow Fe(s)+2H_2S(g)$。若反应器中气相 H_2 浓度基本不变，氢气在常压下以高速通过 FeS_2 颗粒床层，测得的实验结果表明反应对 H_2 是一级不可逆反应，在 450 ℃、477 ℃及 495 ℃下测得的 FeS_2 的转化率与反应时间的关系如图 E7.1-1 所示，并得到活化能数据为 30000 cal/mol。试确定收缩未反应芯模型与此数据是否吻合，并计算反应速率常数 k_s 与有效扩散系数 D_e。假设颗粒为球形，平均半径为 0.035 mm，又知 FeS_2 的密度为 5.0 g/cm^3。

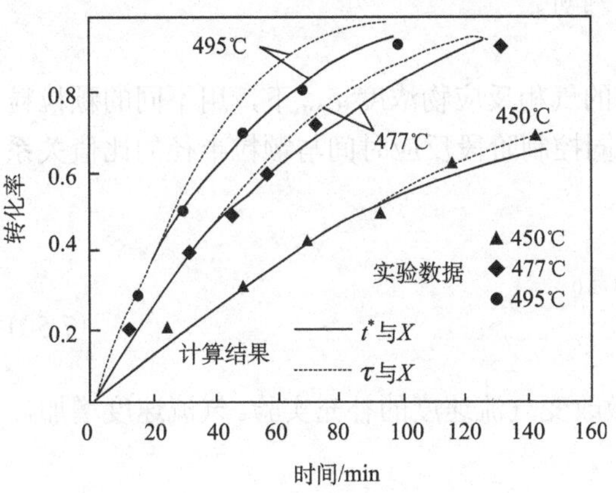

图 E7.1-1　FeS_2 加氢的转化率与时间关系

【解】 由于气速高，气膜扩散阻力可以忽略不计。又由于反应有固体产物生成，因此可采用颗粒大小不变时的缩芯模型进行分析，反应速率方程中仅需考虑灰层扩散阻力和化学动力学阻力。

(1) 先分析 450 ℃下的情况，此时由于温度低，化学反应速率较慢，可假定过程属化学动力学控制，利用式(7.27)关联实验数据，即

$$\tau = \frac{\rho_B R_p}{b M_B k_s c_{Ag}}[1-(1-X_B)^{\frac{1}{3}}] \tag{E7.1-1}$$

而式中 c_{Ag} 可按理想气体状态方程计算：

$$c_{Ag} = \frac{p_{H_2}}{RT} = \frac{1}{82.06(273+450)} = 1.687\times10^{-5}(\text{mol}/\text{cm}^3)$$

将 c_{Ag} 及已知数据代入式(E7.1-1)得

$$\tau = \frac{5.0\times0.0035}{1\times120\times1.687\times10^{-5}k_s}[1-(1-X_B)^{\frac{1}{3}}] = \frac{8.644}{k_s}[1-(1-X_B)^{\frac{1}{3}}] \tag{E7.1-2}$$

现根据图 E7.1-1 中的数据计算 k_s，发现 k_s=0.019 cm/min 或 3.2×10^{-4} cm/s 时所得的曲线与数据吻合得最好，此即图中 450 ℃时的虚线。

由阿伦尼乌斯公式可求得其指前因子 k_{s0} 为

$$k_{s0} = 3.2\times10^{-4}\exp\left(\frac{30000}{1.987\times723}\right) = 3.753\times10^5(\text{cm}/\text{s})$$

因此，任意温度下的反应速率常数为

$$k_s = 3.753\times10^5\exp\left(-\frac{30000}{1.987T}\right) \tag{E7.1-3}$$

(2) 在 477 ℃及 495 ℃的情况，由于温度相应较高，反应速率相应增大，此时化学动力学阻力与灰层内扩散阻力均不可忽略，仅气膜扩散阻力可以忽略不计，因此由式(7.19)可得

$$\tau = \left\{\frac{1}{k_s}[1-(1-X_B)^{\frac{1}{3}}+\frac{R_p}{6D_e}[1-3(1-X_B)^{\frac{2}{3}}+2(1-X_B)]\right\}\frac{\rho_B R_p}{bM_B c_{Ag}} \tag{E7.1-4}$$

用式(E7.1-4)回归 477 ℃下的实验数据，得到 $D_e=3.6\times10^{-5}\ cm^2/s$。若假定 D_e 不随温度而变，则将 k_s、D_e 等数据代入式(E7.1-4)，则可用于 495 ℃下正确曲线值的计算，其结果表明所得结果与实测数据相差不大。这说明在较高温度下，若不考虑灰层内扩散的阻力将会造成较大的误差。

2) 气流速度

气流速度对气膜扩散速率有直接的影响，却与灰层扩散以及化学反应速率无关。因此，在气流速度改变时，未观察到反应速率变化，则可判别不属气膜扩散控制。

若为液固相非催化反应，则用搅拌速率进行判断。

3) 颗粒粒度

根据颗粒半径与反应时间的关系判断在相同的气相反应物浓度 c_{Ag} 下，用不同的颗粒粒度做实验，当达到相同的固相转化率 X_B 时，不同控制阶段反应时间与颗粒半径的比值关系如下。

(1) 气膜扩散控制。

$$\frac{\tau_2}{\tau_1} = \left(\frac{R_{p2}}{R_{p1}}\right)^{1.5\sim2.0} \tag{7.50}$$

湍流时指数取 1.5，层流时指数取 2（此时再做改变气流速度的补充实验。气流速度增加，反应速率增大，则过程为气膜扩散控制）。

(2) 灰层内扩散控制。

$$\frac{\tau_2}{\tau_1} = \left(\frac{R_{p2}}{R_{p1}}\right)^{2.0} \tag{7.51}$$

(3) 化学动力学控制。

$$\frac{\tau_2}{\tau_1} = \frac{R_{p2}}{R_{p1}} \tag{7.52}$$

也可用来判别控制步骤。上述公式都可由完全反应时间公式直接导出，仅其中气膜控制判别式是考虑 $k_g \propto \left(\frac{1}{R_p}\sim\frac{1}{R_p^{0.5}}\right)$ 而得出的。

通过上述这些实验就可以综合分析反应的控制步骤。

2. 用公式判别

根据前面导出的各种反应时间与未反应颗粒半径 R_c，以及反应时间与转化率等公式，与实验结果相比较，从而判别控制步骤。

由气膜扩散控制、灰层扩散控制、化学动力学控制反应时间分数的式(7.23)、式(7.26)、式(7.29)，分别对 R_c/R_p 和 $1-X_B$ 作图，得图 7.8 和图 7.9。

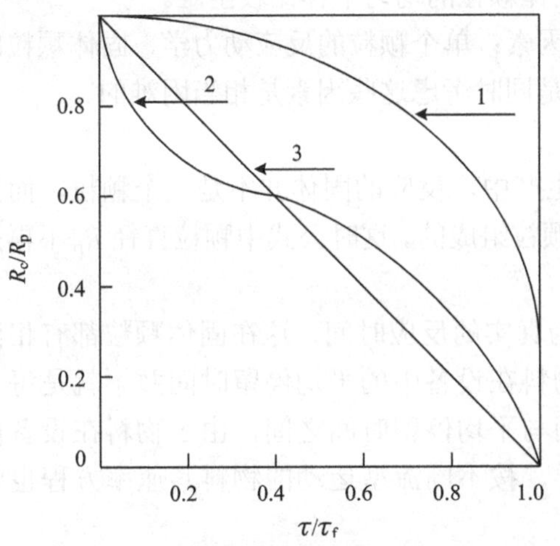

图 7.8　不同控制步骤时 τ/τ_f 与 R_c/R_p 的关系

1. 气膜扩散控制；2. 灰层扩散控制；3. 化学动力学控制

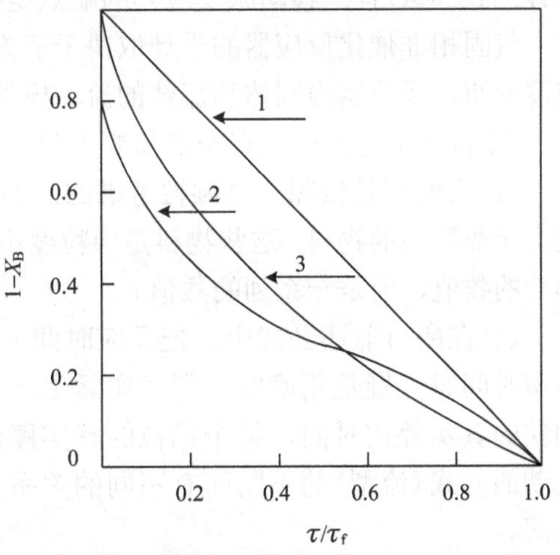

图 7.9　不同控制步骤时 τ/τ_f 与 $1-X_B$ 的关系

1. 气膜扩散控制；2. 灰层扩散控制；3. 化学动力学控制

如果实验结果与某个控制步骤标绘相同或近似，则属该步骤控制。

如果实验结果并未发现明显的控制步骤，则大多属于各阻力同时存在的情况。

在判别控制步骤时常因过程的特点而可大大简化。例如，生成坚硬难透灰层时大多属于灰层控制。又如，过程中无灰层生成，颗粒不断减小，则不考虑灰层控制步骤。

7.3　气固相非催化反应器的设计

气固相非催化反应使用的反应器主要有固定床、流化床和移动床等。

气固相固定床非催化反应器结构与 5.2 的气固相固定床催化反应器类似，所不同的是装填的固体为反应物，如煤的气化炉、气体净化的氧化锌脱硫床。

气固相流化床非催化反应器结构与 6.1 的气固相流化床催化反应器类似，所不同的是床内的固体颗粒为反应物。温克勒粉煤气化炉就是第一个工业流化床气固相非催化反应器。20 世纪 50 年代，有色金属冶炼厂广泛采用流态化焙烧技术焙烧矿石，所用焙烧炉为流化床(或称沸腾炉)。在 6.1.3 中介绍的双器流化床，其中的再生器用于结炭失活催化剂与空气进行放热燃烧反应，也可用于 7.1.1 中的气固相非催化反应。

在反应器顶部连续加入颗粒状或块状固体反应物，随着反应的进行，固体物料逐渐下移，最后自底部连续卸出。气体则自下而上(或自上而下)通过固体床层，以进行反应。虽然固体颗粒之间基本上没有相对运动，但有固体颗粒层的下移运动，所以称为移动床，也可将其看成是一种移动的固定床反应器。若固体为催化剂，则为移动床气固催化反应器，如石油催化裂化发展初期，曾采用移动床反应器。钢铁工业和城市煤气工业发展之初，移动床反应器就曾被用于煤的气化。1934 年研制成功的移动床加压气化炉(鲁奇炉)，至今仍是我国绝大多数中小型合成氨装置所用的气化炉。移动床反应器的主要优点是固体和流体的停留时间可以在较大范围内改变，返混较小(与固定床反应器相近)，所以移动床、固定床及流化床反应器分别适用于固体物料性状以中等速度变化(以小时计)、慢速变化(以月计)和快速变化(以分、秒计)的反应过程。移动床反应器的缺点是控制固体颗粒的均匀下移比较困难。

气固相非催化反应器的设计取决于三方面的因素：单个颗粒的反应动力学、固体颗粒的粒度分布、反应器内固体和流体的流动模型，但是同时考虑这些因素是相当困难的。

7.2 推导的速率公式有两点需要说明：

(1) 它们都是按照一个颗粒考虑的，但实际生产中，反应的固体并不是一个颗粒，而是包含无数颗粒的物料，这些物料是由粒度不同的颗粒组成的。这时公式中颗粒直径 R_p 不再是单一的数值，而是一系列的数值。

(2) 在所有前述公式中，把反应时间 τ 都作为真实的反应时间，这在固体颗粒都有相同停留时间时无疑是正确的，但在实际生产中，物料在设备中的平均停留时间并不就是每个颗粒的真实停留时间，每个颗粒的真实停留时间与平均停留时间之间，由于物料在设备内运动的方式(流型)的不同而有不同的关系。这样，按不同流型运动的物料其速率方程也将不同。

确定气固相非催化反应器的主要工艺尺寸，实际上就是根据要求的转化率，计算所需要的反应时间。

本节仅对气固相非催化反应器中气相浓度均匀恒定，固体颗粒按理想置换和理想混合两种流型加以讨论，每种流型又按均匀颗粒和非均匀颗粒考虑，这虽然与实际情况有一定的偏差，但对反应器的设计仍有指导作用。

7.3.1　固体颗粒呈理想置换流动

固体颗粒在反应器内呈理想置换流动时，所有颗粒在反应器内的停留时间都相同且等于整个物料的平均停留时间。例如，煤气发生炉、石灰窑等都属于这一类反应器。

1. 均匀颗粒

对于均匀颗粒，即颗粒半径 R_p 都相同的固体物料，要计算达到一定的转化率所需的反应时间，可按过程的控制步骤，选用相应的计算式(7.23)、式(7.26)及式(7.29)计算即可。

2. 不均匀颗粒

由于颗粒大小不同，虽然 τ 相同，但在相同的 τ 内所达到的转化率不同，需要计算反应器出口处的平均转化率。

1) 颗粒粒度分布

设在反应过程中颗粒大小不变，固体物料的体积流量 Q 也不变。再令颗粒中某个粒度的颗粒其半径为 R_i，相应的体积流量为 Q_{Ri}。通常物料的粒度是按统计规律分布的，如果物料中颗粒的最大粒度为 R_m，则总加料速度 Q 为

$$Q = \sum_{R_i=0}^{R_m} Q_{R_i}$$

2) 平均转化率的求取

(1) 单颗粒转化率的计算。根据前面导出的公式计算半径为 R_i 的转化率 X_{BRi}。

(2) 平均转化率的计算。

$$1-\bar{X}_B=\sum_{R_i=0}^{R_m}[1-X_{BR_i}]\frac{Q_{R_i}}{Q}\qquad 0\leqslant X_{BRi}\leqslant 1 \tag{7.53}$$

限制条件：不考虑 $X_B>1$ 的颗粒。

$$1-\bar{X}_B=\sum_{R_{X_B=0}}^{R_m}[1-X_{BR_i}]\frac{Q_{R_i}}{Q} \tag{7.54}$$

【例 7.2】 某气固相非催化反应，固体颗粒置于移动炉篦上，与错流流过的气体反应物作用。已知加料组成如下：

半径 R_i/μm	50	100	150	200
组成/%	20	30	30	20

四种粒度的完全反应时间分别为 5 min、10 min、15 min 及 20 min。试计算 8 min 及 16 min 所达到的转化率。

【解】 由题意可知，固体物料在反应器内呈理想置换流动，又从所给的完全反应时间与颗粒的半径数据得出其关系如下：

$$R_1:R_2:R_3:R_4=\tau_{f1}:\tau_{f2}:\tau_{f3}:\tau_{f4}$$

故可知该过程属化学动力学控制。将式(7.29)代入式(7.54)得

$$1-\bar{X}_B=\sum_{R_i=0}^{R_m}\left(1-\frac{\tau}{\tau_f}\right)^3\frac{Q_{Ri}}{Q}$$

(1) 反应 8 min 时的转化率。此时不应计入 $R_i=50$ μm 的颗粒，即

$$1-\bar{X}_B=\left(1-\frac{8}{10}\right)^3\times 0.3+\left(1-\frac{8}{15}\right)^3\times 0.3+\left(1-\frac{8}{20}\right)^3\times 0.2=0.0761$$

$$\bar{X}_B=0.9239$$

(2) 反应 16 min 时的转化率。此时比 $R_i=150$ μm 小的颗粒都不应计入，即

$$1-\bar{X}_B=\left(1-\frac{16}{20}\right)^3\times 0.2=0.0016$$

$$\bar{X}_B=0.9984$$

比较(1)和(2)的计算结果可知，反应时间增加 2 倍，转化率仅提高了 7.25%，所以究竟如何选择时间，应从原料利用与设备投资两方面综合考虑。

7.3.2　固体颗粒呈理想混合流动

当固体颗粒在反应器内呈理想混合流动时，气体浓度在器内各处也是均匀的。气固流动床就是其例子。下面仍按均匀颗粒和不均匀颗粒两种情况分别讨论。

1. 均匀颗粒

当固体颗粒在反应器内呈理想混合流动时，即使颗粒的半径相同，由于各颗粒在器内的停留时间是各不相同的，因此各颗粒的出口转化率也是各不相同的。此时首先要知道颗

粒的停留时间分布，然后计算不同停留时间颗粒的转化率，最后才能求出整个物料的平均转化率。

由第 2 章得知，如果把固体颗粒当成流体看待，把物料的停留时间按 $d\tau$ 这个很小的间隔区分开来，由于 $d\tau$ 很小，就可以把停留时间属于 τ 到 $\tau+d\tau$ 这个范围内的物料当作具有相同停留时间的物料，显然，这部分物料的转化率是可以确定的，这样如果对所有停留时间下的转化率求和即可获得全部物料的转化率，即

$$1-\bar{X}_B=\Sigma(\text{停留时间为 }\tau\text{ 到 }\tau+d\tau\text{ 的这部分物料的未转化率})\times(\text{停留时间为 }\tau\text{ 到 }\tau+d\tau\text{ 的物料分数})$$

$$1-\bar{X}_B=\int_0^{\tau_f}(1-X_B)E(\tau)d\tau \tag{7.55}$$

对理想混合流动：$E(\tau)=\dfrac{e^{-\tau/\tau_M}}{\tau_M}$，代入式(7.55)可得

$$1-\bar{X}_B=\int_0^{\tau_f}(1-X_B)\frac{e^{-\tau/\tau_M}}{\tau_M}d\tau \tag{7.56}$$

对不同的控制步骤，将相应的关系代入式(7.56)积分即可求出相应的平均转化率。

1）气膜扩散控制

将反应时间分数与未转化率的关系式(7.23)代入式(7.56)，有

$$1-\bar{X}_B=\int_0^{\tau_f}\left(1-\frac{\tau}{\tau_f}\right)\frac{e^{-\tau/\tau_M}}{\tau_M}d\tau=\left[-e^{-\frac{\tau}{\tau_M}}+\left(\frac{\tau}{\tau_f}+\frac{\tau_M}{\tau_f}\right)e^{-\frac{\tau}{\tau_M}}\right]_0^{\tau_f}=\frac{\tau_M}{\tau_f}e^{-\frac{\tau_f}{\tau_M}}+1-\frac{\tau_M}{\tau_f} \tag{7.57}$$

将式(7.57)中的 $e^{-\tau_f/\tau_M}$ 项用泰勒级数展开，近似取前三项，整理得

$$1-\bar{X}_B=\frac{1}{2!}\left(\frac{\tau_f}{\tau_M}\right)-\frac{1}{3!}\left(\frac{\tau_f}{\tau_M}\right)^2+\frac{1}{4!}\left(\frac{\tau_f}{\tau_M}\right)^3=\frac{1}{2}\left(\frac{\tau_f}{\tau_M}\right)-\frac{1}{6}\left(\frac{\tau_f}{\tau_M}\right)^2+\frac{1}{24}\left(\frac{\tau_f}{\tau_M}\right)^3 \tag{7.58}$$

2）化学动力学控制

将反应时间分数与未转化率的关系式(7.29)代入式(7.56)，有

$$1-\bar{X}_B=\int_0^{\tau_f}\left(1-\frac{\tau}{\tau_f}\right)^3\frac{e^{-\tau/\tau_M}}{\tau_M}d\tau=6\frac{\tau_M^3}{\tau_f^3}e^{-\tau/\tau_M}+1-3\frac{\tau_M}{\tau_f}+6\frac{\tau_M^2}{\tau_f^2}-6\frac{\tau_M^3}{\tau_f^3} \tag{7.59}$$

将式(7.59)中的 $e^{-\tau_f/\tau_M}$ 项用泰勒级数展开，近似取前三项，整理得

$$1-\bar{X}_B=6\left[\frac{1}{4!}\left(\frac{\tau_f}{\tau_M}\right)-\frac{1}{5!}\left(\frac{\tau_f}{\tau_M}\right)^2+\frac{1}{6!}\left(\frac{\tau_f}{\tau_M}\right)^3\right]=\frac{1}{4}\left(\frac{\tau_f}{\tau_M}\right)-\frac{1}{20}\left(\frac{\tau_f}{\tau_M}\right)^2+\frac{1}{120}\left(\frac{\tau_f}{\tau_M}\right)^3 \tag{7.60}$$

3）灰层扩散控制

将反应时间分数与未转化率的关系式(7.26)代入式(7.56)，有

$$1-\bar{X}_B=\frac{1}{5}\left(\frac{\tau_f}{\tau_M}\right)-\frac{19}{420}\left(\frac{\tau_f}{\tau_M}\right)^2+\frac{41}{4620}\left(\frac{\tau_f}{\tau_M}\right)^3 \tag{7.61}$$

【例 7.3】 焙烧磁硫铁矿得出完全反应时间与粒径的关系为 $\tau_f\propto R_p^{1.5}$。

反应过程中颗粒为坚硬固体，大小不变。现若采用流化床进行焙烧，加料颗粒大小均匀，完全反应时间 $\tau_f=20$ min，而平均停留时间 $\tau_M=60$ min，问未反应的 FeS_2 分数为多少？

【解】　由题意知产物为坚硬固体，故气膜扩散阻力相对较小，气膜扩散控制可以排除，而由式(7.51)及式(7.52)可知，过程为灰层扩散控制时，$\tau_f \propto R_p^2$，而过程为化学动力学控制时，$\tau_f \propto R_p$，但是实验结果在两者之间，因此应同时考虑有两种阻力存在。分别以两种阻力作为控制步骤可求出转化率的上下限。

流化床内颗粒可视为理想混合流动。

$$\tau_f/\tau_M = 20/60 = 1/3$$

(1)对化学动力学控制，将已知数据代入式(7.60)，得

$$1-\bar{X}_B = \frac{1}{4}\left(\frac{1}{3}\right) - \frac{1}{20}\left(\frac{1}{3}\right)^2 + \frac{1}{120}\left(\frac{1}{3}\right)^3 = 0.0781$$

(2)对灰层扩散控制，将已知数据代入式(7.61)，得

$$1-\bar{X}_B = \frac{1}{5}\left(\frac{1}{3}\right) - \frac{19}{420}\left(\frac{1}{3}\right)^2 + \frac{41}{4620}\left(\frac{1}{3}\right)^3 = 0.0617$$

因此未反应的 FeS_2 介于 6.17%～7.81%，取其平均值为

$$1-\bar{X}_B = (6.17\% + 7.81\%)/2 = 6.99\%$$

2. 不均匀颗粒

对于均匀颗粒，无论出口气体是否带走固体颗粒，只要其他条件相同，其转化率也必然相同，因为它们的粒度都一样。但对不均匀颗粒，情况就大不一样，因为气流总是带走细小的颗粒，这就改变了出口固体物料中的粒度分布，从而将影响到出口固体物料的平均转化率。下面将按气体带走或不带走固体物料两种情况进行讨论。

1)出口气体不带走固体颗粒

当出口气体不带走固体颗粒时，由于反应器内呈理想混合流动，出口固体物料的粒度分布与反应器内相同，此时可按照均匀颗粒的计算方法，先计算不同粒度颗粒的出口转化率，然后根据固体颗粒的粒度分布求出各种颗粒所占的分数，最后采用加和法即可求出固体物料的平均转化率。

设反应过程中颗粒大小不变，则反应器内粒度分布与进料粒度相同。若 V 为床层内固体颗粒的体积，而 V_{Ri} 为床层内半径为 R_i 的颗粒体积，Q 为固体加料速率，Q_{Ri} 为半径为 R_i 的颗粒的加料速率，则有

$$\frac{Q_{Ri}}{Q} = \frac{V_{Ri}}{V} \tag{7.62}$$

这样，粒度为 R_i 的颗粒在床内的平均停留时间 τ_{MRi} 就等于整个物料在床内的平均停留时间，即

$$\tau_{MRi} = \tau_M = \frac{V}{Q} = \frac{V_{Ri}}{Q_{Ri}} \tag{7.63}$$

如果半径为 R_i 的颗粒在床内的平均转化率为 $\bar{X}_{BRi}$，则可由式(7.56)算出

$$1-\bar{X}_{BRi} = \int_0^{\tau_{fRi}} (1-X_{BRi}) \frac{e^{-\tau/\tau_M}}{\tau_M} d\tau \tag{7.64}$$

式中：τ_{fRi} 为半径 R_i 颗粒的完全反应时间。

再由颗粒的粒度分布，算出半径为 R_i 的颗粒所占的分数，最后由加和法求出整个固体物

料的平均转化率，即

$$1-\overline{X}_{\mathrm{B}}=\sum^{R_{\mathrm{m}}}(1-\overline{X}_{\mathrm{BR}i})\frac{Q_{\mathrm{R}i}}{Q} \tag{7.65}$$

对不同的控制阶段，将相应计算 $\overline{X}_{\mathrm{BR}i}$ 的公式代入式(7.65)可得

气膜扩散控制：

$$1-\overline{X}_{\mathrm{B}}=\sum^{R_{\mathrm{m}}}\left\{\frac{1}{2}\left(\frac{\tau_{\mathrm{fR}i}}{\tau_{\mathrm{M}}}\right)-\frac{1}{6}\left(\frac{\tau_{\mathrm{fR}i}}{\tau_{\mathrm{M}}}\right)^2+\frac{1}{24}\left(\frac{\tau_{\mathrm{fR}i}}{\tau_{\mathrm{M}}}\right)^3\right\}\frac{Q_{\mathrm{R}i}}{Q} \tag{7.66}$$

化学动力学控制：

$$1-\overline{X}_{\mathrm{B}}=\sum^{R_{\mathrm{m}}}\left\{\frac{1}{4}\left(\frac{\tau_{\mathrm{fR}i}}{\tau_{\mathrm{M}}}\right)-\frac{1}{20}\left(\frac{\tau_{\mathrm{fR}i}}{\tau_{\mathrm{M}}}\right)^2+\frac{1}{120}\left(\frac{\tau_{\mathrm{fR}i}}{\tau_{\mathrm{M}}}\right)^3\right\}\frac{Q_{\mathrm{R}i}}{Q} \tag{7.67}$$

灰层扩散控制：

$$1-\overline{X}_{\mathrm{B}}=\sum^{R_{\mathrm{m}}}\left\{\frac{1}{5}\left(\frac{\tau_{\mathrm{fR}i}}{\tau_{\mathrm{M}}}\right)-\frac{19}{420}\left(\frac{\tau_{\mathrm{fR}i}}{\tau_{\mathrm{M}}}\right)^2+\frac{41}{4620}\left(\frac{\tau_{\mathrm{fR}i}}{\tau_{\mathrm{M}}}\right)^3\right\}\frac{Q_{\mathrm{R}i}}{Q} \tag{7.68}$$

【例 7.4】 在流化床中进行磁硫铁矿的焙烧，已知固体物料的组成如下表所示：

粒径/μm	50	100	200
组成/%	30	40	30

反应器高 1.2 m，直径为 0.1 m，床内物料质量为 10 kg，加料速率 1 kg/min。流化气体为空气。在操作条件下的完全反应时间分别为 5 min、10 min 及 20 min。设反应过程中固体颗粒的大小及质量均不变，气相组成也为定值。此外，安置了旋风分离器，使出口气体中的固体返回床层。

【解】 由题给数据可知过程属化学动力学控制(因 $\tau_{\mathrm{f}}\propto R_{\mathrm{p}}$)，又因用流化床操作，可设为理想混合流动，因此可用颗粒大小不变的不均匀颗粒的计算公式，即化学动力学控制的式(7.67)计算。

已知：

$$Q=1000\ \mathrm{g/min}\qquad W=10000\ \mathrm{g}$$

故

$$\tau_{\mathrm{m}}=W/Q=10000/1000=10\ \mathrm{min}$$

以及

$$Q(50\ \mu\mathrm{m})=300\ \mathrm{g/min}\qquad \tau_{\mathrm{f}}(50\ \mu\mathrm{m})=5\ \mathrm{min}$$

$$Q(100\ \mu\mathrm{m})=400\ \mathrm{g/min}\qquad \tau_{\mathrm{f}}(100\ \mu\mathrm{m})=10\ \mathrm{min}$$

$$Q(200\ \mu\mathrm{m})=300\ \mathrm{g/min}\qquad \tau_{\mathrm{f}}(200\ \mu\mathrm{m})=20\ \mathrm{min}$$

将以上数据代入式(7.67)可得

$$\begin{aligned}1-\overline{X}_{\mathrm{B}}=&\left[\frac{1}{4}\left(\frac{5}{10}\right)-\frac{1}{20}\left(\frac{5}{10}\right)^2+\frac{1}{120}\left(\frac{5}{10}\right)^3\right]\frac{300}{1000}+\left[\frac{1}{4}\left(\frac{10}{10}\right)-\frac{1}{20}\left(\frac{10}{10}\right)^2+\frac{1}{120}(10)^3\right]\frac{400}{1000}+\\&\left[\frac{1}{4}\left(\frac{20}{10}\right)-\frac{1}{20}\left(\frac{20}{10}\right)^2+\frac{1}{120}\left(\frac{20}{10}\right)^3\right]\frac{300}{1000}\\=&0.0341+0.0833+0.1100=0.2274\end{aligned}$$

即固体物料的平均转化率为

$$\bar{X}_B = 1 - 0.2274 = 77.26\%$$

2) 出口气体带走颗粒

当进入反应的固体物料粒度分布比较宽时，出口气体往往要带走较细的颗粒，这时进反应器的固体颗粒、自反应器溢出的固体颗粒及被出口气体带走的固体颗粒三者之间的粒度分布是各不相同的。气固流化床反应器就属于这种情况。

如以 Q_0、Q_{0Ri}，Q_1、Q_{1Ri} 及 Q_2、Q_{2Ri} 分别表示固体进口、固体出口及气体出口处固体颗粒的体积流量及半径为 R_i 的颗粒的体积流量，则有

$$Q_0 = Q_1 + Q_2 \tag{7.69}$$

$$Q_{0Ri} = Q_{1Ri} + Q_{2Ri} \tag{7.70}$$

由于床层内为理想混合流动，因此固体出口处的颗粒粒度分布应与床内相同，即

$$\frac{Q_{1Ri}}{Q_1} = \frac{Q_{Ri}}{Q} \tag{7.71}$$

但是不同大小的颗粒在床层中的平均停留时间是不同的，大的较长，小的较短，当然，对同一大小的颗粒，不论其被出口气体带走还是随溢流固体离开反应器，其平均的停留时间都是一样的。设半径为 R_i 的颗粒的平均停留时间为 τ_{MRi}，则有

$$\tau_{MRi} = \frac{\text{床内半径为 } R_i \text{ 的颗粒体积}}{\text{半径为 } R_i \text{ 的颗粒的进口流量}} = \frac{V_{Ri}}{Q_{0Ri}} = \frac{V_{Ri}}{Q_{1Ri} + Q_{2Ri}} \tag{7.72}$$

要用式(7.72)计算平均停留时间 τ_{MRi}，必须知道各股物料的粒度分布。通常进口物料粒度为已知，其余两股物料的粒度分布为未知，但也可通过下述方法进行转换。

研究证明，一定大小的颗粒被气体带走的速率与床层内该颗粒的量成正比，其比例系数称为扬析系数。设半径为 R_i 的颗粒的扬析系数为 ζ_{Ri}，则有

$$\zeta_{Ri} = Q_{2Ri} / V_{Ri} \tag{7.73}$$

式中：ζ_{Ri} 为半径 R_i 颗粒的扬析系数，h^{-1} 或 s^{-1}，其值可通过实验测定或用经验公式计算。

将式(7.71)及式(7.73)代入式(7.72)，得

$$\tau_{MRi} = \frac{1}{\left(\frac{Q_1}{V}\right) + \zeta_{Ri}} = \frac{V_{Ri}}{Q_{0Ri}} \tag{7.74}$$

联立式(7.74)及式(7.71)还可得到

$$Q_{1Ri} = \frac{Q_{0Ri}}{1 + \frac{V}{Q_1}\zeta_{Ri}} \tag{7.75}$$

而

$$Q_1 = \sum Q_{1Ri}$$

故

$$Q_1 = \sum Q_{1Ri} = \sum^{R_m} \frac{Q_{0Ri}}{1 + \frac{V}{Q_1}\zeta_{Ri}} \tag{7.76}$$

式(7.76)中进料速率 Q_{0Ri} 及床层体积 V 均为已知，扬析系数 ζ_{Ri} 可通过实验或计算求得，所

以 Q_1 可通过式(7.76)求出，但需用试差法求解，求出 Q_1 后，代入式(7.74)可求得粒度为 R_i 颗粒的平均停留时间 τ_{MRi}，再代入式(7.64)即可求得该颗粒的平均转化率，即

$$1-\bar{X}_{BRi}=\int_0^{\tau_{fRi}}(1-X_{BRi})\frac{e^{-\frac{\tau}{\tau_{MRi}}}}{\tau_{MRi}}d\tau \tag{7.77}$$

最后根据进料的粒度分布，将上式得到的不同粒度颗粒所达到的平均转化率进行加和平均，即可求得出口固体物料的总平均转化率。

$$1-\bar{X}_B=\sum^{R_m}(1-\bar{X}_{BRi})\frac{Q_{0Ri}}{Q_0} \tag{7.78}$$

对不同的控制步骤，将式(7.58)、式(7.60)及式(7.61)代入式(7.78)，可得

气膜扩散控制：

$$1-\bar{X}_B=\sum^{R_m}\left[\frac{1}{2}\left(\frac{\tau_{fRi}}{\tau_{MRi}}\right)-\frac{1}{6}\left(\frac{\tau_{fRi}}{\tau_{MRi}}\right)^2+\frac{1}{24}\left(\frac{\tau_{fRi}}{\tau_{MRi}}\right)^3\right]\frac{Q_{0Ri}}{Q_0} \tag{7.79}$$

化学动力学控制：

$$1-\bar{X}_B=\sum^{R_m}\left[\frac{1}{4}\left(\frac{\tau_{fRi}}{\tau_{MRi}}\right)-\frac{1}{20}\left(\frac{\tau_{fRi}}{\tau_{MRi}}\right)^2+\frac{1}{120}\left(\frac{\tau_{fRi}}{\tau_{MRi}}\right)^3\right]\frac{Q_{0Ri}}{Q_0} \tag{7.80}$$

灰层扩散控制：

$$1-\bar{X}_B=\sum^{R_m}\left[\frac{1}{5}\left(\frac{\tau_{fRi}}{\tau_{MRi}}\right)-\frac{19}{420}\left(\frac{\tau_{fRi}}{\tau_{MRi}}\right)^2+\frac{41}{4\,620}\left(\frac{\tau_{fRi}}{\tau_{MRi}}\right)^3\right]\frac{Q_{0Ri}}{Q_0} \tag{7.81}$$

将上述三式分别与式(7.66)、式(7.67)及式(7.68)比较，可见其差别仅在于平均停留时间 τ_M 项的不同。气体不带走固体颗粒时，所有颗粒在床内的平均停留时间都相同，τ_M 不变。当气体带走小颗粒时，平均停留时间随颗粒大小而异，τ_{MRi} 各不相同。

若再将三式与均匀颗粒的式(7.58)、式(7.60)及式(7.61)比较，则可见不仅平均停留时间 τ_M 不同，而且完全反应时间 τ_f 也不同。这是因为均匀颗粒的 τ_f 是单一值，而不均匀颗粒的 τ_f 值则随粒度不同而异。

习 题

7.1 在 900 ℃及 1 atm 下，用含 8% O_2 的气体焙烧球形锌矿，其反应式为

$$O_2(g)+\frac{2}{3}ZnS(s)\longrightarrow\frac{2}{3}ZnO(s)+\frac{2}{3}SO_2(g)$$

已知反应对 O_2 为一级，k_s=2 cm/s，ρ_B=4.13 g/cm³=0.0425 mol/cm³，O_2 在 ZnO 层中的有效扩散系数 D_e=0.08 cm²/s，气膜扩散阻力可忽略不计。假定气体浓度也是均匀的，反应可按缩芯模型处理。试求：

(1) 颗粒半径 R_p=1 mm 的颗粒的完全反应时间及灰层内扩散阻力的相对大小。

(2) 对 R_p=0.05 mm 的颗粒重复上述计算。

7.2 铁矿用 H_2 还原，在无水条件下，其反应式为 $4H_2(g)+Fe_3O_4(s)\longrightarrow 4H_2O(g)+3Fe(s)$。已知反应对 H_2 为一级，$k_s=1.93\times10^5\exp(-24000/RT)$，cm/s，铁矿颗粒半径 R_p=5 mm，ρ_B=4.6 g/cm³，H_2 通过灰层的

有效扩散系数 D_e=0.03 cm^2/s，试求：

(1) 1 atm 下，500 ℃时铁矿的完全反应时间。

(2) 有无特定的控制步骤？如无，各步阻力的相对大小如何？

7.3　直径为 5 mm 的锌粒溶于某一元酸溶液中。过程为化学动力学控制，实验测得特定酸浓度下的消耗速率为 r_{Zn}=0.3 mol/(m^2·s)。已知 ρ_B=7170 kg/m^3，试求：

(1) 锌粒溶解一半时的时间。

(2) 锌粒完全溶解时的反应时间。

7.4　碳与氧燃烧反应 $C(s)+O_2(g) \longrightarrow CO_2(g)$，试计算：

(1) 过程为 O_2 通过气膜层扩散控制时，纯碳粒燃烧到一半时的时间占完全燃烧时间的分数。

(2) 若改变操作条件，反应受化学动力学控制，该时间的分数又是多少？

(3) 如果是煤燃烧，表面产生灰层，且过程为灰层内扩散控制，该时间分数又是多少？

7.5　在一管式反应器中将 FeS_2 用纯 H_2 还原，氢气向上流动，FeS_2 向下移动，反应器操作温度为 495 ℃，压力为 1 atm，在此条件下气膜扩散阻力可以忽略。

已知 $k_s=3.8\times10^5\exp(-30000/RT)$，cm/s，$D_e=3.6\times10^{-6}$ cm^2/s。粒度分布及相应的停留时间如下表所示：

颗粒半径/mm	0.05	0.10	0.15	0.20
质量分数/%	0.1	0.3	0.4	0.2
τ/τ_M	1.40	1.10	0.95	0.75

假定气相中 H_2 的浓度不变，而反应器中物料的平均停留时间 τ_M=60 min，FeS_2 的密度 ρ_B=5.0 g/cm^3，试求 FeS_2 转化为 FeS 的分数。

7.6　一批矿料粉以 0.167 kg/s 的进料速率加入装有 100 kg 矿粉的理想混合反应器内进行一级不可逆反应。矿粉中的粒度分布及相应的完全反应时间如下表所示：

颗粒直径/μm	50	100	200
组成/%	30	50	20
完全反应时间/s	240	480	960

若过程为气膜扩散控制，反应中颗粒大小不变，试计算固体物料的转化率。

第 8 章　气液相反应器

气液反应是指气体进入液体中进行的反应。实际生产中，利用气液反应可以达到以下几种目的：

(1) 除去有害成分以净化气体。用碱液脱除合成氨原料气中的二氧化碳；用铜氨液脱除一氧化碳；除去工业放空尾气中有害物质(如 H_2S、SO_2 等)，以免污染大气。

(2) 回收混合气体中的有用物质。用硫酸处理焦炉气以回收其中的氨；用液态烃吸收石油裂解气中的乙烯和丙烯。

(3) 制取液体产品。用乙烯氧化制乙醛；用硫酸吸收三氧化硫以制取发烟硫酸；用水吸收二氧化氮以制取硝酸等。

用于前面两种目的的气液反应在化工生产中通常又称为化学吸收。总之，正是因为气液反应可以用来达到上述这些目的，才能被广泛应用于石油、化工、轻工及环境保护等生产过程。

由于气体必须溶解到液体之中才能发生气液反应，因此气液传质必然影响到化学反应的转化率、选择性以及宏观反应速率。反之，化学反应也必然影响气液传质。揭示传质与化学反应之间的关系，以求经济、合理地利用气体原料生产化学产品、净化气体和回收有用物质，就得首先讨论气液反应宏观动力学，分析气液反应的某些典型情况，然后在此基础上对各种典型的气液反应器设计进行讨论，这些就是本章所要涉及的主要内容。

8.1　气 液 反 应

气液反应体系是一个十分复杂的体系，其传质和化学反应同时进行，因而两者必然互相影响、互相制约。要讨论气液反应宏观动力学，既要考虑气相反应物从气相主体扩散到气液界面，再从界面扩散到液相主体中的相际间的传质过程，又要涉及气相反应物在液相中与液相反应物进行反应的反应过程。这两种过程所表现出来的速率既非本征传质速率(物理吸收速率)，也非本征反应速率，而是这两个速率的综合——宏观速率或总速率。因此，气液反应宏观动力学就是研究这两种速率综合在一起的规律。

8.1.1　气液反应的传质模型

由于气液传质过程十分复杂，欲对其作定量描述，必须对实际气液传质过程作必要、合理的简化，即建立物理模型。为此，前人做了大量的研究工作，并建立了不少用以描述气液反应传质机理的理论模型，其中用得最多的是 1923 年路易斯-卫特曼(Lewis-Whitman)提出的双膜模型、1935 年希比(Higbie)提出的渗透模型以及 1951 年丹克沃茨(Danckwerts)提出的表面更新模型等。这些气液传质模型的主要作用之一就是推测传质与反应的互相影响。

许多研究表明，用上述三种模型预测反应与传质间的关系所得的结果之间差异甚小，一般小于这些计算中所用的物理量的误差范围。因此，在处理具体问题时，究竟采用哪一个模型更好，主要取决于使用是否方便。

一般来讲，双膜模型最简单，只需解常微分方程，而且又是最先提出的一种传质模型，人们已普遍习惯采用它，所以本章选用双膜模型定量描述气液反应过程。

图 8.1 所示为双膜模型示意图，其基本论点是：

(1) 当气液两相接触时，两相之间有一个相界面，在相界面两侧分别存在着呈滞流流动的稳定膜层，即一侧是气膜，一侧是液膜。气相反应物必须以分子扩散的方式连续通过这两个膜层。

(2) 在相界面上气液两相互成平衡。

(3) 在膜层以外的主体内，由于充分的湍动，气相反应物的浓度基本是均匀的，即认为气相主体中没有浓度梯度存在。

双膜模型实质上是把一个非常复杂的气液传质过程设想成是通过气液界面两侧的气膜和液膜来进行，全部气液传质的阻力都集中在这两个滞流膜内，也就是说气液两相间的物质传递速率取决于通过这两个滞流膜的分子扩散速率。

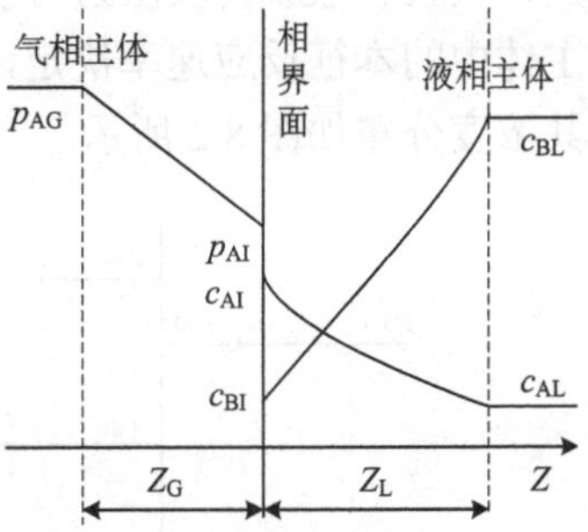

图 8.1　双膜模型示意图

p_{iG}. i 组分在气相主体的分压；p_{iI}. i 组分在气液界面的分压；c_{iL}. i 组分在液相主体的浓度；c_{iI}. i 组分在气液界面的浓度；Z_G、Z_L、Z_R. 气膜厚度、液膜厚度、反应层厚度

8.1.2　气液反应过程

根据双膜模型，完成 $A_{(G)} + bB_{(L)} \longrightarrow lL_{(L)} + mM_{(G)}$ 这样的气液反应过程，需经历下列步骤：

(1) 气相反应物 A 从气相主体通过气膜传递到气液界面，并在界面上达到气液平衡。

(2) 气相反应物 A 自气液相界面向液膜或液相主体传递。

(3) 气相反应物 A 在液膜或液相主体内与液相反应物 B 相遇，并发生反应。

(4) 反应生成的气相产物 M 则向气液相界面扩散。

(5) 气相产物 M 自气液相界面通过气膜向气相主体扩散。

如果反应后没有气相产物 M，则过程不存在 (4)、(5) 两步。

上述五个步骤构成了一个传质与反应串联的统一体，体现了反应与传质间互相影响、互相制约的关系。气液反应过程随着反应过程与传质过程所占优势不同，可表现为各种不同的情况，下面介绍几种典型的气液反应。

8.1.3　气液反应类型

既然气液反应宏观速率需考虑本征反应速率和本征传质速率，则气液反应属于什么控制，就取决于两个速率的相对大小。因此，根据这一情况，可将气液反应划分成以下几种特定情况。

1. 极慢反应

将本征反应速率远小于本征传质速率的反应，称为极慢反应。这类反应由于传质速率极快，气膜和液膜传质阻力可以忽略不计，反应完全在液相主体内进行，宏观速率完全由液相主体中的本征反应速率决定，过程属于化学动力学控制。这时，$p_{AG}=p_{AI}$，$c_{AL}=c_{AI}$，$c_{BL}=c_{BI}$，其浓度分布如图 8.2 所示。

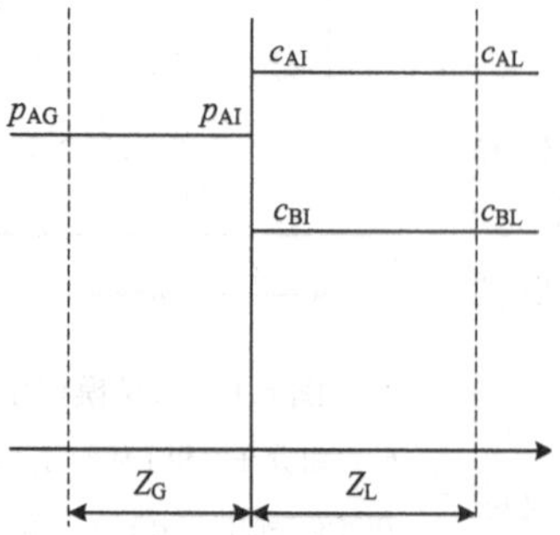

图 8.2　极慢反应

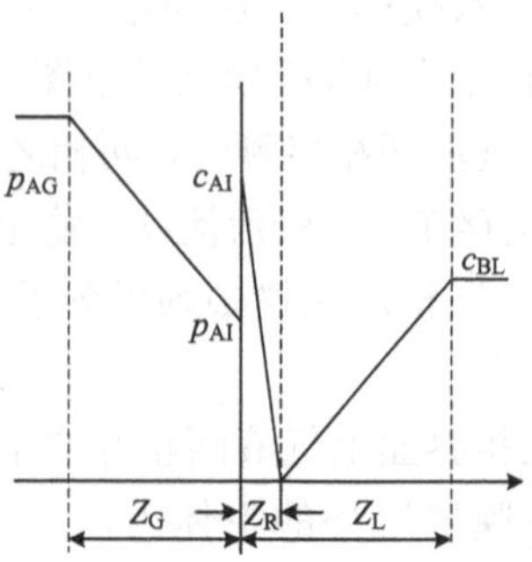

图 8.3　极快反应

2. 极快反应

将本征反应速率远大于本征传质速率的反应，称为极快反应，或称瞬时反应。这类反应能在液膜内极靠近相界面的某一反应面上瞬时完成。在反应面上，由于反应极快，反应物一扩散到反应面上就被消耗掉，因此反应面上 $c_A=c_B=0$，这时只有当反应物 A、B 再扩散到反应面才会继续反应。所以，扩散速率决定着宏观速率，过程属于传质控制，其浓度分布如图 8.3 所示。

3. 中间速率反应

上述两种反应恰是两种极端情况，而对于介于这两种极端情况之间的反应，由于本征传质速率和本征反应速率对气液反应过程的宏观速率都有影响，因此，两种本征速率都要考虑。根据两种本征速率的大体相当或某种本征速率偏大或偏小的情况，可把以下三种反应归为中间速率反应来处理。

1) 慢反应

本征反应速率偏小于本征传质速率，气相反应物 A 与液相反应物 B 在液膜内相遇，并稍有反应，但反应主要还是在液相主体内进行，传质的影响不甚明显，其浓度分布如图 8.4(a) 所示。

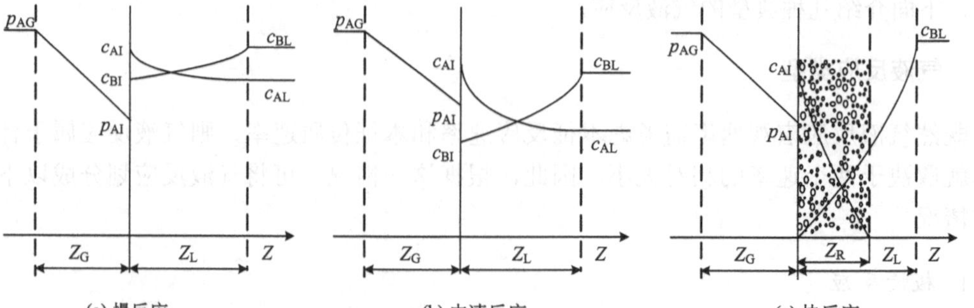

(a) 慢反应　　(b) 中速反应　　(c) 快反应

图 8.4　中间速率反应

2) 中速反应

本征反应速率与本征传质速率具有相同的数量级或者大体相当，过程属于典型的混合控制。这类反应的反应区是延伸开的，在液膜和液相主体中都有反应，图 8.4(b)表示其浓度分布情况。

3) 快反应

本征反应速率偏大于本征传质速率，气相反应物 A 与液相反应物 B 在液膜内发生反应，不是立即完全反应掉，而是在液膜内的某一区域内完成，浓度分布如图 8.4(c)所示。

8.2　气液反应宏观动力学

前面已经指出，研究气液反应宏观动力学应从本征反应速率和本征传质速率入手，着重研究两者的矛盾统一规律。因此，要定量描述反应与传质的统一关系，需建立和求解扩散-反应方程。

8.2.1　气液反应宏观动力学基础方程

要描述 $A_{(G)}+bB_{(L)}\longrightarrow mM_{(L)}$ 这类典型的气液反应，原则上需建立气液两相内包括传质与反应两项的物料平衡。但实际上，气液反应只在液膜和液相主体内进行，且反应产物也多留在液相之中，故一般只需建立液相内的物料平衡，便可描述气液反应全过程。

根据双膜模型，在如图 8.5 所示的液膜内任一处取单位截面积的微元体，该微元体积与传质方向相垂直的表面积为 1，作反应物 A 的物料衡算，则在单位时间内有

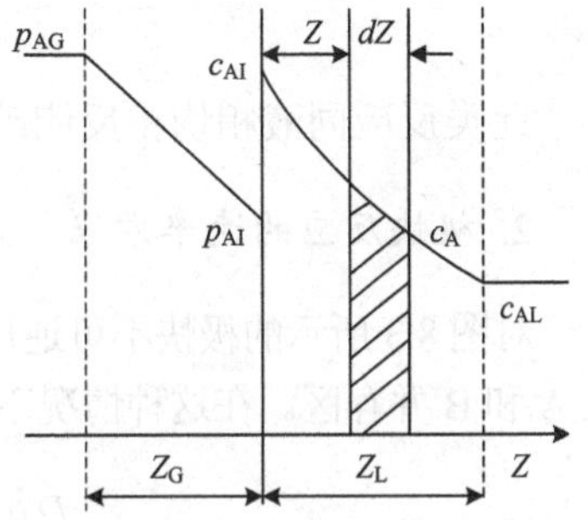

图 8.5　扩散-反应微分方程建立示意图

反应物 A 扩散进入微元体的量－反应物 A 扩散离开微元体的量＝微元体内反应物 A 的反应量

即

$$-D_{AL}\left(\frac{dc_A}{dZ}\right)_Z+D_{AL}\left(\frac{dc_A}{dZ}\right)_{Z+dZ}=R_A dZ\times 1 \tag{8.1}$$

由欧拉公式可得

$$\left(\frac{dc_A}{dZ}\right)_{Z+dZ}=\left(\frac{dc_A}{dZ}\right)_Z+\left(\frac{d^2c_A}{dZ^2}\right)_Z dZ \tag{8.2}$$

将式(8.2)代入式(8.1)整理可得

$$D_{AL}\left(\frac{d^2c_A}{dZ^2}\right)_Z=R_A \tag{8.3}$$

同理，对反应物 B 作物料衡算可得

$$D_{BL}\left(\frac{d^2c_B}{dZ^2}\right)_Z=R_B=bR_A \tag{8.4}$$

式中：R_A、R_B为反应物 A 和 B 的反应速率，kmol/(m^3·s)；c_A、c_B为反应物 A 和 B 在液膜内的物质的量浓度，kmol/m^3；Z为自界面至膜内一点的深度，m；b为与 1 mol A 反应的 B 的计量系数。

式(8.3)和式(8.4)为气液反应的扩散-反应方程，也是气液反应宏观速率基础方程。

利用双膜模型确定基础方程的初始、边界条件，便可求得气液反应宏观速率方程。但由于气液反应过程根据本征传质速率和本征反应速率的相对大小具有多种特定情况，因而也就存在多种特定边界条件。因此，在解析气液反应宏观速率基础方程时，往往只能借助各种特定边界条件得到特解。下面介绍几种情况下的反应速率方程。

8.2.2　气液反应宏观动力学方程的解

1. 极慢反应的速率方程

对图 8.2 所示的极慢气液反应，其反应过程属于化学动力学控制，本征反应速率远小于本征传质速率，气液反应过程几乎无传质阻力，反应在整个液相中进行，这时，总速率等于以单位液相体积计的本征反应速率。

$$R_A = r_A = -\frac{dF_A}{dV_R} = kc_A^{\alpha}c_B^{\beta} \tag{8.5}$$

此类反应同液相均相反应动力学的处理是一样的。

2. 极快反应的速率方程

对图 8.3 所示的极快不可逆反应，在液膜中除反应面以外的其他位置均无化学反应，故不存在 A 和 B 并存区。在这种情况下，只考虑单纯扩散方程，所以基础方程式(8.3)和式(8.4)变为

$$D_{AL}\left(\frac{d^2c_A}{dZ^2}\right)_Z = 0 \qquad (0<Z<Z_R) \tag{8.6}$$

$$D_{BL}\left(\frac{d^2c_B}{dZ^2}\right)_Z = 0 \qquad (Z_R<Z<Z_L) \tag{8.7}$$

边界条件为：①$Z=0$，$c_A=c_{AI}$；②$Z=Z_L$，$c_B=c_{BL}$；③$Z=Z_R$，$c_A=c_B=0$。

因为在 $Z=Z_R$ 处，反应物 B 从液相主体向反应面扩散的速率等于反应物 A 从相界面向反应面扩散速率的 b 倍，且两者的扩散方向相向，所以有 $N_B=-bN_A$，即有

$$D_{AL}\frac{dc_A}{dZ} + D_{BL}\frac{1}{b}\frac{dc_B}{dZ} = 0 \tag{8.8}$$

将式(8.6)及式(8.7)积分两次，并代入边界条件①、②、③，整理可得

$$c_A = c_{AI}\left(1-\frac{Z}{Z_R}\right) = c_{AI}\frac{Z_R - Z}{Z_R} \tag{8.9}$$

$$c_B = c_{BL}\frac{Z - Z_R}{Z_L - Z_R} \tag{8.10}$$

式(8.9)除以式(8.10)，得

$$\frac{c_A}{c_B} = \frac{c_{AI}}{c_{BL}}\frac{Z_L - Z_R}{-Z_R} \tag{8.11}$$

积分式(8.8)可得

$$\frac{c_A}{c_B}=-\frac{D_{BL}}{bD_{AL}} \tag{8.12}$$

将式(8.12)代入式(8.11)，整理可得

$$Z_R=\frac{Z_L}{1+\dfrac{1}{b}\dfrac{D_{BL}}{D_{AL}}\dfrac{c_{BL}}{c_{AI}}}=\frac{Z_L}{\beta_\infty} \tag{8.13}$$

则有

$$\frac{Z_R}{Z_L}=\frac{1}{\beta_\infty} \tag{8.14}$$

式中

$$\beta_\infty=1+\frac{1}{b}\frac{D_{BL}}{D_{AL}}\frac{c_{BL}}{c_{AI}} \tag{8.15}$$

β_∞为极快反应增大因子，表示在气相反应物 A 与液相反应物 B 之间有化学反应存在时，A 的传递速率比本征传递速率增大的倍数。它是气液宏观动力学的一个重要特性参数。

将式(8.14)代入式(8.9)和式(8.10)得浓度分布为

$$c_A=c_{AI}\left(1-\beta_\infty\frac{Z}{Z_L}\right) \tag{8.16}$$

$$c_B=c_{BL}\frac{\beta_\infty}{\beta_\infty-1}\left(\frac{Z}{Z_L}-\frac{1}{\beta_\infty}\right) \tag{8.17}$$

对于极快反应，因为本征反应速率远大于本征传质速率，单位相界面上反应物 A 的本征传质速率 N_A 是速率的控制步骤，且与以单位相界面积为基准定义的反应物 A 的反应速率 R_{AS} 在稳定情况下相等，所以

$$N_A=R_{AS}=-D_{AL}\left.\frac{dc_A}{dZ}\right|_{Z=0} \tag{8.18}$$

同理

$$N_B=R_{BS}=D_{BL}\left.\frac{dc_B}{dZ}\right|_{Z=0} \tag{8.19}$$

对式(8.16)和式(8.17)求导得

$$\left.\frac{dc_A}{dZ}\right|_{Z=0}=-c_{AI}\frac{\beta_\infty}{Z_L} \tag{8.20}$$

$$\left.\frac{dc_B}{dZ}\right|_{Z=0}=c_{BL}\frac{\beta_\infty}{\beta_\infty-1}\frac{1}{Z_L} \tag{8.21}$$

将式(8.20)和式(8.21)分别代入式(8.18)和式(8.19)得

$$N_A=R_{AS}=\frac{D_{AL}}{Z_L}c_{AI}\beta_\infty=k_{AL}c_{AI}\beta_\infty \tag{8.22}$$

$$N_B=R_{BS}=\frac{D_{BL}}{Z_L}c_{BL}\frac{\beta_\infty}{\beta_\infty-1}=k_{BL}c_{BL}\frac{\beta_\infty}{\beta_\infty-1} \tag{8.23}$$

式中：Z_R为自界面至膜内反应面的深度，m；R_{AS}、R_{BS}分别为以单位相界面积定义的反应物A和B的反应速率，等于反应物A和B的传递速率N_A和N_B，mol/(m²·s)。

由式(8.13)可知，Z_R/Z_L这个比值表示反应面接近相界面的远近。

(1)当D_{BL}和c_{BL}越大，β_∞越大，Z_R/Z_L值越小，反应面越接近相界面。

(2)当c_{BL}足够大时，反应面与相界面重合，反应发生在相界面上，$p_{AI}=0$，$Z_R=0$，过程成为纯粹的气膜扩散控制，其反应速率方程为

$$R_{AS}=k_{AG}(p_{AG}-p_{AI})=k_{AG}p_{AG} \tag{8.24}$$

这时，B的浓度称为临界浓度c'_{BL}，也就是说$c_{BL}>c'_{BL}$，c_{BL}再增大，R_{AS}不变。因此，反应物B在液膜内的扩散速率方程为

$$N_B=\frac{D_{BL}}{Z_L}(c_{BL}-c_{BI})=k_{BL}(c_{BL}-c_B) \tag{8.25}$$

在$Z=Z_R=0$，$c_B=0$时变为

$$c'_{BL}=\frac{Z_L R_{BS}}{D_{BL}}=\frac{Z_L}{D_{BL}}bR_{AS}$$

代入式(8.24)，整理可得

$$c'_{BL}=\frac{Z_L R_{BS}}{D_{BL}}=\frac{Z_L}{D_{BL}}bk_{AG}p_{AG}=\frac{bD_{AL}}{D_{BL}}\frac{k_{AG}}{k_{AL}}p_{AG} \tag{8.26}$$

当$c_{BL}\geqslant c'_{BL}$，过程为气膜控制；当$c_{BL}<c'_{BL}$，则需同时考虑气膜与液膜的阻力。

此时，用分压表示的吸收速率方程为

$$N_A=R_{AS}=k_{AG}(p_{AG}-p_{AI}) \tag{8.27}$$

而根据亨利定律，在界面上有

$$c_{AI}=H_A p_{AI} \tag{8.28}$$

式中：H_A为溶解度常数，单位kmol/(m³·atm)，其倒数称为亨利系数E_H。

由式(8.27)、式(8.28)、式(8.14)及式(8.22)可得

$$c_{AI}=\frac{p_{AG}-\dfrac{k_{AL}c_{BL}D_{BL}}{bk_{AG}D_{AL}}}{\dfrac{k_{AL}}{k_{AG}}+\dfrac{1}{H_A}} \tag{8.29}$$

代入式(8.27)消去p_{AI}和c_{AI}，即得极快不可逆反应的吸收速率为

$$N_A=R_{AS}=\frac{p_{AG}+\dfrac{c_{BL}D_{BL}}{bH_A D_{AL}}}{\dfrac{1}{k_{AG}}+\dfrac{1}{H_A k_{AL}}} \tag{8.30}$$

【例8.1】 氨与硫酸的反应为极快不可逆反应，若氨的分压为0.04 atm，硫酸浓度为0.4 kmol/m³，氨的气相传质系数$k_{AG}=0.35$ kmol/(m²·h·atm)，氨在液膜中的传质系数$k_{AL}=0.005$ m/h，氨的溶解度常数$H_A=75$ kmol/(m³·atm)。假定硫酸及氨的液相扩散系数相等。试计算氨的吸收速率。

【解】 氨与硫酸的反应为

$$NH_3+0.5H_2SO_4 \longrightarrow 0.5(NH_4)_2SO_4$$

所以 $b=0.5$

反应属于什么控制，应算出硫酸的临界浓度 c'_{BL}，才能判断，由式(8.26)可得

$$c'_{BL}=\frac{0.5\times0.35}{0.005}\times0.04=1.4\,(\text{kmol/m}^3)$$

而 $c_{BL}=0.4\text{ kmol/m}^3<c'_{BL}$

因此，计算吸收速率时，需同时考虑气膜及液膜的阻力。

将有关数据代入式(8.30)即有

$$N_A=R_{AS}=\frac{0.04+\dfrac{0.4}{0.5\times75}}{\dfrac{1}{0.35}+\dfrac{1}{75\times0.005}}=9.172\times10^{-3}\,[\text{kmol/(m}^2\cdot\text{h)}]$$

由式(8.29)也可求出界面处 A 的浓度为

$$c_{AI}=\frac{0.04-\dfrac{0.005\times0.4}{0.5\times0.35}}{\dfrac{0.005}{0.35}+\dfrac{1}{75}}=1.0344(\text{kmol/m}^3)$$

由式(8.15)可得

$$\beta_\infty=1+\frac{1}{0.5}\times\frac{0.04}{1.0344}=1.773$$

将有关数据代入式(8.22)得

$$R_{AS}=k_{AL}c_{AI}\beta_\infty=0.005\times1.0344\times1.773=9.172\times10^{-3}\,[\text{kmol/(m}^2\cdot\text{h)}]$$

计算结果表明：用式(8.22)和式(8.30)计算的结果完全一样。

3. 中间速率反应的速率方程

在 8.1.3 中已把慢反应、中速反应和快反应归为中间速率反应，因此基础方程式(8.3)、式(8.4)可根据这几种中间速率反应的不同边界条件求得不同的解。

1)拟一级不可逆反应

当气体反应物溶于液相后发生一级不可逆反应或者液相中反应物 B 的浓度很高，$c_{BL}\gg c_{AI}$，在液相中的 c_B 可视为定值的二级反应，反应可按拟一级处理时，基础方程式(8.4)可以取消，此时基础方程式(8.3)变为

$$D_{AL}\left(\frac{d^2c_A}{dZ^2}\right)_Z=k_1c_A \tag{8.31}$$

边界条件为：①$Z=0$，$c_A=c_{AI}$；②$Z=Z_L$：

$$-D_{AL}\left.\frac{dc_A}{dZ}\right|_{Z=Z_L}=k_1c_A\left(\frac{1}{aZ_L}-1\right)Z_L=k_1c_A(\alpha-1)Z_L \tag{8.32}$$

式中：a 为以单位液相体积为基准的相界面面积，m^2/m^3，令

$$\alpha=\frac{1}{aZ_L}=\frac{\text{液相体积}}{\text{液膜体积}} \tag{8.33}$$

对于二阶线性齐次微分方程(8.31)，其通解为

$$c_{\mathrm{A}}=C_1\mathrm{e}^{\sqrt{M}\frac{Z}{Z_{\mathrm{L}}}}+C_2\mathrm{e}^{-\sqrt{M}\frac{Z}{Z_{\mathrm{L}}}} \tag{8.34}$$

式中：C_1、C_2为积分常数；$\sqrt{M}$ 为一级反应的液膜转化系数，可表示为

$$\sqrt{M}=\sqrt{\frac{k_1}{D_{\mathrm{AL}}}}Z_{\mathrm{L}} \qquad 或 \qquad M=\frac{D_{\mathrm{AL}}k_1}{k_{\mathrm{AL}}^2} \tag{8.35}$$

应用边界条件求出C_1、C_2，并应用双曲正弦及余弦函数的关系可解得

$$c_{\mathrm{A}}=c_{\mathrm{AI}}\frac{\mathrm{ch}\left[\sqrt{M}\left(1-\dfrac{Z}{Z_{\mathrm{L}}}\right)\right]+\sqrt{M}(\alpha-1)\mathrm{sh}\left[\sqrt{M}\left(1-\dfrac{Z}{Z_{\mathrm{L}}}\right)\right]}{\mathrm{ch}\sqrt{M}+\sqrt{M}(\alpha-1)\mathrm{sh}\sqrt{M}} \tag{8.36}$$

对式(8.36)求导得

$$\begin{aligned}\frac{\mathrm{d}c_{\mathrm{A}}}{\mathrm{d}Z}\Big|_{Z=0}&=c_{\mathrm{AI}}\frac{-\dfrac{\sqrt{M}}{Z_{\mathrm{L}}}\mathrm{sh}\sqrt{M}-\dfrac{\sqrt{M}}{Z_{\mathrm{L}}}\sqrt{M}(\alpha-1)\mathrm{ch}\sqrt{M}}{\mathrm{ch}\sqrt{M}+\sqrt{M}(\alpha-1)\mathrm{sh}\sqrt{M}}\\&=-\frac{\sqrt{M}}{Z_{\mathrm{L}}}c_{\mathrm{AI}}\frac{\mathrm{th}\sqrt{M}+\sqrt{M}(\alpha-1)}{1+\sqrt{M}(\alpha-1)\mathrm{th}\sqrt{M}}\end{aligned} \tag{8.37}$$

将式(8.37)代入速率方程 (8.18)得

$$R_{\mathrm{AS}}=-D_{\mathrm{AL}}\frac{\mathrm{d}c_{\mathrm{A}}}{\mathrm{d}Z}\Big|_{Z=0}=D_{\mathrm{AL}}c_{\mathrm{AI}}\frac{\sqrt{M}}{Z_{\mathrm{L}}}\frac{\mathrm{th}\sqrt{M}+\sqrt{M}(\alpha-1)}{1+\sqrt{M}(\alpha-1)\mathrm{th}\sqrt{M}}=k_{\mathrm{AL}}c_{\mathrm{AI}}\beta_1 \tag{8.38}$$

式中：β_1为一级不可逆反应的增强因子，可表示为

$$\beta_1=\frac{\sqrt{M}[\mathrm{th}\sqrt{M}+\sqrt{M}(\alpha-1)]}{1+\sqrt{M}(\alpha-1)\mathrm{th}\sqrt{M}} \tag{8.39}$$

下面讨论几种特殊情况的增强因子β_1。

(1)拟一级快反应。当反应较快时，$\sqrt{M}>3$，$\mathrm{th}\sqrt{M}\longrightarrow 1$，式(8.39)简化为

$$\beta_1=\sqrt{M} \tag{8.40}$$

这时反应集中在液膜内进行，增加液相量对提高吸收速率没有帮助，而增加相间接触面积，如采用填料塔、喷淋塔等可强化生产过程。

(2)拟一级中速反应。反应未能在液膜内完成，但液相主体反应能力大，$c_{\mathrm{AL}}=0$，此时，$0.3<\sqrt{M}<3$，而$\alpha\gg 1$，即$\sqrt{M}(\alpha-1)\mathrm{th}\sqrt{M}\gg 1$，而$\mathrm{th}\sqrt{M}<1$，式(8.39)简化为

$$\beta_1=\frac{\sqrt{M}}{\mathrm{th}\sqrt{M}} \tag{8.41}$$

(3)拟一级慢速反应。当反应速率较慢时，$\sqrt{M}<0.3$，$\mathrm{th}\sqrt{M}\approx\sqrt{M}$，式(8.39)简化为

$$\beta_1=\frac{\alpha M}{\alpha M-M+1} \tag{8.42}$$

对慢反应，M值较小，但随着设备内积液量的不同，式(8.42)又可进一步简化。

① 积液量多。当设备内积液量较多时(如鼓泡塔)，由于$\alpha\gg 1$，尽管M值较小，但仍可使$\alpha M\gg 1$，式(8.42)简化为

$$\beta_1=1 \tag{8.42a}$$

这表明虽然反应速率较慢，反应主要在液相主体内进行，但由于液相量很大，反应容积多，仍可使液相主体中反应完全，此时液相主体中的 c_{AL} 也可趋近于零。

② 积液量少。当设备内积液量较小时，α 及 M 都较小，$\alpha M \ll 1$，式(8.42)简化为

$$\beta_1 = \alpha M \tag{8.42b}$$

这表明在反应速率较慢而反应容积又远远不够时，液相主体中 A 组分的浓度较高，相应地减少了液膜传质的推动力，因而按液相主体浓度 $c_{AL}=0$ 作基准的反应增强因子将成为很小的数值，有时 β_1 甚至小于 0.1。但是这并不意味着液相化学反应对传质没有或起负作用，因为实际的传质速率并不一定等于可能的最大物理吸收速率。

2) 其他反应

对其他级数的反应，用与拟一级不可逆反应相同的推导方法，可以得出一些简化情况下增强因子 β 的解析计算式，进而可计算宏观反应速率，现简要介绍于下。

(1) 二级不可逆反应。二级不可逆反应的宏观反应速率方程为

$$R_{AS} = k_{AL} c_{AI} \beta_2 \tag{8.43}$$

$$\beta_2 = \sqrt{\frac{M(\beta_\infty - \beta_2)}{\beta_\infty - 1}} \frac{1}{\operatorname{th}\sqrt{\dfrac{M(\beta_\infty - \beta_2)}{\beta_\infty - 1}}} \tag{8.44}$$

式中：β_2 为二级不可逆反应的增强因子；β_∞ 为极快不可逆反应的增强因子，由式(8.15)计算；$\sqrt{M}$ 为二级不可逆反应的液膜转化系数，可表示为

$$\sqrt{M} = \sqrt{\frac{D_{AL} k_2 c_{BL}}{k_{AL}^2}} \tag{8.45}$$

$\sqrt{M}$、β_∞ 和 β_2 间相互关系如图 8.6 所示，由图可知，只要知道 β_∞ 和 $\sqrt{M}$ 值，就可从图中查出相应的 β_2 值，进而求出宏观反应速率 R_{AS}。

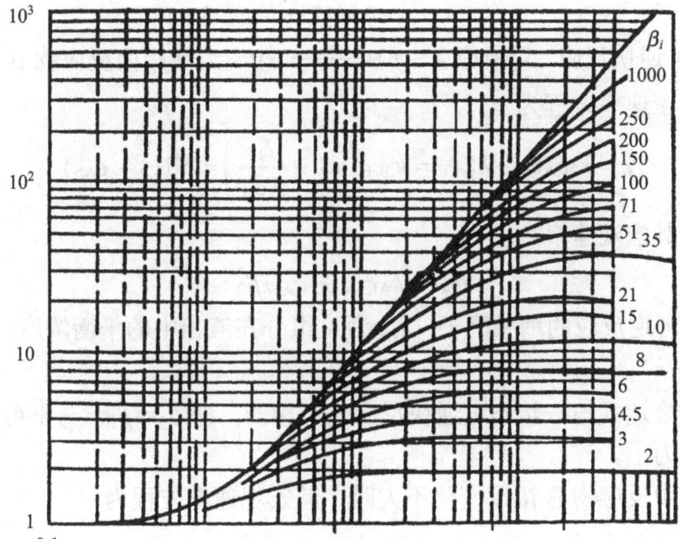

图 8.6　以 β_∞ 为参数增强因子与 $\sqrt{M}$ 的关系

由图 8.6 可知，当 $\sqrt{M}>10\beta_\infty$，图中所有曲线都与横轴平行，这时 $\beta_2=\beta_\infty$，所以 $\sqrt{M}>10\beta_\infty$ 是二级快反应可按极快反应处理的必要条件。而 $\sqrt{M}<0.5\beta_\infty$ 是二级快反应可按一级反应处理的必要条件。

【例 8.2】 用 NaOH 溶液吸收 CO_2，反应速率 $r=k_2c_{CO_2}c_{NaOH}$，$c_{NaOH}=0.5\ kmol/m^3$，$c_{CO_2I}=0.01\ kmol/m^3$，$k_{CO_2L}=10^{-4}\ m/s$，$k_2=10^4\ m^3/(kmol\cdot s)$，$D_{AL}=1.8\times10^{-9}\ m^2/s$，$D_{BL}/D_{AL}=1.7$。试求吸收速率。问界面 CO_2 浓度低到多少时，反应可按一级反应处理；高到多少时，反应可按极快反应来处理。

【解】 对于反应　$CO_2+2NaOH \longrightarrow Na_2CO_3+H_2O$

要计算上述二级快反应的吸收速率，必须先计算二级快反应的增大因子 β_2。

由式(8.45)得

$$\sqrt{M}=\sqrt{\frac{D_{AL}k_2c_{BL}}{k_{AL}^2}}=\sqrt{\frac{1.8\times10^{-9}\times10^4\times0.5}{(10^{-4})^2}}=30$$

由式(8.15)得

$$\beta_\infty=1+\frac{1}{b}\frac{D_{BL}}{D_{AL}}\frac{c_{BL}}{c_{AI}}=1+1.7\frac{0.5}{2\times0.01}=43.5$$

查图 8.6 得 $\beta_2=21$，故吸收速率为

$$R_{AS}=k_{AL}c_{AI}\beta_2=10^{-4}\times0.01\times21=2.1\times10^{-5}\ [kmol/(m^2\cdot s)]$$

而作为一级反应来处理的必要条件是 $\sqrt{M}<0.5\beta_\infty$，即

$$1+\frac{1.7\times0.5}{2\times c_{AI}}>2\times30$$

$$c_{AI}<0.0072\ kmol/m^3$$

作为极快反应来处理的条件是 $\sqrt{M}>10\beta_\infty$，即

$$30>10\left(1+\frac{1.7\times0.5}{2\times c_{AI}}\right)$$

$$c_{AI}>0.0212\ kmol/m^3$$

(2) 拟一级可逆快反应。对反应 $A+bB \underset{}{\overset{k_2}{\rightleftharpoons}} pP$，当液相内反应物 B 和产物 P 的浓度较大时，其本征反应速率方程为

$$r_A=k_2c_Ac_B-k_2'c_P=k_2c_B\left(c_A-\frac{c_P}{Kc_B}\right)=k_2^*(c_A-c_{Ae}) \tag{8.46}$$

推导整理后其宏观速率方程为

$$R_{AS}=k_{AL}(c_{AI}-c_{Ae})\beta_2^* \tag{8.47}$$

式中：β_2^* 为二级可逆反应的增强因子；c_{Ae} 为 A 组分在液相中的平衡浓度，$c_{Ae}=c_P/Kc_B$；K 为平衡常数，$K=k_2/k_2'$。

此时，β_2^* 的表达式与一级不可逆快反应完全相同，即 $\beta_2^*=\beta_1$，与不可逆反应速率方程的差别仅在于推动力上。

当液相主体中反应物 B 浓度变化不大时，其宏观速率方程为

$$R_{AS}=k_{AL}(c_{AI}-c_{Ae})\beta_1^* \tag{8.48}$$

而增强因子为

$$\beta_1^* = \frac{1+N}{1+N\dfrac{\operatorname{th}\sqrt{M(1+N^{-1})}}{\sqrt{M(1+N^{-1})}}} \tag{8.49}$$

式中

$$M=\frac{D_{AL}k_2c_{BL}}{k_{AL}^2},\quad N=\frac{K_1D_{PL}}{c_{AL}},\quad K_1=Kc_{BL}=\frac{k_2}{k_2'}c_{BL}$$

由式(8.49)可见：

① 当 $N\to0$ 时，$\beta_1^*\to1$。

② 当 $N\to\infty$时，$\beta_1^*=\dfrac{\sqrt{M}}{\operatorname{th}\sqrt{M}}=\beta_1$。

③ 当 $\sqrt{M}\to\infty$时，反应为极快可逆反应，$\beta_1^*=\beta_\infty^*=1+N$，所以式(8.49)也可用于极快可逆反应的计算。

8.2.3　气液反应的重要参数

前面讨论了各种气液反应的速率表达式，从所得的式子可以看到，几乎每个速率表达式都涉及了两个参数 $\sqrt{M}$ 和 β，可见这两个参数在气液反应动力学中是十分重要的。在实际处理气液反应问题时，除采用这两个参数作分析判断外，还引入另一个重要参数——有效因子 η_L 来说明传质对化学反应的影响。下面分别对这几个参数作介绍。

1. 液膜转化系数 $\sqrt{M}$

由一级反应 M 的定义式可知

$$M=\frac{k_1D_{AL}}{k_{AL}^2}=\frac{k_1Z_L}{k_{AL}}=\frac{k_1Z_Lc_{AI}}{k_{AL}c_{AI}}=\frac{k_1'\,c_{AI}}{k_{AL}c_{AI}}=\frac{\text{最大本征反应速率}}{\text{最大本征传质速率}} \tag{8.50}$$

可见 M 的定义式表示了液膜中化学反应与传递之间相对速率的大小，也就是说 M 值的大小表征了化学反应相对于传质过程的快慢。利用 M 值，可以直观地判断气液反应属于哪一种类别。

(1)当 $\sqrt{M}\ll0.3$ 时，反应层厚 $Z_R\gg Z_L$，反应区完全在液相主体，属极慢反应。

(2)当 $\sqrt{M}<0.3$ 时，反应层厚 $Z_R>Z_L$，反应区超出液膜以外，属于慢反应。

(3)当 $0.3<\sqrt{M}<3$ 时，反应层厚 $Z_R\approx Z_L$，反应区直到膜内边界，属于中速反应。

(4)当 $\sqrt{M}>3$ 时，反应层厚 $Z_R<Z_L$，反应区在液膜区，属于快反应。

(5)当 $\sqrt{M}\gg3$ 时，反应层厚 $Z_R\to0$，反应在界面或极靠拢界面上进行，属于极快反应。

另外，$\sqrt{M}=\sqrt{\dfrac{k_1}{D_{AL}}}Z_L$ 与气固相催化反应中的一级不可逆反应的蒂勒模数 $\varphi=\sqrt{\dfrac{k}{D_e}}L$ 的形式相同，所以液膜转化系数 $\sqrt{M}$ 又称为液相蒂勒模数。

2. 增强因子 β

前已指出，在气液反应中，增强因子 β 是表示在气相反应物 A 与液相反应物 B 之间有化学反应存在时，气液反应的宏观速率比气液最大本征传质速率增大的倍数。因为气液反应的

宏观速率等于实际的气液传质速率，所以β数值的大小直接反映了化学反应对传质过程的增强作用，即

$$\beta=\frac{\text{宏观面积反应速率}}{\text{最大本征传质速率}}=\frac{R_{AS}}{k_{AL}c_{AI}} \tag{8.51}$$

对于不同的气液反应，可以选取相应的式子计算气液反应的增强因子β，而气液两相间的物质传递速率则可按物理吸收为基准进行计算，即

气相反应物在气膜中的传质速率

$$N_A=k_{AG}(p_{AG}-p_{AI}) \tag{8.27}$$

气相反应物在液膜中的传质速率

$$N_A=\beta k_{AG}(c_{AI}-c_{AL}) \tag{8.52}$$

在界面上

$$c_{AI}=H_Ap_{AI} \tag{8.28}$$

在液相中

$$c_{AL}=H_Ap_{Ae} \tag{8.53}$$

联立求解式(8.27)、式(8.28)、式(8.52)及式(8.53)，可得宏观速率的另一形式为

$$N_A=K_{AG}(p_{AG}-p_{Ae})=K_{AL}(c_{Ae}-c_{AL}) \tag{8.54}$$

式中

$$\frac{1}{K_{AG}}=\frac{1}{k_{AG}}+\frac{1}{\beta H_A k_{AL}} \tag{8.55}$$

$$\frac{1}{K_{AL}}=\frac{H_A}{k_{AG}}+\frac{1}{\beta k_{AL}} \tag{8.56}$$

由式(8.55)和式(8.56)可知，由于增强因子β的作用，大大降低了液相传质阻力的比例。如果反应足够快以及β和H_A都足够大，则液相传质阻力将降低至很小的数值，此时，总传质阻力将由气相传质阻力决定，从而气液反应成为气膜控制。

对极快和快反应，利用增强因子计算宏观反应速率比较方便。

由式(8.55)和式(8.56)可知，速率式与物理吸收时完全相同，可以证明，当$k\tau \gg 1$时化学吸收即可按物理吸收来处理。

【例 8.3】 某含砷热碳酸钾溶液吸收分压为 2 atm 的CO_2，已知溶液中CO_2平衡分压为 0.2 atm，CO_2的溶解度系数H_{CO_2}为 0.01 kmol/(m^3·atm)，催化反应速率常数与催化剂浓度的乘积$k_cc_c=5000\ s^{-1}$，$k_{AL}=1.25\times10^{-4}$ m/s，$k_{AG}=0.8\times10^{-4}$ kmol/(m^2·atm·s)，CO_2液相扩散系数为1.65×10^{-9} m/s。试求其吸收速率。

【解】 催化了的热碳酸钾吸收CO_2的反应是较快的，它属于快速的化学吸收过程。由于碳酸钾的浓度很高，其CO_3^{2-}和HCO_3^-在液相中可认为近于常数，因此，其增强因子可用式(8.50)处理。

因为

$$\sqrt{M}=\sqrt{\frac{k_1D_{AL}}{k_{AL}^2}}=\sqrt{\frac{5000\times1.65\times10^{-9}}{(1.25\times10^{-4})^2}}=22.98>2$$

所以，该反应为拟一级快速反应，由式(8.40)知

$$\beta_1=\sqrt{M}=22.96$$

由式(8.55)得

$$\frac{1}{K_{AG}}=\frac{1}{0.8\times10^{-4}}+\frac{1}{22.98\times0.01\times1.25\times10^{-4}}$$

$$K_{AG}=2.11\times10^{-5}\ \text{kmol/(m}^2\cdot\text{atm}\cdot\text{s)}$$

再由式(8.54)可求得吸收速率即传质速率为

$$N_{CO_2}=2.11\times10^{-5}(2-0.2)=3.8\times10^{-5}[\text{kmol/(m}^2\cdot\text{s)}]$$

3. 有效因子 η_L

对于以制取液体产品为目的的气液反应，关心的是化学反应进行的快慢、完全的程度以及传质对化学反应的限制作用。为了便于讨论这些问题，引入有效因子 η_L 的概念。

对于气液反应，有效因子的定义为

$$\eta_L=\frac{\text{宏观反应速率}}{\text{最大本征反应速率}}=\frac{aR_{AS}}{r_{Am}}=\frac{R_A}{r_{Am}} \tag{8.57}$$

即

$$R_A=\eta_L r_{Am} \tag{8.58}$$

式中：η_L 为有效因子；a 为以单位液相体积为基准的相界面面积，m^2/m^3；r_{Am} 为最大本征反应速率，kmol/(m^3·s)。

前面已经导出一级中间速率反应的宏观反应速率为 $R_{AS}=k_{AL}c_{AI}\beta_1$，而增强因子 β_1 为

$$\beta_1=\frac{\sqrt{M}[\text{th}\sqrt{M}+\sqrt{M}(\alpha-1)]}{1+\sqrt{M}(\alpha-1)\text{th}\sqrt{M}} \tag{8.39}$$

对一级反应，在相界面上，本征反应速率最大，即

$$r_{Am}=k_1c_{AI} \tag{8.59}$$

将 β_1、r_{Am} 代入有效因子 η_L 的定义式为

$$\eta_{L1}=\frac{a\beta_1k_{AL}c_{AI}}{k_1c_{AI}}=\frac{ak_{AL}}{k_1}\frac{\sqrt{M}[\text{th}\sqrt{M}+\sqrt{M}(\alpha-1)]}{1+\sqrt{M}(\alpha-1)\text{th}\sqrt{M}} \tag{8.60a}$$

而

$$\alpha M=\frac{1}{aZ_L}\frac{D_{AL}k_1}{k_{AL}^2}=\frac{k_1}{ak_{AL}}=\frac{k_1c_{AI}}{ak_{AL}c_{AI}}=\frac{\text{液相中的最大反应速率}}{\text{单位体积液相最大传质速率}}$$

将上式代入式(8.60a)，可得

$$\eta_{L1}=\frac{\text{th}\sqrt{M}+\sqrt{M}(\alpha-1)}{\alpha\sqrt{M}[1+\sqrt{M}(\alpha-1)\text{th}\sqrt{M}]} \tag{8.60b}$$

下面讨论几种特殊情况的有效因子 η_L。

1) 一级快速反应

当反应速率常数 k_1 很大，$M\gg1$，由双曲正切函数的性质知，当 $\sqrt{M}>3$ 时，$\text{th}\sqrt{M}\to1$，此时，式(8.60b)变为

$$\eta_{L1}=\frac{1}{\alpha\sqrt{M}} \tag{8.61}$$

通常 $\alpha\gg1$，$\sqrt{M}$ 也远大于 1，所以有效因子 η_L 是一个很小的值，表明本征反应速率 r_A

远大于实际反应速率，此时反应在液膜内已基本完成，液相主体内无化学反应发生，液相主体未被利用。

2）一级中速反应

此时 $0.3<\sqrt{M}<3$，而 $\alpha \gg 1$，即 $\sqrt{M}\,(\alpha-1)\,\text{th}\sqrt{M} \gg 1$，而 $\text{th}\sqrt{M}<1$，式(8.60b)简化为

$$\eta_{L1} = \frac{1}{\alpha\sqrt{M}\,\text{th}\sqrt{M}} \tag{8.62}$$

3）一级慢反应

对于慢反应，反应速率常数 k_1 值很小，$M<0.3$，由双曲正切函数的性质知，当 $\sqrt{M} \ll 1$ 时，$\text{th}\sqrt{M} \to \sqrt{M}$，式(8.60b)变为

$$\eta_{L1} = \frac{1}{\alpha M - M + 1} \tag{8.63}$$

随着设备内积液量的不同，式(8.63)又可进一步简化。

(1)积液量多。当设备积液量较多时，$\alpha \gg 1$，虽然此时 M 较小，但仍可使 αM 远大于 1。式(8.63)变为

$$\eta_{L1} = \frac{1}{\alpha M} \tag{8.63a}$$

(2)积液量少。当设备积液量较少时，$\alpha \ll 1$，由于 M 也较小，因此 $\alpha M \ll 1$。此时式(8.63)变为

$$\eta_{L1} = 1 \tag{8.63b}$$

该结果表明，传质过程对化学反应无影响，此时反应完全在液相主体内进行，反应的快慢取决于化学反应的本征速率。

由上述分析可见，有效因子 η_L 值的大小反映了气液反应在液相主体内进行的多少，因此又称为液相利用率。由有效因子 η_L 可衡量液相被利用的程度。它对气液反应器的选型具有指导作用。

对中速和慢反应，采用有效因子法计算宏观反应速率比较合适。

实质上，增强因子和有效因子都是表征传质与反应间的相互影响程度，两者是互相联系的，只是着眼点不同而已。

【例 8.4】 用 pH＝9 的缓冲溶液在 20 ℃时吸收界面平衡分压为 0.1 atm 的 CO_2，$k_L = 10^{-4}$ m/s，反应可视作不可逆，且一级反应速率常数 $k_1 = 10^4 \times c_{OH^-}$ s^{-1}，若液相总厚度与液膜厚度的比值 α 为 10，CO_2 溶解度系数 $H_A = 0.014$ kmol/(m^3·atm)，CO_2 在液相中的扩散系数为 1.4×10^{-9} m^2/s。试求某吸收速率。

【解】 pH＝9，则

$$c_{OH^-} = 10^{-14+9} = 10^{-5}$$

一级反应速率常数

$$k_1 = 10^4 \times 10^{-5} = 0.1\,(s^{-1})$$

先判断反应属于什么类别：

$$\sqrt{M} = \sqrt{\frac{D_{AL} k_1}{k_{AL}^2}} = \sqrt{\frac{1.4\times10^{-9}\times0.1}{(10^{-4})^2}} = \sqrt{0.114} = 0.118 < 0.3$$

所以反应属慢反应，在液相主体中进行

$$\alpha M = 10\times 0.014 = 0.14$$

由式(8.63)可得

$$\eta_{L1} = \frac{1}{\alpha M - M + 1} = \frac{1}{0.14 - 0.014 + 1} = 0.888$$

故

$$R_A = \eta_L r_{Am} = \eta_L k_1 c_{AI} = 0.888\times 0.1\times (0.1\times 0.014) = 1.243\times 10^{-4}\,[\text{kmol}/(\text{m}^3\cdot\text{s})]$$

8.3　气液反应器

前面所讨论的气液反应过程都需在一定条件下，在特定设备中实现。这里所指的特定设备就是气液相接触和进行气液反应的气液反应器。气液反应器的结构及其操作条件，对气液传质和化学反应的进程影响很大。不同的气液反应，需在不同的气液设备中实现。

本节讨论气液反应器的类型、特性及其选型。

8.3.1　气液反应器的主要类型

工业上已有许多种型式的气液反应器，如图 8.7 所示，其结构还在不断地改进，新型气液反应器还在不断问世。

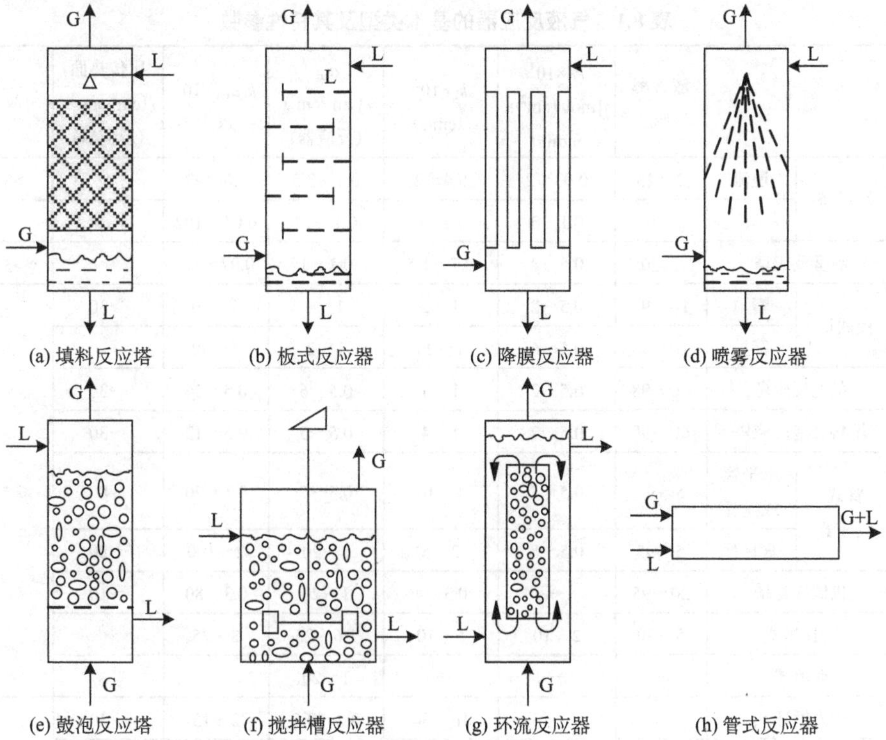

图 8.7　气液反应器的型式

图 8.7 中的各种气液反应器就其型式上看，几何结构颇为不同，但其实质性区别在于气液相比表面积的大小和气液接触方式的不同。因此，按前者的不同可将气液反应器分为塔式(填料塔、板式塔、鼓泡塔、喷雾塔、膜式塔)、管式(套管式、列管式)和机械搅拌槽式三类。而按后者的不同可将气液反应器分为四种基本类型：液膜型(填料塔、膜式塔、滴流床)、液滴型(喷雾塔)、气泡型(鼓泡反应塔、多段板式塔、机械搅拌槽式反应器、管式反应器)和液环流型(内环流式、外环流式和机械循环式环流反应器)。表 8.1 对这四种类型的气液反应器作了比较。由表 8.1 可以知道这四种基本类型的一些主要特点。

(1)液膜型气液反应器：在这类反应器内，液体呈膜状，气液两相一般均为连续相。其突出特点是单位液相体积的气液比界面积大，液含率较低(气液比较大)。

(2)液滴型气液反应器：在这类反应器内，液体在塔内呈滴状，为分散相，气体为连续相。其特点是以液相体积为基准的相界比表面积很大，液含率小(气液比大)。

(3)气泡型气液反应器：在这类反应器内，液相是连续相，气相以气泡的形式存在，为分散相。其特点是以液相体积为基准的相界比表面积一般都比较小，但液含率均较大(气液比均较小)。这类反应器的型式很多，用途也最广。

(4)液环流型气液反应器：这类反应器是在强化鼓泡反应塔传质研究中发展起来的一类新型高效气液反应器，其主要特征是液相在反应器内或器外形成环流或称循环流。

(5)上述四种类型的反应器中，较普遍采用的是液膜型中的填料反应塔和气泡型中的鼓泡反应器等型式。

表 8.1　气液反应器的基本类型及其特性参数

类型	型式		液含率/%	$k_G\times10^4$ /[mol/(cm^2·s·atm)]	$k_L\times10^2$ /(cm/s)	a_{GL} /(cm^2/cm^3) (反应器)	$k_La_{GL}\times10^2$ /s^{-1}	比传热面 /(cm^2·cm^{-3}) (反应器)	$\sqrt{M}$	结构图
液膜型	填料塔	逆流	2～25	0.03～2	0.4～2	0.1～3.5	0.04～7		>>3	(a)
		顺流	2～95	0.1～3	0.4～6	0.1～17	0.04～102			
液滴型	喷雾反应塔		2~20	0.5～2	0.7～1.5	0.1～1	0.07～1.5		>>3	(d)
气泡型	板式塔	帽罩	10～95	0.5～2	1～5	1～4	1～20	>30	≤3	(b)
		筛板	10～95	0.5～6	1～20	1～2	1～40			
	鼓泡反应塔		60～98	0.5～2	1～4	0.5～6	0.5～24	～30		(e)
	填料鼓泡反应塔		60～98	0.5～2	1～4	0.5～3	0.5～12	～30		
	管式反应器	水平管或蛇管	5～95	0.5～4	1～10	0.5～7	0.5～70	～80		(h)
		垂直管	5～95	0.5～8	2～5	1～20	2～100	～80		
	机械搅拌槽		20～95	—	0.3～4	1～20	0.3～80	～10		(f)
	文丘里式		5～30	2～10	5～10	1.6～25	8～25			
	射流式		—	—	—	1～20				
液环流型	重力循环式				10～30	0.2～0.5	2～15	～30	≤3	(g)
	内环式		70～93	—	—	—				
	外环式		60～83	—	—	—		～50		

8.3.2　气液反应器的特性与选型

上面介绍的各种气液反应器都有它的长处和弱点。在工业生产中，对气液反应器的要求是多方面因素的综合。选择时，应力求扬长避短。为了保证经济、有效地实现生产，必须选择具有生产能力大、产品收率高、操作稳定和检修方便等优点的气液反应器，而这些条件的实现又与气液反应的动力学特性和气液反应器的特性密切相关。因此，在选择气液反应器时，应考虑气液反应的动力学特性和气液反应器的特性。

根据气液反应的本征传质速率和本征反应速率的相对大小以及具体操作条件的不同，反应可能在相界面上，也可能在液膜内，还可能在液相主体中进行，也就是说，气液反应宏观反应速率可能属扩散控制，也可能属化学动力学控制，还可能属化学动力学与扩散两者混合控制。气液反应的这些动力学特性，决定着设备的比相界面积和持液量的大小对气液反应是否重要，据此选择相应特性的气液反应器型式。最后综合生产技术及经济指标的优化，达到最佳型式的选择。

气液反应器的特性包括生产强度和基本传递特性等方面的内容。生产强度是气液反应器选型的主要依据之一，它是指单位时间内单位体积反应器所能生产的产品量。在基本传质特性中，气液比相界面积和持液量(m^3 液体/m^3 设备)是其两项重要性能指标，也是气液反应器选型的主要依据之一。

不同的气液反应，因其具有不同的动力学特性，所以对气液反应器在生产强度和基本传质特性方面有不同的要求。最佳型式的反应器必须具备较高的生产强度，这就要求反应器的型式适合于反应体系的特性。

对于极快反应或快反应，液膜转化系数 $\sqrt{M}>3$，反应可能在相界面上或液膜内完成，气液反应属扩散控制。传递阻力若主要在气相，则选用设备宜以气相为连续相，这样气相湍动较大，传质系数 $k_{G}a$ 大，有利于气相传质。需选用液膜型气液反应器，而在这类反应器中又以填料反应塔能使反应器达到较高的生产强度。若反应要求液体有较长的停留时间，则可选用板式反应塔。

对于极慢反应或慢反应，液膜转化系数 $\sqrt{M}<0.3$，反应主要在液相主体内完成，气液反应属化学动力学控制，传递阻力主要在液相，选用设备宜以液体为连续相，这样反应的空间大且液体湍动较大，有利于液相传质和反应。前面介绍过的气泡型气液反应器就适用于这类反应，而在这类反应器中，又以鼓泡反应器最常用。

在综上所述的各种型式气液反应器中，填料反应塔和鼓泡反应器是工业生产上较普遍采用的类型，且具有一定的代表性。下面着重介绍这两种类型气液反应器的特点、传递特性、设计模型及其基本设计方法。

8.4　气液反应器的设计

8.4.1　填料反应塔

1. 简介

填料反应塔的基本结构示意图如图 8.7(a)所示。对于逆流操作的填料反应塔，液体由分布器自塔顶向下喷淋，润湿填料表面，气体自塔底进入，以连续相的形式向上流动，与填料表面的液层接触。填料是填料反应塔内作气液接触的基本构件，它可分为通用型填料(拉西环、鲍尔环、矩鞍填料等)和精密型填料(θ网环、波纹网填料等)两大类。使用通用型填料的反应塔具有操作适应性好、结构简单、气相压降较小、造价较低等优点，因此，被广泛应用于化学吸收操作过程中，特别适用于极快反应或快速反应的吸收过程。其主要缺点是：效率较低；液体在填料床中的停留时间短，不适合于慢速反应；喷淋密度必须大于 $5\mathrm{m^3/(m^2\cdot h)}$，否则会使填料的润湿率达不到要求等。而使用精密型填料的反应塔，因其要求苛刻、造价昂贵，在很多场合下适应性都受到许多限制，不适用于化学吸收操作过程。

填料反应塔的结构与一般吸收塔相同，塔径的计算方法与物理吸收时一样，主要由最佳空塔流速确定，具体计算可参阅有关化工原理教材。下面着重介绍气液反应过程对填料反应塔设计计算所提出来的特殊要求。

2. 填料反应塔的传递特性

1)气液比相界面积

气液反应首先要穿过相界面才能实现，因此气液比相界面积的大小对反应影响极大。在填料反应塔中，填料的润湿性是填料的主要特性之一，但填料并非总是完全润湿的，即部分表面在传质上不起作用。所以，气液相界面积不同于填料的表面积，填料的润湿表面也并非都有效，因填料与填料之间的接触点形成流动慢的死角。因此，有效比表面 a_p 较润湿比表面 a_w 小一点。对于化学吸收，可由式(8.64)决定有效比表面 a_p

$$a_\mathrm{p}=a_\mathrm{d}+fa_\mathrm{st} \tag{8.64}$$

式中：a_p 为单位填充床体积的有效表面积，$\mathrm{m^2/m^3}$；a_d 为与动态持液量相对应的单位填充床体积的动态相界面积，$\mathrm{m^2/m^3}$；a_st 为与静态持液量相对应的单位填充床体积的静态相界面积，$\mathrm{m^2/m^3}$；f 为静态比表面与动态比表面的吸收速率之比，不同的气液反应，f 不同，对拟一级反应 $f=0.87$，极快反应且吸收剂浓度较低时，$f=0.06\sim0.08$，物理吸收时，$f=0.078\sim0.1$。

对拟一级快反应和吸收剂足够时的极快反应，其有效比表面接近于润湿比表面，并可用下述关联式计算有效比表面 a_p：

$$\begin{aligned}\frac{a_\mathrm{p}}{a_\mathrm{c}}=\frac{a_\mathrm{w}}{a_\mathrm{c}}&=1-\exp\left[-1.45\left(\frac{\sigma_\mathrm{c}}{\sigma_\mathrm{L}}\right)^{0.75}\left(\frac{G_\mathrm{OL}}{a_\mathrm{c}\mu_\mathrm{L}}\right)^{0.1}\left(\frac{G_\mathrm{OL}^2a_\mathrm{c}}{\rho_\mathrm{L}^2g}\right)^{-0.05}\left(\frac{G_\mathrm{OL}^2}{\rho_\mathrm{L}\sigma_\mathrm{L}a_\mathrm{c}}\right)^{0.2}\right]\\&=1-\exp\left[-1.45\left(\frac{\sigma_\mathrm{c}}{\sigma_\mathrm{L}}\right)^{0.75}Re_\mathrm{L}^{0.1}Fr_\mathrm{L}^{-0.05}We_\mathrm{L}^{0.2}\right]\end{aligned} \tag{8.65}$$

式中：a_w 为单位填料体积的润湿面积，$\mathrm{m^2/m^3}$；a_c 为单位填充床体积内填料的总表面积，$a_\mathrm{c}=a_\mathrm{s}(1-\varepsilon_\mathrm{b})$，$\mathrm{m^2/m^3}$；$a_\mathrm{s}$ 为填料的比表面积，$\mathrm{m^2/m^3}$；ε_b 为空隙率；σ_c 为对特定材料的填料的临界表面张力(与该材料的接触角为零度的液体的表面张力)，N/m；σ_L 为液体的表面张力，N/m；G_OL 为液体空塔质量流速，$\mathrm{kg/(m^2\cdot s)}$；μ_L 为液体的黏度，$\mathrm{kg/(m\cdot s)}$；ρ_L 为液体的密度，$\mathrm{kg/m^3}$；g 为重力加速度，$\mathrm{m/s^2}$；Re_L 为 $G_\mathrm{OL}/(a_\mathrm{c}\mu_\mathrm{L})$，液体的雷诺数，无因次；$Fr_\mathrm{L}$ 为 $G_\mathrm{OL}^2a_\mathrm{c}/(\rho_L^2g)$，液体的弗劳德数，无因次；$We_\mathrm{L}$ 为 $G_\mathrm{OL}^2/(\rho_\mathrm{L}\sigma_\mathrm{L}a_\mathrm{c})$，液体的韦伯数，无因次。

式(8.65)用于通用型填料(除鲍尔环外)，其最大误差为±20%，而对鲍尔环填料的润湿比表面估计过低，甚至低达 50%。

在化学吸收过程中，由于化学反应的作用，有效比表面积易增大，因而有利于传质的进行和过程速率增大。当填料的名义尺寸小于 20 mm 时，此现象更加明显。因此，计算有效比表面积 a_p 时应充分考虑化学反应的影响。对于在上述条件下进行的二级不可逆反应，其有效相界面积可用下述关联式计算：

$$\frac{a_{AC}}{a_s(1-\varepsilon_b)}=\frac{a_p}{a_s(1-\varepsilon_b)}+\left(\frac{\sqrt{M}}{\beta}-1\right)\frac{a_{st}}{a_s(1-\varepsilon_b)}$$

或

$$\frac{a_{AC}}{a_c}=\frac{a_p}{a_c}+\left(\frac{\sqrt{M}}{\beta}-1\right)\frac{a_{st}}{a_c} \tag{8.66}$$

$$\frac{a_p}{a_s(1-\varepsilon_b)}=1.05\left[\frac{G_{OL}}{a_s(1-\varepsilon_b)\mu_L}\right]^{0.041}\left[\frac{G_{OL}^2}{\rho_L a_s(1-\varepsilon_b)a_L}\right]^{0.133}\left(\frac{\sigma_L}{\sigma_c}\right)^{0.182} \tag{8.66a}$$

$$\frac{a_{st}}{a_s(1-\varepsilon_b)}=0.229-\frac{0.091}{\ln\left[\dfrac{\rho_L g}{\sigma_L a_s^2(1-\varepsilon_b)^2}\right]}=\frac{a_p-a_{AP}}{a_s(1-\varepsilon_b)} \tag{8.66b}$$

式中：a_{AC} 为伴有气液反应时的有效相界面积，m^2/m^3；a_{AP} 为物理吸收时的有效表面积，m^2/m^3。

用式(8.66)可估算逆流式填料反应塔的有效比表面积 a_p 和单位填充床体积的润湿面积 a_w。

对慢反应，$\sqrt{M}\approx 0$，$\beta\approx 1$，则 $a_{AC}=a_{AP}=a_p-a_{st}$。

对拟一级快反应，$\beta=\sqrt{M}$，则 $a_{AC}=a_p$。

式(8.66)在下述实验范围内误差＜±20%：

$$G_{OL}=0.12\sim 12\ \mathrm{kg/(m^2\cdot s)},\quad \mu_L=0.5\times 10^{-3}\sim 13\times 10^{-3}\ \mathrm{Pa\cdot s}$$

$$\sigma_L=25\times 10^{-3}\sim 75\times 10^{-3}\ \mathrm{N/m},\quad \rho_L=800\sim 1900\ \mathrm{kg/m^3}$$

$$d_p(\text{填料})=10\sim 37.5\ \mathrm{mm},\quad \frac{\sigma_L}{\sigma_c}=0.3\sim 1.3,\quad \frac{a_p}{a_s(1-\varepsilon_b)}=0.08\sim 0.8$$

2) 传质系数

化学吸收传质系数的计算有以下几种方法：

(1) 理论公式。

(2) 利用实验手段直接测定。

(3) 利用传质系数的经验数据或通用关联式。

对于方法(1)，由于很多化学吸收系统的机理尚未探明，还不能根据原始理论作出有把握的计算，且计算所需的数据也欠完备，故很少采用。对于方法(2)，研究过的吸收系统终究有限，测试的条件也不见得都与生产所规定的条件相一致，其应用常受到限制。在工业上，当实验条件缺乏时，常用方法(3)进行化学吸收传质系数的计算。

许多研究者根据各自的研究路线，提出了各种不同的传质系数关联式，其中具有代表性的关联式是恩塔(Onda)等的关联式。

表示液相传质系数的关联式为

$$k_L\left(\frac{\rho_L}{\mu_L g}\right)^{\frac{1}{3}}=5.1\times 10^{-3}\left(\frac{G_{OL}}{a_w\mu_L}\right)^{\frac{2}{3}}\left(\frac{\mu_L}{\rho_L D_L}\right)^{-0.5}(a_c d_p)^{0.4} \tag{8.67}$$

表示气相传质系数的关联式为

$$k_G\left(\frac{RT}{a_c D_G}\right)=C\left(\frac{G_{OG}}{a_c\mu_G}\right)^{0.7}\left(\frac{\mu_G}{\rho_G D_G}\right)^{\frac{1}{3}}(a_c d_p)^{-2.0} \tag{8.68}$$

式中：k_L、k_G 分别为液相和气相中的传质系数；D_L、D_G 分别为液相和气相中的扩散系数，m^2/s；G_{OL}、G_{OG} 分别为液相和气相在单位填料截面上的空塔质量流速，$kg/(m^2\cdot s)$；μ_L、μ_G 分别为液体和气体的黏度，Pa·s；ρ_L、ρ_G 分别为液体和气体的密度，kg/m^3；R 为摩尔气体常量，8.314 J/(mol·K)；T 为热力学温度，K；d_p 为填料名义尺寸，m；C 为系数，当 $d_p<15$ mm 时 $C=2.00$，当 $d_p>15$ mm 时 $C=5.23$。

而式(8.67)和式(8.68)中的 $a_c d_p$ 值既可按填料的特性数据计算，也可以按表 8.2 取值。

表 8.2　各类填料的 $a_c d_p$ 值

填料类型	圆球	圆棍	拉西环	贝尔鞍	鲍尔环
$a_c d_p$	3.4	3.5	4.7	5.6	5.9

【例 8.5】　在 1 atm 及 20 ℃时用水吸收空气中低浓度的 NH_3，所用填料为 50 mm 拉西环。气体速率 $G_{OG}=1\ kg/(m^2\cdot s)$，液体速率 $G_{OL}=2\ kg/(m^2\cdot s)$，求氨吸收的传质系数 $K_G a$。已知数据如下：

$D_L=2.16\times10^{-9}\ m^2/s$，$\mu_L=1.01\times10^{-3}\ kg/(m\cdot s)$，$\rho_L=1000\ kg/m^3$，$\sigma_L=72\times10^{-3}$ N/m，$a_c=93\ m^2/m^3$

$D_G=1.9\times10^{-5}\ m^2/s$，$\mu_G=1.8\times10^{-5}\ kg/(m\cdot s)$，$\rho_G=1.2\ kg/m^3$，$\sigma_G=61\times10^{-3}$ N/m，$H_A=724.6\ kmol/(atm\cdot m^3)$

【解】　(1)用式(8.65)计算润湿面积 a_w。

$$\left(\frac{\sigma_c}{\sigma_L}\right)^{0.75}=\left(\frac{61\times10^{-3}}{72\times10^{-3}}\right)^{0.75}=0.883$$

$$Re^{0.1}=\left(\frac{G_{OL}}{a_c\mu_L}\right)^{0.1}=\left(\frac{2}{93\times1.01\times10^{-3}}\right)^{0.1}=1.358$$

$$Fr_L^{-0.05}=\left(\frac{G_{OL}^2 a_c}{\rho_L^2 g}\right)^{-0.05}=\left(\frac{2^2\times93}{1000^2\times9.81}\right)^{-0.05}=1.664$$

$$We_L^{0.2}=\left(\frac{G_{OL}^2}{\rho_L\sigma_L a_c}\right)^{0.2}=\left(\frac{2^2}{1000\times72\times10^{-3}\times93}\right)^{0.2}=0.227$$

$$\frac{a_w}{a_c}=1-\exp\left[-1.45\left(\frac{\sigma_c}{\sigma_L}\right)^{0.75}Re_L^{0.1}Fr_L^{-0.05}We_L^{0.2}\right]$$

$$=1-\exp[-1.45\times0.883\times1.358\times1.664\times0.227]=0.481$$

$$a_w=0.481\times93=44.733\ (m^2/m^3)$$

(2)用式(8.67)计算液相传质系数 k_L。

$$k_L=5.1\times10^{-3}\left(\frac{G_{OL}}{a_w\mu_L}\right)^{\frac{2}{3}}\left(\frac{\mu_L}{\rho_L D_L}\right)^{-0.5}(a_c d_p)^{0.4}\left(\frac{\rho_L}{\mu_L g}\right)^{-\frac{1}{3}}$$

$$=5.1\times10^{-3}\left(\frac{2}{44.733\times1.01\times10^{-3}}\right)^{\frac{2}{3}}\left(\frac{1.01\times10^{-3}}{1000\times2.16\times10^{-9}}\right)^{-0.5}\times(93\times0.05)^{0.4}\left(\frac{1000}{1.01\times10^{-3}\times9.81}\right)^{-\frac{1}{3}}$$

$$=5.1\times10^{-3}\times12.514\times0.0462\times1.849\times0.0215=1.172\times10^{-4}\ (m/s)$$

$$k_La_w = 1.172\times10^{-4}\times44.733 = 5.243\times10^{-3}\ [\mathrm{m^3/(m^3\cdot s)}]$$

(3) 用式(8.68)计算气相传质系数 k_G。

因为当 $d_p=50\,\mathrm{mm}>15\,\mathrm{mm}$，所以 $C=5.23$。

$$p=1\ \mathrm{atm},\ T=293\ \mathrm{K},\ R=0.08206\ \mathrm{atm\cdot m^3/(kmol\cdot K)}$$

$$k_G = C\left(\frac{G_{OG}}{a_c\mu_G}\right)^{0.7}\left(\frac{\mu_G}{\rho_G D_G}\right)^{\frac{1}{3}}(a_c d_p)^{-2.0}\left(\frac{RT}{a_c D_G}\right)^{-1}$$

$$=5.23\left(\frac{1}{93\times1.8\times10^{-5}}\right)^{0.7}\left(\frac{1.8\times10^{-5}}{1.2\times1.9\times10^{-5}}\right)^{\frac{1}{3}}(93\times0.05)^{-2.0}\left(\frac{0.08206\times293}{93\times1.9\times10^{-5}}\right)^{-1}$$

$$=5.23\times87.775\times0.924\times0.0462\times7.349\times10^{-5}=1.44\times10^{-3}[\mathrm{kmol/(m^2\cdot atm\cdot s)}]$$

$$k_Ga_w = 1.44\times10^{-3}\times44.733 = 64.416\times10^{-3}\ [\mathrm{kmol/(m^3\cdot atm\cdot s)}]$$

(4) 用式(8.55)计算 K_Ga。

因为对物理吸收 $\beta=1$，则

$$\frac{1}{K_Ga}=\frac{1}{k_Ga}+\frac{1}{\beta H_A k_L a}=\frac{1}{64.416\times10^{-3}}+\frac{1}{1\times724.6\times5.243\times10^{-3}}=15.82$$

$$K_Ga = 0.0633\ \mathrm{kmol/(m^3\cdot atm\cdot s)}$$

3. 填料反应塔的设计

对于填料反应塔，由于其填料层高度比填料直径大得多，因此填料的作用除增加比界面积外，还能降低气泡合并和液相轴向返混，塔内气液两相皆可视为平推流。填料反应塔的设计计算，关键是求出为完成规定的生产任务所必须的填料层高度和塔径。这里主要讨论填料层高度的计算。为便于计算，特作下列假定：

(1) 全塔温度恒定并相等。

(2) 气液两相均为平推流。

(3) 全塔总压不变。

(4) 流体流经全塔的物性不变。

以反应 $A_{(G)}+bB_{(L)}\longrightarrow M_{(L)}$ 为例，讨论填料反应塔高度的计算。

总压力：$p=p_A+p_B+\cdots+p_I$

液相总浓度：$c_T=c_A+c_B+\cdots+c_I$

气相摩尔分数：$y_A=p_A/p$

气相物质的量比：$Y_A=p_A/p_I$

液相摩尔分数：$x_B=c_B/c_T$

液相物质的量比：$X_B=c_B/c_I$

摩尔分数与物质的量比的关系为

$$\begin{cases} Y=\dfrac{y}{1-y} \\ X=\dfrac{x}{1-x} \end{cases}\quad 或 \quad \begin{cases} y=\dfrac{Y}{1+Y} \\ x=\dfrac{X}{1+X} \end{cases}$$

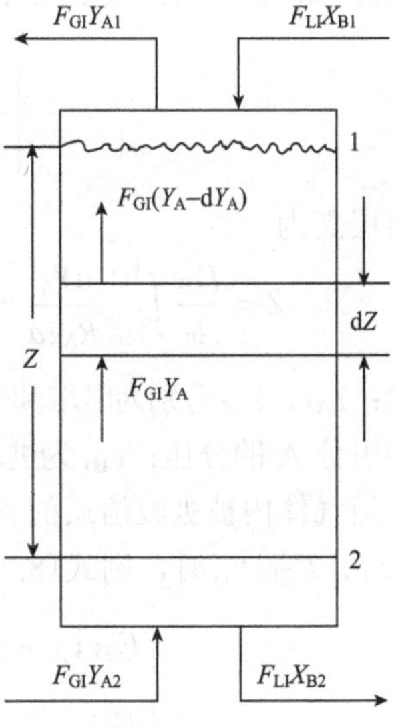

图 8.8　填料反应塔的物料衡算示意图

取填料塔的某一具有代表性的微元段 dZ 作溶质 A 的物料衡算(图 8.8)，则有

气相中A的消失量＝1/b 液相中B的消失量

若气体内被吸收溶质的含量较高，且大部分被吸收，则 F_G 和 F_L 不为定值，应以惰性组分量为基准作衡算，因此对逆流操作的填料反应塔有

$$\begin{cases} F_{GI}\mathrm{d}Y_A = -\dfrac{1}{b}F_{LI}\mathrm{d}X_B \\ \dfrac{F_{GI}}{p_I}\mathrm{d}p_A = -\dfrac{1}{b}\dfrac{F_{LI}}{c_I}\mathrm{d}c_B = -\dfrac{1}{b}Q_L\mathrm{d}c_B \\ F_{GI}\mathrm{d}\left(\dfrac{y_A}{1-y_A}\right) = -\dfrac{1}{b}F_{LI}\mathrm{d}\left(\dfrac{x_B}{1-x_B}\right) \end{cases} \tag{8.69}$$

式中：F_G、F_L 分别为气相和液相的摩尔流量，mol/s；F_{OG}、F_{OL} 分别为单位截面上气相和液相的摩尔流量，$F_{OG}=F_G/A_R$，$F_{OL}=F_L/A_R$，mol/(m^2·s)；F_{GI}、F_{LI} 分别为气相和液相中惰性组分的摩尔流量，mol/s；F_{OGI}、F_{OLI} 分别为单位截面上气相和液相中惰性组分的摩尔流量，mol/(m^2·s)；A_R 为填料塔的横截面积，m^2；Q_L 为液相的体积流量，$Q_L=F_L/c_T=F_{LI}/c_I$，m^3/s；Q_{OL} 为单位截面上液相的体积流量，$Q_{OL}=Q_L/A_R$，m^3/(m^2·s)。

式(8.69)为填料反应塔操作线微分方程，积分可得操作线方程为

$$\begin{cases} F_{GI}(Y_A - Y_{A1}) = -\dfrac{1}{b}F_{LI}(X_B - X_{B1}) \\ \dfrac{F_{GI}}{p_I}(p_A - p_{A1}) = -\dfrac{1}{b}\dfrac{F_{LI}}{c_I}(c_{BL} - c_{BL1}) - \dfrac{1}{b}Q_L(c_{BL} - c_{BL1}) \\ F_{GI}\left(\dfrac{y_A}{1-y_A} - \dfrac{y_{A1}}{1-y_{A1}}\right) = -\dfrac{1}{b}F_{LI}\left(\dfrac{x_B}{1-x_B} - \dfrac{x_{B1}}{1-x_{B1}}\right) \end{cases} \tag{8.70}$$

若 R_{AS} 为单位气液接触面上组分A的宏观反应速率，a 为比相界面积，则在微元段 dZ 内吸收过程中溶质A的消失量应等于它在液相中的反应量，也应等于它从气相传递到界面的速率：

$$\begin{cases} F_{GI}\mathrm{d}Y_A = R_{AS}aA_R\mathrm{d}Z = N_A aA_R\mathrm{d}Z \\ \dfrac{F_{GI}}{p_I}\mathrm{d}p_A = R_{AS}aA_R\mathrm{d}Z = N_A aA_R\mathrm{d}Z \end{cases} \tag{8.71}$$

填料层高为

$$Z = \frac{F_{GI}}{A_R}\int_{Y_{A1}}^{Y_{A2}}\frac{\mathrm{d}Y_A}{R_{AS}a} = \frac{F_{GI}}{A_R p_I}\int_{p_{A1}}^{p_{A2}}\frac{\mathrm{d}p_A}{R_{AS}a} = F_{OGI}\int_{Y_{A1}}^{Y_{A2}}\frac{\mathrm{d}Y_A}{R_{AS}a} = \frac{F_{OGI}}{p_I}\int_{p_{A1}}^{p_{A2}}\frac{\mathrm{d}p_A}{R_{AS}a} \tag{8.72}$$

式中：Y_{A1}、Y_{A2} 分别为出塔和进塔气体中组分A的物质的量比；p_{A1}、p_{A2} 分别为出塔和进塔气体中组分A的分压；c_{B1} 为进塔液相中组分B的浓度。

当气体内被吸收溶质的含量较小，溶液较稀，$p\approx p_I$，$Y_A\approx y_A=p_A/p$，$c_T\approx c_I$，$X_B\approx x_B=c_B/c_T$，$F_{LI}\approx F_L$，$F_{GI}\approx F_G$ 时，则式(8.70)～式(8.72)变为

$$\begin{cases} F_G(y_A - y_{A1}) = -\dfrac{1}{b}F_L(x_B - x_{B1}) \\ \dfrac{F_G}{p}(p_A - p_{A1}) = -\dfrac{1}{b}\dfrac{F_L}{c_T}(c_B - c_{B1}) = -\dfrac{1}{b}Q_L(c_B - c_{B1}) \end{cases} \tag{8.73}$$

$$\begin{cases} F_G \mathrm{d}y_A = R_{AS} a A_R \mathrm{d}Z \\ \dfrac{F_G}{p}\mathrm{d}p_A = R_{AS} a A_R \mathrm{d}Z \end{cases} \tag{8.74}$$

$$Z = \frac{F_G}{A_R}\int_{y_{A1}}^{y_{A2}} \frac{\mathrm{d}y_A}{R_{AS}a} = \frac{F_G}{A_R p}\int_{p_{A1}}^{p_{A2}} \frac{\mathrm{d}p_A}{R_{AS}a} = F_{OG}\int_{y_{A1}}^{y_{A2}} \frac{\mathrm{d}y_A}{R_{AS}a} = \frac{F_{OG}}{p}\int_{p_{A1}}^{p_{A2}} \frac{\mathrm{d}p_A}{R_{AS}a} \tag{8.75}$$

这样，对不同类型的气液反应，只要规定了塔进出口的组成，并将其相应的宏观速率方程代入上述基本设计方程式(8.72)或式(8.75)中，便可求出填料层高度 Z。但在化学吸收中，气膜总传质系数 K_G 与增强因子 β 有关，其关系见式(8.55)，而增强因子 β 常随塔的高度而改变，不能作常量处理，这就使计算过程复杂化了。因此，计算填料反应塔的填料层高度 Z 时一般需用图解积分法或数值解法。目前仅能对一些比较简单的系统进行填料层高度 Z 的解析计算。

1) 全塔处于气膜控制的系统

此时液相 βH_A 很大，根据双膜模型，假定:

(1) 反应为极快不可逆反应，液相中溶剂 B 的浓度大于临界值，或反应为快速不可逆反应且 β 值很大。

(2) 界面处溶质的气相浓度 $y_I=0$ 或 $p_I=0$。

(3) 化学吸收属低浓度气体吸收，即 $F_{GI}\approx F_G$，$F_{LI}\approx F_L$。

由式(8.55)知，当 $\beta H_A k_{AL} \gg k_{AG}$ 时，$K_{AG}\approx k_{AG}$，全塔处于气膜控制，此时设计计算方法和物理吸收相近。

用分压表示气膜控制时的反应速率方程为

$$R_{AS}a = k_{AG}a(p_{AG}-p_{AI}) = k_{AG}ap_{AG} = k_{AG}apy_A \tag{8.76}$$

将式(8.76)代入式(8.75)积分得

$$Z = \frac{F_{OG}}{k_{AG}ap}\frac{\ln y_{A2}}{\ln y_{A1}} = \frac{F_{OG}}{k_{AG}ap}\frac{\ln p_{A2}}{\ln p_{A1}} \tag{8.77}$$

式中：y_{A1}、y_{A2} 分别为组分 A 出塔和进塔时的摩尔分数；p_{A1}、p_{A2} 分别为组分 A 出塔和进塔时的分压。

在无机化工生产范围内，多数碱性溶液的脱硫过程、铜液吸收 CO 和 O_2 的过程和有过量强酸吸收低浓度的氨气等过程都属于气膜控制。

【例8.6】 某带化学反应的脱硫过程，$k_{AL}=2\times10^{-4}$ m/s，$k_{AG}=0.2$ kmol/(m^2·atm·h)，填料塔的比表面为 92 m^2/m^3，气体在塔内的空塔流速为30 kmol/(m^2·h)，入塔气含硫2 g/m^3，出塔气含0.05 g/m^3，操作压力1.1 atm，若全塔平均增强因子$\beta=50$，H_2S的溶解度系数为0.1 kmol/(atm·m^3)。试求在不计氨水表面上H_2S的平衡分压时的塔高。

【解】　$\beta H_A k_{AL}=50\times0.1\times2\times10^{-4}=10^{-3}$ [kmol/(m^2·atm·s)]$=3.6$ [kmol/(m^2·atm·h)]

而　$k_{AG}=0.2$ kmol/(m^2·atm·h) $\ll 3.6$ kmol/(m^2·atm·h)

所以可视该脱硫过程为气膜控制。

由于 S 含量低且又不计平衡分压，则可按式(8.77)计算，即

$$Z = \frac{30}{1.1\times0.2\times92}\ln\frac{2}{0.05} = 5.468\text{(m)}$$

2) 快速虚拟一级不可逆反应系统

对于该反应系统，因反应较快，反应在液膜内完成，其增强因子 $\beta_1=\sqrt{M}=\sqrt{k_2 D_{AL} c_{BL}}/k_{AL}$。由于在填料塔内液相主体的溶剂浓度 c_{BL} 沿塔高而变化，因而 β 不能认为是常量，总传质系数 K_{AG} 就不能像物理吸收那样直接拿到积分号外。

宏观速率方程为

$$R_{AS}=k_{AL}c_{AI}\beta_1=c_{AI}\sqrt{k_2 D_{AL} c_{BL}}$$

而用分压表示的反应速率为

$$R_{AS}=k_{AG}(p_{AG}-p_{AI})$$

根据亨利定律，在界面上有

$$c_{AI}=H_A p_{AI}$$

消去 p_{AI} 和 c_{AI}，即得快速虚拟一级不可逆反应的吸收速率的另一形式

$$R_{AS}=\frac{p_{AG}}{\dfrac{1}{k_{AG}}+\dfrac{1}{H_A\beta_1 k_{AL}}}=\frac{p_{AG}}{\dfrac{1}{k_{AG}}+\dfrac{1}{H_A\sqrt{k_2 D_{AL} c_{BL}}}} \tag{8.78}$$

由式(8.70)知

$$c_{BL}=c_{BL1}-\frac{bF_{GI}c_I}{F_{LI}p_I}(p_A-p_{A1})=\left(c_{BL1}+\frac{bF_{GI}c_I}{F_{LI}p_I}p_{A1}\right)-\frac{bF_{GI}c_I}{F_{LI}p_I}p_A \tag{8.79}$$

将式(8.79)和式(8.78)代入式(8.72)得

$$Z=\frac{F_{GI}}{p_I A_R k_{AG}a}\int_{p_{A1}}^{p_{A2}}\frac{dp_A}{p_A}+\frac{F_{GI}}{p_I A_R H_A a\sqrt{k_2 D_{AL}}}\int_{p_{A1}}^{p_{A2}}\frac{dp_A}{p_A\sqrt{\left(c_{BL1}+\dfrac{bF_{GI}c_I}{F_{LI}p_I}p_{A1}\right)-\dfrac{bF_{GI}c_I}{F_{LI}p_I}p_A}} \tag{8.80}$$

式中令

$$m=\frac{c_{BL1}F_{LI}p_I}{bF_{GI}c_I}+p_{A1}\qquad n=\frac{1}{A_R H_A a}\sqrt{\frac{F_{GI}F_{LI}p_I}{bk_2 D_{AL}c_I}}$$

则积分式(8.80)得

$$Z=\frac{F_{GI}}{p_I A_R k_{AG}a}\ln\frac{p_{A2}}{p_{A1}}+\frac{n}{p_I\sqrt{m}}\ln\frac{(\sqrt{m-p_{A2}}-\sqrt{m})(\sqrt{m-p_{A1}}+\sqrt{m})}{(\sqrt{m-p_{A2}}+\sqrt{m})(\sqrt{m-p_{A1}}-\sqrt{m})} \tag{8.81}$$

对于低浓度吸收，$F_{GI}\approx F_G$，$F_{LI}\approx F_L$，$p_I\approx p$，$c_I\approx c_T$。

3) 不可逆极快反应系统

极快反应的速率方程为

$$R_{AS}=k_{AL}c_{AI}\beta_\infty \tag{8.22}$$

式中

$$\beta_\infty=1+\frac{1}{b}\frac{D_{BL}}{D_{AL}}\frac{c_{BL}}{c_{AI}} \tag{8.15}$$

由式(8.30)知

$$N_A = R_{AS} = \frac{p_{AG} + \dfrac{c_{BL}D_{BL}}{bH_A D_{AL}}}{\dfrac{1}{k_{AG}} + \dfrac{1}{H_A k_{AL}}} \tag{8.30}$$

将式(8.15)代入式(8.22)得

$$R_{AS} = k_{AL}c_{AI} + \frac{k_{AL}}{b}\frac{D_{BL}}{D_{AL}}c_{BL} = k_{AL}c_{AI} + \frac{k_{BL}}{b}c_{BL} \tag{8.82}$$

由式(8.26)知极快反应的临界浓度为

$$c'_{BL} = \frac{bD_{AL}}{D_{BL}}\frac{k_{AG}}{k_{AL}}p_A \tag{8.26}$$

将操作线微分方程式(8.69)围绕临界浓度处以上的部分积分得

$$\frac{F_{GI}}{p_I}(p_A - p_{A1}) = -\frac{F_{LI}}{bc_I}(c'_{BL} - c_{BL1}) \tag{8.83}$$

联立求解式(8.26)和式(8.83)得

$$c'_{BL} = \frac{c_{BL1} + \dfrac{bF_{GI}c_I}{F_{LI}p_I}p_{A1}}{1 + \dfrac{F_{GI}c_I D_{BL}k_{AL}}{F_{LI}p_I D_{AL}k_{AG}}} \tag{8.84}$$

$$p'_A = \frac{D_{BL}}{bD_{AL}}\frac{k_{AL}}{k_{AG}}c'_{BL} \tag{8.85}$$

c_{BL} 与 c'_{BL} 的关系决定着反应属什么控制：

(1) 无论是塔顶还是塔底，都满足 $c_{BL} > c'_{BL}$，过程为气膜控制。此时填料反应塔所需的填料层高度 Z 可由式(8.77)计算。

(2) 无论是塔顶还是塔底，都满足 $c_{BL} < c'_{BL}$，反应在液膜内进行。此时气液两相都存在吸收阻力，需用下面讨论的公式计算填料层高度。

将式(8.30)和式(8.79)代入式(8.72)积分得

$$Z = \frac{F_{GI}}{A_R k_{AG} a}\left(\frac{1}{k_{AG}a} + \frac{1}{H_A k_{AL} a}\right)\int_{p_{A1}}^{p_{A2}} \frac{\mathrm{d}p_A}{p_A\left(1 - \dfrac{D_{BL}}{bH_A D_{AL}}\dfrac{bF_{GI}c_I}{F_{LI}p_I}\right) + \dfrac{D_{BL}}{bH_A D_{AL}}\left(c_{BL1} + \dfrac{bF_{GI}c_I}{F_{LI}p_I}p_{A1}\right)} \tag{8.86}$$

令

$$t = 1 - \frac{D_{BL}}{bH_A D_{AL}}\frac{bF_{GI}c_I}{F_{LI}p_I}, \quad s = \frac{D_{BL}}{bH_A D_{AL}}\left(c_{BL1} + \frac{bF_{GI}c_I}{F_{LI}p_I}p_{A1}\right)$$

则积分式(8.86)得

$$Z = \frac{F_{GI}}{p_I A_R k_{AG} a t}\left(\frac{1}{k_{AG}a} + \frac{1}{H_A k_{AL} a}\right)\ln\frac{s + tp_{A2}}{s + tp_{A1}} \tag{8.87}$$

对于低浓度吸收，$F_{GI} \approx F_G$，$F_{LI} \approx F_L$，$p_I \approx p$，$c_I \approx c_T$。

(3) 塔顶处 $c_{BL} > c'_{BL}$，反应属气膜控制，塔底处 $c_{BL} < c'_{BL}$，反应发生在液膜内，气液两相都存在吸收阻力，此时需分段计算填料层的高度，即

$$Z=Z_1+Z_2$$

塔内某一截面处，必满足$c_{BL}=c'_{BL}$。在$c'_{BL}\sim c_{BL1}$用式(8.77)计算Z_1，在$c_{BL2}\sim c'_{BL}$用式(8.87)计算Z_2。

(4)当气膜扩散阻力可以忽略时，则计算仅需考虑液膜扩散阻力。

由于c_{BL}沿塔高而变，因此由式(8.15)可知β_∞值也随塔高而变，则将式(8.70)变为

$$c_{BL}=c_{BL1}-\frac{bF_{GI}}{F_{LI}}c_I(Y_A-Y_{A1}) \tag{8.88}$$

又由亨利定律可知

$$c_{AI}=H_A p_{AI}$$

当气膜阻力可以忽略时，有

$$R_{AS}=k_{AL}c_{AI}\beta_\infty,\quad \beta_\infty=1+\frac{1}{b}\frac{D_{BL}}{D_{AL}}\frac{c_{BL}}{c_{AI}}$$

而

$$p_{AI}=p_A=\frac{Y_A}{1+Y_A}p$$

所以

$$c_{AI}=H_A\frac{Y_A}{1+Y_A}p \tag{8.89}$$

式(8.89)和式(8.88)代入式(8.82)得

$$R_{AS}=k_{AL}H_A\left(\frac{Y_A}{1+Y_A}\right)p+\frac{k_{BL}}{b}\left[c_{BL1}-\frac{bF_{GI}c_I}{F_{LI}}(Y_A-Y_{A1})\right]$$

或

$$R_{AS}=\frac{A+BY_A-CY_A^2}{1+Y_A} \tag{8.90}$$

式(8.90)代入式(8.72)积分得

$$Z=\frac{F_{GI}}{aA_R}\left\{\frac{1}{2C}\ln\frac{A+BY_{A1}-CY_{A1}^2}{A+BY_{A2}-CY_{A2}^2}+\left[1+\frac{B}{2C}\frac{1}{\sqrt{B^2+4AC}}\ln\frac{(\sqrt{B^2+4AC}+2CY_{A2}-B)(\sqrt{B^2+4AC}+2CY_{A1}+B)}{(\sqrt{B^2+4AC}+2CY_{A2}+B)(\sqrt{B^2+4AC}+2CY_{A1}-B)}\right]\right\} \tag{8.91}$$

式(8.91)为气膜阻力可以忽略时极快不可逆反应填料层高度的设计计算式。式中

$$A=\frac{k_{BL}}{b}c_{B1}+\frac{F_{GI}k_{BL}c_I}{F_{LI}}Y_{A1},\quad B=k_{AL}H_A p+\frac{k_{BL}}{b}c_{B1}+\frac{F_{GI}k_{BL}c_I}{F_{LI}}(Y_{A1}-1),\quad C=\frac{F_{GI}k_{BL}c_I}{F_{LI}}$$

【例 8.7】 填料反应塔的设计。

任务：将某尾气中有害组分从 0.1%降低至 0.02%(体积分数)。

已知：$p=1$ atm，液体的总浓度$c_T=56$ kmol/m^3，溶解度系数$H_A=8$ kmol/(m^3·atm)，$k_{AG}a=32$ kmol/(m^2·atm·h)，$k_{AL}a=0.1$ h^{-1}，$F_{OL}=F_{OLI}=7\times10^2$ kmol/(m^2·h)，$F_{OG}\approx F_{OGI}=1\times10^2$ kmol/(m^2·h)。

试比较 B 组分溶液在不同浓度下进行化学吸收时的塔高。

(1) 用高浓度反应组分 $c_{BL1}=0.8\ kmol/m^3$ 的水溶液吸收，反应极快，反应式为 $A+bB\longrightarrow M$，$b=1.0$，设 $k_{AL}=k_{BL}=k_L$，$D_{AL}=D_{BL}$。

(2) 用低浓度的溶液吸收，$c_{BL1}=3.2\times10^{-2}\ kmol/m^3$。

(3) 用中等浓度的溶液吸收，$c_{BL1}=12.8\times10^{-2}\ kmol/m^3$。

【解】 以单位截面积为基准，由于气体中被吸收组分很少，因此 $p_I\approx p$，$c_I=c_T$。

先计算临界浓度 c'_{BL}，然后根据 c_{BL} 与 c'_{BL} 的关系，决定计算填料层高度 Z 的计算式。

由式 (8.84) 求 c'_{BL}

$$c'_{BL}=\frac{c_{BL1}+\dfrac{1\times1\times10^2\times A_R\times56}{7\times10^2\times A_R\times1}0.0002}{1+\dfrac{1\times10^2\times A_R\times56\times0.1}{7\times10^2\times A_R\times1\times32}}=\frac{c_{BL1}+1.6\times10^{-3}}{1.025} \tag{E8.7-1}$$

将操作线微分方程式 (8.69) 围绕全塔进行积分，得

$$c_{BL2}=c_{BL1}-\frac{bF_{GI}c_T}{F_Lp}(p_{A2}-p_{A1})=c_{BL1}-6.4\times10^{-3} \tag{E8.7-2}$$

(1) 高浓度溶液吸收。

将 $c_{BL1}=0.8\ kmol/m^3$ 代入式 (E8.7-2) 和式 (E8.7-1)，得

$$c_{BL2}=0.7936\ kmol/m^3,\quad c'_{BL}=0.782\ kmol/m^3$$

$$p'_A=\frac{0.1}{1\times32}\times0.782=2.444\times10^{-3}\ (atm)$$

由此可见，无论是塔顶还是塔底处，$c_{BL}>c'_{BL}$，故全塔处于气膜控制，填料层高度 Z 由式 (8.77) 计算，即

$$Z=\frac{F_{OG}}{k_{AG}ap}\frac{\ln p_{A2}}{\ln p_{A1}}=\frac{1\times10^2}{32\times1}\ln\frac{0.001}{0.0002}=5.029(m)$$

(2) 低浓度溶液吸收。

将 $c_{BL1}=3.2\times10^{-2}\ kmol/m^3$ 代入式 (E8.7-2) 和式 (E8.7-1)，得

$$c_{BL2}=0.0256\ kmol/m^3,\quad c'_{BL}=0.03278\ kmol/m^3$$

由计算知，无论是塔顶还是塔底，$c_{BL}<c'_{BL}$，故可认为在液膜内进行快反应，填料层高度 Z 由式 (8.87) 计算，即

$$t=1-\frac{D_{BL}}{bH_AD_{AL}}\frac{bF_{GI}c_I}{F_{LI}p_I}=1-\frac{1\times10^2\times56}{8\times7\times10^2\times1}=0$$

$$s=\frac{1}{1\times8}\left(3.2\times10^{-2}+\frac{1\times10^2\times56}{7\times10^2\times1}0.0002\right)=4.2\times10^{-3}$$

则

$$Z=\frac{F_{GI}}{A_R}\left(\frac{1}{k_{AG}a}+\frac{1}{H_Ak_{AL}a}\right)\int_{p_{A1}}^{p_{A2}}\frac{dp_A}{s}=1\times10^2\left(\frac{1}{32}+\frac{1}{8\times0.1}\right)\frac{(0.001-0.0002)}{4.2\times10^{-3}}=24.405(m)$$

由计算可知，欲完成同一吸收任务，组分 B 浓度降得太低时，则塔高增加过多。

(3) 中等浓度溶液吸收。

将 $c_{BL1}=12.8\times10^{-2}\ kmol/m^3$ 代入式 (E8.7-2) 和式 (E8.7-1)，得

$$c_{BL2}=0.1216\ kmol/m^3,\quad c'_{BL}=0.1264\ kmol/m^3$$

$$p'_A = \frac{0.1}{1\times 32}\times 0.1264 = 3.951\times 10^{-4}\ (\text{atm})$$

塔顶处 $c_{BL1} > c'_{BL}$，反应属气膜控制，塔底处 $c_{BL2} < c'_{BL}$，反应发生在液膜内，气液两相都存在吸收阻力，此时需分段计算填料层的高度，即

$$Z = Z_1 + Z_2$$

在 $p'_A = 3.951\times 10^{-4}$ atm 以上的填料层高度 Z_1 由式(8.77)计算：

$$Z_1 = \frac{F_{OG}}{k_{AG}ap}\ln\frac{p'_A}{p_{A1}} = \frac{1\times 10^2}{32\times 1}\ln\frac{3.951\times 10^{-4}}{0.0002} = 2.128(\text{m})$$

在 $p'_A = 3.951\times 10^{-4}$ atm 以下的填料层高度 Z_2 由式(8.87)计算：

$$s = \frac{1}{1\times 8}\left(12.8\times 10^{-2} + \frac{1\times 10^2\times 56}{7\times 10^2\times 1}0.0002\right) = 0.016$$

$$Z_2 = 1\times 10^2\left(\frac{1}{32} + \frac{1}{8\times 0.1}\right)\frac{(0.001 - 3.951\times 10^{-4})}{0.016} = 4.844(\text{m})$$

$$Z = Z_1 + Z_2 = 2.128 + 4.844 = 6.972\ (\text{m})$$

由本例可以看出，不同浓度的吸收液对化学吸收的影响很大。通过计算可以确定合适的溶液浓度和相应的填料层高度。

8.4.2　鼓泡反应器

1. 简介

鼓泡反应器型式较多，有鼓泡反应塔、机械搅拌鼓泡反应槽和填料鼓泡反应塔等。鼓泡反应器按液体的加入方式分为半连续操作鼓泡反应器和连续操作鼓泡反应器两类。

对于半连续操作鼓泡反应器，液体是分批加入和取出，而气体是连续通过。工业上许多重要的气液反应，如某些有机物的烷基化、氧化以及氯化反应等，常采用半连续操作的鼓泡反应器。

对于连续操作的鼓泡反应器，液体是连续加入和连续取出，气体连续通过。工业上许多有机化合物的氧化反应(如乙烯氧化成乙醛、乙醛氧化成乙酸以及对二甲苯氧化成对苯二甲酸等反应)、各种石蜡和芳烃的氯化反应以及各种生物化学反应等常采用连续操作的鼓泡反应器。

各种型式的鼓泡反应器中，应用最广的为简单鼓泡反应塔，下面对它的特点作简单介绍。

简单鼓泡反应塔如图 8.7(e)所示，塔内不设置内部构件，也无搅拌器，它主要由塔体和气体分布器组成。塔内盛有液体，气体从塔底部通入，经装在塔下部的气体分布器分散在液体中进行传质、传热，此时液体为连续相，气体呈分散相。

简单鼓泡反应塔具有结构简单、操作稳定、持液量和比相界面积大、传质和传热效率较高、造价低廉、维修方便和易实现大型化等优点，最适用于缓慢化学反应和强放热反应体系，因此被广泛应用于吸收、发酵及其他许多气液反应过程。

简单鼓泡反应塔的主要缺点是液相返混较大，导致反应速率明显下降，气液反应较难达到较高的液相转化率，而且当简单反应塔的高径比较大时，气泡聚并速度增加，使比相界面积减少。为了提高气体分散程度、减少液体返混，常采取以下措施：

(1) 在处理量较大时，常采用多级鼓泡反应塔相串联的操作方式。

(2) 在塔内加设多层水平多孔隔板使其成为多段鼓泡塔。

(3) 为了增加气液接触，在塔内液体层中放置填料成为填料鼓泡塔。

(4) 对于伴有大量热效应的反应系统，为了提高热量的传递速率，常在塔内或塔外设置换热装置，如图 8.9 和图 8.10 所示。

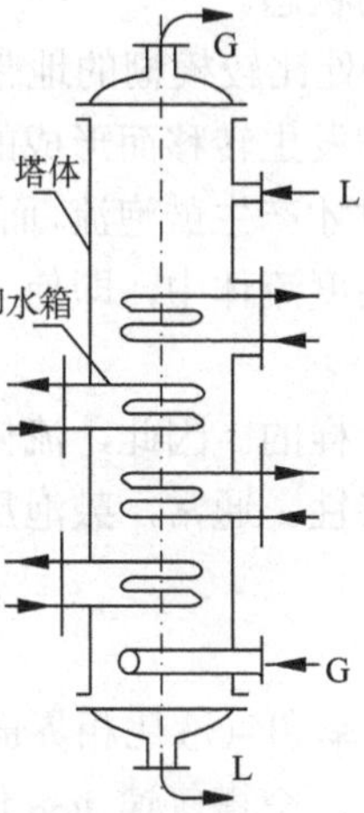

图 8.9　塔内设有换热器的鼓泡塔

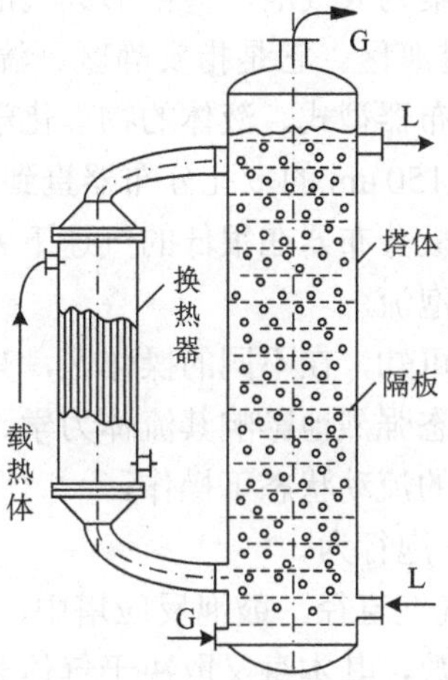

图 8.10　设有隔板、塔外循环管和换热器的鼓泡塔

2. 鼓泡反应器的传递特性

1) 流体力学特性

鼓泡反应塔的最基本现象是气体以气泡形态存在。因此，气泡的形状、大小及其运动状况便是鼓泡反应塔的基本特性。这些基本特性决定了反应器传递性能的优劣，同时它们受到塔内流动状态的直接影响，进而使气液反应受到影响。

要掌握鼓泡反应塔中气液相间的传质、传热及由于气泡运动而引起的液相轴向混合等问题，需首先了解鼓泡反应塔的流动状态、气泡大小、气泡生长及其运动规律等，然后进一步了解液相内的气含率及其气液相界面状况。

(1) 流动状态。流体在鼓泡反应塔的流动状态主要取决于塔径 D_t 和塔气速 u_{OG}，其关系如图 8.11 所示。

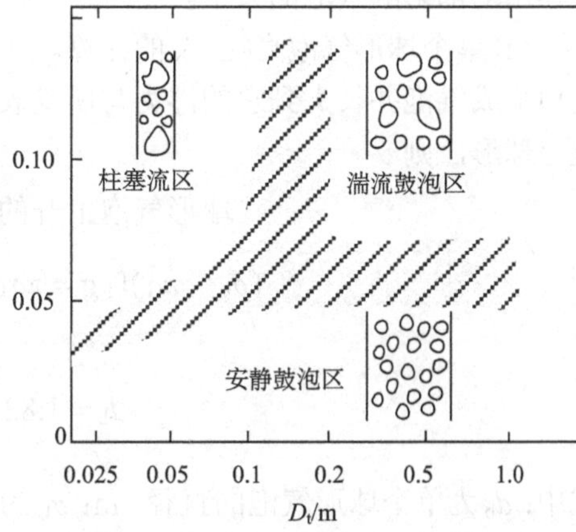

图 8.11　鼓泡塔流动状态分区区域图

由图 8.11 可知，按空塔气速 u_{OG} 的大小可将塔内的流动状态划分为以下几种区域：

① 安静鼓泡区。对于低黏度液体，空塔气速 $u_{OG} < 0.05$ m/s 称为安静区。此时气泡大小比较均匀，并做有规则的浮升，鼓泡区内液体扰动并不显著。在此区域操作，既能达到一定的气体流量，又可避免气体的轴向返混，所以适合于极慢反应。

② 湍流鼓泡区。空塔气速 $u_{OG}>0.075$ m/s 称为湍动鼓泡区。此时塔内气泡大小不均匀，向各个方向运动，使塔内气液两相均处于剧烈的无定向搅动，液相返混极大，且由于大气泡上升速率快，停留时间短，小气泡上升速率慢，停留时间长，因而气液接触处于不均匀的流动状态。

③ 柱塞气泡区。塔径 $D_t<0.15$ m 的区域称为柱塞气泡区。此时，气泡在塔中心聚集起来，小气泡并集为大气泡，甚至形成气泡柱，出现柱塞气泡流动状态。

④ 过渡区。它是指安静区、湍动区和柱塞气泡区交界处比较模糊的地带，是流动状态受气体分布器型式、液体的物理化学性质和液相流速等影响发生转移而形成的。例如，平均孔径小于 150 μm 的多孔分布器直到气速达 0.05～0.08 m/s 时才产生鼓泡流，而孔径大小 1 mm 的多孔筛板分布器在很低的气速下就可产生鼓泡流。在高黏度流体中，即使气速很低也能产生柱塞气泡流。

由上可知，在不同的操作区，其流体力学的规律是不一样的。因此，流体在鼓泡反应塔的流动状态强烈地影响其流体力学、传质、传热和返混等特性。通常，鼓泡反应塔在安静区和湍动区的流动状态下操作。

(2) 气泡行为。

① 气泡直径。鼓泡反应塔中，气泡的大小既影响气含率和气液比相界面积等方面的重要传递参数，其本身又取决于气体分布器和液体的湍动情况。空塔气速 u_{OG} 低时，即 $u_{OG}<0.05$ m/s，主要是气体分布器使通过的气体在塔中分散为气泡，从而气体分布器上孔的种类、直径及排列情况对气泡的形状、大小和运动影响极大，因此，在此种情况下，塔内气体分布器的设计十分重要。空塔气速 u_{OG} 高时，即 $u_{OG}>1$ m/s，主要由于塔中液体的湍动引起喷出气流的破裂，以及气泡间既合并又破裂的动平衡决定气泡的大小，而与分布器孔径无关。空塔气速 u_{OG} 在介于上述两种情况之间的过渡区域时，即 0.05 m/s$<u_{OG}<$1 m/s，气体分布器和液体湍动都影响气泡的大小。

(a) 单个球形气泡直径 d_b 的计算。在安静鼓泡区，其气体流量很小，此时在分布器上单孔口形成气泡并长大到它的浮力与所受表面张力相平衡时，就离开孔口上升。如果气泡较小且呈球形，则

球形气泡上升的浮力＝气泡所受表面张力

即
$$(\rho_L-\rho_G)V_b g=\pi\sigma_L d_o \text{ 或 } (\rho_L-\rho_G)\frac{\pi}{6}d_b^3 g=\pi\sigma_L d_o$$

$$d_b=1.82\left[\frac{\sigma_L d_o}{(\rho_L-\rho_G)g}\right]^{\frac{1}{3}} \tag{8.92}$$

式中：d_b 为单个球形气泡的直径，m；σ_L 为液体的表面张力，N/m；d_o 为气体分布器喷孔直径，m；V_b 为单个球形气泡的体积，$V_b=(\pi/6)\,d_b^3$；ρ_L、ρ_G 为液体和气体的密度，kg/m^3。

由式(8.92)可知，气泡直径 d_b 主要和气体分布器喷孔直径 d_o 有关。只有在极慢的气速下，气泡才是一个个单独行动的，而在气速稍大时，前后气泡就要互相影响，式(8.92)就不适用了。由于实际操作条件下的气泡直径大小不一，因此一般采用当量比表面平均直径即索特(Sauter)平均直径 d_{vs} 表示。

(b) 当量比表面平均直径 d_{vs}。当量比表面平均直径即以该当量圆球的面积与体积比值和全部气泡算在一起时的这个比值相同。若 $n=\sum n_i$，即

$$\frac{n\pi d_{vs}^2}{n\frac{\pi}{6}d_{vs}^3}=\frac{\sum n_i\pi d_i^2}{\sum n_i\frac{\pi}{6}d_i^3}$$

$$d_{vs}=\frac{\sum n_i d_i^3}{\sum n_i d_i^2} \tag{8.93}$$

式中：d_{vs} 为当量比表面平均直径，m；n_i 为直径为 d_i 的气泡数目；d_i 为第 i 级分的气泡长短轴直径的平均值，m。

实际操作条件下各级分的 d_i 值很难直接测定，因而当量比表面平均直径 d_{vs} 一般用一些准数方程作近似估算。

对于塔径 $D_t<0.6$ m，空塔气速 $u_{OG}<0.0417$ m/s，温度 $t=20\sim40$ ℃，分布器孔径 $d_o=0.005\sim5$ mm，塔的截面积 $A_R<900$ cm^2 的鼓泡反应塔，其气泡的当量比表面平均直径 d_{vs} 可用下列准数方程近似计算：

$$d_{vs}=26D_t\left(\frac{gD_t^2\rho_L}{\sigma_L}\right)^{-0.5}\left(\frac{gD_t^3\rho_L^2}{\mu^2}\right)^{-0.12}\left(\frac{u_{OG}}{\sqrt{gD_t}}\right)^{-0.12}=26D_tBo^{-0.5}Ga^{-0.12}Fr^{-0.12} \tag{8.94}$$

式中：D_t 为鼓泡塔的塔径，m；μ_L 为液体黏度，Pa·s；u_{OG} 为空塔气速，m/s；Bo 为邦德(Bond)数，$Bo=\frac{gD_t^2\rho_L}{\sigma_L}$；$Ga$ 为伽利略(Galileo)数，$Ga=\frac{gD_t^3\rho_L^2}{\mu^2}$；$Fr$ 为弗劳德数，$Fr=\frac{u_{OG}}{\sqrt{gD_t}}$。

可见，该情况下塔内的气泡当量比表面平均直径 d_{vs} 与气液体系的物性有关，而与分布器喷孔孔径 d_o 无关。

对空气-水系统，当采用多孔板分布器，其小孔雷诺数 Re_o 大小不同，则对应的气泡当量比表面平均直径 d_{vs} 的经验关系式不同。

当 $200<Re_o<2100$ 时，气液的当量比表面平均直径 d_{vs} 的关系式为

$$d_{vs}=2.9\times10^{-2}d_o^{\frac{1}{2}}Re_o^{\frac{1}{3}} \tag{8.95}$$

式中：Re_o 为分布器小孔雷诺数；$Re_o=\frac{d_o u_o\rho_G}{\mu_G}$；$\mu_G$ 为气体的黏度，Pa·s；u_o 为喷孔气速，m/s。

当 $Re_o>2100$ 时，气泡直径增大，并且有颇广的直径大小分布。当 $Re_o>10000$ 时，气泡的当量比表面平均直径 d_{vs} 由式(8.96)计算：

$$d_{vs}=7.1\times10^{-3}Re_o^{-0.05} \tag{8.96}$$

可见在高气速时，气速对气泡直径影响很小。

如果已知在水中鼓泡时的气泡直径，换算成其他液体时可用式(8.97)修正

$$\frac{d_{vs}}{(d_{vs})_{H_2O}}=\left(\frac{\rho_{H_2O}}{\rho_L}\right)^{0.26}\left(\frac{\sigma_L}{\sigma_{H_2O}}\right)^{0.50}\left(\frac{\nu_L}{\nu_{H_2O}}\right)^{0.24} \tag{8.97}$$

式中：ν_L 为液体的运动黏度，$\nu_L=\mu_L/\rho_L$。

一般情况下，鼓泡体系中的气泡大小范围为 2～6 mm，平均可取 3～4 mm。

②气泡上升速率。对于单个气泡，气泡的上升速率 u_b 可根据上升力与液体阻力的平衡导

出其自由浮升速率 u_b，即

$$(\rho_L-\rho_G)\frac{\pi}{6}d_b^3 g=C_D\frac{\pi d_b^2}{4}\rho_L\frac{u_b^2}{2}$$

故

$$u_b=\left[\frac{4g(\rho_L-\rho_G)d_b}{3C_D\rho_L}\right]^{\frac{1}{2}}\approx\left(\frac{4gd_b}{3C_D}\right)^{\frac{1}{2}} \tag{8.98}$$

式中：u_b 为单个气泡的上升速率，又称自由浮升速率，m/s；C_D 为阻力系数，它是气泡雷诺数的函数，由实验确定。在通常范围 d_b＝3.2～6.4 mm，u_b＝24.4～27.4 cm/s，取 C_D＝0.68～0.773。

当大小不同的多个气泡一起上升时，则气泡上升速率 u_b 可用式(8.99)计算

$$u_b=1.5\left[\frac{g(\rho_L-\rho_G)\sigma_L}{\rho_L^2}\right]^{0.25}\approx1.5\left(\frac{g\sigma_L}{\rho_L}\right)^{0.25} \tag{8.99}$$

③滑动速率 u_s。滑动速率 u_s 是指在流动着的液体中，气泡与液体间的相对速率，它可从气相和液相的空塔速率和气含率求得，也可由气泡上升速率和液体速率求得，即

$$u_s=\frac{u_{OG}}{\varepsilon_G}\pm\frac{u_{OL}}{1-\varepsilon_G}=u_G-u_L \tag{8.100}$$

式中：u_{OG}、u_{OL} 为气体和液体的空塔速率，m/s；u_G、u_L 为气体和液体在塔中的实际速率，m/s；ε_G 为气含率；“＋”为气液并流操作；“－”为气液逆流操作。

(3) 气含率。气含率又称气体滞留量，是指气体在气液混合物中所占的体积分数，其定义式为

$$\varepsilon_G=\frac{V_G}{V_G+V_L}=\frac{V_G}{V_{GL}} \tag{8.101}$$

式中：ε_G 为气含率；V_G 为气体体积，m^3；V_L 为液体体积，m^3；V_{GL} 为气液混合物体积，m^3。

气含率按液体流动的方式不同有静态气含率 ε_{OG} 和动态气含率 ε_G 之分。液体不连续流动时，气含率称静态气含率 ε_{OG}；液体连续流动时，气含率称动态气含率 ε_G，两者的关系为

$$\varepsilon_G=\varepsilon_{OG}\left[1-\frac{u_{OL}}{u_{OG}}\left(1-\frac{\varepsilon_G}{1-\varepsilon_G}\right)\right] \tag{8.102}$$

一般情况下，液体流速对气含率的影响并不很大，通常将这两种气含率统称为气含率。

对于圆柱形塔来说，由于横截面一定，因此气含率的大小意味着通气前后塔内充气床层膨胀高度的大小，故气含率可从测量静液层高和通气时液层高度算出，即

$$\varepsilon_G=\frac{Z_{GL}-Z_L}{Z_{GL}} \tag{8.103}$$

式中：Z_{GL} 为通气时液层高度，m；Z_L 为静液层高，m。

气含率可作为空塔气速和实际气速的联系，即

$$u_G=\frac{u_{OG}}{\varepsilon_G} \tag{8.104}$$

气含率也可作为空塔液速和实际液速的联系，即

$$u_{OL}=u_L(1-\varepsilon_G) \tag{8.105}$$

对单位高度床层的平均停留时间为

$$\tau_G = \frac{Z_{GL}}{u_G} = \frac{\varepsilon_G Z_{GL}}{u_{OG}} \tag{8.106}$$

气泡在整个鼓泡液层中的平均停留时间为

$$\tau_G = \frac{h' Z_{GL}}{u_b + u_L} = \frac{h' Z_{GL}}{u_b \pm \dfrac{u_{OL}}{1-\varepsilon_G}} \tag{8.107}$$

式中：h'为校正系数，为壁效应或浮升受阻碍的一种校正，由实验测定，其值查表 8.3。

表 8.3　校正系数 h'值

塔型		空塔	有隔板的塔	有筛板的塔
塔径	＞30 cm	2.5	—	0.85
	＜8.6 cm	0.7	—	1.0

由表 8.3 可知，校正系数 h'的大小主要取决于塔径。当 D_t＜8.6 cm 时，h'较大，具有显著的塔壁效应。而在塔径 D_t＞30 cm 的大设备中，塔内横向内部构件不同，使气泡受阻程度不同，所以校正系数 h'不同。

联立式(8.105)～式(8.107)可得

$$\varepsilon_G = \frac{h' u_{OG}}{u_b \pm \dfrac{u_{OL}}{1-\varepsilon_G}} \tag{8.108}$$

由式(8.108)可知，校正系数 h'减小，气含率减小，也就是说塔径 D_t增大，气含率减小。而塔内横向内部构件存在时，校正系数 h'增大，因而促进 ε_G 增大，尤以筛板最为显著，其 ε_G 可增大 40%～50%，且并流操作时的气含率比逆流时小。

由式(8.101)和式(8.106)可知，气含率直接影响着气液相界面和气体的停留时间，进而影响着气液相间的传质和宏观反应速率。在设计鼓泡反应塔的大小和液位控制时，必须考虑膨胀后气液混合床层的体积。可见，气含率是鼓泡反应塔工程设计时必不可少的重要参数。

影响气含率的因素主要有设备结构、物性参数和操作条件等。近年来人们对气含率研究得很多，并提出众多的估算气含率的关联式，其中较为有代表性的关联式有 Hikita 关联式、广泛适用的关联式和 Hughmark 关联式。

①Hikita 关联式。目前普遍认为比较完善的是 Hikita 于 1980 年提出的经验式

$$\varepsilon_G = 0.672\left(\frac{u_{OG}\mu_L}{\sigma_L}\right)^{0.578}\left(\frac{\mu_L^4 g}{\rho_L \sigma_L^3}\right)^{-0.131}\left(\frac{\rho_G}{\rho_L}\right)^{0.062}\left(\frac{\mu_G}{\mu_L}\right)^{0.107} \tag{8.109}$$

式(8.109)全面考虑了气体和液体的物性对气含率的影响，其实验条件的范围为

$$1.1\times10^{-2} < \frac{u_{OG}\mu_L}{\sigma_L} < 8.9\times10^{-2}，\quad 2.5\times10^{-11} < \frac{\mu_L^4 g}{\rho_L \sigma_L^3} < 1.9\times10^{-6}$$

$$8.4\times10^{-5}<\frac{\rho_G}{\rho_L}<1.9\times10^{-3}，\quad 1.0\times10^{-3}<\frac{\mu_G}{\mu_L}<1.8\times10^{-2}$$

但对于电解质溶液，当离子强度大于 1.0 kmol/m^3 时，应用式(8.109)应乘以校正系数 1.1。

②广泛适用的关联式。气含率也可用下列广泛适用的关联式估算

$$\frac{\varepsilon_G}{(1-\varepsilon_{GT})^4}=C\left(\frac{gD_t^2\rho_L}{\sigma_L}\right)^{\frac{1}{8}}\left(\frac{gD_t^3\rho_L^2}{\mu_L^2}\right)^{\frac{1}{12}}\left(\frac{u_{OG}}{\sqrt{gD_t}}\right)=CBo^{\frac{1}{8}}Ga^{\frac{1}{12}}Fr \tag{8.110}$$

式中：C 为常数，与溶液的性质有关：溶液中不存在电解质时，$C=0.2$；溶液中存在电解质时，$C=0.25$，因溶液中的电解质会使气液界面性质发生变化，生成上升速率较慢的小气泡，使气含率比纯水中的高 15%～20%。

③Hughmark 关联式。Hughmark 测定了气含率的经验公式。

对空气-水系统

$$\varepsilon_G=\frac{u_{OG}}{30+2u_{OG}} \tag{8.111}$$

对其他物料

$$\varepsilon_G=\frac{u_{OG}}{30+2u_{OG}}\left(\frac{72}{\rho_L\sigma_L}\right)^{\frac{1}{3}} \tag{8.112}$$

上述公式实验条件的范围为

$$\mu_L=(0.9\sim152)\times10^{-3}\ \text{kg/(m·s)}，\quad \rho_L=(0.78\sim1.70)\times10^3\ \text{kg/m}^3$$

$$\sigma_L=(25\sim76)\times10^{-3}\ \text{N/m}，\quad u_{OG}=0\sim0.1\ \text{m/s}，\quad D_t=25\sim105\ \text{cm}$$

(4)气液比相界面积。对气液反应器，如果过程为传质控制，一般采用 $k_{G}a$ 和 $k_{L}a$ 计算单位气液混合物体积内的物质传递速率。因此，气液比相界面积是一个重要的传递参数。

气液比相界面积是指单位气液混合相体积内所具有的表面积

$$a_{GL}=\frac{a_t}{Z_{GL}A_R} \tag{8.113}$$

式中：a_{GL}(或 a)为气液比相界面积，m^2/m^3；a_t 为鼓泡塔内气液混合相总相界面积，m^2；A_R 为鼓泡塔横截面积，m^2。

鼓泡塔内气泡的体积应等于塔内气液鼓泡气体总体积，即

$$n\frac{\pi}{6}d_{vs}^3=\varepsilon_G Z_{GL}A_R$$

而

$$a_t=n\pi d_{vs}^2$$

故

$$a_{GL}=\frac{n\pi d_{vs}^2}{n\dfrac{\pi}{6}\dfrac{d_{vs}^3}{\varepsilon_G}}=\frac{6\varepsilon_G}{d_{vs}} \tag{8.114}$$

由式(8.114)可知，若已知气泡当量比表面平均直径 d_{vs} 和气含率 ε_G，就可求出气液比相界面积 a_{GL}。但气泡当量比表面平均直径 d_{vs} 很难直接测定，一般不由式(8.114)求 a_{GL}，而是通

过直接测定来确定 a_{GL} 值或是用经验关联式估算 a_{GL} 值。

工业鼓泡反应塔内的气液比相界面较难测定，常采用快速摄影法、光透过法、光反射法、γ 线透过法及快速反应吸收法等直接测定 a_{GL}，但各法测定的结果差别较大。

考尔德班克(Calderbank)用光透过法对鼓泡塔做测定，并将所测结果用式(8.115)关联：

$$a = 0.38\left(\frac{u_{ob}}{u_b}\right)^{\frac{7}{9}}\left[\frac{u_{OG}\rho_L}{\left(\frac{N}{A}\right)d_o\mu_L}\right]^{\frac{1}{8}}\left(\frac{\rho_L g}{d_o\sigma_L}\right)^{\frac{1}{3}} \tag{8.115}$$

实际测定 d_{vs} 为 2.2～3.5 mm，a 值小于 8 cm^2/cm^3。

式(8.115)实验条件的范围为

$$\mu_L = (1\sim26)\times10^{-3}\ \text{Pa·s},\ \rho_L = (0.78\sim1.70)\times10^3\ \text{kg/m}^3,\ \sigma_L = (24\sim72)\times10^{-3}\ \text{N/m}$$

$$u_{OG} = 6.1\sim61\ \text{cm/s},\ u_b = 26.5\ \text{cm/s},\ D_t = 6.35\ \text{cm 和 } 54\ \text{cm}$$

$$d_o = 0.127\sim0.318\ \text{cm，分布器孔口排列 } N/A = 0.155\sim0.542\ \text{孔/cm}^2$$

对不同来源的实验结果，可归纳得误差范围在±15%以内的简化实用公式：

$$a = 26.0\left(\frac{Z_L}{D_t}\right)^{-0.3}\left(\frac{\rho_L\sigma_L^3}{g\mu_L^4}\right)^{-0.003}\varepsilon_G = 26.0\left(\frac{Z_L}{D_t}\right)^{-0.3}K^{-0.003}\varepsilon_G \tag{8.116}$$

式中：K 为液体模数，$K = \dfrac{\rho_L\sigma_L^3}{g\mu_L^4}$。

式(8.116)进行回归时的条件为

$$u_{OG}\leqslant 0.6\ \text{m/s},\ 2.2\leqslant Z_L/D_t\leqslant 24,\ 5.7\times10^5 < K < 10^{11}$$

在气液反应宏观动力学解析时常用单位液体体积所具有的相界面积 a_L，它与气液比相界面积 a_{GL} 的关系为

$$a_L = \frac{a_{GL}}{1-\varepsilon_G} \tag{8.117}$$

(5) 鼓泡塔内的流体阻力。鼓泡塔内的流体阻力由气体分布器喷孔处阻力和气液混合床层静压头的阻力两部分组成，即

$$\Delta p = \frac{1}{C^2}\frac{u_{OG}^2\rho_G}{2} + Z_{GL}\rho_{GL}g \tag{8.118}$$

式中：Δp 为鼓泡塔内的液体阻力，N/m^2；C^2 为分布器喷孔的压降系数，约 0.8；ρ_{GL} 为气液混合物密度，kg/m^3。

(6) 轴向返混。在鼓泡塔内，气液两相返混程度各异，下面分别讨论。

①气相的返混。对气液并流操作的鼓泡塔，当处于安静区操作时，气泡相属平推流，其轴向混合可以不计。

对气液逆流操作的鼓泡塔，由于液体向下流速较大，必然夹带较小的气泡向下运动，因此存在一定的返混，但不太明显，常假定为平推流。

但当气体的转化率较高时，尤其对单孔布气的鼓泡塔，需考虑气相的轴向返混。

对采用机械搅拌装置的鼓泡塔，气相返混加剧，有可能为全混流。

②液相的返混。由于气泡在鼓泡反应塔内倾向于向中心集中，所以沿塔的径向气含率分

布是不均匀的。在塔中心有向上的液体循环，在近塔壁处有向下的液体循环。即使在空塔气速 u_{OG} 很小时，液相也存在返混。空塔气速越大，液体的轴向循环流动越剧烈。塔径越大，液相返混也越剧烈。通常在工业装置的操作条件下，鼓泡塔内的液相基本上都处于全混流状态。

鼓泡塔内所存在的较大的轴向混合虽具有使塔内温度、浓度均匀的优点，但同时带来一些缺点，如导致宏观反应速率降低，使平推流操作时的高转化率降低等。因此，鼓泡塔内轴向混合问题引起了很多研究者的重视，并对此做了大量的理论工作和实验测定。大多数实验数据表明，空塔气速 u_{OG}、塔径 D_t 和气体分布器结构是影响轴向返混程度的主要因素，而基本上与空塔液速 u_{OL} 和流体性质无关。当精确计算大直径（$D_t>0.3$ m）、高负荷的鼓泡反应塔时，其气液两相的轴向扩散系数分别可用式(8.119)和式(8.120)估算，即

$$D_G = 6D_t^2 u_{OG} \tag{8.119}$$

$$D_L = 0.678 D_t^{1.4} u_{OG}^{0.3} \tag{8.120}$$

式中：D_G、D_L 为气相和液相的轴向扩散系数，m^2/s。

(7) 鼓泡塔的高径比。鼓泡塔的高径比是指鼓泡塔床层高度 Z 和直径 D_t 的比值，其值的大小对气液反应影响较大。实验表明，气液鼓泡床层高度 Z_{GL} 对液相传质系数 k_La 不产生影响。但若 $Z/D_t<3$，分布器结构及气泡进入时的状态对过程影响较大，气泡离开床层时夹带的液体量也较多；若 $Z/D_t>12$，由于气泡的汇合作用，在小直径塔中有可能形成节涌状态。因此，一般要求高径比 Z/D_t 在 3～12 范围内选取。

2) 传质系数

鼓泡反应塔的传质阻力主要在液相，塔内的气液反应属液膜控制。因此，液相传质系数 k_L 或液相容积传质系数 k_La 是一个重要的传递参数。

不同流动状态下，液相传质系数的准数关联式不同。

(1) 安静区内的传质。该流动状态下，其传质系数关联式为

$$Sh = 2.0 + C_1\left[Re^{0.484} Sc_L^{0.339}\left(\frac{d_{vs} g^{\frac{1}{3}}}{D_L^{\frac{2}{3}}}\right)^{0.072}\right]^{C_2} \tag{8.121}$$

式中：C_1、C_2 为常数，与气泡行为有关：对于自由上升的单个小气泡，当 $d_{vs}\leqslant 2$ mm 时，$C_1=0.463$，$C_2=1$；对于 2 mm$<d_{vs}<$5 mm 的气泡，由于在上升过程时摇动变形，气泡表面的传质加快，k_L 增加，$C_1=0.61$，$C_2=1.61$；对于实际鼓泡塔，塔内气泡成群上升，相互影响，致使传质系数降低，$C_1=0.0187$，$C_2=1.61$；Sh 为舍伍德数，$Sh=\dfrac{k_L d_{vs}}{D_L}$；$Re$ 为气泡雷诺数，$Re=\dfrac{d_{vs} u_{OG} \rho_L}{\mu_L}$；$Sc_L$ 为液体施密特数，$Sc_L=\dfrac{\mu_L}{\rho_L D_L}$；$D_L$ 为扩散系数，m^2/s。

式(8.121)的实验条件：$u_{OG}=0.042$～0.278 m/s，$u_L=0.1$ m/s。

(2) 湍动区内的传质。从设计的目的来看，有时用容积传质系数比较方便。根据实验条件的不同，在该流动状态下有不同的关联式计算容积传质系数。

①容积传质系数 k_La 的估算式之一。

$$\frac{k_L a D_t^2}{D_L}=0.6Sc_L^{\frac{1}{2}}Bo^{0.62}Ga^{0.31}\varepsilon_G^{1.1} \tag{8.122}$$

或

$$k_L a=0.6D_L^{0.5}\left(\frac{\mu_L}{\rho_L}\right)^{-0.12}\left(\frac{\sigma_L}{\rho_L}\right)^{-0.62}D_t^{0.17}g^{0.93}\varepsilon_G^{1.1}$$

式(8.122)的实验条件：单孔布气(d_o=5 mm)，D_t=0.152～0.60 m，u_{OG}<0.42 m/s，ε_G=0.01～0.33，温度 10～40 ℃。

②容积传质系数 k_La 的估算式之二。

$$k_L a=14.9\frac{gf}{u_{OG}}\left(\frac{u_{OG}\mu_L}{\sigma_L}\right)^{1.78}\left(\frac{\mu_L^4 g}{\rho_L\sigma_L^3}\right)^{-0.248}\left(\frac{\mu_G}{\mu_L}\right)^{0.243}\left(\frac{\mu_L}{\rho_L D_L}\right)^{-0.604} \tag{8.123}$$

式中：f 为校正系数，与溶液的性质有关。对非电解质溶液，f=1.0；对电解质溶液，f 值与离子强度 I 有关。当 I<1.0 时，$f=10^{0.0682}$；当 I>1.0 时，$f=1.114\times10^{0.021}$。

式(8.123)的实验条件：D_t=0.1～0.19 m，u_{OG}=0.042～0.38 m/s，ρ_L=998～1 230 kg/m^3，$\mu_L=8\times10^{-4}\sim1.1\times10^{-2}$ Pa·s，$\sigma_L=2.5\times10^{-2}\sim8.2\times10^{-2}$ N/m。

③容积传质系数 k_La 的估算式之三。

若已知一个系统的 k_La 和 D_L，可用式(8.124)求得另一个系统的 k_La 值：

$$(k_L a)_2=(k_L a)_1\left(\frac{D_{L2}}{D_{L1}}\right)^{\frac{1}{2}} \tag{8.124}$$

【例 8.8】 120 ℃时在以环烷酸钴为催化剂的内径相当于 6.61 cm 的鼓泡塔内，用空气(含 N_2 79%，O_2 21%)进行邻二甲苯的连续氧化，且气液两相呈逆流操作。原料邻二甲苯以 5.22×10^{-3} m^3/h 的流量从塔顶送入，其浓度为 c_{BL1}=6.44 kmol/m^3。空气被压缩到 4.227 绝对大气压，以 1.925 m^3/h(25 ℃)的流量从塔底通入。分布板上共有 81 个直径为 1×10^{-3} m 的小孔。如果要求邻二甲苯的转化率为 23.3%，尾气中(90 ℃)含氧量不超过 3%，试计算塔内各项参数并计算出所需液层高度。根据实验结果，在转化率为 23.3%范围内反应可作拟一级反应处理，即反应速率和邻二甲苯浓度呈线性关系：$r_B=k_2c_Ac_B=k_1c_B$。

已知数据：k_1=0.1829 h^{-1}，ε_G=0.20，$D_L=1.46\times10^{-8}$ m^2/s，平均操作压力为 4.132×10^5 Pa(绝对)。

气体物性参数：ρ_G=4.52 kg/m^3，$\mu_G=2.02\times10^{-5}$ Pa·s。

液体物性参数：ρ_L=925 kg/m^3，$\mu_L=0.443\times10^{-3}$ Pa·s，$\sigma_L=24.3\times10^{-3}$ N/m。

【解】 (1)计算塔截面积及分布板小孔面积。

塔截面积：
$$A_R=\frac{\pi}{4}D_t^2=\frac{\pi}{4}(6.61\times10^{-2})^2=3.430\times10^{-3}(\mathrm{m^2})$$

分布板上小孔面积：
$$S_o=\frac{\pi}{4}d_o^2=\frac{\pi}{4}(1\times10^{-3})^2=7.854\times10^{-7}(\mathrm{m^2})$$

(2)空塔气速 u_{OG}。

尾气量：

$$Q_{尾}=1.925(0.79)+\frac{0.03}{1-0.03}(1.925\times0.79)=1.568(\mathrm{m^3/h})$$

塔内平均流量：

$$Q_m=(1.925+1.568)/2=1.747(\mathrm{m^3/h})$$

在操作工况条件下的平均流量为

$$Q'_m = \frac{p_0 Q_m T_m}{p_m T_0}\frac{1.013\times10^5\times1.747\left(273+\dfrac{90+25}{2}\right)}{4.132\times10^5\times298} = 0.475(\text{m}^3/\text{h})$$

平均空塔气速为

$$u_{OG} = \frac{Q'_m}{A_R} = \frac{0.475/3600}{3.43\times10^{-3}} = 3.847\times10^{-2}\,(\text{m/s})$$

因为

$$u_{OG}=3.847\times10^{-2}<0.05\ (\text{m/s})$$

说明在安静区操作。

(3) 空塔液速 u_{OL}。

设离塔的液体体积与进料液相同，则

$$u_{OL} = \frac{Q_L}{A_R} = \frac{5.22\times10^{-3}}{3.43\times10^{-3}} = 1.522\,(\text{m/h}) = 4.227\times10^{-4}\,(\text{m/s})$$

(4) 气泡当量地表面平均直径 d_{vs} 和浮升速率 u_b。

分布板小孔气速：

$$u_o = \frac{1.925/3600}{4.227\times6.3585\times10^{-5}} = 1.989\,(\text{m/s})$$

小孔流出 Re_o：

$$Re_o = \frac{d_o u_o \rho_G}{\mu_G} = \frac{1\times10^{-3}\times1.989\times4.52}{2.02\times10^{-5}} = 445.063$$

由于 $200<Re_o<2100$，可用式(8.95)求 d_{vs}：

$$d_{vs} = 2.9\times10^{-2}(1\times10^{-3})^{\frac{1}{2}}(445.063)^{\frac{1}{3}} = 7.002\times10^{-3}\,(\text{m})$$

用式(8.98)计算 u_b，式中 C_D 取为 0.773：

$$u_b = \left(\frac{4\times9.81\times7.002\times10^{-3}}{3\times0.773}\right)^{\frac{1}{2}} = 0.344(\text{m/s})$$

(5) 气液比相界面积 a_{GL}。

用式(8.114)计算 a_{GL}：

$$a_{GL} = \frac{6\times0.2}{7.002\times10^{-3}} = 171.380\,(\text{m}^2/\text{m}^3\text{充气液})$$

(6) 液相传质系数。

气泡及液体间的相对滑动速率 u_s 可用式(8.100)计算：

$$u_s = \frac{u_{OG}}{\varepsilon_G} - \frac{u_{OL}}{1-\varepsilon_G} = \frac{3.847\times10^{-2}}{0.2} - \frac{4.227\times10^{-4}}{0.8} = 0.192\,(\text{m/s})$$

在安静区气液间的液膜传质系数可用式(8.121)计算。因 $d_{vs}>5$ mm，且在实际鼓泡塔内操作，所以式中 $C_1=0.0187$，$C_2=1.61$，即

$$Sh = 2.0 + 0.0187\left[Re^{0.484}Sc_L^{0.339}\left(\frac{d_{vs}g^{\frac{1}{3}}}{D_L^{\frac{2}{3}}}\right)^{0.072}\right]^{1.61}$$

$$\frac{k_L\times7.002\times10^{-3}}{1.46\times10^{-8}} = 2.0+0.0187\left[\left(\frac{7.002\times10^{-3}\times0.192\times925}{0.443\times10^{-3}}\right)^{0.484}\times\left(\frac{0.443\times10^{-3}}{925\times1.46\times10^{-8}}\right)^{0.339}\left(\frac{7.002\times10^{-3}9.81^{\frac{1}{3}}}{(1.46\times10^{-8})^{\frac{2}{3}}}\right)^{0.072}\right]^{1.61}$$

$k_L=2.085\times10^{-6}[2.0+0.0187(46.661\times3.265\times1.757)^{1.61}]=3.200\times10^{-4}(m/s)=1.152(m/h)$

因此，在安静区的容积传质系数为

$$k_La=3.200\times10^{-4}\times171.380=0.0548(s^{-1})=197.430(h^{-1})$$

(7) 计算塔内应有液层高度。

先用液膜转化系数对这一拟一级反应的控制步骤作出判断：

$$\sqrt{M}=\sqrt{\frac{k_1D_L}{k_L^2}}=\sqrt{\frac{(0.1829/3600)\times1.46\times10^{-8}}{(3.2\times10^{-4})^2}}=2.691\times10^{-3}$$

由于 $\sqrt{M}\ll0.3$，k_1 值甚小，故为极慢反应，属化学动力学控制。

当转化率为 23.3%时的反应速率为

$$r_B=k_1c_B=0.1829\times6.44\times(1-0.233)=0.903[kmol/(m^3\cdot h)]$$

设塔内液相为全混流，所需液体体积可由物料衡算求得

$$Q_Lc_{BL1}X_B=V_Lr_B$$

$$V_L=\frac{Q_Lc_{BL1}X_B}{r_B}=\frac{5.22\times10^{-3}\times6.44\times0.233}{0.903}=8.674\times10^{-3}(m^3)$$

静液层高：

$$Z_L=\frac{V_L}{A_R}=\frac{8.674\times10^{-3}}{3.43\times10^{-3}}=2.529(m)$$

充气液层高：

$$Z_{GL}=\frac{Z_L}{1-\varepsilon_G}=\frac{2.529}{1-0.2}=3.161(m)$$

3) 传热特性

在鼓泡反应塔中进行气液间的传质和化学反应过程均伴随有热效应。为了保证操作过程稳定，对放热反应就需及时移走热量，对吸热反应需及时供给热量。

(1)鼓泡塔的热交换方式。鼓泡塔通常采用以下几种热交换方式达到换热的目的。

①采用夹套、塔内液层中增设蛇管或列管式换热器。此种换热方式适合于高径比大(比传热面较大)，且处理热效应不太大的体系的鼓泡反应塔。

②采用液体循环外换热器。此种换热方式适合于反应热很大的体系，如外循环式乙醛氧化生产乙酸的装置。

③采用溶剂、反应物或产物的气化带走热量。例如，乙基苯烃化塔靠蒸发过程的苯以带走反应热就是采用此种换热方式。

(2)鼓泡塔的给热系数。在鼓泡反应塔内，由于液体层有气泡存在，气液鼓泡床层的传热与单一液体层中的传热过程不同，它具有自身的一些特点，主要体现在气泡行为、空塔气速、鼓泡状况、流体性质及塔的结构等对给热系数 α 的影响上。

①气泡行为对给热系数 α 的影响。塔内气泡的上升运动使液体产生显著扰动，形成的液体连续轴向循环充分地搅动换热表面处的液膜，使液体传热边界层厚度减小，从而使鼓泡液的给热系数 α 明显增大。

②空塔气速对给热系数 α 的影响。空塔气速 u_{OG} 是影响给热系数 α 的主要因素。在不同的流动状况下，空塔气速 u_{OG} 对给热系数 α 的影响不同。在安静区($u_{OG}<0.05$ m/s)，给热系数随气速的增加而迅速增加。在湍动区($u_{OG}>0.075$ m/s)，空塔气速 u_{OG} 的增加使气液发生剧烈的无定向的接触作用，鼓泡液的扰动加强，出现更充分地混合，换热表面附近的湍动区增

加，给热系数 α 继续增大，但由于气泡明显的变形、旋转、破裂和聚并等相互干扰作用，因而给热系数 α 随空塔气速 u_{OG} 的增加而缓慢增加。当空塔气速 $u_{OG}>0.1$ m/s 时，换热器表面的液膜厚度降至最低值，并恒定不变，此时给热系数 α 值升至最大，不再随空塔气速而变。

③塔内鼓泡状况对给热系数 α 的影响。在空塔气速 u_{OG} 相同时，若塔内鼓泡状况不同，则给热系数 α 不同：

(a)若鼓泡仅在邻近器壁处进行，则给热系数 α 较大。

(b)若鼓泡在全部截面均匀进行，则给热系数 α 较前一种情况小。

(c)若鼓泡仅在容器中部进行，则给热系数 α 较小。

④流体性质、塔的结构及换热器结构对给热系数 α 的影响。给热系数 α 随液体的性质(如 μ_L、C_{pL}、ρ_L、λ_L)而变化，仅有液体的表面张力 σ_L 对其影响甚微。气体性质对给热系数 α 无影响。塔内结构(如塔的形状、内部构件、塔径及液层高等)和换热器结构(如换热器的形状、大小、位置和换热方式等)对给热系数 α 基本上无影响。当气体能均匀分布于整个塔截面时，给热系数 α 与分布器型式基本无关。

对水-空气系统，鼓泡床和热交换装置间的给热系数可用式(8.125)估算：

$$\alpha = 6800u_{OG}^{0.22} \tag{8.125}$$

式中：α 为给热系数，W/(m^2·K)或 kJ/(m^2·s·K)。

对其他液体，可引入普朗特数 Pr 对式(8.125)修正：

$$\alpha_L = 6800u_{OG}^{0.22}\left(\frac{Pr_{H_2O}}{Pr_L}\right)^{0.5} \tag{8.126}$$

式中：α_L 为其他液体的给热系数，W/(m^2·K)或 kJ/(m^2·s·K)；Pr_{H_2O} 为水在 26.7 ℃下的普朗特数，$Pr=\dfrac{C_p\mu}{\lambda}$；$Pr_L$ 为其他液体的普朗特数。

对于鼓泡液侧给热系数 α_b 的估算可选用下列无因次准数方程。

当 $u_{OG}<0.1$ m/s 时，有

$$\frac{\alpha_b D_t}{\lambda_L} = 0.25\left(\frac{D_t^3\rho_L^2 g}{\mu_L^2}\right)^{\frac{1}{3}}\left(\frac{C_{pL}\mu_L}{\lambda_L}\right)^{\frac{1}{3}}\left(\frac{u_{OG}}{u_s}\right)^{0.2} = 0.25Ga^{\frac{1}{3}}Pr_L^{\frac{1}{3}}\left(\frac{u_{OG}}{u_s}\right)^{0.2} \tag{8.127}$$

式中：u_s 为气泡上升的滑动速率，对低黏度液体，$u_s=0.2$ m/s。

当 $u_{OG}>0.1$ m/s 时，有

$$\frac{\alpha_b D_t}{\lambda_L} = 0.25\left(\frac{D_t^3\rho_L^2 g}{\mu_L^2}\right)^{\frac{1}{3}}\left(\frac{C_{pL}\mu_L}{\lambda_L}\right)^{\frac{1}{3}} = 0.25Ga^{\frac{1}{3}}Pr_L^{\frac{1}{3}} \tag{8.128}$$

当缺少物性数据时，还可采用下列经验公式估算鼓泡液侧给热系数 α_b：

$$\alpha_b = 3.21u_{OG}^{0.22} \tag{8.129}$$

式中：α_b 为鼓泡液侧给热系数，W/(m^2·K)或 kJ/(m^2·s·K)；u_{OG} 为空塔气速，cm/s。

实际工程的传热计算时，除可用上述经验式估算给热系数外，还可参考经验数据。例如，烃类液相氧化的鼓泡反应塔，当空塔气速 u_{OG} 为 0.03～0.1 m/s 时，总传热系数 K 可取 600～800 kcal/(m^2·h·℃)。

3. 鼓泡反应器的设计

前面已经讨论过，鼓泡反应器的类型很多，它包括简单鼓泡塔、填料鼓泡塔及机械搅拌鼓泡槽等。这类反应器的设计，一般可按等温过程处理，分别对气相及液相作反应组分的物料衡算，便可得设计方程。设计方程的形式与气液两相在反应器内的流动型式有关。鼓泡反应器设计计算的主要内容是计算气液鼓泡床的体积。对连续鼓泡反应器的设计计算，主要归结为鼓泡层高度的确定。

为了便于计算，设计计算时特作如下假定。

(1) 气体在反应器内呈理想流动：如为高径比甚大的立式鼓泡塔，气体呈平推流；如为机械搅拌鼓泡槽，气体呈全混流。其计算误差约为 5%。

(2) 反应器内液体混合均匀，呈全混流流型，因而器内各处液体的浓度均应等于出反应器液体浓度。但当塔的高径比大于 10 且流速较大时应采用轴向扩散模型。

(3) 反应过程中可忽略气膜阻力。

(4) 塔内总压强随塔高呈线性变化：

$$p = p_T\left[1+\frac{1}{p_T}\left(\frac{dp}{dZ}\right)Z\right] \quad 或 \quad p = p_T(1+\psi Z) \tag{8.130}$$

$$\psi = \frac{1}{p_T}\left(\frac{dp}{dZ}\right) \tag{8.131}$$

式中：p_T 为塔顶压力或气液混合物上界面处的压力，atm。

(5) 塔内各处单位气液混合物的相界面积不随位置而变，为常数。如果塔内气体线速沿塔高变化较大，可取其上下两端的平均值。

下面讨论气相为平推流，液相为全混流的简单鼓泡塔的设计计算。

对高径比甚大的鼓泡塔，其气体呈平推流，取图 8.12 中鼓泡塔的某一具有代表性的微元段 dZ 作组分 A 的物料衡算，则有

$$F_{GI}dY_A = R_{AS}aA_R dZ \tag{8.132}$$

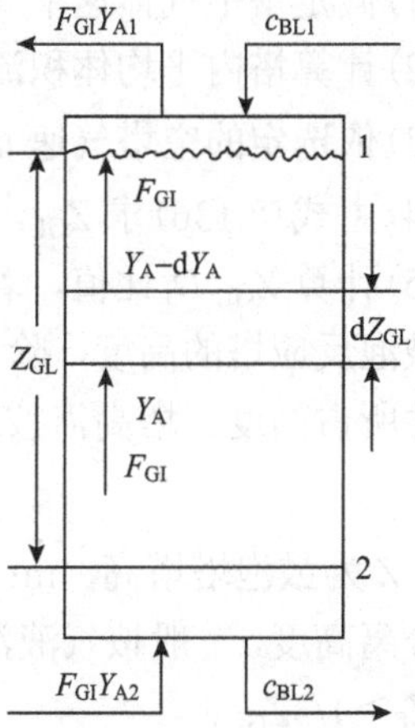

图 8.12　连续鼓泡塔的物料衡算示意图

积分式(8.132)有

$$Z_{GL} = \int_0^{Z_{GL}} dZ = \frac{F_{GL}}{A_R}\int_{Y_{A1}}^{Y_{A2}}\frac{dY_A}{R_{AS}a} \tag{8.133}$$

式(8.133)与填料塔高度计算式(8.72)完全一样，差别只在于反应速率 R_{AS} 的计算上。在鼓泡塔中，液相中 B 组分的浓度为常数，不随塔高而变，R_{AS} 只随组分 A 的浓度而变。对任一反应过程进行设计计算时，只要已知其宏观速率方程，便可计算反应器。

当反应为拟一级快反应时，$\sqrt{M}>3$，有

$$\beta_1 \approx \sqrt{M} = \frac{\sqrt{k_2 D_{AL} c_{BL}}}{k_L} \tag{8.40}$$

宏观速率方程为

$$R_A = aR_{AS} = ak_L c_{AI}\beta_1 \tag{8.134}$$

在界面上不考虑气膜阻力，有

$$c_{AI} = H_A p_{AI} \approx H_A p_A = H_A p \frac{Y_A}{1+Y_A} \tag{8.89}$$

根据总压力随塔高呈线性变化的假定，有

$$p = p_T(1+\psi Z) \tag{8.130}$$

将式(8.40)、式(8.134)、式(8.89)和式(8.130)代入式(8.132)，整理得

$$\frac{1+Y_A}{Y_A}\mathrm{d}Y_A = \gamma A_R(1+\psi Z)\mathrm{d}Z \tag{8.135}$$

式中

$$\gamma = \frac{aH_A p_T\sqrt{k_2 D_{AL} c_{BL}}}{F_{GI}}$$

积分式(8.135)得

$$(Y_{A2} - Y_{A1}) + \ln\frac{Y_{A2}}{Y_{A1}} = \gamma A_R\left(Z_{GL} + \frac{\psi}{2}Z_{GL}^2\right) \tag{8.136}$$

式(8.136)含有 A_R 和 Z_{GL} 两个未知数，需采用试差法求解，其步骤为：

(1)假定塔中气体速率为按平均压力 $p_m=(p_T+p_{底})/2$ 计算的速率。

(2)计算塔内平均体积流量 Q_m。

(3)依选定的空塔气速 u_{OG}，由 $A_R=Q_m/u_{OG}$ 求 A_R，由 $D_t=\sqrt{A_R/0.785}$ 求 D_t。

(4)由式(8.136)求 Z_{GL}。

(5)计算 Z_{GL}/D_t 比值，若 Z_{GL}/D_t 不在 3～12，则重复(1)～(4)步的计算。

鼓泡反应塔的高度，除上面计算的气液混合物高度外，还应包括气液分离所需高度和传热元件所占高度。塔高需按这三个高度之和求出，即

$$Z = Z_{GL}+Z_R+Z_F \tag{8.137}$$

式中：Z 为鼓泡塔塔高，m；Z_{GL} 为气液混合物高度，m；Z_R 为传热元件所占空间，m；Z_F 为气液分离高度，一般按气液混合物高度的 1/3 计算。若操作气速甚高，则需装设气液分离器，这时 $Z_F>1/3Z_{GL}$。

【例 8.9】 在鼓泡塔中，于 30 ℃等温下用 65% H_2SO_4 吸收碳四馏分中的异丁烯，异丁烯的浓度为 40%，要求出塔气异丁烯的含量为 1%。不溶气的流量为 6.23 mol/s。塔顶压力等于 1 atm。吸收异丁烯后硫酸的浓度降至 63% H_2SO_4。试计算鼓泡反应塔的高度及直径。已知数据：反应的增强因子 $\beta_1 \approx \sqrt{M} = \sqrt{k_2 D_{AL} c_{BL}}/k_L$，对于 63% H_2SO_4，在 30 ℃时，$H_A\sqrt{k_2 D_{AL} c_{BL}} = 1.31\times10^{-3}$ mol/(cm²·atm·s)，当 $u_{OG}=18$ cm/s 时，$a=18.6$ cm⁻¹，至于其他 a 值，可按 $a \propto u_{OG}^{0.7}$ 推算。气体的物性参数：$\rho_G=2.49$ kg/m³，$\mu_G=0.133$ Pa·s；液体的物性参数(按 63% H_2SO_4 估算)：$\rho_L=1520$ kg/m³，$\mu_L=5.4$ cP$=5.4\times10^{-3}$ Pa·s，$\sigma_L=90.2$ dyn[①]/cm$=90.2\times10^{-3}$ N/m。

【解】 (1)确定未知的设计条件。

①气相组成、流率及液体浓度。

气相进口摩尔分数　$Y_{A2}=0.40/0.60=0.6667$

① dyn(达因)为非法定单位，1 dyn=10^{-5} N。

气相出口摩尔分数　$Y_{A1}=0.01/0.99=0.0101$

气相进口摩尔流率　$F_{G2}=6.23(1+Y_{A2})=6.23(1+0.6667)=10.3833\,(\text{mol/s})$

气相出口摩尔流率　$F_{G1}=6.23(1+Y_{A1})=6.23(1+0.0101)=6.2929\,(\text{mol/s})$

平均摩尔流率　$F_{Gm}=(F_{G1}+F_{G2})/2=8.3381\text{ mol/s}$

查手册知 65%和 63% H_2SO_4 的摩尔浓度为

$$c_{B1}=10.25\text{ kmol/m}^3,\ c_{B2}=9.30\text{ kmol/m}^3$$

②塔压计算式。塔内各点压力是变化的，在距液面以下的 Z 截面上，其压力由流体静力学方程确定：

$$\begin{aligned}p&=p_T+Z\rho_{GL}g\ \ (\text{N/m}^2)\\&=p_T+0.9869\times10^{-5}Z\rho_{GL}g\\&=p_T+9.6815\times10^{-5}\rho_{GL}Z\,(\text{atm})\end{aligned}$$

因为塔顶压力是 1 atm，所以

$$p=1+9.6815\times10^{-5}\rho_{GL}Z \tag{E8.9-1}$$

又因为 ρ_{GL}、Z_{GL} 未知，故假设塔内平均压力 $p_m=1.5$ atm。

③选定空塔气速。式(E8.9-1)中的 ρ_{GL} 与气含率 ε_G 有关，而 ε_G、比相界面积 a 和塔截面 A_R 均与气体空塔气速 u_{OG} 有关。

现选定　　$u_{OG}=0.12\text{ m/s}$

由于塔内压力变化，故所选的空塔气速 u_{OG} 为按平均压力计算的速率。

④比相界面积。由于吸收剂的物理性质对塔的性能影响很大，难于准确确定 a 值。由 $a\propto u_{OG}^{0.7}$，有

$$a:12^{0.7}=18.6:18^{0.7},\ 18a=18.6(12/18)^{0.7}=14.0039\,(\text{cm}^{-1})$$

⑤塔径初算。由于气含率的计算涉及塔径，所以需先估算塔径。

$$Q_{Gm}=F_{Gm}\frac{T_m}{T_0}\times\frac{p_0}{p_m}\times22.4\times10^{-3}=8.3381\times\frac{303}{273}\times\frac{1}{1.5}\times22.4\times10^{-3}=0.1382(\text{m}^3/\text{s})$$

$$A_R=\frac{Q_{Gm}}{u_{OG}}=\frac{0.1382}{0.12}=1.152\,(\text{m}^2)$$

$$D_t=\sqrt{A_R/0.785}=1.211\,(\text{m})$$

⑥气含率。气含率与塔内液体的物性以及空塔气速等有关，ε_G 主要决定着气液混合物的密度，当选定 u_{OG} 为 0.12 m/s 时，则用式(8.110)计算气含率：

$$\frac{\varepsilon_G}{(1-\varepsilon_{GT})^4}=C\left(\frac{gD_t^2\rho_L}{\sigma_L}\right)^{\frac{1}{8}}\left(\frac{gD_t^3\rho_L^2}{\mu_L^2}\right)^{\frac{1}{12}}\left(\frac{u_{OG}}{\sqrt{gD_t}}\right)$$

硫酸溶液属电解质溶液，故 C 取 0.25：

$$\begin{aligned}\frac{\varepsilon_G}{(1-\varepsilon_{GT})^4}&=0.25\left(\frac{9.81\times1.211^2\times1520}{90.2\times10^{-3}}\right)^{\frac{1}{8}}\left(\frac{9.81\times1.211^3\times1520^2}{(5.4\times10^{-3})^2}\right)^{\frac{1}{12}}\left(\frac{0.12}{\sqrt{9.81\times1.211}}\right)\\&=0.25\times4.7106\times10.2723\times3.4816\times10^{-2}=0.4195\end{aligned}$$

解上式得

$$\varepsilon_G=0.1831$$

⑦气液混合物密度。

$$\rho_{GL}=\rho_L(1-\varepsilon_G)=1520(1-0.1831)=1241.688\,(\text{kg/m}^3)$$

⑧设计条件汇总。

$$Y_{A1}=0.0101,\ Y_{A2}=0.6667,\ u_{OG}=0.12\ \text{m/s},\ F_{GI}=6.23\ \text{mol/s},\ \rho_{GL}=1241.688\ \text{kg/m}^3$$

$$H_A\sqrt{k_2D_{AL}c_{BL}}=1.31\times10^{-3}\ \text{mol/(cm}^2\cdot\text{atm}\cdot\text{s)},\ p_T=1\ \text{atm},\ a=1400\ \text{m}^{-1}$$

(2)塔高和塔径的确定。因为已知用硫酸化学吸收异丁烯的增强因子 $\beta_1\approx\sqrt{M}=\sqrt{k_2D_{AL}c_{BL}}/k_L$，则可知该反应为拟一级快速反应，可用式(8.136)计算塔高和塔径：

$$(Y_{A2}-Y_{A1})+\ln\frac{Y_{A2}}{Y_{A1}}=\gamma A_R\left(Z_{GL}+\frac{\psi}{2}Z_{GL}^2\right)\tag{E8.9-2}$$

由式(E8.9-2)可知，方程中含 Z_{GL} 和 A_R 两个未知数，因此需采用试差法求解。

前面已知假定了塔内压力、空塔气速，并求得平均流率和塔截面，即已完成了试差步骤中的前三步。下面由式(E8.9-2)计算 Z_{GL}。

式(E8.9-2)中

$$\gamma=\frac{aH_Ap_T\sqrt{k_2D_{AL}c_{BL}}}{F_{GI}}=\frac{1400\times1\times1.31\times10^{-3}}{6.23}=0.2944$$

$$\psi=9.6815\times10^{-5}\times\rho_{GL}=0.1202$$

将 γ、ψ、Y_{A2} 及 Y_{A1} 的值代入式(E8.9-2)得

$$(0.6667-0.0101)+\ln\frac{0.6667}{0.0101}=0.2944\times1.152\left(Z_{GL}+\frac{0.1202}{2}Z_{GL}^2\right)$$

$$Z_{GL}^2+16.6389Z_{GL}-237.76=0$$

解得

$$Z_{GL}=9.201\ \text{m}$$

计算 Z_{GL}/D_t 比值：

$$Z_{GL}/D_t=9.201/1.211=7.598$$

符合 $3<Z_{GL}/D_t<12$ 的要求。

(3)校核压力。

塔底压力　$p_{底}=p_T+0.12Z_{GL}=1+0.12\times9.201=2.1041\ (\text{atm})$（绝对）

平均压力　$p_m=(1+2.1041)/2=1.552\ (\text{atm})$（绝对）

与原假设平均压力 1.5 atm 相接近，表明原假设是正确的，所以以上计算不需重复。

习　题

8.1　已知 CO_2 在空气和水中的传质数据如下：$k_Ga=80$ mol/(L·atm·h)，$k_La=25$ L/h，亨利系数 $E_H=30\ (\text{kg/cm}^2)\cdot\text{L/mol}$，今以 25 ℃的水用逆流接触方式从空气中脱除 CO_2，试求：

(1)这一吸收操作中，气膜和液膜的相对阻力为多少？

(2)在设计吸收塔时，拟用速率方程的最简形式是怎样的？

8.2　在 85 ℃等温下进行苯与氯反应以生产一氯苯，该反应为对氯及苯都为一级的二级反应。若苯的浓度为 5.37 mol/L，试计算反应速率。

已知数据：在反应条件下，反应速率常数 $k_2=2.29\times10^{-4}$ L/(mol·s)，氯在苯中的溶解度为 1.0365 mol/L，液膜传质系数 $k_L=0.1$ cm/s，比表面 $a=11.17\ \text{cm}^2/\text{cm}^3$，氯在苯中的扩散系数 $D_{AL}=3.14\times10^{-5}\text{cm}^2/\text{s}$。

8.3　如习题 8.1 为了使空气中脱除 CO_2 的反应加速，拟用 NaOH 溶液代替水，假设是极快反应，并且可用

以下反应式表示：

$$CO_2 + 2OH^- \longrightarrow H_2O + CO_3^{2-}$$

(1) $p_{CO_2}=0.01\ kg/cm^2$，而 NaOH 的浓度为 2 mol/L，应当采用什么形式的速率方程？

(2) 与用纯水的物理吸收作比较，吸收加快了多少？

8.4　用 H_2SO_4 吸收 0.05 atm 的氨，以副产硫铵。该反应为极快不可逆反应，为了使吸收过程以较快的速率进行，必须使过程不受 H_2SO_4 扩散控制。试问吸收时 H_2SO_4 浓度最低应为多少？并求此时的吸收速率。

已知数据：$k_{AG}=0.3\ kmol/(m^2\cdot atm\cdot h)$，$k_{AL}=3\times10^{-5}\ m/s$，硫酸及氨的液相扩散系数可视作相同。

8.5　已知一级不可逆反应吸收过程的液相传质系数 $k_{AL}=10^{-4}\ m/s$，液相扩散系数 $D_{AL}=1.5\times10^{-9}\ m^2/s$，讨论：

(1) 反应速率常数 k_1 高于何值时，将是膜中进行的快速反应过程；k_1 低于何值时，将是液相主体中进行的慢速反应过程。

(2) 如果 $k_1=0.1\ s^{-1}$，试问液相厚度与液膜厚度之比 α 达多大以上，反应方能在液相主体中反应完毕。此时传质表面的平均液体厚度将是多少？

(3) 如果 $k_1=10\ s^{-1}$，$\alpha=30$，试求 β 和 η 的值。

8.6　试设计一填料反应塔，用于 NaOH 溶液逆流吸收 CO_2 过程。

操作条件：压力 $p=15$ atm，温度 $T=20$ ℃，进出口气体中 CO_2 含量分别为 1%和 0.005%(体积分数)，空气处理量为 50000 Hm^3/日，碱液流量为 2.5 m^3/h，喷淋液浓度为 $c_{NaOH}=1\ kmol/m^3$，塔径为 0.52 m。

已知数据：$k_{AG}=2.35\ kmol/(m^2\cdot atm\cdot h)$，$k_{AL}=1.33\ m/h$，亨利系数 $E_H=45.0\ m^3\cdot atm/kmol$，$D_{AL}=1.77\times10^{-9}\ m^2/s$，$k_2=5700\ m^3/(kmol\cdot s)$，$a=110\ m^2/m^3$。反应过程按一级不可逆反应考虑。

8.7　试设计一填料反应塔，用于某化学脱硫过程。

操作条件：压力 $p=1.0$ atm(绝压)，全塔平均增强因子 $\beta=48$，进出塔气体中含硫分别为 $2.2\times10^{-3}\ kg/m^3$ 和 $0.04\times10^{-3}\ kg/m^3$。

已知数据：$k_{AG}=0.2\ kmol/(m^2\cdot atm\cdot h)$，$k_{AL}=2\times10^{-4}\ m/s$，$a=92\ m^2/m^3$，亨利系数 $E_H=12\ atm\cdot m^3/kmol$，单位塔截面气相中惰性组分的摩尔流率 $F_{OGI}=32\ kmol/(m^2\cdot h)$。

8.8　计算直径 60 cm 的鼓泡塔的传递参数：(1) 气泡直径，(2) 液侧传质系数，(3) 气含率，(4) 比相界面积。

操作条件：常压及 50 ℃下，用空气氧化十烷基铝的十四烷溶液。空气流量为 28 L/s。

已知数据：溶液的物性数据 $\rho_L=770\ kg/m^3$，$\mu_L=0.1345$ cP，$\sigma_L=23.96$ dyn/cm。氧及十烷基铝在液相中的扩散系数分别为 $3.9\times10^{-5}\ cm^2/s$ 和 $7.36\times10^{-6}\ cm^2/s$。

8.9　试设计一鼓泡塔。操作条件：在 75 ℃等温下用空气氧化硫化钠水溶液，使溶液中的硫化钠浓度从 0.02 mol/L 降低至 2.56×10^{-4} mol/L。空气流速选定为 8 cm/s，每小时处理溶液 10 m^3。塔出口气体压力为 1 atm。试求塔径及塔内气液混合物层高。

已知数据：溶液的物性数据 $\rho_L=1\ g/cm^3$，$\mu_L=0.1$ cP，$\sigma_L=72$ dyn/cm。氧及硫化钠在液相中的扩散系数分别等于 $1.08\times10^{-5}\ cm^2/s$ 和 $2.7\times10^{-5}\ cm^2/s$。反应速率常数为 2930 L/(mol·s)。氧的溶解度系数为 $1.13\times10^6\ mol/(cm^3\cdot atm)$。气膜阻力可忽略，反应式为 $2Na_2S+2O_2+H_2O=\!=\!=2NaOH+Na_2S_2O_3$。

第 9 章　聚合反应器

合成高分子材料的出现，开辟了化学的新纪元。近代的化学工业，特别是石油化学工业的巨大发展，与合成树脂、合成橡胶与合成纤维这三大合成材料的发展是分不开的。合成材料由于其优良的机械物理性能以及耐腐蚀性，而获得广泛的应用，目前已深入到国民经济的各个部门。因此，作为化学反应工程的一个新兴分支即聚合反应工程，发展十分迅速，成为目前最活跃的领域之一。

纵观高分子的合成，有如下一些特点：

(1) 动力学关系复杂。聚合物品种极其多样化，聚合的方法也多种多样，反应机理各不相同，故动力学关系复杂，且微量杂质的影响大，重复性差。

(2) 反应过程随机性大。所生成的聚合物是不均匀的，即生成大小不等、结构不同的许多分子，因此它除了单体转化率这一指标外，还多了平均相对分子质量和相对分子质量分布问题，它们都直接影响产品的性能而必须加以控制。

(3) 黏度高。多数高聚物体系黏度高。它们的流动、混合以及传质、传热等都与低分子体系有很大的不同，而且根据物系特性和产品性能的要求，反应装置的结构往往也需作一些专门的考虑，这使聚合反应装置中传递过程更加复杂化，流动模型也更加复杂。

(4) 导热性差。聚合反应高速率、强放热，大多数聚合物导热性差，即使有溶剂等其他物质并存，其传热性能也随聚合度的提高而降低，而且聚合度对温度又十分敏感，所以应特别注意控温。

以上这些特点和由此引起的一些困难，造成了今日的聚合反应工程还没有达到能圆满、定量地解决工业装置放大设计的程度。人们不得不在相当程度上依靠经验。然而解决这些困难的方法和途径，正由于整个反应工程学的进展而在不断丰富之中，目前就已有一些专门的著述和专利问世，再加上数据和经验的积累，一个能全面、定量地描述聚合过程方面问题的学科必将逐步形成起来。

9.1　聚合物的表征

最重要的高分子多数是线形结构的，即分子头尾相连，形成一个长链，可将组成一条聚合物链的单体分子定义为聚合度。又由于各个高分子长短不一，所以往往用平均相对分子质量来代表，或者用一个高分子平均有 n 个单体数的平均聚合度来代表。不过实际得到的高分子有时会有一些支链存在，有些甚至在各高分子链之间生成了连接的支链，称为交联，这样高分子就将失去它的弹性和塑性而变成不可塑的了。因此，高分子的结构如何，它的平均相对分子质量多大，相对分子质量分布的情况如何是对聚合物性能极关重要的因素。

9.1.1　相对分子质量

根据实验测定方法的不同，有如下的几种相对分子质量定义。

1. 数均相对分子质量

用端基滴定法、冰点下降法、沸点上升法或渗透压法测得的是数量相对平均相对分子质量，简称数均相对分子质量$\overline{M}_{\mathrm{n}}$，即

$$\overline{M}_{\mathrm{n}}=\frac{\sum_{j=1}^{\infty}M_jN_j}{\sum_{j=1}^{\infty}N_j}=\frac{W}{N} \tag{9.1}$$

式中：N_j为由j个单体所组成的分子数；M_j为第j个单体的相对分子质量；$\sum N_j$为全部的分子数；$\overline{M}_{\mathrm{n}}$为数均相对分子质量。

2. 重均相对分子质量

用光散射法测得的是质量平均相对分子质量，简称重均相对分子质量$\overline{M}_{\mathrm{w}}$，即

$$\overline{M}_{\mathrm{w}}=\frac{\sum_{j=1}^{\infty}M_j^2N_j}{\sum_{j=1}^{\infty}M_jN_j} \tag{9.2}$$

3. Z 均相对分子质量

用沉降平衡法测得的是 Z 均相对分子质量$\overline{M}_{\mathrm{Z}}$，即

$$\overline{M}_{\mathrm{Z}}\equiv\frac{\sum_{j=1}^{\infty}M_j^3N_j}{\sum_{j=1}^{\infty}M_j^2N_j} \tag{9.3}$$

4. 黏均相对分子质量

用黏度法测得的是黏均相对分子质量$\overline{M}_{\mathrm{v}}$，即

$$\overline{M}_{\mathrm{v}}\equiv\left(\frac{\sum_{j=1}^{\infty}M_j^{\alpha+1}N_j}{\sum_{j=1}^{\infty}M_jN_j}\right)^{1/\alpha} \tag{9.4}$$

9.1.2 聚合度

如定义m次矩为

$$\mu_{\mathrm{m}}=\sum_{j=1}^{\infty}j^m[P_j] \tag{9.5}$$

则 0 次矩为 $\mu_0=\sum_{j=1}^{\infty}[P_j]$，即聚合物分子的总浓度，1 次矩为 $\mu_1=\sum_{j=1}^{\infty}j[P_j]$，2 次矩为 $\mu_2=\sum_{j=1}^{\infty}j^2[P_j]$ 等。聚合度为 m 次矩与聚合物分子的总浓度的比值，用 $\bar{P}$ 表示。根据 m 的取值不同，有如下聚合度定义。

1. 数均聚合度

数均聚合度可表示为

$$\bar{P}_{\mathrm{n}}=\frac{\sum_{j=1}^{\infty}j[P_j]}{\sum_{j=1}^{\infty}[P_j]}=\frac{\mu_1}{\mu_0} \tag{9.6}$$

式中：$\bar{P}_{\mathrm{n}}$ 为数均聚合度；$[P_j]$为聚合度为 j 的分子的浓度。

显然

$$\overline{M}_{\mathrm{n}}=M_j\bar{P}_{\mathrm{n}} \tag{9.7}$$

2. 重均聚合度

重均聚合度可表示为

$$\bar{P}_{\mathrm{w}}=\frac{\sum_{j=1}^{\infty}j^2[P_j]}{\sum_{j=1}^{\infty}j^1[P_j]}=\frac{\mu_2}{\mu_1} \tag{9.8}$$

3. Z 均聚合度

Z 均聚合度可表示为

$$\bar{P}_{\mathrm{Z}}=\frac{\sum_{j=1}^{\infty}j^3[P_j]}{\sum_{j=1}^{\infty}j^2[P_j]}=\frac{\mu_3}{\mu_2} \tag{9.9}$$

4. 黏均聚合度

黏均聚合度可表示为

$$\bar{P}_{\mathrm{v}}=\left\{\frac{\sum_{j=1}^{\infty}j^{\alpha+1}[P_j]}{\sum_{j=1}^{\infty}j[P_j]}\right\}^{1/\alpha}=\left(\frac{\mu_{\alpha+1}}{\mu_1}\right)^{1/\alpha} \tag{9.10}$$

式中：α 为黏度式中的系数，如 $\alpha=1$，则 $\overline{M}_{\mathrm{v}}=\overline{M}_{\mathrm{w}}$。

一般而言，$\overline{P}_Z > \overline{P}_w > \overline{P}_n$。如相对分子质量的分布是正态分布，则 $\overline{P}_Z : \overline{P}_w : \overline{P}_n = 3 : 2 : 1$。如所有分子大小相等，则 $\overline{P}_Z = \overline{P}_w = \overline{P}_n$，否则 $\overline{P}_w$ 与 $\overline{P}_n$ 必有差别，因此通常用 $\overline{P}_w / \overline{P}_n$ 这一比值的大小衡量相对分子质量分布的情况，并称为"分散指数"，此值越大，相对分子质量的分布越宽。

对于不同的聚合方法所得聚合物的分散指数大致如表 9.1 所示。

表 9.1　聚合物的分散指数

聚合方法	游离基聚合	热聚合	离子型聚合	齐格勒型催化剂
$\overline{P}_w / \overline{P}_n$	1.5～2 以上	1.08～3	1.03～1.5	2～40

9.1.3　瞬间聚合度

以上这些定义都是指聚合到一定程度后将所有分子加以计算的积分值。实际上在任一反应瞬间都生成许多大小不等的分子，它们也有一个分布，因此还要定义瞬间聚合度。

1. 瞬间数均聚合度

$$\overline{p}_n = \frac{\sum_{j=1}^{\infty} j r_{Pj}}{\sum_{j=1}^{\infty} r_{Pj}} = \frac{-r_M}{r_{P0}} \tag{9.11}$$

式中：r_{P0} 为死聚体的生成速率；$-r_M$ 为单体的消耗速率。

2. 瞬间重均聚合度

$$\overline{p}_w = \frac{\sum_{j=1}^{\infty} j^2 r_{Pj}}{\sum_{j=1}^{\infty} j r_{Pj}} = \frac{\sum_{j=1}^{\infty} j^2 r_{Pj}}{-r_M} \tag{9.12}$$

3. 瞬间 Z 均聚合度

$$\overline{p}_Z = \frac{\sum_{j=1}^{\infty} j^3 r_{Pj}}{\sum_{j=1}^{\infty} j^2 r_{Pj}} \tag{9.13}$$

9.1.4　聚合度分布

至于聚合度的分布，也可按数量或质量作基准而定义如下。

1. 数均聚合度分布

数均聚合度分布为

$$F(j) \equiv \frac{[P_j]}{\sum_{j=1}^{\infty}[P_j]} \tag{9.14}$$

瞬间数均聚合度分布为

$$f(j) = \frac{r_{P_j}}{\sum_{j=1}^{\infty} r_{P_j}} = \frac{r_{P_j}}{r_{P0}} = \frac{\overline{p}_n r_{P_j}}{-r_M} \tag{9.15}$$

它与 $F(j)$ 的关系为

$$F(j) = \frac{1}{[p]}\int_0^{[p]} f(j)\mathrm{d}[P] = \frac{1}{x}\int_0^x f(j)\mathrm{d}x \tag{9.16}$$

2. 重均聚合度分布

重均聚合度分布为

$$W(j) \equiv \frac{j[P_j]}{\sum_{j=1}^{\infty} j[P_j]} \tag{9.17}$$

瞬间重均聚合度分布为

$$w(j) = \frac{j r_{P_j}}{\sum_{j=1}^{\infty} j r_{P_j}} = \frac{j r_{P_j}}{-r_M} = \frac{j f(j)}{\overline{p}_n} \tag{9.18}$$

而 $w(j)$ 与 $W(j)$ 也同样是微分与积分的关系。

在相对分子质量分布方面，尽管有许多从理论上推导的方程，但最可靠的还是实测。近年来由于凝胶色谱(GPC)的发展，高聚物相对分子质量分布的测定变得快速易行了，而这方面实验数据的积累也就为深入探索聚合过程的基本规律提供了重要的基础。

9.2　聚合反应动力学

根据反应机理的不同，高分子的合成主要可分下述两大类型：

(1)连锁聚合反应。单体由于相互加成而生成聚合物。这通常是通过单体中的不饱和链而实现的，又称加(成)聚合反应。根据反应机理的不同，又可分为自由基(或称游离基)聚合、离子型聚合及配位络合聚合三大类。

(2)逐步聚合反应。逐步聚合反应的特点是靠单体两端具有的活泼基团相互作用而缩去小分子后连接起来，又称缩(合)聚(合)反应，如己二胺及己二酸生成聚酰胺“尼龙 66”就是靠缩去水分子而成的。另外，乙二醇与对苯二甲酸二甲酯生成聚酯“的确良”就是靠缩去甲醇而生成的等。

对这类反应一般用酸或碱作催化剂。反应物与产物之间有平衡关系存在，只有不断地从反应物系中将小分子除去，才能使聚合物的相对分子质量继续增大。

逐步聚合反应在工业上有着广泛的应用，特别在合成纤维方面占有主要的地位。

此外，两种以上不同单体可以按不同的机理实现聚合称为共聚合，对于环状结构的单体分子可以开环聚合。此类聚合究竟是逐步聚合还是连锁聚合由反应条件而定。本节主要讨论两类反应的动力学分析。

9.2.1　均相自由基聚合反应

1. 自由基聚合反应的动力学分析

聚合动力学的研究目的是要解决三大问题，即

(1) 反应速率，即单体消失的速率和聚合物的生成速率。

(2) 产品的平均相对分子质量或平均聚合度。

(3) 产品的结构组成。

当然，这些都是与反应机理有直接联系的，它们的反应历程一般都经链引发、链增长及链终止三大步骤。与一般低分子的情况相比，这里多了 (2)、(3) 两点。如果链的引发、转移或者终止的机理不同，其结果也就各不相同。今将若干种不同的基元反应在间歇反应器中的速率式用符号表示于表 9.2。

表 9.2　自由基聚合反应的机理及反应速率式

阶段	类别	机理	反应速率式	
单体引发 (i)	光引发	$M \longrightarrow P_1^*$	$r_{i1}=\left(\dfrac{d[P_1^*]}{dt}\right)_u=f(I)$	(9.19)
	引发剂引发	$I \xrightarrow{k_d} 2R^*$	$r_d=\left(\dfrac{d[R^*]}{dt}\right)_d=2k_d[I]$	(9.20)
		$R^*+M \xrightarrow{k_i} P_1^*$	$r_{i2}=\left(\dfrac{d[P_1^*]}{dt}\right)_d=k_i[R^*][M]$	(9.21)
	双分子热引发	$M+M \xrightarrow{k_i} P_1^*+P_1^*$	$r_{i3}=\left(\dfrac{d[P_1^*]}{dt}\right)_{i3}=k_i[M]^2$	(9.22)
链增长 (p)		$P_1^*+M \xrightarrow{k_p} P_{j+1}^*$	$r_p=\left(-\dfrac{d[M]}{dt}\right)_p=k_p[M][P^*]$	(9.23)
链转移 (f)	向单体转移	$P_j^*+M \xrightarrow{k_{fm}} P_j+R^*$	$r_{fm}=\left(\dfrac{d[P]}{dt}\right)_{fm}=k_{fm}[M][P^*]$	(9.24)
	向溶剂转移	$P_j^*+S \xrightarrow{k_{fs}} P_j+S^*$	$r_{fs}=\left(\dfrac{d[P]}{dt}\right)_{fs}=2k_{fs}[S][P^*]$	(9.25)
	向死聚体转移	$P_j^*+P_i \xrightarrow{k_{fp}} P_j+P_i^*$	$r_{fp}=\left(\dfrac{d[P]}{dt}\right)_{fp}=k_{fp}[P^*][P]$	(9.26)
	向杂质转移	$P_j^*+Z \xrightarrow{k_{fz}} P_j+Z^*$	$r_{fz}=\left(\dfrac{d[P]}{dt}\right)_{fz}=k_{fz}[P^*][Z]$	(9.27)

续表

阶段	类别		机理	反应速率式	
链终止(t)	单基终止		$P_j^* \xrightarrow{k_{t1}} P_j$	$r_{t1}=\left(-\dfrac{d[P^*]}{dt}\right)_{t1}=2k_{t1}[P^*]^2$	(9.28)
	双基终止	歧化	$P_j^*+P_i^* \xrightarrow{k_{td}} P_j+P_i$	$r_{td}=\left(-\dfrac{d[P^*]}{dt}\right)_{td}=2k_{td}[P^*]^2$	(9.29)
		偶合	$P_j^*+P_i^* \xrightarrow{k_{tc}} P_{j+i}$	$r_{tc}=\left(-\dfrac{d[P^*]}{dt}\right)_{tc}=2k_{tc}[P^*]^2$	(9.30)

注：I、M、P、R、S、Z为引发剂、单体、聚合物、中间化合物、溶剂和杂质；R^*、P^*、S^*、Z^*为相应物质的自由基；[ ]为某一物质的浓度；(I) 为光的强度；f为引发效率；$[P^*]=\sum[P_j^*]$为活性链的总浓度；$[P]=\sum_j[P_j]$为死聚体的浓度。

对于实际的聚合反应系统，应根据具体的反应机理得出相应的基元反应速率式，然后采用定常态的假设，即反应过程中引发的速率与终止的速率相等，最后可得出过程的总速率。下面以苯乙烯(M)在过氧化苯甲酰为引发剂(I)时，在间歇反应器中进行聚合为例进行讨论，假定反应机理并写出相应的基元反应速率式，见表 9.3。

表 9.3 苯乙烯聚合反应的机理及反应速率式

阶段	类别	机理	反应速率式	
链引发	引发剂引发	$I \xrightarrow{k_d} 2R^*$（自由基）	$r_d=-\dfrac{d[I]}{dt}=k_d[I]$，$r_d=\left(\dfrac{d[R^*]}{dt}\right)_d=2k_d[I]$	(A)
	单体引发	$R^*+M \xrightarrow{k_i} P_1^*$	$r_i=\left(-\dfrac{d[R^*]}{dt}\right)_i=\left(\dfrac{d[P_1^*]}{dt}\right)_i=k_i[R^*][M]=2fk_d[I]$	(B)
链增长		$P_j^*+M \xrightarrow{k_p} P_{j+1}^*$（中间化合物）	$r_p=\left(-\dfrac{d[M]}{dt}\right)_p=k_p[M][P^*]$	(C)
链转移	向单体转移	$P_j^*+M \xrightarrow{k_{fm}} P_j+P_1^*$	$r_{fm}=\left(\dfrac{d[P]}{dt}\right)_{fm}=k_{fm}[M][P^*]$	(D)
	向溶剂转移	$P_j^*+S \xrightarrow{k_{fs}} P_j+S^*$	$r_{fs}=\left(\dfrac{d[P]}{dt}\right)_{fs}=2k_{fs}[S][P^*]$	(E)
链终止	偶合终止	$P_j^*+P_i^* \xrightarrow{k_{tc}} P_{j+i}$	$r_{tc}=\left(-\dfrac{d[P^*]}{dt}\right)_{tc}=2k_{tc}[P^*]^2$	(F)

在链转移速率中，向单体和向溶剂转移二者是平行反应，同时存在，转移的总速率为

$$r_f=r_{fm}+r_{fs}=\frac{d[P]}{dt}=(k_{fm}+k_{fs})[P^*][M]=k_f[P^*][M] \tag{9.31}$$

式中：$k_f=k_{fm}+k_{fs}$；这里以苯作溶剂时，S^*和部分引发剂自由基R^*为同一物质。但若用其他引发剂或者其他溶剂时，二者不一定相同。

对其中的M作物料衡算，有

$$-\frac{d[M]}{dt}=r_i+r_p+r_{fm}+r_{fs}=r_i+r_p+r_f \tag{9.32}$$

由于链引发和转移所消耗的单体量远小于链增长所消耗的量，故可忽略r_i及r_f，即苯乙烯单体的总消耗速率为

$$-\frac{d[M]}{dt}\approx r_p=k_p[M][P^*] \tag{9.33}$$

式中$[P^*]$难以测定，但可进行转换。

在定态下

$$\frac{d[R^*]}{dt}=\left(\frac{d[R^*]}{dt}\right)_d-\left(\frac{d[R^*]}{dt}\right)_i=2fk_d[I]-k_i[R^*][M]\approx 0 \tag{9.34}$$

即

$$2fk_d[I]=k_i[R^*][M]$$

同样，系统自由基总浓度也是恒定不变的，且一般 $r_{fs}\ll r_{tc}$，可忽略 r_{fs}，所以

$$\frac{d[P^*]}{dt}=r_i-r_{tc}=2fk_d[I]-2k_{tc}[P^*]^2\approx 0$$

则

$$[P^*]=\left(\frac{fk_d[I]}{k_{tc}}\right)^{1/2} \tag{9.35}$$

故代入式(9.33)，得过程的总速率式为

$$r_M=-\frac{d[M]}{dt}=k_p\left(\frac{fk_d}{k_{tc}}\right)^{1/2}[I]^{1/2}[M]=k[M] \tag{9.36}$$

若 $t=0$ 时，$[M]=[M]_0$，且$[I]$为常数，则式(9.36)为简单的一级不可逆反应速率式。但应注意，对不同的反应机理，所得的结果不同。

至于聚合反应机理及速率常数的求取，原则上与一般反应动力学相同，都是对实验数据处理后得出，这里不再赘述。

【例 9.1】 在等温间歇槽式反应器中，进行某一自由基聚合反应，其机理及速率方程为

链引发	$I\xrightarrow{k_d}2R^*$	$r_i=2fk_d[I]$
	$R^*+M\xrightarrow{k_i}P_1^*$	
链增长	$P_j^*+M\xrightarrow{k_p}P_{j+1}^*$	$r_p=k_p[M][P^*]$
向单体链转移	$P_j^*+M\xrightarrow{k_{fm}}P_j+P_1^*$	$r_{fm}=k_{fm}[M][P^*]$
向溶剂链转移	$P_j^*+S\xrightarrow{k_{fs}}P_j+S^*$	$r_{fs}=k_{fs}[S][P^*]$
偶合终止	$P_j^*+P_i^*\xrightarrow{k_{tc}}P_{j+i}$	$r_{tc}=2k_{tc}[P^*]^2$

已知$[M_0]=7.17$ mol/L，$[S]=1.32$ mol/L，$f=0.52$，$[I]=10^{-3}$ mol/L，$k_d=8.22\times10^{-5}\ s^{-1}$，$k_p=5.09\times10^2$ L/(mol·s)，$k_{tc}=5.95\times10^7$ L/(mol·s)，$k_{fm}=0.079$ L/(mol·s)，$k_{fs}=1.34\times10^{-4}$ L/(mol·s)，试求：

(1) 单体浓度$[M]$及转化率 X 随反应时间的变化情况。

(2) 如果要求转化率达 80%，反应时间为多少？

【解】 (1) 由题意知，单体的反应速率为

$$r_M=-\frac{d[M]}{dt}=r_i+r_p+r_{fm}+r_{fs}\cong k_p[P^*][M] \tag{E9.1-1}$$

根据定态近似假设

$$\frac{d[P^*]}{dt}=0,\quad r_i=r_{tc}$$

所以

$$2fk_d[I]=2k_{tc}[P^*]^2$$

即

$$[P^*]=\left(\frac{fk_d[I]}{k_{tc}}\right)^{1/2} \tag{E9.1-2}$$

代入式(E9.1-1)，得

$$r_M=-\frac{d[M]}{dt}=k_p\left(\frac{fk_d[I]}{k_{tc}}\right)^{1/2}[M]=k[M] \tag{E9.1-3}$$

式中

$$k=k_p\left(\frac{fk_d[I]}{k_{tc}}\right)^{1/2}=5.09\times10^2\left(\frac{0.52\times8.22\times10^{-5}\times10^{-3}}{5.95\times10^7}\right)^{1/2}=1.364\times10^{-5}\ (\mathrm{s}^{-1})$$

代入式(E9.1-2)，有

$$-\frac{d[M]}{dt}=1.364\times10^{-5}[M] \tag{E9.1-4}$$

积分式(E9.1-4)，得

$$t=-\int_{[M_0]}^{[M]}\frac{d[M]}{k[M]}=\frac{1}{k}\ln\frac{[M_0]}{[M]}\quad 或\quad t=\frac{1}{k}\ln\frac{1}{1-X_M} \tag{E9.1-5}$$

(2)将已知数据代入式(E9.1-5)，得

$$t=\frac{1}{1.364\times10^{-5}}\ln\frac{1}{1-0.8}=1.18\times10^5\ (\mathrm{s})=32.778(\mathrm{h})$$

2. 平均聚合度

根据上述机理(表 9.3)进行的苯乙烯聚合反应可用下式表示：

$$\overline{P}_n M\longrightarrow P$$

式中：数均聚合度$\overline{P}_n$为平均化学计量系数，在间歇恒容过程中，单体M的转化率(又称聚合率)为

$$X_M=\frac{[M]_0-[M]}{[M]_0} \tag{9.37}$$

由瞬间数均聚合度定义式知

$$\overline{p}_n=\frac{r_M}{r_P}\approx\frac{\left(-\frac{d[M]}{dt}\right)_P}{\left(\frac{d[P]}{dt}\right)_{tc}+\left(\frac{d[P]}{dt}\right)_{fm}+\left(\frac{d[P]}{dt}\right)_{fs}}=\frac{k_p[M][P^*]}{k_{tc}[P^*]^2+k_{fm}[M][P^*]+k_{fs}[M][P^*]} \tag{9.38}$$

将式(9.35)代入式(9.38)，整理得

$$\frac{1}{\overline{P}_n}=\frac{(fk_d[I]k_{tc})^{1/2}}{k_p[M]_0(1-X_M)}+k_f \tag{9.39}$$

令

$$k_f=\frac{k_{fm}+k_{fs}}{k_p}$$

式中：k_f为单体和溶剂转移系数，代表转移和增长的速率比，其比值越大，聚合物的相对分子质量将越小，实际生产中如加入适量的相对分子质量调节剂，通过控制调节k_f可达到控制调节产品相对分子质量的目的。

再根据前面的定义，可导出累积数均聚合度：

$$\overline{P}_n=\frac{X_M}{\int_0^{X_M}(1/\overline{p}_n)\,dX_M}=\frac{X_M}{\int_0^{X_M}\left[\frac{(fk_d[I]k_{tc})^{1/2}}{k_p[M_0](1-X_M)}+k_f\right]dX_M} \tag{9.40}$$

如果需要，重均聚合度也可用同样的方法导出。

由上可知，平均聚合度与[M]成正比，与$[I]^{1/2}$成反比，但由前知r_M与$[I]^{1/2}$成正比，当提高引发剂浓度时，尽管可提高聚合反应速率，但使产物的平均聚合度降低，因此实际生产中引发剂用量一般很少，一方面是由于产品要求有较大的相对分子质量，另一方面是因为反应装置受到传热及控制的限制，并不要求反应速率太快。

【例 9.2】 根据例 9.1 的条件和数据求：

(1)数均聚合度随转化率的变化。

(2)当X_M=80%时，累积数均聚合度为多少？

【解】 (1)据题给机理，其瞬间数均聚合度为

$$\overline{p}_n=\frac{r_M}{\sum r_{Pj}}=\frac{k_p[M][P^*]}{k_{tc}[P^*]^2+k_{fm}[M][P^*]+k_{fs}[S][P^*]} \tag{E9.2-1}$$

而

$$[P^*]=\left(\frac{fk_d[I]}{k_{tc}}\right)^{1/2} \tag{E9.2-2}$$

代入累积数均聚合度并整理得

$$\overline{P}_n=\frac{X_M}{\int_0^{X_M}(1/\overline{p}_n)\,dX_M}=\frac{X_M}{\int_0^{X_M}\left[\frac{(fk_d[I]k_{tc})^{1/2}+k_{fs}[S]}{k_p[M_0](1-X_M)}+\frac{k_{fm}}{k_p}\right]dX_M} \tag{E9.2-3}$$

将已知数据代入式(E9.2-3)，整理得

$$\overline{P}_n=\frac{X_M}{\int_0^{X_M}\left[\frac{4.37\times10^{-4}}{(1-X_M)}+1.552\times10^{-4}\right]dX_M} \tag{E9.2-4}$$

积分式(E9.2-4)，得

$$\overline{P}_n=\frac{X_M}{1.552\times10^{-4}X_M-4.37\times10^{-4}\ln(1-X_M)} \tag{E9.2-5}$$

由式(E9.2-5)即可算出$\overline{P}_n$随X_M的变化关系如下：

X_M	0.1	0.2	0.3	0.4	0.5	0.6	0.7	0.8
$\overline{P}_n\times10^{-3}$	1.624	1.556	1.482	1.402	1.314	1.216	1.103	0.967

(2)由上述计算可知，当X_M=80%时，$\overline{P}_n$=888。

3. 聚合度分布

仍以前述的自由基聚合反应为例，但反应器不同。

1) 间歇反应器

由瞬间数均聚合度分布函数的定义知

$$f_{\mathrm{n}}(j)=\frac{r_{\mathrm{P}j}}{\sum_{j=2}^{\infty} r_{\mathrm{P}j}}=\frac{r_{\mathrm{P}j}}{r_{\mathrm{P}}}=\frac{[P_j^*]}{[P^*]} \tag{9.41}$$

要求$f_{\mathrm{n}}(j)$，就得求出不同自由基的生成速率，在定态时，大小不等的自由基生成速率应恒定，即

$$\frac{\mathrm{d}[P_j^*]}{\mathrm{d}t}=0 \qquad j=1, 2, \cdots, \infty \tag{9.42}$$

对$[P_1^*]$作物料衡算可得

$$\frac{\mathrm{d}[P_1^*]}{\mathrm{d}t}=2fk_{\mathrm{d}}[I]+k_{\mathrm{fm}}[P^*][M]-k_{\mathrm{p}}[P_1^*][M]-k_{\mathrm{fm}}[P_1^*][M]-k_{\mathrm{fs}}[P_1^*][S]-2k_{\mathrm{tc}}[P^*][P_1^*]=0$$

所以

$$[P_1^*]=\frac{2fk_{\mathrm{d}}[I]+k_{\mathrm{fm}}[P^*][M]}{k_{\mathrm{p}}[M]+k_{\mathrm{fm}}[M]+k_{\mathrm{fs}}[S]+2k_{\mathrm{tc}}[P^*]} \tag{9.43}$$

同理，对$[P_j^*]$作物料衡算可得

$$\frac{\mathrm{d}[P_j^*]}{\mathrm{d}t}=k_{\mathrm{p}}[P_{j-1}^*][M]-k_{\mathrm{p}}[P_j^*][M]-k_{\mathrm{fm}}[P_j^*][M]-k_{\mathrm{fs}}[P_j^*][S]-2k_{\mathrm{tc}}[P^*][P_j^*]=0$$

所以

$$[P_j^*]=\frac{k_{\mathrm{p}}[P_{j-1}^*][M]}{k_{\mathrm{p}}[M]+k_{\mathrm{fm}}[M]+k_{\mathrm{fs}}[S]+2k_{\mathrm{tc}}[P^*]}=\frac{\nu_{\mathrm{tf}}}{1+\nu_{\mathrm{tf}}}[P_{j-1}^*] \tag{9.44}$$

式中

$$\nu_{\mathrm{tf}}=\frac{k_{\mathrm{p}}[M]}{k_{\mathrm{fm}}[M]+k_{\mathrm{fs}}[S]+2k_{\mathrm{tc}}[P^*]}=\frac{\text{链生长中单体的消耗速率}}{\text{链转移速率}+\text{链终止速率}} \tag{9.45}$$

因自由基的总浓度也是恒定的，即

$$\frac{\mathrm{d}[P^*]}{\mathrm{d}t}=2fk_{\mathrm{d}}[I]-2k_{\mathrm{tc}}[P^*]^2-k_{\mathrm{fs}}[P^*][S]=0$$

故得

$$2k_{\mathrm{tc}}[P^*]^2+k_{\mathrm{fs}}[P^*][S]=2fk_{\mathrm{d}}[I] \tag{9.46}$$

将式(9.46)代入式(9.43)，得

$$[P_1^*]=\frac{1}{1+\nu_{\mathrm{tf}}}[P^*] \tag{9.47}$$

同理，迭代可得

$$[P_j^*]=\left(\frac{\nu_{\mathrm{tf}}}{1+\nu_{\mathrm{tf}}}\right)^{j-1}\left(\frac{1}{1+\nu_{\mathrm{tf}}}\right)[P^*] \tag{9.48}$$

此时

$$f_{\mathrm{n}}(j)=\frac{[P_j^*]}{[P^*]}=\left(\frac{\nu_{\mathrm{tf}}}{1+\nu_{\mathrm{tf}}}\right)^{j-1}\left(\frac{1}{1+\nu_{\mathrm{tf}}}\right) \tag{9.49}$$

聚合度分布也可以从 j 聚体的生成速率得到，j 聚体生成速率的大小由链终止及链转移速率决定，因此，其生成速率为

$$r_P = \frac{d[P_j]}{dt} = 2k_{tc}[P^*][P_j^*] + k_{fm}[M][P_j^*] + k_{fs}[S][P_j^*] \tag{9.50}$$

将式(9.45)及式(9.49)代入式(9.50)，并整理得

$$\frac{d[P_j]}{dt} = k_p[M][P^*]\left(\frac{\nu_{tf}}{1+\nu_{tf}}\right)^j \tag{9.51}$$

而单体转化速率为

$$-\frac{d[M]}{dt} \cong k_p[M][P^*] \tag{9.52}$$

所以将式(9.51)和式(9.52)相除得

$$\frac{d[P_j]}{-d[M]} = \left(\frac{\nu_{tf}}{1+\nu_{tf}}\right)^j = \varphi([M]) = \varphi'(X_M) \tag{9.53}$$

如有初始条件，则可由式(9.53)积分求出$[P_j]$。当固定 X_M 时，以$[P_j]$对 j 作图，则可得出数均分布曲线；而以 $j[P_j]$对 j 作图则可得出重均分布曲线，如图 9.1 所示。

由于恒容下平推流反应器内的动力学规律与间歇反应器相同，所以上述结论也适用于平推流反应器。

2) 全混流反应器

此时反应器内的流体呈全混流，其进出物料参数如图 9.2 所示。

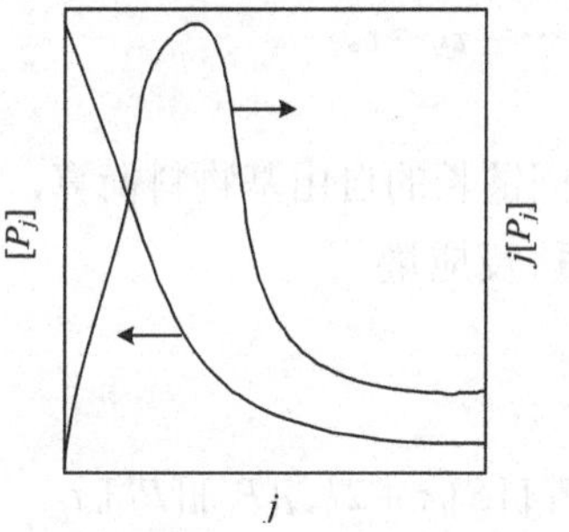

图 9.1　数均与重均分布曲线图

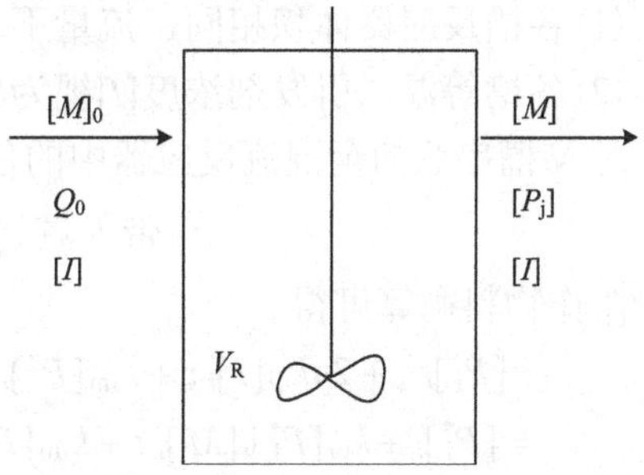

图 9.2　CSTR 示意图

对单体 M 作反应器物料衡算可得

$$Q_0[M]_0 = Q_0[M] + r_M V_R$$

即

$$\tau_m = \frac{V_R}{Q_0} = \frac{[M]_0 - [M]}{r_M} \tag{9.54}$$

将式(9.54)代入式(9.36)，积分得

$$[M] = \frac{[M_0]}{1+k\tau_m}$$

或

$$\tau_m = \frac{1}{k}\left(\frac{1}{1-X_M} - 1\right) \tag{9.55}$$

定态下全混流反应器浓度、温度均匀且等于出口处的值，所以瞬间平均聚合度及其分布就等于累积平均聚合度及分布：

$$\overline{P}_n = \overline{p}_n，\quad F_n(j) = f_n(j) \tag{9.56}$$

$$\overline{P}_w = \overline{p}_w，\quad F_w(j) = f_w(j) \tag{9.57}$$

由上可见，间歇或平推流反应器与全混流反应器的结论是不同的，不仅单体转化率不同，聚合度的分布也不同。反应器不同，物料在器内的停留时间分布不同，物料浓度的变化也不一样，所以，为控制产品的聚合度及其分布，必须选择合适的反应器。

3）多槽串联全混流反应器

在多槽串联全混流反应器进行上述自由基聚合反应，如图 9.3 所示。第一槽的进料仅为单体和引发剂，而以后各槽的进料则含有不同链长的自由基及聚合物。

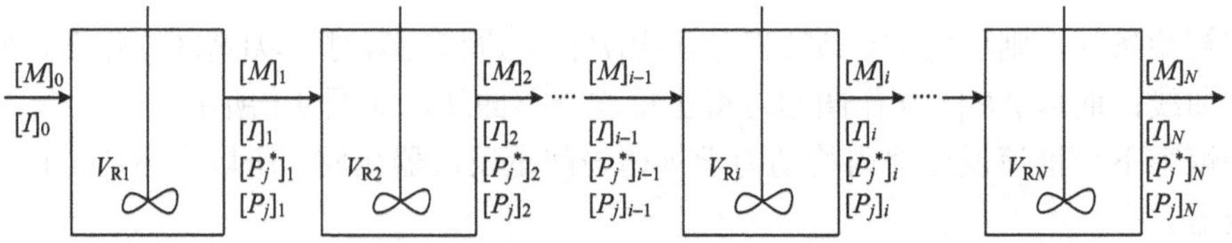

图 9.3　多级串联槽式反应器示意图

假设：

(1) 各槽反应器体积相同，流量不变，则 $\tau_1 = \tau_2 = \cdots = \tau_N = \tau$。

(2) 各槽等温，引发剂浓度$[I]$视为定值。

对 N 槽串联的全混流反应器中的任意一槽 i 作不同链长的自由基物料衡算，有

带入量+生成量＝带出量+反应量

对$[P_1^*]_i$作物料衡算可得

$$\begin{aligned}&[P_1^*]_{i-1} + 2fk_{di}[I]_i\tau + k_{fm}[P^*]_i[M]_i\tau \\ &= [P_1^*]_i + k_{pi}[P_1^*]_i[M]_i\tau + k_{fm}[P_1^*]_i[M]_i\tau + k_{fs}[P_1^*]_i[S]_i\tau + 2k_{tci}[P^*]_i[P_1^*]_i\tau\end{aligned} \tag{9.58}$$

整理得

$$[P_1^*]_i = \frac{[P_1^*]_{i-1}/\tau + 2fk_{di}[I]_i + k_{fm}[P^*]_i[M]_i}{k_{pi}[M]_i + k_{fm}[M]_i + k_{fs}[S]_i + 2k_{tci}[P^*]_i + 1/\tau} \tag{9.59}$$

在定态时

$$\frac{d[P^*]_i}{d\tau} = 2fk_{dc}[I]_i - 2k_{tci}[P^*]_i^2 - k_{fs}[P^*]_i[S]_i = 0$$

故

$$2fk_{di}[I]_i = 2k_{tci}[P^*]_i^2 + k_{fs}[P^*]_i[S]_i \tag{9.60}$$

又因为空时 τ 远大于活性链的寿命 τ_s，即

$$\tau \gg \tau_s \left(\tau_s = \frac{1}{k_{fm}[M]_i + k_{fs}[S]_i + 2k_{tci}[P^*]_i} \approx 0 \right) \tag{9.61}$$

将式(9.60)和式(9.61)代入式(9.58)，整理得

$$[P_1^*]_i = \frac{2k_{tci}[P^*]_i^2 + k_{fs}[P^*]_i[S]_i + k_{fm}[P^*]_i[M]_i}{k_{pi}[M]_i + k_{fm}[M]_i + k_{fs}[S]_i + 2k_{tci}[P^*]_i} = \frac{1}{1+\nu_{tf(i)}}[P^*]_i \tag{9.62}$$

式中

$$\nu_{tf(i)} = \frac{k_{pi}[M]_i}{k_{fm}[M]_i + k_{fs}[S]_i + 2k_{tci}[P^*]_i} \tag{9.63}$$

同样，对$[P_2^*]_i$作物料衡算可得

$$[P_2^*]_{i-1} + k_{pi}[P_1^*]_i[M]_i\tau = [P_2^*]_i + k_{pi}[P_2^*]_i[M]_i\tau + k_{fm}[P_2^*]_i[M]_i\tau + k_{fs}[P_2^*]_i[S]_i\tau + 2k_{tci}[P^*]_i[P_2^*]_i\tau \tag{9.64}$$

经整理有

$$[P_2^*]_i = \left(\frac{\nu_{tf(i)}}{1+\nu_{tf(i)}}\right)\left(\frac{1}{1+\nu_{tf(i)}}\right)[P^*]_i \tag{9.65}$$

直至叠加到j时得

$$[P_j^*]_i = \left(\frac{\nu_{tf(i)}}{1+\nu_{tf(i)}}\right)^{j-1}\left(\frac{1}{1+\nu_{tf(i)}}\right)[P^*]_i \tag{9.66}$$

于是，根据数均聚合度分布函数的定义有

$$f_{n(i)}(j) = \frac{r_{Pji}}{r_{Pi}} = \frac{\mathrm{d}[P_j]_i / \mathrm{d}\tau}{\mathrm{d}[P]_i / \mathrm{d}\tau} = \frac{[P_j^*]_i}{[P^*]_i} = \left(\frac{\nu_{tf(i)}}{1+\nu_{tf(i)}}\right)^{j-1}\left(\frac{1}{1+\nu_{tf(i)}}\right)[P^*]_i \tag{9.67}$$

当j足够大时，由于$\nu_{tf(i)} \gg 1$，所以式(9.67)可近似写为

$$f_{n(i)}(j) \approx \frac{1}{\nu_{tf(i)}}\exp\left(-\frac{j}{\nu_{tf(i)}}\right) \tag{9.68}$$

此时，瞬间数均聚合度为

$$\bar{p}_{n(i)} = \frac{r_{M(i)}}{r_{Pi}} = \frac{k_{pi}[M]_i}{k_{fm}[M]_i + k_{fs}[S]_i + 2k_{tci}[P^*]_i} \neq \nu_{tf(i)} \tag{9.69}$$

对存在偶合终止机理的聚合反应可推得数均聚合度为

$$\bar{P}_{n(i)} = 2\nu_{tf(i)} \tag{9.70}$$

而瞬间重均聚合度为

$$f_{w(i)}(j) = \frac{jf_{n(i)}(j)}{\bar{p}_{n(i)}} = \frac{j}{2\nu_{tf(i)}^2}\exp\left(-\frac{j}{\nu_{tf(i)}}\right) \tag{9.71}$$

可以证明，间歇反应器与全混流反应器内瞬间聚合度及其分布的表达式是相同的，但其数值并不一样，只有当槽数 $N\to\infty$时，两者才完全等效。而且要注意，多槽串联的分布函数是间断不连续的（实际上连续操作全混流的第 i 槽中的参数只可能与间歇操作中某一瞬间的条件相同）。

由前知，对全混流串联操作中的任意第 i 槽，有

$$\overline{P}_{n(i)}=\overline{p}_{n(i)}\text{，}\quad F_{n(i)}(j)=f_{n(i)}(j) \tag{9.72}$$

$$\overline{P}_{w(i)}=\overline{p}_{w(i)}\text{，}\quad F_{w(i)}(j)=f_{w(i)}(j) \tag{9.73}$$

对 N 槽串联全混流反应器最终产品的总聚合度及其分布，可采用各槽的加权平均值表示

$$\overline{P}_{n(N)}=\sum_{i=1}^{N}\left(\frac{[P]_i-[P]_{i-1}}{[P]_N}\right)\overline{P}_{n(i)} \tag{9.74}$$

$$F_{n(N)}(j)=\sum_{i=1}^{N}\left(\frac{[P]_i-[P]_{i-1}}{[P]_N}\right)F_{n(i)}(j) \tag{9.75}$$

$$\overline{P}_{w(N)}=\sum_{i=1}^{N}\left(\frac{X_{Mi}-X_{Mi-1}}{X_N}\right)\overline{P}_{w(i)} \tag{9.76}$$

$$F_{w(N)}(j)=\sum_{i=1}^{N}\left(\frac{X_{Mi}-X_{Mi-1}}{X_N}\right)F_{w(i)}(j) \tag{9.77}$$

必须指出，上述结论只适宜上述机理的自由基聚合反应。对其他机理及其他类型的聚合反应，可采用同样的方法推出结果，其基本步骤如下：

(1)根据实验数据及经验，假定反应机理，写出各基元反应的速率式。

(2)根据速率控制步及定态近似理论，推出所需组分的速率式。

(3)选择合适的反应器，用物料衡算进行动力学分析，并推导所需要的各种关系式，最后计算反应器设计及分析的有关信息。

9.2.2　逐步聚合反应

逐步聚合反应的特点是不需要引发剂，它是系统中所有的单体一起参与高分子生成反应，而且所生成的 j 聚体依然带官能团，它们之间还可进一步相互反应，所以生成聚合物的相对分子质量随反应时间的延长而逐步增大，它与连锁聚合反应的区别如表 9.4 所示。

表 9.4　缩聚反应与连锁反应的基本特点比较

项目	连锁聚合反应	逐步缩聚反应
引发剂	必需	不需要
链增长机理及速率	分引发、增长、终止三个不同的基元反应 增长反应的活化能小，如 $E_p=21\times10^3$ J/mol 反应速率极快，以秒计	无引发、增长、终止反应 反应活化能较高，如聚酯反应 $E_p=63\times10^3$ J/mol 反应速率慢，以小时计
热效应及反应平衡	热效应大，$\Delta H_r=84\times10^3$ J/mol 聚合临界温度高(200～300 ℃) 在一般温度下为不可逆反应	热效应小，$\Delta H_r=21\times10^3$ J/mol 聚合临界温度高(40～50 ℃) 在一般温度下为可逆反应
单体转化率与反应时间关系	单体随时间逐渐消失	单体很快消失
聚合物相对分子质量与反应时间关系	大分子迅速形成之后不再变化	大分子逐渐形成，相对分子质量随时间逐渐增大

1. 逐步聚合反应的动力学分析

如前所述，逐步聚合反应大多是可逆反应，反应速率及聚合度与反应平衡之间有密切关系，为研究方便，假定无论是单体、二聚体及多聚体，两端的官能团反应活性相同(官能团等活性)，所以每一步反应的平衡常数都相等，反应速率常数保持不变，故此缩聚反应动力学与低分子化学反应动力学相似，若聚合反应物为 A 与 B，则其反应速率通式为

$$r=k[A]^{\alpha}[B]^{\beta} \tag{9.78}$$

式中：α、β 为反应级数；k 为速率常数。上述参数原则上由实验确定。

现以生成聚酯线性缩聚反应为例。

设具有不同双官能团 A、B 的单体 $_{A\text{-}}R_{\text{-}A}$ 和 $_{B\text{-}}R'_{\text{-}B}$，通过不断形成新键 m 达到高相对分子质量化，生成的低分子逸出物为 n，其反应如下：

$$_{A\text{-}}R_{\text{-}A} + {}_{B\text{-}}R'_{\text{-}B} \underset{k_2}{\overset{k_1}{\rightleftharpoons}} R_{\text{-}m\text{-}}R'_{\text{-}m} + \text{n}$$

上述可逆反应一般在酸催化剂下进行，其反应级数均为一级，若采用间歇反应器，则反应速率为

$$r_M = -\frac{d[-A]}{dt} = -\frac{d[-B]}{dt} = k_1[-A][-B] - k_2[-m-][n] \tag{9.79}$$

设反应时间为 t 时，反应的官能团转化率(单体的转化率)为 X_M，令$[-A]_0=[-B]_0$，即官能团的初始浓度相等，则式(9.79)变为

$$\frac{[-A]_0 dX_M}{dt} = k_1[-A]_0^2(1-X_M)^2 - k_2[-A]_0^2 X_M^2 \tag{9.80}$$

等温恒容下积分式(9.80)得

$$t = \frac{1}{2\sqrt{k_1k_2}[A]_0}\ln\frac{[2(k_1-k_2)X_{AM} - 2k_1 - 2\sqrt{k_1k_2}](-2k_1+2\sqrt{k_1k_2})}{[2(k_1-k_2)X_{AM} - 2k_1 + 2\sqrt{k_1k_2}](-2k_1-2\sqrt{k_1k_2})} \tag{9.81}$$

整理得

$$\frac{[-A]_0}{[-A]} = 1 + \sqrt{K}\,\frac{\exp(2\sqrt{k_1k_2}[A]_0 t) - 1}{\exp(2\sqrt{k_1k_2}[A]_0 t) + 1} \tag{9.82}$$

式中：$K=k_1/k_2$，为平衡常数。

当反应达平衡时，$r_M=0$，所以速率式(9.80)变为

$$K = \frac{k_1}{k_2} = \frac{X_M^2}{(1-X_M)^2} \quad 或 \quad X_M = \frac{\sqrt{K}}{1+\sqrt{K}} \tag{9.83}$$

2. 平均聚合度

如果系统中只有两种官能团存在，且无其他副反应，则到时刻 t 时，未反应的官能团数就等于缩聚产物的物质的量N,且N_0正好是缩聚产物中进入高分子链的单体结构单元的总数，因此，以结构单元为基准的数均聚合度 $\overline{P}_n$ 与转化率 X_M 的关系为

$$\overline{P}_{\mathrm{n}}=\frac{N_0}{N}=\frac{[-A]_0}{[-A]}=\frac{1}{1-X_{\mathrm{M}}} \tag{9.84}$$

式中：N_0为初始官能团数，即$N_0=(N_{A0}+N_{B0})/2$。

将式(9.83)代入式(9.84)得

$$\overline{P}_{\mathrm{n}}=1+\sqrt{K} \tag{9.85}$$

事实上，当$t\to\infty$，即达平衡时，由速率积分式也能得到上式的结果。由式(9.85)可知，聚合反应的聚合度取决于反应的平衡常数K，当用二元脂肪酸和二元醇聚合时，一般$K=1$，此时最大聚合度$\overline{P}_{\mathrm{n}}=2$，这就是说不可能得到高相对分子质量的聚合体。因此，对此类缩聚反应，必须在高真空度下进行并使生成的低分子物不断逸出，才能增大平衡常数以提高聚合度。

实际上，通常的缩聚反应都采取措施将生成的低分子物及时排出，使反应在不可逆的情况下进行，故其速率简化为

$$\frac{[-A]_0\,\mathrm{d}X_{\mathrm{M}}}{\mathrm{d}t}=k_1[-A]_0^2(1-X_{\mathrm{M}})^2$$

或

$$\frac{\mathrm{d}X_{\mathrm{M}}}{\mathrm{d}t}=k_1[-A]_0(1-X_{\mathrm{M}})^2 \tag{9.86}$$

等温恒容下积分得

$$[-A]_0k_1t=\frac{1}{1-X_{\mathrm{M}}}-1 \tag{9.87}$$

故数均聚合度为

$$\overline{P}_{\mathrm{n}}=[-A]_0k_1t+1 \tag{9.88}$$

由式(9.88)可知，聚合度随反应时间的延长而增大，随单体转化率的增加而增加，当$X_{\mathrm{M}}=0.9$时，高分子聚合度$\overline{P}_{\mathrm{n}}=10$；若$X_{\mathrm{M}}$提高到99%，则$\overline{P}_{\mathrm{n}}=100$。这就是说，为提高聚合度以提高聚合物的性能，就必须保证单体的纯度，控制反应工艺条件，才能保证单体转化率高。

必须指出，上述结论是在原料中两组分的起始物质的量比相等的情况下导出的，即$\alpha=[-A]_0/[-B]_0=1$。若较少组分A的转化率为X_{M}，则数均聚合度为

$$\overline{P}_{\mathrm{n}}=\frac{[-A]_0+[-B]_0}{[-A]+[-B]}=\frac{1+\alpha}{1+\alpha-2\alpha X_{\mathrm{M}}} \tag{9.89}$$

当$\alpha=1$时，式(9.89)简化为

$$\overline{P}_{\mathrm{n}}=\frac{1}{1-X_{\mathrm{M}}} \tag{9.90}$$

对式(9.89)取极限有

$$\lim_{X_{\mathrm{M}}\to 1}\overline{P}_{\mathrm{n}}=\frac{1+\alpha}{1-\alpha} \tag{9.91}$$

由式(9.91)可知，当$\alpha\to 1$时，$\overline{P}_{\mathrm{n}}\to\infty$，这说明在线性缩聚反应中，要获得高聚合度，还必须使两组分的物质的量配比为1，这是提高聚合度的又一重要措施。

3. 聚合度分布

现在采用统计方法从理论上研究缩聚过程的聚合度分布。

前面提到的官能团的转化率 X_M，从统计方法看，就是表示反应时间为 t 时，某个官能团被反应掉的概率，则此时未被反应掉的概率就是 $1-X_M$。如果有两种等官能团(A、B)数目的两种分子进行缩聚，它要生成有 j 个 A 官能团的分子必须要有 $j-1$ 次是连续被反应掉，而最后一次则不被反应掉，也就是生成 j 聚体的概率为 $X_A^{j-1}(1-X_A)$。

设官能团 A 的最初数目为 N_0，间歇反应至 t 时，官能团 A 的数目即等于生成的高分子数目，有

$$N=N_0(1-X_A) \tag{9.92}$$

此时生成聚合度为 j 的高分子数目为

$$N_j = NX_A^{j-1}(1-X_A) = N_0X_A^{j-1}(1-X_A)^2 \tag{9.93}$$

所以数均聚合度分布函数为

$$f(j)=\frac{N_j}{N}=X_A^{j-1}(1-X_A) \tag{9.94}$$

而重均聚合度分布函数为

$$w(j)=\frac{jN_j}{N_0}=jX_A^{j-1}(1-X_A)^2 \tag{9.95}$$

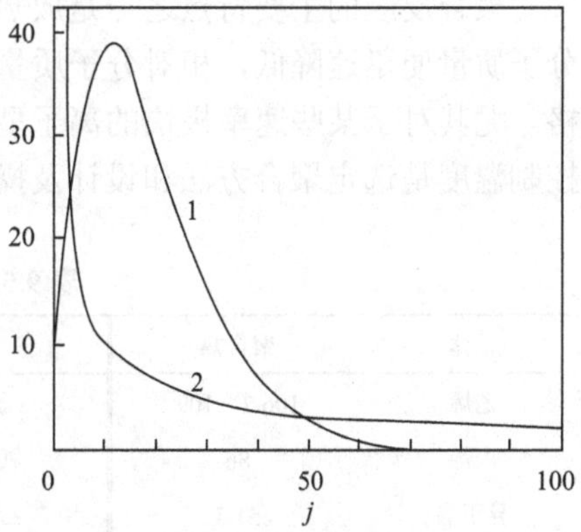

图 9.4　缩合聚合物的重均聚合度分布与操作方式关系(转化率 X=0.90 时)

1. 分批操作或平推流操作；

2. 完全混合流(假定为均相流)操作

由式(9.94)和式(9.95)可知，聚合度分布只是转化率的函数，与反应温度等条件无关。但需注意，不同的反应器，其结果是不同的，其区别如图 9.4 所示。

根据聚合度与聚合度分布的关系，有

$$\overline{P}_n=\sum_{j=2}^{\infty} jN_j/N=\sum_{j=2}^{\infty} jf(j)=\sum_{j=2}^{\infty} jX_A^{j-1}(1-X_A)=(1-X_A)\frac{1}{(1-X_A)^2}=\frac{1}{1-X_A} \tag{9.96}$$

式中

$$\sum_{j=2}^{\infty} jX_A^{j-1}=\frac{1}{(1-X_A)^2}$$

由式(9.96)可知概率及转化率实际上是一样的。

同理，对重均聚合度有

$$\overline{P}_w=\sum_{j=2}^{\infty} j^2N_j/N_0=\sum_{j=2}^{\infty} jw(j)=\sum_{j=2}^{\infty} j^2X_A^{j-1}(1-X_A)^2=(1-X_A)^2\frac{1+X_A}{(1-X_A)^3}=\frac{1+X_A}{1-X_A} \tag{9.97}$$

式中

$$\sum_{j=2}^{\infty} j^2X_A^{j-1}=\frac{1+X_A}{(1-X_A)^3}$$

定义分散指数

$$D = \frac{\overline{P}_w}{\overline{P}_n} = 1 + X_A \tag{9.98}$$

当转化率很高时，$X_A \to 1$，故$D \approx 2$，这相当于是正态分布。

由式(9.98)可知，转化率越大，分散指数越大，聚合度分布越分散，相对分子质量分布越宽。

9.3　聚合方法与设备

9.3.1　聚合方法

聚合反应的主要特点之一是放热较大(表9.5)且对热十分敏感。温度增高，聚合物的相对分子质量便迅速降低，相对分子质量分布变宽，机械物理性能往往变差，从而使产品不能合格。尤其对于某些速率极快的离子型聚合，这一矛盾更加突出，因此如何有效地携走热量和控制温度是选定聚合方法和设计及操作中的一项关键问题。

表 9.5　若干单体的聚合热(kJ/mol)

单体	聚合热	单体	聚合热	单体	聚合热
乙烯	106.2～109	氯乙烯	96.4	丙烯腈	72.5
丙烯	86	氧化乙烯	94.7	丁二烯(1,4 加成)	78.4
异丁烯	51.5	乙酸乙烯	89.2	偏二氯乙烯	60.4
异戊二烯	74.6	苯乙烯	67～73.4	甲基丙烯酸甲酯	54.5～57
甲醛	56.5	氯丁二烯	67.8	丙烯酸	62.8～77.5

工业上的聚合方法主要有本体聚合、悬浮聚合、乳液聚合和溶液聚合，它们的特点列于表 9.6 中。人们可以根据反应本身的特性、对产品质量的要求和设备的特性选择适当的聚合方法。

表 9.6　常用聚合方法的比较

聚合方法	本体法	悬浮法	乳液法	溶液法
引发剂种类	油溶性	油溶性	水溶性	油溶性
温度调节	难	易，水为载热体	易，水为载热体	稍易，溶剂为载热体
相对分子质量调节	难，分布宽，相对分子质量大	难(同本体法)，分布宽，相对分子质量大	易，分布宽，相对分子质量很大	易，分布窄，相对分子质量小
反应速率	快，初期需低温，使反应徐徐进行	快，靠水温及搅拌调节	很快，选用乳化剂使速率加快	慢，因有溶剂
装置情况	温度高，要强搅拌	干燥设备	要有水洗，过滤	要有溶剂回收、单体分离及造粒干燥设备
聚合物性质	高纯度，可直接成型，混有单体，可塑性大	高纯度，宜于成型，直接得粒状物，水洗，易干燥，可制发泡物，比本体法含单体少	需除乳化剂，分离未反应单体容易，热与电稳定性差	要精制，溶剂连在聚合物端部，有色、聚合度低

续表

聚合方法		本体法	悬浮法	乳液法	溶液法
实例	聚合物溶于单体	聚甲基丙烯酸甲酯、聚苯乙烯、聚乙烯基醚、聚丙烯酸酯	聚甲基丙烯酸甲酯、聚苯乙烯、聚乙酸乙烯、聚丙烯酸酯	丁苯橡胶、丁腈橡胶、胶、聚氯乙烯、丙烯腈-丁二烯-苯乙烯共聚体	中压聚乙烯、聚乙酸乙烯、聚丁二烯、聚丙烯酸、乙丙橡胶
	聚合物不溶于单体	高压聚乙烯、聚氯乙烯	聚氯乙烯、聚丙烯腈		低压聚乙烯、丁基橡胶、聚异丁烯

本体聚合的最大优点是产品纯，不需要多少后处理设备，这在实际上往往是很重要的因素。但本体聚合不易传热，尤其转化率增高后黏度增大，搅拌和传热就更困难了。因此，通常分两段聚合，在预聚合时流体黏度还比较小，故采用搅拌槽，而当黏度增大到一定程度以后就引入专门设计的后聚合器(塔式或螺旋挤压式等)中使反应完成。但不管怎样，终因前后温度变化较大，相对分子质量分布变宽而影响到产品的性能。

悬浮聚合的本质与本体聚合相同，只是把单体分散成悬浮于水中的液滴而已。这样传热问题就好解决了，但设备能力相应减少，并要用分散剂稳定液滴和增加后处理的手续。

乳液聚合是使单体溶入乳化剂所形成的胶束中而进行的。反应速率快，相对分子质量很大，传热也不成问题，只是乳化剂不易从产品中洗净而影响产品质量，一般只用于对制品纯度要求不高的情况。

溶液聚合的应用越来越多，尤其在离子型聚合方面更是如此。因为催化剂不能遇到水，而反应速率又很快，因此只能用溶剂的强制对流或直接蒸发来解决传热和温度控制问题。例如，异丁烯在 BF_3 催化剂下于−100 ℃的聚合几乎是瞬间完成的，它是靠液态乙烯作溶剂，由乙烯气化来携热控制温度的。其他如丁基橡胶也是低温下的离子型聚合。在大型装置中如何解决传热问题常是技术开发中的关键。此外，溶剂在某些聚合过程中并不完全是惰性的，它的极性能影响聚合速率，有时还有链转移的作用，对聚合物的黏壁(挂胶)也有影响。此外，由于使用了大量溶剂，必然也使单体及溶剂的回收以及聚合物的干燥和后处理任务相应地增加了。

除上述四种最常用的方法外，近来还有用流化床进行气-固相催化聚合以制聚烯烃的方法。原料烯烃以气态循环地通过固体的催化剂(金属卤化物-烷基金属化合物或金属氧化物)的流化床中，在连续进入的催化剂粒子上生成聚合物并长大，并连续排出，对于这类新出现的聚合方法目前还只有一些专利介绍，详细报道不多。

至于操作方式是选用间歇式还是连续式，则不仅要看生产能力的大小，更重要的是根据动力学的特性来考虑，因为这将涉及相对分子质量与相对分子质量分布的问题，在以后将加以说明。

9.3.2 聚合设备

实现聚合反应的设备有许多型式，其中以槽式为最多，塔式和管式较少。其实不论槽式或塔式，实质性的问题是物料的流动和混合情况，与之紧密联系的就是传热问题。此外，在塔式反应器中也有无搅拌装置和有搅拌装置两类，其他还有一些特殊结构型式的聚合反应器，它们各有特点，下面简要地加以说明。

1. 槽式聚合反应器

对低黏度的物系，常使用平桨、涡轮桨及螺旋桨。平桨用于搅拌速率低(桨端速率在 3 m/s 以下)的情况；螺旋桨用于高转速(桨端速率为 5～15 m/s)的情况；涡轮桨则介于其间。这种搅拌槽可用于均相，也可以用于非均相的体系，不过在悬浮聚合及乳液聚合中搅拌速率对粒子的分散和反应都有影响，所以比较复杂一些。此外，当液深与槽径之比大于 1.3 时，需使用二级或多级搅拌桨，级间距离为桨径的 1.5～4 倍，视物料黏度而异。对黏度低的此值可取得大一些。

对于高黏度的聚合物，往往采用螺轴或螺带型反应器。前者可用到黏度为 20 Pa·s 左右的情况。黏度高时，则以用螺带反应器为宜，它能把物料上下左右地搅动起来而得到良好的混合。

在连续操作时，有用单槽或多槽串联的，视情况而定。例如，乳液聚合法生产丁苯橡胶，以及溶液聚合法生产顺丁(二烯)橡胶或聚乙酸乙烯等都是多槽串联的。在丁苯聚合中有的甚至竟串联 12 槽之多。选择一槽或多槽串联操作的原则，除第 3 章中已讲过的基本概念外，对高分子体系还要注意相对分子质量的控制与黏度改变等因素。

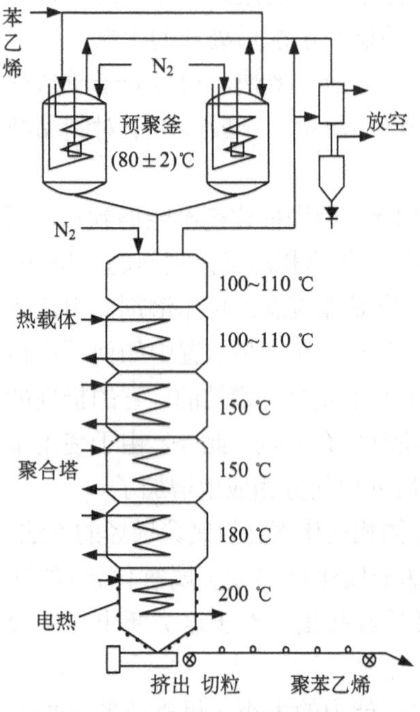

图 9.5　苯乙烯连续聚合塔

2. 管式聚合反应器

这方面一个突出的代表是高压法管式聚乙烯，反应管是由直径为 50 mm 的管子连接而成，长达 1000 m，管内压力约 2400 Pa，各节管外都有夹套，分别通以不同温度的水以调节各处温度，而催化剂则分多处加入。整个反应管内温度变化的范围为 100～300 ℃。此外，为了防止管壁上黏附聚合物，影响传热和产品质量，在操作时采取周期性变压脉冲的方法把它们一次又一次地冲刷出去。

3. 塔式聚合反应器

图 9.5 是苯乙烯本体连续聚合的装置示意。物料初期黏度还小，故先在有搅拌的预聚槽中进行聚合，转化到 33%～35%，然后引入塔内。此塔是只有换热管而没有搅拌装置的空塔，随着转化率的增高，黏度越来越大，为了维持约 0.15 m/h 的流动速率，故塔的下部温度要逐渐提高，到出口处为 200 ℃聚合完毕。

4. 特殊形式的聚合反应器

这方面的种类相当多，它们大多是用于溶液聚合或者本体聚合的后阶段，那时黏度很高，流动与传热都很困难。如果是缩聚反应，还必须把生成的小分子物除去，因此便设计出了许多型式的反应器以满足不同的需要。

9.4　聚合反应器的分析与设计

聚合反应器设计是整个聚合工艺设计的重要环节。一般来说，在进行反应器设计时，先要根据小试、中试及生产实践，选择适宜的反应器型式，确定适宜的工艺条件，并要进行优化、筛选，以经济效益最好为原则，计算反应器的体积及工艺尺寸。

下面以苯乙烯聚合反应装置的设计为例，说明聚合反应器的设计过程。

1. 设计依据

生产规模：　10000 t/a

年生产日：　325 d

原料配比：　苯乙烯质量分数为 88%

　　　　　　甲苯(溶剂)质量分数为 12%

原料苯乙烯纯度：　质量分数为 99.5%

反应部分的收率：　质量分数为 98%

单体转化率：　质量分数为 80%

由此算出

聚苯乙烯生产能力：　$W_{\mathrm{p}}=\dfrac{10000\times10^3}{325\times24}=1282.05(\mathrm{kg/h})$

反应物料总流量：　$W=\dfrac{1282.05}{0.88\times0.995\times0.80\times0.98}=1867.60(\mathrm{kg/h})$

苯乙烯流量：　$W_{\mathrm{m}}=1867.60\times88\%=1643.49(\mathrm{kg/h})$

甲苯流量：　$W_{\mathrm{s}}=1867.60\times12\%=224.11(\mathrm{kg/h})$

2. 基础数据

苯乙烯热引发聚合反应可视为一级不可逆反应，反应的速率常数 k 随温度的关系如图 9.6 所示。又据文献报导，苯乙烯热引发本体聚合中聚苯乙烯的平均相对分子质量仅与反应温度及溶剂量有关，如图 9.7 所示，而图 9.8～图 9.10 是反应液的密度、比热容及黏度与单体转化率 X_{M} 的关系。其中密度和比热容是将不含溶剂的苯乙烯单体与聚合物混合液的密度及比热容值作为基础，再假定溶剂甲苯存在时，两物性值具有加成性而推算得到。对黏度也同样是将不含溶剂时的值与假定甲苯和苯乙烯存在下的情况相同而推算出来的。

3. 反应器型式的选择

一般情况下，可以产品收率大、所需反应器体积小为选择反应器型式的目标函数。在此基础上，应以具体反应的特性为主要矛盾，采取相应的措施。如对苯乙烯本体聚合反应，首先要考虑传热及流动两大问题，特别是转化率高时，反应液黏度急剧上升，因此，必须考虑控温、搅拌、防止传热系数下降以及增大单位反应器容积传热面积等措施。

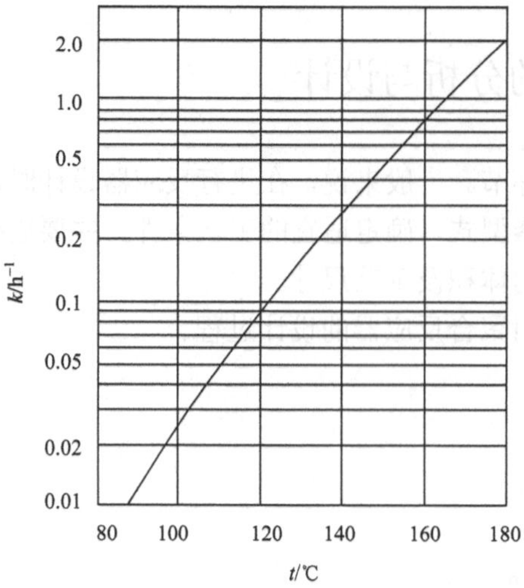

图 9.6　苯乙烯热引发聚合速率常数 k 与温度 t 的关系

反应速率对单体而言可视为一级反应

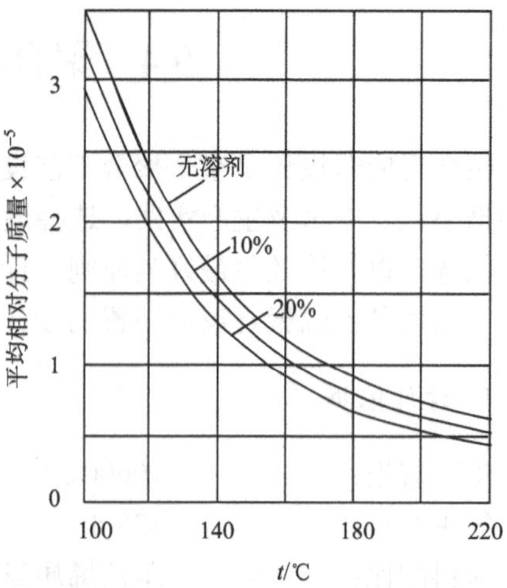

图 9.7　聚苯乙烯的平均相对分子质量与反应温度

是哪一种平均相对分子质量没有记述

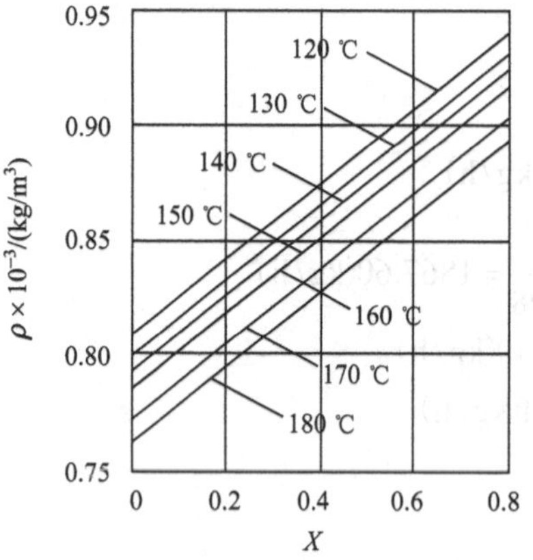

图 9.8　反应液密度 ρ 与单体转化率 X_M 的关系

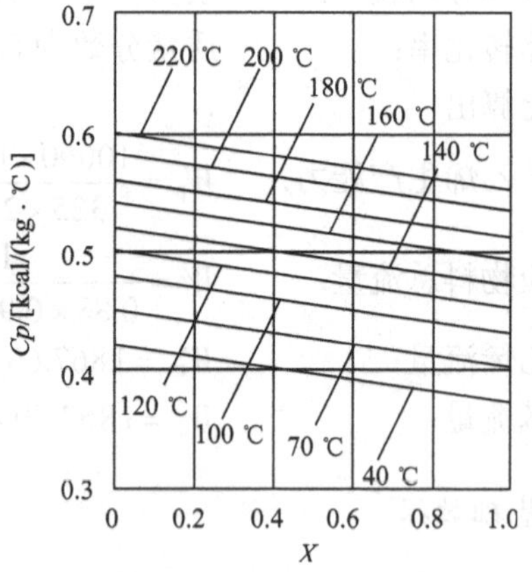

图 9.9　反应液比定压热容 C_p 与单体转化率 X_M 的关系

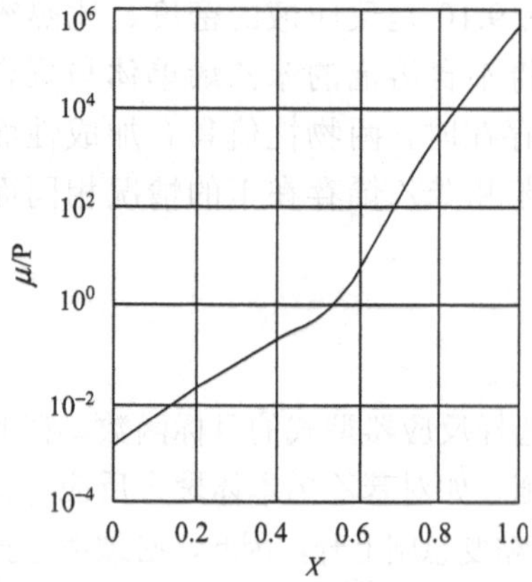

图 9.10　反应液黏度(140 ℃下的推算值)

与单体转化率 X_M 的关系

综合各种因素，本设计选用四槽串联的全混流槽式反应器。各槽均安装搅拌器，第一槽因反应液黏度小于 0.1 Pa·s，可选用适用于低黏度的透平式搅拌桨叶；第二槽后反应液黏度为 2～200 Pa·s，必须采用高黏度用的搅拌桨叶。同时，各槽要有足够的换热面，具备良好的传热性能。

4. 确定反应温度

由图 9.7 可知，平均相对分子质量与反应温度和溶剂有关。只要控制各槽内温度相同，就可得到相对分子质量分布窄的聚合物。但考虑到反应温度对反应液黏度、反应热以及热稳定性的影响，因此反应温度不能太高，也不能太低，综合各种因素后，本设计中各槽温度均选取 140 ℃较为适宜。

5. 速率方程

据文献报导，苯乙烯本体聚合的聚合率达 70%左右时，可近似视为一级不可逆反应，即 $r_M = k[M]$，其速率常数 k 已由图 9.6 给出。本设计要求聚合率(单体转化率)为 80%，所以仍可近似认为是一级不可逆反应。

6. 数学模型

多槽串联的全混流反应器中的任一槽内的流体均可认为符合理想混合模型，现对其中的任一槽 i 的苯乙烯单体 M 进行物料衡算，有

$$Q_{i-1}[M]_{i-1} = Q_i[M]_i + r_{Mi}V_{Ri} \tag{9.99}$$

而热量衡算式为

$$(-\Delta H_r)_{Tr} r_{Mi}V_{Ri} + q_{ai} = h_i A_i (T_i - T_{ci}) + W\overline{C}_{pti}(T_i - T_{i-1}) \tag{9.100}$$

式中：Q_i 为 i 槽的体积流量，m^3/h；V_{Ri} 为 i 槽的反应体积，m^3；$(-\Delta H_r)_{Tr}$ 为基准温度下的反应热，kJ/mol；q_{ai} 为 i 槽搅拌产生热，kJ/h；h_i 为 i 槽的总传热系数，$kJ/(m^2 \cdot h \cdot K)$；A_i 为 i 槽的换热面积，m^2；T_i 为 i 槽的温度，K；T_{ci} 为 i 槽的换热介质温度，K；$\overline{C}_{pti}$ 为 i 槽反应物料的平均热容，$kJ/(kg \cdot K)$；W 为总物料质量流量，kg/h。

因为反应物料的密度随反应而变化，即

$$[M] = \frac{\rho_i}{\rho_0}[M]_0(1 - X_{Mi}) \tag{9.101}$$

式中：ρ_0 为第一槽加料液的密度；$[M]_0$ 为第一槽加料液单体浓度。

将其代入物料衡算式(9.99)，整理得

$$V_{Ri} = \frac{W(X_{Mi} - X_{Mi-1})}{k\rho_i(1 - X_{Mi})} \tag{9.102}$$

7. 反应器设计的内容及步骤

(1) 设定各槽反应温度 T_i。

(2) 设定各槽反应温度 T_i 与换热介质温差 Δt_m。

(3) 设定各槽出口转化率 X_{M1}、X_{M2}、X_{M3}。

(4) 根据设定的 T_i 及 X_{Mi} 值计算各槽的反应区体积 V_{Ri}。

(5) 计算各槽条件下的搅拌功率 P_i 及总传热系数 h_i。

(6) 由热量衡算式计算各槽所需的换热面积 A_i，并确定各槽的换热方式。

(7) 由热量衡算式计算各槽的换热量(换热介质移走的热量 q_c)。

(8) 由 q_c 计算 Δt_m 以校核(2)项中的设定值，若大于设定值，则需调整(3)项中的 X_{Mi}，循环计算，直至满意为止。

(9) 若知道聚合反应机理，则可计算平均相对分子质量及其分布。

8. 反应体积 V_{Ri} 的计算

为使总反应体积最小，对一级不可逆反应，在第 3 章已得出各槽体积应相等的结论，即

$$V_{R1}=V_{R2}=V_{R3}=V_{R4}$$

所以，各槽物料衡算式为

$$\begin{cases}\dfrac{X_{M1}-X_{M0}}{\rho_1(1-X_{M1})}=\dfrac{X_{M2}-X_{M1}}{\rho_2(1-X_{M2})}\\ \dfrac{X_{M2}-X_{M1}}{\rho_2(1-X_{M2})}=\dfrac{X_{M3}-X_{M2}}{\rho_3(1-X_{M3})}\\ \dfrac{X_{M3}-X_{M2}}{\rho_3(1-X_{M3})}=\dfrac{X_{M4}-X_{M3}}{\rho_4(1-X_{M4})}\end{cases} \tag{9.103}$$

在本设计中，T_i＝140 ℃，由图 9.6 可查得 k＝0.26 h^{-1}，再由图 9.8 查出各 X_{Mi} 下的反应液密度 ρ_i，然后将上述三式联立，解得

$$X_{M1}=32.5\%,\ X_{M2}=51.1\%,\ X_{M3}=69.8\%,\ X_{M4}=80\%$$

将上述结果代回 V_{Ri} 计算式，最后可求得各槽反应体积 V_{Ri}＝4.15 m^3。

根据物料的性质及搅拌器、换热器所占的体积，取一定的装填系数 φ(0.5～0.85)，则可计算反应槽的实际体积为

$$V'_{Ri}=V_{Ri}/\varphi \tag{9.104}$$

9. 反应槽高及直径的工艺计算

对全混流槽式反应器，高/径＝1～3，选取一值后就可由式(9.105)计算反应槽的高及直径：

$$V'_{Ri}=0.785D_t^2L \tag{9.105}$$

习　题

9.1　已知某聚合物的重均聚合度分布函数 $F_w(i)$ 如下：

$j\times10^{-3}$	0	0.2	0.4	0.6	0.8	1.0	1.5	2.0	2.5	3.0	3.5	4.0
$F_w(i)\times10^4$	0	2.8	5.1	6.4	6.65	6.2	4.1	2.2	0.8	0.25	0.1	0

试求此聚合物的数均、重均及 Z 均聚合度。

9.2　在等温间歇槽式反应器中，进行某一自由基聚合反应，其机理为

链引发　$I\xrightarrow{k_d}2R^*$

　　$R^*+M\xrightarrow{k_i}P_1^*$　　$r_i=2fk_d[I]$

链增长　$P_j^*+M\xrightarrow{k_p}P_{j+1}^*$　　$r_p=k_p[M][P^*]$

向单体链转移　$P_j^*+M\xrightarrow{k_{fm}}P_j+P_1^*$　　$r_{fm}=k_{fm}[M][P^*]$

向溶剂链转移　$P_j^*+S\xrightarrow{k_{fs}}P_j+S^*$　　$r_{fs}=k_{fs}[S][P^*]$

偶合终止　$P_j^*+P_i^*\xrightarrow{k_{tc}}P_{j+i}$　　$r_{tc}=2k_{tc}[P^*]^2$

已知$[M_0]$＝7.17 mol/L，$[S]$＝1.32 mol/L，f＝0.52，$[I]$＝10^{-3} mol/L，k_d＝$8.22\times10^{-5}\ s^{-1}$，$k_p$＝$5.09\times10^2$ L/(mol·s)，

$k_{tc}=5.95\times10^7$ L/(mol·s)，$k_{fm}=0.079$ L/(mol·s)，$k_{fs}=1.34\times10^{-4}$ L/(mol·s)，试求：

(1) 如果要求转化率达 70%，反应时间为多少？

(2) 当 $X=70\%$时，累积数均聚合度为多少？

(3) 当 $X=70\%$时，瞬间数均与重均聚合度的分布。

(4) 当 $X=70\%$时，试求在等温间歇槽式反应器内的重均聚合度分布及在全混流反应器内的重均聚合度分布，并绘图加以比较。

(5) 反应若改在平推流反应器中进行，试求重均聚合度分布，并与间歇反应器中的情况进行比较。

9.3　应用定态近似假设，推导引发、单基终止，无链转移的自由基聚合反应速率、瞬间平均聚合度及聚合度分布的表达式。

参 考 文 献

陈甘棠. 1981. 化学反应工程. 北京: 化学工业出版社

陈甘棠. 1991. 聚合反应工程基础. 北京: 中国石化出版社

陈敏恒. 1984. 化学反应工程基本原理. 上海: 华东化工学院出版社

陈敏恒. 1986. 化学反应工程基本原理. 北京: 化学工业出版社

丁百全, 房鼎业, 张海涛. 2001. 化学反应工程例题与习题. 北京: 化学工业出版社

傅玉普. 1989. 均相反应动力学方程与反应器计算. 大连: 大连理工大学出版社

郭凯, 唐小恒, 周绪美. 2010. 化学反应工程. 2 版. 北京: 化学工业出版社

黄艳芹. 2001. 多级串联釜式反应器的优化设计. 化工设计, 11(4): 6-8

霍华德 F. 拉塞. 1982. 化学反应器设计. 北京: 化学工业出版社

姜信真. 1986. 化学反应工程简明教程. 西安: 西北大学出版社

柯尔森 J M, 李嘉森 J F. 1988. 化学反应器设计. 徐善明等译. 北京: 化学工业出版社

李绍芬, 朱炳辰. 1966. 无机物工艺反应过程动力学. 北京: 化学工业出版社

李绍芬. 1986. 化学与催化反应工程. 北京: 化学工业出版社

李绍芬. 2000. 反应工程. 北京: 化学工业出版社

李绍芬. 2015. 反应工程. 3 版. 北京: 化学工业出版社

梁斌, 段天平, 唐盛伟. 2010. 化学反应工程. 2 版. 北京: 科学出版社

罗康碧, 罗明河, 李沪萍. 1995. 多段原料气冷激式换热催化反应器的最佳设计条件式的探讨. 云南工业大学学报, 11(2): 64-69

罗明河, 牛存镇, 罗康碧. 1994. 硫酸生产中 SO_2 氧化转化率计算公式的探讨. 云南化工, (4): 42-43

罗明河, 牛存镇. 1993. 气液填料反应塔设计计算式的探讨. 云南工学院学报, (3): 39-43

罗明河, 牛存镇. 1996. 用循环反应器实现全混流时最小循环比 β_{min} 的探讨. 云南工业大学学报, 12(1): 62-64

罗明河, 牛存镇. 1997. 化学反应工程原理及反应器设计. 昆明: 云南科技出版社

罗明河. 1987. S_{107} 型低温钒催化剂上 SO_2 氧化动力学的研究. 云南化工, (2)

裘元焘. 1986. 基本有机化工过程及设备. 北京: 化学工业出版社

胜利炼油厂, 华东石油学院. 1973. 石油催化裂化. 北京: 燃料化学工业出版社

石油化学工业部化工设计院. 1977. 氮肥工艺设计手册理化数据分册. 北京: 石油化学工业出版社

史密斯 J M. 1988. 化工动力学. 3 版. 王建华等译. 北京: 化学工业出版社

史子瑾. 1991. 聚合反应工程基础. 北京: 化学工业出版社

王安杰, 周裕之, 赵蓓. 2005. 化学反应工程学. 北京: 化学工业出版社

王建华. 1988. 化学反应工程基本原理. 成都: 成都科技大学出版社

王建华. 1989. 化学反应器设计. 成都: 成都科技大学出版社

吴元欣, 张珩. 2013. 反应工程简明教程. 北京: 高等教育出版社

伍沅. 1994. 化学反应工程. 大连: 大连海运学院出版社

武汉大学. 2001. 化学工程基础. 北京: 高等教育出版社

许志美, 张濂. 2007. 化学反应工程原理例题与习题. 上海: 华东理工大学出版社

袁乃驹. 1988. 化学反应工程基础. 北京: 清华大学出版社

张濂, 许志美. 2004. 化学反应器分析. 上海: 华东理工大学出版社

张濂等. 2000. 化学反应工程原理. 上海: 华东理工大学出版社

朱炳辰. 1993. 化学反应工程. 北京: 化学工业出版社
朱炳辰. 2001. 化学反应工程. 北京: 化学工业出版社
朱炳辰. 2014 化学反应工程. 5 版. 北京: 化学工业出版社
邹光中. 1997. 连续搅拌反应釜热稳定的最大允许温差. 化学工程, 25(1): 20-22
邹仁均. 1981. 基本有机化工反应工程. 北京: 化学工业出版社
Cooper A R. 1972. Chemical Kinetics and Reactor Design. Upper Saddle River: Prentice Hall, Inc
Fogler H S. 2005. 化学反应工程. 3 版. 李术元, 朱建华译. 北京: 化学工业出版社
Fogler H S. 2006. Elements of Chemical Reaction Engineering. 4th ed. 北京: 化学工业出版社
Hill C G. 1977. Chemical Engineering Kinetics & Reactor Design. New York: John Wiley & Sons, Inc
Levenspiel O. 1972. Chemical Reaction Engineering. 2nd ed. New York: John Wiley & Sons, Inc
Wen C Y, Fan L T. 1975. Models for Flow Systems and Chemical Reactor. New York: Marcel Dekker Inc